Göldner/Pfefferkorn

Technische Mechanik

Hans Göldner / Wolfgang Pfefferkorn

Technische Mechanik

Mit 422 Bildern und 15 Tabellen

Friedr. Vieweg & Sohn Braunschweig / Wiesbaden

Die Autoren:

Prof. Dr.-Ing. habil. Hans Göldner, Technische Universität Dresden
Prof. Dr.-Ing. habil. Wolfgang Pfefferkorn, Technische Hochschule „Carl Schorlemmer" Leuna-Merseburg

1988

Softcover reprint of the hardcover 1st edition 1988
Lizenzausgabe mit Genehmigung des VEB Fachbuchverlag Leipzig
für
Friedr. Vieweg & Sohn Verlagsgesellschaft mbH, Braunschweig

ISBN-13: 978-3-528-04533-3 e-ISBN-13: 978-3-322-86316-4
DOI: 10.1007/978-3-322-86316-4

VORWORT

In der Ingenieurausbildung nimmt das Studienfach »Technische Mechanik« einen festen Platz im Rahmen der technischen Grundlagenfächer ein. Traditionsgemäß besteht es aus den drei Teilen »Statik«, »Festigkeitslehre« und »Dynamik«.
Erfahrungsgemäß bereitet den Studenten die »Technische Mechanik« am Anfang Schwierigkeiten, weil ihre Fragestellungen Denkweisen und Handlungen erfordern, die wesentliche Züge der komplexen Ingenieurtätigkeit tragen. Erkenntnisse aus den Fächern »Mathematik« und »Physik« einerseits müssen mit Problemen der »Konstruktionslehre«, »Werkstofftechnik« und »Fertigungslehre« verknüpft werden. Das räumliche Vorstellungsvermögen wird angesprochen, und auch ökonomische Aspekte sind zu beachten. Aus volkswirtschaftlicher Sicht sind die Erkenntnisse der »Technischen Mechanik« von großer Bedeutung, weil durch sie wesentliche Beiträge zur Zuverlässigkeit und technischen Sicherheit tragender Konstruktionen sowie zur Werkstoff- und Energieökonomie erbracht werden.
Hinsichtlich des Ausbildungsumfanges in »Technischer Mechanik« im Rahmen des Grundstudiums gibt es jedoch entsprechend den Zielstellungen der zahlreichen Fachrichtungen bedeutende Unterschiede, die auch in den Stundentafeln der Grundstudienpläne zum Ausdruck kommen. So ist im mehr konstruktiv orientierten Grundstudienplan »Maschineningenieurwesen« hierfür etwa der doppelte Stundenumfang enthalten als in den stärker prozeßtechnisch, technologisch oder stofflich orientierten Studienrichtungen, z. B. des »Verfahrensingenieurwesens« und »Werkstoffingenieurwesens«.
Die bei uns bestehenden Lehrbücher, insbesondere aber der »Leitfaden der Technischen Mechanik« von Göldner/Holzweißig, berücksichtigen in erster Linie die Belange des Maschineningenieurwesens. Um den Studierenden der zweiten Gruppe das Studium der »Technischen Mechanik« zu erleichtern, setzten wir uns das Ziel, ein Lehrbuch zu schaffen, das dem »Leitfaden« entspricht, jedoch dem reduzierten Ausbildungsumfang Rechnung trägt. Als Grundlage dienten die Lehrprogramme »Technische Mechanik« der Grundstudienpläne »Verfahrensingenieurwesen« und »Werkstoffingenieurwesen«.
Im Stoffumfang sind wir etwas über dem dort Geforderten geblieben, um einerseits den Studenten weiterführende Studien zu erleichtern und andererseits das Buch auch als Lehrmaterial für andere Grundstudienrichtungen geeignet zu machen.
Die Abschnitte »Statik« und »Festigkeitslehre« wurden von Prof. Dr.-Ing. habil. H. GÖLDNER, Technische Universität Dresden, und der Abschnitt »Dynamik« von Prof. Dr.-Ing. habil. W. PFEFFERKORN, Technische Hochschule »Carl Schorlemmer« Leuna—Merseburg, verfaßt.
Wir waren um eine weitgehend einheitliche Darstellung bemüht, wenngleich im Stil gewisse Unterschiede auftreten, die aber sicher nicht stören werden. Für die Durchsicht der Teile »Statik« und »Festigkeitslehre« danken wir Frau Dipl.-Ing. E. GÖLDNER und für Hinweise zum Teil »Dynamik« Herrn Doz. Dr.-Ing. U. RAINER.
Den Gutachtern Prof. Dr. sc. techn. H. BLUMENAUER (TU Magdeburg), Prof. Dr.-Ing. habil. J. HEYMANN (TU Karl-Marx-Stadt) und Prof. Dr.-Ing. habil. F. KOCH (IH Köthen) haben wir für die zahlreichen konstruktiven Hinweise und dem VEB Fachbuchverlag Leipzig für die verständnisvolle Zusammenarbeit zu danken.

Die Verfasser

INHALTSVERZEICHNIS

STATIK 15

1. *Grundbegriffe* 15

1.1. Kraft 15
1.2. Gleichgewicht 17
1.3. Starrer Körper 18

2. *Ebenes Kraftsystem* 18

2.1. Ebenes zentrales Kraftsystem 18
2.1.1. Zusammensetzung von Kräften 18
2.1.2. Kraftzerlegung 21
2.1.3. Gleichgewicht 22
2.2. Ebenes allgemeines Kraftsystem 23
2.2.1. Grafische Ermittlung der Resultierenden 23
2.2.2. Kräftepaar und Moment 24
2.2.2.1. Kräftepaar 24
2.2.2.2. Moment einer Kraft in bezug auf eine Achse 26
2.2.2.3. Versetzungsmoment 27
2.2.3. Analytische Ermittlung der Resultierenden 27
2.2.4. Gleichgewichtsbedingungen 29

3. *Ebene Tragwerke* 29

3.1 Grundbegriffe 29
3.1.1. Grundelemente der Tragwerke 30
3.1.2. Lager und Verbindungen 30
3.2. Bestimmung der Auflagerreaktionen einfacher Tragwerke 33
3.2.1. Stützung eines Trägers durch ein Festlager (Gelenk) und ein Loslager (Rollenlager) 34
3.2.2. Stützung einer Scheibe durch drei Pendelstützen (Loslager) 35
3.2.3. Einseitig eingespannter Träger 36
3.3. Schnittgrößen eines Trägers 38
3.3.1. Gerader Träger mit Einzellasten 40
3.3.2. Gerader Träger mit Dreiecklast 42
3.3.3. Abgewinkelter Träger mit Verzweigung 44
3.4. Stabsysteme 47
3.4.1. Voraussetzungen 47
3.4.2. Fachwerke 49
3.4.3. Dreigelenkträger 52
3.4.4. Tragwerkkombinationen 54
3.5. Seile und Ketten 57

4. *Räumliches Kraftsystem* . . . 61

4.1. Zentrales räumliches Kraftsystem . . . 61
4.1.1. Äquivalenz . . . 61
4.1.2. Gleichgewicht . . . 63
4.2. Allgemeines räumliches Kraftsystem . . . 63
4.2.1. Äquivalenz . . . 63
4.2.2. Gleichgewicht . . . 64
4.2.3. Schnittgrößen . . . 65
4.3. Beispiele . . . 65

5. *Schwerpunkt* . . . 70

5.1. Definition des Schwerpunktes . . . 70
5.2. Körper- und Volumenschwerpunkt . . . 70
5.3. Flächenschwerpunkt . . . 71
5.4. Linienschwerpunkt . . . 72
5.5. Sätze von GULDIN . . . 72
5.6. Beispiele . . . 73

6. *Haftung und Reibung zwischen festen Körpern* . . . 74

6.1. Haftung . . . 75
6.2. Gleitreibung . . . 79
6.3. Seil- oder Umschlingungsreibung . . . 80
6.4. Rollreibung . . . 82

FESTIGKEITSLEHRE . . . 83

1. *Grundlagen der Festigkeitslehre* . . . 83

1.1. Einleitung . . . 83
1.2. Belastungsarten und Lastfälle . . . 83
1.3. Definition der Spannungen . . . 85
1.3.1. Einachsiger Spannungszustand . . . 86
1.3.2. Zweiachsiger (ebener) Spannungszustand . . . 88
1.3.2.1. Spannungen an geneigten Schnittflächen . . . 89
1.3.2.2. Hauptspannungen . . . 90
1.3.2.3. MOHRscher Spannungskreis . . . 92
1.3.3. Dreiachsiger (räumlicher) Spannungszustand . . . 94
1.4. Verschiebungen und Verzerrungen . . . 95
1.5. Materialverhalten . . . 96
1.5.1. Lineares Elastizitätsgesetz — HOOKEsches Gesetz . . . 98
1.5.1.1. HOOKEsches Gesetz für den einachsigen Spannungszustand . . . 98
1.5.1.2. Verallgemeinertes HOOKEsches Gesetz . . . 100
1.5.1.2.1. Ebener Spannungszustand (ESZ) . . . 101
1.5.1.2.2. Ebener Verzerrungszustand (EVZ) . . . 102
1.6. Formänderungsarbeit und Ergänzungsarbeit . . . 102
1.6.1. Formänderungsenergie bei einachsiger Zugbeanspruchung . . . 103
1.6.2. Formänderungsenergie und Ergänzungsenergie für den räumlichen Spannungszustand . . . 103
1.7. Zusammenfassung . . . 105
1.8. Beispiele . . . 106

2. *Zug und Druck in Stäben* 108

2.1. Voraussetzungen und Grundlagen 108
2.2. Spannungen und Verformungen von Stäben mit konstantem oder wenig veränderlichem Querschnitt 108
2.3. Spannungen in Stäben mit stark veränderlichem Querschnitt 111
2.4. Statisch unbestimmte Probleme 111
2.5. Wärmespannungen 114

3. *Biegung* 115

3.1. Voraussetzungen und Grundlagen 115
3.2. Flächenträgheitsmomente — Momente 2. Ordnung 118
3.2.1. Definition 118
3.2.2. Trägheits- und Zentrifugalmomente bei Parallelverschiebung der Koordinatenachsen 119
3.2.3. Trägheits- und Zentrifugalmomente bei Drehung des Koordinatensystems 120
3.2.3.1. Hauptträgheitsmomente und Hauptträgheitsachsen 121
3.3. Ermittlung der Spannungsverteilung bei Biegung 122
3.3.1. Gerade Biegung 122
3.3.2. Schiefe Biegung 122
3.3.2.1. x, y sind Hauptträgheitsachsen 123
3.3.2.2. x, y sind keine Hauptträgheitsachsen 123
3.4. Überlagerung von Biege- und Längskraftspannungen 124
3.4.1. Zug (Druck) und Biegung 124
3.4.2. Außermittiger Zug (Druck) 125
3.5. Verformung bei Biegung — Gleichung der elastischen Linie 125
3.6. Beispiele zur Biegung 130
3.7. Zusammenfassung 144

4. *Schubbeanspruchungen infolge Querkraft* 145

4.1. Querkraftschubspannungen 145
4.2. Querkraftschubverformungen 149
4.3. Schubmittelpunkt offener dünnwandiger Profile 150

5. *Torsion prismatischer Träger* 153

5.1. Torsion kreiszylindrischer Stäbe 153
5.2. Torsion dünnwandiger geschlossener Querschnitte 155
5.3. Torsion dünnwandiger offener Querschnitte 156
5.4. Beispiele 158

6. *Satz von Castigliano* 161

6.1. Anwendung des Satzes von CASTIGLIANO auf Biegeprobleme 162
6.1.1. Statisch bestimmt gelagerter Träger 162
6.1.2. Statisch unbestimmt gelagerter Träger 165
6.1.3. Anwendung des Satzes von CASTIGLIANO auf innerlich statisch unbestimmte Systeme 166

6.2. Berücksichtigung sämtlicher Beanspruchungen zum Ermitteln der Verformungen in Trägern nach dem Satz von CASTIGLIANO 171
6.2.1. Formänderungen von Fachwerken 171
6.2.2. Berücksichtigung von Biegung und Torsion 172

7. *Rotationssymmetrische Spannungszustände in Flächentragwerken* 173

7.1. Kreisscheiben 174
7.1.1. Gleichgewicht am Volumenelement 174
7.1.2. Verformungs-Verzerrungs-Beziehungen 175
7.1.3. Spannungs-Dehnungs-Beziehungen 175
7.1.4. Aufstellen einer Differentialgleichung 176
7.1.4.1. Differentialgleichung für die Radialverschiebung v_r 176
7.1.4.2. Differentialgleichung für die Radialspannung σ_r 176
7.1.5. Beispiel: Rotierende Kreisringscheibe 176
7.2. Kreisplatte 178
7.2.1. Gleichgewichtsbedingungen 178
7.2.2. Formänderungsbetrachtungen und HOOKEsches Gesetz 179
7.2.3. Differentialgleichung und ihre Lösungen 180
7.2.4. Beispiele 181
7.3. Drehschalen 182
7.3.1. Spannungen in dünnwandigen rotationssymmetrischen Behältern unter Innendruck — Membrantheorie 183
7.3.1.1. Grundlagen und Voraussetzungen. 183
7.3.1.2. Ermittlung der Spannungen 184
7.3.1.3. Beispiele 186
7.3.1.4. Zusammengesetzte Behälter 188
7.3.2. Biegetheorie drehsymmetrisch belasteter Kreiszylinderschalen 188
7.3.2.1. Gleichgewichtsbedingungen 188
7.3.2.2. Formänderungsbetrachtungen und HOOKEsches Gesetz 189
7.3.2.3. Differentialgleichung und ihre Lösungen. 190

8. *Vergleichsspannungshypothesen* 193

8.1. Hauptspannungshypothese 193
8.2. Hauptdehnungshypothese 194
8.3. Schubspannungshypothese. 194
8.4. Gestaltänderungsenergiehypothese 195
8.5. Anwendung der Hypothesen auf spezielle Beanspruchungsarten 195

9. *Einführung in die Betriebsfestigkeit* 197

9.1. Grundlagen 197
9.2. Erfassen der Beanspruchungen 198
9.2.1. Schwingende Beanspruchungen. 198
9.2.2. Stochastische Beanspruchungen 200
9.3. Versagensformen, Erscheinungsformen des Bruches und statische Festigkeitskenngrößen 201
9.3.1. Bruch bei statischer Belastung 203
9.3.2. Bruch bei zyklischer Belastung. 203

9.4. Ermittlung und Darstellung der Festigkeitskenngrößen bei dynamischer Beanspruchung . . . 205
9.4.1. Einstufen-Dauerschwingversuch . . . 205
9.4.2. Blockprogrammversuch . . . 207
9.4.3. Random-Versuch . . . 207
9.5. Berechnung der Gestaltfestigkeit . . . 207
9.5.1. Vorbemerkungen . . . 207
9.5.2. Werkstoffwechselfestigkeit σ_{-1} . . . 208
9.5.3. Gestalteinflußfaktor K'_σ . . . 209
9.5.4. Einflußfaktor der Oberflächenrauhigkeit $K_{F\sigma}$ . . . 214
9.5.5. Einflußfaktor der Oberflächenverfestigung K_V . . . 217
9.5.6. Anisotropieeinflußfaktor K_A . . . 217
9.5.7. Beispiel . . . 217
9.6. Sicherheitsnachweis . . . 218

10. *Einführung in die Stabilitätstheorie* . . . 219

10.1. Allgemeine Betrachtungen . . . 219
10.2. EULER-Fälle . . . 222
10.2.1. Beiderseits frei drehbar gelagerter Stab . . . 222
10.2.2. Einseitig eingespannter Stab . . . 223
10.2.3. Beiderseits eingespannter Stab . . . 224
10.2.4. Auf einer Seite eingespannter und auf der anderen Seite drehbar gelagerter Stab . . . 225
10.2.5. Diskussion der Ergebnisse . . . 226
10.3. Weitere Knickprobleme . . . 226
10.4. Berechnung der Knickspannungen . . . 228
10.5. Weitere Stabilitätsprobleme . . . 232

11. *Einblick in die Plastizitätstheorie* . . . 232

11.1. Einführung . . . 232
11.2. Spannungs-Dehnungs-Modelle . . . 233
11.3. Zug . . . 234
11.4. Biegung . . . 235
11.5. Torsion . . . 238
11.6. Mehrachsige Spannungszustände . . . 239

12. *Einblick in die Viskoelastizitätstheorie* . . . 239

12.1. Einführung . . . 239
12.2. Materialgesetz für einen Werkstoff mit „linearem Gedächtnis" . . . 241
12.2.1. Voraussetzungen . . . 241
12.2.2. Herleitung des Stoffgesetzes . . . 241
12.2.3. Elastisches Verhalten als Sonderfall viskoelastischen Materials . . . 244
12.3. Gerade Biegung als Anwendung . . . 244
12.4. Relaxation . . . 247
12.5. Zusammenfassung . . . 248

13. *Einblick in die Bruchmechanik* . . . 248

DYNAMIK 252

1. *Übersicht, Voraussetzungen* 252

2. *Grundlagen der Kinematik* 254

2.1. Kinematik des Punktes 254
2.1.1. Zusammenhang zwischen Weg, Geschwindigkeit, Beschleunigung und Zeit 254
2.1.2. Darstellung der Bewegung in Bahnkoordinaten 256
2.1.3. Geradlinige Bewegung 258
2.1.4. Darstellung der Bewegung in kartesischen Koordinaten 263
2.1.5. Darstellung der Bewegung in Polarkoordinaten 265
2.1.6. Relativbewegung des Punktes 269
2.1.6.1. Translation 270
2.1.6.2. Rotation 272
2.1.6.3. Allgemeine Bewegung 274
2.2. Kinematik des starren Körpers 275
2.2.1. Translation 275
2.2.2. Rotation 276
2.2.3. Allgemeine Bewegung 277
2.2.4. Momentanpol 277
2.3. Freiheitsgrade 279

3. *Dynamik des Massenpunktes* 280

3.1. Grundgesetz der Dynamik (Impulssatz) 280
3.2. Freie und geführte Bewegung 282
3.3. Kinetostatische Methode 283
3.3.1. Beispiele zur freien Bewegung 284
3.3.2. Beispiele zur geführten Bewegung 286
3.4. Energetische Methode 293
3.4.1. Arbeit und kinetische Energie 293
3.4.2. Potential 294
3.4.3. Leistung 296
3.4.4. Beispiele 297
3.5. Drallsatz 300

4. *Dynamik des starren Körpers* 302

4.1. Impulssatz und Drallsatz des starren Körpers 302
4.2. Drehbewegung des starren Körpers um eine feststehende Achse 305
4.3. Berechnung der Massenträgheitsmomente einiger Körper 307
4.3.1. Dünne Kreisscheibe 307
4.3.2. Dünnwandiges Rohr oder dünner Ring 308
4.3.3. Dünner gerader Stab 309
4.3.4. Satz von Steiner 310
4.3.5. Beispiele 311
4.4. Beispiele zum Drallsatz 313
4.5. Drehbewegung des Körpers um eine sich neigende Achse 317
4.6. Kinetische Energie des starren Körpers 320
4.6.1. Beispiele 321

5. *Stoß fester Körper* 324

5.1. Übersicht, Definitionen 324
5.2. Gerader zentrischer Stoß 325
5.3. Gerader exzentrischer Stoß 329
5.4. Beispiele 331

6. *Körper mit kontinuierlicher Massenabgabe und Massenaufnahme* 332

6.1. Ableitung der Bewegungsgleichung für die Translation auf gerader Bahn 332
6.2. Beispiele 335

7. *Schwingungen linearer mechanischer Systeme* 339

7.1. Übersicht, Definitionen 339
7.2. Schwinger mit einem Freiheitsgrad 341
7.2.1. Freie ungedämpfte Schwingungen 341
7.2.2. Freie gedämpfte Schwingungen 347
7.2.3. Erzwungene Schwingungen 352
7.2.4. Kritische Drehzahl 359
7.3. Eigenfrequenz freier ungedämpfter Schwinger mit mehreren Freiheitsgraden 362
7.3.1. Einmassensysteme 362
7.3.2. Mehrmassensysteme 368
7.3.2.1. Beispiele für Zweimassensysteme 368
7.3.2.2. Biegeschwinger mit mehreren Massenpunkten 370
7.3.2.3. Verfahren von DUNKERLEY 374

LITERATUR- UND QUELLENVERZEICHNIS 378

SACHWORTVERZEICHNIS 379

STATIK

1. Grundbegriffe

Statik ist die Lehre vom Kräftegleichgewicht am ruhenden oder gleichförmig bewegten starren Körper oder an Teilen davon.
Mit diesem Satz ist das Lehrgebiet »Statik« abgesteckt. Die zur Definition verwendeten Begriffe sind aus der Physik bekannt, so daß hier eine knappe Zusammenstellung ausreicht.

1.1. Kraft

Die Kraft begegnet uns in ihrer ursprünglichen Form als Volumen- oder Gewichtskraft. Infolge der Erdanziehung wirkt von jedem Körper zum Erdmittelpunkt hin die Kraft $\varrho g V$ (in N). Die Größe ϱg (in N mm^{-3}) ist die Kraft je Volumeneinheit, V (in mm^3) ist das Volumen des Körpers. Betrachten wir die Schneelast auf Dächern oder den Innendruck in Gefäßen, so kommen wir zum Begriff Kraft je Flächeneinheit oder auch Flächenlast bzw. Druck p (in N mm^{-2} bzw. MPa). Rauhreif auf Drähten z. B. kann als Kraft je Längeneinheit oder Linienlast q (in N mm^{-1}) angesehen werden. Wird eine Kraft in ein Bauteil über eine sehr kleine Fläche eingetragen, können wir diesen Belastungsfall idealisieren und damit rechnen, daß die Last in einem Punkt angreift. Dadurch kommen wir zur Einzellast F (in N), mit der wir uns vorerst beschäftigen wollen.
Befestigen wir beispielsweise einen Klotz von der Masse m (Bild S 1.1.1) an einem Seil, so kann die Volumenkraft F_G im Seil als Einzellast F dargestellt werden. Führen wir das (als masselos angenommene) Seil über eine (reibungsfrei gelagerte) Rolle, so können wir die Kraft in jede beliebige Richtung umlenken. Die Kraftgröße (*Betrag*) bleibt erhalten, und es gilt $F = mg = F_G$. Bild S 1.1.2 zeigt eine Abspannvorrichtung, bei der das Prinzip der Kraftumlenkung benutzt wird. Aus der Erfahrung hat sich ferner bestätigt, daß eine Verschiebung einer Einzelkraft auf ihrer Wirkungslinie keinen Einfluß auf das Gleichgewicht des gesamten Körpers hat. Die Kraft $\boldsymbol{F}$ darf also (Bild S 1.2), längs der Linie WL wirkend, an jedem beliebigen Punkte B, C oder D des starren Körpers angreifen.
Mit den Erkenntnissen aus der Praxis stellen wir zusammen:

> Die Kraft ist bestimmt durch ihre Größe (Betrag) und durch ihre Richtung, sie darf auf ihrer Wirkungslinie verschoben werden.

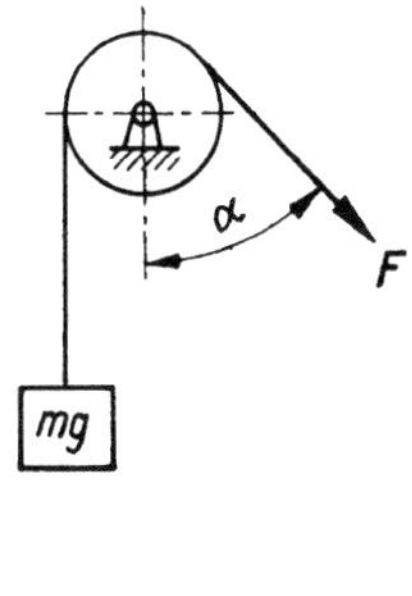

Bild S 1.1.1

Mathematisch formulieren wir:

▌ Die Kraft $\boldsymbol{F}$ ist ein linienflüchtiger bzw. gebundener Vektor

Bild S 1.1.2

Nach den Regeln der Vektorrechnung läßt sich die Kraft wie folgt darstellen (Bild S 1.3)

$$\boldsymbol{F} = F_x\boldsymbol{e}_x + F_y\boldsymbol{e}_y + F_z\boldsymbol{e}_z = \{F_x, F_y, F_z\} \qquad (1.1)$$

Mit $\boldsymbol{F} \cdot \boldsymbol{F} = F^2$ erhalten wir den Betrag der Kraft

$$F = \sqrt{F_x^2 + F_y^2 + F_z^2} \qquad (1.2)$$

Die Richtung der Kraft folgt aus

$$\begin{aligned} \boldsymbol{F} \cdot \boldsymbol{e}_x &= F_x = F \cos \alpha \\ \boldsymbol{F} \cdot \boldsymbol{e}_y &= F_y = F \cos \beta \\ \boldsymbol{F} \cdot \boldsymbol{e}_z &= F_z = F \cos \gamma \end{aligned} \qquad (1.3)$$

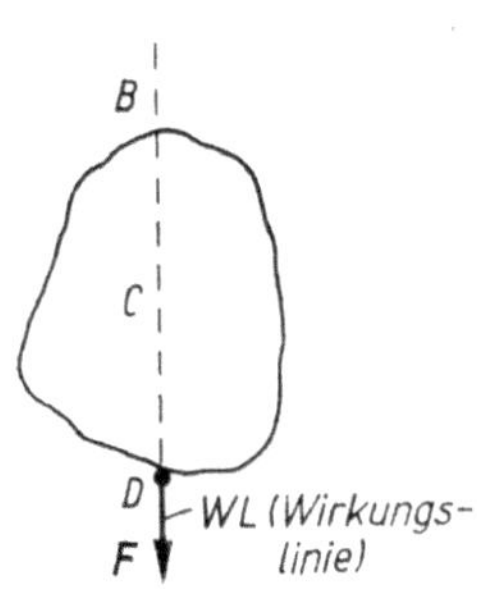

Bild S 1.2

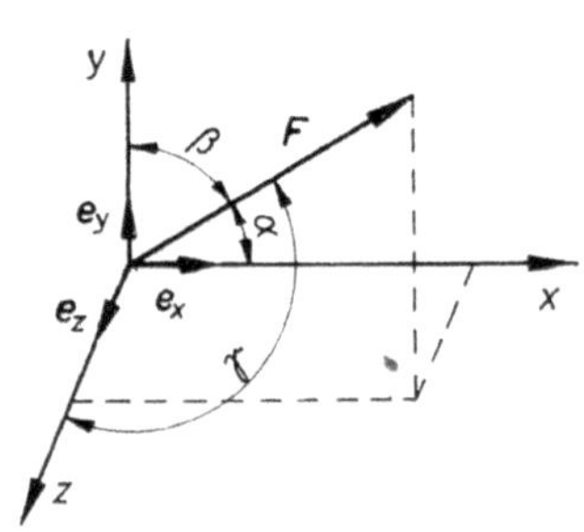

Bild S 1.3

woraus dann nochmals (1.2) in anderer Form bestätigt wird

$$\frac{F_x^2 + F_y^2 + F_z^2}{F^2} = \cos^2 \alpha + \cos^2 \beta + \cos^2 \gamma = 1 \qquad (1.4)$$

Wir unterscheiden äußere und innere Kräfte. Mit den inneren Kräften werden wir uns in 3.3. und 1.3. des Teiles Festigkeitslehre beschäftigen. Die äußeren Kräfte unterteilen wir in die eingeprägten bekannten Kräfte und in die Reaktions- oder Zwangskräfte. Die Reaktionskräfte entstehen durch eine entsprechende Lagerung des Bauteiles.

1.2. Gleichgewicht

Ein Körper ist im Gleichgewicht, wenn die eingeprägten bekannten Kräfte und die *Reaktionskräfte* eine Bewegung des Körpers verhindern. Zur Bestimmung dieser Reaktionskräfte muß man das Tragwerk von der Lagerung »befreien« und am Bauteil der Lagerung entsprechende Kräfte anbringen.[1]) Man spricht hierbei vom Freischneiden oder Befreiungsprinzip. Wir stellen bei diesem Freischneiden fest, daß sowohl vom Körper zum Lager als auch vom Lager zum Körper eine Kraft ausgeübt wird, und erkennen, daß gemäß diesem Wechselwirkungsgesetz Kräfte immer paarweise auftreten. Befreien wir beispielsweise in der im Bild S 1.1.1 skizzierten Anordnung den Körper mit dem Gewicht E vom Seil (Lager), so erkennen wir das in Bild S 1.4 skizzierte Schema. Daraus leiten wir folgendes Axiom ab:

> Zwei Kräfte, die an einem Punkt angreifen, sind im Gleichgewicht, wenn sie
> 1. gleich groß sind (den gleichen Betrag haben),
> 2. auf einer Wirkungslinie liegen und
> 3. entgegengesetzt gerichtet sind.

Vektoriell haben wir zu schreiben

$$\boldsymbol{F}_1 + \boldsymbol{F}_2 = 0$$

Die zur Bestimmung der Reaktionskräfte benötigten Gleichungen nennt man Gleichgewichtsbedingungen. Ihre Anzahl ist identisch mit der Anzahl der Freiheitsgrade des betrachteten Körpers. Ein Körper im Raum hat sechs Freiheitsgrade, drei der Translation (Verschiebung) und drei der Rotation (Drehung), so daß bei beliebiger Belastung eines Körpers sechs Gleichgewichtsbedingungen zur Verfügung stehen. Für ebene Probleme kann man drei voneinander unabhängige Gleichgewichtsbedingungen aufstellen.

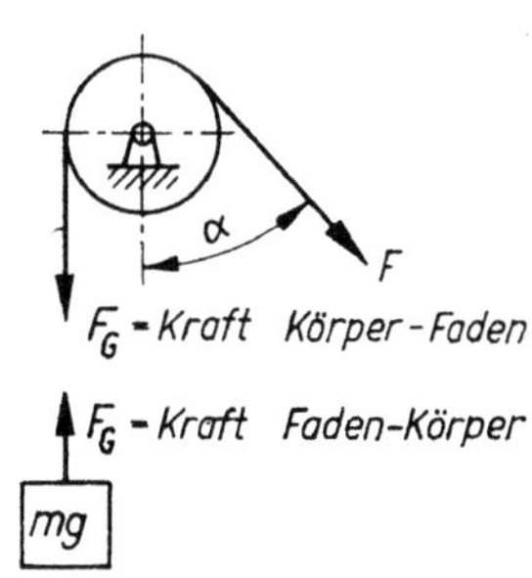

Bild S 1.4

[1]) Siehe 3.1.2.

1.3. Starrer Körper

Der starre Körper ist die Idealvorstellung eines Körpers, der unter Krafteinwirkung keine Verformung erfährt. Im Sinne einer Beschränkung auf das Wesentliche ist in der Statik diese Idealisierung zulässig. Wir werden in der Festigkeitslehre Verformungen verschiedener Bauteile berechnen, müssen dabei allerdings das Materialverhalten berücksichtigen. Rein statische Betrachtungen gelten stets unabhängig vom Werkstoff.

2. Ebenes Kraftsystem

Wir betrachten in diesem Abschnitt nur Kräfte in einer Ebene (x,y-Ebene), eine Kraftkomponente F_z sei nicht vorhanden.

2.1. Ebenes zentrales Kraftsystem

Im folgenden wollen wir ebene Kräftegruppen behandeln, deren Wirkungslinien durch einen Punkt gehen.
Kräfte sind linienflüchtige Vektoren. Wenn sich sämtliche Kraftwirkungslinien in einem Punkt schneiden, können wir diese Kräfte also auch mit gemeinsamem Angriffspunkt eintragen (Bild S 2.1).

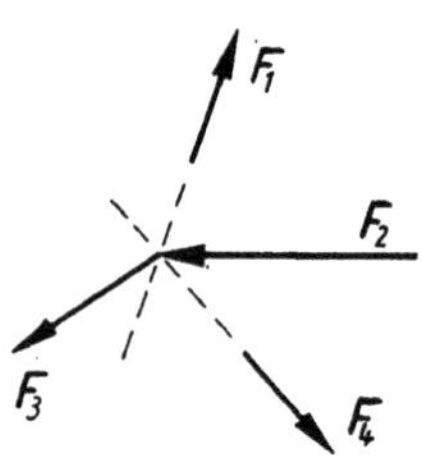

Bild S 2.1

2.1.1. Zusammensetzung von Kräften

Kräfte sind linienflüchtige Vektoren, und es können auf sie die Regeln der Vektorrechnung angewendet werden.
Analytisch kann für die Zusammensetzung von n Kräften geschrieben werden

$$\boldsymbol{F}_1 + \boldsymbol{F}_2 + \cdots + \boldsymbol{F}_i + \cdots + \boldsymbol{F}_{n-1} + \boldsymbol{F}_n = \sum_{i=1}^{n} \boldsymbol{F}_i = \boldsymbol{F}_{\mathrm{Res}} \tag{2.1}$$

$\boldsymbol{F}_{\mathrm{Res}}$ nennt man Resultierende oder Resultante der Einzelkräfte. In Komponentenschreibweise gilt

$$\boldsymbol{F}_{\mathrm{Res}} = \sum_{i=1}^{n} (F_{ix}\boldsymbol{e}_x + F_{iy}\boldsymbol{e}_y) = F_{\mathrm{R}x}\boldsymbol{e}_x + F_{\mathrm{R}y}\boldsymbol{e}_y$$

mit

$$F_{\mathrm{R}x} = \sum_{i=1}^{n} F_{ix} \quad \text{und} \quad F_{\mathrm{R}y} = \sum_{i=1}^{n} F_{iy} \tag{2.2}$$

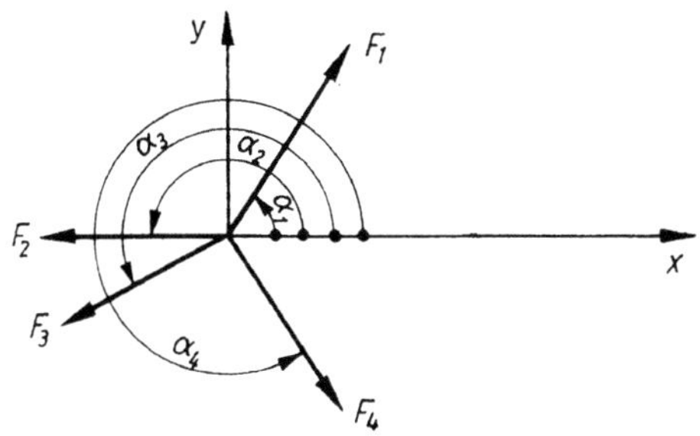

Bild S 2.2

Sind Kräfte nicht als Vektoren, sondern mit Betrag und Winkel gegeben, so kann man ganz formal die Komponenten der Resultierenden (F_{Rx}, F_{Ry}) ermitteln, wenn man sämtliche Kräfte vom Knotenpunkt weg wirken läßt und die Winkel zu den Kraftwirkungslinien von der positiven x-Achse mathematisch positiv (im Gegenuhrzeigersinn) zählt (Bild S 2.2).

$$F_{Rx} = \sum_{i=1}^{n} F_i \cos \alpha_i$$

$$F_{Ry} = \sum_{i=1}^{n} F_i \sin \alpha_i$$

Den Betrag der Resultierenden erhalten wir entsprechend (1.2) zu

$$F_{Res} = \sqrt{F_{Rx}^2 + F_{Ry}^2} \qquad (2.3)$$

und ihre Richtung folgt entsprechend (1.3) aus

$$F_{Rx} = F_{Res} \cos \alpha_R$$

$$F_{Ry} = F_{Res} \sin \alpha_R$$

zu

$$\tan \alpha_R = \frac{F_{Ry}}{F_{Rx}} \qquad (2.4)$$

Für praktische Belange ist es allerdings besser, die jeweils kleinsten Winkel zwischen einer Kraft und einer Achse zu messen und alle Kraftkomponenten in positiver Achsrichtung positiv zu definieren (Bild S 2.3)

$$F_{Rx} = F_1 \sin \beta_1 - F_2 - F_3 \cos \beta_3 + F_4 \sin \beta_4$$

$$F_{Ry} = F_1 \cos \beta_1 - F_3 \sin \beta_3 - F_4 \cos \beta_4$$

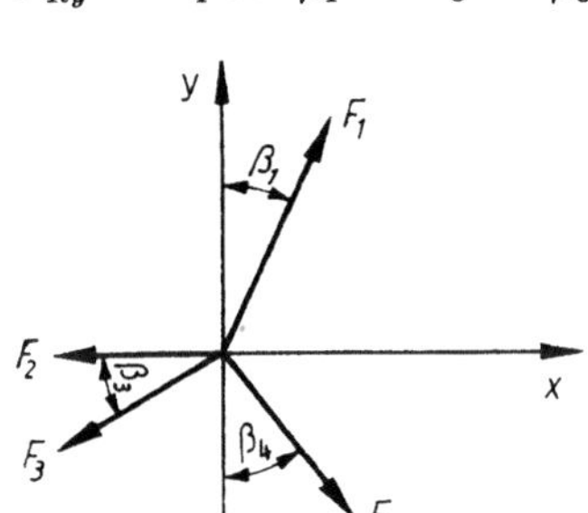

Bild S 2.3

Bei der *grafischen Ermittlung* der Resultierenden gehen wir vom Kräfteparallelogramm aus. Dieses Axiom besagt:
Spannt man mit den Kräften $\boldsymbol{F}_1$ und $\boldsymbol{F}_2$ als »Seiten« ein Parallelogramm auf, so ist die »Diagonale« $\boldsymbol{F}_{\text{Res}}$ den Kräften $\boldsymbol{F}_1$ und $\boldsymbol{F}_2$ in ihrer statischen Wirkung äquivalent (Bild S 2.4). Für mehrere Kräfte ist diese Methode, wie Sie selbst überprüfen sollten, ungeeignet. Wir können aber die Kräfte wegen ihrer Vektoreigenschaft »geometrisch addieren«, d. h., wir tragen die Kräfte $\boldsymbol{F}_1$ und $\boldsymbol{F}_2$ entsprechend Betrag und Richtung nacheinander an und erhalten als Verbindungslinie vom Anfangspunkt der Kraft *1* zum Endpunkt der Kraft *2* die den beiden Kräften äquivalente Resultierende (Bild S 2.5). Diese Darstellung nennen wir *Kräfteplan* oder *Krafteck*.

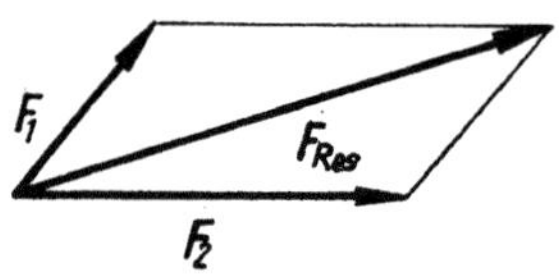

Bild S 2.4

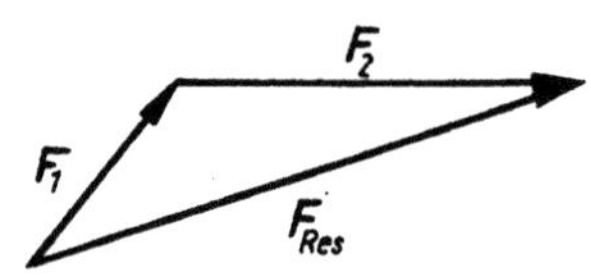

Bild S 2.5

Sie läßt ohne Schwierigkeiten eine Erweiterung auf beliebig viele Kräfte zu. Greifen an einem Punkt mehrere Kräfte an, die im *Lageplan* (Bild S 2.6) nach Größe und Richtung gegeben sind, so kann die Resultierende mit Hilfe des Kräfteplanes (Bild S 2.7) ermittelt werden. Die Kräfte werden unter Verwendung eines zweckmäßig zu wählenden Kräftemaßstabes (1 cm $\triangleq$ $\varkappa$ N) in Strecken umgerechnet und entsprechend Bild S 2.7 angetragen. Dabei ergibt $\boldsymbol{F}_1 + \boldsymbol{F}_2$ die Resultierende $\boldsymbol{F}_{\text{R}1/2}$, $\boldsymbol{F}_{\text{R}1/2} + \boldsymbol{F}_3$ die Resultierende $\boldsymbol{F}_{\text{R}1/2/3}$ usw. Die Verbindungslinie vom Anfangspunkt der ersten Kraft zum Endpunkt der letzten Kraft stellt somit die Resultierende $\boldsymbol{F}_{\text{Res}}$ aller am Punkt angreifenden Kräfte dar.

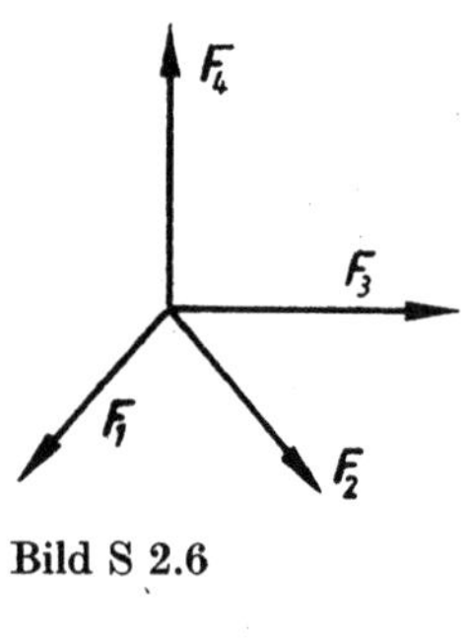

Bild S 2.6

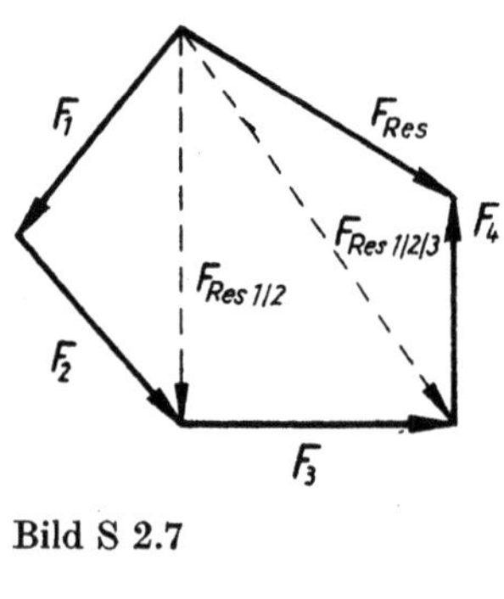

Bild S 2.7

Bei der Vektoraddition ist die Reihenfolge der Summanden ohne Einfluß auf das Ergebnis, d. h.

$$\boldsymbol{F}_{\text{Res}} = \boldsymbol{F}_1 + \boldsymbol{F}_2 + \boldsymbol{F}_3 + \boldsymbol{F}_4 = \boldsymbol{F}_1 + \boldsymbol{F}_3 + \boldsymbol{F}_2 + \boldsymbol{F}_4 \text{ usw.}$$

und auch die Reihenfolge der Kräfteantragung im Kräfteplan ist beliebig. Es gilt das kommutative Gesetz.

2.1.2. Kraftzerlegung

Die Kraft $\boldsymbol{F}$ sei zu zerlegen in die Richtungen 1 und 2 (Bild S 2.8). *Grafisch* können wir Bild S 2.8 als Lageplan auffassen, wozu der entsprechende Kräfteplan zu zeichnen ist (Bild S 2.9).

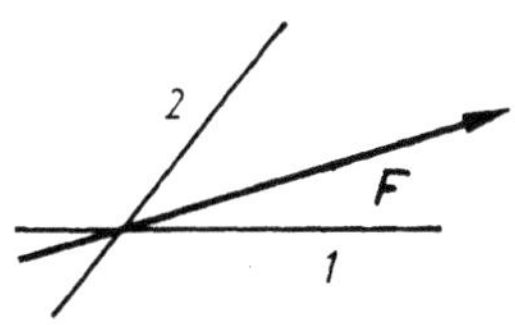

Bild S 2.8

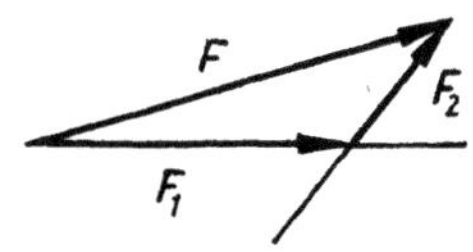

Bild S 2.9

Aus dieser grafischen Lösung erkennen wir, daß bei gegebenem $\boldsymbol{F}$ eine eindeutige Zerlegung nur nach zwei Richtungen möglich ist. Eine dritte Richtung läßt beliebig viele Kraftecke zu.

Erkenntnis: Eine Kraft kann in einem Punkt in der Ebene eindeutig nur nach zwei Richtungen zerlegt werden.

Bei einer *analytischen* Lösung gehen wir am einfachsten über die Komponenten in einem kartesischen Koordinatensystem.

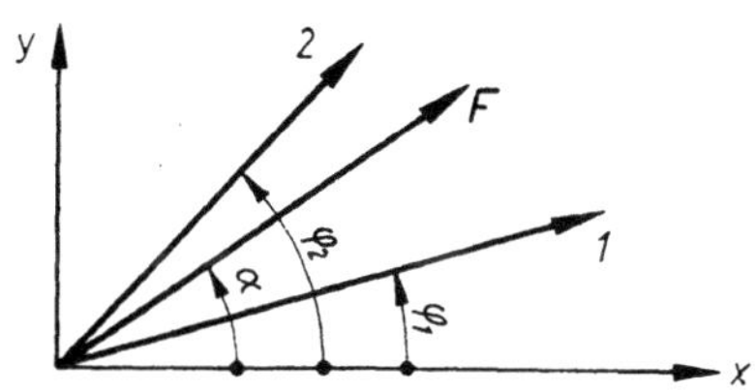

Bild S 2.10

Aus Bild S 2.10 erkennen wir

$$F_x = F\cos\alpha = F_1\cos\varphi_1 + F_2\cos\varphi_2$$

$$F_y = F\sin\alpha = F_1\sin\varphi_1 + F_2\sin\varphi_2$$

Nach Auflösung dieses Gleichungssystems erhalten wir

$$F_1 = \frac{\begin{vmatrix}\cos\alpha & \cos\varphi_2\\ \sin\alpha & \sin\varphi_2\end{vmatrix}}{\begin{vmatrix}\cos\varphi_1 & \cos\varphi_2\\ \sin\varphi_1 & \sin\varphi_2\end{vmatrix}}F \quad\text{und}\quad F_2 = \frac{\begin{vmatrix}\cos\varphi_1 & \cos\alpha\\ \sin\varphi_1 & \sin\alpha\end{vmatrix}}{\begin{vmatrix}\cos\varphi_1 & \cos\varphi_2\\ \sin\varphi_1 & \sin\varphi_2\end{vmatrix}}F \tag{2.5}$$

bzw.

$$F_1 = \frac{\sin(\varphi_2 - \alpha)}{\sin(\varphi_2 - \varphi_1)}F \quad\text{und}\quad F_2 = \frac{\sin(\alpha - \varphi_1)}{\sin(\varphi_2 - \varphi_1)}F$$

Die vektorielle Lösung sei gleichfalls noch vorgestellt:

$$\begin{aligned} \boldsymbol{F} &= F_x \boldsymbol{e}_x + F_y \boldsymbol{e}_y = F_1 \boldsymbol{e}_1 + F_2 \boldsymbol{e}_2 \\ &= F_1[\cos(1, x)\, \boldsymbol{e}_x + \cos(1, y)\, \boldsymbol{e}_y] + F_2[\cos(2, x)\, \boldsymbol{e}_x + \cos(2, y)\, \boldsymbol{e}_y] \\ &= F_1(c_{1x} \boldsymbol{e}_x + c_{1y} \boldsymbol{e}_y) + F_2(c_{2x} \boldsymbol{e}_x + c_{2y} \boldsymbol{e}_y) \end{aligned}$$

Mit

$$c_{1x} = \cos(1, x) \cdots c_{2y} = \cos(2, y)$$

als Richtungscosinus. Aus dem Koeffizientenvergleich erhalten wir

$$\boldsymbol{e}_x: \quad F_x = F_1 c_{1x} + F_2 c_{2x} = F \cos \alpha$$

$$\boldsymbol{e}_y: \quad F_y = F_1 c_{1y} + F_2 c_{2y} = F \sin \alpha$$

und damit

$$F_1 = \frac{\begin{vmatrix} \cos\alpha & c_{2x} \\ \sin\alpha & c_{2y} \end{vmatrix}}{\begin{vmatrix} c_{1x} & c_{2x} \\ c_{1y} & c_{2y} \end{vmatrix}} F \quad \text{und} \quad F_2 = \frac{\begin{vmatrix} c_{1x} & \cos\alpha \\ c_{1y} & \sin\alpha \end{vmatrix}}{\begin{vmatrix} c_{1x} & c_{2x} \\ c_{1y} & c_{2y} \end{vmatrix}} F \tag{2.6}$$

[Beim Vergleich von (2.5) mit (2.6) beachte man $\cos \varphi = \sin\left(\frac{\pi}{2} - \varphi\right)$!]

2.1.3. Gleichgewicht

Aus 2.1.1. ist bekannt, daß in der Ebene beliebig viele Kräfte $\boldsymbol{F}_i$, deren Wirkungslinien sich in einem Punkte B schneiden, eindeutig zu einer Resultierenden $\boldsymbol{F}_{\text{Res}}$ zusammengefaßt werden können, deren Wirkungslinie gleichfalls durch B geht. Wir haben damit die $\boldsymbol{F}_i$ auf eine Kraft $\boldsymbol{F}_{\text{Res}}$ zurückgeführt, können damit die für zwei Kräfte in 1.2. gegebene Formulierung für das Gleichgewicht auch auf mehrere Kräfte übertragen und schreiben:

Kräfte, deren Wirkungslinien sich in einem Punkte schneiden, sind im Gleichgewicht, wenn gilt

$$\sum_{i=1}^{n} \boldsymbol{F}_i = 0 \tag{2.7}$$

Aus dieser einen Vektorgleichung gewinnen wir in der Ebene mit der Komponentenschreibweise die beiden Gleichungen

$$\sum_{i=1}^{n} F_{ix} = 0 \quad \text{und} \quad \sum_{i=1}^{n} F_{iy} = 0 \tag{2.8}$$

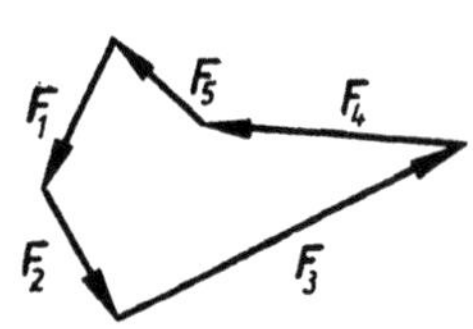

Bild S 2.11

Bei einer grafischen Betrachtung gilt analog:

Kräfte, deren Wirkungslinien sich in einem Punkte schneiden, sind im Gleichgewicht, wenn sich das Krafteck schließt (Bild S 2.11).

2.2. Ebenes allgemeines Kraftsystem

Im folgenden wollen wir ebene Kräftegruppen behandeln, deren Wirkungslinien sich nicht in einem Punkte schneiden.

2.2.1. Grafische Ermittlung der Resultierenden

Die Resultierende mehrerer Kräfte, deren Wirkungslinien sich nicht in einem Punkte schneiden, können wir durch aufeinanderfolgende Addition von jeweils zwei Kräften hinsichtlich Betrag, Richtung und Lage der Wirkungslinie ermitteln. Entsprechend Bild S 2.12 können wir zunächst $\boldsymbol{F}_1$ und $\boldsymbol{F}_2$ zur Teilresultierenden $\boldsymbol{F}_{R1,2}$ und dann $\boldsymbol{F}_{R1,2}$ mit $\boldsymbol{F}_3$ zu $\boldsymbol{F}_{Res}$ zusammenfassen, wobei wir beachten, daß die Kräfte linienflüchtige Vektoren sind und auf ihren Wirkungslinien verschoben werden dürfen.

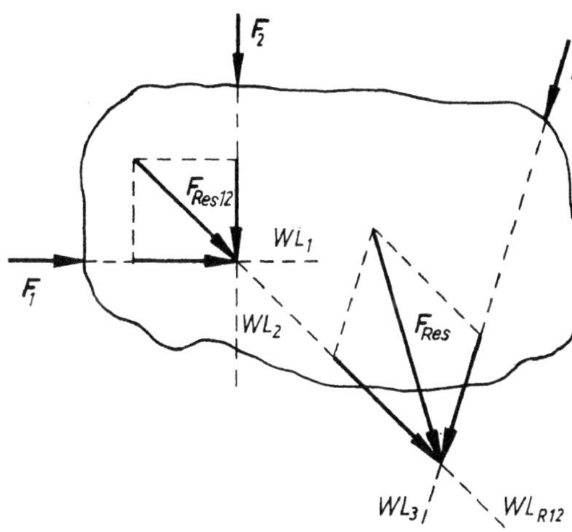

Bild S 2.12

Bei einer großen Anzahl von Kräften wird dieses Verfahren unübersichtlich. Außerdem können bei nahezu parallelen Kräften die Schnittpunkte außerhalb der Zeichenfläche liegen. Für diese Kräftegruppen kann die Lage der Resultierenden mit der Konstruktion des Seileckes bzw. Seilpolygons ermittelt werden. Im Lageplan (Bild S 2.13) werden die Wirkungslinien der Kräfte im entsprechenden Abstand (Längenmaßstab 1 cm = λ cm) eingezeichnet. Dann werden diese Kräfte im *Kräfteplan* (Bild S 2.14) im entsprechenden Kräftemaßstab (1 cm = $\varkappa$ N) aufgetragen und ergeben die *Größe und Richtung der* Resultierenden $\boldsymbol{F}_{Res}$. Die *Lage* der Resultierenden muß noch mit Hilfe des Seileckes ermittelt werden. Im Kräfteplan wird ein beliebiger Pol P gewählt, und die Polstrahlen $\boldsymbol{S}_1$ bis $\boldsymbol{S}_5$ werden eingezeichnet. Parallel zu diesen Strahlen wird im Lageplan, beginnend auf einem beliebigen Punkt der Wirkungslinie der entsprechenden Kraft, das sogenannte Seileck gezeichnet. Dabei ist folgendes zu beachten: Je zwei Polstrahlen begrenzen eine Kraft im Kräfteplan

(z. B. Polstrahlen *1* und *2* die Kraft $\boldsymbol{F}_1$). Die Polstrahlen müssen sich auf der Wirkungslinie der gleichen Kraft im Lageplan kreuzen. Anders formuliert: Ein Polygon im Kräfteplan entspricht einem Punkt im Lageplan. Der Schnittpunkt des ersten und letzten Polstrahles ergibt die Lage der Wirkungslinie der Resultierenden (diese Polstrahlen begrenzen im Kräfteplan die Resultierende $\boldsymbol{F}_{\text{Res}}$). Durch die beliebige Wahl des Pols und des Anfangspunktes des Seilecks gibt es zu jedem Kräftesystem unendlich viele Seilecke.

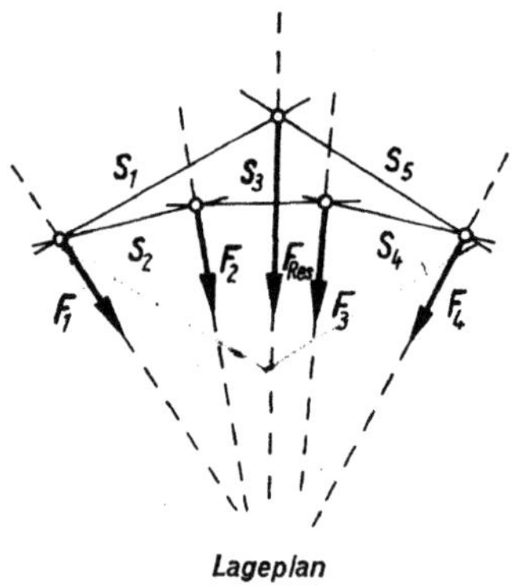

Bild S 2.13

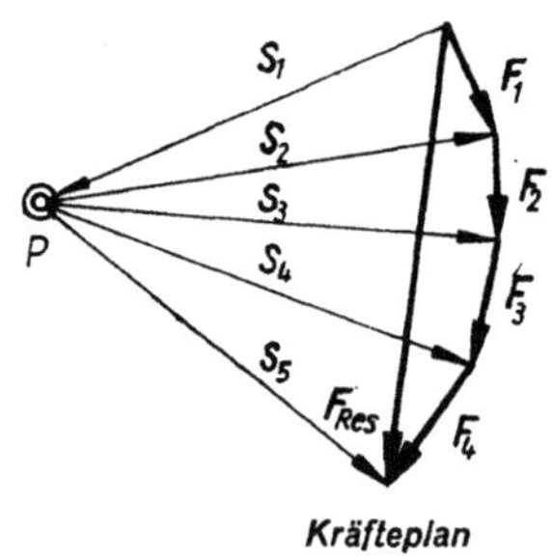

Bild S 2.14

Zum Beweis der Richtigkeit der Seileckkonstruktion dient die folgende Überlegung: Die Kräfte $\boldsymbol{F}_1 \cdots \boldsymbol{F}_4$ werden aus zeichentechnischen Gründen in die Kräfte $\boldsymbol{S}_1 \cdots \boldsymbol{S}_5$ zerlegt. Zunächst ersetzt man $\boldsymbol{F}_1$ durch $\boldsymbol{S}_1$ und $\boldsymbol{S}_2$, dann faßt man $\boldsymbol{F}_2$ und $\boldsymbol{S}_2$ zu $\boldsymbol{S}_3$, $\boldsymbol{F}_3$ und $\boldsymbol{S}_3$ zu $\boldsymbol{S}_4$ und schließlich $\boldsymbol{F}_4$ und $\boldsymbol{S}_4$ zu $\boldsymbol{S}_5$ zusammen. Damit sind die vier Kräfte $\boldsymbol{F}_1 \cdots \boldsymbol{F}_4$ auf die beiden Kräfte $\boldsymbol{S}_1$ und $\boldsymbol{S}_5$ zurückgeführt worden. Durch den Schnittpunkt der Wirkungslinien von $\boldsymbol{S}_1$ und $\boldsymbol{S}_5$ muß nun auch die Resultierende $\boldsymbol{F}_{\text{Res}}$ gehen. Damit ist die Lage der Resultierenden $\boldsymbol{F}_{\text{Res}}$ aus dem Lageplan bestimmt, während Größe und Richtung bereits aus dem Kräfteplan ermittelt wurden.

$$\boldsymbol{F}_1 + \boldsymbol{F}_2 + \boldsymbol{F}_3 + \boldsymbol{F}_4 = \boldsymbol{S}_1 + \boldsymbol{S}_5 = \boldsymbol{F}_{\text{Res}}$$

Sind die Kräfte parallel, so läßt sich die gleiche Seilkonstruktion anwenden. (Bei Anwendung des Seileckverfahrens wird häufig an Stelle $\boldsymbol{S}_1$, $\boldsymbol{S}_2$ usw. einfach 1, 2 usw. geschrieben.)

2.2.2. Kräftepaar und Moment

2.2.2.1. Kräftepaar

Das oben erwähnte Verfahren versagt, wenn zwei gleich große, entgegengesetzt gerichtete, parallele Kräfte zu einer Resultierenden zusammengefaßt werden. Die beiden Kräfte $\boldsymbol{F}$ ergeben die Kraftresultierende Null.
$\boldsymbol{S}_1$ und $\boldsymbol{S}_3$ liegen im Kräfteplan aufeinander und verlaufen damit im Lageplan parallel (Bild S 2.15). Wir nennen zwei gleich große, entgegengesetzt gerichtete parallele Kräfte ein Kräftepaar oder ein Moment. Dieses Kräftepaar versucht, dem starren Körper eine Drehung mit einem bestimmten Drehsinn zu erteilen. Als Maß für dieses

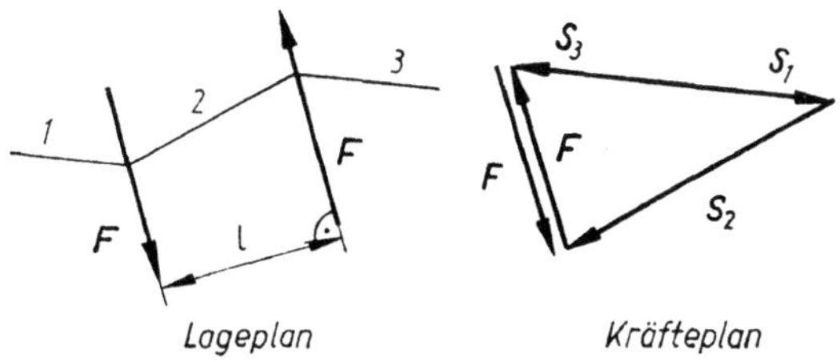

Bild S 2.15

Kräftepaar gilt das Produkt aus dem Betrag einer Kraft und dem senkrechten Abstand beider Kräfte, und wir schreiben

$$M = Fl = lF \text{ (in Nm)}$$

Dieses Kräftepaar läßt sich nicht auf eine Einzelkraft reduzieren, und wir fassen M neben F als neue Grundgröße auf.

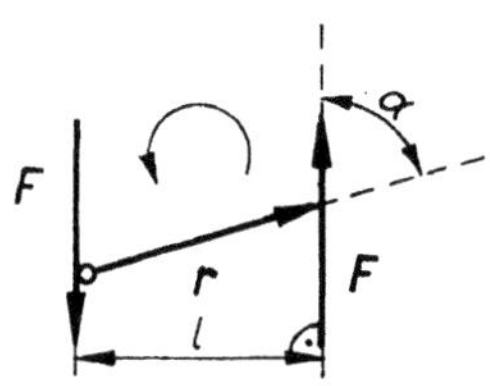

Bild S 2.16

Die neue Grundgröße läßt sich vektoriell (Bild S 2.16) in der Form darstellen: $\boldsymbol{M} = \boldsymbol{r} \times \boldsymbol{F}$. Dabei ist $\boldsymbol{r}$ ein Ortsvektor von einem beliebigen Punkt der einen Kraftwirkungslinie zu einem beliebigen Punkt der anderen Kraftwirkungslinie. $\boldsymbol{r}$ und $\boldsymbol{F}$ schließen den Winkel α ein. Der Drehsinn des Kräftepaares wird festgelegt durch das von $\boldsymbol{r}$, $\boldsymbol{F}$ und $\boldsymbol{M}$ gebildete Rechtssystem (Schraubenregel), und der Betrag folgt aus

$$|\boldsymbol{M}| = M = |\boldsymbol{r}|\,|\boldsymbol{F}| \sin\alpha = |\boldsymbol{F}|\,|\boldsymbol{r}| \sin\alpha = Fl$$

M kann unter Beachtung des Drehsinns durch beliebig viele äquivalente Kräftepaare ersetzt werden, wofern nur gilt

$$M = F_1 l_1 = F_2 l_2 = F_3 l_3 = \cdots = F_i l_i$$

Da Kräfte aber linienflüchtige Vektoren sind, können gleichwertige Kräftepaare in der Ebene beliebig verschoben werden, ohne daß sich ihre statische Wirkung ändert (Bild S 2.17).

Im Gegensatz zum linienflüchtigen, gebundenen Kraftvektor ist das Moment ein freier Vektor.

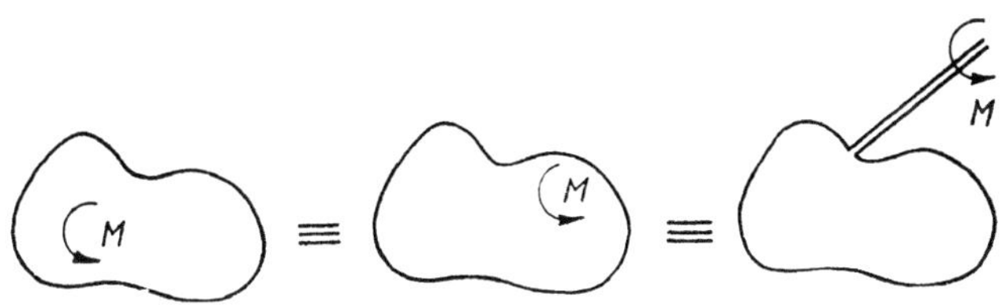

Bild S 2.17

2.2.2.2. Moment einer Kraft in bezug auf eine Achse

Bei weiteren Betrachtungen in der Statik spielt die Wirkung einer Kraft in bezug auf eine Achse eine große Rolle.
Ordnen wir analog 2.2.2.1. dem Kraftvektor $\boldsymbol{F}_i$ einen vom Koordinatenursprung zu einem beliebigen Punkt der Kraftwirkungslinie weisenden Vektor $\boldsymbol{r}_i$ zu, wobei sich die Wirkungslinie von $\boldsymbol{F}_i$ und $\boldsymbol{r}_i$ unter einem Winkel α_i schneiden (Bild S 2.18),

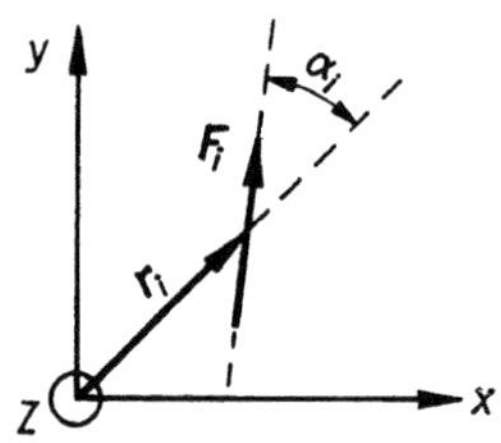

Bild S 2.18

so erkennen wir anschaulich als Wirkung der Kraft $\boldsymbol{F}$ um die z-Achse, die aus der Zeichenebene herauskommt, den Betrag $M_{iz} = |\boldsymbol{F}_i|\,|\boldsymbol{r}_i| \sin \alpha_i$. Wir können uns dabei vorstellen, daß entweder $|\boldsymbol{r}_i|$ senkrecht auf die Kraftwirkungslinie projiziert wurde ($|\boldsymbol{r}_i| \sin \alpha_i$) oder daß $|\boldsymbol{F}_i|$ senkrecht auf $\boldsymbol{r}_i$ projiziert wurde ($|\boldsymbol{F}_i| \sin \alpha_i$) (Bild S 2.19).
Die Kraftwirkung läßt sich auch über ihre Komponenten darstellen (Bild S 2.20).

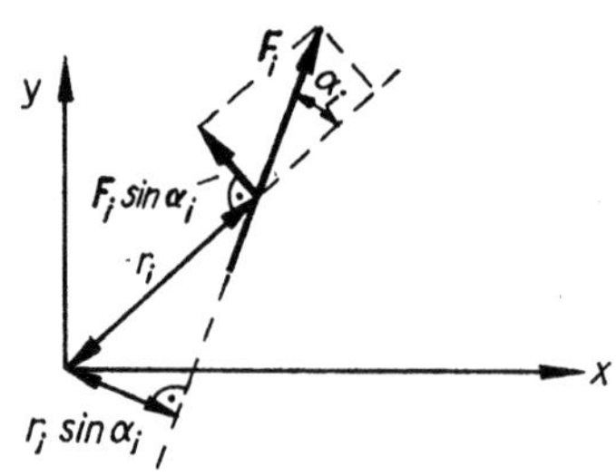

Bild S 2.19

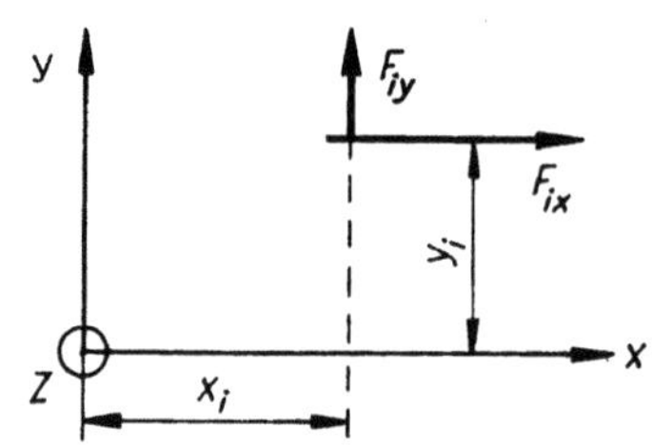

Bild S 2.20

Wir erhalten $M_{iz} = x_i F_{iy} - y_i F_{ix}$. Dabei fassen wir in einem Rechtssystem den Gegenuhrzeigerdrehsinn als mathematisch positiv auf. (M_{iz} ist positiv, wenn es entsprechend einer Rechtsschraube um die positive z-Achse dreht.) Mit der Vektorrechnung finden wir auf sehr einfache Weise die gleichen Ergebnisse, wenn wir das äußere oder Kreuzprodukt von $\boldsymbol{r}_i$ und $\boldsymbol{F}_i$ bilden.

$$\boldsymbol{M}_i = \boldsymbol{r}_i \times \boldsymbol{F}_i = (x_i \boldsymbol{e}_x + y_i \boldsymbol{e}_y) \times (F_{ix} \boldsymbol{e}_x + F_{iy} \boldsymbol{e}_y)$$

$$= \begin{vmatrix} \boldsymbol{e}_x & \boldsymbol{e}_y & \boldsymbol{e}_z \\ x_i & y_i & 0 \\ F_{ix} & F_{iy} & 0 \end{vmatrix} = \boldsymbol{e}_z (x_i F_{iy} - y_i F_{ix}) \tag{2.9}$$

$$|\boldsymbol{M}_i| = x_i F_{iy} - y_i F_{ix} = |\boldsymbol{r}_i|\,|\boldsymbol{F}_i| \sin \alpha_i = M_{iz}$$

2.2.2.3. Versetzungsmoment

Kräfte sind linienflüchtige Vektoren. Ihre statische Wirkung auf einen starren Körper ändert sich bei Verschiebung der Kraft auf ihrer Wirkungslinie nicht. Mit den in 2.2.2.1. und 2.2.2.2. gewonnenen Erkenntnissen wollen wir nun das *Problem der Parallelverschiebung* einer Kraft behandeln.
Wird eine Kraft $\boldsymbol{F}$ parallel zu ihrer Wirkungslinie verschoben, so ändert sich ihre statische Wirkung auf das System nicht, wenn man entsprechend Bild S 2.22 ein Kräftepaar $\bar{\boldsymbol{r}} \times \bar{\boldsymbol{F}}$ anbringt, wobei gilt

$$|\boldsymbol{F}| = |\bar{\boldsymbol{F}}|$$

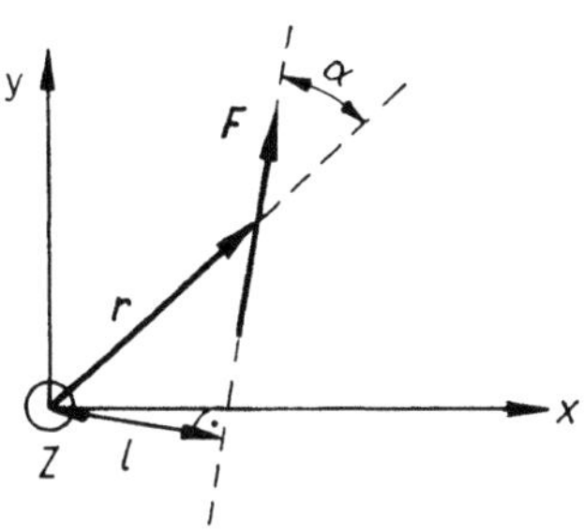

Bild S 2.21

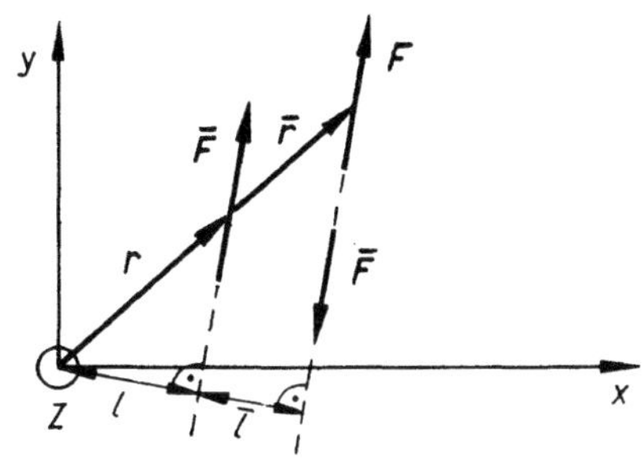

Bild S 2.22

Aus den Beträgen von $\boldsymbol{M}$ bzw. den Komponenten kann man folgendes erkennen:

Bild S 2.21 $M_z = Fl$

Bild S 2.22 $M_z = F(l + \bar{l}) - F\bar{l} = Fl$

Die Größe $F\bar{l}$ nennt man Versetzungsmoment.
Der Drehsinn des Versetzungsmomentes kann entweder unmittelbar aus der Anschauung oder aber formal durch konsequente Anwendung der Vektoroperationen gewonnen werden, wobei für das Gesamtmoment gilt

$$\boldsymbol{M} = \boldsymbol{r} \times \boldsymbol{F} = (\boldsymbol{r} + \bar{\boldsymbol{r}}) \times \boldsymbol{F} + \bar{\boldsymbol{r}} \times \bar{\boldsymbol{F}} \tag{2.10}$$

Mit dem Versetzungsmoment können wir jede ebene Kräftegruppe auf eine resultierende Kraft $\boldsymbol{F}_{\mathrm{Res}}$ durch einen beliebigen Punkt und ein Kräftepaar mit dem Momentenvektor $\boldsymbol{M}_{\mathrm{Res}}$ reduzieren.
Eine weitere Reduktion ist durch Parallelverschiebung der Kraft möglich.

2.2.3. Analytische Ermittlung der Resultierenden

Zur Bestimmung der Resultierenden $\boldsymbol{F}_{\mathrm{Res}}$ eines allgemeinen, ebenen Kräftesystems gehören folgende Aufgaben:

1. Betrag der Resultierenden $|\boldsymbol{F}_{\mathrm{Res}}| = F_{\mathrm{Res}}$,
2. Richtung der Resultierenden,
3. Lage der Wirkungslinie der Resultierenden.

Betrag und Richtung der Resultierenden erhalten wir in Anlehnung an **2.1.1.** und **2.2.1.** aus

$$\boldsymbol{F}_{\mathrm{Res}} = \sum_{i=1}^{n} \boldsymbol{F}_i = \sum_{i=1}^{n} (F_{ix}\boldsymbol{e}_x + F_{iy}\boldsymbol{e}_y) = F_{\mathrm{R}x}\boldsymbol{e}_x + F_{\mathrm{R}y}\boldsymbol{e}_y$$

und

$$\tan \alpha_{\mathrm{R}} = \frac{F_{\mathrm{R}y}}{F_{\mathrm{R}x}} \quad \text{(Vorzeichen der Komponenten beachten!)} \tag{2.11}$$

Die Momente der Kräfte in bezug auf die z-Achse können wir zu einem resultierenden Moment zusammenfassen.

$$\boldsymbol{M}_{\mathrm{Res}} = \sum_{i=1}^{n} \boldsymbol{r}_i \times \boldsymbol{F}_i$$

Damit ist die ebene Kräftegruppe aus Bild S 2.23 auf die Darstellung in Bild S 2.24 reduziert.

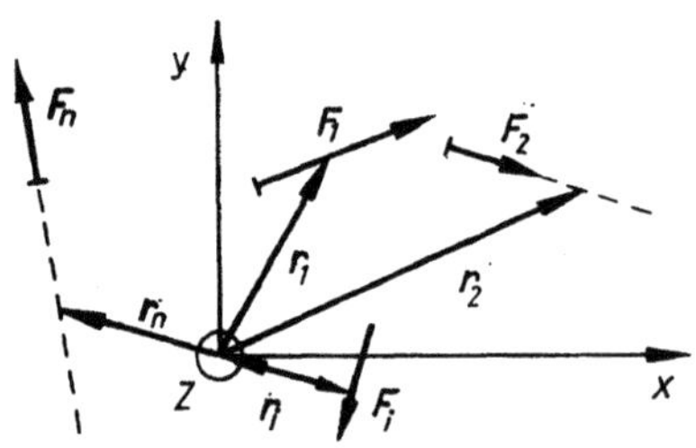

Bild S 2.23

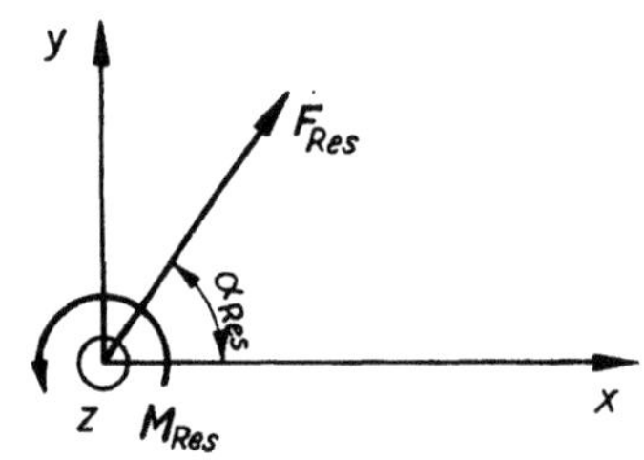

Bild S 2.24

(Falls $\boldsymbol{F}_{\mathrm{Res}} = 0$, so bildet die ebene Kräftegruppe ein Kräftepaar). Setzen wir nun noch $\boldsymbol{M}_{\mathrm{Res}} = \boldsymbol{r}_{\mathrm{R}} \times \boldsymbol{F}_{\mathrm{Res}}$ bzw. $M_{\mathrm{Res}} = F_{\mathrm{Res}} l_{\mathrm{R}}$ und verschieben die Kraft $\boldsymbol{F}_{\mathrm{Res}}$ unter Beachtung des Drehsinns von $\boldsymbol{M}_{\mathrm{Res}}$ parallel um die zur Kraftwirkungslinie senkrechte Strecke $l_{\mathrm{R}} = \dfrac{M_{\mathrm{Res}}}{F_{\mathrm{Res}}}$, so haben wir das System der n Kräfte $\boldsymbol{F}_i$ zurückgeführt auf eine Einzelkraft (Bild S 2.25).

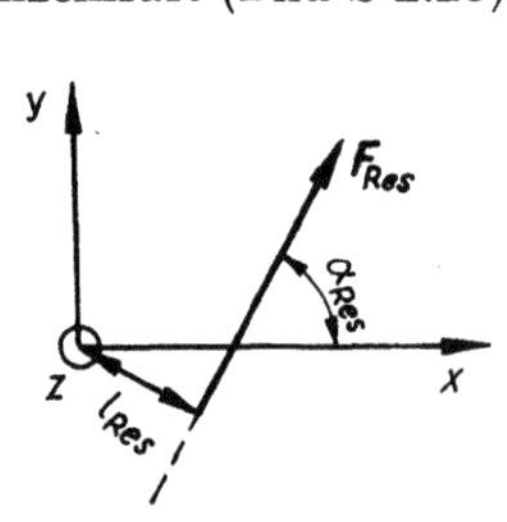

Bild S 2.25

Wegen

$$\boldsymbol{M}_{\mathrm{Res}} = M_z\boldsymbol{e}_z = \sum_{i=1}^{n} (x_i F_{iy} - y_i F_{ix})\, \boldsymbol{e}_z = (x F_{\mathrm{Res}y} - y F_{\mathrm{Res}x})\, \boldsymbol{e}_z$$

läßt sich die Gleichung für die Wirkungslinie der Resultierenden aber auch schreiben mit

$$y = -\frac{M_z}{F_{\mathrm{Res}x}} + \frac{F_{\mathrm{Res}y}}{F_{\mathrm{Res}x}}\,x$$

Damit ist die Resultierende nach Betrag, Lage und Richtung bestimmt!

2.2.4. Gleichgewichtsbedingungen

Gleichgewicht an einem starren Körper ist vorhanden, wenn die Summe aller äußeren Kräfte (bekannte eingeprägte Kräfte und Reaktionskräfte) verschwindet und wenn die Summe aller Momente um eine beliebige Achse verschwindet.

$$\sum_{i=1}^{n} \boldsymbol{F}_i = 0 \qquad \sum_{i=1}^{n} \boldsymbol{r}_i \times \boldsymbol{F}_i = 0 \tag{2.12}$$

Für den ebenen Fall reduzieren sich die beiden Vektorgleichungen (sechs Komponentengleichungen) auf die drei skalaren Komponentengleichungen

$$\sum_{i=1}^{n} F_{ix} = 0 \qquad \sum_{i=1}^{n} F_{iy} = 0$$
$$\sum_{i=1}^{n} M_{iz} = \sum_{i=1}^{n} (x_i F_{iy} - y_i F_{ix}) = 0 \tag{2.13}$$

Diese drei Gleichungen sind voneinander unabhängig und gestatten die Ermittlung von drei unbekannten Auflagerreaktionen.
Wegen der drei Freiheitsgrade eines starren Körpers in der Ebene (zwei der Translation und einer der Rotation) sind drei Auflagerreaktionen notwendig und hinreichend zur eindeutigen Fixierung des Körpers in der Ebene.
An Stelle der Formulierungen (2.13) werden für die Gleichgewichtsbedingungen die folgenden Symbole verwendet:

$$\sum_{i=1}^{n} F_{ix} = 0 \triangleq \rightarrow: \qquad \sum_{i=1}^{n} F_{iy} = 0 \triangleq \uparrow: \qquad \sum_{i=1}^{n} M_{iz} = 0 \triangleq \curvearrowleft:$$

wobei in der Momentenbilanz noch anzugeben ist, um welche Achse das Moment aufgestellt wird.

3. Ebene Tragwerke

3.1. Grundbegriffe

Die in technischen Konstruktionen verwendeten Bauelemente werden in der technischen Mechanik durch Grundelemente dargestellt. Lagerungen und Verbindungsglieder werden definiert und durch Symbole gekennzeichnet.
In diesem Abschnitt wollen wir uns mit der Bestimmung der Auflagerreaktionen ebener Tragwerke beschäftigen. Wir wollen ferner die Kräfte an klar definierten Verbindungsstellen von Grundelementen ermitteln sowie das Kräftespiel im Inneren der Grundelemente (Schnittgrößen) verfolgen.

3.1.1. Grundelemente der Tragwerke

Die Grundelemente werden von der Geometrie her eingeteilt in Linientragwerke (Abmessung in einer Richtung ist wesentlich *größer* als in den beiden anderen Richtungen) und Flächentragwerke (Abmessung in einer Richtung ist wesentlich *kleiner* als in den beiden anderen Richtungen).

Linientragwerke sind Seile und Stäbe (Balken, Träger). Die Stäbe können gerade oder gekrümmt sein. Seile können nur Zugkräfte übertragen. Stäbe können prinzipiell Kräfte in beliebiger Richtung weiterleiten. Es ist aber häufig üblich, einen Stab im Sinne der Kräfteübertragung als ein gerades schlankes Bauelement, welches an seinen Enden gelenkig gelagert ist und zwischen den Gelenken keine Querbelastung erfährt, aufzufassen. Dieser so definierte Stab wird oft auch Fachwerkstab genannt, und er kann nur Kräfte längs seiner Achse (Längskräfte) übertragen (Bild S 3.1).

Beliebig belastete Linientragwerke nennt man Balken oder Träger (Bild S 3.2).

Bei den *Flächentragwerken* unterscheidet man Scheiben, Platten und Schalen und definiert wie folgt:

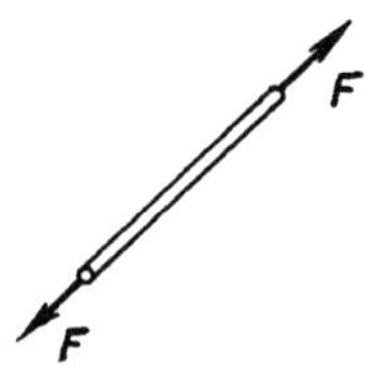

Bild S 3.1

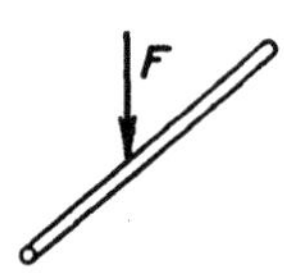

Bild S 3.2

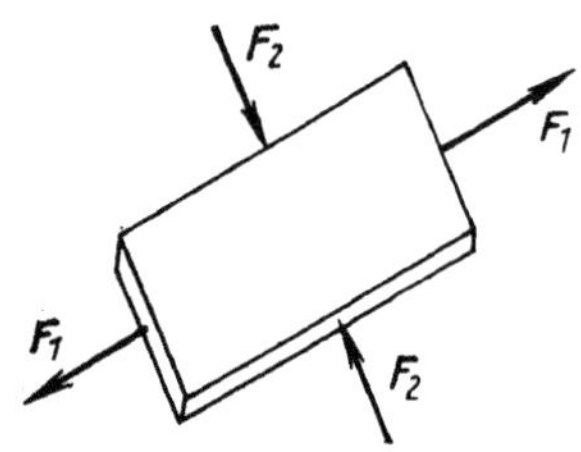

Bild S 3.3

Eine Scheibe ist ein ebenes Flächentragwerk, welches nur Kräfte in seiner Ebene zu übertragen hat (Bild S 3.3). Eine Verbindung von Stäben (Bild S 3.5) nennt man in der Statik starrer Körper gleichfalls Scheibe. Eine Platte ist gleichfalls eben, die Kräfte wirken aber senkrecht zu dieser Ebene (Bild S 3.4). Eine Schale ist ein einfach oder doppelt gekrümmtes Flächentragwerk, welches beliebige Kräfte übertragen kann (Bild S 3.6).

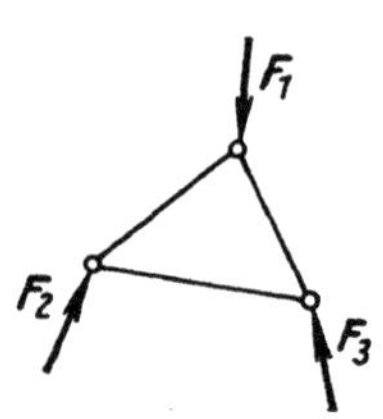

Bild S 3.4

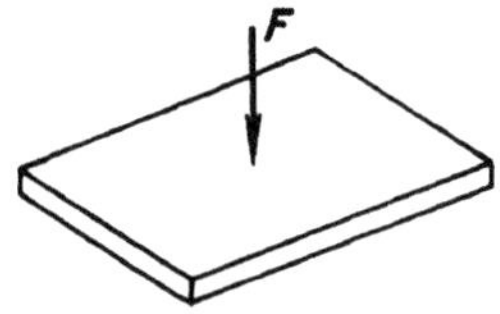

Bild S 3.5

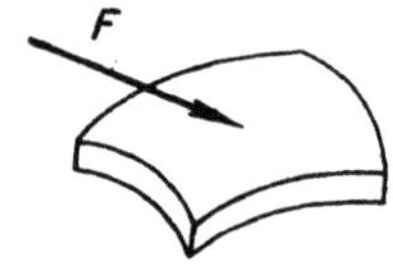

Bild S 3.6

3.1.2. Lager und Verbindungen

Die technischen Lager werden in der Statik auf drei Grundtypen reduziert: Loslager (Rollenlager), Festlager (Gelenk), Einspannung.

Das Rollenlager (Bild S 3.7.1) steht für alle Lagerarten, bei denen zwischen Bauteil und Fundament die Kraftübertragung nur in einer ausgezeichneten Richtung er-

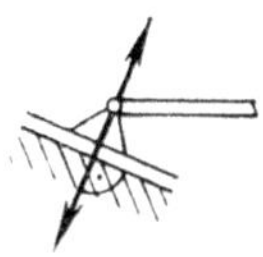

Bild S 3.7.1

Bild S 3.7.2

folgen kann. Durch ein solches Lager wird die Translation (Verschiebung) nur in einer Richtung senkrecht zur Unterlage verhindert, eine Translation und die Rotation (Drehung) sind noch möglich. Von den drei Freiheitsgraden eines starren Körpers in der Ebene wird durch ein Rollenlager nur einer gebunden. Ein Rollenlager kann durch eine Pendelstütze ersetzt werden (Bild S 3.7.2).

Bild S 3.8

In Bild S 3.8 ist ein Rollenlager zu erkennen. Es handelt sich um das Loslager einer Brücke, welches Längenänderungen, die durch Temperaturunterschiede hervorgerufen werden, zuläßt.

Ein Festlager (Gelenk) (Bild S 3.9.1) kann eine Kraft in beliebiger Richtung (oder zwei Komponenten) übertragen. Es bleibt noch ein Freiheitsgrad (Drehung) übrig. Ein Gelenk kann durch die in Bild S 3.9.2 skizzierte Stabverbindung (Zweischlag) ersetzt werden. Das Gegenlager zu Bild S 3.8 ist als Festlager ausgebildet (Bild S 3.10).

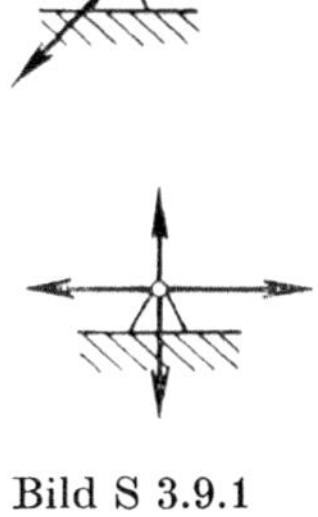

Bild S 3.9.1

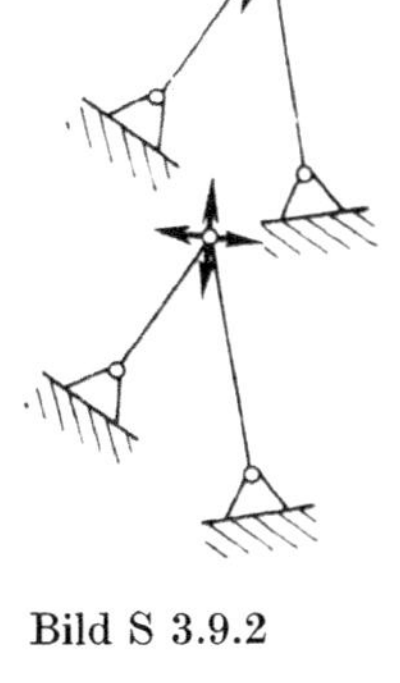

Bild S 3.9.2

Bild S 3.10

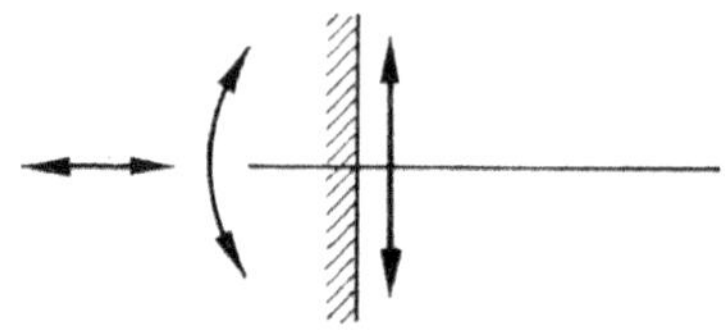

Bild S 3.11

Eine Einspannung bindet alle drei Freiheitsgrade in der Ebene (Bild S 3.11).
Ein starrer Körper, der in der Ebene belastet wird, ist eindeutig gelagert, wenn seine Beweglichkeit gerade unterbunden wird. Der Wertigkeit der einzelnen Lager entsprechend sind demnach die in den Bildern S 3.12 angegebenen Lagerungen denkbar. (Pendelstütze und Rollenlager sowie Gelenk und Zweischlag sind gleichwertig.)

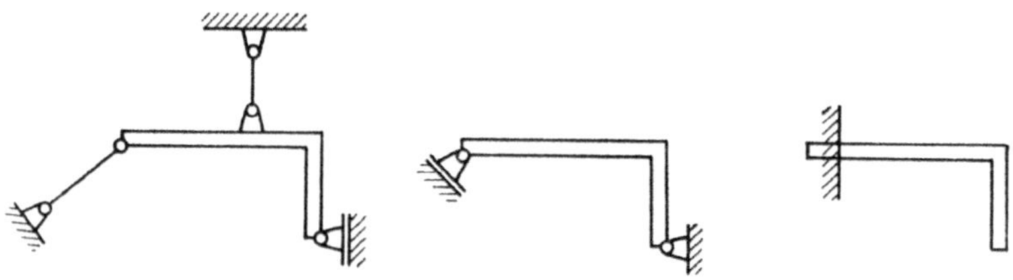

Bild S 3.12

Die in den Bildern S 3.12 dargestellten Lagerungen nennt man statisch bestimmt, weil die Lagerreaktionen aus den statischen Gleichgewichtsbedingungen ermittelt werden können. Fehlt eine Bindung, so ist das Problem statisch unterbestimmt, und es entsteht ein Mechanismus. Sind n ($n > 3$) Bindungen vorhanden, so spricht man von einer ($n - 3$)-fachen statisch unbestimmten Lagerung.
Zur Lösung dieser Probleme muß die Annahme des starren Körpers aufgegeben werden. Die Gleichgewichtsbedingungen sind am unverformten Tragwerk aufzustellen, aber die Verformung des Bauteils muß mit berücksichtigt werden. Lösungen dieser Probleme sind der Festigkeitslehre vorbehalten.

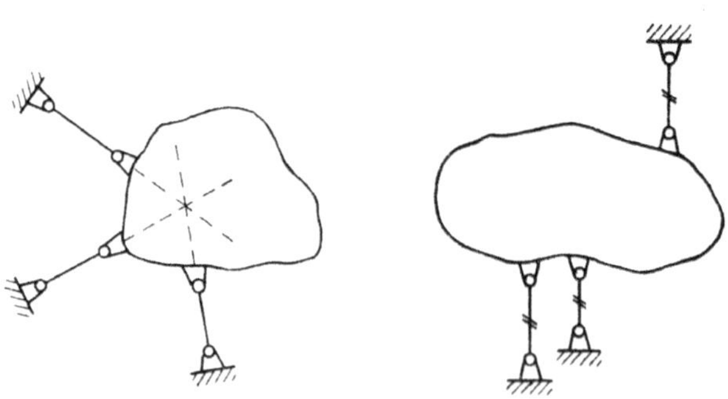

Bild S 3.13.1

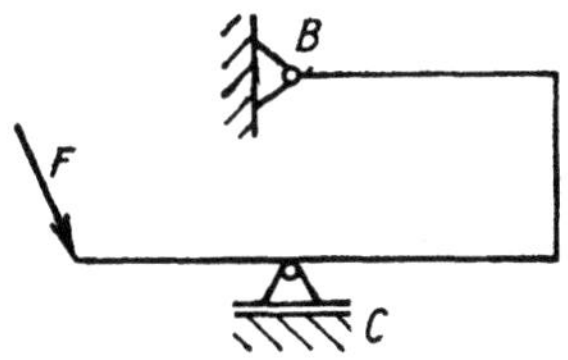

Bild S 3.13.2

Eine Lagerung durch drei Pendelstützen ist ebenfalls mit den Gleichgewichtsbedingungen der Statik nicht möglich, falls sich die Wirkungslinien der Pendelstützen in einem Punkt schneiden, wozu auch der Sonderfall paralleler Pendelstützen gehört (Bild S 3.13.1).
Mit unseren bisherigen Kenntnissen ist auch das in Bild S 3.13.2 skizzierte Problem nicht lösbar. Zum Lösen der in den Bildern S 3.13 dargestellten Probleme müssen die Gleichgewichtsbedingungen am verformten Bauteil hergeleitet werden.
Neben diesen Grundtypen der Lagerung lassen sich auch noch folgende Darstellungen zeigen (Bild S 3.14)

Bild S 3.14

Als Verbindungselemente kommen in Frage:

Das Gelenk, es kann eine Kraft in beliebiger Richtung aufnehmen (Bild S 3.15);

die Gleithülse mit Gelenk kann eine Kraft senkrecht zur Gleitbahn aufnehmen (Bild S 3.16);

die Gleithülse ohne Gelenk kann eine Kraft senkrecht zur Gleitbahn und ein Moment aufnehmen (Bild S 3.17).

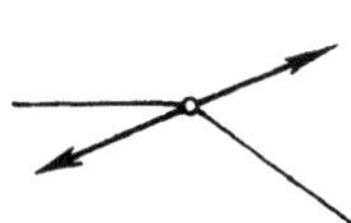

Bild S 3.15

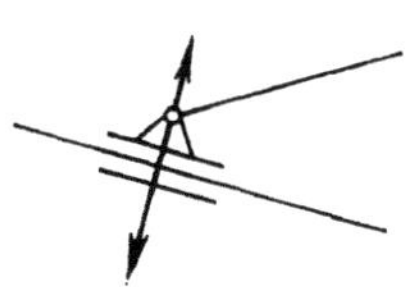

Bild S 3.16

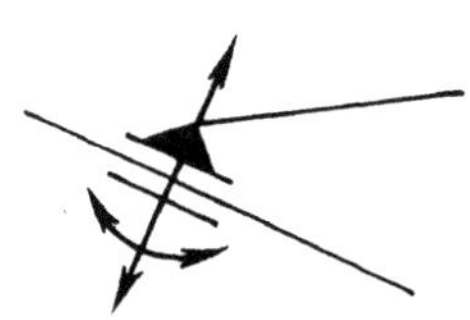

Bild S 3.17

3.2. Bestimmung der Auflagerreaktionen einfacher Tragwerke

Unter einem einfachen Tragwerk verstehen wir ein Tragwerk, welches nur aus einem Grundelement besteht.
Zur Bestimmung der Auflagerreaktionen wird das Tragwerk *freigeschnitten.* Anstelle der Lager werden die Kräfte bzw. Momente angetragen, die das jeweilige Lager dem Tragwerk aufzwingt. Dann werden die Gleichgewichtsbedingungen entsprechend 2.2.4. aufgeschrieben.

3.2.1. Stützung eines Trägers durch ein Festlager (Gelenk) und ein Loslager (Rollenlager)

Aufgabenstellung: (Bild S 3.18)

Gegeben: F, b, c, α, β

Gesucht: Auflagerreaktionen

Analytische Lösung:

1. Freischneiden des Trägers (Bild S 3.19)

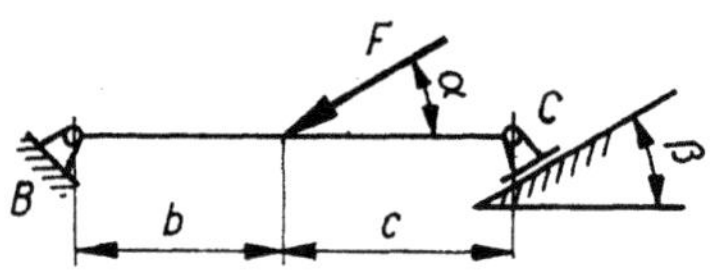

Bild S 3.18

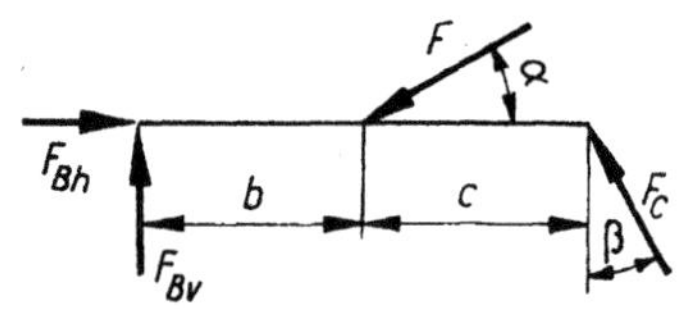

Bild S 3.19

2. Aufstellen der Gleichgewichtsbedingungen

$$\rightarrow: F_{Bh} - F_C \sin\beta - F\cos\alpha = 0 \quad (1)$$

$$\uparrow: F_{Bv} + F_C \cos\beta - F\sin\alpha = 0 \quad (2)$$

$$\curvearrowleft B: F_C \cos\beta(b + c) - F\sin\alpha \cdot b = 0 \quad (3)$$

Ergebnis:

(3) $\Rightarrow F_C = \dfrac{F \sin \alpha b}{\cos\beta(b+c)}$

(2) $\Rightarrow F_{Bv} = F\sin\alpha - F_C\cos\beta = \dfrac{F\sin\alpha c}{b+c}$

(1) $\Rightarrow F_{Bh} = F_C \sin\beta + F\cos\alpha = \dfrac{b\sin\alpha\sin\beta + (b+c)\cos\alpha\cos\beta}{(b+c)\cos\beta} F$

Grafische Lösung: (Bild S 3.20)

1. Freischneiden des Trägers — Lageplan zeichnen

Wirkungslinien von F und F_C schneiden sich in I. Durch diesen Punkt muß die dritte Kraft F_B ebenfalls gehen, weil auch für eine Achse durch den Punkt I das Momentengleichgewicht erfüllt sein muß. Somit kann γ bereits aus dem Lageplan ermittelt werden.

2. Kräfteplan zeichnen unter Beachtung des Kräftemaßstabes (Bild S 3.21).

Beträge von F_B und F_C ablesen. Zerlegung in Komponenten F_{Bh} und F_{Bv} ist möglich.

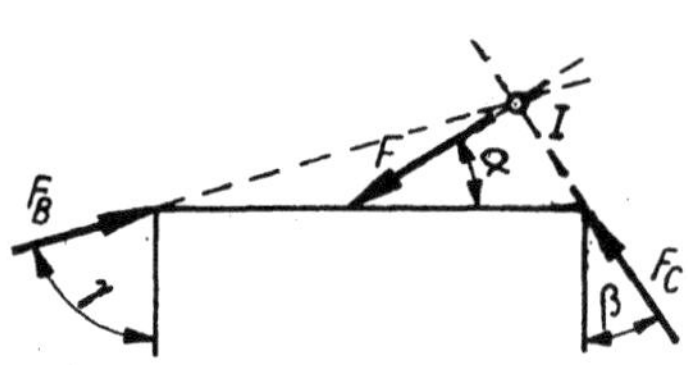

Bild S 3.20

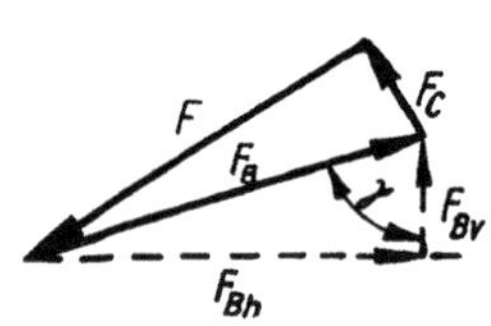

Bild S 3.21

3.2.2. Stützung einer Scheibe durch drei Pendelstützen (Loslager)

Aufgabenstellung: (Bild S 3.22)

Gegeben: F, a, $\alpha = 60°$, $\beta = 30°$, $\gamma = 45°$

Gesucht: Auflagerreaktionen

Analytische Lösung:

1. Freischneiden der Scheibe (Bild S 3.23)
(Stabkräfte immer als Zugkräfte einführen!)

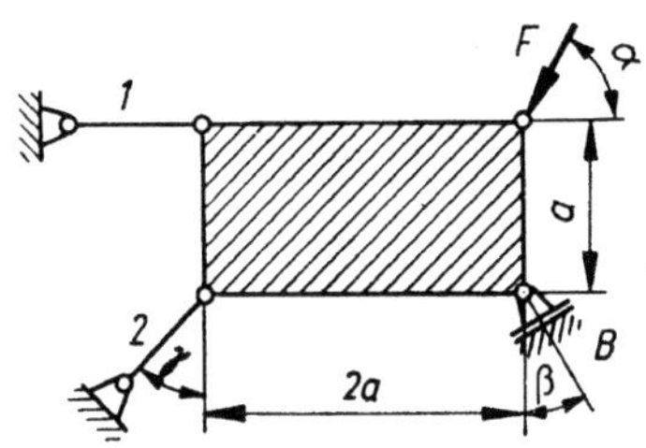

Bild S 3.22

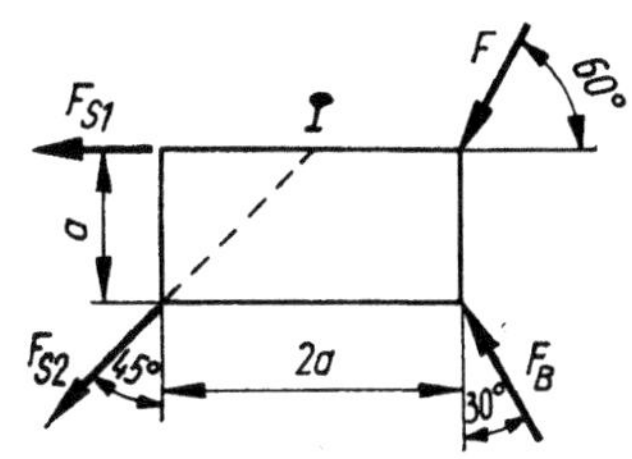

Bild S 3.23

2. Aufstellen der Gleichgewichtsbedingungen

$$\rightarrow: -F_{S1} - F_{S2} \sin 45° - F_B \sin 30° - F \cos 60°$$

$$= -F_{S1} - F_{S2} \frac{\sqrt{2}}{2} - F_B \frac{1}{2} - F \frac{1}{2} = 0 \tag{1}$$

$$\uparrow: -F_{S2} \cos 45° + F_B \cos 30° - F \sin 60°$$

$$= -F_{S2} \frac{\sqrt{2}}{2} + F_B \frac{\sqrt{3}}{2} - F \frac{\sqrt{3}}{2} = 0 \tag{2}$$

Die Momentengleichgewichtsbedingung darf um jede beliebige Achse aufgestellt werden. Um in dieser Gleichung nur eine Unbekannte zu haben, wählen wir eine Achse, die durch den Schnittpunkt der beiden Wirkungslinien von F_{S1} und F_{S2} geht (I).

$$\circlearrowleft I: F_B \cos 30°\, a - F_B \sin 30°\, a - F \sin 60°\, a$$

$$= F_B \frac{\sqrt{3}}{2} a - F_B \frac{1}{2} a - F \frac{\sqrt{3}}{2} a = 0 \tag{3}$$

Ergebnis:

(3) $$\Rightarrow F_B = \frac{\sqrt{3}}{\sqrt{3} - 1} F = \frac{3 + \sqrt{3}}{2} F = 2{,}366F$$

(2) $$\Rightarrow F_{S2} = \frac{\sqrt{2}}{2} \left(\sqrt{3}\, F_B - \sqrt{3}\, F\right) = \frac{\sqrt{2}}{4} \left(3 + \sqrt{3}\right) F = 1{,}673F$$

(1) $$\Rightarrow F_{S1} = \frac{1}{2} \left(- F_{S2} \sqrt{2} - F_B - F\right) = -\frac{4 + \sqrt{3}}{2} F = -2{,}866F$$

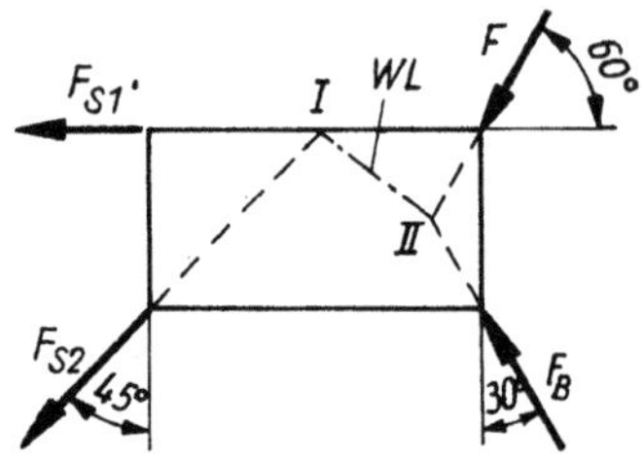

Bild S 3.24

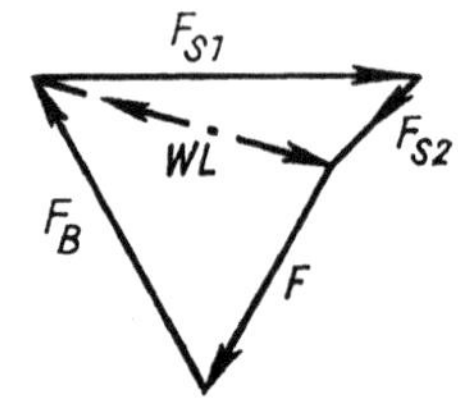

Bild S 3.25

Grafische Lösung: (Bild S 3.24)

1. Freischneiden der Scheibe – Lageplan zeichnen

Im Lageplan können wir die Wirkungslinien von F_{S1} und F_{S2} in *I* und von F und F_B in *II* zum Schnitt bringen.
Durch *I* muß dann auch die Resultierende von F_{S1} und F_{S2} F_{R12} und durch *II* die Resultierende von F und F_B F_{RFB} gehen. Damit sind die vier Kräfte F, F_B, F_{S1} und F_{S2} auf die beiden Kräfte F_{R12} und F_{RFB} zurückgeführt. Diese beiden Kräfte sind aber nur dann im Gleichgewicht, wenn sie auf einer Wirkungslinie (*WL*) liegen, gleich groß und entgegengesetzt gerichtet sind. Die gemeinsame Wirkungslinie muß demnach auf der Verbindungslinie *I* – *II* liegen.

2. Kräfteplan zeichnen unter Beachtung des Maßstabes (Bild S 3.25).

Am Knoten *II* kann die nach Größe und Richtung bekannte Kraft F in die Richtungen F_B und *WL* zerlegt werden, anschließend dann *WL* in die Richtungen *1* und *2*.
Der linke obere Pfeil an *WL* gilt für F_{RFB}, der rechte untere für F_{R12}. F, F_B, F_{S1} und F_{S2} ergeben ein geschlossenes Krafteck, so daß die Kräftegleichgewichtsbedingung erfüllt ist. Die Pfeile F_{S1} und F_{S2} werden unter Beachtung des Umlaufsinns dort angebracht, wo die Stäbe mit der Scheibe verbunden sind. Daraus erkennen wir Stab *1* als einen Druckstab und Stab *2* als einen Zugstab.

3.2.3. Einseitig eingespannter Träger

Aufgabenstellung: (Bild S 3.26)

Gegeben: F_1, F_2, q_0, a, b, c

Gesucht: Auflagerreaktionen

q_0 (in N mm^{-1}) ist die maximale Intensität einer über c linear veränderlichen, vertikal nach unten gerichteten Last je Längeneinheit. (Die Pfeile werden oft weggelassen, wenn die Kraftrichtung eindeutig nach unten geht.)

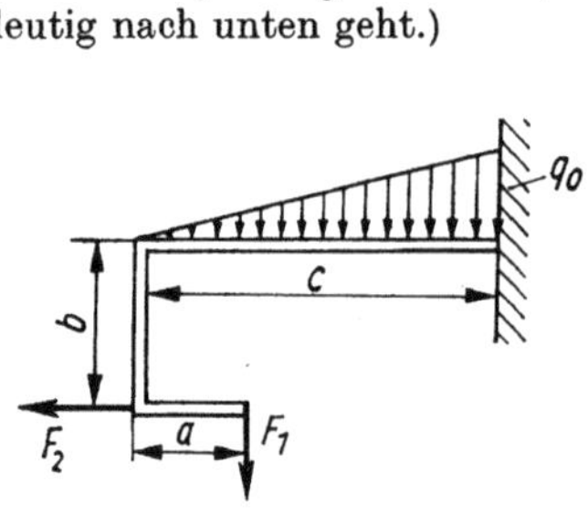

Bild S 3.26

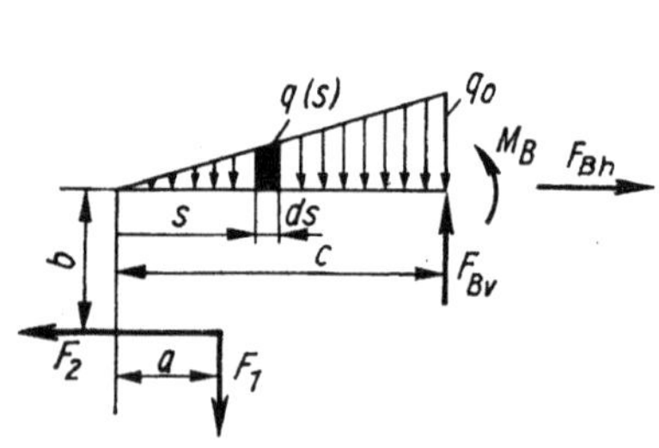

Bild S 3.27

Analytische Lösung: (Bild S 3.27)

1. Freischneiden

Die Streckenlast an einer Stelle s ($0 \leq s \leq l$), $q(s)$ wird zur Kraft $q(s)\,ds$. Wegen der linearen Verteilung können wir ansetzen

$$q(s) = a_0 + a_1 s$$

wobei zu beachten ist

$$q(s = 0) = 0 = a_0$$

und

$$q(s = c) = q_0 = a_0 + a_1 c$$

Daraus folgt $a_0 = 0$ und $a_1 = \frac{q_0}{c}$, so daß gilt $q(s) = q_0 \frac{s}{c}$.

2. Aufstellen der Gleichgewichtsbedingungen

$$\rightarrow: F_{Bh} - F_2 = 0 \tag{1}$$

$$\uparrow\ : F_{Bv} - F_1 - \int_0^c q(s)\,ds = 0 \tag{2}$$

$$\curvearrowleft B: M_B + F_1(c - a) - F_2 b + \int_0^c q(s)\,(c - s)\,ds = 0 \tag{3}$$

Wir wollen zunächst die in (2) und (3) auftretenden Integrale lösen

$$\int_0^c q(s)\,ds = \int_0^c q_0 \frac{s}{c}\,ds = \frac{q_0 c}{2} \tag{4}$$

$$\int_0^c q(s)\,(c - s)\,ds = \int_0^c q_0 \frac{s}{c}\,(c - s)\,ds = \frac{q_0 c^2}{6} \tag{5}$$

(4) erkennen wir als Formel für den Flächeninhalt eines Dreiecks mit c als Grundlinie und q_0 als »Höhe«. (5) können wir zerlegen in $\frac{q_0 c^2}{6} = \frac{q_0 c}{2} \cdot \frac{c}{3}$. Wir erkennen $\frac{q_0 c}{2}$ als die durch die Streckenlast hervorgerufene Gesamtlast und $\frac{c}{3}$ als von B gemessenen Abstand des Schwerpunktes der »Dreieckfläche«.

Ohne Beweis sei hier festgestellt, daß zur Ermittlung der Gleichgewichtsbedingungen am gesamten Tragwerk stets eine Streckenlast zu einer Einzellast im Schwerpunkt der »Lastfläche« zusammengefaßt werden kann.

3. Ergebnis:

(1) $\Rightarrow F_{Bh} = F_2$

(2) $\Rightarrow F_{Bv} = F_1 + \frac{q_0 c}{2}$

(3) $\Rightarrow M_B = -F_1(c - a) + F_2 b - \frac{q_0 c^2}{6}$

3.3. Schnittgrößen eines Trägers

Die eingeprägten äußeren Kräfte (Belastungen) werden durch die Elemente des Tragwerks zu den Lagern geleitet und rufen dort Auflagerreaktionen hervor, die wir für statisch bestimmte ebene Tragwerke aus den drei Gleichgewichtsbedingungen ermitteln können. In diesem Abschnitt wollen wir die an einer beliebigen Stelle des Tragwerkes durch die Weiterleitung hervorgerufenen inneren Kräfte und Momente berechnen (s. Bild S 3.28).

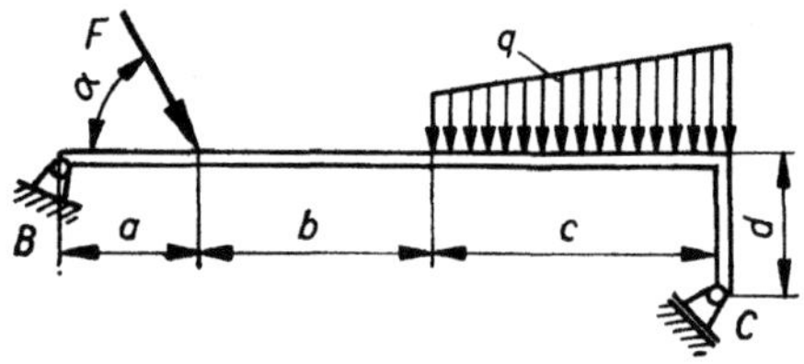

Bild S 3.28

Wir führen deshalb an einer beliebigen Stelle, die wir durch eine Koordinate s fixieren, (gedanklich) einen Schnitt und trennen in einen linken und einen rechten Teil (s. Bild S 3.29). Diese Schnittstelle können wir als Einspannstelle auffassen, weil rechts und links vom Schnitt auftretende Verschiebungen und Neigungen relativ zueinander verschwinden. Demnach dürfen wir auch an dieser Stelle die Reaktionen einer Einspannstelle ansetzen.

Wir wählen eine Kraft in Balkenlängsrichtung positiv vom Schnitt weg und nennen sie Längskraft F_L. Die zweite Kraft sei quer zum Balken orientiert (Querkraft F_Q). Sie zähle positiv nach unten an einem Balkenteil links vom Schnitt. Das Moment nennen wir Biegemoment M_b und definieren es an einem Balkenteil links vom Schnitt im Gegenuhrzeigersinn positiv (Bild S 3.29).

Wegen des Wechselwirkungsgesetzes sind F_L, F_Q und M_b am anderen Schnittufer entgegengesetzt orientiert.
F_Q, F_L, M_b lassen sich aus den drei Gleichgewichtsbedingungen am Teilträger bestimmen. Sie sind von der Koordinate s abhängig.
Als Momentenbezugspunkt wählen wir zweckmäßigerweise die Schnittstelle selbst.

$$\begin{aligned} \uparrow &: -F_Q(s) + F_{Bv} - F \sin\alpha = 0 \\ \rightarrow &: F_L(s) + F_{Bh} + F\cos\alpha = 0 \\ \circlearrowleft &: M_b(s) - F_{Bv}(a + s) + F \sin\alpha \cdot s = 0 \end{aligned} \qquad (3.1)$$

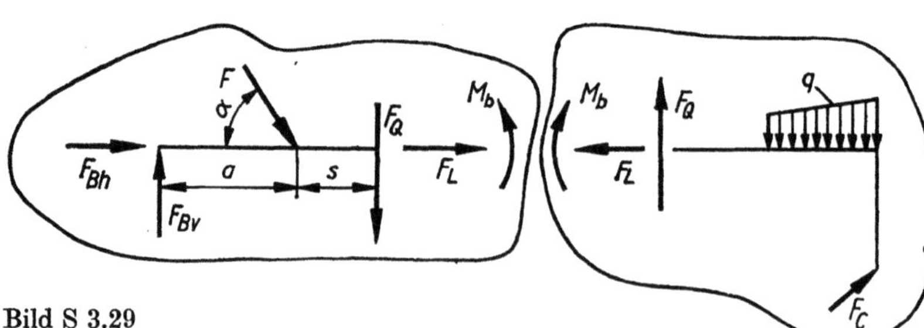

Bild S 3.29

Die in (3.1) angegebenen Beziehungen gelten nur im Bereich $0 \leqq s \leqq b$, denn für $s > b$ muß die Streckenlast mit berücksichtigt werden.
Einen Zusammenhang der Schnittgrößen $q(s)$, $F_Q(s)$ und $M_b(s)$ untereinander erkennen wir, wenn wir aus einem durch eine Streckenlast $q(s)$ belasteten Balkenteil ein Stück der Länge ds freischneiden (Bild S 3.30) und die entsprechenden Schnittgrößen anbringen, wobei wir annehmen, daß s von links nach rechts laufen möge. Beim Übergang von einer Schnittstelle s zu einer Schnittstelle $s + ds$ ändern sich die Schnittgrößen um differentielle Beträge.

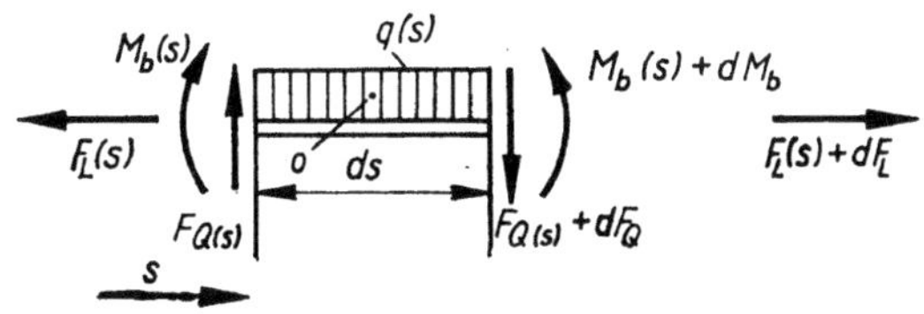

Bild S 3.30

Die Gleichgewichtsbedingungen für dieses Element lauten wie folgt:

$$\rightarrow: -F_L(s) + F_L(s) + dF_L = 0 \tag{1}$$

$$\uparrow\ : +F_Q(s) - F_Q(s) - dF_Q - q(s)\,ds = 0 \tag{2}$$

$$\curvearrowleft 0: -M_b(s) + M_b(s) + dM_b - F_Q(s)\frac{ds}{2} - F_Q(s)\frac{ds}{2} - dF_Q\frac{ds}{2} = 0 \tag{3}$$

Unter Vernachlässigung des Gliedes großer Kleinheit $dF_Q \frac{ds}{2}$ in (3) erhält man daraus

$$F_L = \text{konst}$$

$$\frac{dF_Q}{ds} = -q(s) \tag{3.2}$$

$$\frac{dM_b}{ds} = F_Q(s)$$

Die Beziehungen (3.2) sind für die Diskussion der Verläufe bei der grafischen Darstellung der Schnittgrößen sehr nützlich. Die Aussage: »Querkraft ist Anstieg des Momentenverlaufes« wird zur Bestimmung des Ortes für das relative Momentenmaximum benutzt. Ob dieses gleichzeitig auch das absolute Maximum innerhalb eines Bereiches ist, muß durch die M_b-Ermittlung an den Bereichsgrenzen festgestellt werden.
Es ist notwendig, den Balken in verschiedene Bereiche aufzugliedern und an jeder Unstetigkeitsstelle eine neue Koordinate s_i einzuführen. Unter Unstetigkeitsstelle verstehen wir hier Lager, Einzelkräfte bzw. -momente, Beginn einer Streckenlast oder aber Knicke oder Verzweigungen des Trägers. s_i läuft dann jeweils zwischen zwei Unstetigkeitsstellen. Bei Beachtung der Vorzeichenfestlegung können wir die s_i von rechts oder (und) von links laufen lassen.

Läuft s_i von rechts nach links, so erhalten wir aber unter Beibehaltung der Vorzeichenfestlegung für F_L, F_Q, M_b an Stelle von (3.2)

$$F_L = \text{konst}$$

$$\frac{dF_Q}{ds} = q(s) \qquad (3.2.1)$$

$$\frac{dM_b}{ds} = -F_Q(s)$$

Erstreckt sich ein Trägerabschnitt in vertikaler Richtung, so betrachte man ihn wie eine technische Zeichnung (von rechts) und wende die o. e. Vorzeichenfestlegung an.
Es ist üblich, die ermittelten Schnittgrößen F_L, F_Q, M_b über der Balkenachse grafisch darzustellen. Die positive Ordinate (F_L, F_Q, M_b) zeigt dabei nach unten bzw. rechts (Bilder S 3.34, S 3.38, S 3.41.6). Aus der Anschauung erkennen wir dabei, daß wir das Biegemoment M_b auf der Zugseite des Balkens antragen.
An drei Beispielen soll die Ermittlung der Schnittgrößen gezeigt werden.

3.3.1. Gerader Träger mit Einzellasten

Aufgabenstellung: (Bild S 3.31)

Gegeben: F, a

Gesucht: Auflagerreaktionen, Schnittgrößen

Lösung: (Bild S 3.32)

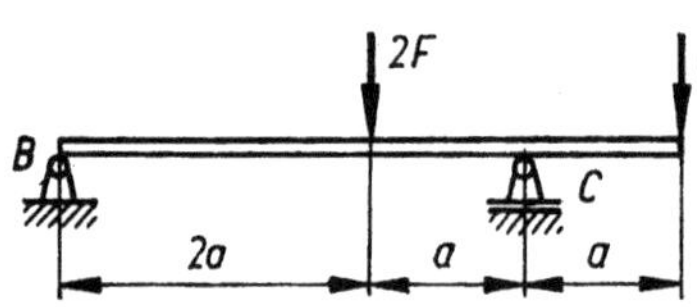

Bild S 3.31

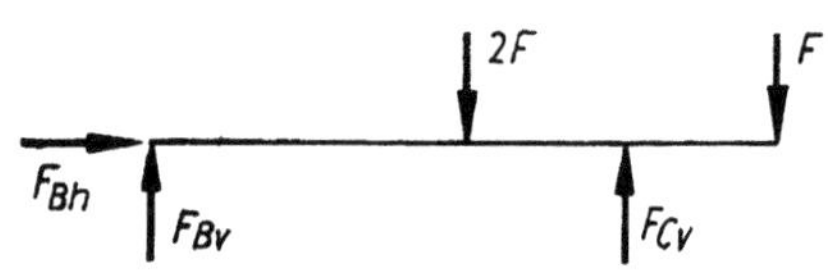

Bild S 3.32

1. Freischneiden und Lagerkräfte ermitteln.

$$\rightarrow: F_{Bh} = 0 \qquad (1)$$

$$\uparrow\ : F_{Bv} + F_{Cv} - 2F - F = 0 \qquad (2)$$

$$\curvearrowleft B: F_{Cv} \cdot 3a - 2F \cdot 2a - F \cdot 4a = 0 \qquad (3)$$

(3) $\Rightarrow F_{Cv} = \frac{8}{3}F$

(2) $\Rightarrow F_{Bv} = \frac{1}{3}F$

2. Balken in drei Bereiche …nteilen, Koordinaten s_i einführen, freischneiden und Gleichgewichtsbedingungen anschreiben (Bild S 3.33).

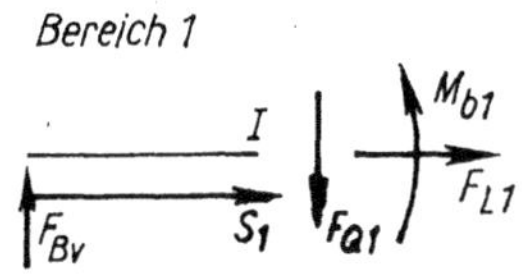

Bild S 3.33.1

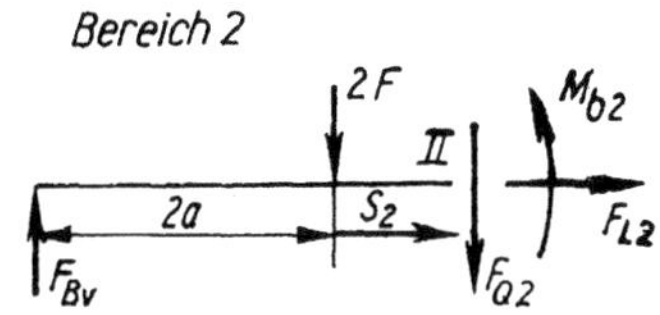

Bild S 3.33.2

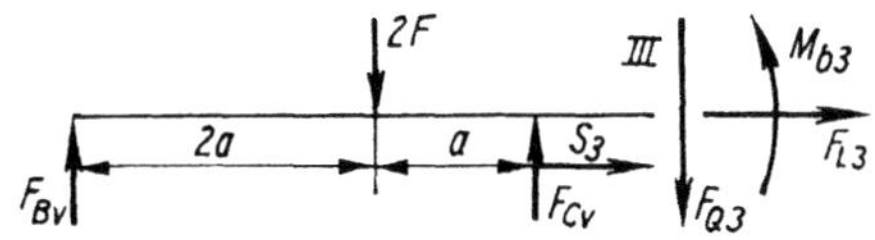

Bild S 3.33.3

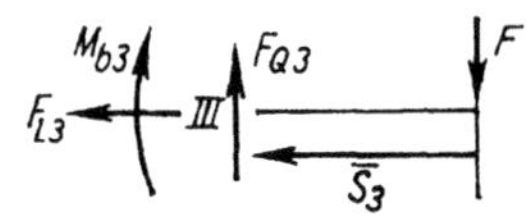

Bild S 3.33.4

$\rightarrow: F_{L1} = 0$ (4)

$\uparrow: -F_{Q1} + F_{Bv} = 0$ (5)

$\curvearrowleft I: M_{b1} - F_{Bv}s_1 = 0$ (6)

(5) $\Rightarrow F_{Q1} = F_{Bv} = \dfrac{1}{3} F$

(6) $\Rightarrow M_{b1} = F_{Bv}s_1 = \dfrac{1}{3} Fs_1 \quad (0 \leqq s_1 \leqq 2a)$

$\rightarrow: F_{L2} = 0$ (7)

$\uparrow: -F_{Q2} + F_{Bv} - 2F = 0$ (8)

$\curvearrowleft II: M_{b2} - F_{Bv}(2a + s_2) + 2Fs_2 = 0$ (9)

(8) $\Rightarrow F_{Q2} = F_{Bv} - 2F = \dfrac{5}{3} F$

(9) $\Rightarrow M_{b2} = F_{Bv}(2a + s_2) - 2Fs_2 = \dfrac{2}{3} Fa - \dfrac{5}{3} Fs_2 \quad (0 \leqq s_2 \leqq a)$

Bereich 3

$\rightarrow: F_{L3} = 0$ (10)

$\uparrow: -F_{Q3} + F_{Bv} - 2F + F_{Cv} = 0$ (11)

$\curvearrowleft III: M_{b3} - F_{Bv}(3a + s_3) + 2F(a + s_3) - F_{Cv}s_3 = 0$ (12)

(11) $\Rightarrow F_{Q3} = F_{Bv} - 2F + F_{Cv} = F$

(12) $\Rightarrow M_{b3} = F_{Bv}(3a + s_3) - 2F(a + s_3) + F_{Cv}s_3 = -Fa + Fs_3 \quad (0 \leqq s_3 \leqq a)$

Für Bereich 3 ist es günstiger, die Koordinate von rechts laufen zu lassen (Bild S 3.33.4). Man erhält dann

$\rightarrow: F_{L3} = 0$ (13)

$\uparrow: F_{Q3} - F = 0$ (14)

$\curvearrowleft III: -M_{b3} - F\bar{s}_3 = 0$ (15)

(14) $\Rightarrow F_{Q3} = F \quad (0 \leqq \bar{s}_3 \leqq a)$

(15) $\Rightarrow M_{b3} = -F\bar{s}_3$

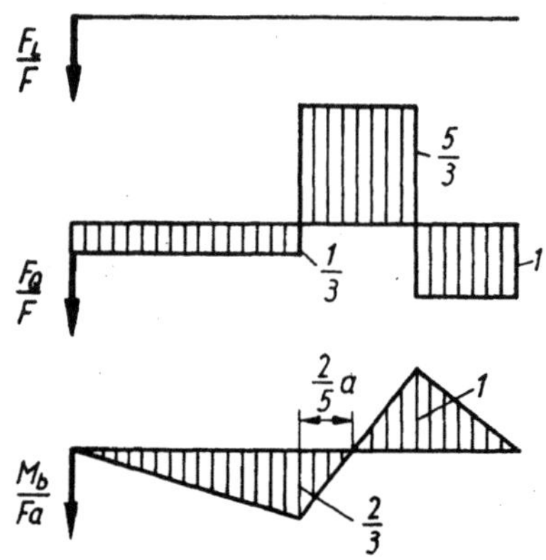

Bild S 3.34

3. Grafische Darstellung über der Trägerachse (Bild S 3.34)
(Es ist eine dimensionslose Darstellung üblich.)
Querkraftsprünge bringen Knicke im M_b-Verlauf. Der Ort für $M_{b2} = 0$ folgt aus (9)

$$s_2 = \frac{2F_{Bv}a}{2F - F_{Bv}} = \frac{2}{5}\,a$$

3.3.2. Gerader Träger mit Dreiecklast

Aufgabenstellung: (Bild S 3.35)

Gegeben: q_0, l

Gesucht: Auflagerreaktionen, Schnittgrößen

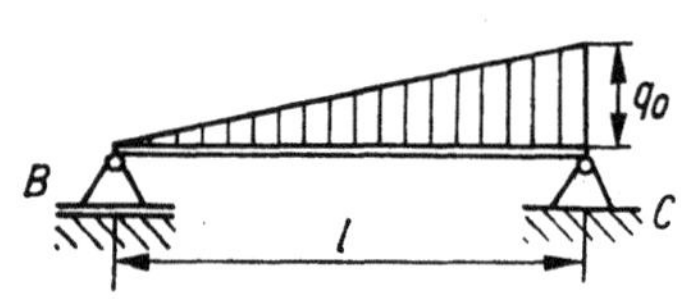

Bild S 3.35

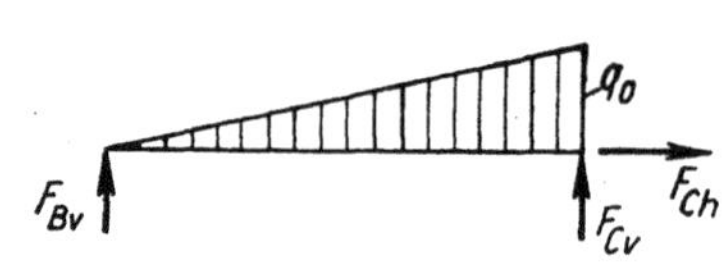

Bild S 3.36

Lösung:

1. Freischneiden und Lagerkräfte ermitteln (Bild S 3.36).

$$\rightarrow: F_{Ch} = 0 \tag{1}$$

$$\uparrow\ : F_{Bv} + F_{Cv} - \frac{q_0 l}{2} = 0 \tag{2}$$

$$\circlearrowleft C: -F_{Bv} l + \frac{q_0 l}{2}\cdot\frac{l}{3} = 0 \tag{3}$$

(3) $$F_{Bv} = \frac{q_0 l}{6}$$

(2) $$F_{Cv} = \frac{q_0 l}{3}$$

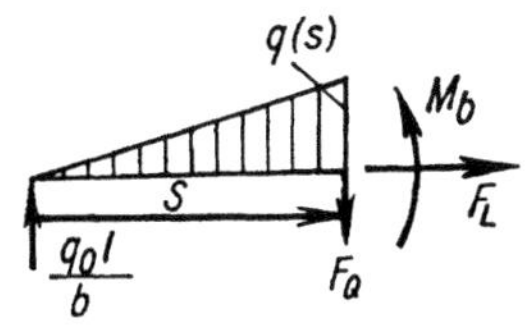

Bild S 3.37

2. Zur Bestimmung der Schnittgrößen werden zwei Wege vorgeschlagen.

2.1. Freischneiden des Trägers an der Stelle s und Anschreiben der Gleichgewichtsbedingungen (Bild S 3.37).

$$\rightarrow: F_L = 0 \tag{4}$$

$$\uparrow: -F_Q + \frac{q_0 l}{6} - \frac{q(s)\, s}{2} = 0 \tag{5}$$

$$\curvearrowleft I: M_b - \frac{q_0 l}{6} s + \frac{q(s)\, s^2}{2 \cdot 3} = 0 \tag{6}$$

Mit $q(s) = \frac{q_0 s}{l}$ folgt aus

(5) $$F_Q = \frac{q_0 l}{6} - q_0 \frac{s^2}{2l}$$

(6) $$M_b = \frac{q_0 l}{6} s - q_0 \frac{s^3}{6l}$$

Mit $F_Q = 0$ erhalten wir den Ort des maximalen Momentes M_b [siehe (3.2)]

$$s = \frac{\sqrt{3}}{3} l \approx 0{,}577 l$$

und daraus

$$M_b\left(\frac{\sqrt{3}}{3} l\right) = \frac{\sqrt{3}}{27} q_0 l^2$$

2.2. Verwendung der Beziehungen zwischen Streckenlast, Querkraft und Biegemoment.

$$F_Q(s) = -\int q(s)\, ds = -\int q_0 \frac{s}{l}\, ds = -q_0 \frac{s^2}{2l} + C_1 \tag{3.3}$$

$$M_b(s) = \int F_Q(s)\, ds = -q_0 \frac{s^3}{6l} + C_1 s + C_2 \tag{3.4}$$

Die Integrationskonstanten C_1 und C_2 bestimmen wir aus den Bedingungen, daß an den Lagern $s = 0$ und $s = l$ das Biegemoment verschwindet.

$$M_b(0) = 0 = C_2 \Rightarrow C_2 = 0$$

$$M_b(l) = 0 = -q_0 \frac{l^2}{6} + C_1 l + C_2 \Rightarrow C_1 = q_0 \frac{l}{6}$$

Damit folgt endgültig

$$F_Q(s) = q_0 \left(\frac{l}{6} - \frac{s^2}{2l}\right)$$

$$M_b(s) = \frac{q_0}{6}\left(ls - \frac{s^3}{l}\right)$$

Unter Beachtung der Vorzeichendefinition für die Querkraft erkennen wir

$$F_Q(0) = \frac{q_0 l}{6} = F_{Bv}$$

$$F_Q(l) = -\frac{q_0 l}{3} = -F_{Cv}$$

Diese beiden Wege führen gleich schnell zum Ergebnis. Der zweite Weg muß beschritten werden, falls die Schwerpunktlage der Streckenlast nicht einfach ermittelt werden kann.

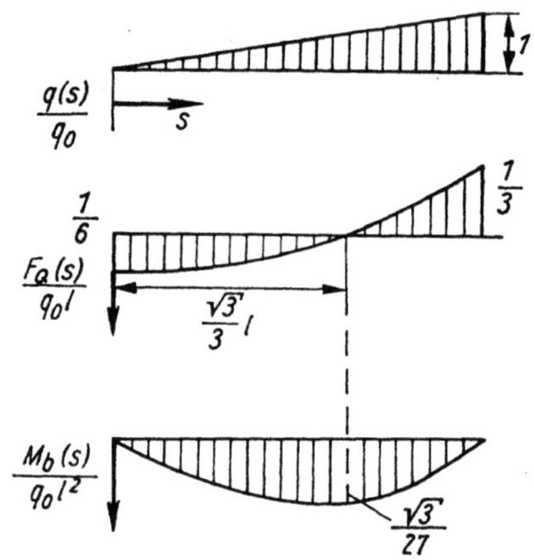

Bild S 3.38

3. Grafische Auftragung über der Trägerachse (dimensionslos) (Bild S 3.38)

Aus den Bildern erkennt man nochmals die Beziehungen der Schnittgrößen untereinander. $q(s)$ ist eine lineare Funktion, $F_Q(s)$ muß eine Ordnung höher sein, und $M_b(s)$ ist dann von dritter Ordnung in s. $q(s)$ ist für $s = 0$ Null, so daß $F_Q(s)$ mit einer horizontalen Tangente beginnt. Am Nulldurchgang von $F_Q(s)$ wechselt der Anstieg von $M_b(s)$ das Vorzeichen.

3.3.3. Abgewinkelter Träger mit Verzweigung

Aufgabenstellung: (Bild S 3.39)

Gegeben: $F = qa$, a, $\alpha = 30°$

Gesucht: Auflagerkräfte, Schnittgrößenverläufe

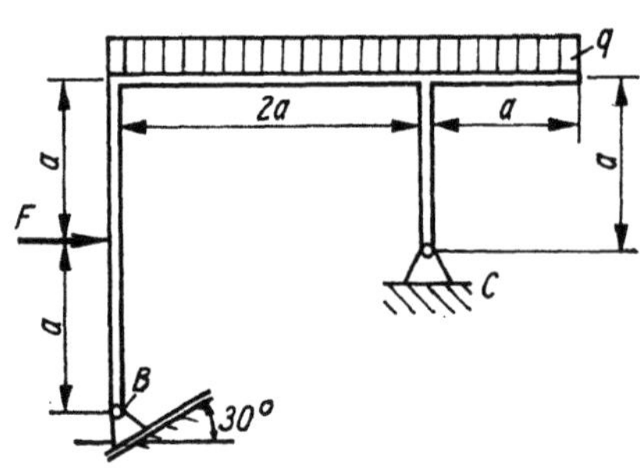

Bild S 3.39

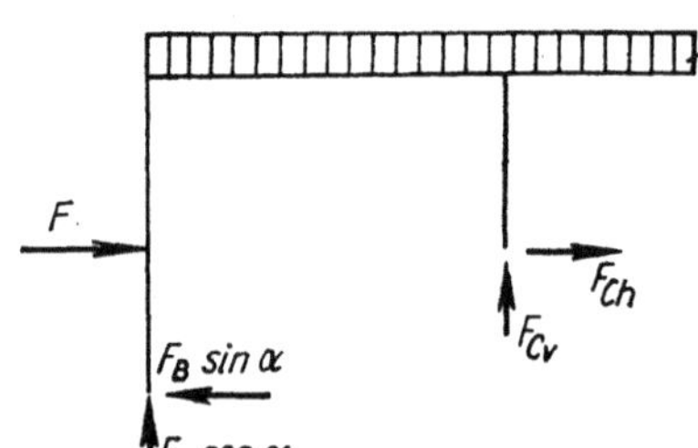

Bild S 3.40

Lösung:

1. Freischneiden des Trägers — Auflagerbestimmung (Bild S 3.40).

$$\rightarrow: -F_B \sin\alpha + F_{Ch} + F = 0 \tag{1}$$

$$\uparrow\ : F_B \cos\alpha + F_{Cv} - q \cdot 3a = 0 \tag{2}$$

$$\curvearrowleft C: -F_B \cos\alpha \cdot 2a - F_B \sin\alpha \cdot a + q3a\,\frac{a}{2} = 0 \tag{3}$$

(3) $$\Rightarrow F_B = \frac{3qa}{2\sqrt{3}+1} = \frac{3(2\sqrt{3}-1)}{11}\,qa \approx 0{,}672F$$

(1) $$\Rightarrow F_{Ch} = F_B \sin\alpha - F = \frac{3(2\sqrt{3}-1)}{22}\,qa - F \approx -0{,}664F$$

(2) $$\Rightarrow F_{Cv} = -F_B \cos\alpha + 3qa = \frac{3(16+\sqrt{3})}{22}\,qa \approx 2{,}418F$$

2. Balken in 5 Bereiche einteilen, Koordinaten s_i einführen, freischneiden und Gleichgewichtsbedingungen anschreiben (Bild S 3.41.1 bis S 3.41.5).

$(0 \leqq s_1 \leqq a)$

$\rightarrow: F_{Q1} - F_B \sin\alpha = 0$

$\uparrow\ : F_{L1} + F_B \cos\alpha = 0$

$\curvearrowleft I: M_{b1} - F_B \sin\alpha s_1 = 0$

$(0 \leqq s_2 \leqq a)$

$\rightarrow\ : F_{Q2} + F - F_B \sin\alpha = 0$

$\uparrow\ : F_{L2} + F_B \cos\alpha = 0$

$\curvearrowleft II: M_{b2} - F_B \sin\alpha(a + s_2) + Fs_2 = 0$

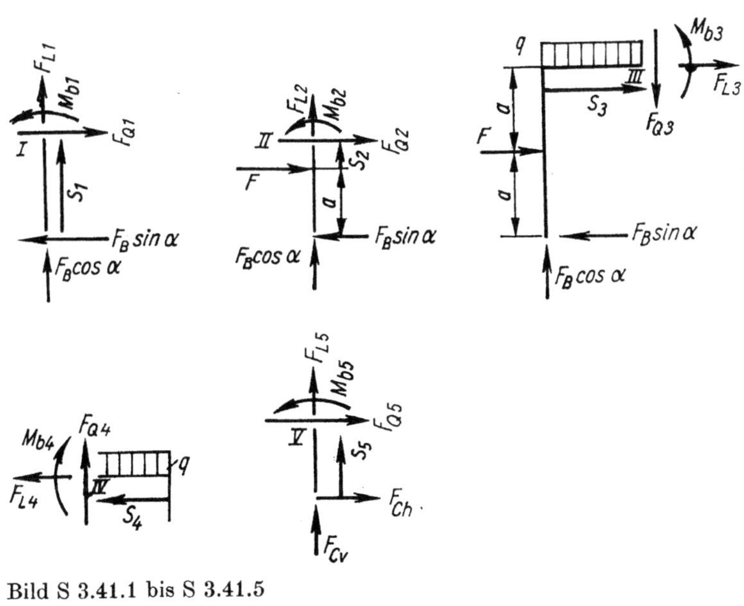

Bild S 3.41.1 bis S 3.41.5

$(0 \leqq s_3 \leqq 2a)$

$\rightarrow \quad : F_{L3} - F_B \sin \alpha + F = 0$

$\uparrow \quad : -F_{Q3} + F_B \cos \alpha - qs_3 = 0$

$\circlearrowleft III: M_{b3} - F_B \sin \alpha 2a - F_B \cos \alpha s_3 + Fa + \dfrac{qs_3^2}{2} = 0$

$(0 \leqq s_4 \leqq a)$

$\rightarrow \quad : -F_{L4} = 0$

$\uparrow \quad : F_{Q4} - qs_4 = 0$

$\circlearrowleft IV: -M_{b4} - \dfrac{qs_4^2}{2} = 0$

$(0 \leqq s_5 \leqq a)$

$\rightarrow : F_{Q5} + F_{Ch} = 0$

$\uparrow \quad : F_{L5} + F_{Cv} = 0$

$\circlearrowleft V: M_{b5} + F_{Ch} s_5 = 0$

3. Analytische Ergebnisse grafisch darstellen

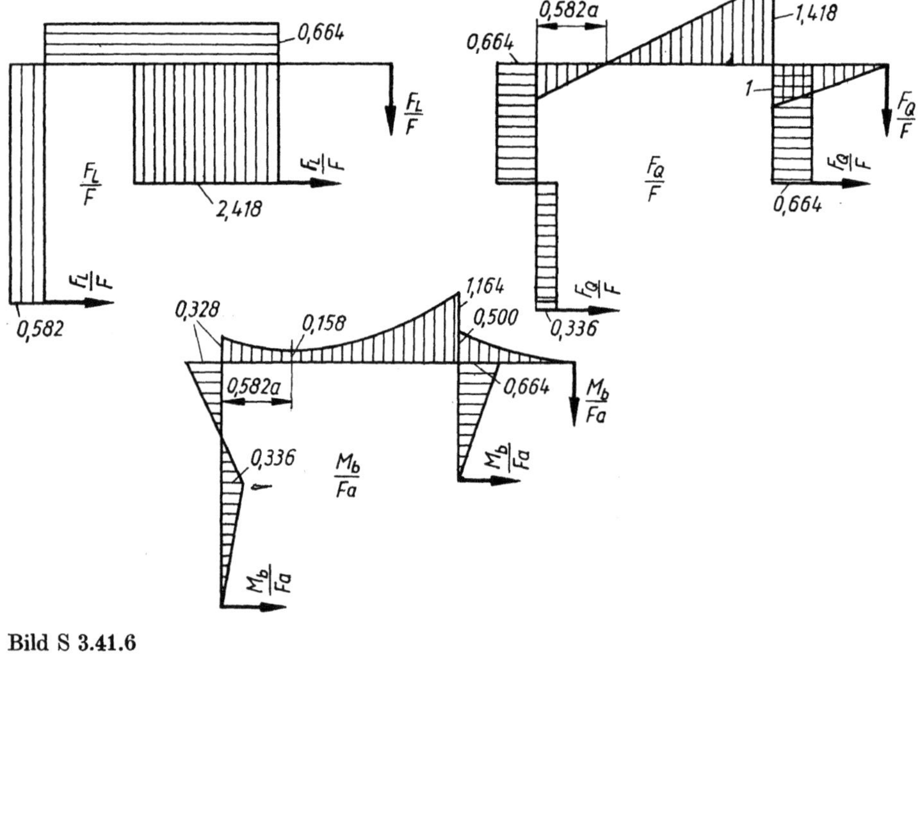

Bild S 3.41.6

3.4. Stabsysteme

3.4.1. Voraussetzungen

Stabsysteme sind aus einfachen Tragwerken (s. 3.2.) durch Verbindungselemente (s. 3.1.2.) zusammengesetzte Tragwerke. Wir betrachten hier nur das Verbindungselement Gelenk (s. Bild S 3.15) und setzen voraus, daß es »reibungsfrei« ist und kein Moment aufnehmen kann. Mit dieser Idealisierung berechnet man hinreichend genau auch geschweißte und genietete Verbindungen von Trägern, wie sie in den Bildern S 3.42 dargestellt sind.
Ein System, welches nur aus geraden Stäben besteht, die an ihren Enden gelenkig miteinander verbunden sind und bei denen die Kräfte nur in diesen Knotenpunkten eingetragen werden, wird i. allg. *Fachwerk* genannt (Bild S 3.43.1).
Ein gelenkig gelagertes Tragwerk aus zwei Grundelementen, die miteinander durch ein Gelenk verbunden sind, heißt *Dreigelenkbogen* (Bild S 3.43.2).
Liegen Lager und Verbindungselement auf einer Geraden, so nennt man das System GERBER-*Träger*[1]) (Bild S 3.43.3).
Kombinationen dieser Tragwerktypen zeigen die Bilder S 3.43.4 und S 3.43.5.

Bild S 3.42.1

Bild S 3.42.2

Bild S 3.42.3

[1]) JOHANN GERBER (1832—1912)

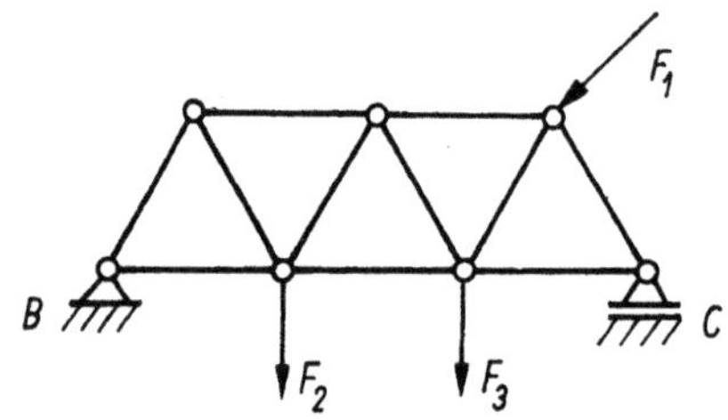

Bild S 3.43.1

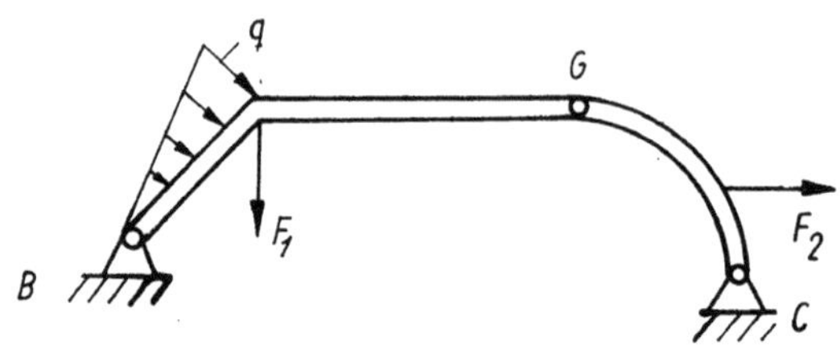

Bild S 3.43.2

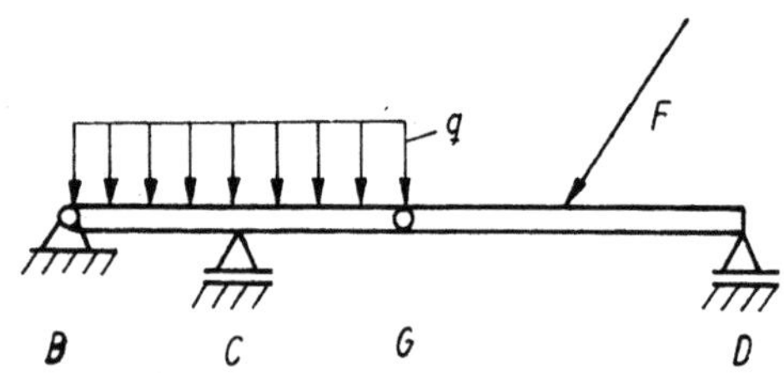

Bild S 3.43.3

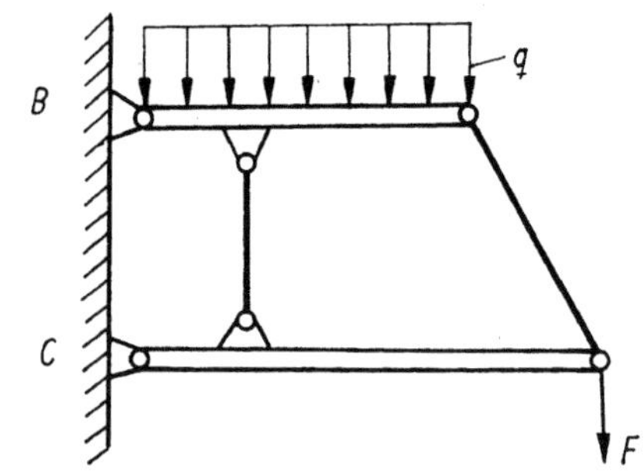

Bild S 3.43.4

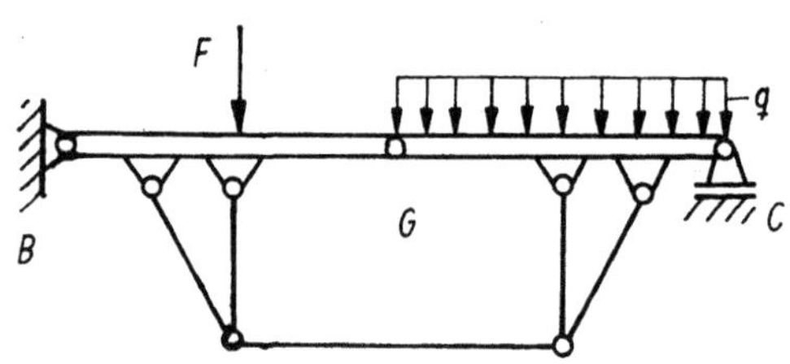

Bild S 3.43.5

Auflagerreaktionen und Verbindungskräfte sowie Stabkräfte und Schnittgrößen können bei diesen statisch bestimmten Systemen dadurch gewonnen werden, daß man zunächst wie in 3.2. das Gesamtsystem und anschließend Teilsysteme freischneidet und die entsprechenden Gleichgewichtsbedingungen formuliert. Beim Freischneiden von Teilsystemen ist zu beachten, daß ein Schnitt durch ein Gelenk zwei Kraftkomponenten »freisetzt«. Ein geschnittener Fachwerkstab ist nur durch eine längs der Stabachse wirkende Kraft zu ersetzen.

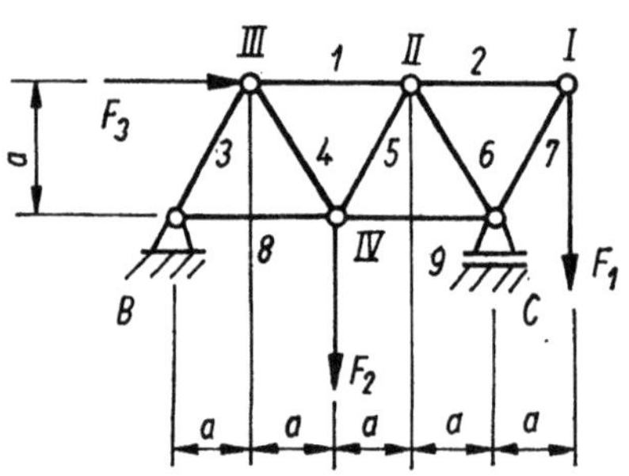

Bild S 3.44

3.4.2. Fachwerke

Für das in Bild S 3.44 dargestellte Fachwerk sind Auflagerreaktionen und Stabkräfte zu ermitteln. Gegeben sind a und die Kräfte $F_1 = F$, $F_2 = F_3 = 2F$. Äußerlich ist dieses Fachwerk statisch bestimmt gelagert (Festlager bei B, Loslager bei C), und durch Freischneiden des Gesamtsystems erhalten wir Bild S 3.45, wobei die Schraffur andeuten soll, daß das gesamte Fachwerk als starre Scheibe zu betrachten ist.

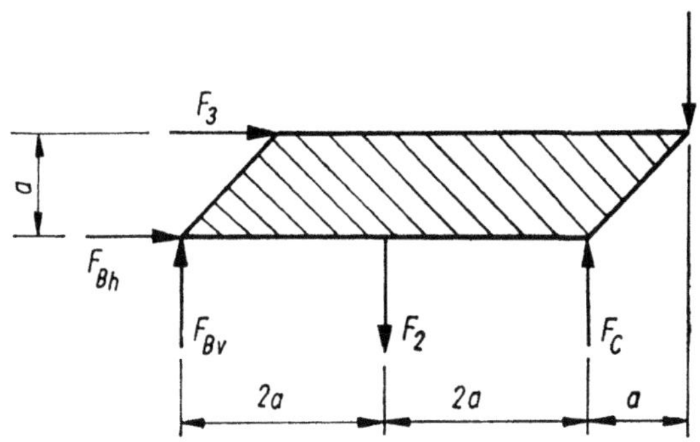

Bild S 3.45

$$\uparrow\ : F_{Bv} + F_C - F_1 - F_2 = 0 \tag{1}$$

$$\rightarrow : F_{Bh} + F_3 = 0 \tag{2}$$

$$\curvearrowleft B : F_C 4a - F_1 5a - F_2 2a - F_3 a = 0 \tag{3}$$

(2): $F_{Bh} = -F_3 = -2F$

(3): $F_C = \frac{1}{4}(5F_1 + 2F_2 + F_3) = \frac{11}{4} F$

(1): $F_{Bv} = -F_C + F_1 + F_2 = \frac{1}{4} F$

Ob das Fachwerk auch innerlich statisch bestimmt ist, überprüfen wir mit der Erkenntnis aus 2.1.2., daß eine Kraft an einem Punkt in der Ebene eindeutig nur nach zwei Richtungen zerlegt werden kann. Da alle äußeren Kräfte bekannt sind, kann mit einer Zerlegung am Knoten I begonnen werden, wodurch die Stabkräfte 2 und 7 ermittelt werden. Es folgt dann am Lager C die Zerlegung in 6 und 9, im Punkt II in 1 und 5, im Punkt III in 3 und 4, und aus einer Zerlegung am Knoten IV kann schließlich auch die Stabkraft F_{S8} ermittelt werden. Selbstverständlich kann man auch von B aus die Zerlegung beginnen. Abgeleitet aus dieser Zerlegungsregel kann für statisch bestimmte Fachwerke folgende Beziehung zwischen Stabanzahl (s) und Gelenkanzahl (g) angegeben werden.

$$s = 2g \tag{3.5}$$

Dabei sind die Aufleger als Gelenke zu zählen. Einem Festlager werden 2 Stäbe, einem Loslager wird 1 Stab zugeordnet. Das Fachwerk (Bild S 3.44) hat 6 Gelenke und 9 + 3 Stäbe, es ist also statisch bestimmt.

Falls $s > 2g$, so ist das Fachwerk statisch unbestimmt, und es müssen Erkenntnisse aus der Festigkeitslehre zur Bestimmung der Stabkräfte benutzt werden. Im Falle $s < 2g$ können keine Kräfte aufgenommen werde – es liegt ein Mechanismus vor. Auf Ausnahmen, bei denen $s = 2g$ erfüllt, aber dennoch keine Lösung mit Hilfe der statischen Gleichgewichtsbedingungen möglich ist, kann hier nicht eingegangen werden.
Die Ermittlung der Stabkräfte für das statisch bestimmte Fachwerk wird auf zwei Wegen vorgestellt:

1. Kräftegleichgewicht an den Knotenpunkten

Hierbei wird, wie oben bereits geschildert, jedes Gelenk freigeschnitten und die beiden dort unbekannten Stabkräfte werden aus den zwei Kräftegleichgewichtsbedingungen ermittelt. Dabei wird empfohlen, alle unbekannten Stabkräfte zunächst als vom Gelenk weg, also als Zugkräfte, wirkend anzunehmen. Liefert die Rechnung dann eine »negative Stabkraft«, dann bedeutet das, daß es sich um eine Druckkraft handelt. Negatives Zeichen sollte bei Stabsystemen immer der Ausweis für Druckkräfte sein (s. a. 3.3.).

Punkt I (F_1 bekannt, s. Bild 3.46.1)

$$\uparrow : -F_{S7}\frac{\sqrt{2}}{2} - F_1 = 0 \qquad (1)$$

$$\rightarrow : -F_{S2} - F_{S7}\frac{\sqrt{2}}{2} = 0 \qquad (2)$$

(1): $$F_{S7} = -\sqrt{2}\,F_1 = -\sqrt{2}\,F$$

(2): $$F_{S2} = -F_{S7}\frac{\sqrt{2}}{2} = F$$

Punkt C (F_{S7} und F_C bekannt, s. Bild 3.46.2)

$$\uparrow : F_C + F_{S7}\frac{\sqrt{2}}{2} + F_{S6}\frac{\sqrt{2}}{2} = 0 \qquad (3)$$

$$\rightarrow : -F_{S9} - F_{S6}\frac{\sqrt{2}}{2} + F_{S7}\frac{\sqrt{2}}{2} = 0 \qquad (4)$$

(3): $$F_{S6} = -\sqrt{2}\,F_C - F_{S7} = -\frac{7}{4}\cdot\sqrt{2}\,F$$

(4): $$F_{S9} = \frac{\sqrt{2}}{2}(F_{S7} - F_{S6}) = \frac{3}{4}F$$

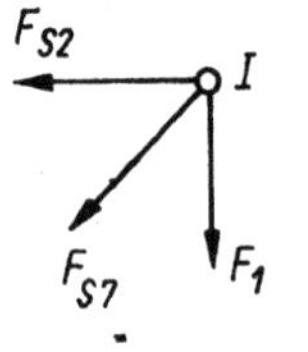

Bild S 3.46.1

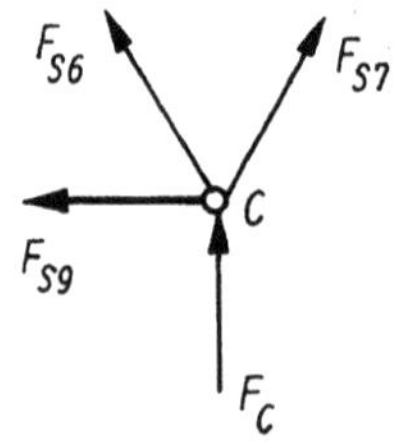

Bild S 3.46.2

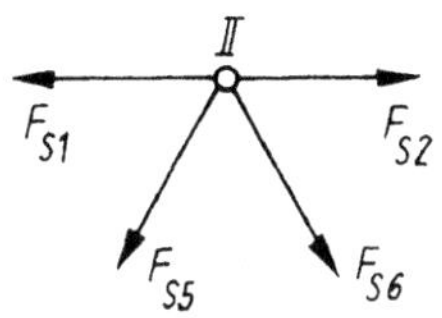

Bild S 3.46.3

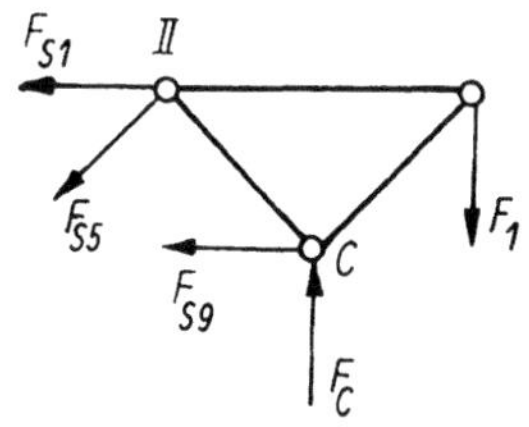

Bild S 3.46.4

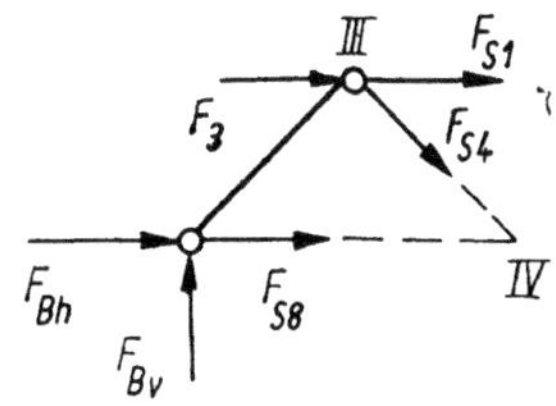

Bild S 3.46.5

Punkt II (F_{S6} und F_{S2} bekannt, s. Bild S 3.46.3)

$$\uparrow \; : -F_{S5}\frac{\sqrt{2}}{2} - F_{S6}\frac{\sqrt{2}}{2} = 0 \tag{5}$$

$$\rightarrow : -F_{S1} + F_{S2} - F_{S5}\frac{\sqrt{2}}{2} + F_{S6}\frac{\sqrt{2}}{2} = 0 \tag{6}$$

(5): $$F_{S5} = -F_{S6} = \frac{7}{4}\sqrt{2}\,F$$

(6): $$F_{S1} = F_{S2} - \frac{\sqrt{2}}{2}F_{S5} + \frac{\sqrt{2}}{2}F_{S6} = -\frac{5}{2}F$$

Weiterhin können aus der Zerlegung bei Punkt *III* die Stabkräfte F_{S3} und F_{S4} und schließlich durch eine Zerlegung bei B die Stabkraft F_{S8} ermittelt werden.

2. Gleichgewicht an Fachwerkteilen

Sind alle äußeren Kräfte bekannt, so lassen sich die Stabkräfte auch aus den Gleichgewichtsbedingungen an Teilen eines Fachwerkes ermitteln. Dabei wird ein geschlossener Schnitt so geführt, daß jeweils nur 3 unbekannte Stabkräfte freigeschnitten werden, die aus den drei Gleichgewichtsbedingungen für ebene Kräftegruppen bestimmt werden.

Führen wir beispielsweise in unserem Fachwerk (Bild S 3.44) einen Schnitt durch die Stäbe 1, 5, 9 (Bild S 3.46.4), so erhalten wir

$$\uparrow \; : F_C - F_1 - F_{S5}\frac{\sqrt{2}}{2} = 0 \tag{7}$$

$$\rightarrow \; : -F_{S1} - F_{S5}\frac{\sqrt{2}}{2} - F_{S9} = 0 \tag{8}$$

$$\curvearrowleft II : F_C a - F_1 2a - F_{S9} a = 0 \tag{9}$$

(9): $$F_{S9} = F_C - 2F_1 = \frac{3}{4}F$$

(7): $$F_{S5} = \sqrt{2}\,(F_C - F_1) = \frac{7}{4}\sqrt{2}\,F$$

(8): $$F_{S1} = -F_{S5}\frac{\sqrt{2}}{2} - F_{S9} = -\frac{5}{2}F$$

Aus einem Schnitt durch die Stäbe 1, 4, 8 (Bild S 3.46.5) folgt

$$\uparrow\quad : F_{Bv} - \frac{\sqrt{2}}{2} F_{S4} = 0 \tag{10}$$

$$\curvearrowleft \text{III} : F_{S8}a + F_{Bh}a - F_{Bv}a = 0 \tag{11}$$

$$\curvearrowleft \text{IV} : -F_{Bv}2a - F_3a - F_{S1}a = 0 \tag{12}$$

(10): $F_{S4} = \sqrt{2}\, F_{Bv} = \frac{\sqrt{2}}{4} F$

(11): $F_{S8} = F_{Bv} - F_{Bh} = \frac{5}{4} F$

(12): $F_{S1} = -2F_{Bv} - F_3 = -\frac{5}{2} F$

Es ist natürlich auch möglich, anstelle einer Kräftegleichgewichtsbedingung eine weitere Momentengleichung zu verwenden.
Auf die grafische Lösung des Problems kann hier nicht eingegangen werden. Es wird dazu auf [1] verwiesen.

3.4.3. Dreigelenkträger

Gegeben: $F = 2qa$, a (Bild S 3.47.1)

Gesucht: Auflagerkräfte, Gelenkkräfte, Schnittgrößen

1. Freischneiden des Gesamtsystems und Formulierung der Gleichgewichtsbedingungen (Bild S 3.47.2).

$$\uparrow\ : F_{Bv} - F + F_{Cv} = 0 \tag{1}$$

$$\rightarrow : F_{Bh} + q2a + F_{Ch} = 0 \tag{2}$$

$$\curvearrowleft B: F_{Cv}3a - F_{Ch}a - F2a - q2a^2 = 0 \tag{3}$$

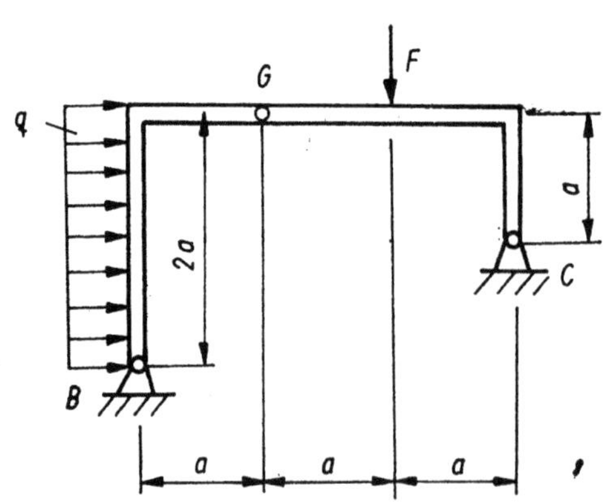

Bild S 3.47.1

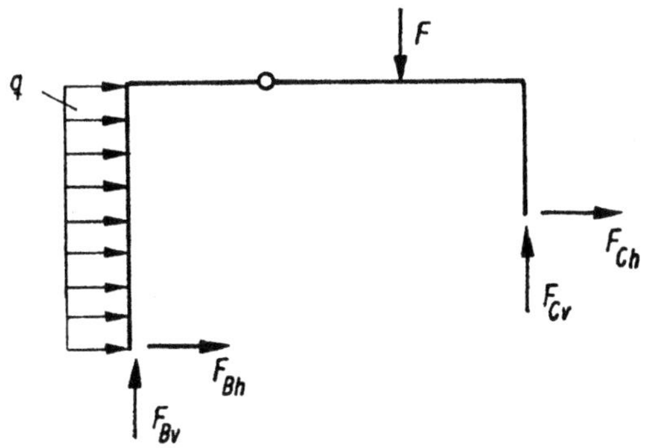

Bild S 3.47.2

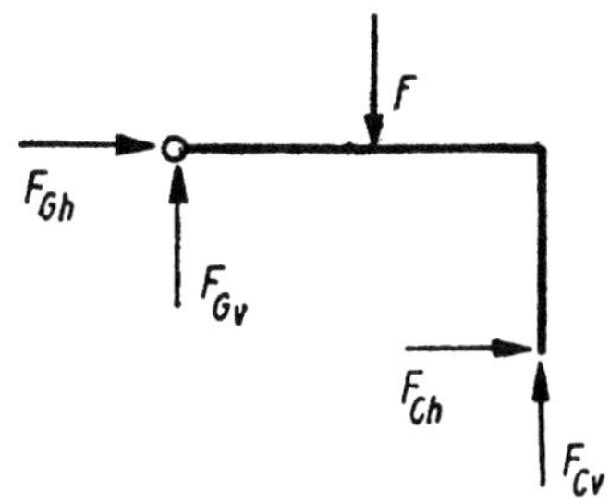

Bild S 3.47.3

2. Freischneiden eines Teilsystems und Formulierung der Gleichgewichtsbedingungen. (Es ist ein geschlossener Schnitt durch das Gelenk zu führen! (Bild S 3.47.3))

$$\uparrow \;: F_{Gv} - F + F_{Cv} = 0 \tag{4}$$

$$\rightarrow : F_{Gh} + F_{Ch} = 0 \tag{5}$$

$$\curvearrowleft G: F_{Cv}2a + F_{Ch}a - Fa = 0 \tag{6}$$

3. Aus den 6 Gleichungen lassen sich die 6 unbekannten Auflager- und Gelenkkraftkomponenten ermitteln.

Aus (3) + (6) folgt zunächst

$$F_{Cv}5a - F3a - q2a^2 = 0$$

und daraus

$$F_{Cv} = \frac{1}{5}(3F + 2qa) = \frac{8}{5}qa$$

Ferner erhält man

(6): $$F_{Ch} = F - 2F_{Cv} = -\frac{1}{5}(F + 4qa) = -\frac{6}{5}qa$$

(5): $$F_{Gh} = -F_{Ch} = \frac{1}{5}(F + 4qa) = \frac{6}{5}qa$$

(4): $$F_{Gv} = F - F_{Cv} = \frac{1}{5}(2F - 2qa) = \frac{2}{5}qa$$

(2): $$F_{Bh} = -q2a - F_{Ch} = \frac{1}{5}(F - 6qa) = -\frac{4}{5}qa$$

(1): $$F_{Bv} = F - F_{Cv} = \frac{1}{5}(2F - 2qa) = \frac{2}{5}qa$$

(Wegen des Wechselwirkungsgesetzes treten die Gelenkkräfte F_{Gh} und F_{Gv} am linken Teiltragwerk in entgegengesetzter Richtung auf!)

4. Schnittgrößenverläufe (Bilder S 3.47.4 bis S 3.47.6)

Relatives Maximum im linken Trägerteil:

$$M_{b\max} = \frac{4}{5}qa \cdot \frac{4}{5}a - \frac{4}{5}qa \cdot \frac{2}{5}a = \frac{8}{25}qa^2$$

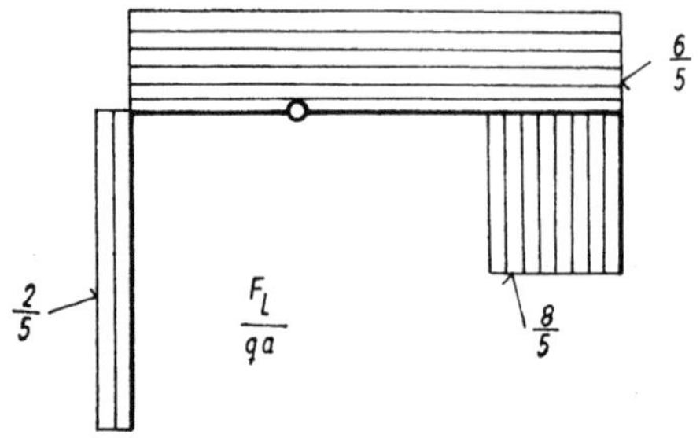

Bild S 3.47.4

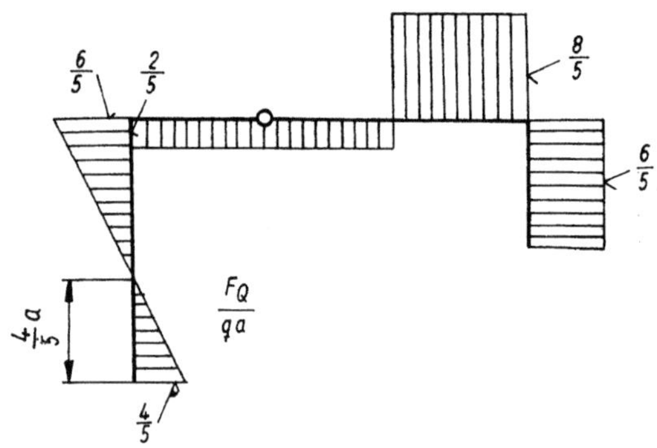

Bild S 3.47.5

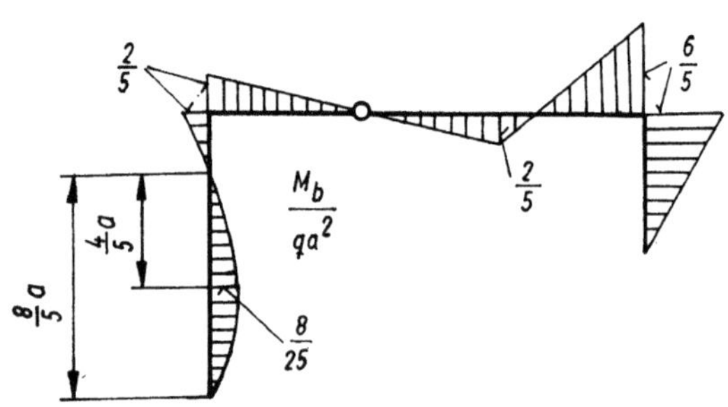

Bild S 3.47.6

3.4.4. Tragwerkkombinationen

1. Beispiel (Bild S 3.48.1)

Gegeben: $F = 3qa$, a

Gesucht: Auflagerreaktionen, Gelenkkräfte, Stabkräfte, Schnittgrößen

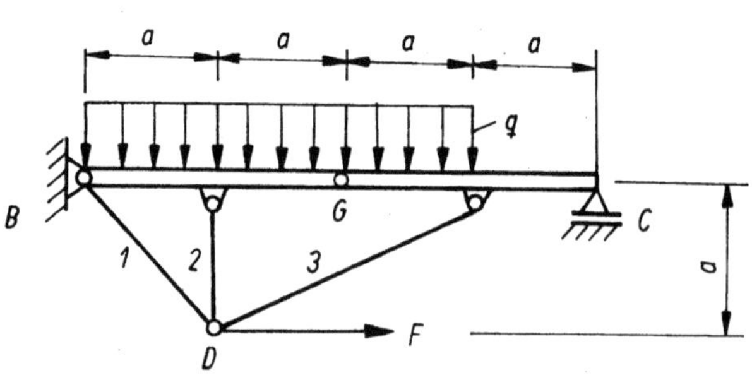

Bild S 3.48.1

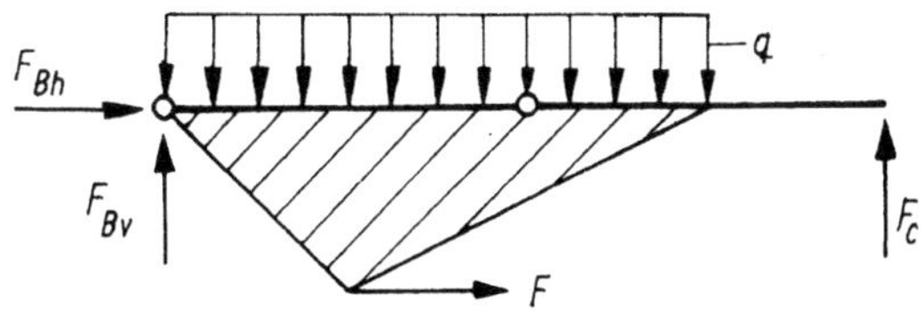

Bild S 3.48.2

1. Freischneiden des Gesamtsystems und Bestimmung der Auflagerkräfte (Bild S 3.48.2).

$$\uparrow \;: F_{Bv} + F_C - q3a = 0 \qquad (1)$$

$$\rightarrow : F_{Bh} + F = 0 \qquad (2)$$

$$\curvearrowleft B: F_C 4a - q3a\,\frac{3}{2}\,a + Fa = 0 \qquad (3)$$

(2): $F_{Bh} = -F = -3qa$

(3): $F_C = \frac{9}{8}\,qa - \frac{F}{4} = \frac{3}{8}\,qa$

(1): $F_{Bv} = q3a - F_C = \frac{15}{8}\,qa + \frac{F}{4} = \frac{21}{8}\,qa$

2. Freischneiden eines Teilsystems mit geschlossenem Schnitt durch das Gelenk G und den Stab 3 und Bestimmung der Gelenkkraftkomponenten und der Stabkraft 3 (Bild S 3.48.3).

$$\uparrow \;: F_{Gv} + F_C - F_{S3}\sin\alpha - qa = 0 \qquad (4)$$

$$\rightarrow : F_{Gh} - F_{S3}\cos\alpha = 0 \qquad (5)$$

$$\curvearrowleft G: F_C 2a - \frac{qa^2}{2} - F_{S3} a \sin\alpha = 0 \qquad (6)$$

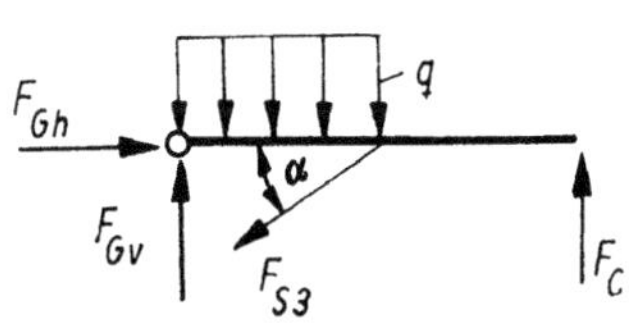

Bild S 3.48.3

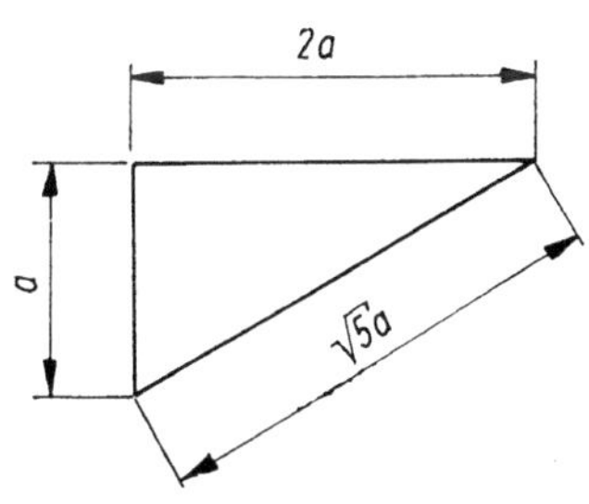

Bild S 3.48.4

Geometrie (Bild S 3.48.4):

$$\cos\alpha = \frac{2}{\sqrt{5}} \qquad \sin\alpha = \frac{1}{\sqrt{5}}$$

(6): $F_{S3} = \frac{1}{\sin\alpha}\left(2F_C - \frac{qa}{2}\right) = \sqrt{5}\left(\frac{7qa}{4} - \frac{F}{2}\right) = \frac{\sqrt{5}}{4}\,qa$

(5): $F_{Gh} = F_{S3}\cdot\cos\alpha = \frac{7}{2}\,qa - F = \frac{1}{2}\,qa$

(4): $F_{Gv} = qa - F_C + F_{S3}\sin\alpha = qa - \frac{3qa}{8} + \frac{qa}{4} = \frac{7}{8}\,qa$

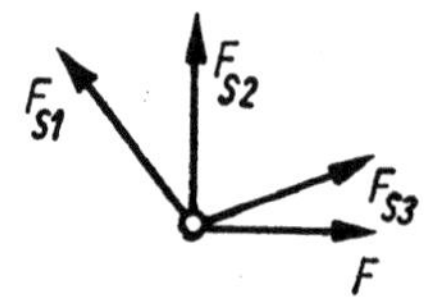

Bild S 3.48.5

3. Freischneiden des Knotenpunktes D und Bestimmung der Stabkräfte 1 und 2 (Bild S 3.48.5)

$$\uparrow\ : F_{S1}\frac{\sqrt{2}}{2} + F_{S2} + F_{S3}\frac{\sqrt{5}}{5} = 0 \tag{7}$$

$$\rightarrow: -F_{S1}\frac{\sqrt{2}}{2} + F + F_{S3}\frac{2}{5}\sqrt{5} = 0 \tag{8}$$

(8): $$F_{S1} = \sqrt{2}\left(F + F_{S3}\frac{2}{5}\sqrt{5}\right) = \frac{7}{2}\sqrt{2}\,qa$$

(7): $$F_{S2} = -F_{S1}\frac{\sqrt{2}}{2} - F_{S3}\frac{\sqrt{5}}{5} = -\frac{15}{4}qa$$

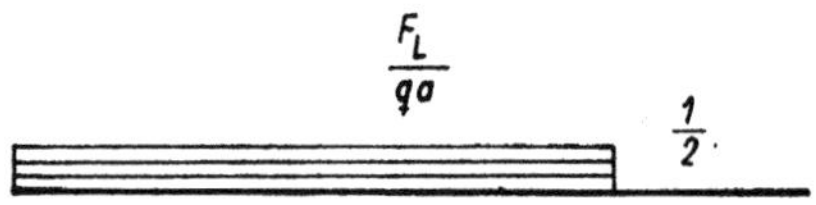

Bild S 3.48.6

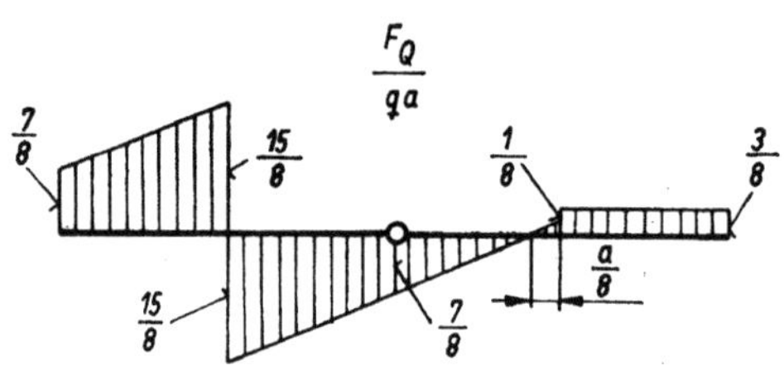

Bild S 3.48.7

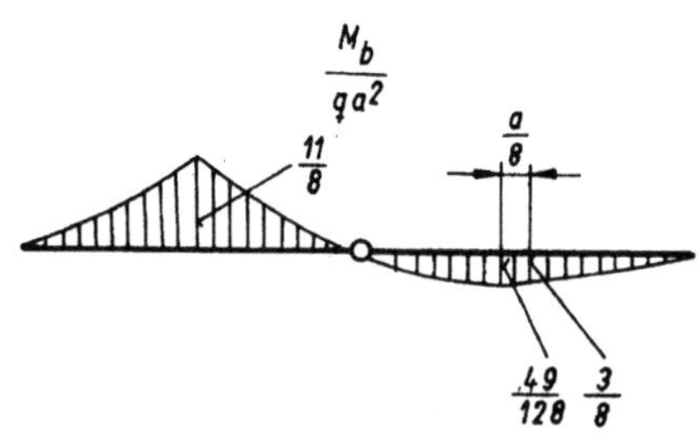

Bild S 3.48.8

4. Schnittgrößenverläufe (Bild S 3.48.6 bis S 3.48.8)

2. Beispiel (Bild S 3.49.1)

Gegeben: q, a

Gesucht: Auflagerreaktionen, Stabkräfte

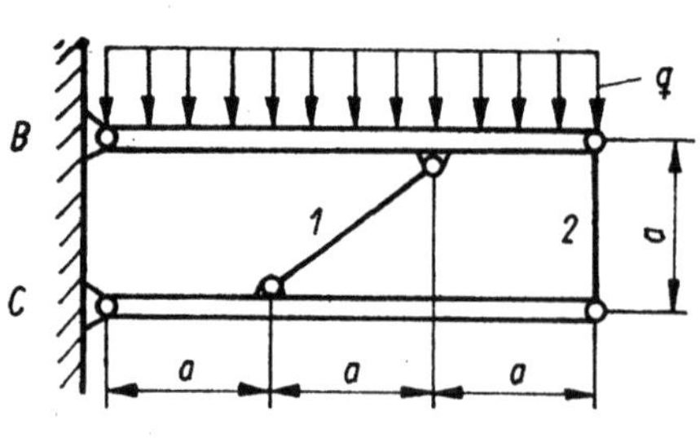

Bild S 3.49.1

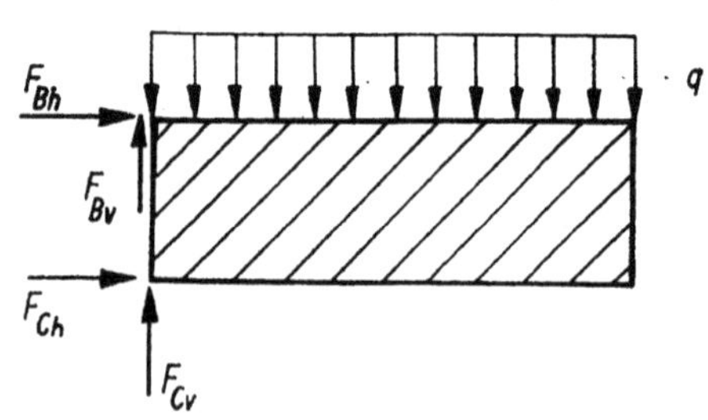

Bild S 3.49.2

1. Freischneiden des Gesamtsystems (Bild S 3.49.2)

$$\uparrow\ : F_{Bv} + F_{Cv} - 3qa = 0 \qquad (1)$$

$$\rightarrow : F_{Bh} + F_{Ch} = 0 \qquad (2)$$

$$\curvearrowleft B: F_{Ch}a - q3a\,\frac{3}{2}\,a = 0 \qquad (3)$$

(3): $$F_{Ch} = \frac{9}{2}\,qa$$

(2): $$F_{Bh} = -F_{Ch} = -\frac{9}{2}\,qa$$

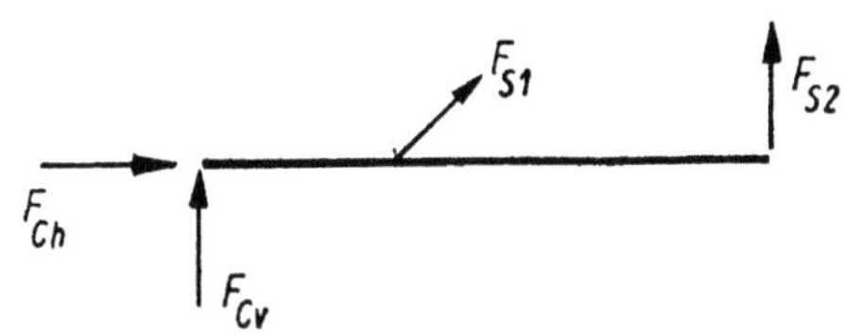

Bild S 3.49.3

2. Freischneiden eines Teilsystems (Bild S 3.49.3)

$$\uparrow\ : F_{Cv} + F_{S1}\,\frac{\sqrt{2}}{2} + F_{S2} = 0 \qquad (4)$$

$$\rightarrow : F_{Ch} + F_{S1}\,\frac{\sqrt{2}}{2} = 0 \qquad (5)$$

$$\curvearrowleft C: F_{S1}\,\frac{\sqrt{2}}{2}\,a + F_{S2}3a = 0 \qquad (6)$$

(5): $$F_{S1} = -\sqrt{2}\,F_{Ch} = -\frac{9}{2}\,\sqrt{2}\,qa$$

(6): $$F_{S2} = -\frac{\sqrt{2}}{6}\,F_{S1} = \frac{3}{2}\,qa$$

(4): $$F_{Cv} = -F_{S1}\,\frac{\sqrt{2}}{2} - F_{S2} = 3qa$$

3.5. Seile und Ketten

Seile und Ketten sind biegeschlaffe Tragelemente, die nur in ihrer Längsrichtung Kräfte übertragen können. Für ein Seil, das nur durch sein Eigengewicht (q in N/mm) belastet ist, sollen die Kräfte im Seil und der Seildurchhang berechnet werden. Aus einem Seil der Länge L, das zwischen den Punkten *1* und *2* (Bild S 3.50.1) befestigt ist, schneiden wir ein kleines Element der Länge ds heraus und schreiben das Kräftegleichgewicht an (Bild S 3.51).
Während wir bisher die Gleichgewichtsbedingungen am gesamten Tragwerk oder aber zumindest an endlichen Teilen aufgestellt haben, müssen wir hier zum differen-

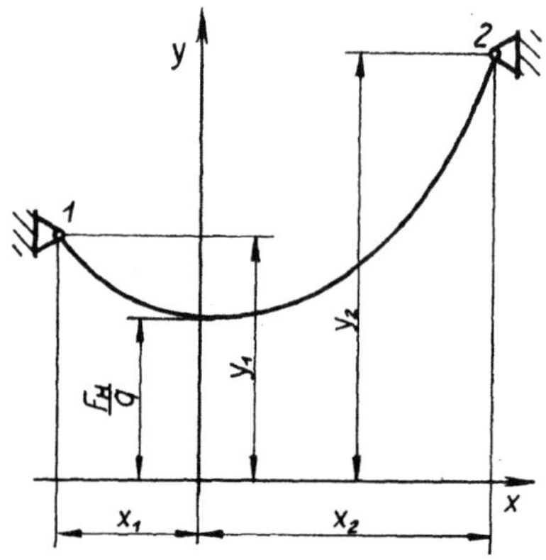

Bild S 3.50.1

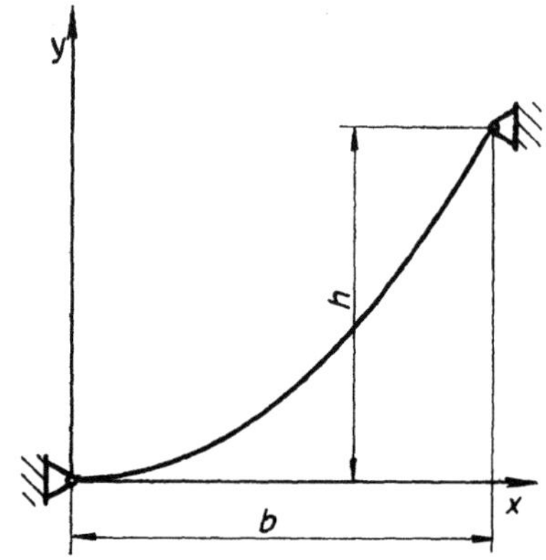

Bild S 3.50.2

tiell kleinen Element übergehen, weil wir den Verlauf der Seilkurve $[y(x)]$ und damit die Lastverteilung nicht kennen.

$$\begin{aligned} \uparrow &: -F_V - q\,\mathrm{d}s + F_V + \mathrm{d}F_V = 0 \\ \rightarrow &: -F_H + F_H + \mathrm{d}F_H = 0 \end{aligned} \tag{3.6}$$

Hieraus ergibt sich

$$F_H = \text{konst} \qquad \frac{\mathrm{d}F_V}{\mathrm{d}s} = q \tag{3.7}$$

Zwischen der Vertikalkraft F_V, der Horizontalkraft F_H und der Seilkraft F_S einerseits und den Längenelementen $\mathrm{d}y$, $\mathrm{d}x$ und $\mathrm{d}s$ andererseits existieren die Beziehungen

$$\begin{aligned} &\frac{F_V}{F_H} = \frac{\mathrm{d}y}{\mathrm{d}x} = \tan\varphi = y' \qquad F_S = \sqrt{F_H^2 + F_V^2} = F_H\sqrt{1 + y'^2} \\ &\mathrm{d}s = \sqrt{\mathrm{d}x^2 + \mathrm{d}y^2} = \mathrm{d}x\sqrt{1 + y'^2} \end{aligned} \tag{3.8}$$

Mit (3.7) und (3.8) ergibt sich

$$\frac{\mathrm{d}F_V}{\mathrm{d}x} = q\sqrt{1 + y'^2} = F_H y'' \tag{3.9}$$

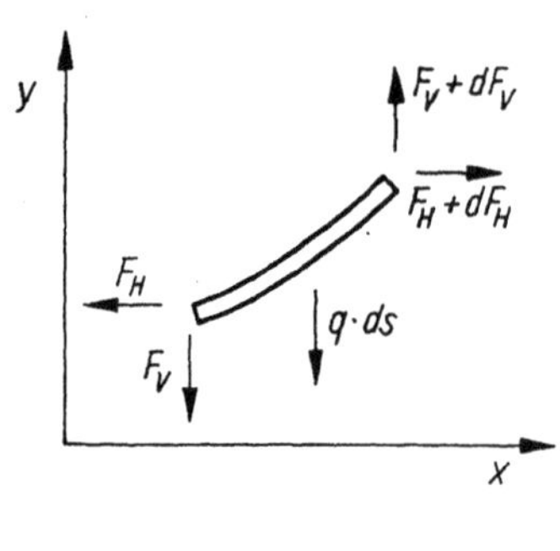

Bild S 3.51

Zur Bestimmung des Durchhanges erhalten wir somit die folgende nichtlineare Differentialgleichung der Seilkurve:

$$y'' = \frac{q}{F_\mathrm{H}} \sqrt{1 + y'^2} \tag{3.10}$$

Zur Lösung führt man ein $y' = p$ und $y'' = p' = \frac{\mathrm{d}p}{\mathrm{d}x}$, so daß (3.10) übergeht in

$$\frac{q}{F_\mathrm{H}}\,\mathrm{d}x = \frac{\mathrm{d}p}{\sqrt{1 + p^2}} \tag{3.11}$$

Nach der Integration erhält man

$$\frac{q}{F_\mathrm{H}}(x - x_0) = \operatorname{arsinh} p$$

bzw.

$$p = \sinh \frac{q}{F_\mathrm{H}}(x - x_0) = y' = \frac{\mathrm{d}y}{\mathrm{d}x} \tag{3.12}$$

und schließlich nach nochmaliger Integration

$$y - y_0 = \frac{F_\mathrm{H}}{q} \cosh \frac{q}{F_\mathrm{H}}(x - x_0) \tag{3.13}$$

Die Integrationskonstanten x_0 und y_0 hängen von der Lage des Koordinatensystems ab. Es ist zweckmäßig, die Ordinate durch den tiefsten Punkt der Seilkurve zu legen, so daß dort gilt $y' = 0$. Daraus folgt aber $x_0 = 0$. Setzt man noch $y_0 = 0$, so ergibt sich an Stelle (3.13)

$$y = \frac{F_\mathrm{H}}{q} \cosh \frac{q}{F_\mathrm{H}}\,x \tag{3.14}$$

Das Seil liegt am tiefsten Punkt in der Höhe $\frac{F_\mathrm{H}}{q}$ über der x-Achse (Bild S 3.50.1). Aus (3.8) ergibt sich dann mit (3.14)

$$\begin{aligned} F_\mathrm{V} &= F_\mathrm{H} \sinh \frac{q}{F_\mathrm{H}}\,x \qquad & \mathrm{d}s &= \mathrm{d}x \cosh \frac{q}{F_\mathrm{H}}\,x \\ F_\mathrm{S} &= F_\mathrm{H} \cosh \frac{q}{F_\mathrm{H}}\,x \qquad & L &= \frac{F_\mathrm{H}}{q}\left[\sinh \frac{q}{F_\mathrm{H}}\,x_2 + \sinh\left(-\frac{q}{F_\mathrm{H}}\,x_1\right)\right] \end{aligned} \tag{3.15}$$

wobei x_1, x_2 die Abszissen der Befestigungspunkte sind (Bild S 3.50.1). Mit diesen Beziehungen ist das Problem als gelöst zu betrachten. Zu bemerken ist noch, daß das Seil als undehnbar angesehen wird, tatsächlich aber eine Verlängerung erfährt, die bei vorgegebenen L, q, x_1, x_2, y_1, y_2 den Horizontalzug herabsetzt.

Für Seile mit geringem Durchhang kann man eine Näherungslösung folgendermaßen schreiben:

Wir nehmen die Vertikalprojektion der Längeneinheit als konstant an und setzen $\frac{q}{\cos\varphi} \approx \bar{q}$ mit $\cos\varphi = \frac{b}{l} = \frac{b}{\sqrt{h^2 + b^2}}$ (Bild S 3.50.2). Den Ursprung des x,y-Systems legen wir in den linken unteren Befestigungspunkt und erhalten

$$q\,\mathrm{d}s = \bar{q}\,\mathrm{d}x = \mathrm{d}F_{\mathrm{V}} = F_{\mathrm{H}}y''\,\mathrm{d}x \tag{3.16}$$

Die Integration liefert

$$y' = \frac{\bar{q}}{F_{\mathrm{H}}}x + C_1$$

$$y = \frac{\bar{q}}{F_{\mathrm{H}}}\frac{x^2}{2} + C_1x + C_2 \tag{3.17}$$

$$y(0) = 0 \qquad y(b) = h$$

Nach Erfüllung der Randbedingungen können wir schreiben

$$y = \frac{\bar{q}}{2F_{\mathrm{H}}}x(x - b) + \frac{h}{b}x = \eta + \frac{h}{b}x \tag{3.18}$$

Wenn wir als Durchgang η die Abweichung von der Geraden $\frac{h}{b}x$ bezeichnen, so erhalten wir

$$\eta_{\max} = \eta\left(x = \frac{b}{2}\right) = \frac{\bar{q}b^2}{8F_{\mathrm{H}}}$$

Die Seilneigung, die ursprünglich als konstant angenommen wurde, beträgt

$$y' = \frac{\bar{q}}{2F_{\mathrm{H}}}(2x - b) + \frac{h}{b} = \eta' + \frac{h}{b} \tag{3.19}$$

$$y'(0) = \frac{h}{b} - \frac{\bar{q}b}{2F_{\mathrm{H}}}$$

$$y'(b) = \frac{h}{b} + \frac{\bar{q}b}{2F_{\mathrm{H}}}$$

Die Seillänge läßt sich errechnen aus

$$L = \int_0^L \mathrm{d}s = \int_0^b \sqrt{1 + y'^2}\,\mathrm{d}x \tag{3.20}$$

Mit (3.19) folgt

$$\begin{aligned}
L &= \int_0^b \sqrt{1 + \left(\frac{h}{b}\right)^2 + 2\,\frac{h}{b}\,\eta' + \eta'^2}\,\mathrm{d}x \\
&= \frac{l}{b}\int_0^b \sqrt{1 + 2\eta'\,\frac{bh}{l^2} + \eta'^2\,\frac{b^2}{l^2}}\,\mathrm{d}x \\
L &\approx \frac{l}{b}\int_0^b \left[1 + \eta'\,\frac{bh}{l^2} + \frac{1}{2}\,\eta'^2\left(\frac{b}{l}\right)^2 - \frac{1}{2}\,\eta'^2\,\frac{(bh)^2}{l^4}\right]\mathrm{d}x \\
L &\approx l + \left(\frac{\bar{q}}{F_\mathrm{H}}\right)^2 \frac{b^6}{24 l^3}
\end{aligned} \tag{3.21}$$

4. Räumliches Kraftsystem

4.1. Zentrales räumliches Kraftsystem

Beim zentralen räumlichen Kraftsystem schneiden sich die Wirkungslinien sämtlicher Kräfte in einem Punkt.

4.1.1. Äquivalenz

Wie bereits in 1.1. angeführt, kann eine Kraft im Raum durch 3 Komponenten dargestellt werden, und in einem kartesischen Koordinatensystem gelten die Beziehungen (s. a. (1.1) bis (1.4) und Bild S 1.3)

$$\begin{aligned}
&\boldsymbol{F} = F_x \boldsymbol{e}_x + F_y \boldsymbol{e}_y + F_z \boldsymbol{e}_z = \{F_x, F_y, F_z\} \\
&\boldsymbol{F} \cdot \boldsymbol{F} = F^2 = F_x^2 + F_y^2 + F_z^2 \\
&\boldsymbol{F} \cdot \boldsymbol{e}_x = F_x = F \cos\alpha, \qquad \boldsymbol{F} \cdot \boldsymbol{e}_y = F_y = F \cos\beta, \\
&\boldsymbol{F} \cdot \boldsymbol{e}_z = F_z = F \cos\gamma \\
&\cos^2\alpha + \cos^2\beta + \cos^2\gamma = 1
\end{aligned} \tag{4.1}$$

Die Resultierende mehrerer Einzelkräfte ermitteln wir analog (2.1)

$$\begin{aligned}
\boldsymbol{F}_\mathrm{Res} &= \boldsymbol{F}_1 + \boldsymbol{F}_2 + \cdots + \boldsymbol{F}_i + \cdots + \boldsymbol{F}_n = \sum_{i=1}^{n} \boldsymbol{F}_i \\
&= \sum_{i=1}^{n} (F_{ix}\boldsymbol{e}_x + F_{iy}\boldsymbol{e}_y + F_{iz}\boldsymbol{e}_z) = F_{\mathrm{R}x}\boldsymbol{e}_x + F_{\mathrm{R}y}\boldsymbol{e}_y + F_{\mathrm{R}z}\boldsymbol{e}_z
\end{aligned} \tag{4.2}$$

$$|\boldsymbol{F}_\mathrm{Res}| = F_\mathrm{Res} = \sqrt{F_{\mathrm{R}x}^2 + F_{\mathrm{R}y}^2 + F_{\mathrm{R}z}^2}$$

mit

$$\sum_{i=1}^{n} F_{ix} = F_{Rx} \qquad \sum_{i=1}^{n} F_{iy} = F_{Ry} \qquad \sum_{i=1}^{n} F_{iz} = F_{Rz}$$

und die Richtung der Resultierenden kann aus

$$\cos\alpha_R = \frac{F_{Rx}}{F_{Res}} \qquad \cos\beta_R = \frac{F_{Ry}}{F_{Res}} \qquad \cos\gamma_R = \frac{F_{Rz}}{F_{Res}} \tag{4.3}$$

bestimmt werden.
Soll eine Kraft an einem Punkt in drei nicht in einer Ebene liegende Richtungen *1, 2, 3* zerlegt werden, so gilt analog 2.1.2.

$$\begin{aligned} \boldsymbol{F} &= F_x \boldsymbol{e}_x + F_y \boldsymbol{e}_y + F_z \boldsymbol{e}_z = F_1 \boldsymbol{e}_1 + F_2 \boldsymbol{e}_2 + F_3 \boldsymbol{e}_3 \\ &= F_1(c_{1x}\boldsymbol{e}_x + c_{1y}\boldsymbol{e}_y + c_{1z}\boldsymbol{e}_z) + F_2(c_{2x}\boldsymbol{e}_x + c_{2y}\boldsymbol{e}_y + c_{2z}\boldsymbol{e}_z) \\ &\quad + F_3(c_{3x}\boldsymbol{e}_x + c_{3y}\boldsymbol{e}_y + c_{3z}\boldsymbol{e}_z) \end{aligned}$$

($c_{kl} = \cos(k, l)$ sind die Richtungscosinus)
und aus einem Koeffizientenvergleich folgt,

$$\begin{aligned} \boldsymbol{e}_x&: \quad F_x = F_1 c_{1x} + F_2 c_{2x} + F_3 c_{3x} \\ \boldsymbol{e}_y&: \quad F_y = F_1 c_{1y} + F_2 c_{2y} + F_3 c_{3y} \\ \boldsymbol{e}_z&: \quad F_z = F_1 c_{1z} + F_2 c_{2z} + F_3 c_{3z} \end{aligned}$$

und daraus

$$F_1 = \frac{\begin{vmatrix} F_x & c_{2x} & c_{3x} \\ F_y & c_{2y} & c_{3y} \\ F_z & c_{2z} & c_{3z} \end{vmatrix}}{\begin{vmatrix} c_{1x} & c_{2x} & c_{3x} \\ c_{1y} & c_{2y} & c_{3y} \\ c_{1z} & c_{2z} & c_{3z} \end{vmatrix}} \quad \text{usw.}$$

woraus wir erkennen:

Eine Kraft kann an einem Punkt im Raum eindeutig nach drei Richtungen zerlegt werden.

4.1.2. Gleichgewicht

Das zentrale räumliche Kraftsystem ist im Gleichgewicht, wenn gilt

$$\sum_{i=1}^{n} \boldsymbol{F}_i = \sum_{i=1}^{n} (F_{ix}\boldsymbol{e}_x + F_{iy}\boldsymbol{e}_y + F_{iz}\boldsymbol{e}_z) = 0 \tag{4.4}$$

Die drei Gleichgewichtsbedingungen für die Komponenten lauten

$$\sum_{i=1}^{n} F_{ix} = 0 \mathrel{\hat{=}} \rightarrow: \qquad \sum_{i=1}^{n} F_{iy} = 0 \mathrel{\hat{=}} \uparrow: \qquad \sum_{i=1}^{n} F_{iz} = 0 = \odot \tag{4.5}$$

(Kreis mit Punkt $\odot$ soll bedeuten, daß alle Kräfte, die aus der Zeichenebene herauskommen, positiv zu zählen sind. Das Pendant ist $\otimes$.)

4.2. Allgemeines räumliches Kraftsystem

4.2.1. Äquivalenz

Die Wirkungslinien der Kräfte schneiden sich beim allgemeinen räumlichen Kraftsystem nicht in einem Punkt, so daß aus

$$\boldsymbol{F}_{\text{Res}} = \sum_{i=1}^{n} \boldsymbol{F}_i = \sum_{i=1}^{n} (F_{ix}\boldsymbol{e}_x + F_{iy}\boldsymbol{e}_y + F_{iz}\boldsymbol{e}_z) = \boldsymbol{F}_{\text{R}x}\boldsymbol{e}_x + \boldsymbol{F}_{\text{R}y}\boldsymbol{e}_y + \boldsymbol{F}_{\text{R}z}\boldsymbol{e}_z$$

zwar der Betrag der Resultierenden

$$F_{\text{Res}} = \sqrt{F_{\text{R}x}^2 + F_{\text{R}y}^2 + F_{\text{R}z}^2}$$

und die Richtung der Wirkungslinie

$$\cos\alpha_{\text{R}} = \frac{F_{\text{R}x}}{F_{\text{Res}}} \qquad \cos\beta_{\text{R}} = \frac{F_{\text{R}y}}{F_{\text{Res}}} \qquad \cos\gamma_{\text{R}} = \frac{F_{\text{R}z}}{F_{\text{Res}}}$$

nicht aber deren Lage im Raum ermittelt werden können.

Neben der Äquivalenzkraft $\boldsymbol{F}_{\text{Res}}$ müssen wir noch das den Einzelkräften in bezug auf ein gewähltes Koordinatensystem äquivalente resultierende Moment $\boldsymbol{M}_{\text{Res}}$ bestimmen [s. a. (2.9)]

$$\begin{aligned} \boldsymbol{M}_{\text{Res}} &= \sum_{i=1}^{n} \boldsymbol{M}_i = \sum_{i=1}^{n} \boldsymbol{r}_i \times \boldsymbol{F}_i = \sum_{i=1}^{n} (M_{\text{R}x}\boldsymbol{e}_x + M_{\text{R}y}\boldsymbol{e}_y + M_{\text{R}z}\boldsymbol{e}_z) \\ &= \boldsymbol{r}_{\text{Res}} \times \boldsymbol{F}_{\text{Res}} \end{aligned} \tag{4.6}$$

Dabei ist $\boldsymbol{r}_i = x_i\boldsymbol{e}_x + y_i\boldsymbol{e}_y + z_i\boldsymbol{e}_z$ der Ortsvektor vom Ursprung des Koordinatensystems zu einem beliebigen Punkt auf der Wirkungslinie der Kraft $\boldsymbol{F}_i$ (s. Bild S. 2.19) und

$$\boldsymbol{M}_i = \boldsymbol{r}_i \times \boldsymbol{F}_i = (x_i\boldsymbol{e}_x + y_i\boldsymbol{e}_y + z_i\boldsymbol{e}_z) \times (F_{ix}\boldsymbol{e}_x + F_{iy}\boldsymbol{e}_y + F_{iz}\boldsymbol{e}_z)$$

$$\begin{vmatrix} \boldsymbol{e}_x & \boldsymbol{e}_y & \boldsymbol{e}_z \\ x_i & y_i & z_i \\ F_{ix} & F_{iy} & F_{iz} \end{vmatrix} = \boldsymbol{e}_x(y_iF_{iz} - z_iF_{iy}) + \boldsymbol{e}_y(z_iF_{ix} - x_iF_{iz})$$

$$+ \boldsymbol{e}_z(x_iF_{iy} - y_iF_{ix}) = M_{ix}\boldsymbol{e}_x + M_{iy}\boldsymbol{e}_y + M_{iz}\boldsymbol{e}_z$$

Betrag und Richtung des resultierenden Momentes berechnen wir aus

$$M_{Res} = \sqrt{M_{Rx}^2 + M_{Ry}^2 + M_{Rz}^2}$$

$$\cos \alpha_{MR} = \frac{M_{Rx}}{M_{Res}} \qquad \cos \beta_{MR} = \frac{M_{Ry}}{M_{Res}} \qquad \cos \gamma_{MR} = \frac{M_{Rz}}{M_{Res}} \tag{4.7}$$

und zwischen beiden resultierenden Größen erhalten wir den Winkel aus

$$\cos (\boldsymbol{F}_{Res}, \boldsymbol{M}_{Res}) = \frac{\boldsymbol{F}_{Res} \cdot \boldsymbol{M}_{Res}}{F_{Res} \cdot M_{Res}} \tag{4.8}$$

Eine weitere Reduzierung kann dadurch erfolgen, daß $\boldsymbol{M}_{Res}$ in eine Komponente parallel zu $\boldsymbol{F}_{Res}$ und eine dazu senkrechte zerlegt und dann $\boldsymbol{F}_{Res}$ so parallel verschoben wird, daß der senkrechte Momentenanteil kompensiert wird. Dadurch entsteht die *Kraftschraube* (Bild S 4.1).

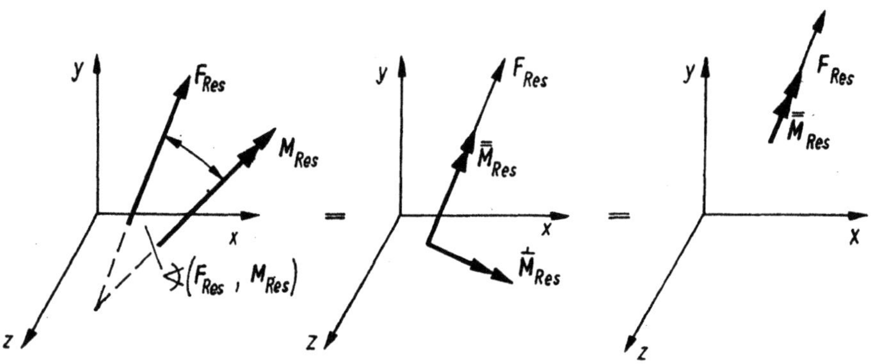

Bild S 4.1

4.2.2. Gleichgewicht

Das Gleichgewicht für ein allgemeines räumliches Kraftsystem ist erfüllt, wenn gilt

$$\sum_{i=1}^{n} \boldsymbol{F}_i = 0 \quad \text{und} \quad \sum_{i=1}^{n} \boldsymbol{M}_i = 0 \tag{4.9}$$

Aus diesen beiden Vektorgleichungen leiten sich die 6 Komponentendarstellungen her

$$\begin{aligned} &\sum_{i=1}^{n} F_{ix} = 0 \qquad &&\sum_{i=1}^{n} (y_i F_{iz} - z_i F_{iy}) = 0 \\ &\sum_{i=1}^{n} F_{iy} = 0 \qquad &&\sum_{i=1}^{n} (z_i F_{ix} - x_i F_{iz}) = 0 \\ &\sum_{i=1}^{n} F_{iz} = 0 \qquad &&\sum_{i=1}^{n} (x_i F_{iy} - y_i F_{ix}) = 0 \end{aligned} \tag{4.10}$$

4.2.3. Schnittgrößen

In einem räumlich orientierten und belasteten Stabsystem treten an jeder Schnittstelle i. allg. 6 Schnittgrößen auf. Es ist zu empfehlen, neben einem raumfesten Koordinatensystem zur Bestimmung der Auflagerreaktionen ein abschnittsbezogenes Koordinatensystem so einzuführen, daß die z-Achse mit der Stabachse zusammenfällt.

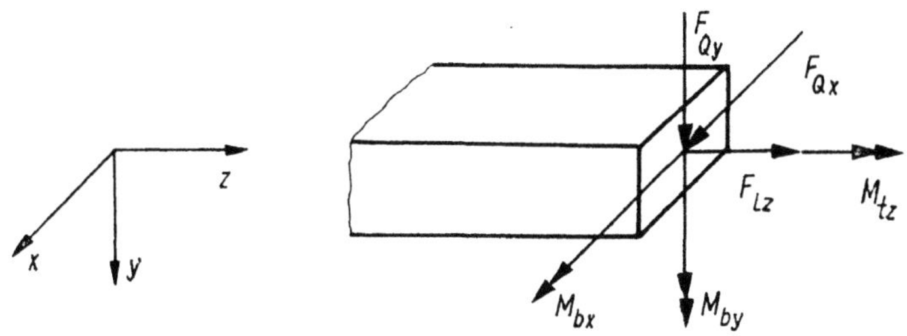

Bild S 4.2

Damit erhält man (Bild S 4.2)

die Längskräft F_{Lz}
die Querkräfte F_{Qx} und F_{Qy}
die Biegemomente M_{bx} und M_{by}
und
das Torsionsmoment M_{tz}

4.3. Beispiele

1. Zentrales räumliches Kraftsystem (Bild S 4.3)

Gegeben: F_1, F_2

Gesucht: Stabkräfte

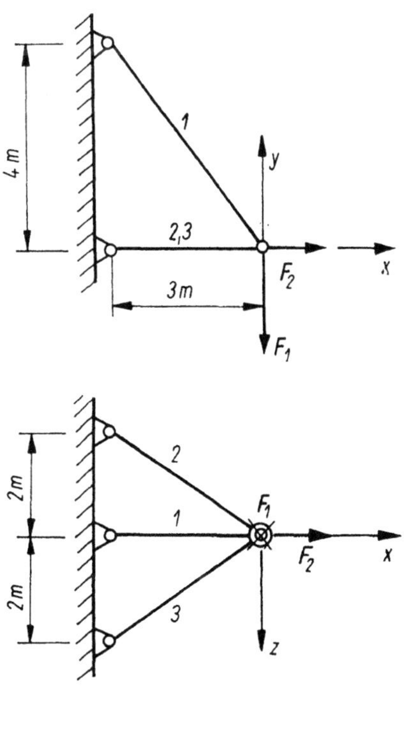

Bild S 4.3

Wegen der Darstellung der Zweitafelprojektion empfiehlt sich bei Formulierung der Gleichgewichtsbedingungen die Angabe der Bezugsachse.
Komponentendarstellung:

$$\rightarrow(x): F_2 - F_{S1x} - F_{S2x} - F_{S3x} = 0 \tag{1}$$

$$\uparrow(y) \;: -F_1 + F_{S1y} = 0 \tag{2}$$

$$\downarrow(z) \;: -F_{S2z} + F_{S3z} = 0 \tag{3}$$

Unter Beachtung der geometrischen Verhältnisse erhält man

$$\frac{F_{S1y}}{F_{S1x}} = \frac{4}{3} \qquad \frac{F_{S2z}}{F_{S2x}} = \frac{2}{3} = \frac{F_{S3z}}{F_{S3x}} \qquad \frac{F_{S1y}}{F_{S1}} = \frac{4}{5} \qquad \frac{F_{S2x}}{F_{S2}} = \frac{3}{\sqrt{13}}$$

und damit aus

(3): $F_{S2} = F_{S3}$

(2): $F_{S1y} = F_1$ und $F_{S1} = \frac{5}{4} F_1$

(1): $2F_{S2x} = F_2 - F_{S1x}$ und $F_{S2} = F_{S3} = \frac{\sqrt{13}}{6} \left(F_2 - \frac{3}{4} F_1\right)$

Vektorielle Lösung:

$$\boldsymbol{F}_1 + \boldsymbol{F}_2 + \boldsymbol{F}_{S1} + \boldsymbol{F}_{S2} + \boldsymbol{F}_{S3} = 0 \tag{4}$$

wobei

$$\boldsymbol{F}_1 = -F_1 \boldsymbol{e}_y \qquad \boldsymbol{F}_2 = F_2 \boldsymbol{e}_x \tag{5}$$

$$\boldsymbol{F}_{S1} = \varkappa_1(-3\boldsymbol{e}_x + 4\boldsymbol{e}_y) \qquad \boldsymbol{F}_{S2} = \varkappa_2(-3\boldsymbol{e}_x - 2\boldsymbol{e}_z) \qquad \boldsymbol{F}_{S3} = \varkappa_3(-3\boldsymbol{e}_x + 2\boldsymbol{e}_z)$$

Die Ausdrücke in Klammern geben die Stabrichtung an, die $\varkappa_i$ sind »Kraftfaktoren«.
(5) in (4) mit anschließendem Koeffizientenvergleich führt zu

$$\boldsymbol{e}_x\colon\; F_2 - 3\varkappa_1 - 3\varkappa_2 - 3\varkappa_3 = 0 \tag{6}$$

$$\boldsymbol{e}_y\colon\; -F_1 + 4\varkappa_1 = 0 \tag{7}$$

$$\boldsymbol{e}_z\colon\; -2\varkappa_2 + 2\varkappa_3 = 0 \tag{8}$$

(8): $\varkappa_2 = \varkappa_3$

(7): $\varkappa_1 = \frac{F_1}{4}$

(6): $\varkappa_2 = \varkappa_3 = \frac{1}{6}\left(F_2 - \frac{3}{4} F_1\right)$

Damit erhält man

$$F_{S1} = \varkappa_1 \cdot 5 = \frac{5}{4} F_1 \qquad F_{S2} = \varkappa_2 \sqrt{13} = F_{S3} = \varkappa_3 \sqrt{13} = \frac{\sqrt{13}}{6}\left(F_2 - \frac{3}{4} F_1\right)$$

*2. **Räumlich gekröpfter Rohrstrang** (Bild S 4.4.1)*

Gegeben: F_1, F_2, F_3, a, b, c

Gesucht: Auflagerreaktionen bei B, Schnittgrößen in den drei Bereichen

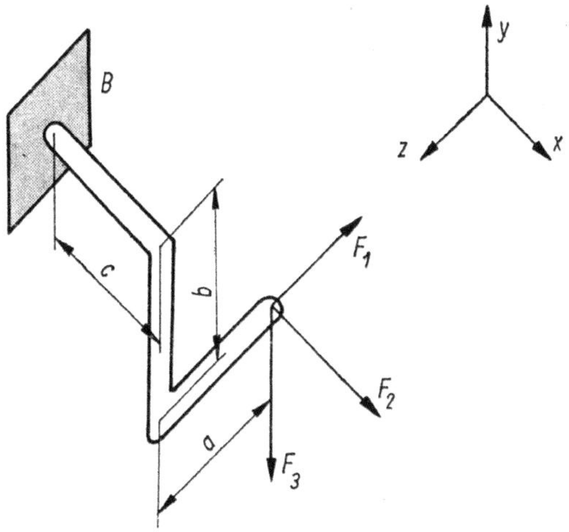

Bild S 4.4.1

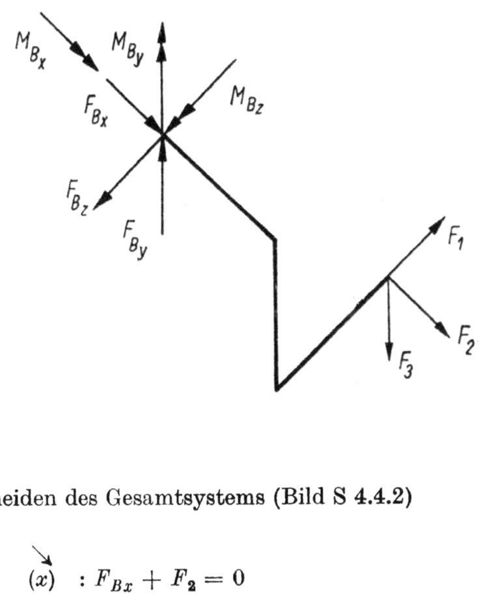

Bild S 4.4.2

1. Freischneiden des Gesamtsystems (Bild S 4.4.2)

$$\searrow(x) \quad : F_{Bx} + F_2 = 0 \tag{1}$$

$$\uparrow(y) \quad : F_{By} - F_3 = 0 \tag{2}$$

$$\swarrow(z): F_{Bz} - F_1 = 0 \tag{3}$$

$$\searrow\!\!\searrow(B): M_{Bx} + F_1 b - F_3 a = 0 \tag{4}$$

$$\Uparrow(B) \quad : M_{By} + F_1 c - F_2 a = 0 \tag{5}$$

$$\swarrow\!\!\swarrow(B): M_{Bz} + F_2 b - F_3 c = 0 \tag{6}$$

Aus diesen 6 Gleichungen können die 6 unbekannten Auflagerreaktionen ermittelt werden.

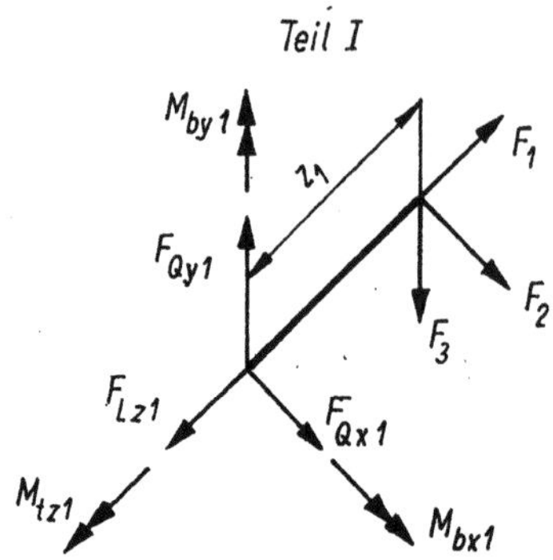

Bild S 4.4.3

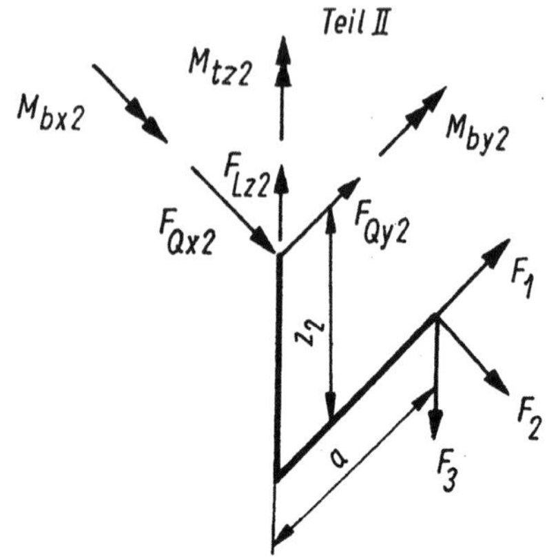

Bild S 4.4.4

2. Freischneiden der einzelnen Abschnitte (Bild S 4.4.3 bis 4.4.5)

Teil I

↘ (x)	: $F_{Qx1} + F_2 = 0$	(1.1)
↑(y)	: $F_{Qy1} - F_3 = 0$	(2.1)
↙(z)	: $F_{Lz1} - F_1 = 0$	(3.1)
⇘ (I)	: $M_{bx1} - F_3 z_1 = 0$	(4.1)
⇑(I)	: $M_{by1} - F_2 z_1 = 0$	(5.1)
⇙(I)	: $M_{tz1} = 0$	(6.1)

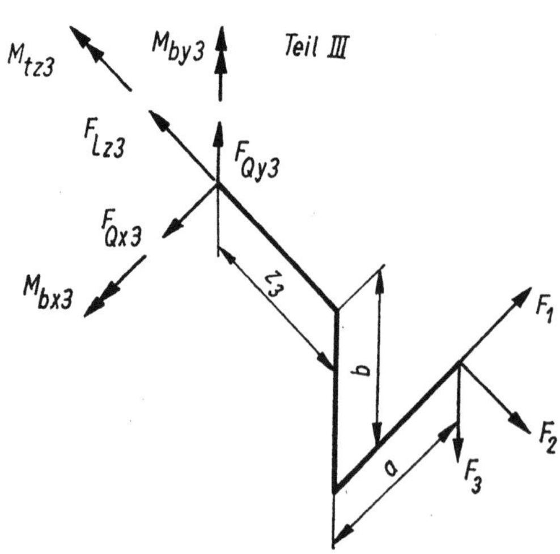

Bild S 4.4.5

Teil II

$\searrow(x) \quad : F_{Qx2} + F_2 = 0$ (1.2)

$\uparrow(z) \quad : F_{Lz2} - F_3 = 0$ (2.2)

$\swarrow(y): F_{Qy2} + F_1 = 0$ (3.2)

$\searrow\!\!\searrow(II) \quad : M_{bx2} + F_1 z_2 - F_3 a = 0$ (4.2)

$\Uparrow(II) \quad : M_{tz2} - F_2 a = 0$ (52.)

$\nearrow\!\!\nearrow(II): M_{by2} - F_2 z_2 = 0$ (6.2)

Teil III

$\nwarrow(z) \quad : F_{Lz3} - F_2 = 0$ (1.3)

$\uparrow(y) \quad : F_{Qy3} - F_3 = 0$ (2.3)

$\swarrow(x): F_{Qx3} - F_1 = 0$ (3.3)

$\nwarrow\!\!\nwarrow(III) \quad : M_{tz3} + F_3 a - F_1 b = 0$ (4.3)

$\Uparrow(III) \quad : M_{by3} + F_1 z_3 - F_2 a = 0$ (5.3)

$\swarrow\!\!\swarrow(III): M_{bx3} + F_2 b - F_3 z_3 = 0$ (6.3)

3. Ebener Rohrbogen (Bild S 4.5.1)

Bild S 4.5.1 steht als Modell für einen ebenen gekrümmten Rohrbogen. Zu ermitteln sind die Schnittgrößen im Bogen. Es ist dabei zweckmäßig, die bei *I* angreifenden Kräfte an die Stelle *II* zu bringen, wobei die Versetzungsmomente zu beachten sind (Bild S 4.5.2).

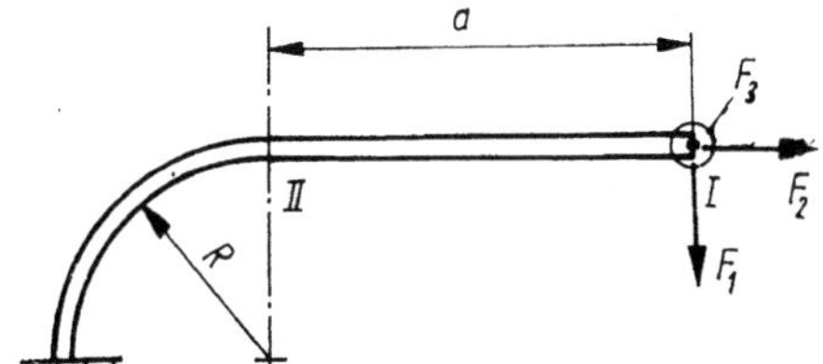

Bild S 4.5.1

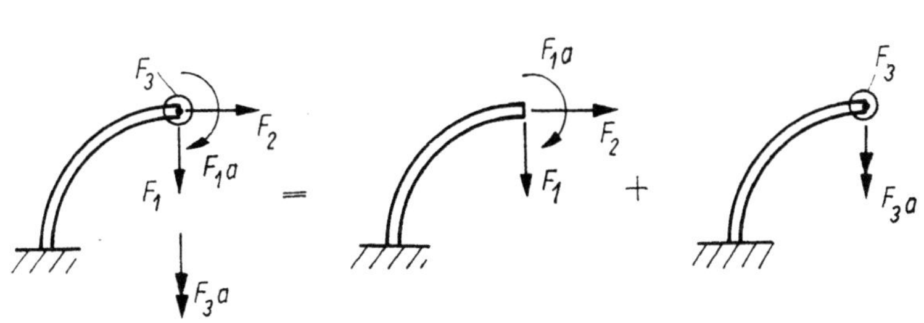

Bild S 4.5.2

Dabei erkennt man:

Jedes ebene räumlich belastete Tragwerk kann aus einem Teil, der durch Kräfte in der Ebene und einem Teil, der durch Kräfte senkrecht zur Ebene belastet ist, zusammengesetzt werden (Bilder S 4.5.3 und S 4.5.4).

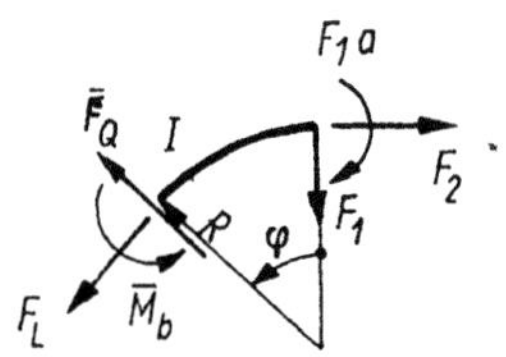

Bild S 4.5.3

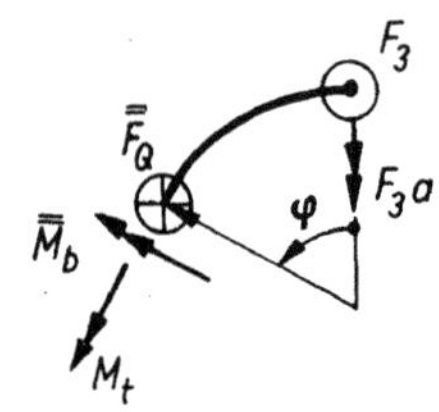

Bild S 4.5.4

$$\swarrow : F_L + F_1 \sin\varphi - F_2 \cos\varphi = 0 \tag{1}$$

$$\nwarrow : \bar{F}_Q - F_1 \cos\varphi - F_2 \sin\varphi = 0 \tag{2}$$

$$\circlearrowleft I : \bar{M}_b - F_1 a - F_1 R \sin\varphi - F_2 R(1 - \cos\varphi) = 0 \tag{3}$$

Auch hier gilt $\frac{dM_b}{ds} = \frac{dM_b}{R d\varphi} = F_Q$!

$$\otimes \quad : \bar{\bar{F}}_Q - F_3 = 0 \tag{4}$$

$$\nwarrow (I) \quad : \bar{\bar{M}}_b - F_3 R \sin\varphi - F_3 a \cos\varphi = 0 \tag{5}$$

$$\swarrow (I): M_t + F_3 R(1 - \cos\varphi) + F_3 a \sin\varphi = 0 \tag{6}$$

5. Schwerpunkt

5.1. Definition des Schwerpunktes

Der Schwerpunkt eines Körpers ist derjenige Punkt, in dem man die Masse des Körpers konzentrieren muß, wenn man hinsichtlich der statischen Wirkung mit einer Einzelkraft rechnen will. Die Körper, die wir betrachten, sind klein gegenüber der Erde. Wir können demnach die an den Körperelementen dm infolge der Erdanziehung wirkenden Kräfte als parallel ansehen, so daß unsere Aufgabe nur darin besteht, analog 2.2.3. die Lage der Resultierenden $mg = F_G = \int_{(m)} g \, dm = \int_{(F_G)} dF_G$ zu ermitteln.

5.2. Körper- und Volumenschwerpunkt

Beziehen wir uns auf ein kartesisches Dreibein (Bild S 5.1) und lassen gedanklich das Schwerefeld nacheinander in der x-, y- und z-Richtung wirken, wobei gilt

$$dF_{G\bar{x}} = dF_{G\bar{y}} = dF_{G\bar{z}} = dF_G = dm \cdot g$$

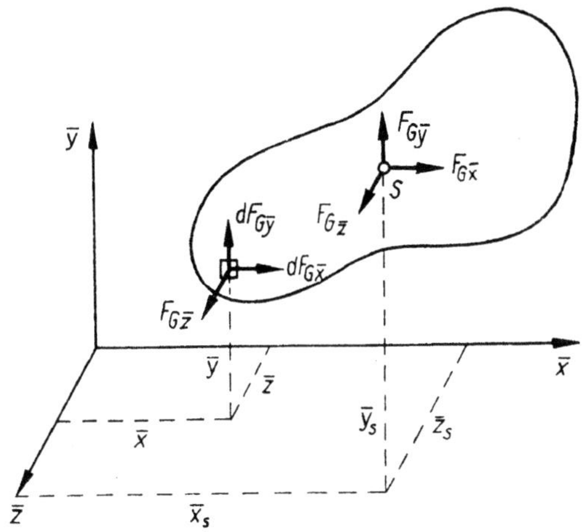

Bild S 5.1

so erhalten wir die drei Äquivalenzbedingungen

$$F_G \bar{x}_s = \int_{(F_G)} \bar{x}\,\mathrm{d}F_G$$

$$F_G \bar{y}_s = \int_{(F_G)} \bar{y}\,\mathrm{d}F_G$$

$$F_G \bar{z}_s = \int_{(F_G)} \bar{z}\,\mathrm{d}F_G$$

Daraus errechnen wir die Schwerpunktabstände

$$\bar{x}_s = \frac{1}{F_G}\int_{(F_G)} \bar{x}\,\mathrm{d}F_G \qquad \bar{y}_s = \frac{1}{F_G}\int_{(F_G)} \bar{y}\,\mathrm{d}F_G \qquad \bar{z}_s = \frac{1}{F_G}\int_{(F_G)} \bar{z}\,\mathrm{d}F_G \tag{5.1}$$

Ist der Körper hinsichtlich der Dichteverteilung homogen, d. h., es gilt überall ϱ = konst, dann können wir an Stelle (5.1) auch schreiben

$$\bar{x}_s = \frac{1}{V}\int_{(V)} \bar{x}\,\mathrm{d}V \qquad \bar{y}_s = \frac{1}{V}\int_{(V)} \bar{y}\,\mathrm{d}V \qquad \bar{z}_s = \frac{1}{V}\int_{(V)} \bar{z}\,\mathrm{d}V \tag{5.2}$$

Die Integralausdrücke nennt man statische Momente.

5.3. Flächenschwerpunkt

In der Festigkeitslehre spielt die Kenntnis des Schwerpunktes ebener Flächen eine besondere Rolle (Bild S 5.2) (siehe Festigkeitslehre Abschn. 3.). In Analogie zu (5.2) ersetzen wir lediglich das Volumenelement durch das Flächenelement, und wenn wir die Fläche in der $\bar{x},\bar{y}$-Ebene orientieren, erhalten wir aus Äquivalenzbetrachtungen um die $\bar{y}$- bzw. $\bar{x}$-Achse (das »Schwerefeld« wirkt senkrecht zur $\bar{x},\bar{y}$-Ebene) nach Division mit A

$$\bar{x}_s = \frac{1}{A}\int_{(A)} \bar{x}\,\mathrm{d}A \qquad \bar{y}_s = \frac{1}{A}\int_{(A)} \bar{y}\,\mathrm{d}A \tag{5.3}$$

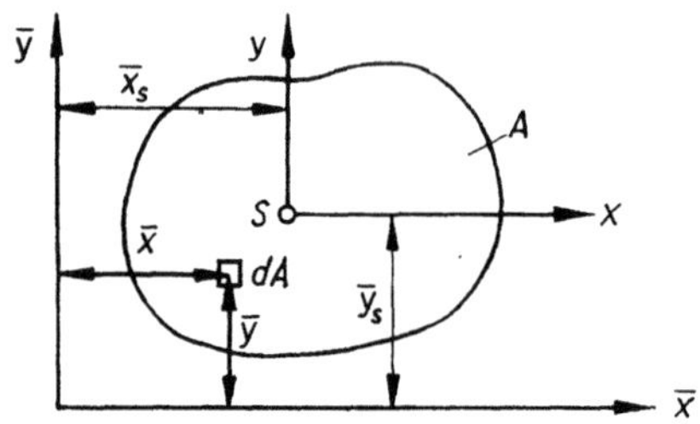

Bild S 5.2

Die statischen Momente definiert man wie folgt:

$$S_{\bar{x}} = \int_{(A)} \bar{y}\, \mathrm{d}A \text{ (in cm}^3\text{)}$$

statisches Moment in bezug auf die $\bar{x}$-Achse

$$S_{\bar{y}} = \int_{(A)} \bar{x}\, \mathrm{d}A \text{ (in cm}^3\text{)}$$

statisches Moment in bezug auf die $\bar{y}$-Achse. Für alle Achsen, die durch den Schwerpunkt gehen, verschwinden die statischen Momente (z. B. $S_x = 0$ und $S_y = 0$).

5.4. Linienschwerpunkt

An dieser Stelle sei auch noch der Linienschwerpunkt mit aufgeführt. In (5.2) ersetzen wir V durch l und erhalten

$$\bar{x}_s = \frac{1}{l} \int_{(l)} \bar{x}\, \mathrm{d}l \qquad \bar{y}_s = \frac{1}{l} \int_{(l)} \bar{y}\, \mathrm{d}l \qquad \bar{z}_s = \frac{1}{l} \int_{(l)} \bar{z}\, \mathrm{d}l \tag{5.4}$$

5.5. Sätze von Guldin

Die Formeln von GULDIN[1]) bringen die Oberfläche bzw. das Volumen eines Rotationskörpers mit dem Schwerpunktabstand der erzeugenden Kurve (Bild S 5.3) bzw. Fläche (Bild S 5.4) in Beziehung.

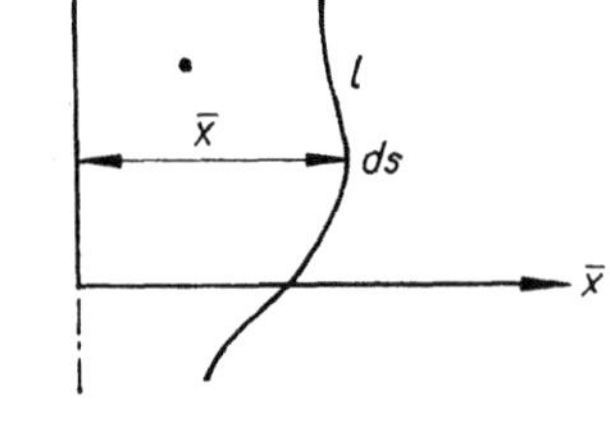

Bild S 5.3

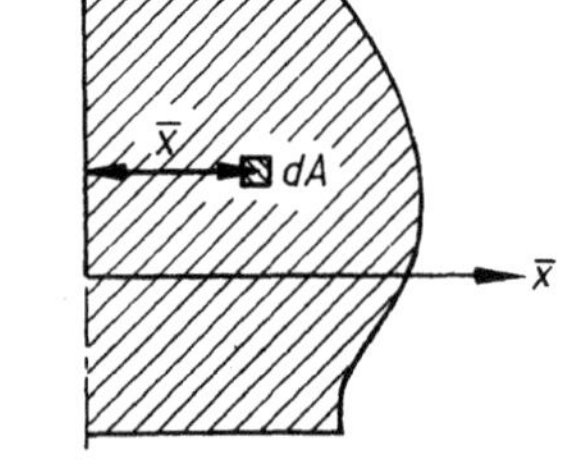

Bild S 5.4

[1]) PAUL GULDIN (1577—1643)

Es gilt

$$A_{O\bar{y}} = 2\pi \int_{(l)} \bar{x}\,\mathrm{d}s \quad \text{bzw.} \quad V_{\bar{y}} = 2\pi \int_{(A)} \bar{x}\,\mathrm{d}A$$

Und wegen (5.4) bzw. (5.3) auch

$$A_{O\bar{y}} = 2\pi\bar{x}_s l \quad \text{bzw.} \quad V_{\bar{y}} = 2\pi\bar{x}_s A \tag{5.5}$$

5.6. Beispiele

1. Zu berechnen ist die Schwerpunktlage einer Halbkreisfläche (Radius R).

Die $\bar{y}$-Achse ist Symmetrieachse, woraus folgt $\bar{x}_s = 0$.
$\bar{y}_s$ errechnen wir mit (5.3). Wegen der Berandung führen wir Polarkoordinaten ein:

$$\bar{y} = r \sin\varphi, \qquad \mathrm{d}A = r\,\mathrm{d}\varphi\,\mathrm{d}r \quad \text{(Bild S 5.5)}$$

$$\bar{y}_s = \frac{2}{R^2\pi} \int_0^\pi \sin\varphi\,\mathrm{d}\varphi \int_0^R r^2\,\mathrm{d}r = \frac{2}{R^2\pi} \cdot 2 \cdot \frac{R^3}{3} = \frac{4R}{3\pi}$$

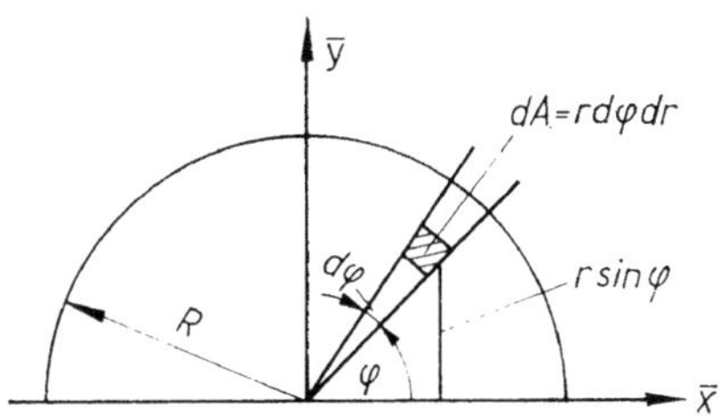

Bild S 5.5

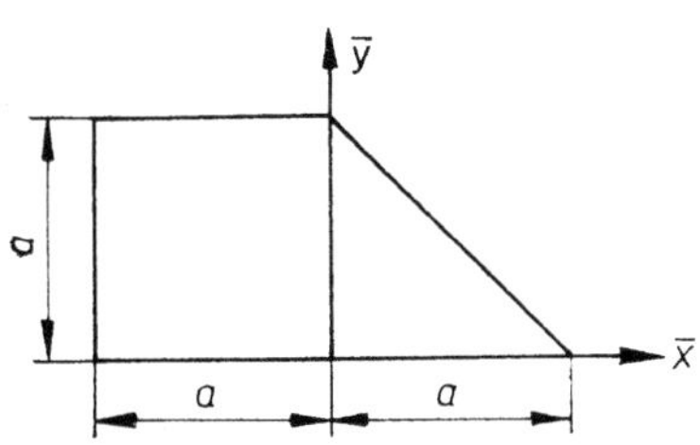

Bild S 5.6.1

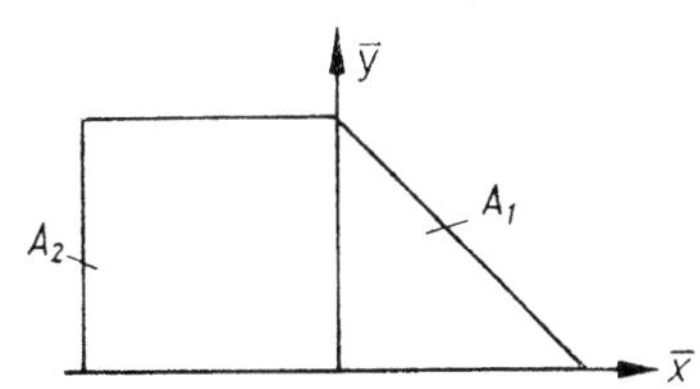

Bild S 5.6.2

2. Zu berechnen ist die Schwerpunktlage der in Bild S 5.6 skizzierten Fläche.

Die Schwerpunkte der Einzelflächen (A_1, A_2) sind bekannt, und wir können die Integration (5.3) in eine Summation überführen

$$\bar{x}_s = \frac{1}{A} \int_{(A)} \bar{x}\,\mathrm{d}A = \frac{1}{A} \sum_{i=1}^{n} \bar{x}_{si} A_i = \frac{1}{A_1 + A_2} (\bar{x}_{s1} A_1 + \bar{x}_{s2} A_2)$$

$$x_s = \frac{1}{\dfrac{a^2}{2} + a^2} \left(\frac{a}{3} \cdot \frac{a^2}{2} - \frac{a}{2} a^2 \right) = -\frac{2}{9} a$$

$$\bar{y}_s = \frac{1}{A_1 + A_2} (\bar{y}_{s1} A_1 + \bar{y}_{s2} A_2) = \frac{4}{9} a$$

3. Zu berechnen ist die Schwerpunktlage des skizzierten Linienzuges (Rohrstrang, Bild S 5.7).

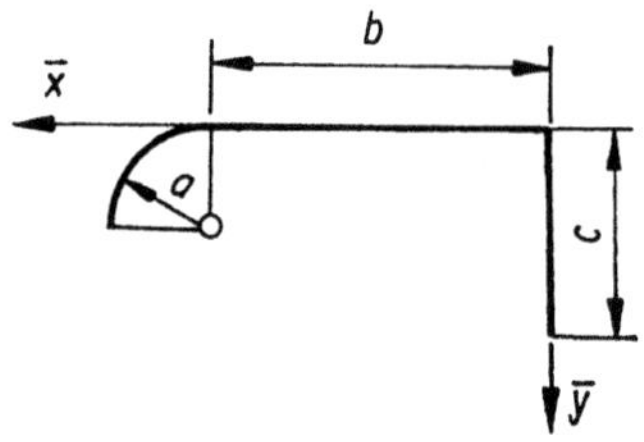

Bild S 5.7

$$\bar{x}_s = \frac{\int\limits_0^b \bar{x}\,\mathrm{d}\bar{x} + \int\limits_0^{\pi/2} (b + a\sin\varphi)\,a\,\mathrm{d}\varphi}{a\,\frac{\pi}{2} + b + c} = \frac{\frac{b^2}{2} + ab\,\frac{\pi}{2} + a^2}{a\,\frac{\pi}{2} + b + c}$$

$$\bar{y}_s = \frac{\int\limits_0^c \bar{y}\,\mathrm{d}\bar{y} + \int\limits_0^{\pi/2} a(1 - \cos\varphi)\,a\,\mathrm{d}\varphi}{a\,\frac{\pi}{2} + b + c} = \frac{\frac{c^2}{2} + a^2\left(\frac{\pi}{2} - 1\right)}{a\,\frac{\pi}{2} + b + c}$$

Für $b = c = 0$ folgt

$$\bar{x}_s = \frac{2a}{\pi} \qquad \bar{y}_s = a\left(1 - \frac{2}{\pi}\right)$$

4. Zu berechnen sind Oberfläche und Volumen des skizzierten Torusbehälters (Bild S 5.8).

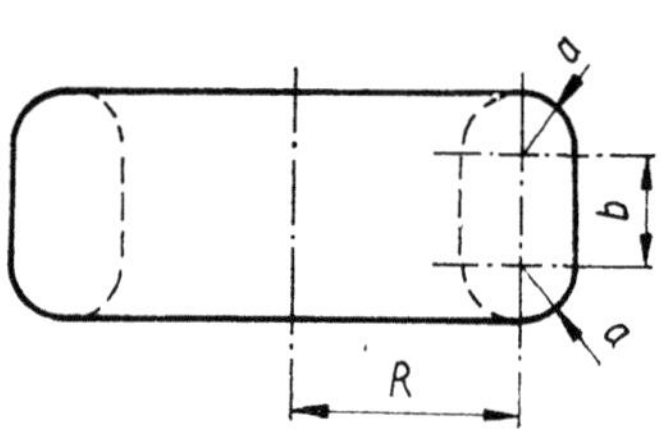

Bild S 5.8

$$A_0 = 2\pi R \cdot (2b + 2a\pi)$$

$$V = 2\pi R \cdot (2ab + a^2\pi)$$

Für $b = 0$ erhält man daraus für einen Kreisringtorus (z. B. Autoreifen)

$$A_0 = 4Ra\pi^2 \qquad V = 2Ra^2\pi^2$$

6. Haftung und Reibung zwischen festen Körpern

Will man einen auf einer horizontalen Unterlage ruhenden Körper verschieben, so ist dazu eine Kraft parallel zu dieser Unterlage erforderlich. Der Betrag der Kraft ist u. a. von der Masse des zu bewegenden Körpers sowie vom Material und der Oberflächenbeschaffenheit der sich berührenden Körper abhängig.

Wir unterscheiden zwei Fälle:

1. Der Körper bleibt trotz einwirkender Parallelkraft zur Unterlage noch in Ruhe — er haftet auf der Unterlage. In diesem Falle sprechen wir von Reibung der Ruhe, Haftreibung oder Haftung.
2. Zwischen Körper und Unterlage ist eine Relativbewegung vorhanden. Diesen Fall nennen wir Gleitreibung.

6.1. Haftung

Das Kräftespiel im Falle Haftreibung machen wir uns an dem in den Bildern S 6.1 gezeigten Beispiel klar.

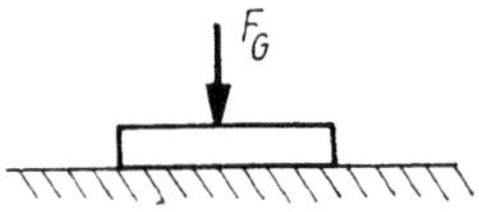

Bild S 6.1.1

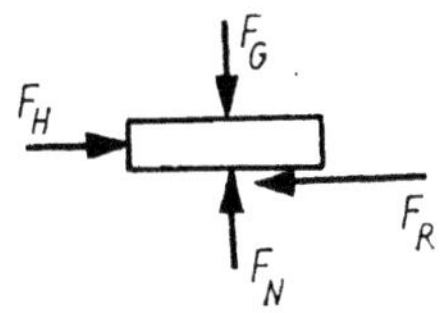

Bild S 6.1.2

Ein flacher Körper belastet die Unterlage mit der Kraft F_G, worauf die Unterlage mit F_N reagiert. Bringen wir nun zusätzlich die Kraft F_H auf, so wird von der Unterlage auf den Körper wirkend die Reaktionskraft F_R aufgebaut. Am freigeschnittenen Körper (Bild S 6.1.2) sind die Kräfte angetragen, und aus den Kräftegleichgewichtsbedingungen folgt

$$F_N = F_G \tag{6.1.1}$$

$$F_R = F_H \tag{6.1.2}$$

Aus der Erfahrung wissen wir, daß die Kraft F_H von Null an bis zu einem bestimmten Betrag gesteigert werden kann, ohne daß der Körper in Bewegung kommt. Diese Gesetzmäßigkeit wird durch die Beziehung

$$F_R \leqq \mu_0 F_N \tag{6.2}$$

ausgedrückt. μ_0 ist dabei der Reibungskoeffizient der Ruhe oder Haftbeiwert, der u. a. von der Materialpaarung und der Oberflächenbeschaffenheit der sich berührenden Körper abhängt, zum Beispiel gilt für die Paarung Stahl—Stahl (geschmiert) $\mu_0 \approx 0{,}1$ und für die Paarung Gummi—Asphalt (trocken) $\mu_0 \approx 0{,}8$.
Weitere Werte sind Taschenbüchern zu entnehmen.
Für unser Beispiel folgt aus (6.2) mit (6.1) auch $F_H \leqq \mu_0 F_G$. F_H und F_G (bzw. F_R und F_N) können zu einer Resultierenden F_{Res} zusammengesetzt werden, deren Neigung von F_H abhängig ist (Bild S 6.2).

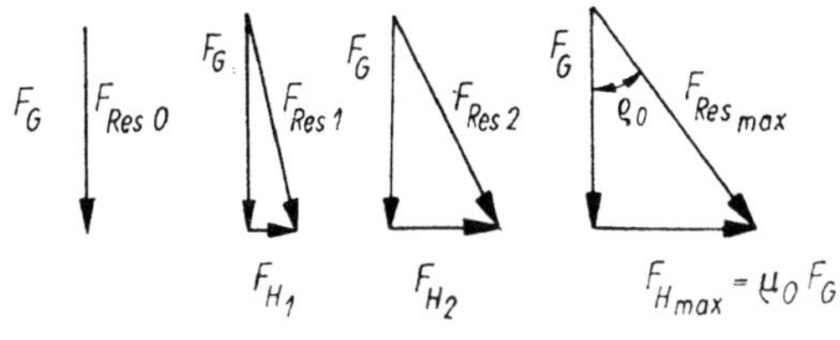

Bild S 6.2

Für $F_H = 0$ ist $F_G = F_{Res}$, und mit $F_{H1} < F_{H2} < F_{Hmax} = \mu_0 F_G$ entstehen Resultierende, die alle noch Gleichgewichtslagen repräsentieren.
Aus dem Grenzfall $F_{Hmax} = \mu_0 F_G$ erkennen wir den Zusammenhang zwischen dem Haftbeiwert μ_0 und dem Neigungswinkel der Grenzresultierenden ϱ_0

$$\mu_0 = \tan \varrho_0 \qquad (6.3)$$

Mit den gewonnenen Erkenntnissen können wir feststellen:

Die Haftreibungskraft ist eine typische Reaktionskraft. Sie wird erst geweckt, wenn äußere eingeprägte Kräfte eine Bewegung des Körpers zu erzwingen suchen. Sie wirkt den parallel zur Gleitebene gerichteten Kräften entgegen und kann höchstens den Betrag $\mu_0 F_N$ erreichen. Solange die Resultierende aus F_N und F_R (bzw. F_G und F_H) innerhalb eines Reibungskegels vom Öffnungswinkel $2\varrho_0$ liegt (Bild S 6.3), bleibt der Körper in Ruhe.

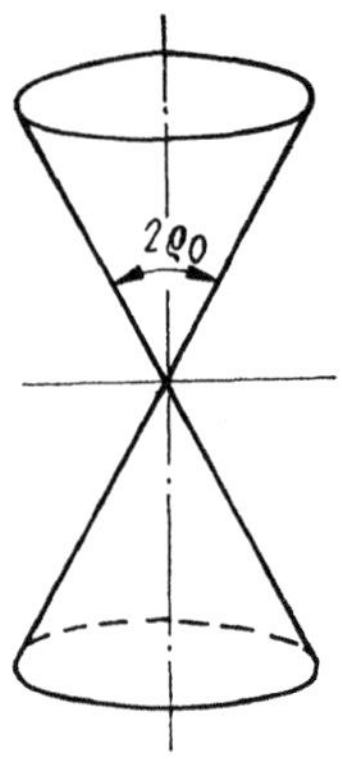

Bild S 6.3

Beispiel 1

Ein flacher Körper (F_G) liegt auf einer um α geneigten Ebene. Zwischen Körper und Unterlage wirkt die Haftzahl μ_0.
Wie groß darf eine horizontal wirkende Kraft F sein, damit der Körper gerade noch nicht nach oben geschoben wird (Bild S 6.4.1)? Wir schneiden den Körper frei und leiten aus den Gleichgewichtsbedingungen her (Bild S 6.4.2)

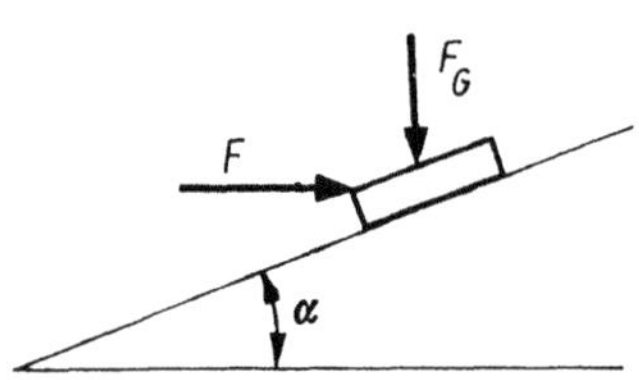

Bild S 6.4.1

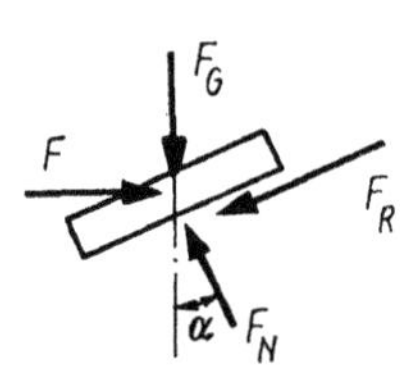

Bild S 6.4.2

$$\swarrow: F_R = F \cos \alpha - F_G \sin \alpha \qquad (1)$$

$$\nwarrow: F_N = F \sin \alpha + F_G \cos \alpha \qquad (2)$$

Ferner gilt

$$F_R \leqq \mu_0 F_N \qquad (3)$$

Mit (1) und (2) in (3) erhalten wir

$$F \cos\alpha - F_G \sin\alpha \leqq \mu_0 (F \sin\alpha + F_G \cos\alpha)$$

und daraus, da wir nur den Grenzfall suchen,

$$F_{\max} = \frac{\sin\alpha + \mu_0 \cos\alpha}{\cos\alpha - \mu_0 \sin\alpha} F_G = \frac{\tan\alpha + \tan\varrho_0}{1 - \tan\alpha \cdot \tan\varrho_0} F_G = \tan(\alpha + \varrho_0) F_G \tag{4}$$

Die grafische Lösung folgt sofort aus Bild S 6.4.3.

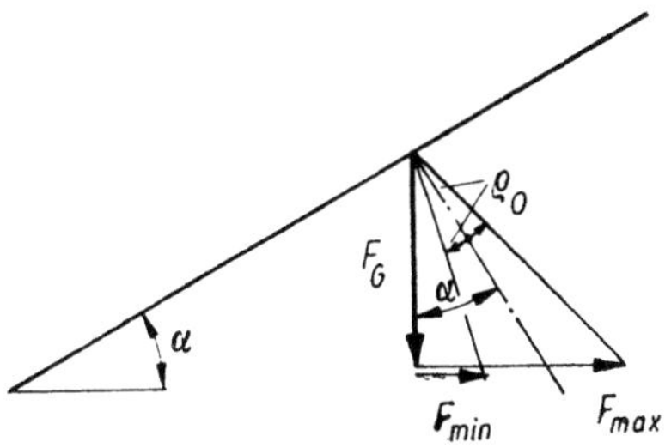

Bild S 6.4.3

Fragt man nach der Kraft, die nötig ist, um ein Abrutschen des Körpers auf der schiefen Ebene zu verhindern, so braucht man im Bild S 6.4.2 nur die Richtung von F_R umzukehren. (4) geht dann über in

$$F_{\min} = \frac{\tan\alpha - \tan\varrho_0}{1 + \tan\alpha \cdot \tan\varrho_0} F_G = \tan(\alpha - \varrho_0) F_G \tag{5}$$

Für $\alpha = 45°$ und $\mu_0 = 0{,}2$ haftet der Körper also im Bereich

$$F_{\min} = \frac{2}{3} F_G < F < \frac{3}{2} F_G = F_{\max}$$

Beispiel 2

Ein homogener Klotz (F_G, Höhe H, Breite B) steht auf einer rauhen Unterlage (μ_0). In welcher Höhe h_G muß eine Kraft F horizontal angreifen, damit der Klotz kippt (Bild S 6.5.1)?
Falls der Klotz kippen soll, werden die Reaktionen im Punkt O übertragen, und es gelten die folgenden Gleichgewichtsbedingungen

$$\uparrow\ : F_N - F_G = 0 \tag{1}$$

$$\rightarrow : F - F_R = 0 \tag{2}$$

$$\curvearrowleft O: F_G \cdot \frac{B}{2} - F \cdot h_G = 0 \tag{3}$$

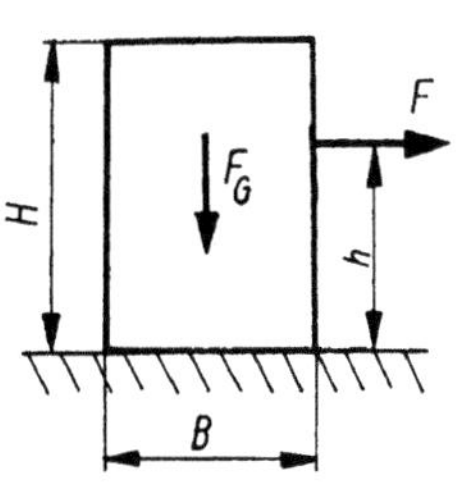

Bild S 6.5.1

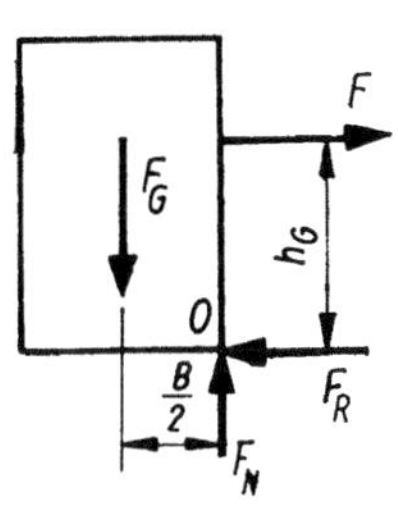

Bild S 6.5.2

Mit (1) und (2) in (3) und der Grenzhaftbedingung

$$F_R = \mu_0 F_N \tag{4}$$

folgt

$$F_N \frac{B}{2} - \mu_0 F_N h_G = 0$$

und daraus

$$h_G = \frac{B}{2\mu_0} \tag{5}$$

Für $h > h_G$ kippt, für $h < h_G$ rutscht der Klotz.

Beispiel 3

Unter welchen Winkel α muß ein homogener, prismatischer Stab (F_G, l) an eine Wand gelehnt werden, damit er nicht abrutscht?
Reibungskoeffizienten: Stab — Boden μ_{0B}, Stab — Wand μ_{0W}
Am freigeschnittenen System stellen wir die folgenden Gleichgewichtsbedingungen auf (Bild S 6.6.2)

$$\uparrow \ : F_{RW} + F_{NB} - F_G = 0 \tag{1}$$

$$\rightarrow : F_{NW} - F_{RB} = 0 \tag{2}$$

$$\curvearrowleft B: F_G \frac{l}{2} \cos\alpha - F_{NW} l \sin\alpha - F_{RW} l \cos\alpha = 0 \tag{3}$$

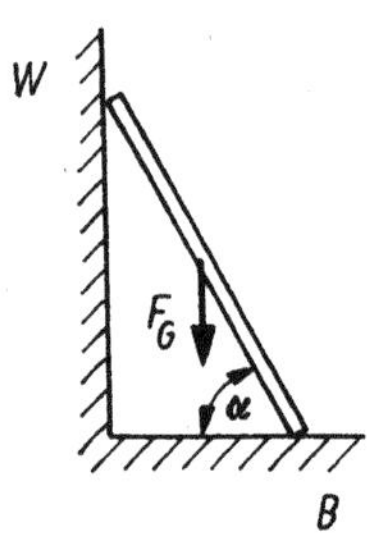

Bild S 6.6.1

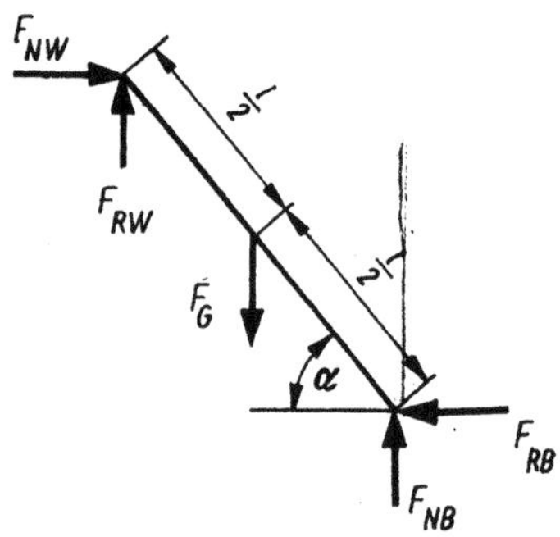

Bild S 6.6.2

Dazu kommen die beiden Grenzhaftbedingungen

$$F_{RW} = \mu_{0W} F_{NW} \tag{4}$$

$$F_{RB} = \mu_{0B} F_{NB} \tag{5}$$

Mit (4) und (5) in (1) und (2) folgt

$$F_{NB} = \frac{F_G}{1 + \mu_{0B}\mu_{0W}} \quad \text{und} \quad F_{NW} = \frac{\mu_{0B} F_G}{1 + \mu_{0B}\mu_{0W}} \tag{6}$$

und damit aus (3)

$$\tan\alpha = \frac{1}{2\mu_{0B}} - \frac{\mu_{0W}}{2} \tag{7}$$

Mit $\mu_{0B} = 0{,}5$ und $\mu_{0W} = 0{,}4$ ergibt sich $\tan \alpha = 0{,}8$, d. h. $\alpha = 38{,}7°$.
Dieses Ergebnis soll durch die grafische Darstellung des Kräftespiels bestätigt werden (Bild S 6.6.3).
Die Wirkungslinien der Grenzresultierenden liegen mit ϱ_{0B} und ϱ_{0W} fest. Geht F_G durch den Schnittpunkt dieser Wirkungslinien, so ist gerade noch Gleichgewicht möglich. Für kleinere Winkel rutscht die Leiter ab.

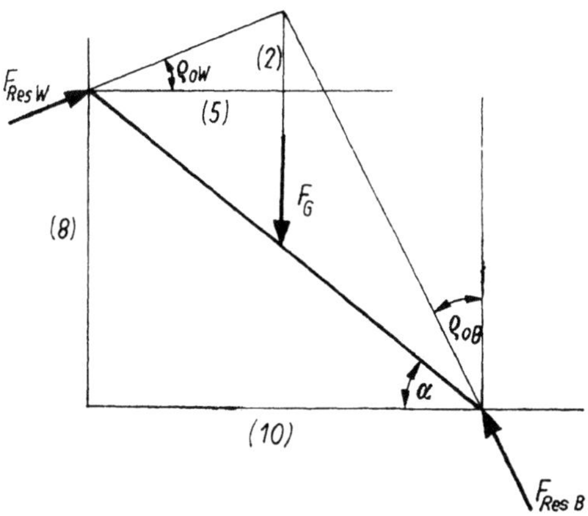

Bild S 6.6.3

6.2. Gleitreibung

Die Gleitreibungskraft hat den Charakter einer eingeprägten Kraft, sie wirkt der Bewegung entgegen. Die Reibkraft F_R ist der Normalkraft F_N proportional, und es gilt

$$F_R = \mu F_N \tag{6.4}$$

Der Gleitreibungsbeiwert μ ist kleiner als die Haftzahl μ_0.

Gleitreibung wird in der Dynamik nochmals aufgegriffen.

Hier soll nur am Beispiel »Bremse« die Problematik erörtert werden. Für die in Bild S 6.7.1 skizzierte Backenbremse ist die Bremskraft zu ermitteln.

Gegeben: $F = 200$ N, $b = 15$ cm, $c = 20$ cm, $d = 30$ cm, $\mu = 0{,}3$

Gesucht: Bremskraft F_R

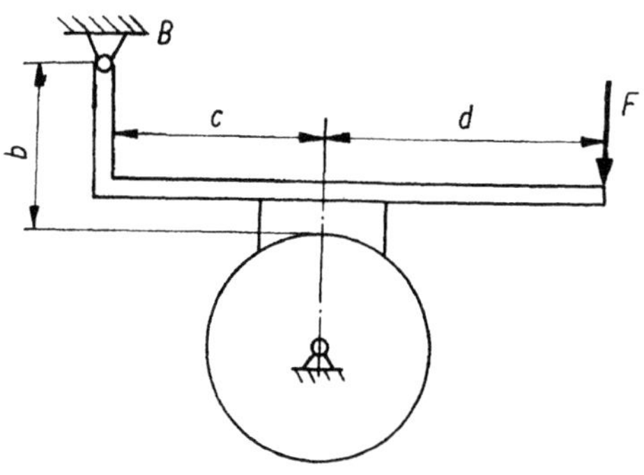

Bild S 6.7.1

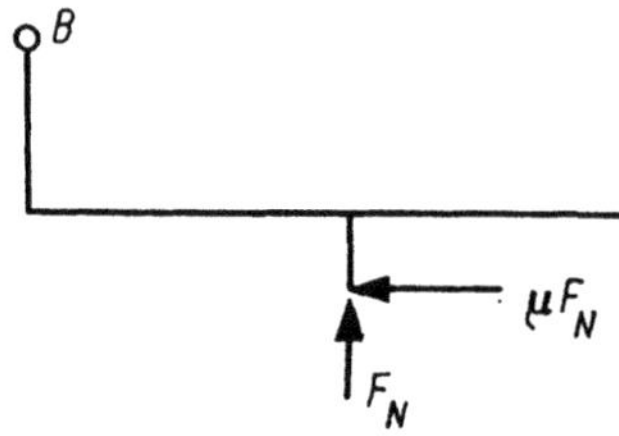

Bild S 6.7.2

Es müssen 2 Fälle unterschieden werden:

Fall 1: Trommel linksdrehend (Bild S 6.7.2)

Eine Momentenbilanz um B ergibt

$$\curvearrowleft B: F_N \cdot c - \mu F_N b - F(c + d) = 0 \qquad (1)$$

und daraus

$$F_N = \frac{c + d}{c - \mu b} F \quad \text{bzw.} \quad F_{RL} = \frac{c + d}{c - \mu b} \mu F = 193{,}5 \text{ N} \qquad (2)$$

Fall 2: Trommel rechtsdrehend

In (1) wechselt das zweite Glied das Vorzeichen, und es folgt

$$F_{RR} = \frac{c + d}{c + \mu b} \mu F = 122{,}4 \text{ N} \qquad (3)$$

Nur mit $b = 0$ ergibt sich für beide Drehrichtungen die gleiche Bremskraft

$$F_{RL} = F_{RR} = 150 \text{ N} \qquad (4)$$

und aus (2) folgt, daß für

$$b = \frac{c}{\mu} = 66{,}7 \text{ cm}$$

Selbsthemmung eintritt.

6.3. Seil- oder Umschlingungsreibung

Wir betrachten die in Bild S 6.8.1 skizzierte arretierte Rolle vom Radius R, über die ein Seil gelegt ist, und versuchen die Frage zu beantworten: Wie groß muß die Kraft F sein, um zu verhindern, daß die Masse mit der Gewichtskraft F_G abgleitet? Es handelt sich offenbar um ein Haftproblem. Die Reaktionskraft F_R, die

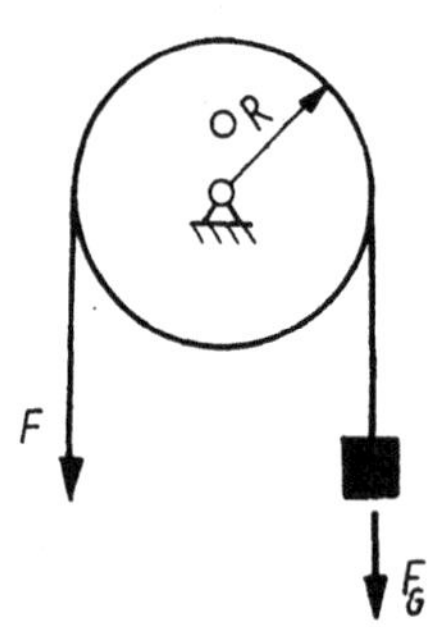

Bild S 6.8.1

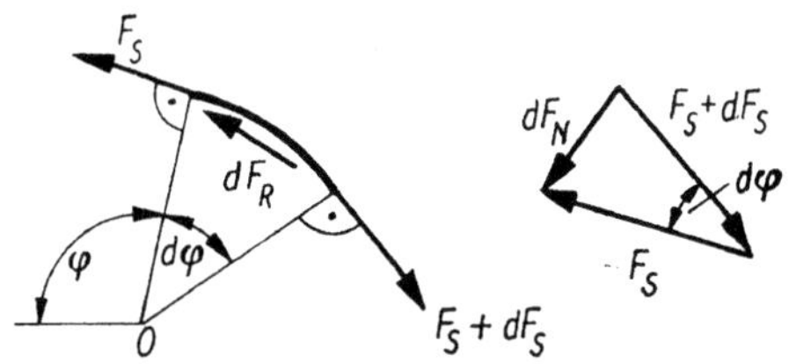

Bild S 6.8.2

dem Abgleiten der Masse entgegenwirkt, wird zwischen Seil und Rolle (Haftkoeffizient μ_0) aufgebaut und unterstützt F beim Halten der Masse, so daß gilt $F < F_G$. Durch Freischneiden eines Seilstückes der Länge $R\,d\varphi$ können wir das Problem lösen (Bild S 6.8.2).
Aus einer Momentenbilanz um O folgt zunächst

$$dF_s = dF_R \tag{6.5}$$

Die Seilkräfte F_s und $F_s + dF_s$ bilden den Winkel $d\varphi$ und die auf O gerichtete Resultierende

$$dF_N = F_s\,d\varphi \tag{6.6}$$

Setzen wir den Grenzfall der Haftbedingung

$$dF_R = \mu_0\,dF_N \tag{6.7}$$

sowie (6.6) in (6.5), so erhalten wir

$$dF_s = \mu_0 F_s\,d\varphi$$

bzw. nach Trennung der Variablen

$$\frac{dF_s}{F_s} = \mu_0\,d\varphi \tag{6.8}$$

und nach Integration

$$\ln F_s = \mu_0\varphi + C$$

oder

$$F_s(\varphi) = F_{s0} \cdot e^{\mu_0\varphi} \tag{6.9}$$

Dabei ist F_{s0} die zu $\varphi = 0$ gehörende Seilkraft.
Die Lösung unseres Problems lautet demnach

$$F = F_G\,e^{-\mu_0\pi}$$

Für die Paarung Hanfseil—Holz mit $\mu_0 \approx 0{,}4$ ergibt sich

$$F_{\min} = 0{,}285F_G$$

Für die Kraft, die mindestens erforderlich ist, um die Last zu heben, erhält man

$$F_{\max} = F_G\,e^{\mu_0\pi} = 3{,}514F_G$$

Gl. (6.9) kann auch zur Berechnung von Trommelbremsen verwendet werden; es ist dann μ_0 durch μ zu ersetzen.

6.4. Rollreibung

Durch Deformationen von Rad und Unterlage ist die »theoretische Linienberührung« durch das »Realmodell« (Bild S 6.9.1) zu ersetzen. Am freigeschnittenen Rad stellen wir mit $f \ll R$ die folgenden Gleichgewichtsbedingungen auf (Bild S 6.9.2)

$$\begin{aligned} \uparrow\ &: F_{\mathrm{N}} - F_{\mathrm{G}} = 0 \\ \rightarrow &: F - F_{\mathrm{T}} = 0 \\ \curvearrowleft O &: F_{\mathrm{N}} f - F_{\mathrm{T}} R = 0 \end{aligned} \tag{6.10}$$

f ist der Hebelarm der rollenden Reibung. Er ist abhängig von der Belastung, dem Raddurchmesser, der Materialpaarung und der Geschwindigkeit.

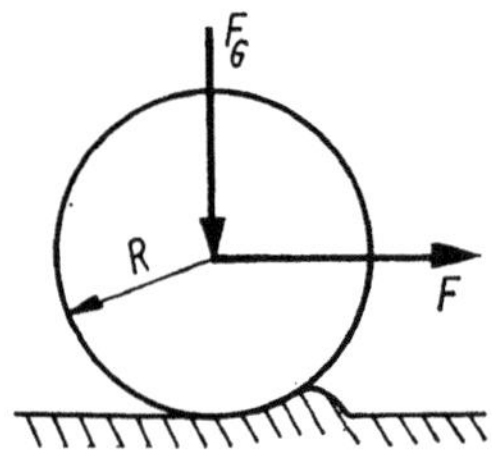

Bild S 6.9.1

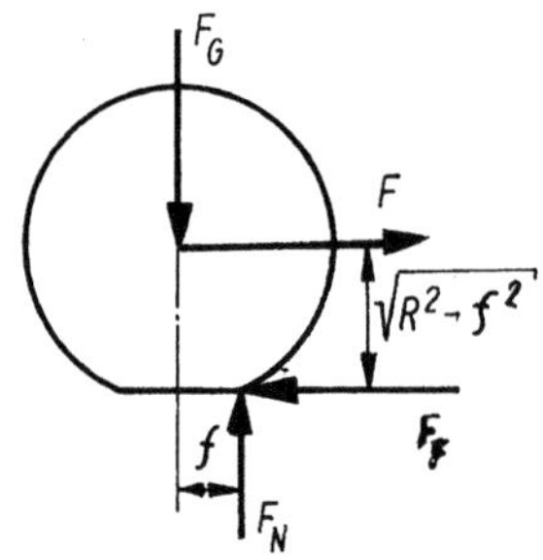

Bild S 6.9.2
(lies F_{T} statt F_{F})

Rollen ist nur möglich, wenn μ_0 einen bestimmten Wert annimmt, andernfalls rutscht das Rad auf der Unterlage. Der Grenzwert folgt aus

$$F_{\mathrm{N}} \frac{f}{R} = F_{\mathrm{T}} < \mu_0 F_{\mathrm{N}}$$

zu

$$\mu_0 > \frac{f}{R} \tag{6.11}$$

FESTIGKEITSLEHRE

1. Grundlagen der Festigkeitslehre

1.1. Einleitung

Die technische Festigkeitslehre hat die Aufgabe, Größe, Richtung und Verteilung der inneren, auf ein Flächenelement bezogenen Kräfte, die wir Spannungen nennen, über der Querschnittsfläche zu ermitteln und zu beurteilen, die Verformungen der Konstruktion zu berechnen und die Bauteile unter Beachtung eines wirtschaftlichen Materialeinsatzes bei ausreichender Sicherheit zu dimensionieren.

Zum Ermitteln der Spannungen und Verformungen muß man von der Fiktion des starren Körpers abgehen und Formänderungsbetrachtungen anstellen. Die Deformationen werden als klein gegenüber den Abmessungen der Bauelemente angenommen, und es ist gestattet, die statischen Gleichgewichtsbedingungen am unverformten Bauelement aufzustellen (Theorie 1. Ordnung). Bei Stabilitätsproblemen (Knicken, Kippen, Beulen) hingegen müssen die Gleichgewichtsbedingungen unbedingt am verformten Bauteil aufgestellt werden (Theorie 2. Ordnung, s. Abschn. 10.).

Den Zusammenhang zwischen den durch die Belastung hervorgerufenen inneren Kräften und den Formänderungen liefern die Stoffgesetze, deren einfachstes das HOOKEsche[1]) Gesetz ist. Es legt einen linearen Zusammenhang zwischen den Spannungen und Verzerrungen zugrunde und bildet die Grundlage der mathematischen *Elastizitätstheorie* sowie der technischen Festigkeitslehre.

Neben den elastischen Verformungen können beispielsweise bei größeren Belastungen auch bleibende (plastische) Deformationen auftreten, die ein anderes Stoffgesetz bedingen. Diese *Plastizitätstheorie* hat in der letzten Zeit eine große Bedeutung erlangt (s. Abschn. 11.).

Bei Bauteilen, die hohen Temperaturen ausgesetzt sind, und Konstruktionen aus Hochpolymeren ändern sich die Deformationen bei konstanter Last im Laufe der Zeit. Die *Viskoelastizitätstheorie* beschreibt diese wichtigen Probleme (s. Abschn. 12.).

1.2. Belastungsarten und Lastfälle

Die an einem konkreten Maschinenteil auftretenden Belastungen sind meist sehr kompliziert. Sie lassen sich aber i. allg. auf die in Bild F 1.1 aufgeführten Grundbelastungsarten reduzieren.

In einer linearen Theorie, wie sie hier zunächst zugrunde gelegt wird, führt eine Überlagerung der einzelnen Belastungsarten auch zu einer additiven Überlagerung der Spannungen und Verformungen bei Beachten der Richtungen.

Wenn nichts anderes vermerkt wird, wollen wir annehmen, daß die Lasten von Null an sehr langsam wachsend (nicht plötzlich) auf ihren Endwert gebracht werden und diesen Wert beibehalten. Wir sprechen dabei von einer statischen Belastung (Bild F 1.2).

---

[1]) ROBERT HOOKE (1635 bis 1703)

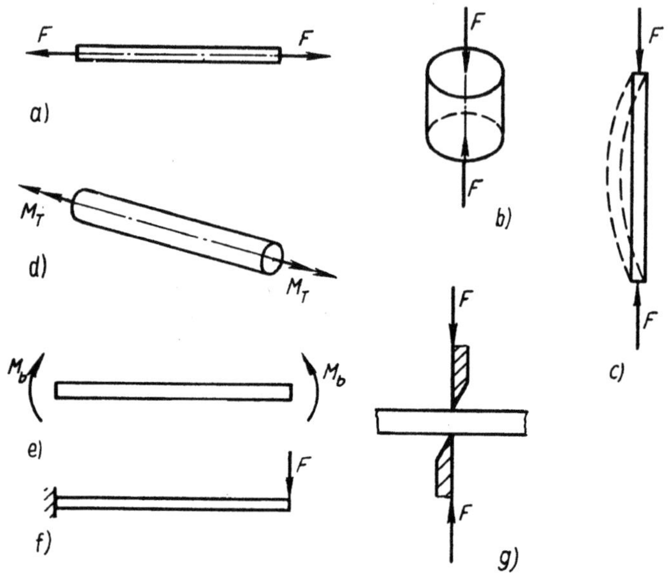

Bild F 1.1

a) reiner Zug, b) reiner Druck, c) Knickung eines schlanken Druckstabes (Stabilitätsproblem), d) Drillung oder Torsion, e) reine Biegung, f) Querkraftbiegung, g) Abscherung

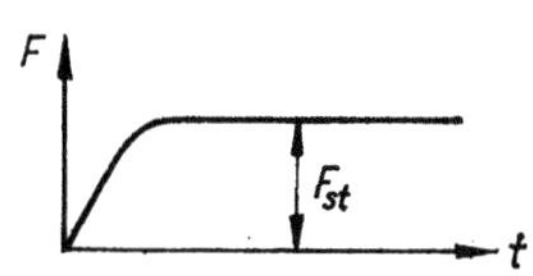

Bild F 1.2

Im Maschinenbau gibt es häufig Lasten, die zwischen bekannten oberen (F_o) und unteren (F_u) Werten periodisch wechseln (Bild F 1.3) (z. B. Kolbenmaschinen, Druckmaschinen, Verpackungsmaschinen). Wir sprechen hierbei von zyklischer Belastung. Insbesondere ist es manchmal noch üblich, im Falle $F_u = 0$ von einer Schwell- oder Ursprungsbelastung und falls $F_u = -F_o$ von einer reinen Wechselbelastung zu sprechen.

Oft ist aber auch der zeitliche Belastungsverlauf völlig unregelmäßig, und auch die Größtwerte sind unbekannt (Radlasten bei Fahrzeugen, Grabewiderstände bei Baggern) (Bild F 1.4). Bei diesen Lastverteilungen werden durch Klassierverfahren die Häufigkeiten verschieden hoher Lasten ermittelt (s. Abschn. 9.).

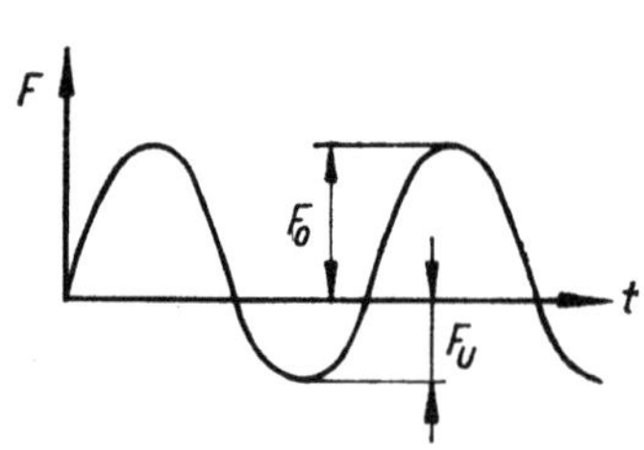

Bild F 1.3

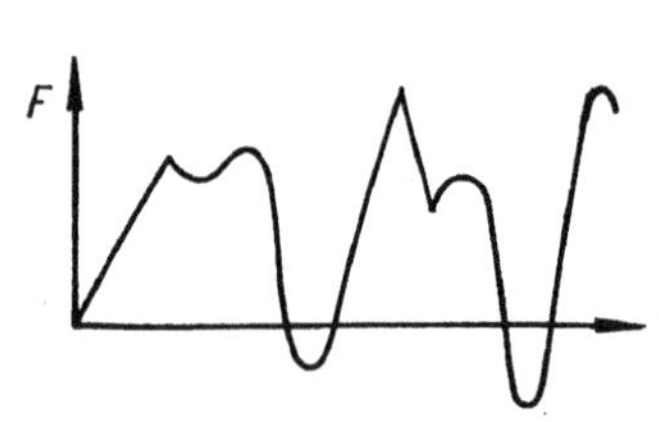

Bild F 1.4

1.3. Definition der Spannungen

Durch die Belastung werden im Körper innere Kräfte geweckt, die den Zusammenhalt des Körpers bewirken.
Legt man gedanklich einen Schnitt durch einen im Gleichgewicht befindlichen Körper (Bild F 1.5), so folgt aus einer Gleichgewichtsbetrachtung, daß erstens jeder Teil für sich im Gleichgewicht sein muß, und zweitens die inneren Kräfte an beiden Schnittufern entgegengesetzt gleich sind. Ist dF die Resultierende der an einem Flächenelement dA übertragenen Kräfte, bezeichnet man den Quotienten aus der Kraft und der Fläche als Spannung.

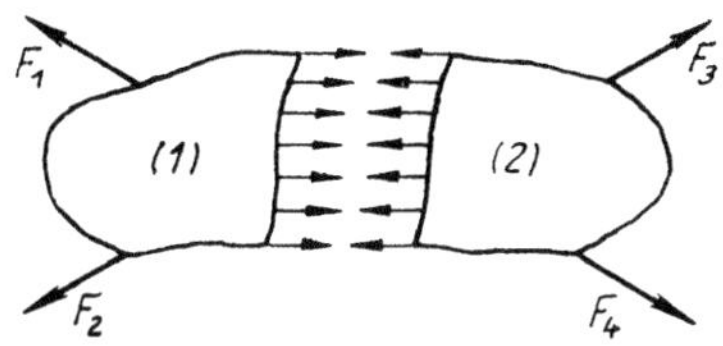

Bild F 1.5

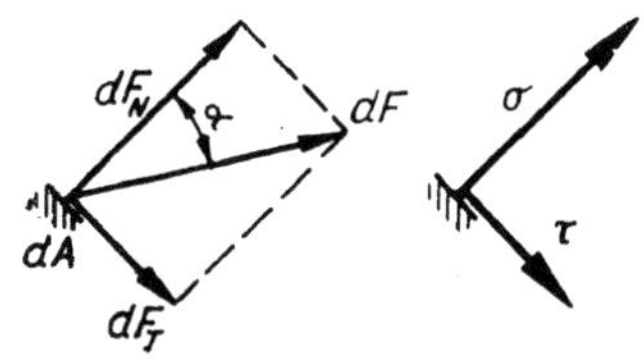

Bild F 1.6

Die an einem Flächenelement dA beliebig orientierte Kraft dF kann man stets zerlegen in eine Kraft normal zur Fläche dF_{N} und in eine Tangentialkraft dF_{T} (Bild F 1.6). Die entsprechenden Quotienten nennt man Normalspannung σ und Tangential- oder Schubspannung τ

$$\sigma = \frac{\mathrm{d}F_{\mathrm{N}}}{\mathrm{d}A} \text{ (in N mm}^{-2}\text{ bzw. MPa)} \quad \text{und} \quad \tau = \frac{\mathrm{d}F_{\mathrm{T}}}{\mathrm{d}A} \text{ (in N mm}^{-2}\text{ bzw. MPa)} \tag{1.1}$$

Eine von dem Flächenelement weggerichtete Normalspannung wird positiv definiert (Zugspannung) (Bild F 1.6).
Die in der Fläche liegende Schubspannungskomponente wird meist nochmals so in zwei Komponenten zerlegt, daß alle drei Komponenten (eine Normalspannung und zwei Schubspannungen) aufeinander senkrecht stehen. Zur Beschreibung des Spannungszustandes in einem Punkt wollen wir uns vorerst mittels eines kartesischen Dreibeins (x, y, z) orientieren. An einem Körper mit einer Schnittfläche $x =$ konst greift eine resultierende Spannung mit den drei Komponenten $\tau_{xx} = \sigma_x$, τ_{xy} und τ_{xz} an. Der erste Index zeigt die Richtung der Flächennormalen und der zweite Index die Richtung der Spannungskomponenten an. Die Spannungen sind positiv definiert, wenn sie an einer Fläche mit positiver Normalenrichtung in positiver Achsrichtung weisen (Bilder F 1.11, F 1.12).
An einem Rechtkant (Parallelepiped) können wir demnach folgende neun Spannungskomponenten erwarten:

$$\tau_{xx} = \sigma_x, \tau_{xy}, \tau_{xz}; \qquad \tau_{yx}, \tau_{yy} = \sigma_y, \tau_{yz}; \qquad \tau_{zx}, \tau_{zy}, \tau_{zz} = \sigma_z$$

Man faßt diese neun Komponenten oft zu einem Schema zusammen und schreibt

$$T_3 = \begin{pmatrix} \sigma_x & \tau_{yx} & \tau_{zx} \\ \tau_{xy} & \sigma_y & \tau_{zy} \\ \tau_{xz} & \tau_{yz} & \sigma_z \end{pmatrix}$$

Wegen der Transformationsgesetze, die für diese Komponenten gelten, auf die aber hier nicht eingegangen werden kann, spricht man hierbei auch vom Schema des »Spannungstensors«. Sind alle Felder dieses Schemas besetzt, so sprechen wir von einem dreiachsigen Spannungszustand. Im Falle

$$T_2 = \begin{pmatrix} \sigma_x & \tau_{yx} & 0 \\ \tau_{xy} & \sigma_y & 0 \\ 0 & 0 & 0 \end{pmatrix}$$

liegt ein zweiachsiger und mit

$$T_1 = \begin{pmatrix} \sigma_x & 0 & 0 \\ 0 & 0 & 0 \\ 0 & 0 & 0 \end{pmatrix}$$

ein einachsiger Spannungszustand vor.
In den nächsten Abschnitten sollen diese Spannungszustände vorgestellt werden.
Es gelingt in jedem Falle, aus einem Körper ein Rechtkantelement so herauszuschneiden, daß sämtliche Flächen schubspannungsfrei sind. Die dann angreifenden Normalspannungen nennt man Hauptspannungen oder Hauptnormalspannungen.

1.3.1. Einachsiger Spannungszustand

Belasten wir einen geraden prismatischen Stab in seiner Achse durch eine Kraft F, so können wir annehmen, daß sich in genügender Entfernung von der Lastangriffsstelle der gesamte Querschnitt A gleichmäßig an der Kraftübertragung beteiligt (Prinzip von B. DE SAINT-VENANT[1]). Für die Spannung kann demnach geschrieben werden

$$\sigma_y = \sigma_0 = \frac{F}{A}$$

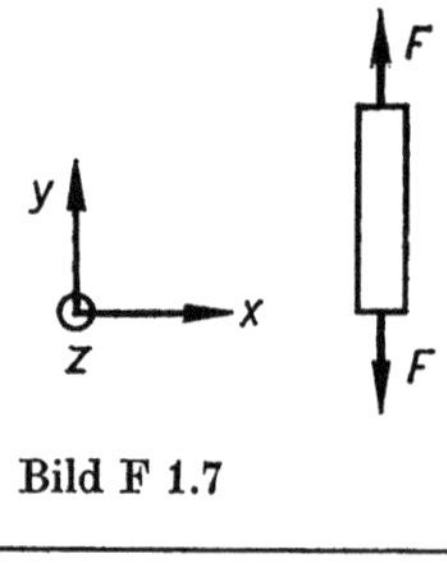

Bild F 1.7

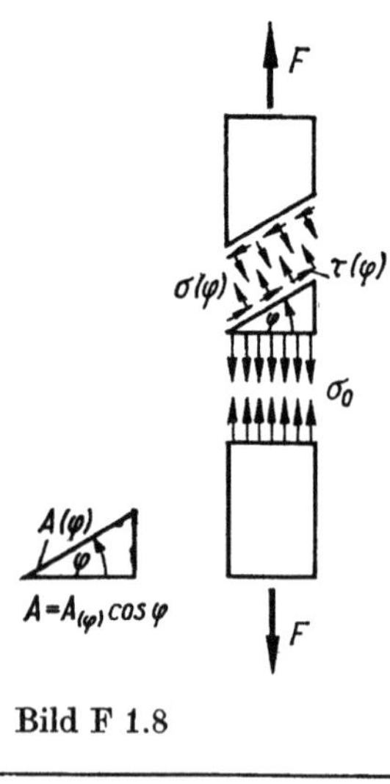

Bild F 1.8

[1]) BARRÉ DE SAINT-VENANT (1797 bis 1886)

Bezogen auf das in Bild F 1.7 angegebene Koordinatensystem sind alle anderen Spannungen Null, und $\sigma_y = \sigma_0$ ist eine Hauptspannung. Schneiden wir aber aus dem Träger ein keilförmiges Element (Bild F 1.8) heraus, so ergeben sich aus den Kräftegleichgewichtsbedingungen am Element die folgenden Zusammenhänge:

$$\begin{aligned}
&\nwarrow : \sigma(\varphi)\, A(\varphi) - \sigma_0 A \cos\varphi = 0 \\
&\sigma(\varphi) = \sigma_0 \cos^2\varphi = \frac{\sigma_0}{2}(1 + \cos 2\varphi) \\
&\nearrow : \tau(\varphi)\, A(\varphi) - \sigma_0 A \sin\varphi = 0 \\
&\tau(\varphi) = \sigma_0 \sin\varphi \cos\varphi = \frac{\sigma_0}{2} \sin 2\varphi
\end{aligned} \tag{1.2}$$

Schreibt man die Gln. (1.2) in der Form

$$\sigma(\varphi) - \frac{\sigma_0}{2} = \frac{\sigma_0}{2} \cos 2\varphi$$

$$\tau(\varphi) = \frac{\sigma_0}{2} \sin 2\varphi$$

quadriert beide Seiten und addiert, so erhält man

$$\left[\sigma(\varphi) - \frac{\sigma_0}{2}\right]^2 + \tau(\varphi)^2 = \left(\frac{\sigma_0}{2}\right)^2 \tag{1.3}$$

In einem σ,τ-Koordinatensystem beschreibt (1.3) offenbar einen Kreis mit dem Radius $\frac{\sigma_0}{2}$ auf der positiven σ-Achse um $\frac{\sigma_0}{2}$ verschoben (Bild F 1.9). Es ist dies der MOHRsche[1]) Spannungskreis. Aus (1.2) und Bild F 1.9 lesen wir ab

$$\tau\left(\varphi = \frac{\pi}{4}\right) = \tau_{\max} = \frac{\sigma_0}{2}$$

$$\sigma(\varphi = 0) = \sigma_{\max} = \sigma_0$$

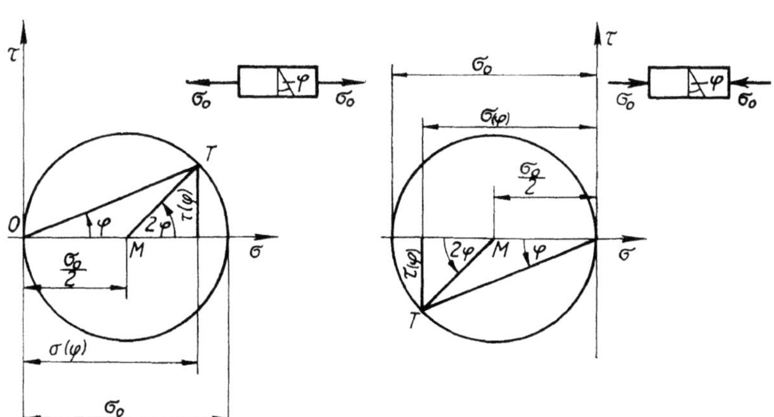

Bild F 1.9

1) OTTO MOHR (1835 bis 1918)

1.3.2. Zweiachsiger (ebener) Spannungszustand

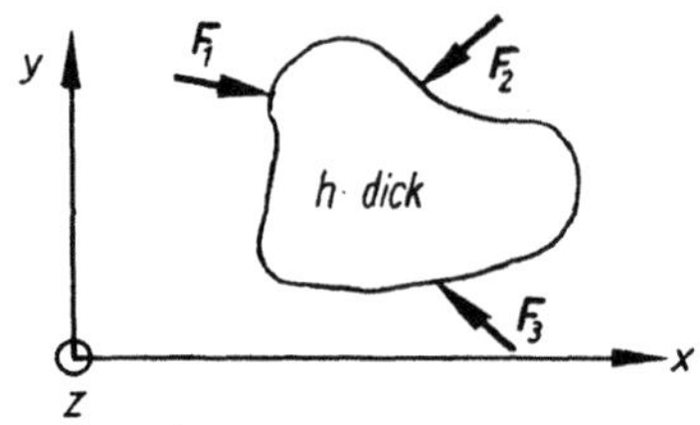

Bild F 1.10

Wir betrachten ein ebenes Bauteil (Bild F 1.10), bei dem die Abmessung h in der z-Richtung wesentlich kleiner ist als die in den beiden anderen Richtungen x und y. Belasten wir diese Scheibe nur in der x,y-Ebene, so liegt in guter Näherung ein ebener Spannungszustand vor ($\sigma_z = \tau_{xz} = \tau_{yz} = 0$). An einem Element $\mathrm{d}V = \mathrm{d}x\,\mathrm{d}yh$ werden nun die möglichen Kräfte angetragen. F_x^{v} und F_y^{v} sind Kräfte je Volumeneinheit. Dabei ist zu beachten, daß die Spannungen nicht im gesamten Scheibenbereich konstant sind, sondern sich abhängig von x und y ändern können.

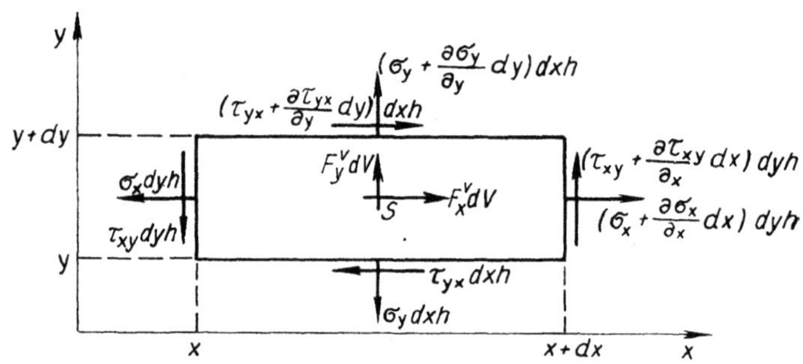

Bild F 1.11

Die Änderungen der Spannung sind durch das erste Korrekturglied einer TAYLOR-Reihe[1]) erfaßt (Bild F 1.11). Ist z. B. an einem Schnitt x = konst die Normalspannung σ_x vorhanden, so hat sich diese Spannung bei Fortschreiten in der x-Richtung um $\mathrm{d}x$ geändert in

$$\sigma_x(x + \mathrm{d}x, y) = \sigma_x + \frac{\partial \sigma_x}{\partial x}\,\mathrm{d}x$$

Aus dem Kräftegleichgewicht folgt

$$\frac{\partial \sigma_x}{\partial x} + \frac{\partial \tau_{yx}}{\partial y} + F_x^{\mathrm{v}} = 0 \qquad (1.4)$$

$$\frac{\partial \tau_{xy}}{\partial x} + \frac{\partial \sigma_y}{\partial y} + F_y^{\mathrm{v}} = 0$$

und eine Momentenbilanz um eine Achse durch den Mittelpunkt des Elementes S liefert zunächst (s. Bild F 1.11)

$$\left(\tau_{xy} + \frac{\partial \tau_{xy}}{\partial x}\,\mathrm{d}x\right)\mathrm{d}yh\,\frac{\mathrm{d}x}{2} + \tau_{xy}\,\mathrm{d}yh\,\frac{\mathrm{d}x}{2} - \left(\tau_{yx} + \frac{\partial \tau_{yx}}{\partial y}\,\mathrm{d}y\right)\mathrm{d}xh\,\frac{\mathrm{d}y}{2} - \tau_{yx}\,\mathrm{d}xh\,\frac{\mathrm{d}y}{2} = 0$$

[1]) TAYLOR-Reihe: $f(x + \Delta x) = f(x) + \frac{\mathrm{d}f}{\mathrm{d}x}(x)\,\Delta x + \frac{1}{2!}\,\frac{\mathrm{d}^2 f}{\mathrm{d}x^2}(x)\,\Delta x^2 + \cdots$ BROOK TAYLOR (1685 bis 1731)

woraus im Grenzübergang folgt

$$\tau_{xy} = \tau_{yx} \tag{1.5}$$

Schubspannungen treten immer paarweise auf. Sie sind an senkrecht zueinander stehenden Schnittflächen (hier x = konst und y = konst) beide auf die Kante zu oder beide von der Kante weg gerichtet. Wir sprechen von der Gleichheit zugeordneter Schubspannungen.

1.3.2.1. Spannungen an geneigten Schnittflächen

Wir wollen in diesem Abschnitt Beziehungen zwischen den Spannungen σ_x, σ_y, $\tau_{xy} = \tau_{yx}$ und den Spannungen σ_u, σ_v, $\tau_{uv} = \tau_{vu}$ eines gegenüber dem ursprünglichen Element um den Winkel φ gedrehten Elementes herleiten (Bilder F 1.12). (Da wir hierbei einen Punkt des Körpers betrachten, brauchen wir die Spannungszuwüchse nicht zu berücksichtigen.)

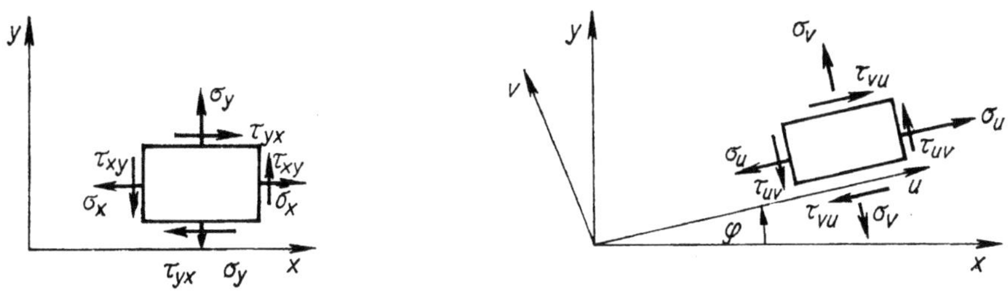

Bild F 1.12

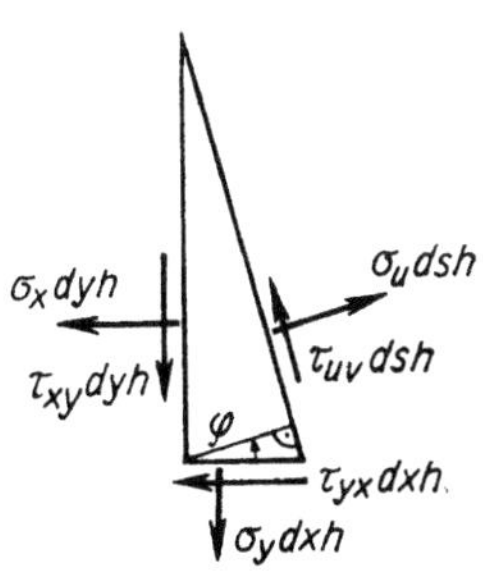

Bild F 1.13

Ferner wollen wir feststellen, unter welchem ausgezeichneten Winkel $\varphi = \varphi_0$ ein Hauptspannungszustand entsteht. Aus einer Schnittbetrachtung (Bild F 1.13) folgen die beiden Kräftegleichgewichtsbedingungen

$$\sigma_u \, ds h - \sigma_x \, dy h \cos\varphi - \sigma_y \, dx h \sin\varphi - \tau_{xy} \, dy h \sin\varphi$$
$$- \tau_{yx} \, dx h \cos\varphi = 0$$

$$\tau_{uv} \, ds h + \sigma_x \, dy h \sin\varphi - \sigma_y \, dx h \cos\varphi - \tau_{xy} \, dy h \cos\varphi$$
$$+ \tau_{yx} \, dx h \sin\varphi = 0 \tag{1.6}$$

Mit

$$\mathrm{d}x = \mathrm{d}s \sin\varphi \qquad \mathrm{d}y = \mathrm{d}s \cos\varphi \qquad \tau_{yx} = \tau_{xy}$$

und unter Einführung des doppelten Argumentes erhält man die Schnittspannungen an den geneigten Ebenen (Bild F 1.13).

$$\begin{aligned} \sigma_u &= \frac{\sigma_x + \sigma_y}{2} + \frac{\sigma_x - \sigma_y}{2} \cos 2\varphi + \tau_{xy} \sin 2\varphi \\ \tau_{uv} &= -\frac{\sigma_x - \sigma_y}{2} \sin 2\varphi + \tau_{xy} \cos 2\varphi \end{aligned} \tag{1.7}$$

An der zu φ senkrechten Schnittfläche $\varphi + \frac{\pi}{2}$ gilt

$$\begin{aligned} \sigma_v &= \frac{\sigma_x + \sigma_y}{2} - \frac{\sigma_x - \sigma_y}{2} \cos 2\varphi - \tau_{xy} \sin 2\varphi \\ \tau_{vu} &= -\tau_{uv} \end{aligned} \tag{1.8}$$

Aus Gln. (1.7) und (1.8) folgt die Invarianz der Normalspannungssumme gegenüber Koordinatendrehung.

$$\sigma_x + \sigma_y = \sigma_u + \sigma_v \tag{1.9}$$

1.3.2.2. Hauptspannungen

Aus der Bedingung (1.7) folgt mit

$$\frac{\mathrm{d}\sigma_u}{\mathrm{d}\varphi} = 2\left[-\frac{\sigma_x - \sigma_y}{2} \sin 2\varphi_0 + \tau_{xy} \cos 2\varphi_0\right] = 2\tau_{uv}(\varphi = \varphi_0) = 0 \tag{1.10}$$

der Winkel φ_0, der die Richtung der extremen Normalspannungen angibt,

$$\tan 2\varphi_0 = \frac{2\tau_{xy}}{\sigma_x - \sigma_y} \tag{1.11}$$

Mit $\tan 2\left(\varphi_0 + \frac{\pi}{2}\right) = \tan 2\varphi_0$ gibt es also stets zwei aufeinander senkrecht stehende Flächen (Hauptspannungsflächen) mit extremen Normalspannungen (Hauptspannungen). Auf den Hauptspannungsflächen verschwinden nach Gl. (1.10) die Schubspannungen. Die unter den Winkeln φ_0 bzw. $\varphi_0 + \frac{\pi}{2}$ gegenüber der x-Achse auftretenden Hauptspannungen σ_1 bzw. σ_2 ergeben sich zu

$$\begin{aligned} \sigma_1 &= \frac{\sigma_x + \sigma_y}{2} + \frac{\sigma_x - \sigma_y}{2} \cos 2\varphi_0 + \tau_{xy} \sin 2\varphi_0 \\ \sigma_2 &= \frac{\sigma_x + \sigma_y}{2} - \frac{\sigma_x - \sigma_y}{2} \cos 2\varphi_0 - \tau_{xy} \sin 2\varphi_0 \end{aligned} \tag{1.12}$$

oder nach Elimination der Winkelfunktion mit

$$\sin 2\varphi_0 = \frac{1}{\sqrt{1+\cot^2 2\varphi_0}} = \frac{2\tau_{xy}}{\sqrt{(\sigma_x-\sigma_y)^2+4\tau_{xy}^2}}$$

$$\cos 2\varphi_0 = \frac{1}{\sqrt{1+\tan^2 2\varphi_0}} = \frac{\sigma_x-\sigma_y}{\sqrt{(\sigma_x-\sigma_y)^2+4\tau_{xy}^2}} \tag{1.13}$$

$$\sigma_{1,2} = \frac{\sigma_x+\sigma_y}{2} \pm \sqrt{\left(\frac{\sigma_x-\sigma_y}{2}\right)^2+\tau_{xy}^2}$$

Analog folgt für die Normalenrichtung der Fläche der extremen Schubspannungen aus

$$\frac{d\tau_{uv}}{d\varphi} = 0$$

$$\tan 2\varphi_1 = -\frac{\sigma_x-\sigma_y}{2\tau_{xy}}$$

Die unter den Winkeln φ_1 bzw. $\varphi_1 + \frac{\pi}{2}$ auftretenden Flächen sind im allgemeinen nicht normalspannungsfrei. Die extremen Schubspannungen τ_1 bzw. τ_2 erhält man zu

$$\tau_1 = -\frac{\sigma_x-\sigma_y}{2}\sin 2\varphi_1 + \tau_{xy}\cos 2\varphi_1 = -\tau_2 \tag{1.14}$$

bzw.

$$\tau_{1,2} = \pm\sqrt{\left(\frac{\sigma_x-\sigma_y}{2}\right)^2+\tau_{xy}^2} \tag{1.15}$$

Reiner Schub liegt dann vor, wenn die Flächen auch normalspannungsfrei sind (z. B. wenn $\sigma_1 = -\sigma_2$).
Aus

$$\tan 2\varphi_0 \tan 2\varphi_1 = -1$$

folgt

$$\varphi_1 = \varphi_0 \pm \frac{\pi}{4} \tag{1.16}$$

Die Normale der Flächen extremer Schubspannungen halbiert demnach den rechten Winkel zwischen den Hauptspannungsrichtungen.
Ausgehend von den Hauptspannungen $\sigma_1 = \sigma_{max}$ und $\sigma_2 = \sigma_{min}$ errechnen sich

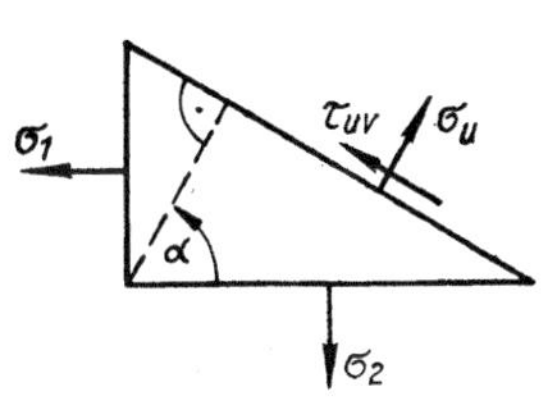

Bild F 1.14

die Schnittspannungen in einer unter dem Winkel α (Bild F 1.14) geneigten Ebene entsprechend (1.7) zu

$$\sigma_u = \frac{\sigma_1 + \sigma_2}{2} + \frac{\sigma_1 - \sigma_2}{2} \cos 2\alpha$$
$$\tau_{uv} = -\frac{\sigma_1 - \sigma_2}{2} \sin 2\alpha \tag{1.17}$$

Betrachtet man α als Differenzwinkel $\alpha = \varphi - \varphi_0$, wobei φ_0 der Winkel zwischen der Hauptspannungsflächennormale und der x-Achse und φ der Winkel zwischen der Normalen der untersuchten Fläche und der x-Achse ist, so ergeben sich die Schnittspannungen nach (1.17) zu

$$\sigma_u = \frac{\sigma_1 + \sigma_2}{2} + \frac{\sigma_1 - \sigma_2}{2} \cos 2(\varphi_0 - \varphi)$$
$$\tau_{uv} = \frac{\sigma_1 - \sigma_2}{2} \sin 2(\varphi_0 - \varphi) \tag{1.18}$$

mit

$$\sigma_1 + \sigma_2 = \sigma_x + \sigma_y \qquad \frac{\sigma_1 - \sigma_2}{2} = \tau_{\max} = \sqrt{\left(\frac{\sigma_x - \sigma_y}{2}\right)^2 + \tau_{xy}^2}$$

1.3.2.3. Mohrscher Spannungskreis

Aus Gl. (1.7) folgt die Gleichung des Spannungskreises zu

$$\left(\sigma_u - \frac{\sigma_x + \sigma_y}{2}\right)^2 + \tau_{uv}^2 = \left(\frac{\sigma_x - \sigma_y}{2}\right)^2 + \tau_{xy}^2 \tag{1.19}$$

Bei gegebenen σ_x, σ_y, τ_{xy} kann man somit die Schnittspannungen σ_u, τ_{uv}, die Hauptspannungen σ_1, σ_2 und die Hauptspannungsrichtungen ermitteln.
In einem kartesischen σ,τ-Koordinatensystem werden die Spannungen vorzeichenbehaftet abgetragen. Die Konstruktion des Spannungskreises ist aus Bild F 1.15.1 ersichtlich. Der Radius des Kreises ergibt sich als Strecke

$$\overline{TM} = \sqrt{\left(\frac{\sigma_x - \sigma_y}{2}\right)^2 + \tau_{xy}^2}$$

Die Abtragung von τ_{xy} geschieht bei σ_x (im Punkt B). Der Winkel φ_0 wird im Spannungskreis im Gegenuhrzeigersinn von der σ-Achse aus gemessen.
Die Strecke $\overline{SM}$ stellt die maximale Schubspannung dar.

$$\tau_{\max} = \left|\frac{\sigma_1 - \sigma_2}{2}\right| \tag{1.20}$$

Die Größe der Hauptspannungen und deren Richtungen sind ohne weiteres aus dem Spannungskreis ablesbar. Um die Schnittspannungen σ_u, τ_{uv} bestimmen zu können, muß man von den Gln. (1.18) ausgehen, die für den Differenzwinkel $\varphi_0 - \varphi$ auf-

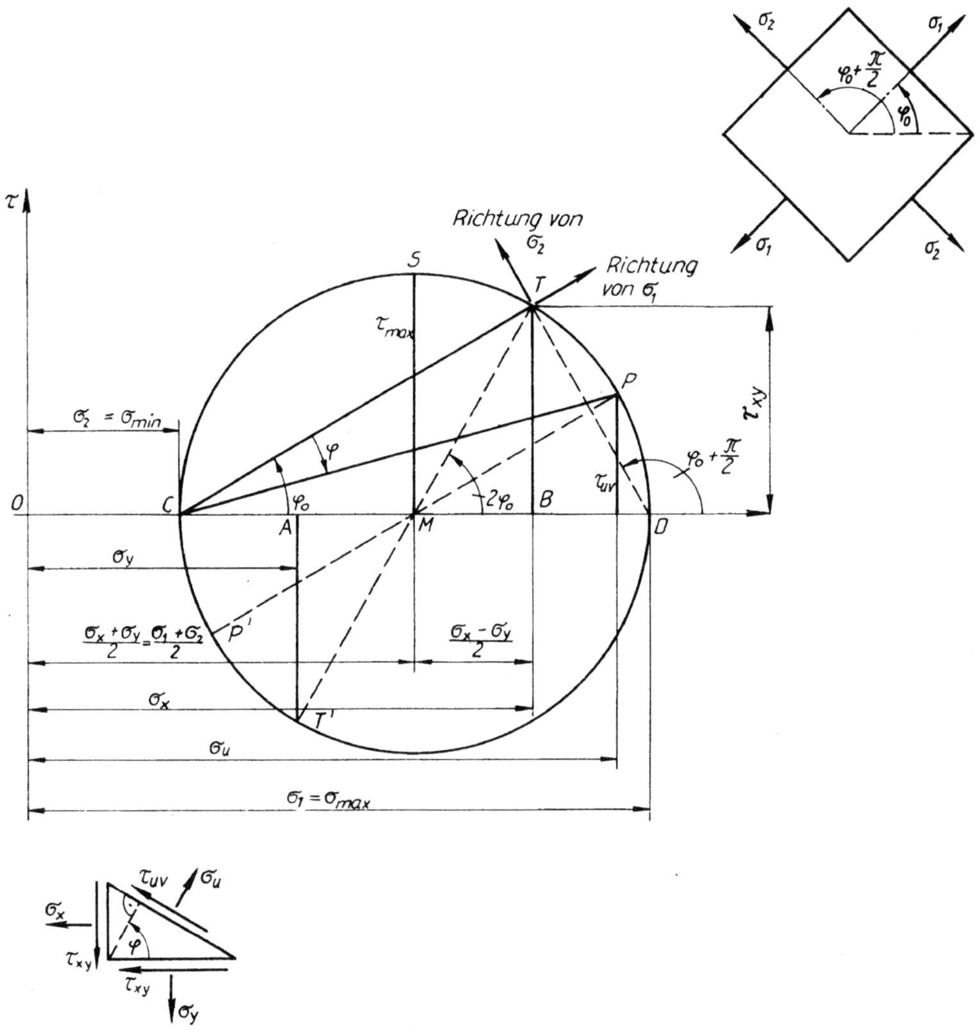

Bild F 1.15.1

gestellt sind. Trägt man demzufolge im Punkt C von dem Strahl CT den Winkel $+\varphi$ im Uhrzeigersinn ab, so schneidet der Schenkel den Kreis im Punkt P, dessen Koordinaten σ_u und τ_{uv} ergeben. Die Verlängerung $\overline{PM}$ liefert P' mit den Schnittspannungswerten der zu φ um $\frac{\pi}{2}$ gedrehten Ebene.

Bei bekannten Hauptspannungen σ_1, σ_2 lautet nach (1.17) die Gleichung des Spannungskreises

$$\left(\sigma_u - \frac{\sigma_1 + \sigma_2}{2}\right)^2 + \tau_{uv}^2 = \left(\frac{\sigma_1 - \sigma_2}{2}\right)^2 \tag{1.21}$$

Der Radius des Kreises beträgt $\frac{\sigma_1 - \sigma_2}{2}$ (Konstruktion des Spannungskreises s.

Bild F 1.15.2). Um die Schnittspannungen σ_u, τ_{uv} zu erhalten, muß man in C an den Strahl CD den Winkel α im Uhrzeigersinn antragen, um das negative Vorzeichen in Gl. (1.17) zu berücksichtigen.
σ_v, τ_{vu} sind die Schnittspannungen der zu α senkrechten Ebene.

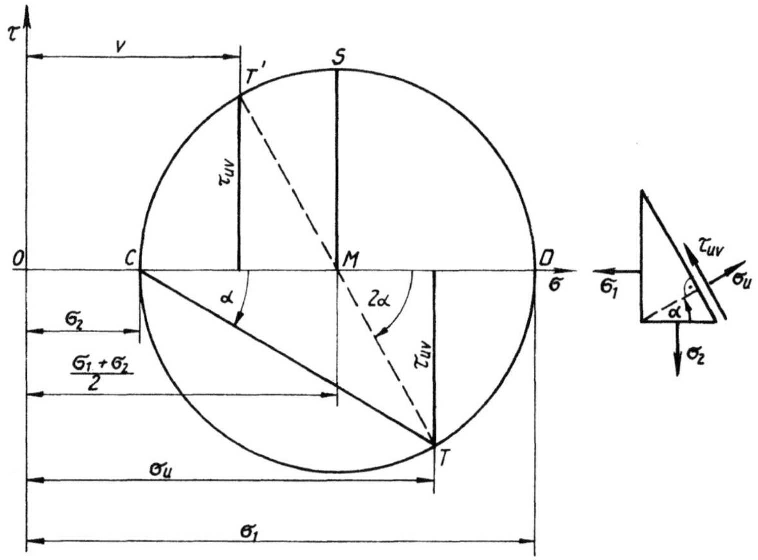

Bild F 1.15.2

1.3.3. Dreiachsiger (räumlicher) Spannungszustand

Bei einem dreiachsigen Spannungszustand treten 3 Normalspannungen (σ_x, σ_y, σ_z) und 3 Schubspannungen ($\tau_{xy} = \tau_{yx}$, $\tau_{yz} = \tau_{zy}$, $\tau_{zx} = \tau_{xz}$) auf. Ohne Herleitung wird angegeben, daß die 3 Hauptnormalspannungen aus der kubischen Gleichung

$$\sigma^3 - (\sigma_x + \sigma_y + \sigma_z)\,\sigma^2 + (\sigma_x\sigma_y + \sigma_y\sigma_z + \sigma_z\sigma_x - \tau_{xy}^2 - \tau_{yz}^2 - \tau_{zx}^2)\,\sigma$$

$$- \begin{vmatrix} \sigma_x & \tau_{yx} & \tau_{zx} \\ \tau_{xy} & \sigma_y & \tau_{zy} \\ \tau_{xz} & \tau_{yz} & \sigma_z \end{vmatrix} = 0 \qquad (1.22.1)$$

berechnet werden können. Sind $\sigma_1 > \sigma_2 > \sigma_3$ die Wurzeln dieser Gleichung, so können wir auch schreiben

$$(\sigma - \sigma_1)(\sigma - \sigma_2)(\sigma - \sigma_3) = \sigma^3 - (\sigma_1 + \sigma_2 + \sigma_3)\,\sigma^2 + (\sigma_1\sigma_2 + \sigma_2\sigma_3 + \sigma_3\sigma_1)\,\sigma - \sigma_1\sigma_2\sigma_3 = 0 \qquad (1.22.2)$$

und erhalten aus einem Vergleich von (1.22.1) und (1.22.2) die drei »Invarianten des Spannungstensors«.

$$I_1 = \sigma_1 + \sigma_2 + \sigma_3 = \sigma_x + \sigma_y + \sigma_z$$

$$I_2 = \sigma_1\sigma_2 + \sigma_2\sigma_3 + \sigma_3\sigma_1 = \sigma_x\sigma_y + \sigma_y\sigma_z + \sigma_z\sigma_x - \tau_{xy}^2 - \tau_{yz}^2 - \tau_{zx}^2 \quad (1.23)$$

$$I_3 = \sigma_1\sigma_2\sigma_3 = \begin{vmatrix} \sigma_x & \tau_{yx} & \tau_{zx} \\ \tau_{xy} & \sigma_y & \tau_{zy} \\ \tau_{xz} & \tau_{yz} & \sigma_z \end{vmatrix}$$

Diese Größen sind gegenüber einer beliebigen Drehung eines rechtwinkligen Koordinatensystems unveränderlich.

1.4. Verschiebungen und Verzerrungen

Jeder Körper verformt sich unter Belastung oder Temperaturänderung, so daß sich i. allg. ein Punkt des unbelasteten Körpers nach der Belastung in x-, y- und z-Richtung um v_x, v_y, v_z verschoben hat. Diese *Verschiebungen* stehen mit den in der Festigkeitslehre verwendeten dimensionslosen *Verzerrungen* (Dehnungen und Gleitungen) in Beziehung.

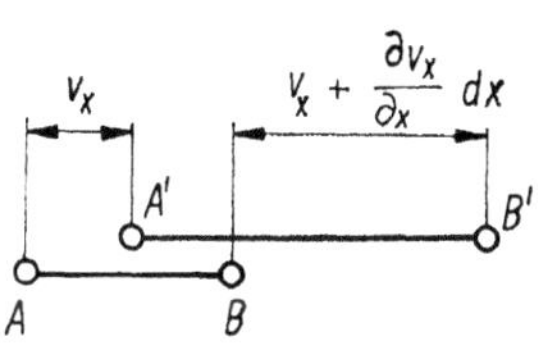

Bild F 1.16

Die Dehnung ist eine auf die Ausgangslänge bezogene Veränderung. Eine Strecke $\overline{AB} = \mathrm{d}x$ des unverformten Körpers geht nach der Verformung in $\overline{A'B'}$ über (Bild F 1.16). Dabei erfährt der Punkt A die Verschiebung v_x, der Punkt B aber die Verschiebung $v_x + \frac{\partial v_x}{\partial x}$, weil er von A um $\mathrm{d}x$ entfernt lag (Taylor-Entwicklung).
Als Dehnung in der x-Richtung erhalten wir

$$\varepsilon_x = \frac{\overline{A'B'} - \overline{AB}}{\overline{AB}} = \frac{\mathrm{d}x + \frac{\partial v_x}{\partial x}\mathrm{d}x - \mathrm{d}x}{\mathrm{d}x} = \frac{\partial v_x}{\partial x} \quad (1.24)$$

und analog

$$\varepsilon_y = \frac{\partial v_y}{\partial y} \quad \text{und} \quad \varepsilon_z = \frac{\partial v_z}{\partial z}$$

Partielle Ableitungen müssen wir schreiben, da sich die Verschiebungen in x-, y- und z-Richtung ändern können.

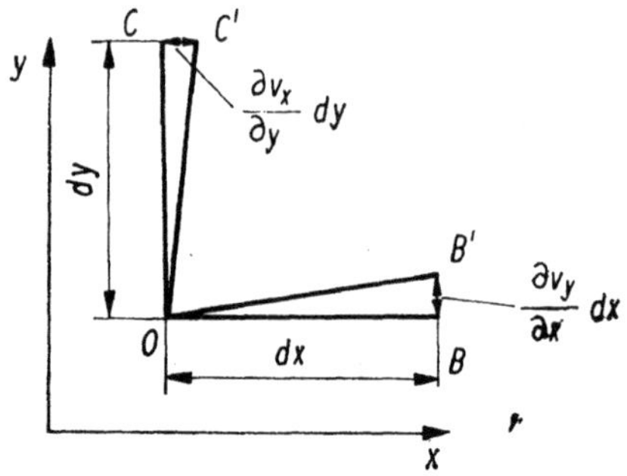

Bild F 1.17

Durch Schubspannungen entstehen Gleitungen oder Abweichungen vom ursprünglich rechten Winkel, und wir definieren (Bild F 1.17)

$$\gamma_{xy} = \sphericalangle\, BOC - \sphericalangle\, B'OC' = \sphericalangle\, BOB' + \sphericalangle\, COC'$$

$$\sphericalangle\, BOB' \approx \tan \sphericalangle\, BOB' \approx \frac{\overline{BB'}}{\overline{OB}} = \frac{\frac{\partial v_y}{\partial x}\,\mathrm{d}x}{\mathrm{d}x} = \frac{\partial v_y}{\partial x}$$

$$\sphericalangle\, COC' \approx \tan \sphericalangle\, COC' \approx \frac{\overline{CC'}}{\overline{OC}} = \frac{\frac{\partial v_x}{\partial y}\,\mathrm{d}y}{\mathrm{d}y} = \frac{\partial v_x}{\partial y} \tag{1.25}$$

$$\gamma_{xy} = \frac{\partial v_x}{\partial y} + \frac{\partial v_y}{\partial x}$$

und analog

$$\gamma_{yz} = \frac{\partial v_y}{\partial z} + \frac{\partial v_z}{\partial y}, \qquad \gamma_{zx} = \frac{\partial v_z}{\partial x} + \frac{\partial v_x}{\partial z}$$

Dehnungen und Gleitungen liegen für Betrachtungen der Festigkeitslehre i. allg. in der Größenordnung 10^{-3}, sind also sehr viel kleiner als 1! Deshalb können wir beim Berechnen der Volumendehnung

$$e = \frac{V' - V}{V} = \frac{\mathrm{d}x(1+\varepsilon_x)\,\mathrm{d}y(1+\varepsilon_y)\,\mathrm{d}z(1+\varepsilon_z) - \mathrm{d}x\,\mathrm{d}y\,\mathrm{d}z}{\mathrm{d}x\,\mathrm{d}y\,\mathrm{d}z}$$

die Dehnungsprodukte vernachlässigen und schreiben

$$e = \varepsilon_x + \varepsilon_y + \varepsilon_z \tag{1.26}$$

1.5. Materialverhalten

Wir wissen aus Erfahrung, daß zwischen der Verformung eines Körpers und seinen Belastungen ein Zusammenhang besteht. Der Zugversuch kann uns darüber am schnellsten Auskunft geben. Auf einem prismatischen Stab mit Kreisquerschnitt A_0 markieren wir eine Meßlänge l_0 (Bild F 1.18). Um bei unseren Betrachtungen vom

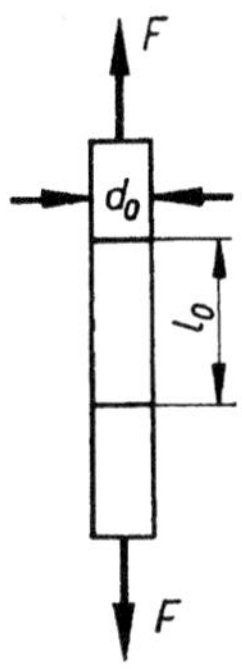

Bild F 1.18

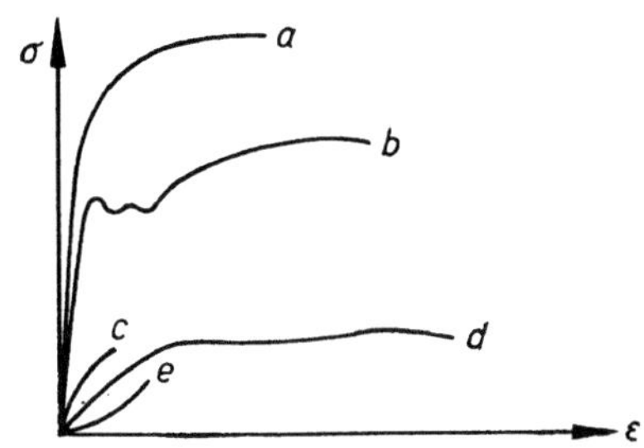

Bild F 1.19

Querschnitt und von der Meßlänge unabhängig zu sein, tragen wir nicht F über Δl, sondern $\sigma = \frac{F}{A_0}$ über $\varepsilon = \frac{\Delta l}{l_0}$ in einem Diagramm auf. (Da die Längskraft sich über die gesamte Länge l_0 nicht ändert, können wir hier $\varepsilon = \frac{\Delta l}{l_0}$ an Stelle der Gln. (1.24) setzen!)
Abhängig vom Material erhalten wir die in Bild F 1.19 dargestellten Kurven.

a) hochfester Stahl
b) Baustahl
c) Gußeisen mit Lamellengraphit
d) Kupfer
e) Leder

Bei allen diesen Kurven ist es gleichgültig, ob wir die Spannungs-Dehnungs-Beziehungen sofort, nach einem Tag oder erst nach einer Woche messen und eintragen.
Es gibt aber auch Werkstoffe, deren Dehnungsverhalten zeitabhängig ist. Dazu zählen alle Hochpolymere und auch Metalle bei hohen Temperaturen. Bei einer aufgebrachten, konstanten Spannung ändert sich die Dehnung entsprechend Bild F 1.20. Wir sprechen von einem *Kriechvorgang* und können deutlich drei Bereiche unterscheiden

I Primärkriechen
II Sekundärkriechen
III Tertiärkriechen bis zum Kriechbruch

Andererseits können wir eine Spannungs-Zeit-Kurve bei konstant gehaltener Dehnung auftragen. Der Vorgang wird *Relaxation* genannt (Bild F 1.21).

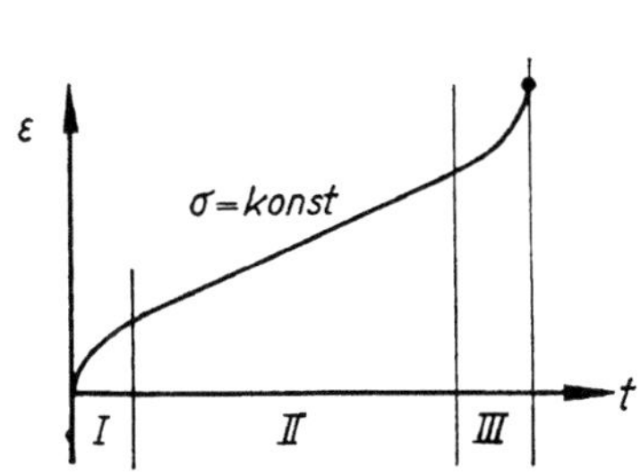

Bild F 1.20

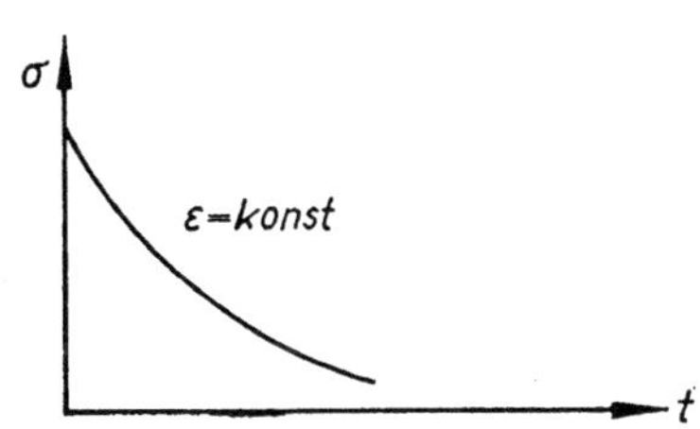

Bild F 1.21

Bei unseren Betrachtungen wollen wir annehmen, daß das zu untersuchende Bauteil an jeder Stelle die gleichen Materialeigenschaften aufweist, und wir nennen dann den Körper homogen. Die Materialeigenschaften sollen auch richtungsunabhängig (isotrop) sein. (Holz ist ein typischer Vertreter anisotroper Werkstoffe!)

1.5.1. Lineares Elastizitätsgesetz — Hookesches Gesetz

Obwohl wir bei den verschiedenen Werkstoffen unterschiedliches Materialverhalten feststellen, bildet die lineare Beziehung zwischen Spannungen und Dehnungen heute oft noch die Basis für einen Festigkeitsnachweis. Nichtlineares Werkstoffverhalten erschwert die Berechnung i. allg. beträchtlich. Einfache Probleme der Plastizitätstheorie (Traglastverfahren) sowie elementare Fragen der Viskoelastizitätstheorie werden in den Abschn. 11. und 12. gesondert behandelt.

1.5.1.1. Hookesches Gesetz für den einachsigen Spannungszustand

Im folgenden wollen wir die an einem Probezugstab (Fläche A_0, Meßlänge l_0) bei Raumtemperatur gewonnenen Erkenntnisse zusammenstellen (Bild F 1.22).
Wir beobachten in einem ersten Bereich zwischen Spannung und Dehnung einen linearen Zusammenhang und schreiben

$$\sigma = E\varepsilon$$

Dieser Zusammenhang zwischen Spannung und Dehnung gilt bis zur Proportionalitätsgrenze σ_P. Der Proportionalitätsfaktor E heißt Elastizitätsmodul (s. a. Tabelle 1.1).
Für Raumtemperatur gelten die in der Tabelle angegebenen Materialwerte.
Bei einer weiteren Laststeigerung erreichen wir die Elastizitätsgrenze σ_E. Sie ist definiert als der Punkt im Spannungs-Dehnungs-Diagramm, bis zu dem man einen Körper belasten kann, ohne daß bei Wegnahme der Last eine bleibende Dehnung

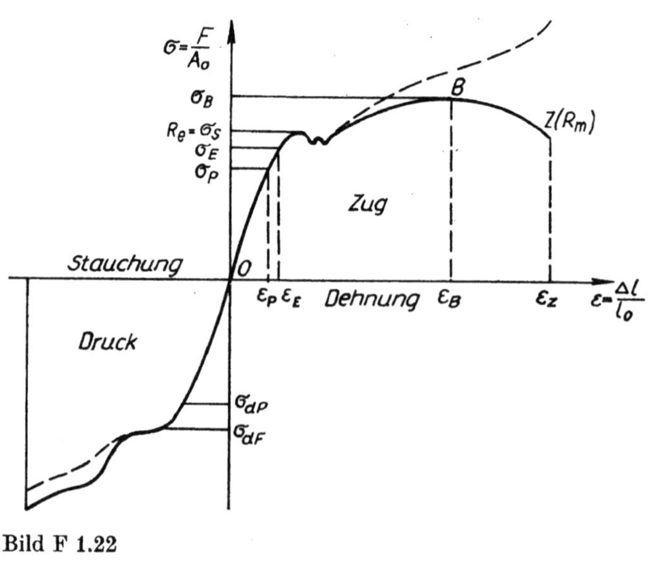

Bild F 1.22

Tabelle 1.1

Werkstoff	E (in MPa)
Stahl	$2{,}0 \cdots 2.2 \cdot 10^5$
Aluminium	$0{,}67 \cdots 0{,}76 \cdot 10^5$
Kupfer	$1{,}1 \cdots 1{,}25 \cdot 10^5$
Messing	$0{,}9 \cdot 10^5$

erkennbar ist. Es folgt dann die Streck- oder Fließgrenze $\sigma_S = R_e$ bzw. σ_F. In diesen Bereich verschieben sich die kristallinen Gleitebenen gegeneinander, und es tritt Materialfließen auf. Dieses Gebiet wird in der Plastizitätstheorie verfolgt. Für Werkstoffe ohne ausgeprägte Streckgrenze (meist hochfeste Werkstoffe) wird eine 0,2-Dehngrenze an Stelle der Fließgrenze definiert: $\sigma_{0,2} = R_{p0,2}$ ist die Spannung, bei der eine bleibende Dehnung von 0,2% nicht überschritten wird. Durch Umlagerungen im Werkstoff (Versetzungsbildung) kann eine Verfestigung des Materials eintreten, so daß eine weitere Laststeigerung bis zum Punkt B möglich ist. Im Punkt Z erfolgt der Bruch des Stabes (R_m), wozu die Bruchdehnung

$$\delta = \frac{l_z - l_0}{l_0} \tag{1.27}$$

gehört.

Die Dehnung kann wegen der über der Meßlänge konstanten Längskraft aus

$$\varepsilon = \frac{l - l_0}{l_0} = \frac{\Delta l}{l_0} \tag{1.28}$$

ermittelt werden.

Messen wir den Durchmesser des Stabes vor der Belastung mit d_0, so stellen wir fest, daß auch er sich bei Zugbelastung verändert hat, z. B. auf den Wert d. Damit können wir eine Querdehnung definieren

$$\varepsilon_q = \frac{d - d_0}{d_0} < 0$$

Vergleichen wir zu gleichen Belastungen gehörende Dehnungen und Querdehnungen, so erkennen wir

$$\left|\frac{\varepsilon_q}{\varepsilon}\right| = \text{konst}$$

Tabelle 1.2

Stoff	ν
Stahl	0,3
Kupfer	0,35
Aluminium	0,33
Glas	0,2
Beton	0,16
Gummi	0,5

Die Konstante wird Querkontraktionszahl ν genannt, und es gilt

$$\varepsilon_q = -\nu\varepsilon = -\nu \frac{\sigma}{E} \tag{1.29}$$

Oft wird auch der Kehrwert der Querkontraktionszahl ν, die POISSON[1])-Konstante m, in der Rechnung verwendet. Einige ν-Werte sind in vorstehendem Schema angegeben (Tabelle 1.2).
Die auf den wirklichen Querschnitt $A(\sigma)$ bezogene Spannung ist in Bild F 1.22 gestrichelt eingezeichnet.

Obwohl wir eine Spannung nur in einer Richtung (z. B. der x-Richtung) aufbringen, erhalten wir Dehnungen in allen drei Richtungen.

Der Druckversuch eines zähen Werkstoffes (Stahl) zeigt ähnliches Verhalten wie der Zugversuch (Bild F 1.22). Bis $|\sigma_{dP}| \approx \sigma_P$ gilt das HOOKEsche Gesetz. Die Quetsch- oder Stauchgrenze $|\sigma_{dF}| \approx \sigma_s$ gibt den Fließbereich an. Da ein zäher Druckkörper ohne Bruch zusammengequetscht werden kann, läßt sich eine Druckfestigkeit $\sigma_{dB} = \frac{F_{max}}{A_0}$ nicht feststellen (im Gegensatz zu spröden Körpern).

1.5.1.2. Verallgemeinertes Hookesches Gesetz

Auch in diesem Abschnitt beschränken wir uns auf homogenes, isotropes Material. Sind alle Spannungskomponenten vorhanden

$$T_3 = \begin{pmatrix} \sigma_x & \tau_{yx} & \tau_{zx} \\ \tau_{xy} & \sigma_y & \tau_{zy} \\ \tau_{xz} & \tau_{yz} & \sigma_z \end{pmatrix} \tag{1.30}$$

und nehmen wir ferner noch an, daß der Körper vor, während oder nach der Lastaufbringung von einer Ausgangstemperatur T_A auf eine Endtemperatur T_E gebracht werden soll, wobei gilt $\Delta T = T_E - T_A$, so können wir schreiben:

$$\begin{aligned} \varepsilon_x &= \frac{1}{E}\left[\sigma_x - \nu(\sigma_y + \sigma_z)\right] + \alpha\,\Delta T \\ \varepsilon_y &= \frac{1}{E}\left[\sigma_y - \nu(\sigma_x + \sigma_z)\right] + \alpha\,\Delta T \\ \varepsilon_z &= \frac{1}{E}\left[\sigma_z - \nu(\sigma_x + \sigma_y)\right] + \alpha\,\Delta T \end{aligned} \tag{1.31}$$

oder mit der Normalspannungssumme

$$s = \sigma_x + \sigma_y + \sigma_z$$

$$\varepsilon_k = \frac{1}{E}\left[(1 + \nu)\,\sigma_k - \nu s\right] + \alpha\,\Delta T$$

[1]) SIMÉON-DENIS POISSON (1781 bis 1840)

Tabelle 1.3

Stoff	α (in 1/K)
Stahl	$11 \cdot 10^{-6}$
Kupfer	$16 \cdot 10^{-6}$
Aluminium	$23 \cdot 10^{-6}$
Gußeisen	$9 \cdot 10^{-6}$

Dabei ist α der Wärmeausdehnungskoeffizient in 1/K, und k steht für x, y, z. (Die in der Tabelle 1.3 angegebenen Werte gelten bis etwa 300 °C.) Für die Volumenänderung e folgt daraus [s. a. (1.26)]

$$e = \varepsilon_x + \varepsilon_y + \varepsilon_z = \frac{1}{E}(1 - 2\nu)\, s + 3\alpha\, \Delta T \tag{1.32}$$

Zwischen den Gleitungen und den Schubspannungen gelten die Beziehungen

$$\gamma_{xy} = \frac{\tau_{xy}}{G} \qquad \gamma_{xz} = \frac{\tau_{xz}}{G} \qquad \gamma_{yz} = \frac{\tau_{yz}}{G} \tag{1.33}$$

Stellen wir nach den Spannungen um, so erhalten wir

$$\begin{aligned}
\sigma_x &= \frac{E}{1+\nu}\left[\varepsilon_x + \frac{\nu}{1-2\nu}\, e\right] - \frac{E}{1-2\nu}\,\alpha\, \Delta T \\
\sigma_y &= \frac{E}{1+\nu}\left[\varepsilon_y + \frac{\nu}{1-2\nu}\, e\right] - \frac{E}{1-2\nu}\,\alpha\, \Delta T \\
\sigma_z &= \frac{E}{1+\nu}\left[\varepsilon_z + \frac{\nu}{1-2\nu}\, e\right] - \frac{E}{1-2\nu}\,\alpha\, \Delta T \\
\tau_{xy} &= G\gamma_{xy} \qquad \tau_{xz} = G\gamma_{xz} \qquad \tau_{yz} = G\gamma_{yz}
\end{aligned} \tag{1.34}$$

Die Werkstoffkenngrößen E, G und ν sind durch die Beziehung

$$E = 2(1 + \nu)\, G \tag{1.35}$$

verbunden.

1.5.1.2.1. Ebener Spannungszustand (ESZ)

Für den in 1.3.2. behandelten Spannungszustand mit $\sigma_z = 0$, $\tau_{xz} = 0$, $\tau_{yz} = 0$ leiten wir aus (1.31) folgendes Elastizitätsgesetz ab:

$$\begin{aligned}
\varepsilon_x &= \frac{1}{E}(\sigma_x - \nu\sigma_y) + \alpha\, \Delta T \qquad & \gamma_{xy} &= \frac{\tau_{xy}}{G} \\
\varepsilon_y &= \frac{1}{E}(\sigma_y - \nu\sigma_x) + \alpha\, \Delta T \qquad & \gamma_{xz} &= 0 \\
\varepsilon_z &= -\frac{\nu}{E}(\sigma_x + \sigma_y) + \alpha\, \Delta T \qquad & \gamma_{yz} &= 0
\end{aligned} \tag{1.36}$$

Eine Umstellung nach den Spannungen liefert hier

$$\sigma_x = \frac{E}{1-\nu^2}(\varepsilon_x + \nu\varepsilon_y) - \frac{E\alpha\,\Delta T}{1-\nu}$$

$$\sigma_y = \frac{E}{1-\nu^2}(\varepsilon_y + \nu\varepsilon_x) - \frac{E\alpha\,\Delta T}{1-\nu} \qquad (1.37)$$

$$\tau_{xy} = G\gamma_{xy}$$

1.5.1.2.2. Ebener Verzerrungszustand (EVZ)

Oft wird in der Elastizitätstheorie mit dem ebenen Verzerrungszustand gerechnet. Es wird dabei unterstellt, daß die Verzerrungen in einer Richtung verschwinden (z. B. $\varepsilon_z = 0$, $\gamma_{xz} = 0$, $\gamma_{yz} = 0$). Voraussetzung des ebenen Verzerrungszustandes ist i. allg. ein räumlicher Spannungszustand.
Aus (1.31) folgt mit

$$\varepsilon_z = 0: \quad \sigma_z = \nu(\sigma_x + \sigma_y) - E\alpha\,\Delta T \qquad (1.38)$$

Damit ergeben sich die Verzerrungen zu

$$\varepsilon_x = \frac{1+\nu}{E}[(1-\nu)\,\sigma_x - \nu\sigma_y] + (1+\nu)\,\alpha\,\Delta T$$

$$\varepsilon_y = \frac{1+\nu}{E}[(1-\nu)\,\sigma_y - \nu\sigma_x) + (1+\nu)\,\alpha\,\Delta T \qquad (1.39)$$

$$\gamma_{xy} = \frac{\tau_{xy}}{G}$$

1.6. Formänderungsarbeit und Ergänzungsarbeit

Während der Verformung verrichten die äußeren Kräfte und Momente die Arbeit W_a, und wir können schreiben

$$W_a = \sum_{i=1}^{n}\left[\int_0^{s_i} \boldsymbol{F}_i\,\mathrm{d}\bar{\boldsymbol{s}}_i + \int_0^{\varphi_i} \boldsymbol{M}\,\mathrm{d}\bar{\boldsymbol{\varphi}}_i\right] \qquad (1.40)$$

Wir wollen voraussetzen:

- die Lasten werden sehr langsam von Null auf ihren Endwert gebracht, so daß kein Teil der Arbeit in Bewegungsenergie umgesetzt wird.
- die Verformungen sind klein, der Vorgang verlaufe elastisch, d. h., nach Wegnahme der Last stellt sich der alte Zustand ein.
- Temperaturänderungen treten nicht auf ($\Delta T = 0$).

Unter diesen Voraussetzungen ist dieser äußeren Arbeit eine innere Arbeit oder Formänderungsenergie (W_F) äquivalent, so daß wir schreiben können

$$W_a = W_F \qquad (1.41)$$

1.6.1. Formänderungsenergie bei einachsiger Zugbeanspruchung

Für einen prismatischen Zugstab, der in z-Richtung durch eine Kraft F belastet wird, gilt

$$\sigma_z = \frac{F}{A}$$

Zwischen σ_z und ε_z gelte die nichtlineare Beziehung

$$\sigma_z = \varepsilon_z^n E$$

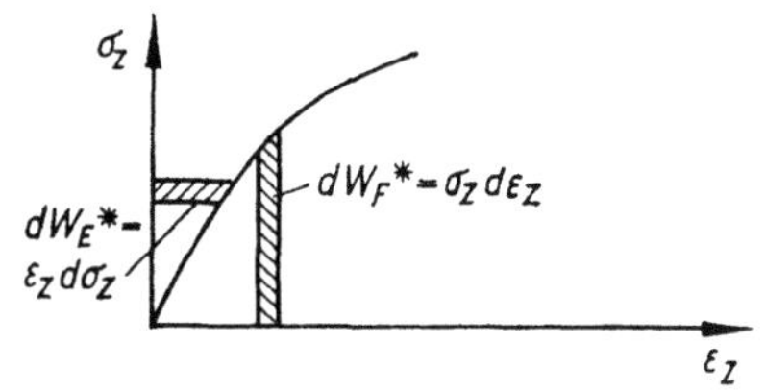

Bild F 1.23

Die Formänderungsenergie je Volumeneinheit W_F^* entspricht der Fläche unter der Spannungs-Dehnungs-Kurve (Bild F 1.23), so daß wir schreiben können

$$W_F^* = \int \sigma_z \, d\varepsilon_z = E \int_0^{\varepsilon_z} \bar{\varepsilon}_z^n \, d\bar{\varepsilon}_z = \frac{E\varepsilon_z^{n+1}}{n+1} = \frac{\sigma_z \varepsilon_z}{n+1}$$

Führen wir eine Integration

$$W_E^* = \int \varepsilon_z \, d\sigma_z = nE \int_0^{\varepsilon_z} \bar{\varepsilon}_z^n \, d\bar{\varepsilon}_z = \frac{nE\varepsilon_z^{n+1}}{n+1} = \frac{n\sigma_z \varepsilon_z}{n+1}$$

durch, so erhalten wir die spezifische Ergänzungsenergie als Fläche zwischen der Kurve und der Ordinate. Nur für $n = 1$ (HOOKEsches Gesetz) gilt

$$W_E^* = W_F^* = W^*$$

1.6.2. Formänderungsenergie und Ergänzungsenergie für den räumlichen Spannungszustand

Wir betrachten einen räumlichen Spannungszustand und führen ein:

Stoffgesetz:

$$\varepsilon_x = \frac{1}{E} [\sigma_x - \nu(\sigma_y + \sigma_z)] \quad \text{usw.}$$

$$\gamma_{xy} = \frac{1}{G} \tau_{xy} \quad \text{usw.}$$

bzw.

$$\sigma_x = \frac{E}{(1+\nu)(1-2\nu)}\left[(1-\nu)\,\varepsilon_x + \nu(\varepsilon_y + \varepsilon_z)\right] \quad \text{usw.}$$

$$\tau_{xy} = G\gamma_{xy} \quad \text{usw.}$$

Normalspannungssumme:

$$s = \sigma_x + \sigma_y + \sigma_z$$

Volumendehnung:

$$e = \frac{1-2\nu}{E}\,s$$

Wegen der Linearität des Problems dürfen wir hier die einzelnen Terme überlagern und erhalten

$$\begin{aligned} W^* = W_F^* = W_F^* &= \frac{E}{(1+\nu)(1-2\nu)}\left[\frac{(1-\nu)}{2}(\varepsilon_x^2 + \varepsilon_y^2 + \varepsilon_z^2)\right. \\ &\quad \left. + \nu(\varepsilon_x\varepsilon_y + \varepsilon_y\varepsilon_z + \varepsilon_z\varepsilon_x)\right] + \frac{G}{2}(\gamma_{xz}^2 + \gamma_{yz}^2 + \gamma_{zx}^2) \\ &= G\left[\frac{1-\nu}{1-2\nu}e^2 - 2(\varepsilon_x\varepsilon_y + \varepsilon_y\varepsilon_z + \varepsilon_z\varepsilon_x)\right. \\ &\quad \left. + \frac{1}{2}(\gamma_{xy}^2 + \gamma_{yz}^2 + \gamma_{zx}^2)\right] \end{aligned} \tag{1.42}$$

bzw.

$$\begin{aligned} W^* = W_F^* = W_E^* &= \frac{1}{2E}\left[\sigma_x^2 + \sigma_y^2 + \sigma_z^2 - 2\nu(\sigma_x\sigma_y + \sigma_y\sigma_z + \sigma_z\sigma_x)\right] \\ &\quad + \frac{1}{2G}(\tau_{xy}^2 + \tau_{yz}^2 + \tau_{yz}^2) \\ &= \frac{1}{4G}\left[\frac{s^2}{1+\nu} - 2(\sigma_x\sigma_y + \sigma_y\sigma_z + \sigma_z\sigma_x)\right. \\ &\quad \left. + 2(\tau_{xy}^2 + \tau_{yz}^2 + \tau_{zx}^2)\right] \end{aligned} \tag{1.43}$$

Bilden wir die partiellen Ableitungen nach einer Verzerrung, so erhalten wir die entsprechende Spannung

$$\frac{\partial W_F^*}{\partial \varepsilon_x} = \sigma_x \qquad \frac{\partial W_F^*}{\partial \varepsilon_y} = \sigma_y \quad \text{usw.} \tag{1.44}$$

Leiten wir nach einer Spannung ab, folgt

$$\frac{\partial W_E^*}{\partial \sigma_x} = \varepsilon_x \qquad \frac{\partial W_E^*}{\partial \sigma_y} = \varepsilon_y \quad \text{usw.} \tag{1.45}$$

Nur bei linearem Materialverhalten und ohne Temperatureinfluß gilt

$$W_F^* = W_E^* = W^*$$

Auf diese Ausdrücke werden wir in Abschn. 6. zurückgreifen.
In Abschn. 8. werden wir Vergleichsspannungshypothesen behandeln. Eine dieser Hypothesen basiert auf der Gestaltänderungsenergie W_G^*, und wir wollen den Ausdruck für W_G^* für den HOOKEschen Körper ohne Temperatureinfluß hier bereits herleiten.
Die Formänderungsenergie setzt sich aus zwei Anteilen zusammen. Der eine Anteil, die Volumenänderungsenergie, wird durch einen hydrostatischen Spannungszustand hervorgerufen.
Werden alle Flächen eines Rechtkantes durch eine mittlere Spannung

$$\sigma_m = \frac{1}{3} (\sigma_x + \sigma_y + \sigma_z) \tag{1.46}$$

beansprucht, entsteht eine Volumendehnung, und wir können schreiben

$$W_V^* = \frac{1}{2} \sigma_m e = \frac{1 - 2\nu}{6E} (\sigma_x + \sigma_y + \sigma_z)^2 \tag{1.47}$$

Die Gestaltänderungsenergie erhalten wir aus

$$W_G^* = W_F^* - W_V^*$$

$$W_G^* = \frac{1}{12G} [(\sigma_x - \sigma_y)^2 + (\sigma_x - \sigma_z)^2 + (\sigma_y - \sigma_z)^2 + 6(\tau_{xy}^2 + \tau_{xz}^2 + \tau_{yz}^2)]$$

$$= \frac{1}{12G} [(\sigma_1 - \sigma_2)^2 + (\sigma_1 - \sigma_3)^2 + (\sigma_2 - \sigma_3)^2] \tag{1.48}$$

1.7. Zusammenfassung

In der Festigkeitslehre werden Spannungen und Verzerrungen ermittelt. Spannungen sind auf ein Flächenelement bezogene Kräfte. Bei den Verzerrungen unterscheiden wir zwischen Dehnungen (Verschiebungsänderungen) und Winkeländerungen (Abweichungen vom ursprünglich rechten Winkel). Der Zusammenhang zwischen Spannungen und Verzerrungen ist abhängig vom Materialverhalten. Wir unterscheiden in diesem Buch nur zwischen Elastizitätstheorie, Plastizitätstheorie und Viskoelastizitätstheorie. In dieser Einführung befassen wir uns mit der linearisierten Elastizitätstheorie hinsichtlich Geometrie und Stoffgesetz [(1.24) und (1.31) bis (1.34)].
Der Spannungszustand ist im Allgemeinfall räumlich, und wir erhalten die 9 Komponenten des Spannungstensors σ_x, σ_y, σ_z, $\tau_{xy} = \tau_{yx}$, $\tau_{xz} = \tau_{zx}$, $\tau_{yz} = \tau_{zy}$, die sich wegen der Gleichheit zugeordneter Schubspannungen auf 6 reduzieren lassen. In jedem Körper findet man drei senkrecht zueinander stehende schubspannungsfreie Flächen. Die in diesen Flächen wirkenden Normalspannungen nennt man Hauptspannungen.
In der Festigkeitslehre muß man oft den konkreten Fall in einem idealisierten Modell abbilden. Bauteile, bei denen eine Abmessung groß ist gegenüber den beiden an-

deren, nennt man Stäbe. Ebene Bauelemente, bei denen eine Abmessung wesentlich kleiner ist als die beiden anderen, nennt man Scheiben. Mit genügender Genauigkeit kann man bei diesen Gebilden annehmen, daß nur Spannungen in der Scheibenebene wirken, und wir sprechen von einem ebenen Spannungszustand.

1.8. Beispiele

Beispiel 1:

Für den prismatischen Druckstab mit Kreisquerschnitt (Bild F 1.24.1) sind die Schnittspannungen in einer um den Winkel φ geneigten Ebene sowie die maximale Schubspannung gesucht:

a) analytisch
b) grafisch

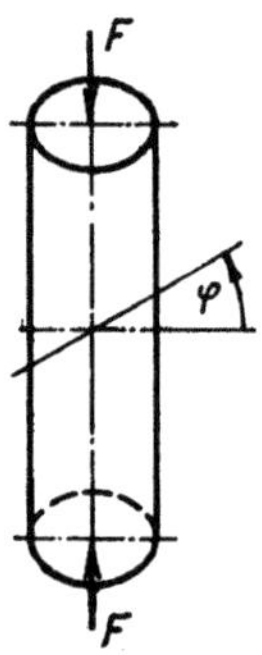

Bild F 1.24.1

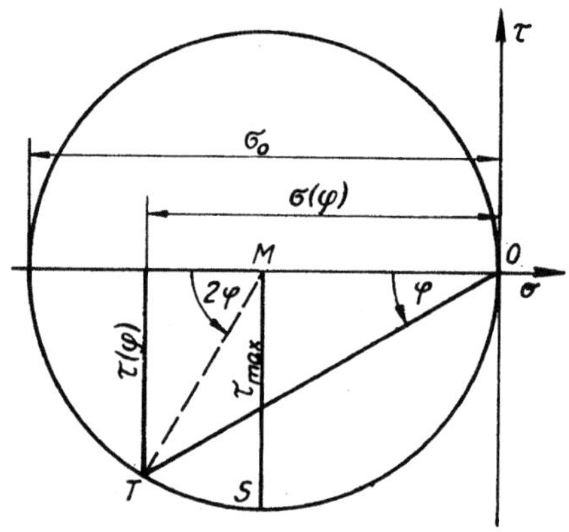

Bild F 1.24.2

Gegeben: $F = 2 \cdot 10^4$ N, $r = 2$ cm, $\varphi = 30°$

Spannung im Normalschnitt:

$$\sigma_0 = -\frac{F}{A} = -\frac{F}{\pi r^2} = -15{,}9 \text{ MPa}$$

a) Schnittspannungen:

$$\sigma(\varphi) = \frac{\sigma_0}{2}(1 + \cos 2\varphi) = -12{,}0 \text{ MPa}$$

$$\tau(\varphi) = \frac{\sigma_0}{2}\sin 2\varphi = -6{,}9 \text{ MPa}$$

Maximale Schubspannung:

$$\tau_{\max} = \tau(\varphi = 45°) = \frac{\sigma_0}{2} = -8{,}0 \text{ MPa}$$

b) Maßstab: 1 cm $\triangleq$ 3,45 MPa (Bild F 1.24.2)

Beispiel 2:

Ein elastischer Körper ist spiel- und reibungsfrei in einem starren Gesenk eingelassen und über einen starren Stempel durch eine Kraft F belastet (Bild F 1.25).

Gegeben: a, b, c, E, ν, ν_z.

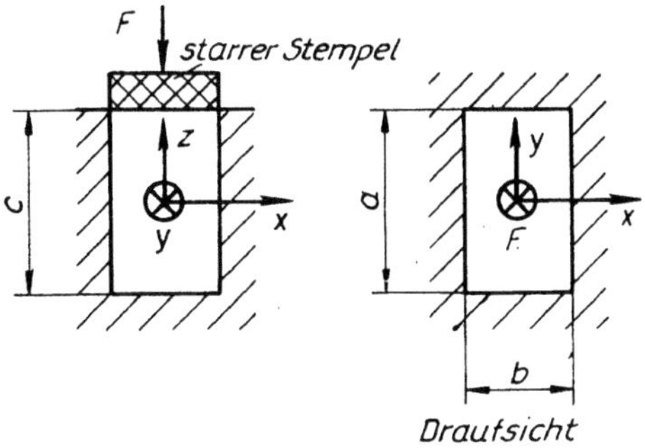

Bild F 1.25

Gesucht:

a) Druckkraft F, um den Körper in z-Richtung um v_z zu stauchen
b) Druck auf die Flächen des Gesenks
c) Änderung der Konturlänge unter der Kraft F bei Wegnahme des Gesenks
d) Druckkraft F^* bei einer Stauchung v_z ohne Gesenk

HOOKEsches Gesetz:

$$\varepsilon_x = \frac{1}{E} [\sigma_x - \nu(\sigma_y + \sigma_z)]$$

$$\varepsilon_y = \frac{1}{E} [\sigma_y - \nu(\sigma_x + \sigma_z)]$$

$$\varepsilon_z = \frac{1}{E} [\sigma_z - \nu(\sigma_x + \sigma_y)]$$

a) und b)

$$\varepsilon_x = 0 \qquad \sigma_z = -\frac{F}{ab}$$

$$\varepsilon_y = 0$$

Damit folgt aus dem HOOKEschen Gesetz

$$F = \frac{v_z abE}{c\left(1 - \frac{2\nu^2}{1-\nu}\right)}$$

$$\sigma_x = \sigma_y = \frac{-F\nu}{ab(1-\nu)}$$

c) $$\sigma_x = 0 \qquad \Delta b = \varepsilon_x b = \frac{\nu F}{Ea}$$

$$\sigma_y = 0 \qquad \Delta a = \varepsilon_y a = \frac{\nu F}{Eb}$$

$$\sigma_z = -\frac{F}{ab} \qquad \Delta c = \varepsilon_z c = -\frac{Fc}{abE}$$

d) $$\varepsilon_z = -\frac{v_z}{c} = \frac{\sigma_z}{E} = -\frac{F^*}{abE} \quad (\sigma_x = \sigma_y = 0)$$

$$F^* = \frac{v_z Eab}{c}$$

2. Zug und Druck in Stäben

2.1. Voraussetzungen und Grundlagen

Wir betrachten in diesem Abschnitt Stäbe mit gerader Achse, die durch Kräfte belastet werden, deren Wirkungslinie mit der Stabachse zusammenfällt. Es handelt sich dabei um einachsige Spannungszustände, und wir können schreiben [s. (1.31) und (1.24)]

$$\sigma_z = E(\varepsilon_z - \alpha\,\Delta T) \quad \text{und} \quad \varepsilon_z = \frac{\mathrm{d}v_z}{\mathrm{d}z} \tag{2.1}$$

Ist der Stabquerschnitt konstant oder wenig veränderlich, so dürfen wir in genügender Entfernung von den Krafteinleitungsstellen annehmen, daß die Längskraft über der Querschnittfläche gleichmäßig verteilt ist. Für die spezifische Formänderungsenergie erhalten wir

$$W_{\mathrm{F}}^* = \int \sigma_z \,\mathrm{d}\varepsilon_z = \frac{\sigma_z^2}{2E} = \frac{E}{2}\,\varepsilon_z^2 - \varepsilon_z E\alpha\,\Delta T + (\alpha\,\Delta T)^2\,\frac{E}{2} \quad \left(\text{in } \frac{\text{N mm}}{\text{mm}^3}\right)$$

und für die spezifische Ergänzungsenergie

$$W_{\mathrm{E}}^* = \int \varepsilon_z \,\mathrm{d}\sigma_z = \frac{\sigma_z^2}{2E} + \alpha\,\Delta T \sigma_z \quad \left(\text{in } \frac{\text{N mm}}{\text{mm}^3}\right) \tag{2.2}$$

2.2. Spannungen und Verformungen von Stäben mit konstantem oder wenig veränderlichem Querschnitt

Wir betrachten einen Stab der spezifischen Masse ϱ, der an einem Ende ($z = 0$) gelagert ist und am anderen Ende ($z = l$) durch eine Einzelkraft belastet wird (Bild F 2.1). Die Gleichgewichtsbetrachtung stellen wir an einem im Abstand z herausgetrennten Volumenelement $\mathrm{d}V = A(z)\,\mathrm{d}z$ auf (Bild F 2.2).

$$\begin{aligned} \downarrow : \mathrm{d}F_{\mathrm{L}} + \varrho g A\,\mathrm{d}z &= 0 \\ \mathrm{d}(\sigma_z A) + \varrho g A\,\mathrm{d}z &= 0 \end{aligned} \tag{2.3.1}$$

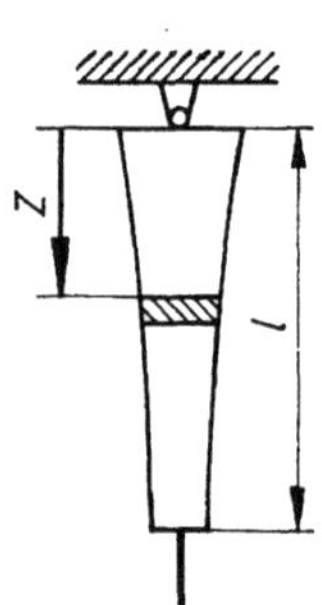

Bild F 2.1

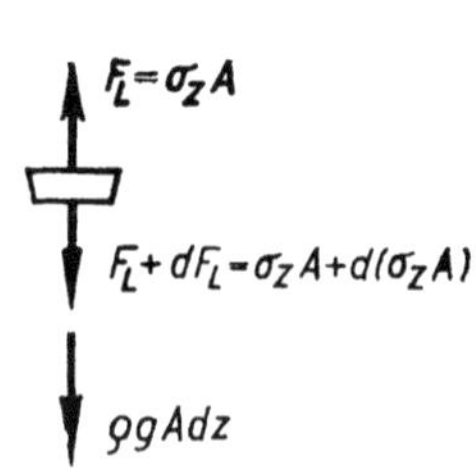

Bild F 2.2

Eine Integration führt zu

$$F_{\mathrm{L}}(z) = \sigma_z(z)\, A(z) = -\int\limits_{(z)} \varrho g A(z)\, \mathrm{d}z + K_1 \tag{2.3.2}$$

Über die Beziehung (2.1) erhalten wir für die Verschiebung

$$v_z = \int\limits_{(z)} \frac{\sigma_z(z)}{E}\, \mathrm{d}z + K_2 \tag{2.4}$$

Die Konstanten K_1 und K_2 werden aus den Randbedingungen ermittelt. K_1 erhalten wir aus der Bedingung $F_{\mathrm{L}}(l) = F$, und K_2 bestimmen wir mit $v_z(0) = 0$.

Beispiel 1:

Ein Stab mit konstantem Querschnitt werde durch eine Längskraft F_{L} belastet.

Gegeben: $F_{\mathrm{L}} = 1{,}5 \cdot 10^4$ N; $A = 1$ cm²; $l = 1$ m; $\varrho g = 7{,}85 \cdot 10^{-2}$ N cm^{-3}; $E = 2 \cdot 10^5$ N mm^{-2}

Gesucht: a) Zugspannung
b) Verschiebung des Lastangriffspunktes

Lösung: a) Aus (2.3.2) folgt

$$\sigma_z(z)\, A = -\varrho g A z + K_1$$

Randbedingung:

$$\sigma_z(l)\, A = F_{\mathrm{L}} = -\varrho g A l + K_1 \Rightarrow K_1 = F_{\mathrm{L}} + \varrho g A l$$

$$\sigma_z(z) = \frac{F_{\mathrm{L}}}{A} + \varrho g(l - z) \Rightarrow \sigma_{z\max} = \sigma_z(0) = \frac{F_{\mathrm{L}}}{A} + \varrho g l$$

Wegen $\varrho g l \ll \frac{F_{\mathrm{L}}}{A}$ darf die Eigenmasse beim Berechnen oft vernachlässigt werden.

b) Aus (2.4) folgt

$$v_z = \frac{1}{E}\left[\frac{F_{\mathrm{L}}}{A} z + \varrho g\left(lz - \frac{z^2}{2}\right)\right] + K_2$$

Randbedingung:

$$v_z(0) = 0 \Rightarrow K_2 = 0$$

$$v_z(l) = \frac{F_{\mathrm{L}} l}{EA} + \frac{\varrho g l^2}{2E} \approx 0{,}075 \text{ cm}$$

Ein Stab von einem Meter Länge und einem Querschnitt von einem Quadratzentimeter verlängert sich unter der Kraft von $1{,}5 \cdot 10^4$ N um weniger als einen Millimeter, das bedeutet $\varepsilon = \frac{\Delta l}{l} \approx 10^{-3}$!

Beispiel 2:

Für einen Stab mit linearveränderlichem Querschnitt (Bild F 2.3) unter Eigengewicht G gilt

$$A(z) = A_0\left(1 - \frac{z}{l}\right)$$

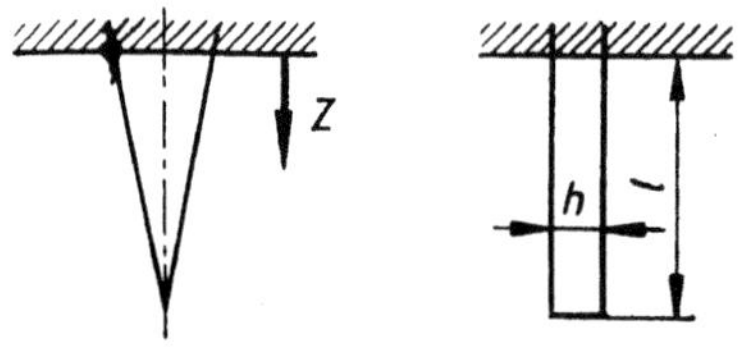

Bild F 2.3

und aus (2.3) erhalten wir

$$\sigma_z(z)\, A_0 \left(1 - \frac{z}{l}\right) = -\int \varrho g A_0 \left(1 - \frac{z}{l}\right) \mathrm{d}z + K_1 = -\varrho g A_0 \left(z - \frac{z^2}{2l}\right) + K_1$$

Wegen $\sigma_z A = 0$ für $z = l$ errechnen wir für die Konstante

$$K_1 = \frac{1}{2}\, \varrho g A_0 l$$

und können schreiben

$$\sigma_z(z) = \frac{\varrho g}{2}\,(l - z)$$

damit folgt aus (2.4)

$$v_z = \frac{\varrho g}{2E}\left(lz - \frac{z^2}{2}\right) + K_2$$

Wegen $v_z(0) = 0$ ergibt sich $K_2 = 0$ und für

$$v_z(l) = \frac{\varrho g l^2}{4E} = \frac{Gl}{2EA_0}$$

Beispiel 3:

Wird die Forderung gestellt, den Querschnitt eines Stabes so festzulegen, daß an jeder Stelle eine konstante Spannung σ_0 herrscht, so kommt man, ausgehend von der Gleichgewichtsbedingung (2.3), zu folgender Beziehung

$$\sigma_0\, \mathrm{d}A + \varrho g A\, \mathrm{d}z = 0$$

$$\frac{\mathrm{d}A}{A} = -\frac{\varrho g}{\sigma_0}\, \mathrm{d}z$$

$$\ln A = -\frac{\varrho g}{\sigma_0}\, z + K_1$$

Die Konstante K_1 wird einer bestimmten Stelle z zugeordnet. Bei dem in Bild F 2.4 skizzierten Wasserturm z. B. möge zu $z = 0$ die Fläche A_0 gehören. Die an dieser Stelle auftretende Spannung ist dann $\sigma_0 = -\dfrac{Q}{A_0}$ (Q Gewicht des Wasserbehälters mit Inhalt). Damit erhalten wir

$$A(z) = A_0\, \mathrm{e}^{-\frac{\varrho g}{\sigma_0} z} = A_0\, \mathrm{e}^{\frac{\varrho g A_0}{Q} z}$$

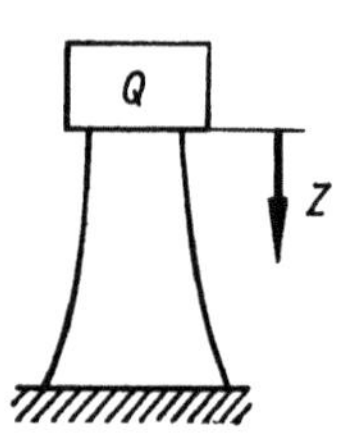

Bild F 2.4

2.3. Spannungen in Stäben mit stark veränderlichem Querschnitt

Bei einer plötzlichen, starken Querschnittsänderung (z. B. einfache und umlaufende Kerbe, Paßfedernut, Bohrung) wird die gleichmäßige (homogene) Spannungsverteilung erheblich gestört. Am Kerbrand treten Spannungsspitzen auf (Bild F 2.5), die die nach der elementaren Theorie errechneten Nennspannungen $\sigma_n = \frac{F}{A}$ (A Querschnittsfläche der engsten Stelle) beträchtlich übersteigen. Durch Einführung einer Formzahl α_K werden die Spannungsspitzen erfaßt.

$$\sigma_{max} = \alpha_K \sigma_n \tag{2.5}$$

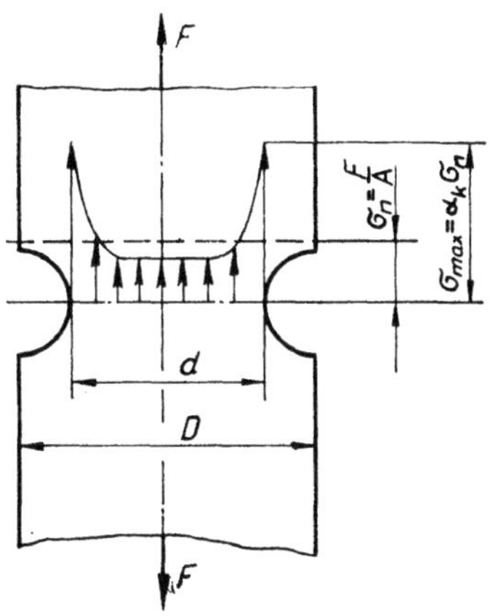

Bild F 2.5

Außerdem wird der Spannungszustand mehrachsig. Bei statischer Belastung und einem Material mit ausgeprägtem Fließbereich im Zugversuch (duktiler Werkstoff) tritt eine Spannungsumlagerung ein. Weniger beanspruchte Nachbarbereiche bauen die Spannungsspitzen ab. Bei wechselnder Beanspruchung gehen Dauerbrüche von diesen Spannungskonzentrationsstellen aus, worauf der Konstrukteur zu achten hat. In Abschn. 9. werden wir auf diese Vorgänge nochmals zu sprechen kommen.

2.4. Statisch unbestimmte Probleme

Bisher konnten wir nur Probleme behandeln, bei denen die Anzahl der Unbekannten mit den zur Verfügung stehenden statischen Gleichgewichtsbedingungen identisch war. Mit Kenntnis der Formänderungsbeziehungen eines Stabes können wir auf Grund geometrischer Überlegungen den Gleichungssatz erweitern. Für einen prismatischen Stab (Querschnitt A, Länge l, E), der mit einer Längskraft F_L beansprucht ist, gilt

$$\sigma = \frac{F_L}{A} \quad \text{und} \quad \Delta l = \frac{F_L l}{EA} \tag{2.6}$$

(EA nennt man Dehnsteifigkeit.)

Es wird empfohlen, in Analogie zu den positiv (Zug) einzuführenden F_{Si} auch alle Δl_i positiv (Verlängerung) anzusetzen.

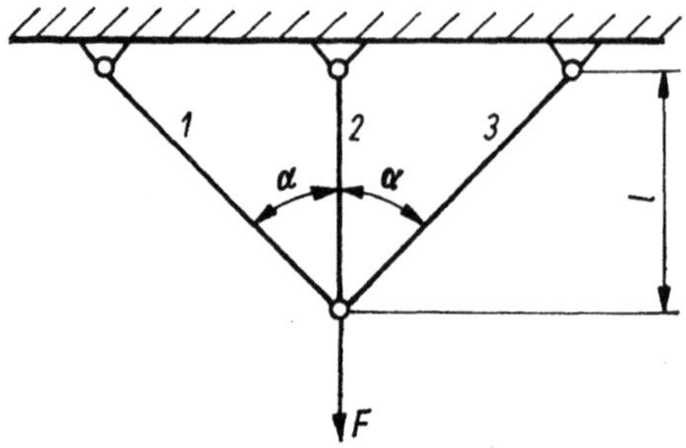

Bild F 2.6

Beispiel 1: Statisch unbestimmtes Fachwerk (Bild F 2.6)

Gegeben: α; F; l; EA = konst

Gesucht: F_{Si}; Δl

Lösung: Kräftegleichgewicht: (Bild F 2.7.1)

$$\uparrow: F_{S1}\cos\alpha + F_{S2} + F_{S3}\cos\alpha - F = 0 \tag{1}$$

$$\rightarrow: -F_{S1}\sin\alpha + F_{S3}\sin\alpha = 0 \tag{2}$$

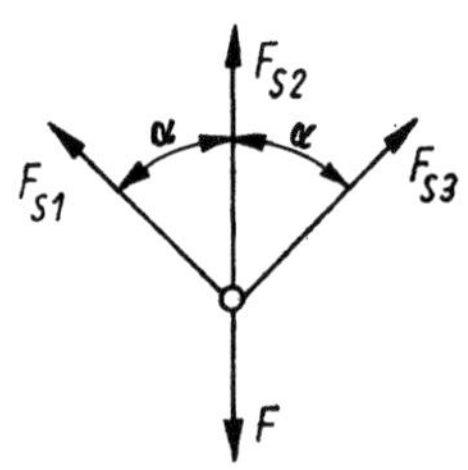

Bild F 2.7.1

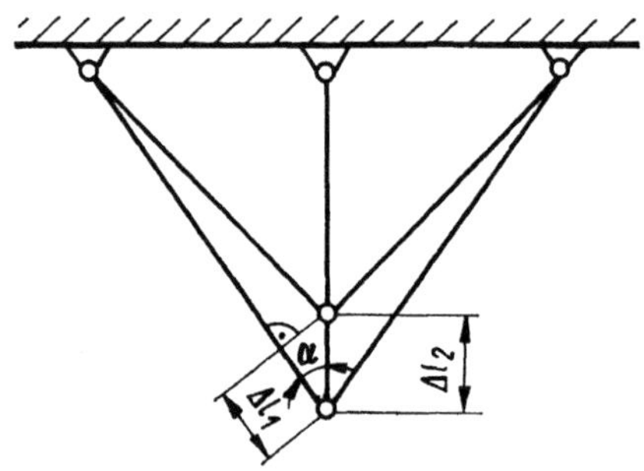

Bild F 2.7.2

Geometrie: (Bild F 2.7.2)

$$\Delta l_1 = \Delta l_2 \cos\alpha \tag{3}$$

(2): $F_{S1} = F_{S3}$

(3): mit (2.6) und $l_2 = l$, $l_1 = \dfrac{l}{\cos\alpha}$:

$$\frac{F_{S1} l_1}{EA} = \frac{F_{S2} l_2}{EA}\cos\alpha; \qquad F_{S1} = F_{S2}\cos^2\alpha$$

Damit aus (1):

$$F_{S2} = \frac{F}{1 + 2\cos^3\alpha}$$

und

$$F_{S1} = F_{S3} = \frac{F\cos^2\alpha}{1 + 2\cos^3\alpha}$$

Zahlenbeispiel: $\alpha = 60°$; $F = 10^4$ N; $l = 1$ m; $A = 1$ cm^2; $E = 2 \cdot 10^5$ MPa

$$F_{S2} = \frac{4}{5}F = 8 \cdot 10^3 \text{ N}; \qquad F_{S1} = F_{S3} = 2 \cdot 10^3 \text{ N}$$

$$\Delta l_2 = 0{,}4 \text{ mm}; \qquad \Delta l_1 = \Delta l_3 = 0{,}2 \text{ mm}$$

Beispiel 2:

Starrer Balken an drei Stäben (Bild F 2.8)

Gegeben: F; l_i; E; A; a; b; c

Gesucht: F_{Si}

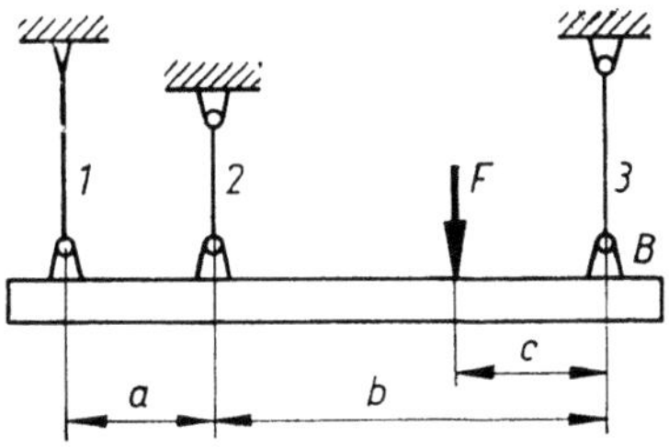

Bild F 2.8

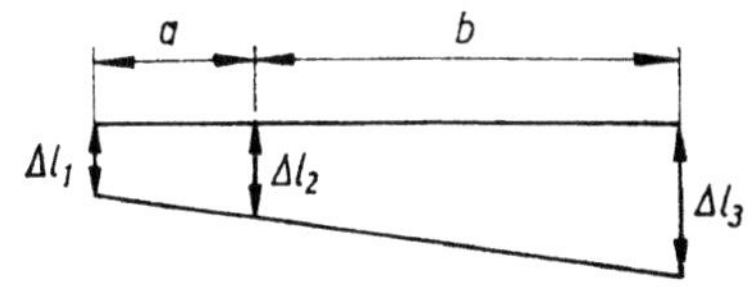

Bild F 2.9

Lösung:

Gleichgewicht:

$$\uparrow\ : F_{S1} + F_{S2} + F_{S3} - F = 0 \qquad (1)$$

$$\curvearrowleft B:\ -F_{S1}(a + b) - F_{S2}b + Fc = 0 \qquad (2)$$

Geometrie: Der Balken soll als starr angesehen werden. Er kann nach der Belastung nur eine solche Lage einnehmen, daß die Fußpunkte der Stäbe *1*, *2* und *3* wieder auf einer Geraden liegen (Bild F 2.9) Das führt zu folgender Beziehung

$$\frac{\Delta l_3 - \Delta l_1}{a + b} = \frac{\Delta l_2 - \Delta l_1}{a}$$

Nach Umstellung dieser Gleichung und mit

$$\Delta l_k = \left(\frac{F_S l}{EA}\right)_k$$

folgt daraus

$$\left(\frac{F_S l}{EA}\right)_1 b - \left(\frac{F_S l}{EA}\right)_2 (a + b) + \left(\frac{F_S l}{EA}\right)_3 a = 0 \qquad (3)$$

Zahlenbeispiel:

$$F = 1{,}2 \cdot 10^4\ \text{N};\ A = 1\ \text{cm}^2;\ E = 2 \cdot 10^5\ \text{MPa};\ l = 1\ \text{m};\ a = b;\ c = 0$$

$$F_{S1} + F_{S2} + F_{S3} = F \qquad (1)$$

$$2F_{S1} + F_{S2} = 0 \qquad (2)$$

$$F_{S1} - 2F_{S2} + F_{S3} = 0 \qquad (3)$$

$$F_{S1} = -\frac{F}{6} = -2 \cdot 10^3\ \text{N} \qquad F_{S2} = \frac{F}{3} = 4 \cdot 10^3\ \text{N} \qquad F_{S3} = \frac{5}{6} F = 10^4\ \text{N}$$

$$\sigma_1 = -20\ \text{MPa} \qquad \sigma_2 = 40\ \text{MPa} \qquad \sigma_3 = 100\ \text{MPa}$$

$$\Delta l_1 = -0{,}01\ \text{cm} \qquad \Delta l_2 = 0{,}02\ \text{cm} \qquad \Delta l_3 = 0{,}05\ \text{cm}$$

2.5. Wärmespannungen

Bringen wir einen Stab der Länge l von einer Anfangstemperatur T_A auf eine Endtemperatur T_E, so entsteht eine Wärme- oder Temperaturdehnung [s. a. (1.31)].

$$\varepsilon_{th} = \alpha(T_E - T_A) = \alpha\,\Delta T = \frac{\Delta l}{l} \tag{2.7}$$

Wird die Ausbildung dieser Dehnung behindert, so kommt es zu Wärmespannungen. Bei statisch bestimmten Systemen kommt es nicht zur Ausbildung von Wärmespannungen, da sich die durch Temperaturänderungen ergebenden Verformungen ungehindert einstellen können.
Zur Berechnung dieser Spannungen stehen die Gleichgewichtsbedingungen zur Verfügung. Außerdem sind die geometrischen Bedingungen unter Berücksichtigung der elastischen und thermischen Dehnung zu erfüllen.

Beispiel 1:

Drei Stäbe sind an ihren Enden in starren Querjochen gelagert (Bild F 2.10) und werden um ΔT erwärmt.

Gegeben: $E_1 = E_3 = 2 \cdot 10^5$ MPa; $E_2 = 1{,}25 \cdot 10^5$ MPa; $\Delta T = 100\,°C$
$A_1 = A_3 = 2{,}5$ cm²; $A_2 = 8$ cm²
$\alpha_1 = \alpha_3 = 11 \cdot 10^{-6}$ K⁻¹; $\alpha_2 = 16 \cdot 10^{-6}$ K⁻¹

Gesucht: Stabspannungen

Lösung:

Gleichgewichtsbedingungen:

$$\begin{aligned} F_1 + F_2 + F_3 &= 0 \\ F_1 - F_3 &= 0 \end{aligned} \tag{1}$$

Geometrie:

$$\Delta l_1 = \Delta l_2 = \Delta l_3$$

wobei

$$\Delta l_i = \left(\frac{F_i}{E_i A_i} + \alpha_i\,\Delta T\right) l_i \tag{2}$$

Aus (1) und (2) erhalten wir

$$2F_1 + F_2 = 0$$

$$\frac{F_1}{E_1 A_1} + \alpha_1\,\Delta T = \frac{F_2}{E_2 A_2} + \alpha_2\,\Delta T$$

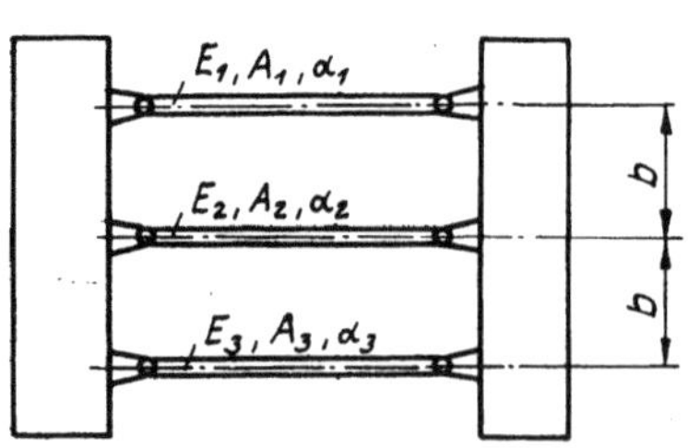

Bild F 2.10

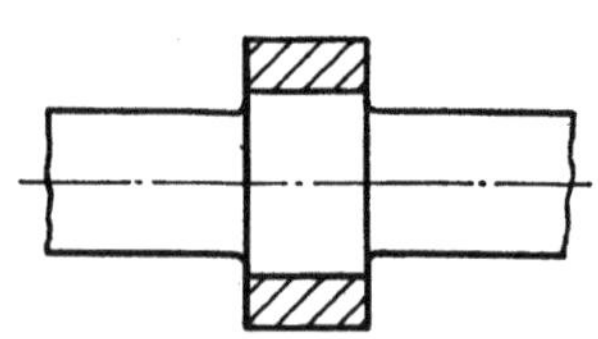

Bild F 2.11

und daraus

$$\sigma_1 = \frac{(\alpha_2 - \alpha_1)\,\Delta T E_1}{1 + 2\,\dfrac{E_1 A_1}{E_2 A_2}} = \sigma_3 = 50\,\text{MPa}$$

$$\sigma_2 = \frac{F_2}{A_2} = -2\sigma_1\,\frac{A_1}{A_2} = -31{,}3\,\text{MPa}$$

Beispiel 2:

Ein dünner Kupferring (E_1, α_1) habe die Temperatur T_1 und passe dabei genau auf eine Stahlwelle (E_2, α_2) der Temperatur T_2 (Bild F 2.11)

Gegeben: $\alpha_1 = 16 \cdot 10^{-6}\,\text{K}^{-1}$; $T_1 = 373\,\text{K} \mathrel{\hat{=}} 100\,°\text{C}$

$E_1 = 1{,}1 \cdot 10^5\,\text{MPa}$; $T_2 = 293\,\text{K} \mathrel{\hat{=}} 20\,°\text{C}$

$\alpha_2 = 12 \cdot 10^{-6}\,\text{K}^{-1}$; $E_2 = 2{,}1 \cdot 10^5\,\text{MPa}$

Gesucht:

a) Spannungen im Kupferring, wenn sich der Ring auf 20 °C abgekühlt hat;
b) Spannungen im Ring, wenn die gesamte Schrumpfverbindung auf 0 °C gebracht wird;
c) Gemeinsame Temperatur T_3, bei der sich die Verbindung löst.

Lösung:

Da sich Ring (1) und Welle (2) stets berühren, müssen die Dehnungen von beiden gleich sein ($\varepsilon_1 = \varepsilon_2$). Mit $\varepsilon = \varepsilon_{\text{el}} + \varepsilon_{\text{th}}$ folgt somit bei Vernachlässigung der elastischen Dehnung der Welle ($\varepsilon_{2\text{el}} \approx 0$)

$$\frac{\sigma_1}{E_1} + \alpha_1\,\Delta T_1 - \alpha_2\,\Delta T_2 = 0$$

a) $\Delta T_1 = T - T_1 = (20 - 100)\,\text{K} = -80\,\text{K}$; $\Delta T_2 = T - T_2 = 0$

$\sigma_{1(20\,°\text{C})} = 1{,}41 \cdot 10^2\,\text{MPa}$

b) $\Delta T_1 = T - T_1 = (0 - 100)\,\text{K} = -100\,\text{K}$; $\Delta T_2 = T - T_2 = (0 - 20)\,\text{K} = -20\,\text{K}$

$\sigma_{1(0\,°\text{C})} = 1{,}50 \cdot 10^2\,\text{MPa}$

c) $\sigma_1 T_3 = 0$ liefert

$\alpha_1(T_3 - T_1) = \alpha_2(T_3 - T_2)$; $T_3 = 613\,\text{K} \mathrel{\hat{=}} 340\,°\text{C}$

3. Biegung

3.1. Voraussetzungen und Grundlagen

Die hier hergeleiteten Grundlagen gelten streng für gerade, prismatische Stäbe, die durch reine Biegung $\left(\dfrac{\mathrm{d}M_\text{b}}{\mathrm{d}z} = 0\right)$ belastet werden. Die gewonnenen Erkenntnisse werden jedoch auch zur Berechnung schwach gekrümmter Träger herangezogen. Auch Träger mit stetig veränderlichem Querschnitt sowie durch Querkraft beanspruchte Balken werden mit guter Näherung nach den hier abzuleitenden Formeln berechnet.

Wir orientieren auf ein kartesisches Dreibein und betrachten einen Balken, der sich in z-Richtung erstreckt und nur durch ein Biegemoment M_{bx} belastet wird (Bild F 3.1). Wir vermuten und können das leicht überprüfen, daß Fasern an der Oberkante des Balkens gestaucht und an der Unterkante gedehnt werden. Irgendwo im Balken wird es demnach eine Schicht geben, die weder gedehnt noch gestaucht wird. Wir nennen diese Schicht die *Nullschicht* oder *neutrale Schicht* und zählen von dieser Schicht aus, deren Lage wir noch nicht kennen, nach unten die y-Achse.

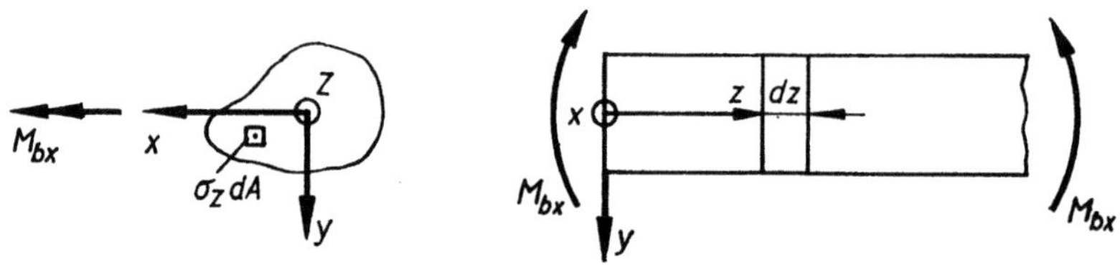

Bild F 3.1

Bei einer Belastung gemäß Bild F 3.1 wird sich der Balken vermutlich so verformen, daß alle Schichten $y =$ konst konzentrische Kreise um einen Krümmungsmittelpunkt bilden. ϱ sei der Krümmungsradius der Nullschicht. Aus dieser Tatsache geht hervor, daß alle Schnitte $z =$ konst vor und nach der Belastung senkrecht zur Nullschicht stehen. Diese Aussage ist die BERNOULLI[1])-Hypothese vom Ebenbleiben der Querschnitte. Ein Element der Länge dz (Bild F 3.1) wird sich nach der Belastung so verformen, daß nur für die in der Nullschicht liegenden Fasern die Länge dz $= \mathrm{d}s(0) = \varrho\,\mathrm{d}\varphi$ beibehalten wird. Fasern in einem Abstand y von der Nullschicht nehmen die Länge $\mathrm{d}s(y) = (\varrho + y)\,\mathrm{d}\varphi$ an (Bild F 3.2), und es gilt

$$\varepsilon_z(y) = \frac{\mathrm{d}s(y) - \mathrm{d}s(0)}{\mathrm{d}s(0)} = \frac{y}{\varrho} \tag{3.1}$$

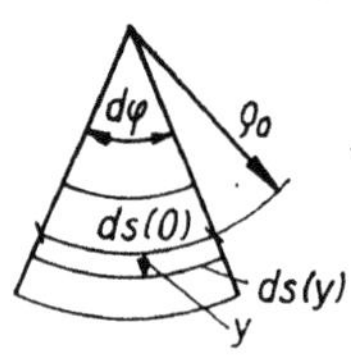

Bild F 3.2

Spannungen sind nur in z-Richtung zu erwarten (einachsiger Spannungszustand), so daß mit dem HOOKEschen Gesetz folgt

$$\sigma_z(y) = E\varepsilon_z(y) = E\,\frac{y}{\varrho} \tag{3.2}$$

Mit den hier getroffenen Annahmen müßten also für positive y Zug- und für negative y Druckspannungen kommen. Diese Aussage ist zu überprüfen. Wir betrachten Bild F 3.1 und schreiben folgende Äquivalenzbetrachtungen auf:

Längskraft:

$$F_{\mathrm{L}} = \int\limits_{(A)} \sigma_z\,\mathrm{d}A = 0 = \frac{E}{\varrho}\int\limits_{(A)} y\,\mathrm{d}A \tag{3.3.1}$$

[1]) JACOB BERNOULLI (1654 bis 1705)

Moment um die x-Achse:

$$M_{bx} = \int_{(A)} \sigma_z y \, dA = \frac{E}{\varrho} \int_{(A)} y^2 \, dA \tag{3.3.2}$$

Moment um die y-Achse:

$$M_{by} = -\int_{(A)} \sigma_z x \, dA = -\frac{E}{\varrho} \int_{(A)} xy \, dA = 0 \tag{3.3.3}$$

Aus (3.3.1) folgt

$$S_x = \int_{(A)} y \, dA = 0$$

Dieses Integral haben wir bei der Schwerpunktbestimmung (siehe Statik 5.3.) unter der Bezeichnung statisches Moment kennengelernt. Wir wissen, daß das statische Moment in bezug auf eine Achse durch den Schwerpunkt verschwindet, und stellen damit fest:

Der Querschnittsschwerpunkt liegt in der Nullschicht.

Legen wir nun das x,y-System in diesen Schwerpunkt S, so verbindet die z-Achse vor der Verformung alle Querschnittsschwerpunkte. Während der Verformung erfährt diese ausgezeichnete Linie keine Längenänderung, sie wird deshalb auch *neutrale Faser* genannt. Mit den übrigen Integralen werden wir uns ausführlich im nächsten Abschnitt beschäftigen. Hier sei vorerst nur erwähnt, daß die Rechengrößen

$$I_{xx} = \int_{(A)} y^2 \, dA \quad \text{und} \quad I_{xy} = -\int_{(A)} xy \, dA \tag{3.4}$$

Trägheitsmoment und Zentrifugal- oder Deviationsmoment genannt werden. Die Bedingung

$$I_{xy} = -\int_{(A)} xy \, dA = 0$$

ist aber nur erfüllt, falls die x,y-Achsen Hauptachsen (s. 3.2.3.1.) eines Querschnittes sind.
Demnach können wir vorerst wie folgt zusammenfassen:

Sind die Achsen x und y Hauptachsen eines Querschnittes und erfolgt die Biegung um die x-Achse, so gilt mit der BERNOULLI-Annahme vom Ebenbleiben der Querschnitte

$$\begin{gathered} \varepsilon_z(y) = \frac{y}{\varrho} \Rightarrow \sigma_z(y) = E\,\frac{y}{\varrho} \\ M_{bx} = \frac{EI_{xx}}{\varrho} \qquad \frac{1}{\varrho} = \frac{M_{bx}}{EI_{xx}} \qquad \sigma_z(y) = \frac{M_{bx}}{I_{xx}}\, y \end{gathered} \tag{3.5}$$

Es liegt ein einachsiger Spannungszustand vor, und die Formänderungsenergie kann wie folgt formuliert werden

$$W_F^* = \frac{\sigma_z^2}{2E} = \frac{M_{bx}^2 y^2}{2EI_{xx}^2} \quad \left(\text{in } \frac{\text{N mm}}{\text{mm}^3}\right)$$

Für einen prismatischen Träger der Länge l erhalten wir nach Integration über A

$$W_{\mathrm{F}} = \int_{(V)} W_{\mathrm{F}}^{*}\,\mathrm{d}V = \int_{(l)}\int_{(A)} \frac{M_{\mathrm{b}x}^{2} y^{2}}{2EI_{xx}^{2}}\,\mathrm{d}A\,\mathrm{d}z = \int_{(l)} \frac{M_{\mathrm{b}x}^{2}\,\mathrm{d}z}{2EI_{xx}} \tag{3.6}$$

Dieser Ausdruck ist auch gleichzeitig W_{E}; denn es gilt das HOOKEsche Gesetz, und der Temperatureinfluß bleibt unberücksichtigt.

3.2. Flächenträgheitsmomente — Momente 2. Ordnung

3.2.1. Definition

Trägheits- und Zentrifugalmomente sind geometrische Rechengrößen. Sie hängen ab von Größe und Form der Fläche sowie von der Lage des Koordinatensystems. Die Bezeichnung »Moment 2. Ordnung« ist in Analogie zu den statischen Momenten, den Momenten 1. Ordnung (siehe Statik 5.3.),

$$S_x = \int_{(A)} y\,\mathrm{d}A \qquad S_y = \int_{(A)} x\,\mathrm{d}A$$

zu sehen.
Die Trägheitsmomente benötigen wir für ein Koordinatensystem im Querschnittsschwerpunkt. Wir definieren

$$I_{xx} = \int_{(A)} y^2\,\mathrm{d}A \qquad I_{yy} = \int_{(A)} x^2\,\mathrm{d}A \qquad I_{xy} = -\int_{(A)} xy\,\mathrm{d}A \tag{3.7}$$

Die Größen I_{xx} und I_{yy} nennt man axiale oder auch äquatoriale Trägheitsmomente, weil sie für *eine Achse* ermittelt werden. Sie sind stets positiv; denn der Abstand zum Flächenelement $\mathrm{d}A$ geht quadratisch ein. I_{xy} heißt Zentrifugal- oder Deviationsmoment. Es kann positiv oder negativ sein; falls x, y Hauptachsen sind, verschwindet I_{xy}. Aus der Anschauung können wir hier bereits erkennen, daß I_{xy} verschwindet, falls eine Achse eine Symmetrieachse des Querschnittes ist; denn dann gehört zu jedem positiven Summanden $xy\,\mathrm{d}A$ auch ein negativer. Wir stellen fest:

| Eine Symmetrieachse und die dazu senkrechte Achse sind stets Hauptachsen.

I_{p} wird polares Trägheitsmoment genannt. Es ist wie folgt definiert:

$$I_{\mathrm{p}} = \int_{(A)} r^2\,\mathrm{d}A = \int_{(A)} (x^2 + y^2)\,\mathrm{d}A = I_{xx} + I_{yy}$$

und entspricht einem Trägheitsmoment um eine auf der x,y-Ebene in S senkrecht stehenden Achse (Bild F 3.3).

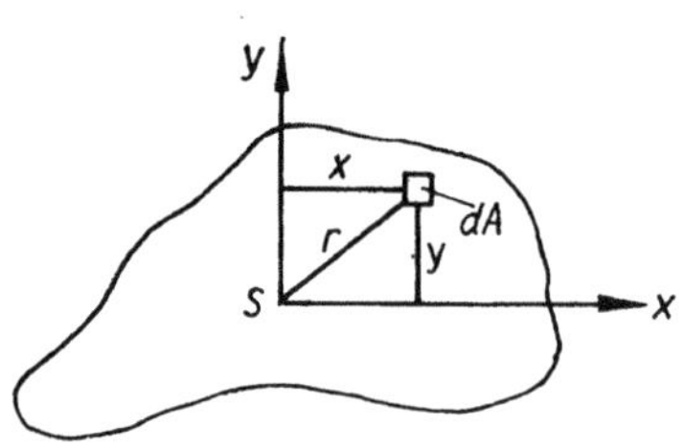

Bild F 3.3

3.2.2. Trägheits- und Zentrifugalmomente bei Parallelverschiebung der Koordinatenachsen

Zwischen den Koordinaten des orthogonalen Systems $\bar{x}$, $\bar{y}$ und des dazu parallelen Schwerpunktsystems bestehen die Beziehungen

$$\bar{x} = x + \bar{x}_S \quad \text{und} \quad \bar{y} = y + \bar{y}_S \tag{3.8}$$

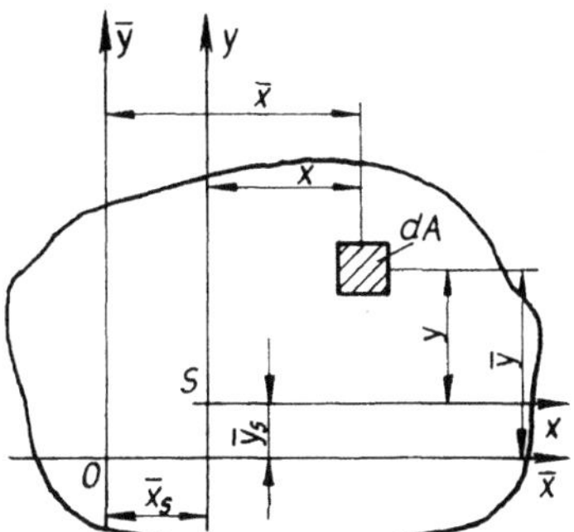

Bild F 3.4

wobei $\bar{x}_S$, $\bar{y}_S$ die Schwerpunktkoordinaten im $\bar{x}$,$\bar{y}$-System sind (Bild F 3.4). Es gilt

$$I_{\bar{x}\bar{x}} = \int_{(A)} \bar{y}^2\,\mathrm{d}A = \int_{(A)} (y + \bar{y}_S)^2\,\mathrm{d}A = \int_{(A)} y^2\,\mathrm{d}A + 2\bar{y}_S \int_{(A)} y\,\mathrm{d}A + \bar{y}_S^2 \int_{(A)} \mathrm{d}A$$

$$I_{\bar{y}\bar{y}} = \int_{(A)} \bar{x}^2\,\mathrm{d}A = \int_{(A)} (x + \bar{x}_S)^2\,\mathrm{d}A = \int_{(A)} x^2\,\mathrm{d}A + 2\bar{x}_S \int_{(A)} x\,\mathrm{d}A + \bar{x}_S^2 \int_{(A)} \mathrm{d}A$$

$$I_{\bar{x}\bar{y}} = -\int_{(A)} \bar{x}\bar{y}\,\mathrm{d}A = -\int_{(A)} (x + \bar{x}_S)\,(y + \bar{y}_S)\,\mathrm{d}A$$

$$= -\int_{(A)} xy\,\mathrm{d}A - \bar{x}_S \int_{(A)} y\,\mathrm{d}A - \bar{y}_S \int_{(A)} x\,\mathrm{d}A - \bar{x}_S\bar{y}_S \int_{(A)} \mathrm{d}A$$

Beachtet man, daß die statischen Momente bezüglich der Schwerpunktachsen verschwinden, so erhält man mit A als Querschnittsfläche die Beziehungen

$$I_{\bar{x}\bar{x}} = I_{xx} + \bar{y}_S^2 A \qquad I_{\bar{y}\bar{y}} = I_{yy} + \bar{x}_S^2 A \qquad I_{\bar{x}\bar{y}} = I_{xy} - \bar{x}_S\bar{y}_S A \tag{3.9}$$

Diesen Zusammenhang zwischen den Trägheitsmomenten um die Schwerpunktachsen x, y und um beliebige dazu parallele Achsen $\bar{x}$, $\bar{y}$ bezeichnet man als den Satz von STEINER[1]:

> Man beachte, daß der STEINERsche Satz nur die Beziehungen zwischen beliebiger Achse und Schwerpunktachse wiedergibt, nicht aber den Zusammenhang zwischen zwei beliebigen Achsen!

[1]) JAKOB STEINER (1796 bis 1863)

3.2.3. Trägheits- und Zentrifugalmomente bei Drehung des Koordinatensystems

Wir untersuchen nun den Zusammenhang zwischen den Flächenträgheitsmomenten zweier orthogonaler Koordinatensysteme, die in ihrer Ebene um eine Achse durch den festen Punkt S gegeneinander um den Winkel φ gedreht sind. Ausgehend von einem beliebig im Querschnitt orientierten x,y-System, wollen wir ferner den ausgezeichneten Winkel $\varphi = \varphi_0$ ermitteln, für den das Zentrifugalmoment verschwindet und die Trägheitsmomente extrem werden.

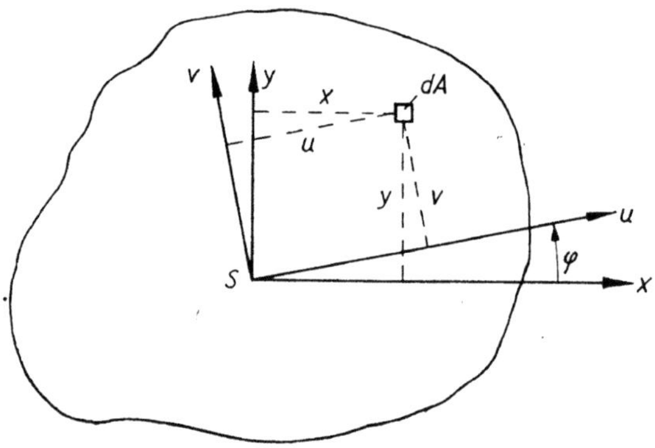

Bild F 3.5

Zwischen den neuen Koordinaten u, v und den alten x, y sowie dem Winkel φ gelten die folgenden Beziehungen (Bild F 3.5)

$$\begin{aligned} u &= x\cos\varphi + y\sin\varphi \\ v &= y\cos\varphi - x\sin\varphi \end{aligned} \tag{3.10}$$

Analog zu den Definitionen (3.7) gilt

$$I_{uu} = \int_{(A)} v^2\,\mathrm{d}A = \cos^2\varphi \int_{(A)} y^2\,\mathrm{d}A + \sin^2\varphi \int_{(A)} x^2\,\mathrm{d}A - 2\sin\varphi\cos\varphi \int_{(A)} xy\,\mathrm{d}A$$

$$I_{vv} = \int_{(A)} u^2\,\mathrm{d}A = \cos^2\varphi \int_{(A)} x^2\,\mathrm{d}A + \sin^2\varphi \int_{(A)} y^2\,\mathrm{d}A + 2\sin\varphi\cos\varphi \int_{(A)} xy\,\mathrm{d}A$$

$$\begin{aligned} I_{uv} = -\int_{(A)} uv\,\mathrm{d}A &= -\cos^2\varphi \int_{(A)} xy\,\mathrm{d}A + \sin^2\varphi \int_{(A)} xy\,\mathrm{d}A \\ &\quad + \sin\varphi\cos\varphi \int_{(A)} x^2\,\mathrm{d}A - \sin\varphi\cos\varphi \int_{(A)} y^2\,\mathrm{d}A \end{aligned}$$

Wegen (3.7) und mit den trigonometrischen Beziehungen

$$\cos^2\varphi = \frac{1}{2}(1 + \cos 2\varphi) \qquad \sin^2\varphi = \frac{1}{2}(1 - \cos 2\varphi)$$

$$2\sin\varphi\cos\varphi = \sin 2\varphi$$

folgt dann

$$I_{uu} = \frac{1}{2}(I_{xx} + I_{yy}) + \frac{1}{2}(I_{xx} - I_{yy})\cos 2\varphi + I_{xy}\sin 2\varphi$$

$$I_{vv} = \frac{1}{2}(I_{xx} + I_{yy}) - \frac{1}{2}(I_{xx} - I_{yy})\cos 2\varphi - I_{xy}\sin 2\varphi \qquad (3.11)$$

$$I_{uv} = -\frac{1}{2}(I_{xx} - I_{yy})\sin 2\varphi + I_{xy}\cos 2\varphi$$

3.2.3.1. Hauptträgheitsmomente und Hauptträgheitsachsen

Hauptträgheitsachsen sind senkrecht zueinander orientierte Achsen, für die das Zentrifugalmoment I_{uv} verschwindet. Die zu diesen Achsen gehörenden Trägheitsmomente nennt man Hauptträgheitsmomente, sie nehmen für diese Achsen Extremwerte an.
Setzen wir in (3.11)

$$I_{uv} = 0 \quad \text{bzw.} \quad \frac{\mathrm{d}I_{uu}}{\mathrm{d}\varphi} = 0 \quad \text{oder} \quad \frac{\mathrm{d}I_{vv}}{\mathrm{d}\varphi} = 0$$

so erhalten wir

$$\tan 2\varphi_0 = \frac{2I_{xy}}{I_{xx} - I_{yy}} \qquad (3.12)$$

und damit die Lage einer Hauptträgheitsachse, die andere ist um $\varphi_0 + \frac{\pi}{2}$ gedreht. Führen wir nun (3.12) in (3.11) ein, wobei die Beziehungen

$$\cos 2\varphi_0 = \frac{1}{\sqrt{1 + \tan^2 2\varphi_0}} \quad \text{und} \quad \sin 2\varphi_0 = \frac{\tan 2\varphi_0}{\sqrt{1 + \tan^2 2\varphi_0}}$$

zu benutzen sind, dann erhalten wir die Hauptträgheitsmomente

$$I_{1,2} = \frac{I_{xx} + I_{yy}}{2} \pm \sqrt{\left(\frac{I_{xx} - I_{yy}}{2}\right)^2 + I_{xy}^2} \qquad (3.13)$$

Aus (3.11) und (3.13) erkennen wir

$$I_{xx} + I_{yy} = I_{uu} + I_{vv} = I_1 + I_2 = I_\mathrm{p}$$

und

$$I_{xx}I_{yy} - I_{xy}^2 = I_{uu}I_{vv} - I_{uv}^2 = I_1 I_2 \qquad (3.14)$$

Bei Drehung des Koordinatensystems ändern sich diese Größen nicht, man nennt sie 1. und 2. Invarianten des Trägheitstensors.
Achsen extremer Zentrifugalmomente erhält man aus (3.11) mit

$$\frac{\mathrm{d}I_{uv}}{\mathrm{d}\varphi} = 0 \qquad \tan 2\varphi_1 = -\frac{I_{xx} - I_{yy}}{2I_{xy}} \qquad (3.15)$$

Vergleichen wir (3.12) mit (3.15), so erkennen wir

$$\tan 2\varphi_0 \tan 2\varphi_1 = -1, \quad \text{d. h.} \quad \varphi_1 = \varphi_0 \pm \frac{\pi}{4}$$

Die Achsen des extremen Zentrifugalmomentes sind gegenüber den Hauptträgheitsachsen um 45° gedreht.
(Alle in diesem Abschnitt durchgeführten Operationen entsprechen denen beim zweiachsigen Spannungszustand. Trägheitsmomente und Spannungen unterliegen den gleichen Transformationsgesetzen.)

3.3. Ermittlung der Spannungsverteilung bei Biegung

3.3.1. Gerade Biegung

Gerade Biegung liegt vor, wenn der Biegemomentenvektor mit einer Hauptträgheitsachse des Querschnittes zusammenfällt.

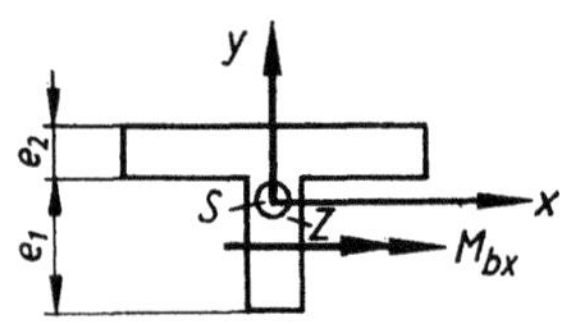

Bild F 3.6

Wir betrachten den Querschnitt Bild F 3.6. Wegen $I_{xy} = 0$ ist die in 3.1. aufgestellte Vermutung richtig, und wir können mit (3.5) für die Biegespannungsverteilung schreiben

$$\sigma_z(y) = \frac{M_{bx}}{I_{xx}} y \tag{3.16}$$

Die absolut größte Spannung erhalten wir für $y = |y|_{max}$

$$|\sigma_z|_{max} = \frac{M_{bx}}{I_{xx}} |y|_{max}$$

Mit der Definition des Widerstandsmomentes

$$W_x = \frac{I_{xx}}{|y|_{max}}$$

folgt dann

$$|\sigma_z|_{max} = \frac{M_{bx}}{W_x}$$

Auf der Geraden $y = 0$ im Querschnitt sind keine Spannungen vorhanden. Diese Linie wird Spannungsnullinie genannt.

3.3.2. Schiefe Biegung

Schiefe Biegung liegt vor, wenn der Momentenvektor nicht mit einer Hauptträgheitsachse des Querschnittes zusammenfällt.

3.3.2.1. *x, y* sind Hauptträgheitsachsen

Falls die Hauptachsen bekannt sind und der Momentenvektor mit der x-Achse den Winkel α bildet (Bild F 3.7), kann man σ_z durch Überlagerung ermitteln und erhält

$$\sigma_z(x, y) = \frac{M_{bx}}{I_{xx}} y - \frac{M_{by}}{I_{yy}} x = M_b \left(\frac{\cos \alpha}{I_{xx}} y - \frac{\sin \alpha}{I_{yy}} x \right) \tag{3.17}$$

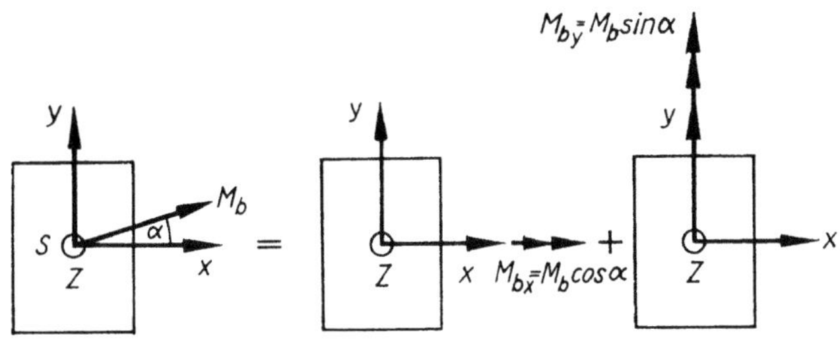

Bild F 3.7

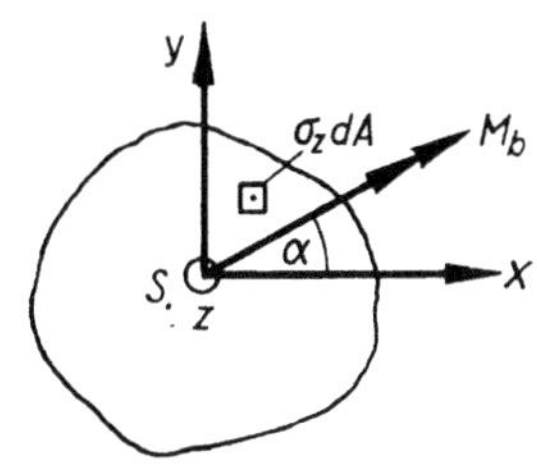

Bild F 3.8

Aus $\sigma_z(x, y) = 0$ erhalten wir für die Lage der Spannungsnullinie

$$y = x \frac{I_{xx}}{I_{yy}} \tan \alpha = x \tan \beta \tag{3.18}$$

Aus (3.18) erkennen wir, daß die Spannungsnullinie nicht mit der Lage des Momentenvektors zusammenfällt!

3.3.2.2. *x, y* sind keine Hauptträgheitsachsen

Falls der Momentenvektor M_b mit der x-Achse eines beliebigen Schwerpunktkoordinatensystems den Winkel α bildet (Bild F 3.8), können wir für die Spannungsverteilung ansetzen

$$\sigma_z(x, y) = a + bx + cy \tag{3.19}$$

Mit $M_{bx} = M_b \cos \alpha$ und $M_{by} = M_b \sin \alpha$ können wir die folgenden Äquivalenzbedingungen aufstellen

$$F_L = \int_{(A)} \sigma_z \, dA = 0 = aA + b \int_{(A)} x \, dA + c \int_{(A)} y \, dA$$

$$M_{bx} = \int_{(A)} \sigma_z y \, dA = M_b \cos \alpha = a \int_{(A)} y \, dA + b \int_{(A)} xy \, dA + c \int_{(A)} y^2 \, dA$$

$$M_{by} = -\int_{(A)} \sigma_z x \, dA = M_b \sin \alpha = -a \int_{(A)} x \, dA - b \int_{(A)} x^2 \, dA - c \int_{(A)} xy \, dA \tag{3.20}$$

Wegen $\int\limits_{(A)} x \,\mathrm{d}A = 0$ und $\int\limits_{(A)} y \,\mathrm{d}A = 0$ erhalten wir aus der ersten Gleichung $a = 0$, und mit den Definitionen (3.7) können wir die beiden Freigrößen b und c ermitteln zu

$$b = \frac{M_{bx} I_{xy} - M_{by} I_{xx}}{I_{xx} I_{yy} - I_{xy}^2} = M_b \frac{\cos \alpha I_{xy} - \sin \alpha I_{xx}}{I_{xx} I_{yy} - I_{xy}^2}$$

$$c = \frac{M_{bx} I_{yy} - M_{by} I_{xy}}{I_{xx} I_{yy} - I_{xy}^2} = M_b \frac{\cos \alpha I_{yy} - \sin \alpha I_{xy}}{I_{xx} I_{yy} - I_{xy}^2}$$

Damit ergibt sich die folgende Spannungsverteilung

$$\sigma_z(x, y) = \frac{1}{I_{xx} I_{yy} - I_{xy}^2} \left[(M_{bx} I_{xy} - M_{by} I_{xx})\, x + (M_{bx} I_{yy} - M_{by} I_{xy})\, y \right] \tag{3.21}$$

Für die Lage der Spannungsnullinie erhalten wir daraus

$$y = \frac{M_{by} I_{xx} - M_{bx} I_{xy}}{M_{bx} I_{yy} - M_{by} I_{xy}}\, x = \frac{I_{xx} \tan \alpha - I_{xy}}{I_{yy} - I_{xy} \tan \alpha}\, x = x \tan \beta \tag{3.22}$$

Alle bisher besprochenen Sonderfälle (3.16) bis (3.18) lassen sich aus den Gln. (3.21) und (3.22) herleiten.

3.4. Überlagerung von Biege- und Längskraftspannungen

3.4.1. Zug (Druck) und Biegung

Wirken auf den Träger ein Biegemoment M_{bx} und eine im Schwerpunkt angreifende Längskraft F_L ($F_L > 0$ als Zugkraft; x, y Hauptachsen), so folgt für die Spannungsverteilung durch Überlagerung (Bild F 3.9)

$$\sigma_z = \frac{F_L}{A} + \frac{M_{bx}}{I_{xx}}\, y \tag{3.23}$$

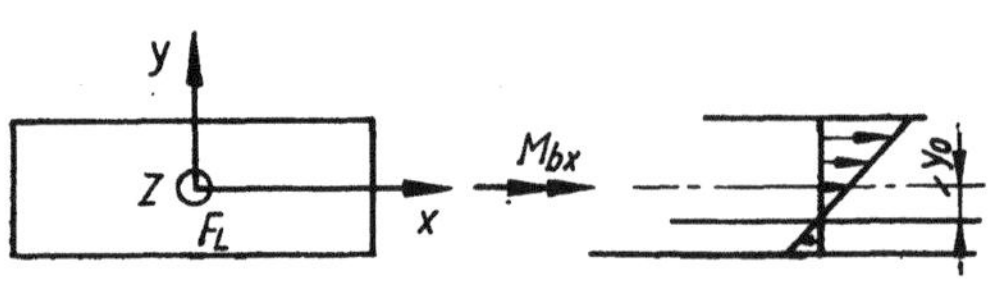

Bild F 3.9

Die Spannungsnullinie ist eine Parallele zur x-Achse im Abstand

$$y_0 = -\frac{F_L I_{xx}}{A M_{bx}} \tag{3.24}$$

3.4.2. Außermittiger Zug (Druck)

Greift eine Längskraft $F_L = F$ nicht im Schwerpunkt S, sondern im Punkt B (x_B, y_B) an, so bewirkt sie zusätzlich noch Biegemomente um die x- und y-Achse, und die Spannungsverteilung folgt aus der Überlagerung der konstanten Zug- (Druck-) Spannung und der linear veränderlichen Spannung durch Biegung (Bild F 3.10). Sind x, y Hauptträgheitsachsen, so ergibt sich mit $I_{xx} = Ai_{xx}^2$ und $I_{yy} = Ai_{yy}^2$

$$\sigma_z = \frac{F}{A}\left(1 + \frac{y_B y}{i_{xx}^2} + \frac{x_B x}{i_{yy}^2}\right) \tag{3.25}$$

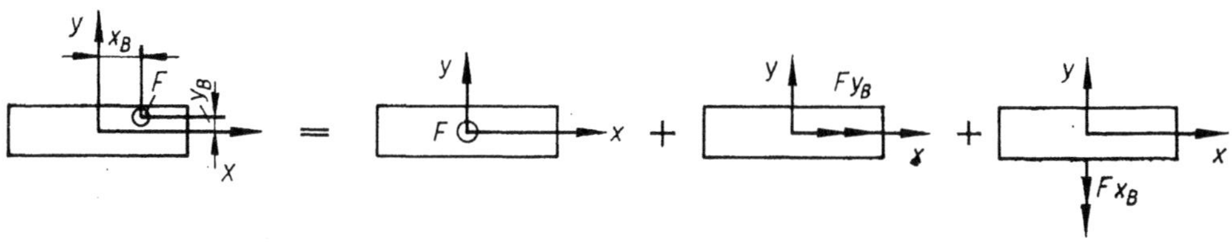

Bild F 3.10

Die Spannungsverteilung wird durch eine schiefstehende Ebene beschrieben. Die Spannungsnullinie ist gegeben durch

$$1 + \frac{y_B y}{i_{xx}^2} + \frac{x_B x}{i_{yy}^2} = 0 \tag{3.26}$$

Sie schneidet die Koordinatenachsen in den Abständen

$$x_0 = -\frac{i_{yy}^2}{x_B} \qquad y_0 = -\frac{i_{xx}^2}{y_B} \tag{3.27}$$

Die größten Spannungen treten in den Punkten auf, die von der Spannungsnullinie am weitesten entfernt sind.
Sind dagegen x, y keine Hauptträgheitsachsen, so erhält man für eine im Punkt B (x_B, y_B) angreifende Zugkraft die Spannungsverteilung

$$\sigma_z = \frac{F}{A} + \frac{M_{bx} I_{xy} - M_{by} I_{xx}}{I_{xx} I_{yy} - I_{xy}^2} x + \frac{M_{bx} I_{yy} - M_{by} I_{xy}}{I_{xx} I_{yy} - I_{xy}^2} y \tag{3.28}$$

mit

$$M_{bx} = F y_B \qquad M_{by} = -F x_B$$

3.5. Verformung bei Biegung — Gleichung der elastischen Linie

Die Verformung eines Trägers kann auf verschiedene Weise ermittelt werden. Hier soll zunächst die Herleitung auf geometrischem Wege über die bereits in (3.5) erarbeitete Beziehung zwischen Krümmung und Biegemoment erfolgen. In Abschn. 6. wird die Verformung über eine Arbeitsbilanz ermittelt.

Wir betrachten einen abschnittsweise geraden prismatischen Träger, der auf gerade Biegung beansprucht wird (s. 3.3.1.) und für den die Beziehung hergeleitet wurde

$$\frac{1}{\varrho} = \frac{M_{bx}}{EI_{xx}} \tag{3.29}$$

Schneiden wir aus einem solchen Träger ein Element der Länge dz heraus und stellen dieses Element im verformten Zustand dar, so können wir aus Bild F 3.11 die folgenden Zusammenhänge erkennen

$$\mathrm{d}s_0 = \varrho\,\mathrm{d}\varphi = \sqrt{\mathrm{d}z^2 + \mathrm{d}v^2} = \mathrm{d}z\sqrt{1 + v'^2} \tag{3.30}$$

mit

$$\tan\varphi = \frac{\mathrm{d}v}{\mathrm{d}z} = v'$$

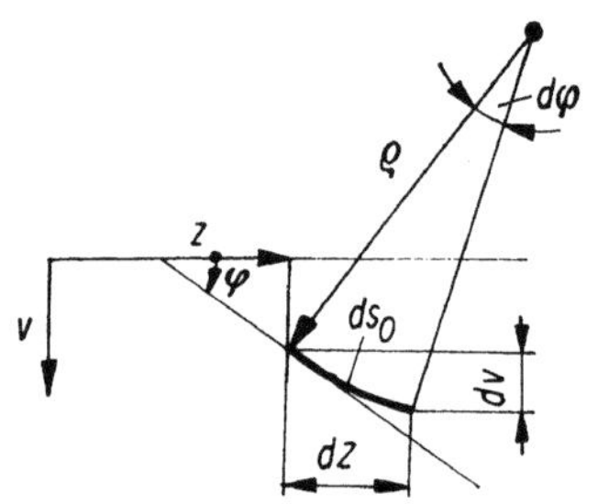

Bild F 3.11

Eine Umstellung führt zu

$$\frac{1}{\varrho} = \frac{\dfrac{\mathrm{d}\varphi}{\mathrm{d}z}}{\pm(1 + v'^2)^{1/2}}$$

und aus $\varphi = \arctan v'$ folgt $\dfrac{\mathrm{d}\varphi}{\mathrm{d}z} = \dfrac{v''}{1 + v'^2}$

so daß wir schließlich erhalten

$$\frac{1}{\varrho} = \frac{v''}{\pm(1 + v'^2)^{3/2}} \tag{3.31}$$

Die Größe v' ist gemäß (3.30) mit dem Winkel zwischen der ursprünglich geraden Balkenachse und der Tangente an die verformte Balkenachse verknüpft. Da die Beanspruchungen im elastischen Bereich liegen sollen, sind die Durchbiegungen (v) und auch die Winkel (φ) sehr klein, so daß wir schreiben können $\tan\varphi \approx \varphi \approx v'$, $v'^2 \ll 1$ und damit

$$\frac{1}{\varrho} \approx \pm v''$$

Für die im Bild F 3.11 gewählte Orientierung für M_{bx} und v, welche im folgenden stets verwendet wird, gilt das negative Vorzeichen, und wir erhalten als Grundgleichung der elastischen Linie die Beziehung

$$v'' = -\frac{M_{bx}(z)}{EI_{xx}} = -\frac{M_b(z)}{EI} \tag{3.32}$$

Aus dieser Differentialgleichung 2. Ordnung erhält man bei bekanntem Biegemoment durch Integration die Neigung (v') und bei nochmaliger Integration die Verschiebung oder Durchbiegung (v) des Balkens

$$EIv' = -\int M_b(z)\,dz + C_1$$

$$EIv = -\int \left[\int M_b(z)\,dz + C_1\right] dz + C_2$$

Die Integrationskonstanten sind aus den Rand- bzw. Übergangsbedingungen an den Bereichsgrenzen des Trägers zu ermitteln. Bereichsgrenzen sind Unstetigkeiten im M_b-Verlauf, Änderungen der Biegesteifigkeit EI, Gelenke und Knicke der Trägerachse.

Die Gl. (3.32) kann über die Beziehung [s. Statik Gl. (3.2)]

$$M_b'' = F_Q' = -q$$

in die Gleichung

$$EIv'''' = q(z) \tag{3.33}$$

übergeführt werden.

Diese Beziehung wird meist nur verwendet, wenn $M_b(z)$ schwer zu bestimmen ist; sie ist auch Ausgangsgleichung für das Aufstellen von Übertragungsmatrizen [1].

An einem einfachen Beispiel soll das Vorgehen erläutert werden (Bild F 3.12.1).

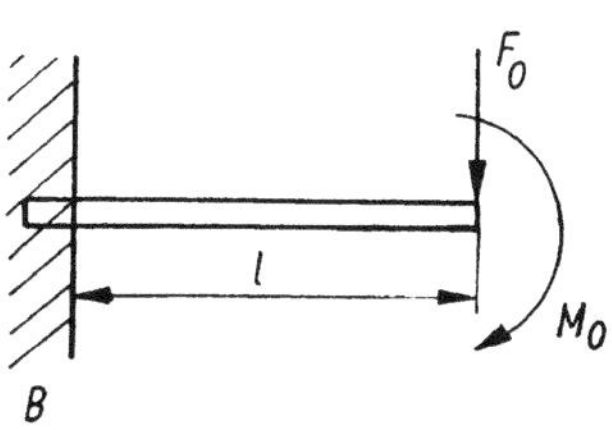

Bild F 3.12.1

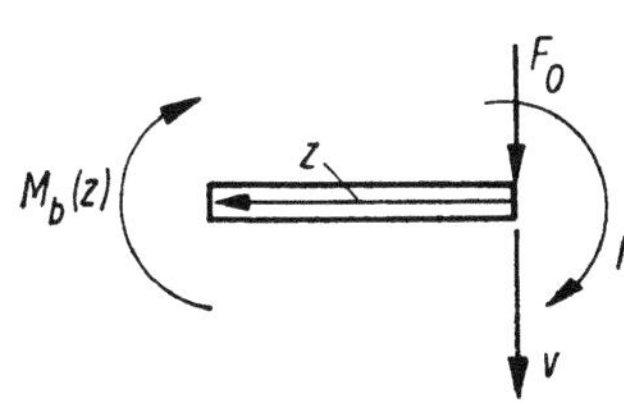

Bild F 3.12.2

Ein Träger (Länge l, Biegesteifigkeit EI) ist bei B eingespannt und am anderen Ende durch F_0 und M_0 belastet. Zu bestimmen sind der Verlauf der Durchbiegung (v) und der Neigung (v') in Abhängigkeit der Balkenkoordinate z.

Die Lösung wird schrittweise auf verschiedenen Wegen vorgestellt.

1. Weg: *Ausgangsgleichung ist (3.32), z laufe von rechts nach links*

1. Schritt: Einführen eines Koordinatensystems (z, v), Freischneiden und Bestimmung von $M_b(z)$. (Bild F 3.12.2)

$$M_b(z) = -M_0 - F_0 z \tag{1}$$

2. Schritt: Einsetzen von $M_b(z)$ in (3.32) und Integration

$$EIv''(z) = -M_b(z) = M_0 + F_0 z$$

$$EIv'(z) = M_0 z + F_0 \frac{z^2}{2} + C_1 \tag{2}$$

$$EIv(z) = M_0 \frac{z^2}{2} + F_0 \frac{z^3}{6} + C_1 z + C_2$$

3. Schritt: Bestimmung der Konstanten aus den Randbedingungen

Als Randbedingungen können nur Aussagen über v und v' verwendet werden, weil nur in diesen Beziehungen die Konstanten stehen. In der Einspannung B verschwindet die Verschiebung v, und auch die Neigung ist Null, so daß gilt

$$v'(z = l) = v'(l) = 0$$
$$v(z = l) = v(l) = 0 \tag{3}$$

Damit folgt aus (2)

$$0 = M_0 l + F_0 \frac{l^2}{2} + C_1$$

$$0 = M_0 \frac{l^2}{2} + F_0 \frac{l^3}{6} + C_1 l + C_2$$

und wir erhalten

$$C_1 = -M_0 l - F_0 \frac{l^2}{2}$$

$$C_2 = M_0 \frac{l^2}{2} + F_0 \frac{l^3}{3} \tag{4}$$

4. Schritt: Einsetzen der Konstanten in (2)

$$v'(z) = \frac{M_0}{EI}(z - l) + \frac{F_0}{2EI}(z^2 - l^2)$$

$$v(z) = \frac{M_0}{EI}\left(\frac{z^2}{2} - lz + \frac{l^2}{2}\right) + \frac{F_0}{EI}\left(\frac{z^3}{6} - \frac{l^2 z}{2} + \frac{l^3}{3}\right)$$

Damit sind die Verformungen des Trägers im Bereich $0 \leqq z \leqq l$ bestimmbar. Für $z = l$ bestätigen wir die Erfüllung von (3), und für $z = 0$ erhalten wir

$$v(0) = \frac{F_0 l^3}{3EI} + \frac{M_0 l^2}{2EI}$$

$$v'(0) = -\frac{F_0 l^2}{2EI} - \frac{M_0 l}{EI}$$

2. Weg: *Ausgangsgleichung ist (3.32), z laufe von links nach rechts (Bild F 3.12.3)*

1. Schritt: Momentenaufstellung

$$M_b(z) = -M_0 - F_0(l - z) \tag{1}$$

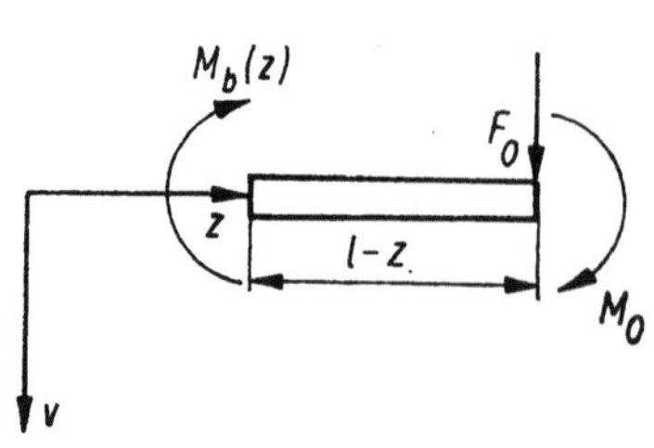

Bild F 3.12.3

2. Schritt: Integration

$$EIv''(z) = -M_b(z) = M_0 + F_0(l - z)$$

$$EIv'(z) = M_0 z + F_0\left(lz - \frac{z^2}{2}\right) + C_1 \tag{2}$$

$$EIv(z) = M_0\frac{z^2}{2} + F_0\left(\frac{lz^2}{2} - \frac{z^3}{6}\right) + C_1 z + C_i$$

3. Schritt: Randbedingungen

$$v'(0) = 0$$

$$v(0) = 0 \tag{3}$$

Damit folgt aus (2)

$$C_1 = 0 \qquad C_2 = 0 \tag{4}$$

Erkenntnis: Legt man den Ursprung des Koordinatensystems in die Einspannstelle, so sind die Konstanten Null.

$$v'(z) = \frac{M_0}{EI}z + \frac{F_0}{EI}\left(lz - \frac{z^2}{2}\right)$$

$$v(z) = \frac{M_0}{EI}\frac{z^2}{2} + \frac{F_0}{EI}\left(\frac{lz^2}{2} - \frac{z^3}{6}\right)$$

und

$$v(l) = \frac{F_0 l^3}{3EI} + \frac{M_0 l^2}{2EI} = \alpha F_0 + \gamma M_0$$

$$v'(l) = \frac{F_0 l^2}{2EI} + \frac{M_0 l}{EI} = \delta F_0 + \beta M_0$$

Die mit den Belastungsgrößen verbundenen Koeffizienten nennt man Einflußzahlen.

3. Weg: Ausgangsgleichung ist (3.33), z laufe von links nach rechts

1. Schritt: Freischneiden eines Elements der Länge dz (Bild F 3.12.4)

2. Schritt: Integration von (3.33)

$$EIv'''' = 0$$

$$EIv''' = C_1$$

$$EIv'' = C_1 z + C_2$$

$$EIv' = C_1\frac{z^2}{2} + C_2 z + C_3$$

$$EIv = C_1\frac{z^3}{6} + C_2\frac{z^2}{2} + C_3 z + C_4$$

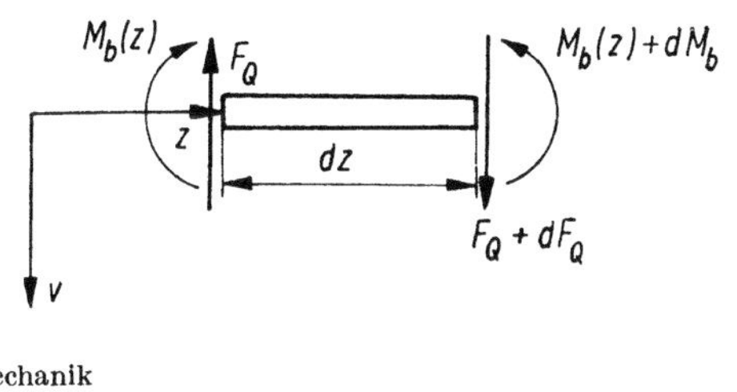

Bild F 3.12.4

3. Schritt: Bestimmung der Konstanten aus den Randbedingungen

$$v(0) = 0 \qquad C_4 = 0$$

$$v'(0) = 0 \qquad C_3 = 0$$

$$EIv''(l) = M_0 = C_1 l + C_2 \Rightarrow C_2 = F_0 l + M_0$$

$$EIv'''(l) = -F_0 = C_1$$

$$v = \frac{1}{EI}\left[F_0\left(\frac{lz^2}{2} - \frac{z^3}{6}\right) + M_0\frac{z^2}{2}\right]$$

$$v' = \frac{1}{EI}\left[F_0\left(lz - \frac{z^2}{2}\right) + M_0 z\right]$$

3.6. Beispiele zur Biegung

Beispiel 1:

Für ein Rechteck (Bild F 3.13) sind die Trägheitsmomente bezüglich der beiden eingezeichneten Koordinatensysteme zu bestimmen.

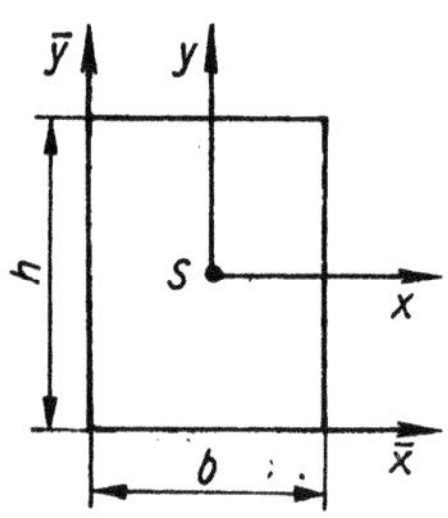

Bild F 3.13

Lösung:

$$I_{xx} = \int_{(A)} y^2 \, \mathrm{d}A = \int_{-h/2}^{h/2} y^2 b \, \mathrm{d}y = \frac{bh^3}{12}$$

$$I_{yy} = \int_{(A)} x^2 \, \mathrm{d}A = \int_{-b/2}^{b/2} x^2 h \, \mathrm{d}x = \frac{b^3 h}{12}$$

$$I_{xy} = 0 \text{ (Symmetrie!)}$$

$$I_{\bar{x}\bar{x}} = \int_0^h \bar{y}^2 b \, \mathrm{d}\bar{y} = I_{xx} + bh\left(\frac{h}{2}\right)^2 = \frac{bh^3}{3}$$

$$I_{\bar{y}\bar{y}} = \int_0^b \bar{x}^2 h \, \mathrm{d}\bar{x} = I_{yy} + bh\left(\frac{b}{2}\right)^2 = \frac{b^3 h}{3}$$

$$I_{\bar{x}\bar{y}} = -\int_0^b \bar{x} \, \mathrm{d}\bar{x} \cdot \int_0^h \bar{y} \, \mathrm{d}\bar{y} = I_{xy} - bh\,\frac{b}{2}\,\frac{h}{2} = -\frac{b^2 h^2}{4}$$

Beachte: Bei der Bestimmung des Deviationsmomentes muß für das Flächenelement $\mathrm{d}A = \mathrm{d}x\,\mathrm{d}y$ geschrieben werden. Zur Bestimmung der äquatorialen Trägheitsmomente darf man mit Flächenstreifen parallel zu der Achse, für die das Trägheitsmoment bestimmt werden soll, rechnen

$$I_{xx}: \ \mathrm{d}A = b\,\mathrm{d}y \qquad I_{yy}: \ \mathrm{d}A = h\,\mathrm{d}x$$

Beispiel 2:

Für ein beliebiges Dreieck (Bild F 3.14) sind die Trägheitsmomente in bezug auf die eingezeichneten Koordinatensysteme zu bestimmen.

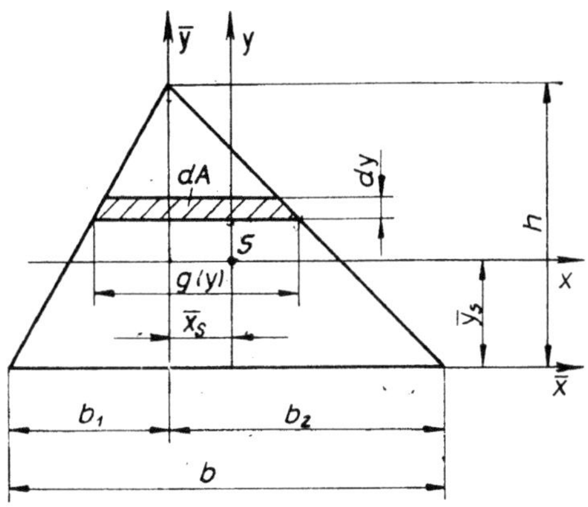

Bild F 3.14

Lösung:

Strahlensatz

$$\frac{g(y)}{b} = \frac{h - (y + \bar{y}_s)}{h} = \frac{\frac{2}{3}h - y}{h}$$

$$\bar{x}_s = \frac{b_2 - b_1}{3} \qquad \bar{y}_s = \frac{h}{3}$$

Damit erhält man

$$I_{xx} = \int\limits_{(A)} y^2\,\mathrm{d}A = \int\limits_{y=-h/3}^{(2/3)h} y^2 g(y)\,\mathrm{d}y = \frac{b}{h}\int\limits_{y=-h/3}^{(2/3)h} \left(\frac{2}{3}hy^2 - y^3\right)\mathrm{d}y = \frac{bh^3}{36}$$

$$I_{\bar{x}\bar{x}} = I_{xx} + \bar{y}_s^2 A = \frac{bh^3}{36} + \left(\frac{h}{3}\right)^2\frac{bh}{2} = \frac{bh^3}{12}$$

Aus der letzten Gleichung findet man durch Vertauschen von b und h mit $b = b_1 + b_2$ das Trägheitsmoment um die $\bar{y}$-Achse zu

$$I_{\bar{y}\bar{y}} = \frac{hb_1^3}{12} + \frac{hb_2^3}{12} = \frac{h}{12}(b_1^3 + b_2^3)$$

und daraus mit dem Satz von Steiner

$$I_{yy} = I_{\bar{y}\bar{y}} - \bar{x}_s^2 A = \frac{h}{12}(b_1^3 + b_2^3) - \frac{(b_2 - b_1)^2}{9}\frac{bh}{2} = \frac{hb}{36}(b^2 - b_1 b_2)$$

Zum Ermitteln des Zentrifugalmomentes zerlegen wir die Fläche zweckmäßigerweise in zwei Dreiecke. Das Flächenelement dA muß hier mit d$\bar{x}$ d$\bar{y}$ angesetzt werden. Bei den Doppelintegralen ist eine abhängige und eine unabhängige Variable zu wählen. Wir erhalten für das linke Dreieck ($\bar{x}$ ist eine abhängige Variable)

$$I_{\bar{x}\bar{y}_1} = -\int_0^h \int_{\bar{x}_1}^0 \bar{x}\bar{y}\, \mathrm{d}\bar{x}\, \mathrm{d}\bar{y} = +\int_0^h \frac{\bar{x}_1^2}{2}\, \bar{y}\, \mathrm{d}y$$

mit

$$-\frac{\bar{x}_1}{b_1} = \frac{h - \bar{y}}{h}$$

$$I_{\bar{x}\bar{y}_1} = \frac{b_1^2}{2} \int_0^h \left(1 - \frac{\bar{y}}{h}\right)^2 \bar{y}\, \mathrm{d}\bar{y} = \frac{b_1^2 h^2}{2} \left(\frac{1}{2} - \frac{2}{3} + \frac{1}{4}\right) = \frac{b_1^2 h^2}{24}$$

Für das andere Dreieck erhalten wir analog

$$I_{\bar{x}\bar{y}_2} = -\frac{b_2^2 h^2}{24}$$

und damit

$$I_{\bar{x}\bar{y}} = \frac{h^2}{24}\,(b_1^2 - b_2^2)$$

Für das Deviationsmoment in bezug auf den Schwerpunkt errechnen wir nach dem Satz von STEINER

$$I_{xy} = I_{\bar{x}\bar{y}} + A\bar{x}_s\bar{y}_s = \frac{h^2}{24}\,(b_1^2 - b_2^2) + \frac{b_2 - b_1}{3}\,\frac{h}{3}\,\frac{(b_2 + b_1)\,h}{2} = \frac{h^2(b_2^2 - b_1^2)}{72}$$

Beispiel 3:

Für einen Kreisringsektor sind die Trägheitsmomente zu ermitteln (Bild F 3.15).

Lösung:

Mit

$$\bar{x} = r \cos\varphi$$

$$\bar{y} = r \sin\varphi$$

und

$$\mathrm{d}A = r\, \mathrm{d}\varphi\, \mathrm{d}r$$

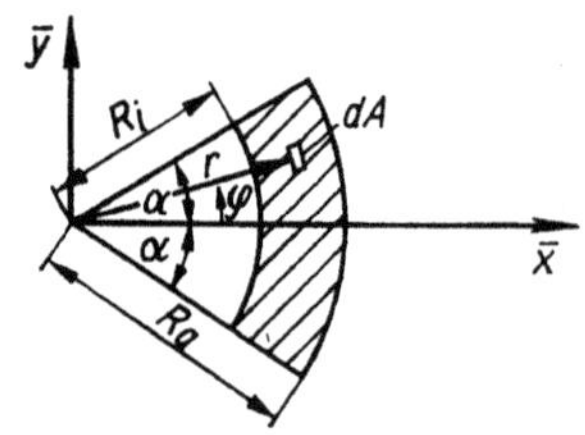

Bild F 3.15

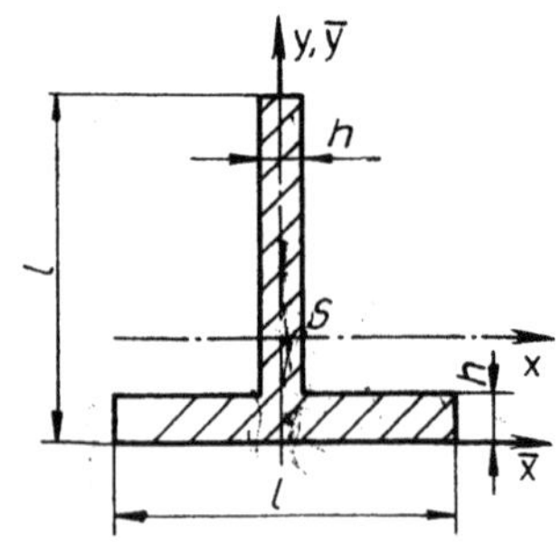

Bild F 3.16

erhalten wir

$$I_{\bar{x}\bar{x}} = \int_{(A)} \bar{y}^2 \,\mathrm{d}A = \int_{R_i}^{R_a} \int_{-\alpha}^{+\alpha} r^2 \sin^2 \varphi \, r \,\mathrm{d}\varphi \,\mathrm{d}r$$

$$= \int_{R_i}^{R_a} r^3 \,\mathrm{d}r \cdot \frac{1}{2} \int_{-\alpha}^{+\alpha} (1 - \cos 2\varphi) \,\mathrm{d}\varphi = \frac{R_a^4 - R_i^4}{8} (2\alpha - \sin 2\alpha)$$

$$I_{\bar{y}\bar{y}} = \int_{(A)} \bar{x}^2 \,\mathrm{d}A = \frac{R_a^4 - R_i^4}{8} (2\alpha + \sin 2\alpha)$$

Für $\alpha = \pi$, $R_i = 0$ und $R_a = R$ erhalten wir daraus für den Kreisquerschnitt

$$I_{xx} = I_{yy} = \frac{\pi R^4}{4}$$

Beispiel 4:

T-Profil (Bild F 3.16)

Gegeben: l, h

Gesucht: $I_{\bar{x}\bar{x}}, I_{\bar{y}\bar{y}}, I_{xx}, I_{yy}, I_{xy}$

Lösung:

Schwerpunktabstand:

$$\bar{x}_s = 0 \qquad \bar{y}_s = \frac{1}{2} \frac{l^2 + lh - h^2}{2l - h}$$

Trägheitsmomente:

$$I_{\bar{x}\bar{x}} = \frac{l^3 h}{3} + \frac{(l-h)\,h^3}{3} \qquad I_{\bar{y}\bar{y}} = \frac{hl^3}{12} + \frac{(l-h)}{12} h^3$$

$$I_{xx} = I_{\bar{x}\bar{x}} - \bar{y}_s^2 A = \frac{hl^3}{3} + \frac{l-h}{3} h^3 - \frac{h}{4} \frac{(l^2 + lh - h^2)^2}{2l - h}$$

$$I_{yy} = I_{\bar{y}\bar{y}} - \bar{x}_s^2 A = I_{\bar{y}\bar{y}}; \qquad I_{xy} = 0$$

Für ein dünnwandiges Profil $\left(\frac{h}{l} \ll 1\right)$ gilt angenähert (Grenzübergang $\frac{h}{l} \to 0$)

$$\bar{x}_s = 0; \qquad \bar{y}_s = \frac{l}{2} \frac{1 + \frac{h}{l} - \left(\frac{h}{l}\right)^2}{2 - \frac{h}{l}} \approx \frac{l}{4}$$

$$I_{\bar{x}\bar{x}} = \frac{l^3 h}{3}; \qquad I_{xx} = \frac{5}{24} l^3 h; \qquad I_{\bar{y}\bar{y}} = I_{yy} = \frac{l^3 h}{12}$$

Beispiel 5:

Ungleichschenkliges Winkelprofil (Bild F 3.17)

Gegeben: $l_1 = 60$ mm; $l_2 = 90$ mm; $h = 10$ mm

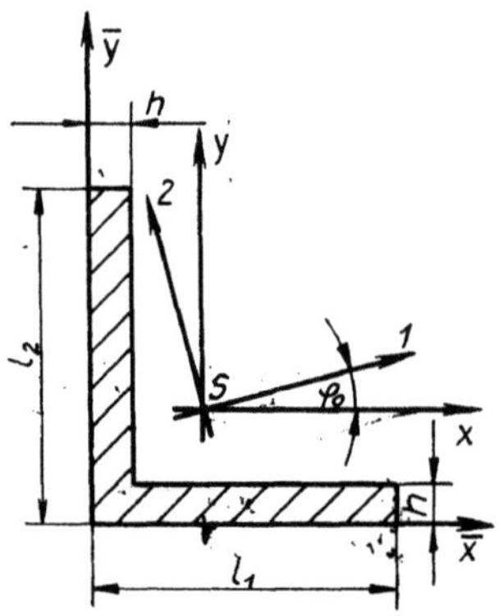

Bild F 3.17

Gesucht:

a) $I_{\bar{x}\bar{x}}$, $I_{\bar{y}\bar{y}}$, $I_{\bar{x}\bar{y}}$, I_{xx}, I_{yy}, I_{xy}
b) φ_0, I_1, I_2, I_{uu}, I_{vv}, I_{uv}, für $\varphi = -30°$

a) Schwerpunktabstand:

$$\bar{x}_s = \frac{1}{2} \frac{l_1^2 + l_2 h - h^2}{l_1 + l_2 - h} = 1{,}57 \text{ cm}$$

$$\bar{y}_s = \frac{1}{2} \frac{l_2^2 + l_1 h - h^2}{l_1 + l_2 - h} = 3{,}07 \text{ cm}$$

Trägheitsmomente:

$$I_{\bar{x}\bar{x}} = \frac{h l_2^3}{3} + \frac{(l_1 - h)\, h^3}{3} = 244{,}67 \text{ cm}^4$$

$$I_{\bar{y}\bar{y}} = \frac{h l_1^3}{3} + \frac{(l_2 - h)\, h^3}{3} = 74{,}67 \text{ cm}^4$$

$$I_{\bar{x}\bar{y}} = \left[0 - \left(\frac{l_1 - h}{2} + h\right) \frac{h}{2} (l_1 - h)\, h\right] + \left[0 - \frac{l_2}{2} \frac{h}{2} l_2 h\right]$$

$$= -\frac{h^2}{4} (l_1^2 + l_2^2 - h^2) = -29 \text{ cm}^4$$

$$I_{xx} = I_{\bar{x}\bar{x}} - \bar{y}_s^2 A = \frac{h l_2^3}{3} + \frac{(l_1 - h)\, h^3}{3} - \frac{h}{4} \frac{(l_2^2 + l_1 h - h^2)^2}{l_1 + l_2 - h} = 112{,}60 \text{ cm}^4$$

$$I_{yy} = I_{\bar{y}\bar{y}} - \bar{x}_s^2 A = \frac{h l_1^3}{3} + \frac{(l_2 - h)\, h^3}{3} - \frac{h}{4} \frac{(l_1^2 + l_2 h - h^2)^2}{l_1 + l_2 - h} = 40{,}10 \text{ cm}^4$$

$$I_{xy} = I_{\bar{x}\bar{y}} + \bar{x}_s \bar{y}_s A = -\frac{h^2}{4} (l_1^2 + l_2^2 - h^2) + \frac{h}{4} \frac{(l_1^2 + l_2 h - h^2)(l_2^2 + l_1 h - h^2)}{l_1 + l_2 - h}$$

$$= 38{,}57 \text{ cm}^4$$

b) Hauptträgheitsachsen und Hauptträgheitsmomente:

$$\tan 2\varphi_0 = \frac{2I_{xy}}{I_{xx} - I_{yy}} = 1{,}064 \rightarrow \varphi_0 = 23{,}38°$$

$$I_{1/2} = \frac{I_{xx} + I_{yy}}{2} \pm \sqrt{\left(\frac{I_{xx} - I_{yy}}{2}\right)^2 + I_{xy}^2} \rightarrow I_1 = 129{,}28 \text{ cm}^4$$

$$I_2 = 23{,}42 \text{ cm}^4$$

Trägheitsmomente für das gedrehte Koordinatensystem:

$$I_{uu} = \frac{I_{xx} + I_{yy}}{2} + \frac{I_{xx} - I_{yy}}{2} \cos 2\varphi + I_{xy} \sin 2\varphi = 61{,}07 \text{ cm}^4$$

$$I_{vv} = \frac{I_{xx} + I_{yy}}{2} - \frac{I_{xx} - I_{yy}}{2} \cos 2\varphi - I_{xy} \sin 2\varphi = 91{,}63 \text{ cm}^4$$

$$I_{uv} = -\frac{I_{xx} - I_{yy}}{2} \sin 2\varphi + I_{xy} \cos 2\varphi = 50{,}68 \text{ cm}^4$$

Beispiel 6:

Kragträger mit Einzellast (Bild F 3.18)

Gegeben: $l = 6$ cm; $h = 0{,}7$ cm; $L = 100$ cm; $F = 500$ N; $\alpha = 45°$

Gesucht: Spannungsverteilung, maximale Normalspannung

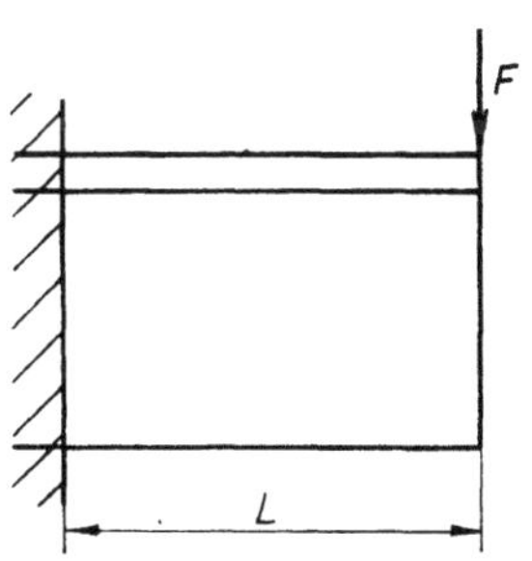

Bild F 3.18.1

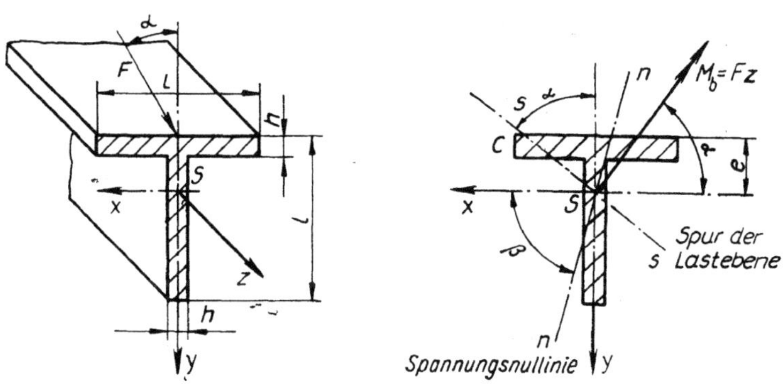

Bild F 3.18.2

Lösung:

Schiefe Biegung (x, y Hauptträgheitsachsen)

$$M_{bx} = -M_b \cos\alpha \qquad M_{by} = -M_b \sin\alpha \qquad M_b = Fz$$

Nach Aufgabe 4 erhält man

$$e = \frac{1}{2}\,\frac{l^2 + lh - h^2}{2l - h} = 1{,}757 \text{ cm}$$

$$I_{xx} = \frac{hl^3}{3} + \frac{(l-h)}{3}\,h^3 - \frac{h}{4}\,\frac{(l^2 + lh - h^2)^2}{2l - h} = 26{,}585 \text{ cm}^4$$

$$I_{yy} = \frac{hl^3}{12} + \frac{(l-h)}{12}\,h^3 = 12{,}751 \text{ cm}^4$$

$$\sigma_z = \frac{M_{bx}}{I_{xx}}\,y - \frac{M_{by}}{I_{yy}}\,x = (0{,}277x - 0{,}133y)\,z$$

(x, y, z in cm, σ_z in MPa)

Spannungsnullinie:

$$\sigma_z = 0 \qquad y = \frac{2{,}77}{1{,}33}\,x = 2{,}08x = x\tan\beta \qquad \beta = 64{,}32°$$

Maximales Moment im Einspannquerschnitt ($z = L$): $M_{b\,max} = FL$. Die Maximalspannung tritt im Querschnitt in dem Punkt auf, der von der Spannungsnullinie am weitesten entfernt ist $\left[\text{Punkt } C\left(\frac{l}{2} : -e\right)\right]$

$$\sigma_{z\max} = (2{,}77 \cdot 3 + 1{,}33 \cdot 1{,}757) \cdot 10 \text{ MPa} = 1{,}06 \cdot 10^2 \text{ MPa}$$

Beispiel 7:

Rechteckige Säule mit Mittelbohrung (Bild F 3.19)

Gegeben: $F_1 = 10^4$ N; $F_2 = 2 \cdot 10^4$ N; $b = 12$ cm; $c = 3$ cm; $d = 4$ cm; $h = 8$ cm; $R = 2$ cm

Gesucht:

Spannungsverteilung, Lage der Spannungsnullinie, Maximalspannung

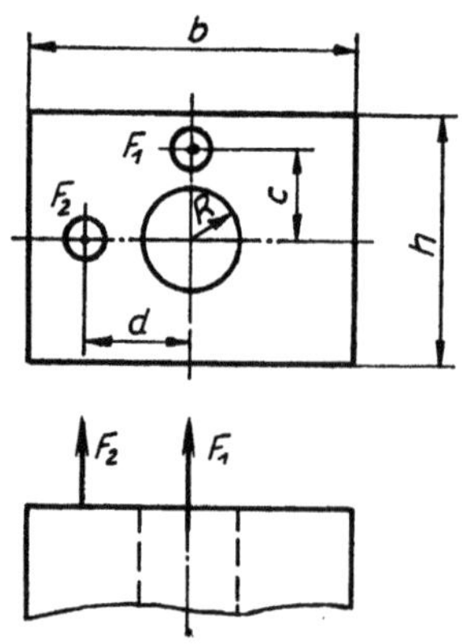

Bild F 3.19

Lösung:

Biegung mit Längskraft:

$$M_{bx} = -F_1 c, \qquad M_{by} = -F_2 d \qquad A = bh - \pi R^2 = 83{,}43\ \text{cm}^2$$

$$\sigma_z = \frac{F_1 + F_2}{A} + \frac{M_{bx}}{I_{xx}} y - \frac{M_{by}}{I_{yy}} x \qquad I_{xx} = \frac{bh^3}{12} - \frac{\pi R^4}{4} = 499{,}43\ \text{cm}^4$$

$$\sigma_z = 3{,}6 + 0{,}702x - 0{,}6y \qquad I_{yy} = \frac{hb^3}{12} - \frac{\pi R^4}{4} = 1139{,}43\ \text{cm}^4$$

(x, y in cm, σ_z in MPa)

Spannungsnullinie:

Aus $\sigma_z = 0$ folgt $y = 6 + 1{,}17x$

d. h., die Spannungsnullinie ist eine Gerade, die mit der x-Achse den Winkel β einschließt und die y-Achse im Abstand von $+6$ cm schneidet.

$$\tan\beta = 1{,}17 \qquad \beta = 49{,}5°$$

$$\sigma_{z\max} = \sigma_z\left(\frac{b}{2}, -\frac{h}{2}\right) = 10{,}2\ \text{MPa}$$

Beispiel 8:

Ein Balken auf zwei Stützen ist durch eine konstante Streckenlast q und eine Einzelkraft F belastet. Zu bestimmen ist der Durchbiegungsverlauf des Trägers. (Bilder F 3.20)

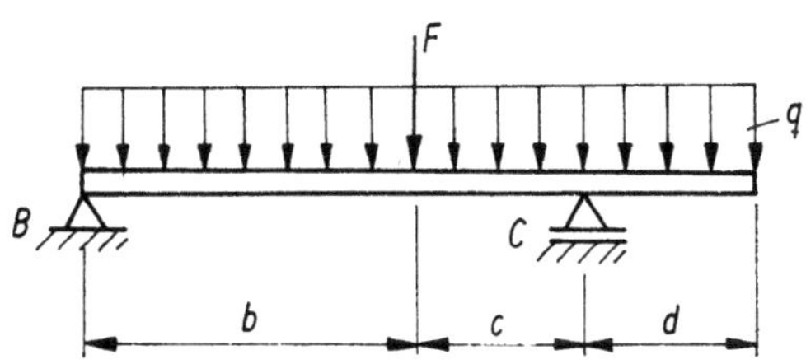

Bild F 3.20.1

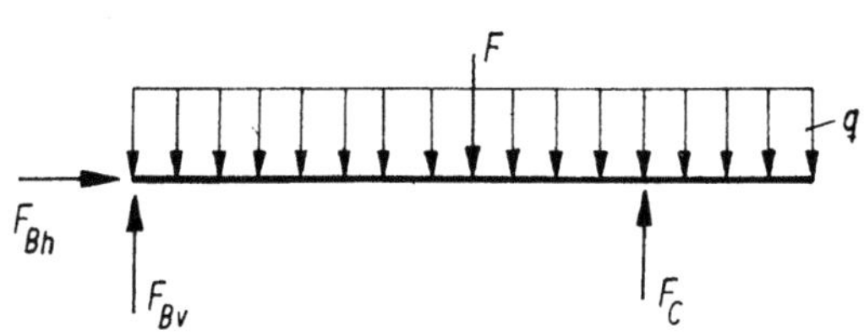

Bild F 3.20.2

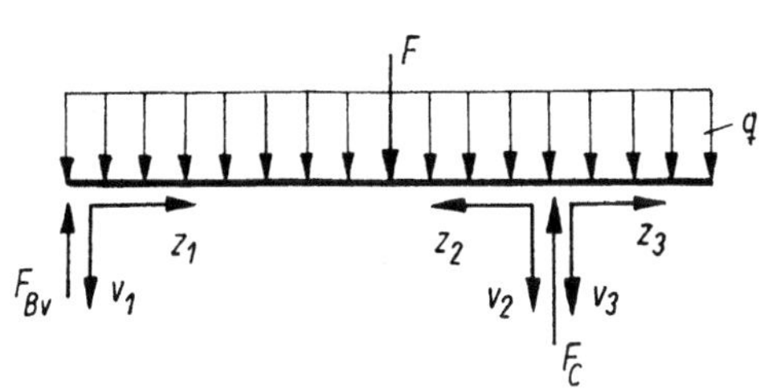

Bild F 3.20.3

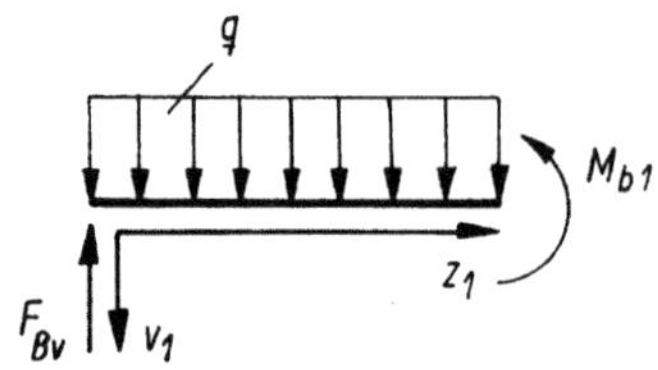

Bild F 3.20.4

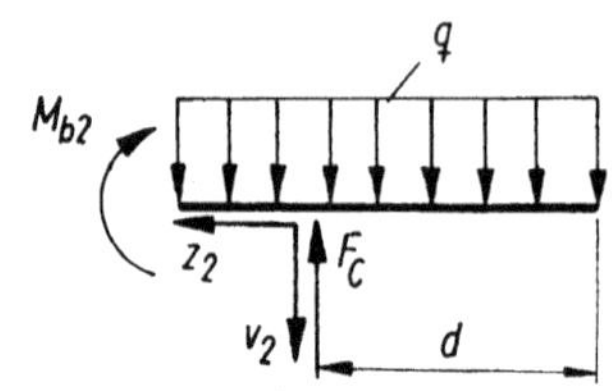

Bild F 3.20.5

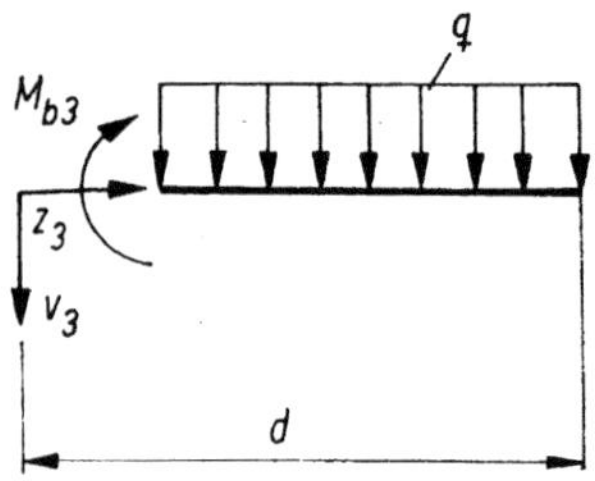

Bild F 3.20.6

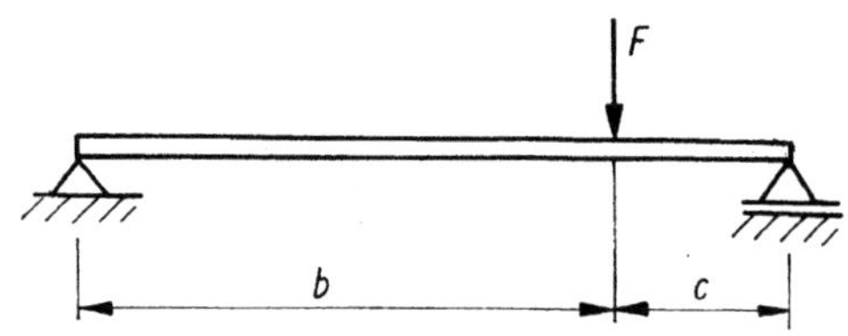

Bild F 3.20.7

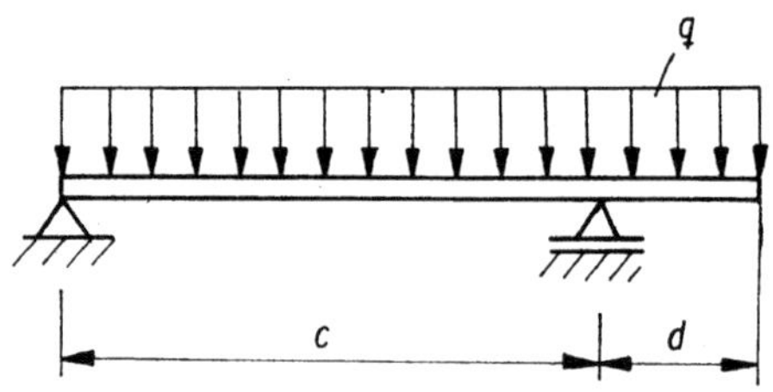

Bild F 3.20.8

1. Schritt: Auflagerreaktion ermitteln ($b + c + d = l$)

$$\curvearrowleft B:\ F_C(b + c) - \frac{ql^2}{2} - Fb = 0 \Rightarrow F_C = \frac{1}{b + c}\left(Fb + \frac{ql^2}{2}\right) \tag{1}$$

$$\curvearrowleft C:\ -F_B(b + c) + ql\left(b + c - \frac{l}{2}\right) + Fc = 0 \Rightarrow F_B$$

$$= \frac{1}{b + c}\left[Fc + ql(b + c) - q\,\frac{l^2}{2}\right] \tag{2}$$

2. Schritt: Bereiche einteilen, Koordinatensysteme wählen

3. Schritt: Freischneiden, M_{bi} ermitteln, integrieren

$$M_{b1} = F_B z_1 - \frac{qz_1^2}{2} = -EIv_1''$$

$$EIv_1' = -F_B\,\frac{z_1^2}{2} + \frac{qz_1^3}{6} + C_1$$

$$EIv_1 = -F_B\,\frac{z_1^3}{6} + \frac{qz_1^4}{24} + C_1 z_1 + C_2$$

$$M_{b2} = F_C z_2 - \frac{q}{2}(d + z_2)^2 = -EIv_2''$$

$$EIv_2' = -F_C \frac{z_2^2}{2} + \frac{q}{2}\left(d^2 z_2 + dz_2^2 + \frac{z_2^3}{3}\right) + C_3$$

$$EIv_2 = -F_C \frac{z_2^3}{6} + \frac{q}{2}\left(\frac{d^2 z_2^2}{2} + \frac{dz_2^3}{3} + \frac{z_2^4}{12}\right) + C_3 z_2 + C_4$$

$$M_{b3} = -\frac{q}{2}(d - z_3)^2 = -EIv_3''$$

$$EIv_3' = \frac{q}{2}\left(d^2 z_3 - dz_3^2 + \frac{z_3^3}{3}\right) + C_5$$

$$EIv_3 = \frac{q}{2}\left(\frac{d^2 z_3^2}{2} - \frac{dz_3^3}{3} + \frac{z_3^4}{12}\right) + C_5 z_3 + C_6$$

4. Schritt: Randbedingungen formulieren, Konstanten bestimmen

① $v_1(0) = 0$ ② $v_2(0) = 0$ ③ $v_3(0) = 0$

④ $v_1(b) = v_2(c)$ ⑤ $v_1'(b) = -v_2'(c)$ ⑥ $v_2'(0) = -v_3'(0)$

①: $C_2 = 0$ ②: $C_4 = 0$ ③: $C_6 = 0$

$$④: \; -F_B \frac{b^3}{6} + q\frac{b^4}{24} + C_1 b = -F_C \frac{c^3}{6} + \frac{q}{2}\left(\frac{d^2c^2}{2} + \frac{dc^3}{3} + \frac{c^4}{12}\right) + C_3 c \quad \Big| \; 1 \; \Big| \; 1$$

$$⑤: \; -F_B \frac{b^2}{2} + q\frac{b^3}{6} + C_1 = F_C \frac{c^2}{2} - \frac{q}{2}\left(d^2 c + dc^2 + \frac{c^3}{3}\right) - C_3 \quad \Big| \; c \; \Big| \; -b$$

⑥: $C_3 = -C_5$

Damit

$$-F_B\left(\frac{b^3}{6} - \frac{b^2 c}{2}\right) + q\left(\frac{b^4}{24} + \frac{b^3 c}{6}\right) + C_1(b + c) = F_C \frac{c^3}{3} - \frac{q}{2}\left(\frac{d^2c^2}{2} + \frac{2dc^3}{3} + \frac{c^4}{4}\right)$$

$$C_1 = \frac{1}{b + c}\left[F_C \frac{c^3}{3} + F_B \frac{b^2}{2}\left(\frac{b}{3} + c\right) - \frac{q}{2}\left(\frac{d^2c^2}{2} + \frac{2dc^3}{3} + \frac{c^4}{4} + \frac{b^4}{12} + \frac{b^3 c}{3}\right)\right]$$

$$F_B \frac{b^3}{3} - \frac{qb^4}{8} = -F_C\left(\frac{c^3}{6} + \frac{c^2 b}{2}\right)$$
$$+ \frac{q}{2}\left(\frac{d^2c^2}{2} + \frac{dc^3}{3} + \frac{c^4}{12} + d^2cb + dc^2b + \frac{c^3 b}{3}\right) + C_3(c + b)$$

$$C_3 = \frac{1}{b + c}\left[F_B \frac{b^3}{3} + F_C \frac{c^2}{2}\left(b + \frac{c}{3}\right)\right.$$
$$\left. - \frac{q}{2}\left(\frac{b^4}{4} + \frac{c^2d^2}{2} + \frac{c^3 d}{3} + \frac{c^4}{12} + bcd^2 + bc^2d + \frac{bc^3}{3}\right)\right] = -C_5$$

Sonderfall 1: $q = 0$, $d = 0$, $l = b + c$ (Bild F 3.20.7)

$$F_C = \frac{Fb}{b + c} \qquad F_B = \frac{Fc}{b + c}$$

$$C_1 = \frac{F}{(b + c)^2}\left(\frac{bc^3}{3} + \frac{b^3c}{6} + \frac{b^2c^2}{2}\right) = \frac{Fbc}{6l^2}(2c^2 + b^2 + 3bc) = \frac{Fbc}{6l}(l + c)$$

$$C_3 = \frac{F}{(b + c)^2}\left(\frac{b^3c}{3} + \frac{b^2c^2}{2} + \frac{bc^3}{6}\right) = \frac{Fbc}{6l^2}(2b^2 + 3bc + c^2) = \frac{Fbc}{6l}(l + b)$$

Demnach erhalten wir

$$EIv_1' = \frac{Fbc}{6l}\left(l + c - \frac{3z_1^2}{b}\right)$$

$$EIv_1 = \frac{Fbc}{6l}\left[(l + c)\,z_1 - \frac{z_1^3}{b}\right]$$

$$EIv_2' = \frac{Fbc}{6l}\left(l + b - 3\,\frac{z_2^2}{c}\right)$$

$$EIv_2 = \frac{Fbc}{6l}\left[(l + b)\,z_2 - \frac{z_2^3}{c}\right]$$

Durchsenkung und Neigung an der Lastangriffsstelle

$$v_1(b) = \frac{Fbc}{6lEI}[(l + c)\,b - b^2] = \frac{Fb^2c^2}{3EI} = v_2(c)$$

$$v_1'(b) = \frac{Fbc}{6lEI}(l + c - 3b) = \frac{Fbc}{3lEI}(c - b) = -v_1'(c)$$

Lagerneigung

$$v_1'(0) = \frac{Fbc}{6lEI}(l + c)$$

$$v_2'(0) = \frac{Fbc}{6lEI}(l + b)$$

Die größte Verschiebung tritt an der Stelle $v' = 0$ auf. Für $b > c$ ist eine horizontale Tangente an den Träger nur im Bereich $0 \leqq z_1 \leqq b$ möglich. Aus $v_1' = 0$ folgt der Ort des Durchbiegungsmaximums,

$$z_{1\max} = \sqrt{\frac{b(l + c)}{3}}$$

und die größte Durchsenkung ergibt sich zu

$$v_{1\max} = v_1(z_{1\max}) = \frac{Fbc}{6lEI}\sqrt{\frac{b(l + c)}{3}}\left(-\frac{l + c}{3} + l + c\right) = \frac{Fbc(l + c)}{9lEI}\sqrt{\frac{b(l + c)}{3}}$$

Falls die Kraft in Trägermitte angreift, d. h., $b = c = \frac{l}{2}$, erhalten wir

$$v_1\left(\frac{l}{2}\right) = v_{1\max} = \frac{Fl^3}{48EI} \qquad v_1'\left(\frac{l}{2}\right) = 0$$

$$v_1'(0) = \frac{Fl^2}{16EI} \quad \text{(Lagerneigung)}$$

Sonderfall 2: $F = 0,\ b = 0,\ l = c + d$ (Bild F 3.20.8)

$$F_C = \frac{ql^2}{2c} \qquad F_B = \frac{ql}{2c}(c - d)$$

$$C_1 = \frac{q}{c}\left[\frac{l^2}{2c}\frac{c^3}{3} - \frac{1}{2}\left(\frac{c^2d^2}{2} + \frac{2dc^3}{3} + \frac{c^4}{4}\right)\right]$$

$$C_3 = \frac{q}{c}\left[\frac{l^2}{2c}\frac{c^3}{6} - \frac{1}{2}\left(\frac{c^2d^2}{2} + \frac{c^3d}{3} + \frac{c^4}{12}\right)\right]$$

Falls $d = 0$: $\quad C_1 = \dfrac{ql^3}{24} = C_3$

und

$$EIv_1' = \frac{-qlz_1^2}{4} + \frac{qz_1^3}{6} + \frac{ql^3}{24}$$

$$EIv_1 = -\frac{qlz_1^3}{12} + \frac{qz_1^4}{24} + \frac{ql^3z_1}{24}$$

$$v_1'(0) = \frac{ql^3}{24EI} \quad \text{(Lagerneigung bei } B\text{)}$$

$$v_1'(l) = -\frac{ql^3}{24EI} \quad \text{(Lagerneigung bei } C\text{)}$$

$$v_1'\left(\frac{l}{2}\right) = 0 \qquad v_1\left(\frac{l}{2}\right) = \frac{5ql^4}{384EI} = v_{1\max}$$

Beispiel 9:

Ein Träger der Länge $l = b + c$ trägt die Streckenlast q. Er ist bei B eingespannt und bei C auf einem Loslager abgestützt. EI = konst.
Zu bestimmen ist der Verlauf der Verformungen (Bilder F 3.21).

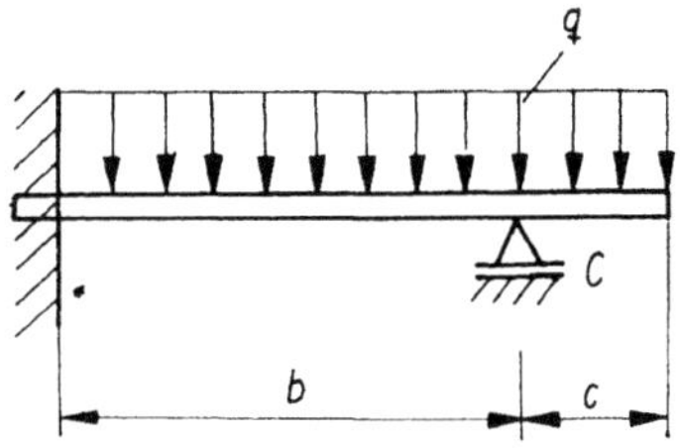

Bild F 3.21.1

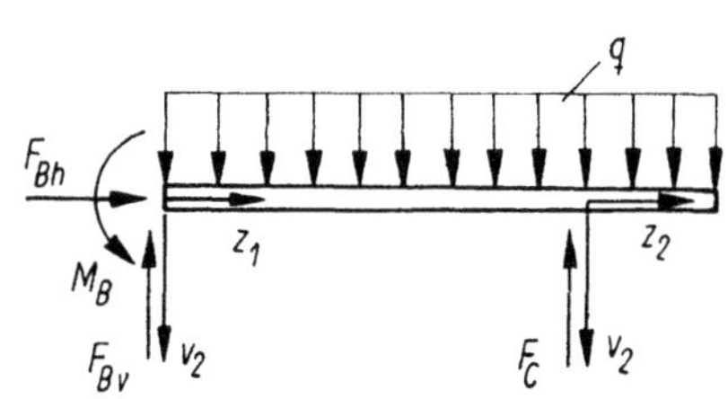

Bild F 3.21.2

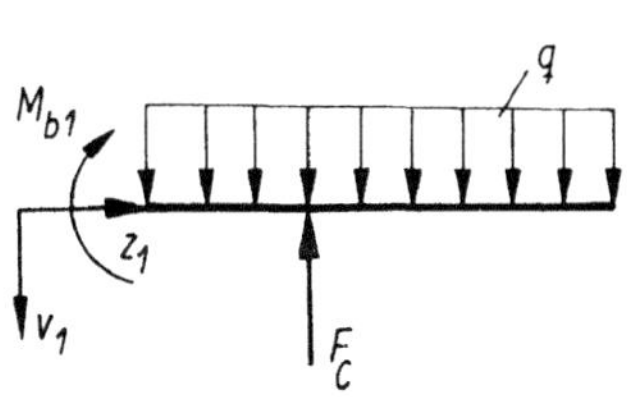

Bild F 3.21.3

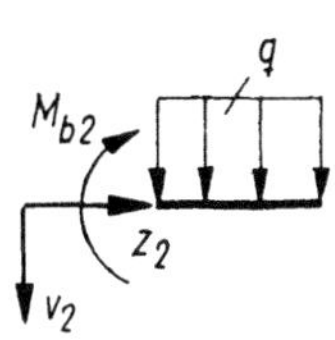

Bild F 3.21.4

1\. Schritt: Freischneiden, Gleichgewichtsbedingungen formulieren, Koordinatensysteme wählen

$$\rightarrow: F_{Bh} = 0 \tag{1}$$

$$\uparrow\ : F_{Bv} + F_C - ql = 0 \tag{2}$$

$$\curvearrowleft B: M_B + F_C b - \frac{ql^2}{2} = 0 \tag{3}$$

Zur Bestimmung der Auflagerreaktionen F_{Bv}, F_C, M_B stehen nur zwei Gleichungen zur Verfügung — das Problem ist statisch unbestimmt.

2\. Schritt: Bereiche freischneiden, M_{bi} formulieren, integrieren

$$M_{b1} = F_C(b - z_1) - \frac{q(l - z_1)^2}{2}$$

$$EIv_1' = -F_C\left(bz_1 - \frac{z_1^2}{2}\right) + \frac{q}{2}\left(l^2 z_1 - lz_1^2 + \frac{z_1^3}{3}\right) + C_1 \tag{4}$$

$$EIv_1 = -F_C\left(\frac{bz_1^2}{2} - \frac{z_1^3}{6}\right) + \frac{q}{2}\left(\frac{l^2 z_1^2}{2} - \frac{lz_1^3}{3} + \frac{z_1^4}{12}\right) + C_1 z_1 + C_2 \tag{5}$$

$$M_{b2} = -\frac{q(c - z_2)^2}{2}$$

$$EIv_2' = \frac{q}{2}\left(c^2 z_2 - cz_2^2 + \frac{z_2^3}{3}\right) + C_3 \tag{6}$$

$$EIv_2 = \frac{q}{2}\left(\frac{c^2 z_2^2}{2} - \frac{cz_2^3}{3} + \frac{z_2^4}{12}\right) + C_3 z_2 + C_4 \tag{7}$$

3\. Schritt: Randbedingungen formulieren, Konstanten und Auflagerreaktionen bestimmen

In den Gleichungen (4) bis (7) steht neben den vier Konstanten (jeweils zwei in einem Bereich) noch die unbekannte Auflagerkraft F_C.
Zur Bestimmung der 7 Unbekannten (F_C, F_{Bv}, M_B, C_1, C_2, C_3, C_4) stehen die Gleichungen (2) und (3) und die folgenden 5 Rand- und Übergangsbedingungen zur Verfügung.

$v_1(0) = 0$ (8) $v_1'(0) = 0$ (9) $v_2(0) = 0$ (10)

$v_1(b) = 0$ (11) $v_1'(b) = v_2'(0)$ (12)

(8): $C_2 = 0$ (9): $C_1 = 0$ (10): $C_4 = 0$

(11): $$-F_C\frac{b^3}{3} + \frac{q}{2}\left(\frac{l^2 b^2}{2} - \frac{lb^3}{3} + \frac{b^4}{12}\right) = 0 \tag{13}$$

(12): $$-F_C\frac{b^2}{2} + \frac{q}{2}\left(l^2 b - lb^2 + \frac{b^3}{3}\right) = C_3 \tag{14}$$

(13): $$F_C = \frac{q}{8}\left(\frac{6l^2}{b} - 4l + b\right)$$

(14): $$C_3 = \frac{q}{2}\left(l^2 b - lb^2 + \frac{b^3}{3} - \frac{3}{4}bl^2 + \frac{1}{2}b^2 l - \frac{b^3}{8}\right) = \frac{q}{48}(6l^2 b - 12lb^2 + 5b^3)$$

Sonderfall 1: $c = 0,\ b = l$

$$F_C = \frac{3}{8}\,ql \qquad F_{Bv} = \frac{5}{8}\,ql \qquad M_B = \frac{ql^2}{8}$$

$$EIv_1' = \frac{q}{2}\left(l^2 z_1 - l z_1^2 + \frac{z_1^3}{3} - \frac{3}{4}\,l^2 z_1 + \frac{3}{8}\,l z_1^2\right) = \frac{q}{48}\,(6l^2 z_1 - 15 l z_1^2 + 8 z_1^3)$$

$$EIv_1 = \frac{q}{2}\left(\frac{l^2 z_1^2}{2} - \frac{l z_1^3}{3} + \frac{z_1^4}{12} - \frac{3}{8}\,l^2 z_1^2 + \frac{1}{8}\,l z_1^3\right) = \frac{q}{48}\,(3l^2 z_1^2 - 5 l z_1^3 + 2 z_1^4)$$

$$v_1'(l) = -\frac{ql^3}{48EI} \qquad v_1\left(\frac{l}{2}\right) = \frac{ql^4}{192EI}$$

Die Neigung v_1' verschwindet für $z_1 = 0$ (Einspannstelle) und für

$$z_1^2 - \frac{15}{8}\,l z_1 + \frac{3}{4}\,l^2 = 0$$

$$z_1 = +\frac{15}{16}\,l\,(\pm)\,l\,\sqrt{\frac{225}{256} - \frac{3}{4}} = \frac{l}{16}\left(15 - \sqrt{33}\right)$$

Sonderfall 2: $c = b = \dfrac{l}{2}$

$$F_C = \frac{17}{16}\,ql \qquad F_{Bv} = -\frac{ql}{16} \qquad M_B = -\frac{ql^2}{32}$$

$$C_3 = \frac{ql^3}{48}\left(3 - 3 + \frac{5}{8}\right) = \frac{5ql^3}{384}$$

$$EIv_1' = \frac{q}{96}\,(-3l^2 z_1 + 3 l z_1^2 + 16 z_1^3)$$

$$EIv_1 = \frac{q}{192}\,(-3l^2 z_1^2 + 2 l z_1^3 + 8 z_1^4)$$

$$EIv_2' = q\left(\frac{l^2 z_2}{8} - \frac{l z_2^2}{4} + \frac{z_2^3}{6} + \frac{5l^3}{384}\right)$$

$$EIv_2 = q\left(\frac{l^2 z_2^2}{16} - \frac{l z_2^3}{12} + \frac{z_2^4}{24} + \frac{5l^3 z_2}{384}\right)$$

Beispiel 10:

Für den Träger gemäß Bild F 3.22.1 sind die Bereiche zur Berechnung der Verformungen anzugeben sowie die Randbedingungen zu formulieren.

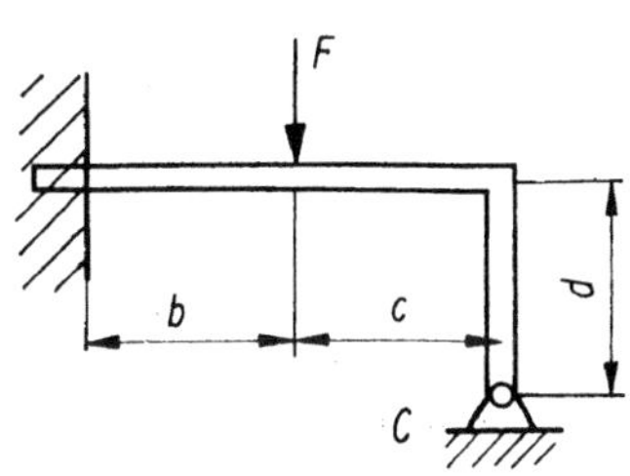

Bild F 3.22.1

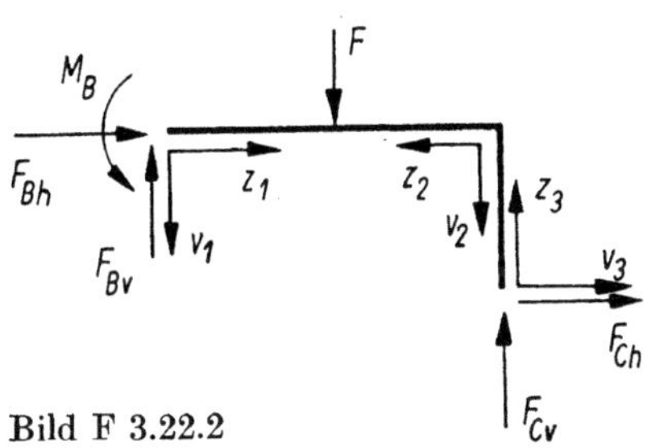

Bild F 3.22.2

Das Problem ist zweifach statisch unbestimmt. Zur Bestimmung der 5 Auflagerreaktionen und der 6 Konstanten stehen die drei Gleichgewichtsbedingungen zur Verfügung, und es können die folgenden 8 Randbedingungen formuliert werden (Bild F 3.22.2):

$v_1(0) = 0$	(1)	$v_2(0) = 0$	(5)
$v_1'(0) = 0$	(2)	$v_3(0) = 0$	(6)
$v_1(b) = v_2(c)$	(3)	$v_3(d) = 0$	(7)
$v_1'(b) = -v_2'(c)$	(4)	$v_2'(0) = -v_3'(d)$	(8)

Bei den Bedingungen (5) und (7) werden Verformungen durch Längskräfte nicht berücksichtigt. Die Minuszeichen in den Beziehungen (4) und (8) müssen beim Vergleich der Balkenneigung geschrieben werden, weil sich die Koordinatensysteme, mit denen die Übergangsbedingungen formuliert werden, nicht durch Drehen in der Ebene zur Deckung bringen lassen.
Die Verformung der biegesteifen Balkenecke wird z. B. durch die Systeme 2 und 3 beschrieben.

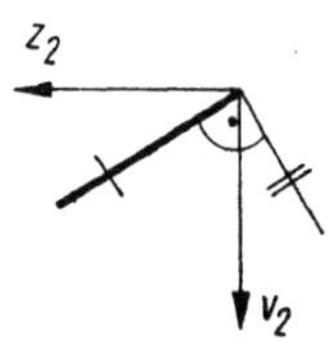

Bild F 3.22.3

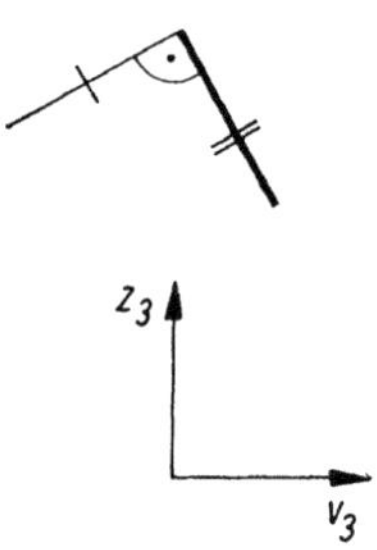

Bild F 3.22.4

Der rechte Winkel bleibt erhalten, und der dick ausgezogene Schenkel in Bild F 3.22.3 ist positiv geneigt. Im Gegensatz dazu erkennen wir aus Bild F 3.22.4, daß für wachsende z_3 die Durchbiegung v_3 abnimmt. Dies entspricht einer negativen Neigung.

3.7. Zusammenfassung

Biegung ist die Belastungsart, die im allgemeinen Maschinenbau am häufigsten auftritt. Die in diesem Abschnitt hergeleiteten Beziehungen gelten streng nur für reine Biegung, können aber mit guter Näherung auch für Querkraftbiegung angewendet werden, wenn die Länge eines Trägers groß ist gegenüber seinen Querschnittsabmessungen.
Die Biegespannungen sind linear über der Querschnittsfläche verteilt. Im Träger gibt es eine spannungsfreie Schicht (Nullschicht), auf der in Balkenlängsrichtung die Verbindungslinie sämtlicher Querschnittsschwerpunkte liegt (neutrale Faser). Im Trägerquerschnitt ist die Spur der Nullschicht eine Gerade, die wir Spannungsnullinie nennen. Sie fällt mit dem Momentenvektor nur dann zusammen, wenn die Biegung um eine Querschnittshauptachse erfolgt. Für Querschnittshauptachsen verschwindet das Deviationsmoment I_{xy} (gerade Biegung), und die äquatorialen Trägheitsmomente nehmen Extremwerte an. Eine Symmetrieachse und die dazu senkrechte Achse sind stets Hauptachsen.
Die Durchbiegung v eines auf gerade Biegung beanspruchten Balkens wird, falls das Moment $M_{bi}(z)$ in jedem Balkenabschnitt angegeben werden kann, aus einer Differentialgleichung zweiter Ordnung, der Grundgleichung der elastischen Linien, gewonnen. Die bei der Integration auftretenden Konstanten sind aus den Rand- und Übergangsbedingungen für die Balkendurchbiegung v_i und Balkenneigung v_i' zu ermitteln.

4. Schubbeanspruchungen infolge Querkraft

Die in Abschn. 3. zum Berechnen der Biegespannungen und -verformungen hergeleiteten Beziehungen basieren auf der BERNOULLI-Hypothese vom Ebenbleiben der Querschnitte und gelten somit streng nur für reine querkraftfreie Biegung. Sie können jedoch in guter Näherung auch bei Querkraftbiegung benutzt werden. In diesem Abschnitt werden aus den Erkenntnissen des Abschnitts 3. Gleichungen zur Ermittlung der Schubspannungsverteilung hergeleitet, die genügend genau mit den tatsächlich auftretenden und meßbaren Ergebnissen übereinstimmen. Ferner werden an einem konkreten Beispiel Schubspannungen mit Biegespannungen und Schubverformungen mit Biegeverformungen verglichen und dabei festgestellt, daß für schlanke Träger i. allg. die Schubbeanspruchungen gegenüber den Biegebeanspruchungen vernachlässigt werden dürfen.

4.1. Querkraftschubspannungen

Wir betrachten einen geraden prismatischen Träger, der in einer Hauptachse durch eine Querkraft beansprucht wird (Bild F 4.1.1). Aus diesem Träger schneiden wir ein Element $\tilde{A}$ dz frei.
$\tilde{A}$ ist die oberhalb y liegende »Restfläche«. An diesem Element stellen wir eine Kräftebilanz in z-Richtung auf (Bild F 4.1.2). An der Fläche z = konst greift die Normalspannung σ_z an, die bei $z + \mathrm{d}z$ den Wert $\sigma_z + \dfrac{\partial \sigma_z}{\partial z}\,\mathrm{d}z$ annimmt.
Die Deckfläche ($y = y_{\max}$) ist schubspannungsfrei, und von den Schubspannungen τ_{yz} an der Fläche y = konst nehmen wir an, daß sie nicht von x abhängen. (Bei dieser Annahme arbeiten wir mit einem Mittelwert, von dem aber die mit wesentlich grö-

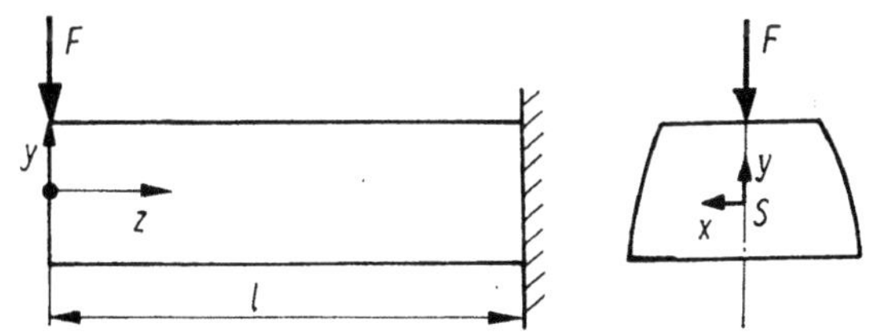

Bild F 4.1.1

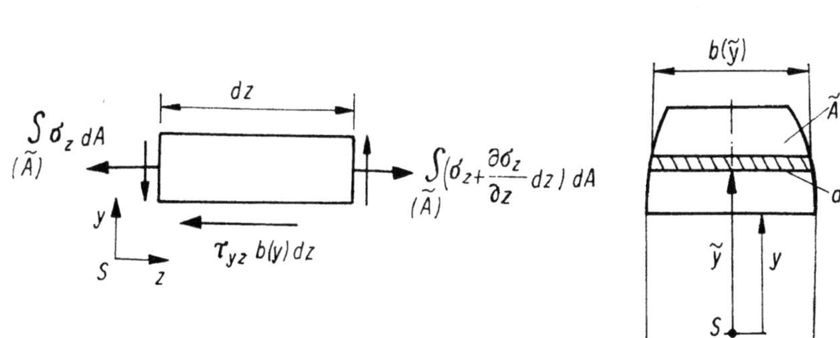

Bild F 4.1.2

ßerem Aufwand zu errechnenden exakten Spannungen nur geringfügig abweichen.) Von den Schubspannungen bei z bzw. $z + \mathrm{d}z$ nehmen wir an, daß sie parallel zur y-Achse verlaufen. Auch das ist eine Näherung, die aber hinreichend genau gilt, wenn sich $b(y)$ nicht zu stark ändert.

$$\rightarrow : (z) \int\limits_{(\tilde{A})} \left(\sigma_z + \frac{\partial \sigma_z}{\partial z}\,\mathrm{d}z\right) \mathrm{d}A - \int\limits_{(\tilde{A})} \sigma_z \,\mathrm{d}A - \tau_{yz} b(y)\,\mathrm{d}z = 0$$

$$\tau_{yz} = \frac{1}{b(y)} \int\limits_{(\tilde{A})} \frac{\partial \sigma_z}{\partial z}\,\mathrm{d}A \tag{4.1}$$

Für σ_z erhalten wir aus Abschn. 3. für gerade Biegung

$$\sigma_z = \frac{M_{bx}(z)}{I_{xx}}\,\tilde{y}$$

und daraus wegen $\dfrac{\mathrm{d}M_{bx}(z)}{\mathrm{d}z} = F_Q$

$$\frac{\partial \sigma_z}{\partial z} = \frac{F_Q}{I_{xx}}\,\tilde{y}$$

und somit

$$\tau(y) = \frac{F_Q}{b(y)\,I_{xx}} \int\limits_{(\tilde{A})} \tilde{y}\,\mathrm{d}A = \frac{F_Q S_x(y)}{b(y)\,I_{xx}} \tag{4.2}$$

Dabei ist

$$S_x(y) = \int\limits_{(\tilde{A})} \tilde{y}\,\mathrm{d}A = \int\limits_{y}^{y_{\max}} \tilde{y} b(\tilde{y})\,\mathrm{d}\tilde{y}$$

das statische Moment der zwischen y und $y_{\max}$ liegenden Restfläche $\tilde{A}$.

Beispiele:

1. Zu bestimmen ist die Schubspannungsverteilung in einem Träger mit Rechteckquerschnitt $A = bh$ (Bild F 4.2).

$$I_{xx} = \frac{bh^3}{12}$$

$$S_x(y) = \int\limits_{y}^{h/2} b\tilde{y}\,\mathrm{d}\tilde{y} = \frac{b}{2}\left(\frac{h^2}{4} - y^2\right)$$

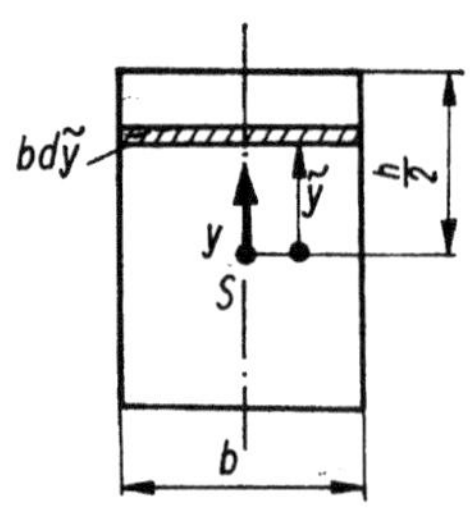

Bild F 4.2

Das statische Moment verschwindet für $y = \pm\frac{h}{2}$ und erreicht seinen Größtwert für $y = 0$. Es kann auch aus dem Produkt Restfläche · Schwerpunktabstand der Restfläche berechnet werden

$$S_x(y) = b\left(\frac{h}{2} - y\right) \cdot \frac{1}{2}\left(\frac{h}{2} + y\right)$$

Für die Verteilung der Schubspannungen über dem Querschnitt erhalten wir aus (4.2)

$$\tau(y) = \frac{6F_Q}{bh^3}\left(\frac{h^2}{4} - y^2\right) = \frac{3}{2}\frac{F_Q}{A}\left[1 - \left(\frac{2y}{h}\right)^2\right]$$

Die Schubspannungen sind parabolisch über dem Querschnitt verteilt. Das Maximum der Schubspannungen bei $y = 0$ liegt um 50% über dem häufig gebrauchten Mittelwert $\frac{F_Q}{A}$, und für $y = \pm\frac{h}{2}$ verschwinden die Schubspannungen, weil das Gesetz von der Gleichheit zugeordneter Schubspannungen gilt und die Deckflächen schubspannungsfrei sind.
Um die Größenordnung der Spannungen abzuschätzen, berechnen wir für einen einseitig eingespannten Träger der Länge l die größten Biege- bzw. Schubspannungen und erhalten

$$\sigma_{z\max} = \frac{6Fl}{bh^2} \quad \text{und} \quad \tau_{\max} = \frac{3}{2}\frac{F}{bh} \quad \text{bzw.} \quad \frac{\tau_{\max}}{\sigma_{z\max}} = \frac{h}{4l}$$

Für schlanke Träger ($h \ll l$) kann der Schubspannungseinfluß gegenüber dem Biegespannungseinfluß vernachlässigt werden!

2. Für einen Träger mit Kreisringquerschnitt (Bild F 4.3) ist die größte Schubspannung zu berechnen.
Die größte Schubspannung tritt bei $y = 0$ auf, und es gilt

$$b(0) = 2(R_a - R_i)$$

$$I_{xx} = \pi\frac{R_a^4 - R_i^4}{4}$$

$$S_x(0) = \frac{R_a^2\pi}{2}\frac{4R_a}{3\pi} - \frac{R_i^2\pi}{2}\frac{4R_i}{3\pi} = \frac{2}{3}(R_a^3 - R_i^3)$$

$$\tau_{\max} = \frac{4(R_a^3 - R_i^3)F_Q}{3\pi(R_a^4 - R_i^4)(R_a - R_i)}$$

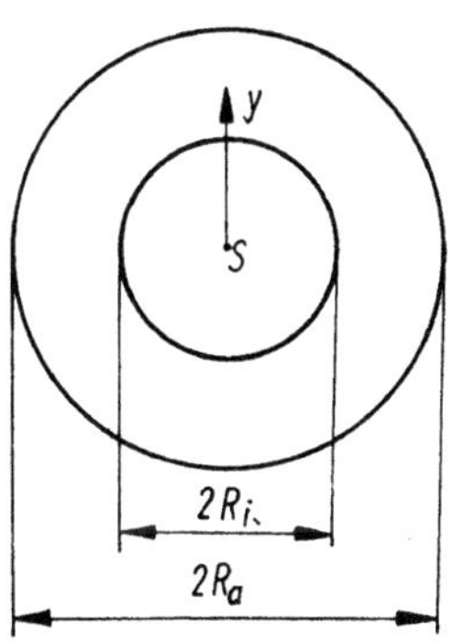

Bild F 4.3

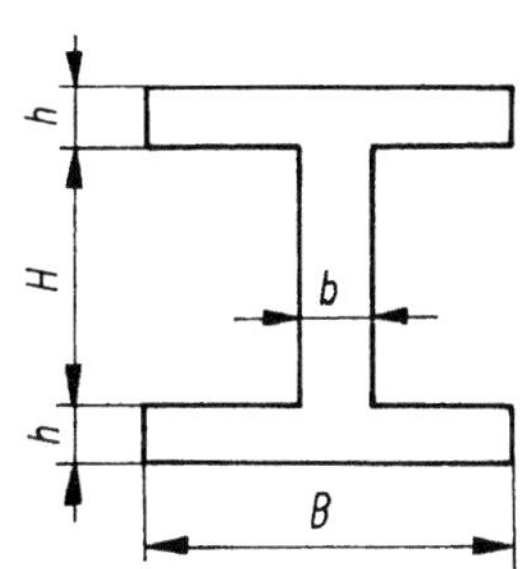

Bild F 4.4

Daraus folgt für den Vollquerschnitt mit $R_i = 0$ und $R_a^2\pi = A$

$$\tau_{max} = \frac{4}{3}\frac{F_Q}{A}$$

Für ein dünnwandiges Rohr mit $R \approx R_a \approx R_i$, aber $R_a - R_i = h$, d. h., $h \ll R$ und $A = 2\pi Rh$, erhalten wir $\tau_{max} = 2\,\frac{F_Q}{A}$.

3. Für einen Träger mit I-Querschnitt sind die Schubspannungen im Steg zu ermitteln (Bild F 4.4).

$$I_{xx} = \frac{1}{12}\left[B(H + 2h)^3 - (B - b)\,H^3\right]$$

$$S_x(y) = Bh\,\frac{1}{2}\,(H + h) + b\left(\frac{H}{2} - y\right)\cdot\frac{1}{2}\left(\frac{H}{2} + y\right)$$

$$= \frac{1}{2}\left[Bh(H + h) + b\left(\frac{H^2}{4} - y^2\right)\right]$$

$$\tau_{Steg} = \frac{6F_Q\left[Bh(H + h) + b\left(\frac{H^2}{4} - y^2\right)\right]}{b[B(H + 2h)^3 - (B - b)\,H^3]}$$

Für angenommene Zahlenwerte, z. B. $B = 10b$ und $H = 10h$ erhalten wir daraus

$$\tau_{Steg} = \frac{6F_Q\left\{10\cdot 11 + 25\left[1 - \left(\frac{2y}{H}\right)^2\right]\right\}}{bh[10\cdot 12^3 - 9\cdot 10^3]}$$

$$\tau_{Steg}(0) = \frac{2F_Q}{bh}\,\frac{135}{5760 - 3000} = \frac{270}{276}\,\frac{F_Q}{bH}$$

$$\tau_{Steg}\left(\frac{H}{2}\right) = \frac{220}{276}\,\frac{F_Q}{bH}$$

Näherungsweise können wir bei allen dünnwandigen Profilen mit »Funktionsteilung«, d. h., die Flansche bzw. Stringer nehmen den Biegeanteil, der Steg bzw. das Schubfeld nimmt den Querkraftschub auf, schreiben

$$\tau \approx \frac{F_Q}{A_{Steg}}$$

4. Ein I-Träger ist aus einem Stegblech (A_1), 2 Gurtblechen (A_2) und 4 Winkelprofilen (A_3; $80 \times 80 \times 10$) zusammengesetzt. Er hat die Querkraft F_Q zu übertragen (Bild F 4.5). Die Nietteilung für Kopf- und Halsniete ist gleich ($t_K = t_H$).

Gegeben: $F_Q = 80\,000$ N, $t_K = t_H = 50$ mm, $A_1 = 3200$ mm², $A_2 = 1700$ mm², $A_3 = 1510$ mm²;
Trägheitsmoment des I-Trägers: $I_{xx} = 2{,}36\cdot 10^8$ mm⁴;
Abstand Gesamtschwerpunkt – Flächenschwerpunkt: A_2: $y_2 = 165$ mm;
Abstand Gesamtschwerpunkt – Flächenschwerpunkt: A_3: $y_3 = 137$ mm;
zulässige Nietscherspannung: $\tau_{zul} = 140$ MPa

Gesucht: Kopfnietdurchmesser d_K, Halsnietdurchmesser d_H

Aus (4.2) berechnen wir die Kraft, die von einem Niet aufgenommen werden muß:

$$F_N = \tau\cdot b(y)\cdot t = \tau_N A_N = \frac{F_Q\cdot S_x(y)\cdot t}{I_{xx}}$$

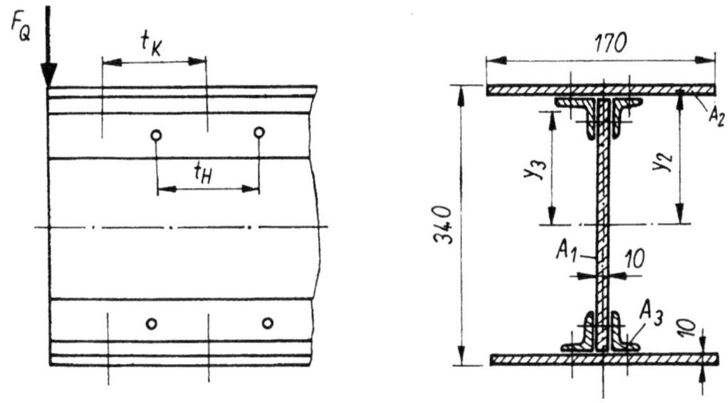

Bild F 4.5

Das statische Moment des Restquerschnitts zur Ermittlung des Halsnietdurchmessers ist

$$S_{xH} = A_2 \cdot y_2 + 2A_3 \cdot y_3 = 6{,}94 \cdot 10^5 \text{ mm}^3$$

und damit die Halsnietkraft

$$F_{NH} = \frac{80000 \cdot 6{,}94 \cdot 10^5 \cdot 50}{2{,}36 \cdot 10^8} \text{ N} = 11760 \text{ N}$$

Es liegt eine zweischnittige Nietverbindung vor, so daß die erforderliche Halsnietquerschnittsfläche

$$A_{NH} = \frac{F_{NH}}{2\tau_{zul}} = 42 \text{ mm}^2$$

beträgt, woraus für den Halsnietdurchmesser folgt

$$d_{NH} = 7{,}31 \text{ mm}; \quad \text{gewählt wird} \quad d_{NH} = 7{,}5 \text{ mm}.$$

Die Berechnung des Kopfnietdurchmessers erfolgt analog

$$S_{xK} = A_2 \cdot y_2 = 2{,}81 \cdot 10^5 \text{ mm}^3$$

$$F_{NK} = 4763 \text{ N}$$

Es sind zwei Niete vorhanden

$$A_{NK} = \frac{F_{NK}}{2\tau_{zul}} = 17 \text{ mm}^2$$

$$d_{NK} = 4{,}65 \text{ mm}; \quad \text{gewählt wird} \quad d_{NK} = 5 \text{ mm}.$$

(Auch Schweißnähte werden auf diese Weise dimensioniert.)

4.2. Querkraftschubverformungen

Schubspannungen (τ) verursachen Gleitungen (γ), und mit der Beziehung

$$v_{\text{Schub}} \approx \gamma \cdot l = \frac{\tau}{G} l \approx \frac{F \cdot l}{G \cdot A}$$

kann eine erste grobe Abschätzung der Durchbiegung des in Bild F 4.1.1 skizzierten Kragträgers vorgenommen werden. Dabei wurde allerdings die Schubspannungs-

verteilung über dem Querschnitt nicht berücksichtigt und nur mit dem »Mittelwert« gerechnet. Eine genauere Berechnung, die die Querschnittsform mit berücksichtigt, kann über eine Arbeitsbilanz erfolgen.
Die Formänderungsenergie bei Querkraftschub ist (s. a. Abschn. F 1.6.)

$$W_{\mathrm{F}} = \int_{(V)} W_{\mathrm{F}}^{*} \,\mathrm{d}V = \int_{(V)} \frac{\tau^2}{2G} \,\mathrm{d}V$$

und mit (4.2)

$$W_{\mathrm{F}} = \frac{F_{\mathrm{Q}}^2 l}{2GI_{xx}^2} \int_{(A)} \frac{S_x^2(y)\,\mathrm{d}A}{b^2(y)} = \varkappa \frac{F_{\mathrm{Q}}^2 l}{2GA} \tag{4.3}$$

Der Querschnittsformfaktor $\varkappa$ folgt damit zu

$$\varkappa = \frac{A}{I_{xx}^2} \int_{(A)} \frac{S_x^2(y)\,\mathrm{d}A}{b^2(y)} \tag{4.4}$$

Für einen Träger mit Rechteckquerschnitt (s. Beispiel 1) erhalten wir

$$\varkappa = \frac{bh}{\frac{b^3h^6}{144}} \int_{-h/2}^{+h/2} \frac{b^2}{4} \left(\frac{h^4}{16} - \frac{h^2y^2}{2} + y^4\right) \mathrm{d}y = \frac{6}{5}$$

Aus einem Vergleich der äußeren Arbeit mit der Formänderungsarbeit

$$W_{\mathrm{ä}} = \frac{1}{2} F v_{\mathrm{Schub}} = W_{\mathrm{F}} = \varkappa \frac{F^2 l}{2GA}$$

erhält man für einen Kragträger mit Rechteckquerschnitt

$$v_{\mathrm{Schub}} = \frac{6}{5} \frac{Fl}{GA}$$

(Für einen Kreisquerschnitt gilt $\varkappa = \frac{10}{9}$.)

4.3. Schubmittelpunkt offener dünnwandiger Profile

Bei den bisherigen Untersuchungen blieb völlig unberücksichtigt, daß das Momentengleichgewicht um die Balkenlängsachse (z-Achse) erfüllt sein muß. Das ist nur dann der Fall, wenn die Wirkungslinie der resultierenden Querkraft durch einen bestimmten Punkt, den Schubmittelpunkt T, geht. Trifft dies nicht zu, so wird der Balken zusätzlich tordiert und ein Schubfluß erzeugt, der dem Querkraftschub zu überlagern ist.
Da offene Profile eine sehr geringe Torsionssteifigkeit haben (s. Abschn. 5.), ist es besonders bei diesen notwendig, daß die Wirkungslinie der äußeren Kraft durch den Schubmittelpunkt geht, um unnötige Belastungen durch Torsionsmomente zu

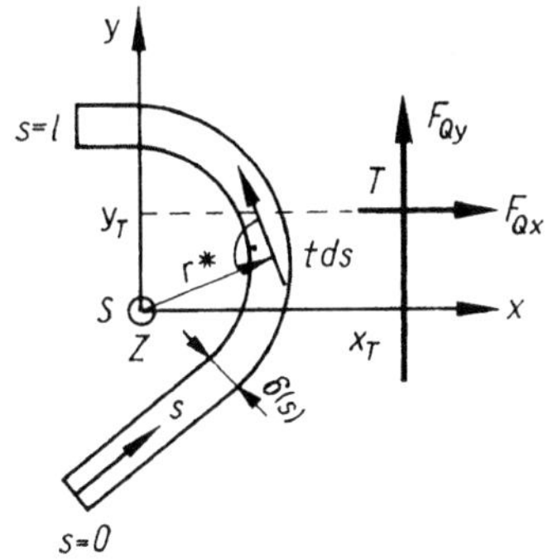

Bild F 4.6

vermeiden. Zum Berechnen der Lage des Schubmittelpunktes stellt man eine Äquivalenzbetrachtung um die Balkenlängsachse auf.
Bezogen auf den Schwerpunkt S (Bild F 4.6) erhält man

$$\int_{s=0}^{l} t r^* \,\mathrm{d}s = F_{\mathrm{Q}y} x_{\mathrm{T}} - F_{\mathrm{Q}x} y_{\mathrm{T}} \tag{4.5}$$

r^* ist dabei der senkrechte Abstand der Schubkraft $t\,\mathrm{d}s = \tau\delta\,\mathrm{d}s$ vom Schwerpunkt; l ist die Länge der Profilmittellinie.
Zur Bestimmung der Koordinaten des Schubmittelpunktes werden Formeln analog (4.2) benutzt.

$$\tau(s)\cdot\delta(s) = t(s) = -\frac{F_{\mathrm{Q}x}}{I_{yy}} S_y(s) - \frac{F_{\mathrm{Q}y}}{I_{xx}} S_x(s) \tag{4.6}$$

und aus (4.5) folgt

$$F_{\mathrm{Q}x}\left[-\frac{1}{I_{yy}}\int_0^l S_y(s)\, r^*\,\mathrm{d}s + y_{\mathrm{T}}\right] - F_{\mathrm{Q}y}\left[\frac{1}{I_{xx}}\int_0^l S_x(s)\, r^*\,\mathrm{d}s + x_{\mathrm{T}}\right] = 0 \tag{4.7}$$

Da die Lage des Schubmittelpunktes unabhängig von $F_{\mathrm{Q}x}$ und $F_{\mathrm{Q}y}$ ist, müssen in (4.7) die Klammern gleich Null sein, d. h.,

$$y_{\mathrm{T}} = \frac{1}{I_{yy}}\int_0^l S_y(s)\, r^*\,\mathrm{d}s$$
$$x_{\mathrm{T}} = -\frac{1}{I_{xx}}\int_0^l S_x(s)\, r^*\,\mathrm{d}s \tag{4.8}$$

Beispiel:

Ein dünnwandiger Träger wird durch die Querkraft $F_{\mathrm{Q}y}$ belastet (Bild F 4.7).

Gegeben: R, α, δ, $\bar{x}$, $\bar{y}$ (Hauptachsensystem)

Gesucht: a) Schubspannungsverteilung
b) Koordinaten des Schubmittelpunktes

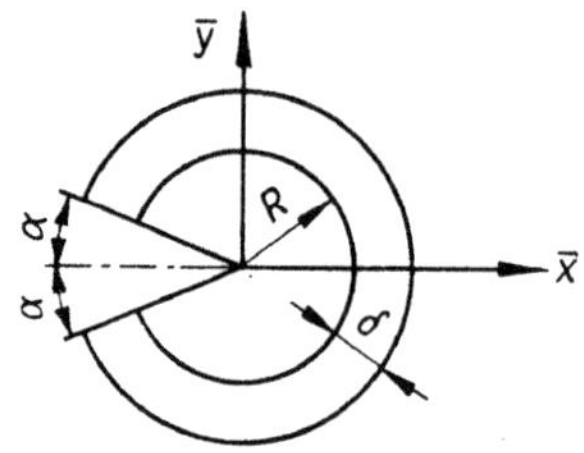

Bild F 4.7

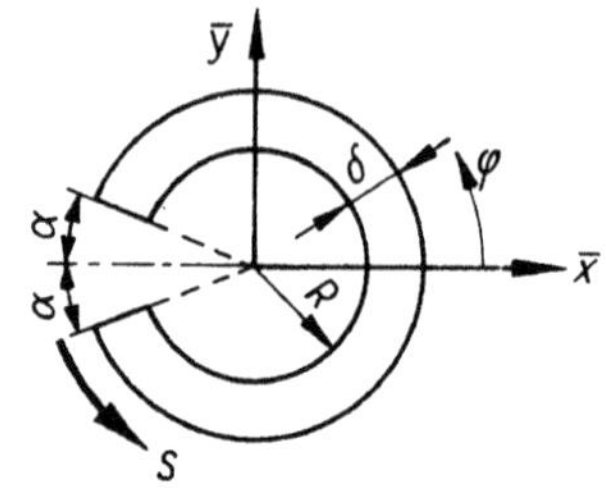

Bild F 4.8

Lösung:

a) Nach Gl. (4.6) gilt für die Schubspannungsverteilung

$$t(s) = -\frac{F_{Qy}}{I_{xx}} S_{\bar{x}}(s)$$

Mit (Bild F 4.8)

$$S_{\bar{x}}(s) = \int_0^s \bar{y}\delta \, ds = -\delta R^2(\cos\alpha + \cos\varphi)$$

und

$$I_{\bar{x}\bar{x}} = 2\int_0^{\pi-\alpha} R^2 \sin^2\varphi R\delta \, d\varphi = R^3\delta(\pi - \alpha + \sin\alpha\cos\alpha)$$

folgt

$$t(\varphi) = \frac{F_{Qy}}{R} \frac{\cos\alpha + \cos\varphi}{\pi - \alpha + \sin\alpha\cos\alpha}$$

Zur Probe stellen wir noch die Äquivalenzbetrachtung in vertikaler Richtung auf

$$F_{Qy} = \int_{-(\pi-\alpha)}^{(\pi-\alpha)} t(\varphi)\cos\varphi R \, d\varphi$$

und erhalten

$$F_{Qy} = \frac{2F_{Qy}}{\pi - \alpha + \sin\alpha\cos\alpha}\left[\cos\alpha\sin\alpha + \frac{\pi-\alpha}{2} - \frac{1}{2}\sin\alpha\cos\alpha\right] = F_{Qy}$$

b) Eine Äquivalenzbetrachtung entsprechend (4.5) ergibt

$$\int_0^l t(s)\, R \, ds = F_{Qy}\bar{x}_T = \frac{F_{Qy}R}{\pi - \alpha + \sin\alpha\cos\alpha}\int_{(\pi-\alpha)}^{(\pi-\alpha)} (\cos\alpha + \cos\varphi)\, d\varphi$$

woraus folgt

$$\bar{x}_T = \frac{(\pi-\alpha)\cos\alpha + \sin\alpha}{\pi - \alpha + \sin\alpha\cos\alpha} 2R$$

Für einen Halbkreisring mit $\alpha = \frac{\pi}{2}$ gilt $\bar{x}_T = \frac{4R}{\pi}$, und für einen geschlitzten Kreisring mit $\alpha = 0$ gilt $\bar{x}_T = 2R$.
Aus Symmetriegründen ist $\bar{y}_T = 0$.

5. Torsion prismatischer Träger

Ein gerader Stab, der an den Enden durch entgegengesetzt gerichtete gleichgroße Momente M_t belastet wird, ist auf reine Torsion beansprucht (Bild F 5.1). An jeder Stelle des Trägers ist nur die Schnittgröße M_t vorhanden, die Schubspannungen erzeugt, deren Verteilung über den Querschnitt zu ermitteln ist. Mit Ausnahme des Kreis- bzw. Kreisringquerschnittes treten bei allen anderen Querschnitten infolge einer derartigen Beanspruchung Verschiebungen in der Stablängsrichtung, sog. Querschnittsverwölbungen, $v_z(x, y)$ auf. Behindert man diese Verformungen, so

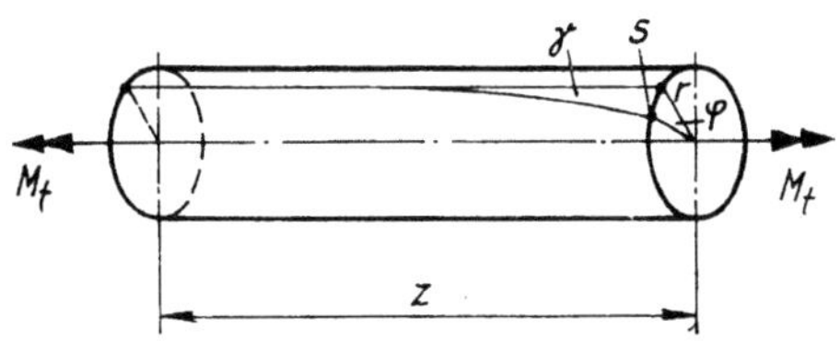

Bild F 5.1

entstehen zusätzliche Längsspannungen $\sigma_z(x, y, z)$, die vor allem bei dünnwandigen Profilen beachtet werden müssen! Wir können hier diese Wölbkrafttorsion nicht behandeln und erörtern in diesem Abschnitt nur die Schubspannungsverteilung im Träger mit Kreisquerschnitt sowie in dünnwandigen einfach und zweifach zusammenhängenden Querschnitten bei reiner Torsion. Außerdem wird die Verformung dieser Träger angegeben.

5.1. Torsion kreiszylindrischer Stäbe

Beanspruchen wir einen Stab der Länge z auf reine Torsion, so können wir eine Verschiebung s an seiner Stirnfläche ausdrücken durch (s. Bild F 5.1)

$$s = r\varphi = z\gamma \tag{5.1}$$

γ ist die Gleitung bzw. Abweichung vom ursprünglich rechten Winkel, und φ ist der Dreh- oder Torsionswinkel. Beziehen wir diesen Winkel auf die Längeneinheit z, so erhalten wir die Drillung oder den Drehwinkel je Längeneinheit

$$\vartheta = \frac{\varphi}{z} = \frac{\gamma}{r} \tag{5.2}$$

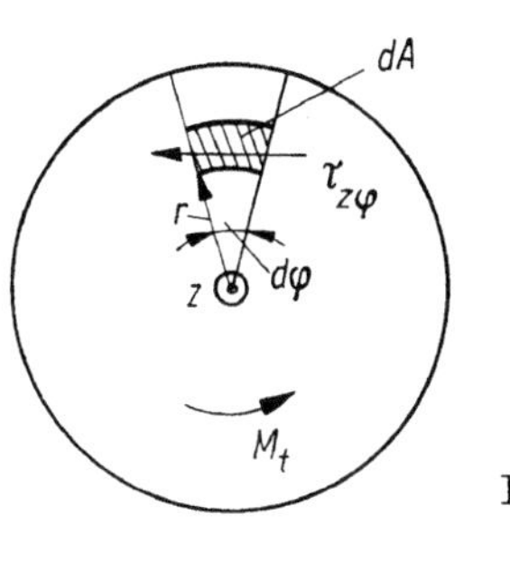

Bild F 5.2

Den Zusammenhang zwischen dem Torsionsmoment M_t und den allein auftretenden Schubspannungen $\tau_{z\varphi}(r) = \tau(r)$ leiten wir aus einer Äquivalenzbetrachtung her (Bild F 5.2)

$$M_t = \int_{(A)} \tau r \, \mathrm{d}A$$

Führen wir in diese Beziehung

$$\tau = G\gamma = G\vartheta r \tag{5.3}$$

ein, so erhalten wir

$$M_t = G\vartheta \int_{(A)} r^2 \, \mathrm{d}A = G\vartheta I_p \tag{5.4}$$

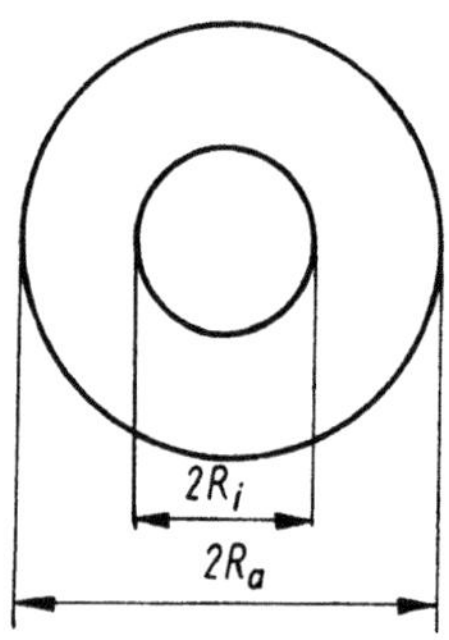

Bild F 5.3.1

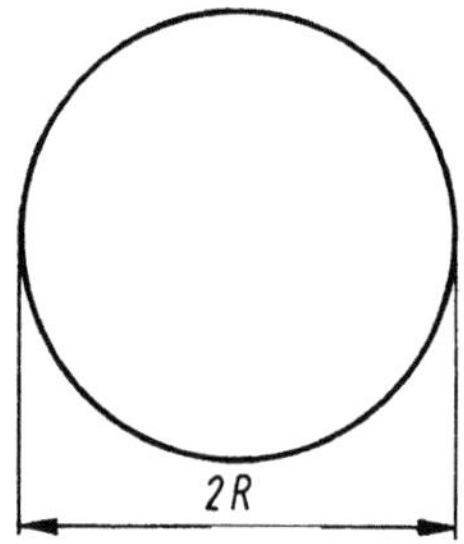

Bild F 5.3.2

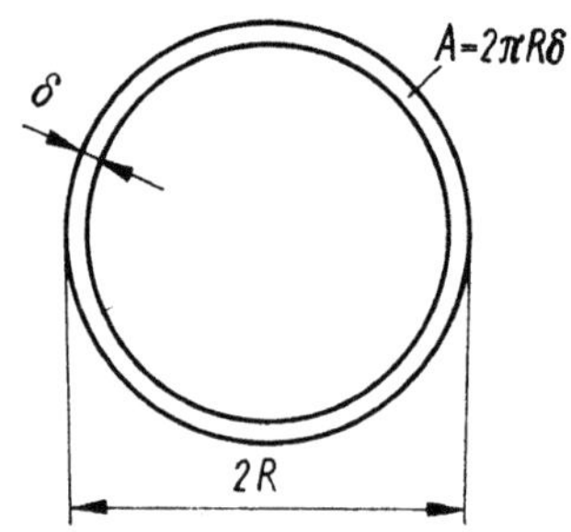

Bild F 5.3.3

I_p ist das polare Trägheitsmoment (s. a Abschn. F 3.2). Für einen Kreisringquerschnitt gilt (Bild F 5.3.1)

$$I_p = \frac{\pi}{2}(R_a^4 - R_i^4)$$

Daraus folgt für einen Vollkreisquerschnitt ($R_a = R$, $R_i = 0$) (Bild F 5.3.2)

$$I_p = \frac{\pi}{2} R^4$$

und für ein dünnwandiges Kreisrohr ($R_a \approx R_i \approx R$, aber $R_a - R_i = \delta \ll R$) (Bild F 5.3.3)

$$I_p = \frac{\pi}{2}(R_a^2 + R_i^2)(R_a + R_i)(R_a - R_i) = 2\pi R^3 \delta$$

Diese Beziehung erhält man auch sofort aus

$$I_p = \int_{(A)} r^2 \, \mathrm{d}A = R^2 A = R^2 \, 2\pi R\delta = 2\pi R^3 \delta$$

Die Schubspannungen verteilen sich demnach gemäß

$$\tau(r) = \frac{M_t}{I_p} r \tag{5.5}$$

mit

$$\tau(R_a) = \tau_{max} = \frac{M_t}{I_p} R_a = \frac{M_t}{W_t}$$

Aus (5.2) können wir die Verformung ermitteln

$$\vartheta = \frac{M_t}{GI_p} \quad \text{bzw.} \quad \varphi = \frac{M_t z}{GI_p} \tag{5.6}$$

GI_p heißt Torsionssteifigkeit.

Es sei an dieser Stelle darauf verwiesen, daß nur bei Kreisquerschnitten $\tau \sim r$ und τ_{max} an der Stelle der größten Entfernung vom Drehpunkt liegt. Ebenso tritt auch nur hier I_p in der Torsionssteifigkeit auf. Das Torsionsträgheitsmoment I_t läßt sich für beliebige Querschnitte i. allg. nicht mehr einfach berechnen. Es gilt aber stets

$$I_t \leqq I_p$$

wobei das Gleichheitszeichen für den Kreisquerschnitt steht!

Den Ausdruck für die Formänderungsarbeit eines Trägers der Länge l können wir schnell herleiten

$$W_F = \int_{(V)} W_F^* \, dV = \int_{(V)} \frac{\tau^2}{2G} \, dV = \int_{(A)}\int_{(l)} \frac{M_t^2}{2GI_p^2} r^2 \, dz \, dA = \frac{M_t^2 l}{2GI_p} \tag{5.7}$$

5.2. Torsion dünnwandiger geschlossener Querschnitte

Wir betrachten den zweifach zusammenhängenden Querschnitt eines auf reine Torsion beanspruchten Trägers (Bild F 5.4).
Wir setzen voraus, daß die Wanddicke $\delta(s)$ klein ist gegenüber den anderen Querschnittsabmessungen und daß sie sich nur wenig mit der Umlaufkoordinate s ändert. Ferner fassen wir das Produkt aus Schubspannung mal Wanddicke zum von s unabhängigen Schubfluß t zusammen.

$$t = \tau(s) \cdot \delta(s) = \text{konst} \tag{5.8}$$

Aus einer Äquivalenzbetrachtung erhalten wir zunächst (Bild F 5.4).

$$dM_t = t \, ds \bar{r}$$

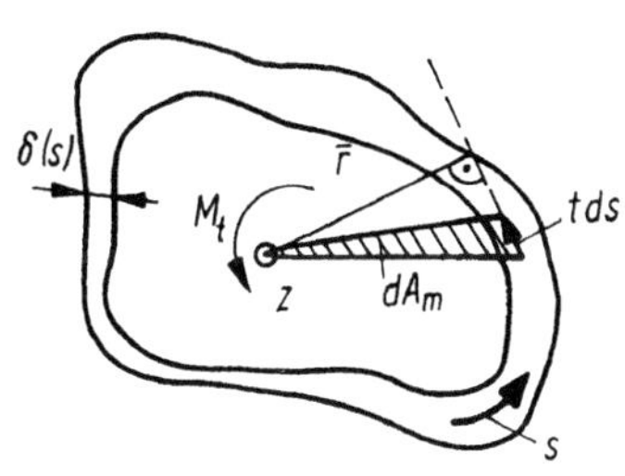

Bild F 5.4

Dabei ist $\bar{r}$ der senkrechte Abstand von der Wirkungslinie der Kraft $t\,\mathrm{d}s$ zur Achse z und $\mathrm{d}s\bar{r}$ die doppelte schraffierte Fläche $\mathrm{d}A_\mathrm{m}$. Summieren wir alle $\mathrm{d}M_\mathrm{t}$ beim geschlossenen Umlauf von $s = 0$ bis zum Ausgangspunkt zurück, so erhalten wir

$$M_\mathrm{t} = t \oint r\,\mathrm{d}s = 2A_\mathrm{m}t \tag{5.9}$$

Dabei ist A_m die von der Profilmittellinie eingeschlossene Fläche. Daraus erhalten wir den konstanten Schubfluß

$$t = \frac{M_\mathrm{t}}{2A_\mathrm{m}} \tag{5.10}$$

und die Schubspannung

$$\tau(s) = \frac{t}{\delta(s)} = \frac{M_\mathrm{t}}{2A_\mathrm{m}\delta(s)} \tag{5.11}$$

Die größte Spannung τ_max tritt demnach an der Stelle geringster Wanddicke δ_min auf.
Die Verformung können wir aus dem Vergleich der äußeren Arbeit mit der Formänderungsarbeit herleiten.

$$W_\mathrm{ä} = \frac{1}{2} M_\mathrm{t}\vartheta$$

$$W_\mathrm{F} = \int_{(A)} \frac{\tau^2}{2G}\,\mathrm{d}A = \oint \frac{\tau(s)^2}{2G}\,\delta(s)\,\mathrm{d}s = \frac{M_\mathrm{t}^2}{8GA_\mathrm{m}^2} \oint \frac{\mathrm{d}s}{\delta(s)} \tag{5.12}$$

$$\vartheta = \frac{M_\mathrm{t}}{4GA_\mathrm{m}^2} \oint \frac{\mathrm{d}s}{\delta(s)} = \frac{M_\mathrm{t}}{GI_\mathrm{t}}$$

Das Torsionsträgheitsmoment ist demnach

$$I_\mathrm{t} = \frac{4A_\mathrm{m}^2}{\oint \frac{\mathrm{d}s}{\delta(s)}} \tag{5.13}$$

5.3. Torsion dünnwandiger offener Querschnitte

Bei der Herleitung der Schubspannungsberechnung in dünnwandigen einfach zusammenhängenden Querschnitten wird unterstellt, daß die Spannungen im überwiegenden Teil des Querschnitts parallel verlaufen und proportional zum Abstand ξ von der Profilmittellinie wachsen (Bild F 5.5).

$$\tau = \frac{\tau_0}{\frac{\delta}{2}}\,\xi \tag{5.14}$$

mit τ_0 als Schubspannung für $\xi = \dfrac{\delta}{2}$.

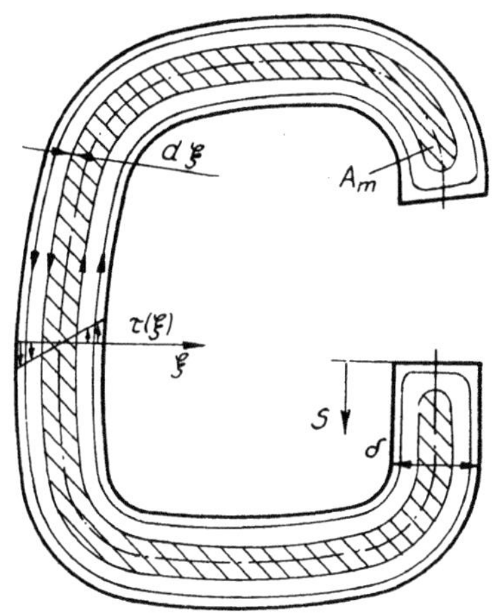

Bild F 5.5

Auf einer »Linie« der Breite $d\xi$ wirkt demnach der Schubfluß

$$dt(\xi) = \frac{2\tau_0}{\delta}\,\xi\,d\xi \tag{5.15}$$

und wir können unter Verwendung von (5.9) schreiben

$$dM_t = 2A_m\,dt(\xi) \tag{5.16}$$

und mit $A_m = 2\xi h$ (h Länge der Profilmittellinie) schließlich

$$M_t = \frac{8\tau_0 h}{\delta}\int_0^{\delta/2} \xi^2\,d\xi = \frac{1}{3}\,\tau_0 h\delta^2$$

bzw.

$$\tau_0 = \tau_{max} = \frac{3M_t}{h\delta^2} \tag{5.17}$$

Aus einem Vergleich von $W_ä$ und W_F erhalten wir analog (5.12)

$$\vartheta = \frac{3M_t}{Gh\delta^3} = \frac{M_t}{GI_t} \tag{5.18}$$

mit

$$I_t = \frac{1}{3}\,h\delta^3. \tag{5.19}$$

Für Träger mit abschnittsweise konstanter Wanddicke δ_i und Profilmittellinienlänge h_i gelten die Beziehungen

$$I_t = \frac{1}{3}\sum_{(i)} h_i\delta_i^3$$

sowie

$$\tau_{max} = \frac{M_t}{I_t} \cdot \delta_{max}$$

Diese Gleichungen werden zur Ermittlung der Spannungen in Walzprofilen angewandt.

5.4. Beispiele

1. Für die in Bild F 5.6.1 skizzierten Belastungsfälle sind die Lagerreaktionen und die Verformungen anzugeben.

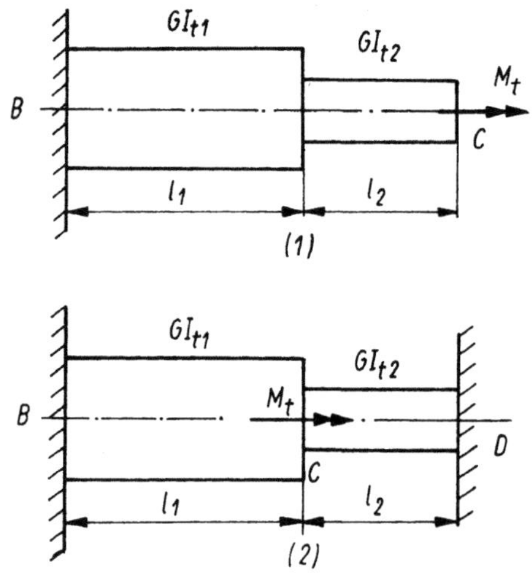

Bild F 5.6.1

(1): M_t wird in voller Größe bei B aufgenommen.
Die Verdrehung der Stirnfläche bei C beträgt

$$\varphi_C = \varphi_1 + \varphi_2 = \frac{M_t l_1}{GI_{t1}} + \frac{M_t l_2}{GI_{t2}} = \frac{M_t}{c_1} + \frac{M_t}{c_2} = \frac{M_t}{c_{ges}}$$

Dabei sind c_1 und c_2 die Torsionsfederkonstanten der Einzelabschnitte, und c_{ges} ist die resultierende Torsionsfederkonstante. Es liegt eine »Reihenschaltung« vor:

$$\frac{1}{c_{ges}} = \frac{1}{c_1} + \frac{1}{c_2}$$

(2): Freischneiden (Bild F 5.6.2) ergibt die Momentenbilanz

$$M_t = M_{tB} + M_{tD} \qquad (1)$$

(statisch unbestimmtes Problem!)

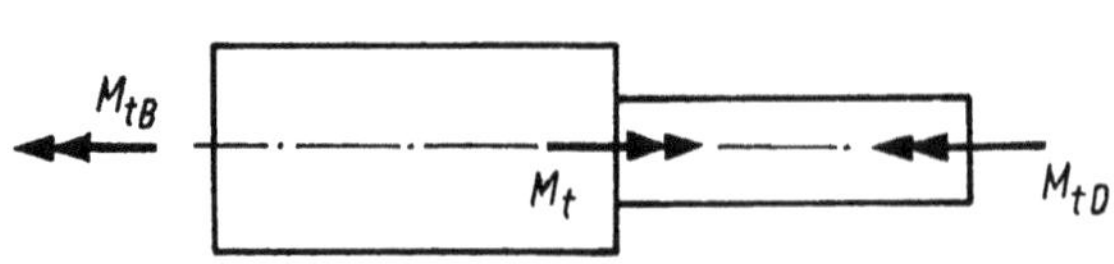

Bild F 5.6.2

und eine Verformungsbetrachtung

$$\varphi_1 = \varphi_2 = \frac{M_{tB} l_1}{G I_{t1}} = \frac{M_{tD} l_2}{G I_{t2}} = \frac{M_{tB}}{c_1} = \frac{M_{tD}}{c_2} \qquad (2)$$

(2) in (1) führt zu

$$M_t = M_{tB}\left(1 + \frac{c_2}{c_1}\right) = M_{tB}\left(1 + \frac{l_1 I_{t2}}{l_2 I_{t1}}\right)$$

d. h.

$$M_{tB} = \frac{M_t}{1 + \dfrac{l_1 I_{t2}}{l_2 I_{t1}}} = \frac{M_t c_1}{c_1 + c_2}$$

bzw.

$$M_{tD} = \frac{M_t}{1 + \dfrac{l_2 I_{t1}}{l_1 I_{t2}}} = \frac{M_t c_2}{c_1 + c_2}$$

Für die Verdrehung der Stirnfläche C gilt

$$\varphi_C = \frac{M_{tB}}{c_1} = \frac{M_{tD}}{c_2} = \frac{M_t}{c_1 + c_2} = \frac{M_t}{c_{ges}}$$

Es liegt eine »Parallelschaltung« vor: $c_{ges} = c_1 + c_2$.

2. Zu bestimmen sind die größten Schubspannungen sowie die Torsionsträgheitsmomente für ein geschlossenes Kreisrohr (1) und ein geschlitztes Kreisrohr (2) Bild F 5.7

$$\tau(1) = \frac{M_t}{2\pi R^2 \delta} \qquad \tau(2) = \frac{3 M_t}{2\pi R \delta^2} \qquad \frac{\tau(2)}{\tau(1)} = \frac{3R}{\delta}$$

$$I_t(1) = 2\pi R^3 \delta \qquad I_t(2) = \frac{2\pi R \delta^3}{3} \qquad \frac{I_t(1)}{I_t(2)} = 3\left(\frac{R}{\delta}\right)^2$$

3. Ein Träger mit einem Querschnitt gemäß Bild F 5.8 wird auf Torsion beansprucht.

Gegeben: M_t, a, b, δ_1, δ_2, δ_3, δ_4; $\delta_i \ll a, b$; Schubmodul G

Gesucht: Schubspannungsverlauf τ; spez. Verdrehwinkel ϑ

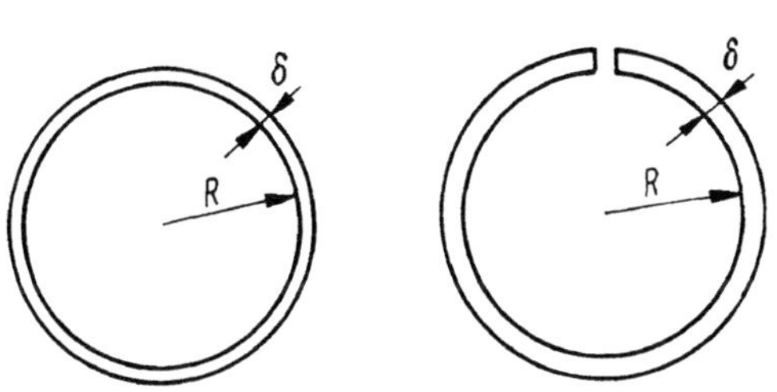

Bild F 5.7

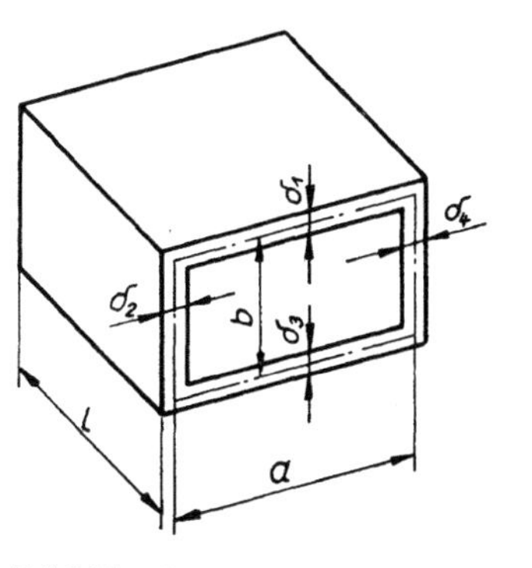

Bild F 5.8

Lösung:

Der Schubfluß (5.10) ist

$$t = \tau\delta = \frac{M_t}{2A_m}$$

Die von der Mittellinie umschlossene Fläche ist

$$A_m = ab$$

Damit ergibt sich für die Schubspannungen

$$\tau_1 = \frac{M_t}{2ab}\frac{1}{\delta_1}$$

$$\tau_2 = \frac{M_t}{2ab}\frac{1}{\delta_2}$$

$$\tau_3 = \frac{M_t}{2ab}\frac{1}{\delta_3}$$

$$\tau_4 = \frac{M_t}{2ab}\frac{1}{\delta_4}$$

Die Drillung ϑ errechnet sich aus (5.12) zu

$$\vartheta = \frac{M_t}{4GA_m^2}\oint\frac{ds}{\delta}$$

δ ist in den einzelnen Bereichen konstant, so daß man für das Integral erhält

$$\oint\frac{ds}{\delta} = \frac{a}{\delta_1} + \frac{b}{\delta_2} + \frac{a}{\delta_3} + \frac{b}{\delta_4} = a\left(\frac{1}{\delta_1} + \frac{1}{\delta_3}\right) + b\left(\frac{1}{\delta_2} + \frac{1}{\delta_4}\right)$$

Damit ist der spezifische Verdrehwinkel

$$\vartheta = \frac{M_t}{4Ga^2b^2}\left[a\left(\frac{1}{\delta_1} + \frac{1}{\delta_3}\right) + b\left(\frac{1}{\delta_2} + \frac{1}{\delta_4}\right)\right]$$

4. Ein geschlitzter Kastenträger nach Bild F 5.9 mit der Wanddicke δ = konst wird durch ein Torsionsmoment M_t beansprucht.

Gegeben: $M_t, a, b, \delta, \varepsilon, G; \delta \ll a, b, \varepsilon \ll a$

Gesucht: Schubspannung τ, spez. Verdrehwinkel ϑ

Man vergleiche das Ergebnis mit den Werten aus Aufgabe 3.

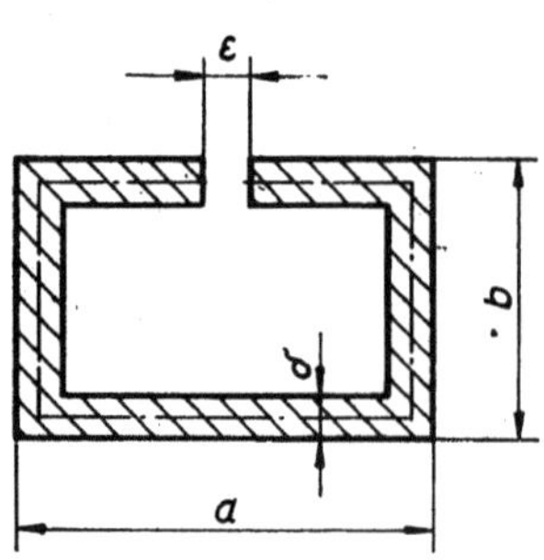

Bild F 5.9

Lösung:

Für den offenen dünnwandigen Querschnitt lautet die Formel für die Schubspannung (5.17)

$$\tau = \frac{3M_t}{h\delta^2}\,\frac{\xi}{\delta/2} \qquad \tau_{max} = \frac{3M_t}{h\delta^2}$$

Die Länge der Profilmittellinie h ist bei Vernachlässigung der Schlitzbreite ε

$$h = 2(a + b)$$

Damit ist

$$\tau_{max} = \frac{3}{2}\,\frac{M_t}{(a + b)\,\delta^2}$$

Das Torsionsträgheitsmoment beträgt (5.19)

$$I_t = \frac{h\delta^3}{3} = \frac{2}{3}\,(a + b)\,\delta^3$$

Daraus ergibt sich eine Drillung von

$$\vartheta = \frac{M_t}{GI_t} = \frac{3}{2}\,\frac{M_t}{G}\,\frac{1}{(a + b)\,\delta^3}$$

In Aufgabe 3 erhält man für den geschlossenen Kastenträger, wenn $\delta_1 = \delta_2 = \delta_3 = \delta_4 = \delta$ gesetzt wird, eine Schubspannung von

$$\tau = \frac{M_t}{2ab\delta}$$

und eine Drillung von

$$\vartheta = \frac{1}{2}\,\frac{M_t}{G}\,\frac{a + b}{a^2b^2\delta}$$

6. Satz von Castigliano

In 3.5. haben wir eine Beziehung zwischen der Schnittgröße Biegemoment (M_{bt}) und der durch sie verursachten Krümmung (v_i'') hergeleitet, und wir konnten durch Integrationen die Neigung und die Durchbiegung des Trägers an jeder Stelle z_i angeben. Wenn wir uns nur für die Verformungen an bestimmten Stellen interessieren, so bietet eine Energiebilanz, zu der der Grundstein bereits in 1.6. gelegt wurde, beträchtliche Vorteile. Wir betrachten wieder nur Spannungs-Dehnungs-Beziehungen,

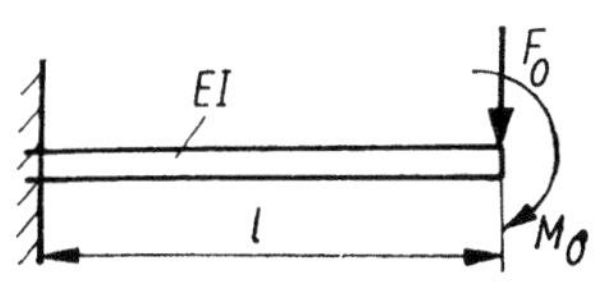

Bild F 6.1

die dem Hookeschen Gesetz gehorchen, und schließen Beanspruchungen durch Temperaturänderungen aus, so daß wir äußere Arbeit, Formänderungsarbeit und Ergänzungsarbeit (s. F 1.6) gleichsetzen können.

$$W_ä = W_F = W_E = W \qquad (6.1)$$

Daß die Ableitung der spezifischen Arbeit nach einer Spannung die entsprechende Verzerrung ergibt, haben wir bereits gezeigt. Wir erweitern diese Erkenntnis und behaupten:

Die Ableitung der Arbeit nach einer äußeren Kraft F_h an einer bestimmten Stelle h ergibt die Verschiebung v_h in Richtung dieser Kraft an dieser Stelle, und die Ableitung der Arbeit nach einem äußeren Moment M_h an einer bestimmten Stelle h ergibt die Neigung des Balkens φ_h an dieser Stelle.

$$\frac{\partial W}{\partial F_h} = v_h \qquad \frac{\partial W}{\partial M_h} = \varphi_h \tag{6.2}$$

6.1. Anwendung des Satzes von Castigliano auf Biegeprobleme

6.1.1. Statisch bestimmt gelagerte Träger

Bevor wir kompliziertere Probleme behandeln, wollen wir die Erkenntnis (6.2) auf das erste Beispiel von 3.5. anwenden und das dort erhaltene Ergebnis bestätigen. Lassen wir die Koordinate z von rechts nach links laufen, so erhalten wir

$$M_\mathrm{b}(z) = M_0 + F_0 z \tag{6.3}$$

Mit

$$W = \int_0^l \frac{M_\mathrm{b}^2(z)}{2EI}\,\mathrm{d}z \tag{6.4}$$

folgt

$$\frac{\partial W}{\partial F_0} = \int_0^l \frac{M_\mathrm{b}(z)}{EI}\,\frac{\partial M_\mathrm{b}(z)}{\partial F_0}\,\mathrm{d}z = \frac{1}{EI}\int_0^l (M_0 + F_0 z)\,z\,\mathrm{d}z = \frac{F_0 l^3}{3EI} + \frac{M_0 l^2}{2EI} \tag{6.5}$$

und

$$\frac{\partial W}{\partial M_0} = \int_0^l \frac{M_\mathrm{b}(z)}{EI}\,\frac{\partial M_\mathrm{b}(z)}{\partial M_0}\,\mathrm{d}z = \frac{1}{EI}\int_0^l (M_0 + F_0 z)\,\mathrm{d}z = \frac{F_0 l^2}{2EI} + \frac{M_0 l}{EI} \tag{6.6}$$

Setzt sich der Träger aus mehreren Abschnitten zusammen, so bietet der Satz von Castigliano beträchtliche Vorteile, weil keine Konstantenbestimmung aus Rand- und Übergangsbedingungen nötig ist. Außerdem braucht man bei den Vorzeichen der Momente nur innerhalb der einzenen Abschnitte den Drehsinn zu beachten. Je nach Zweckmäßigkeit kann aber abschnittsweise ein anderer Drehsinn als positiv definiert werden, weil die Schnittmomente $M_\mathrm{b}(z_i)$ in der Arbeit quadratisch auftreten. Für einen Träger aus n Abschnitten ist dann anstelle (6.4) zu schreiben

$$W = \sum_{i=1}^{n} \int_0^{l_i} \frac{M_\mathrm{b}^2(z_i)}{2(EI)_i}\,\mathrm{d}z_i \tag{6.7}$$

und die Gln. (6.2) lauten ausgeschrieben

$$\frac{\partial W}{\partial F_h} = \sum_{i=1}^{n} \int_0^{l_i} \frac{M_b(z_i)}{(EI)_i} \frac{\partial M_b(z_i)}{\partial F_h} \, dz_i \tag{6.8}$$

$$\frac{\partial W}{\partial M_h} = \sum_{i=1}^{n} \int_0^{l_i} \frac{M_b(z_i)}{(EI)_i} \frac{\partial M_b(z_i)}{\partial M_h} \, dz_i \tag{6.9}$$

Sollen die Verformungen an einer Stelle ermittelt werden, an der keine äußere Belastung wirkt, so ist dort eine Hilfskraft F_H in der Richtung, in der die Verschiebung gesucht ist, anzubringen bzw. ein Hilfsmoment M_H, falls eine Neigung zu bestimmen ist. Mit den äußeren bekannten Belastungen und diesen möglicherweise einzuführenden Hilfsgrößen werden die Auflagerreaktionen bestimmt.

Die Schnittgrößen $M_b(z_i)$ dürfen nur bekannte Belastungen und notwendigerweise einzuführende Hilfsgrößen enthalten!

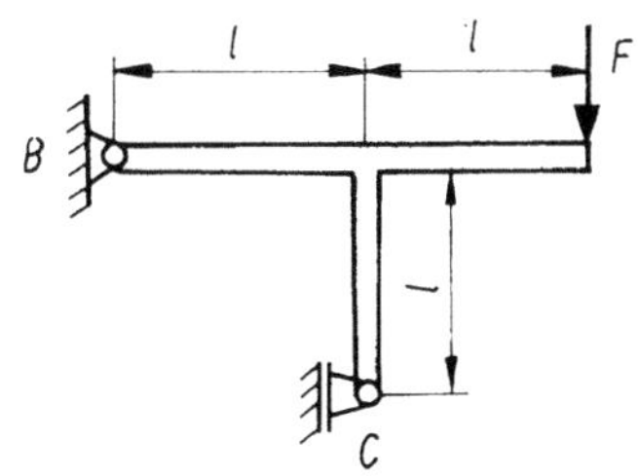

Bild F 6.2.1

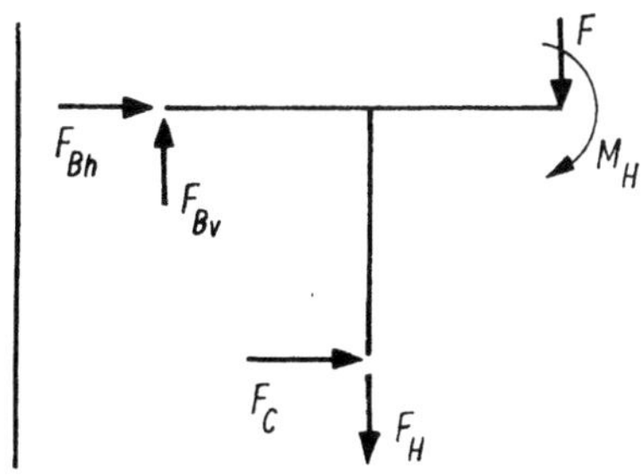

Bild F 6.2.2

Es ist zu empfehlen, die einzelnen Terme übersichtlich in einer Tabelle anzuordnen, und wir wollen die Rechnung ausführlich an dem in Bild F 6.2.1 skizzierten Träger demonstrieren. Für den durch F belasteten Träger konstanter Biegesteifigkeit EI sind zu ermitteln

a) Verschiebung in Richtung der Kraft F,
b) Neigung an der Kraftangriffsstelle,
c) Verschiebung des Loslagers C.

1. Schritt: Anbringen notwendiger Hilfsgrößen, Freischneiden, Auflagerreaktionen ermitteln (Bild F 6.2.2.)

$$\uparrow \; : F_{Bv} - F - F_H = 0 \tag{1}$$

$$\rightarrow : F_{Bh} + F_C = 0 \tag{2}$$

$$\curvearrowleft B : F_C l - F2l - M_H - F_H l = 0 \tag{3}$$

$$(3): \qquad F_C = 2F + \frac{M_H}{l} + F_H$$

$$(2): \qquad F_{Bh} = -F_C$$

$$(1): \qquad F_{Bv} = F + F_H$$

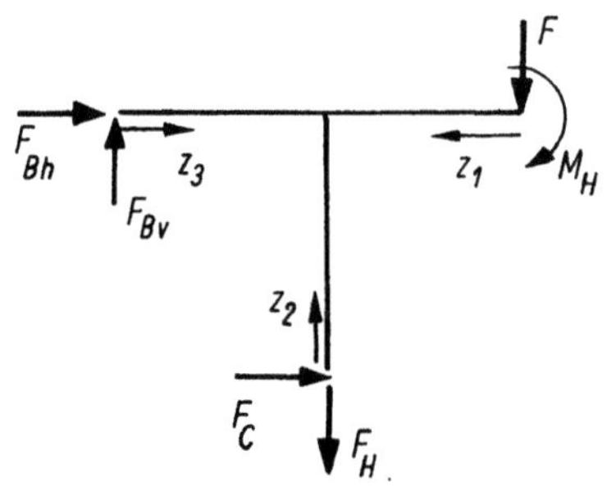

Bild F 6.2.3

2. Schritt: Wahl der Koordinaten z_i und Bestimmung der M_{bi} (Bild F 6.2.3)

$$M_b(z_1) = Fz_1 + M_H$$

$$M_b(z_2) = F_C z_2 = \left(2F + \frac{M_H}{l} + F_H\right) z_2$$

$$M_b(z_3) = F_{Bv} z_3 = (F + F_H)\, z_3$$

3. Schritt: Aufstellen der Tabelle (6.1), Berechnen der Ableitungen

Tabelle 6.1

i	M_{bi}	$\frac{\partial M_{bi}}{\partial F}$	$\frac{\partial M_{bi}}{\partial M_H}$	$\frac{\partial M_{bi}}{\partial F_H}$	Grenzen
1	$Fz_1 + M_H$	z_1	1	0	0, l
2	$\left(2F + \frac{M_H}{l} + F_H\right) z_2$	$2z_2$	$\frac{z_2}{l}$	z_2	0, l
3	$(F + F_H)\, z_3$	z_3	0	z_3	0, l

4. Schritt: Ausrechnen der Integrale

a) $$v_F = \frac{1}{EI}\left[\int_0^l Fz_1^2\,dz_1 + \int_0^l 4Fz_2^2\,dz_2 + \int_0^l Fz_3^2\,dz_3\right] = \frac{2Fl^3}{EI}$$

b) $$\varphi_F = \frac{1}{EI}\left[\int_0^l Fz_1\,dz_1 + \int_0^l 2F\,\frac{z_2^2}{l}\,dz_2\right] = \frac{7Fl^2}{6EI}$$

c) $$v_C = \frac{1}{EI}\left[\int_0^l 2Fz_2^2\,dz_2 + \int_0^l Fz_3^2\,dz_3\right] = \frac{Fl^3}{EI}$$

Die Hilfsgrößen M_H und F_H sind Null. Sie werden nur bis zum Bilden der Ableitungen benötigt.

6.1.2. Statisch unbestimmt gelagerter Träger

Reichen die m statischen Gleichgewichtsbedingungen nicht aus, um die n Auflagerreaktionen zu ermitteln, so liegt ein (n-m)-fach statisch unbestimmtes Problem vor, zu dessen Lösung Formänderungsbetrachtungen notwendig sind. Mit den Gln. (6.2) sind wir in der Lage, bei bekannten äußeren Belastungen unbekannte Verformungen errechnen zu können. Führen wir $n - m$ Lagerreaktionen als äußere unbekannte Belastungen ein, von denen wir wissen, daß sie keine Verformungen hervorrufen, so können wir aus Gleichungen der Form

$$\frac{\partial W}{\partial F_{Ch}} = 0 \qquad \frac{\partial W}{\partial M_C} = 0 \quad \text{usw.} \tag{6.10}$$

die sogenannten statisch Unbestimmten ermitteln.

Dazu ein Beispiel.

Der bei B eingespannte und bei C durch ein Loslager unterstützte Träger konstanter Biegesteifigkeit ist durch eine Einzelkraft belastet (Bild F 6.3.1).
Zu ermitteln sind die Auflagerreaktionen, die Durchsenkung unter der Kraft F sowie die Lagerneigung bei C.

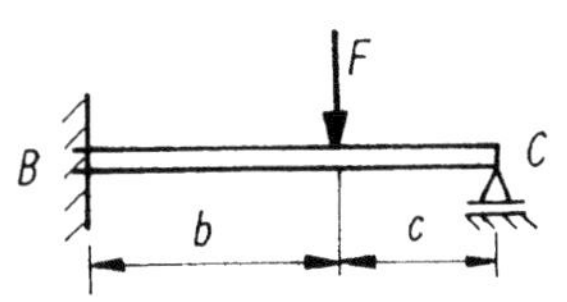

Bild F 6.3.1

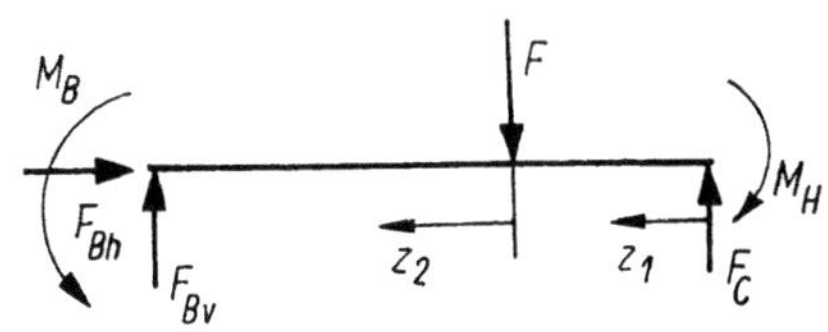

Bild F 6.3.2

1. Schritt: Freischneiden, notwendige Hilfsgrößen einführen, Gleichgewichtsbedingungen formulieren

$$\uparrow\ : F_{Bv} + F_C - F = 0 \tag{1}$$

$$\rightarrow : F_{Bh} = 0 \tag{2}$$

$$\curvearrowleft B: M_B + F_C(b + c) - Fb - M_H = 0 \tag{3}$$

Zur Bestimmung der 4 unbekannten Lagerreaktionen stehen 3 Gleichungen zur Verfügung. Das Problem ist einfach statisch unbestimmt.

2. Schritt: Wahl der statisch Unbestimmten und Aufstellen der Tabelle (6.2) für M_{bi} und die benötigten Ableitungen.
Außer F_{Bh}, welches aus (2) bereits ermittelt wurde, können entweder F_C *oder* F_{Bv} *oder* M_B als statisch Unbestimmte gewählt werden. Wir wollen uns hier für F_C als statisch Unbestimmte entscheiden.

Tabelle 6.2

i	M_{bi}	$\frac{\partial M_{bi}}{\partial F_C}$	$\frac{\partial M_{bi}}{\partial F}$	$\frac{\partial M_{bi}}{\partial M_H}$	Grenzen
1	$F_C \cdot z_1 - M_H$	z_1	0	-1	0, c
2	$F_C(c + z_2) - M_H - Fz_2$	$c + z_2$	$-z_2$	-1	0, b

In der Tabelle dürfen nur bekannte äußere Belastungen, notwendigerweise einzuführende Hilfsgrößen und die zur statisch Unbestimmten gewählte Größe stehen.

3. Schritt: Ausrechnen der Integrale

$$v_C = \frac{\partial W}{\partial F_C} = 0 = \frac{1}{EI}\left\{\int_0^c F_C z_1^2 \, dz_1 + \int_0^b [F_C(c + z_2) - F z_2]\,(c + z_2)\, dz_2\right\}$$

$$F_C\left(\frac{c^3}{3} + bc^2 + b^2c + \frac{b^3}{3}\right) - F\left(\frac{b^2c}{2} + \frac{b^3}{3}\right) = 0$$

$$F_C = \frac{(3c + 2b)\, b^2}{2(b + c)^3}\, F$$

$$v_F = \frac{\partial W}{\partial F} = \frac{1}{EI}\int_0^b [F_C(c + z_2) - F z_2]\,(-z_2)\, dz_2$$

$$= \frac{1}{EI}\left[-F_C\left(\frac{cb^2}{2} + \frac{b^3}{3}\right) + F\,\frac{b^3}{3}\right] = \frac{Fb^3c^2(3b + 4c)}{12EI(b + c)^3}$$

$$\varphi_C = \frac{\partial W}{\partial M_H} = \frac{1}{EI}\left\{\int_0^c F_C z_1(-1)\, dz_1 + \int_0^b [F_C(c + z_2) - F z_2]\,(-1)\, dz_2\right\}$$

$$= \frac{1}{EI}\left[F_C\left(-\frac{c^2}{2} - cb - \frac{b^2}{2}\right) + F\,\frac{b^2}{2}\right] = \frac{1}{2EI}\,[-F_C(b + c)^2 + Fb^2]$$

$$= \frac{b^2F}{2EI}\left[-\frac{(3c + 2b)}{2(b + c)} + 1\right] = -\frac{Fb^2c}{4EI(b + c)}$$

Für den Sonderfall $b = c = \frac{l}{2}$ erhalten wir

$$F_C = \frac{5}{16}\,F \qquad F_{Bv} = \frac{11}{16}\,F \qquad M_B = \frac{3}{16}\,Fl$$

$$v_F = \frac{7Fl^3}{12EI} \qquad \varphi_C = -\frac{Fl^2}{32EI}$$

6.1.3. Anwendung des Satzes von Castigliano auf innerlich statisch unbestimmte Systeme

Der in Bild F 6.4.1 gezeichnete Rahmen ist statisch bestimmt gelagert, die Auflagerkräfte lassen sich aus den statischen Gleichgewichtsbetrachtungen ermitteln. Eine Dimensionierung des Systems ist jedoch vorerst nicht möglich, da die Schnittgrößen (F_L, F_Q, M_b) im Rahmen unbekannt sind. Das System ist innerlich statisch unbestimmt. Die unbekannten Schnittreaktionen lassen sich folgendermaßen ermitteln: Man trenne den Rahmen an irgendeiner Stelle auf und führe die Schnittgrößen als unbekannte äußere Kräfte ein (Bild F 6.4.2).

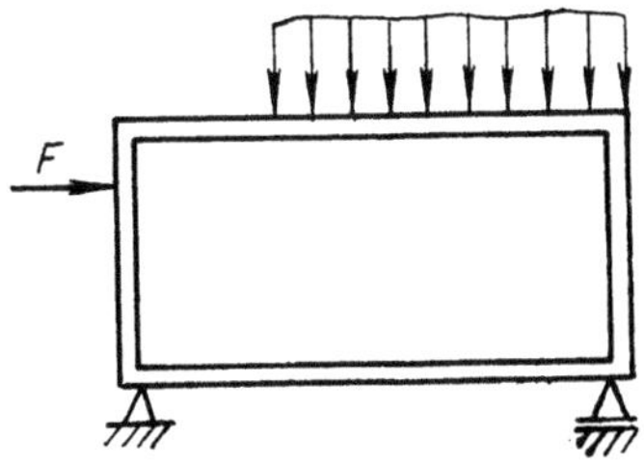

Bild F 6.4.1

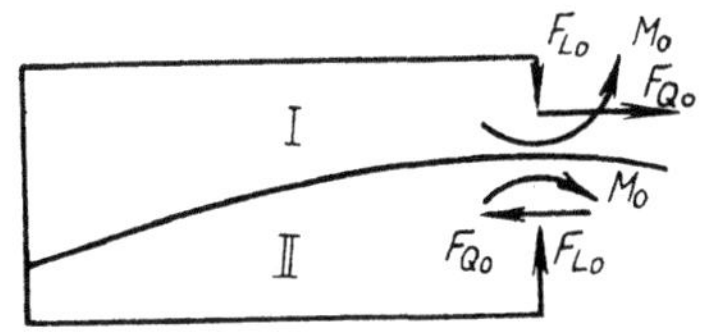

Bild F 6.4.2

Für den oberen Teil (I) und für den unteren Teil (II) rechne man die Verformungen aus

$$\frac{\partial W_{\mathrm{I}}}{\partial F_{\mathrm{L0}}} = v_{\mathrm{VI}} \qquad \frac{\partial W_{\mathrm{I}}}{\partial F_{\mathrm{Q0}}} = v_{\mathrm{HI}} \qquad \frac{\partial W_{\mathrm{I}}}{\partial M_0} = \varphi_{\mathrm{I}}$$

$$\frac{\partial W_{\mathrm{II}}}{\partial F_{\mathrm{L0}}} = v_{\mathrm{VII}} \qquad \frac{\partial W_{\mathrm{II}}}{\partial F_{\mathrm{Q0}}} = v_{\mathrm{HII}} \qquad \frac{\partial W_{\mathrm{II}}}{\partial M_0} = \varphi_{\mathrm{II}}$$

Damit die Kontinuität an der Schnittstelle gewahrt bleibt, muß sein

$$\frac{\partial W_{\mathrm{I}}}{\partial F_{\mathrm{L0}}} = -\frac{\partial W_{\mathrm{II}}}{\partial F_{\mathrm{L0}}} \qquad \frac{\partial W_{\mathrm{I}}}{\partial F_{\mathrm{Q0}}} = -\frac{\partial W_{\mathrm{II}}}{\partial F_{\mathrm{Q0}}} \qquad \frac{\partial W_{\mathrm{F}}}{\partial M_0} = -\frac{\partial W_{\mathrm{II}}}{\partial M_0} \tag{6.11}$$

oder mit $W_{\mathrm{I}} + W_{\mathrm{II}} = W$

$$\frac{\partial W}{\partial F_{\mathrm{L0}}} = 0 \qquad \frac{\partial W}{\partial F_{\mathrm{Q0}}} = 0 \qquad \frac{\partial W}{\partial M_0} = 0 \tag{6.12}$$

Die Verformungen des Balkens an einem Schnittufer der Schnittstelle, bezogen auf das andere Schnittufer (relative Verformungen), verschwinden. Aus den drei linearen Gln. (6.12) lassen sich die Schnittgrößen ermitteln.

Beispiel 1:

Für den in Bild F 6.5.1 gezeichneten Rahmen ermittle man die Schnittgrößen und die Verschiebung des Lastangriffspunktes.

Gegeben: F, l, EI = konst

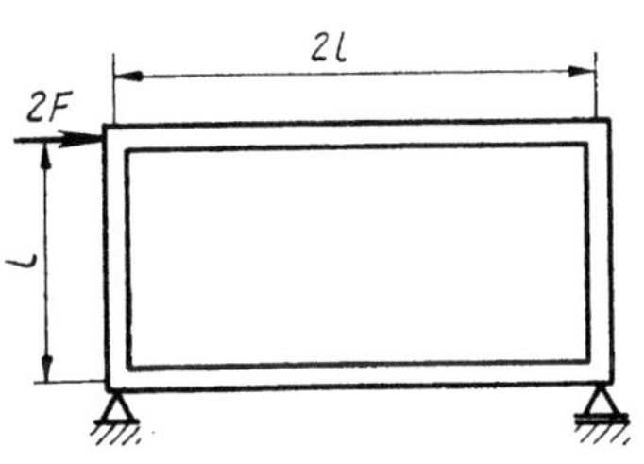

Bild F 6.5.1 (Festlager B, Loslager C)

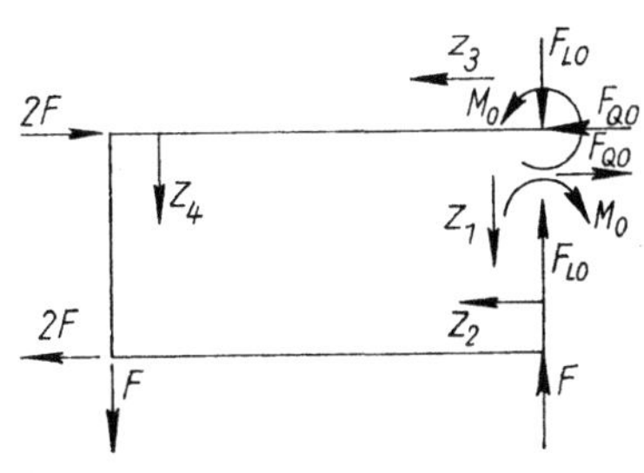

Bild F 6.5.2

Rechengang:

1. Auflagerreaktionen bestimmen

$\rightarrow: F_{Bh} + 2F = 0 \qquad F_{Bh} = -2F$

$\uparrow \;: F_{Bv} + F_{Cv} = 0 \qquad F_{Bv} = -F$

$\curvearrowleft B: F_{Cv}2l - 2Fl = 0 \qquad F_{Cv} = F$

2. Schnitt legen und Schnittgrößen anbringen (Bild F 6.5.2).

3. Bereiche wählen und Momente mit Ableitungen in Tabellenform schreiben (s. Tabelle 6.3).

Tabelle 6.3

k	M_k	$\dfrac{\partial M_k}{\partial M_0}$	$\dfrac{\partial M_k}{\partial F_{Q0}}$	$\dfrac{\partial M_k}{\partial F_{L0}}$	$\dfrac{\partial M_k}{\partial F}$	Grenzen
1	$M_0 + F_{Q0}z_1$	1	z_1	0	0	$0, l$
2	$M_0 + F_{Q0}l - F_{L0}z_2 - Fz_2$	1	l	$-z_2$	$-z_2$	$0, 2l$
3	$M_0 - F_{L0}z_3$	1	0	$-z_3$	0	$0, 2l$
4	$M_0 - F_{L0}2l + F_{Q0}z_4 - 2Fz_4$	1	z_4	$-2l$	$-2z_4$	$0, 1l$

4. Integrationen ausführen

$$\frac{\partial W}{\partial M_0} = 0 = \frac{l^2}{EI}\left[\frac{M_0}{l}(1 + 2 + 2 + 1) + F_{Q0}\left(\frac{1}{2} + 2 + \frac{1}{2}\right) + F_{L0}(-2 - 2 - 2) + F(-2 - 1)\right]$$

$$\frac{\partial W}{\partial F_{Q0}} = 0 = \frac{l^3}{EI}\left[\frac{M_0}{l}\left(\frac{1}{2} + 2 + \frac{1}{2}\right) + F_{Q0}\left(\frac{1}{3} + 2 + \frac{1}{3}\right) + F_{L0}(-2 - 1) + F\left(-2 - \frac{2}{3}\right)\right]$$

$$\frac{\partial W}{\partial F_{L0}} = 0 = \frac{l^3}{EI}\left[\frac{M_0}{l}(-2 - 2 - 2) + F_{Q0}(-2 - 1) + F_{L0}\left(\frac{8}{3} + \frac{8}{3} + 4\right) + F\left(\frac{8}{3} + 2\right)\right]$$

$$\frac{\partial W}{\partial F} = 2v_F = \frac{l^3}{EI}\left[\frac{M_0}{l}(-2 - 1) + F_{Q0}\left(-2 - \frac{2}{3}\right) + F_{L0}\left(\frac{8}{3} + 2\right) + F\left(\frac{8}{3} + \frac{4}{3}\right)\right]$$

5. Ergebnisse:

$$\frac{M_0}{l} = -\frac{F}{2} \qquad F_{Q0} = F \qquad F_{L0} = -\frac{F}{2}$$

Moment auf der Zugseite aufgetragen (Bild F 6.5.3)

$$v_F = \frac{Fl^3}{4EI}$$

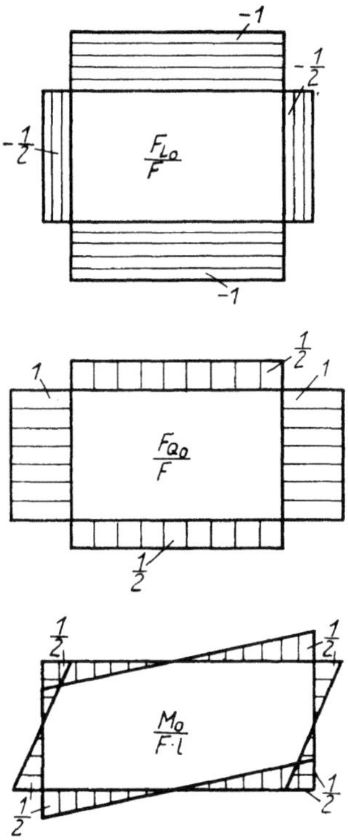

Bild F 6.5.3

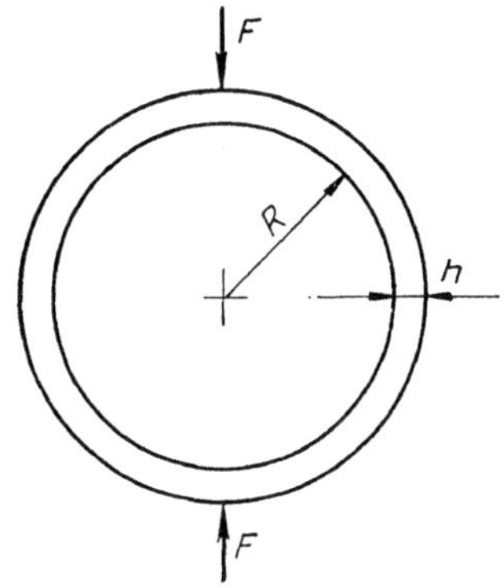

Bild F 6.6.1

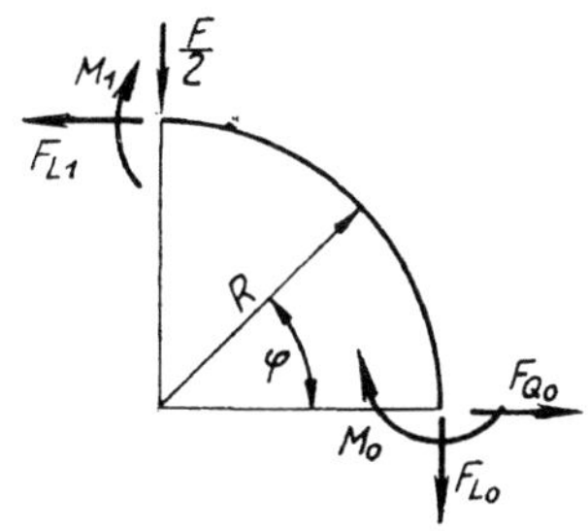

Bild F 6.6.2

Beispiel 2:

Für den gedrückten Kreisring nach Bild F 6.6.1 gebe man den Momentenverlauf und die Durchmesseränderungen auf den Symmetrieachsen an.

Gegeben: $F, R, h, EI = \text{konst}, h \ll R$

Rechengang:

1. Schnitt legen und Schnittgrößen anbringen.

Da das Problem doppeltsymmetrisch ist, wird nur der vierte Teil des Rings betrachtet (Bild F 6.6.2).

2. Gleichgewicht am Viertelkreis aufstellen.

$$\uparrow : -\frac{F}{2} - F_{L0} = 0 \qquad F_{L0} = -\frac{F}{2}$$

$$\rightarrow : -F_{L1} + F_{Q0} = 0$$

$$\curvearrowleft : -M_1 - M_0 - F_{L0}R + F_{Q0}R = 0$$

F_{L0} ist aus den Gleichgewichtsbedingungen bestimmbar. Aus Symmetriegründen wird das Moment bei $\varphi = 0$ einen Extremwert annehmen, so daß überdies gilt $F_{Q0} = 0$. Das Problem ist also nur noch einfach statisch unbestimmt.

3. Momentenverlauf und Ableitung nach der statisch Unbestimmten M_0 aufstellen.

k	M_k	$\frac{\partial M_k}{\partial M_0}$	Grenzen
1	$M_0 - \frac{F}{2} R(1 - \cos\varphi)$	1	$0, R\frac{\pi}{2}$

4. Integration ausführen

$$\frac{\partial W}{\partial M_0} = 0 = \frac{4R^2}{EI}\left[\frac{M_0}{R}\frac{\pi}{2} - \frac{F}{2}\left(\frac{\pi}{2} - 1\right)\right]$$

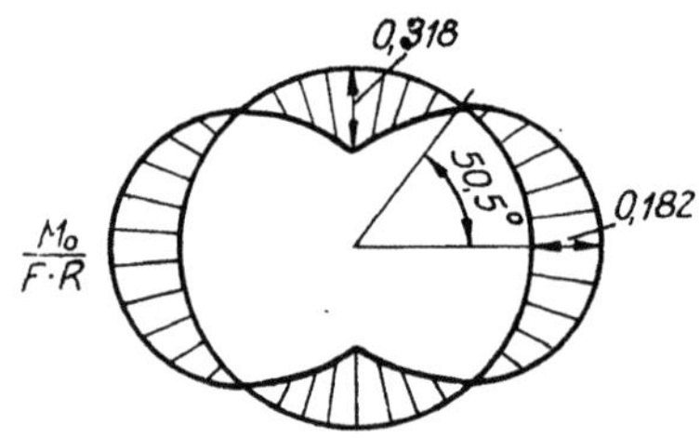

Bild F 6.6.3 (Statt $\frac{M_0}{FR}$ lies $\frac{M_b(\varphi)}{FR}$)

Der Faktor 4 berücksichtigt die vier Quadranten des Kreisringes.

$$M_0 = FR\left(\frac{1}{2} - \frac{1}{\pi}\right) = 0{,}182FR$$

Momentenverlauf (Bild F 6.6.3):

$$M_b(\varphi) = FR\left(\frac{1}{2} - \frac{1}{\pi}\right) - FR\left(\frac{1}{2} - \frac{1}{2}\cos\varphi\right) = FR\left(\frac{1}{2}\cos\varphi - \frac{1}{\pi}\right)$$

$$M_b\left(\varphi = \frac{\pi}{2}\right) = -\frac{FR}{\pi} = -0{,}318FR$$

$$M_b = 0 \quad \text{für} \quad \cos\varphi = \frac{2}{\pi} \qquad \varphi = 50{,}5°$$

5. Zur Berechnung der Durchmesseränderungen Hilfskraft einführen und Momentenverlauf aufstellen.

$$M_b(\varphi) = FR\left(\frac{1}{2}\cos\varphi - \frac{1}{\pi}\right) - F_H R\sin\varphi$$

$$\frac{\partial W}{\partial F} = \Delta D_v = \frac{4FR^3}{EI}\int_0^{\pi/2}\left(\frac{1}{2}\cos\varphi - \frac{1}{\pi}\right)^2 d\varphi = \frac{4FR^3}{EI}\left(\frac{\pi}{16} + \frac{1}{2\pi} - \frac{1}{\pi}\right)$$

$$= \frac{FR^3}{EI}\left(\frac{\pi}{4} - \frac{2}{\pi}\right) = 0{,}149\,\frac{FR^3}{EI}$$

$$\frac{\partial W}{\partial F_H} = \Delta D_h = \frac{2FR^3}{EI}\int_0^{\pi/2}\left(\frac{1}{2}\cos\varphi - \frac{1}{\pi}\right)(-\sin\varphi)\,d\varphi = \frac{2FR^3}{EI}\left(-\frac{1}{4} + \frac{1}{\pi}\right) = 0{,}137\,\frac{FR^3}{EI}$$

Man überlege sich, weshalb die Faktoren 2 und 4 stehen müssen!

6.2. Berücksichtigung sämtlicher Beanspruchungen zum Ermitteln der Verformungen in Trägern nach dem Satz von Castigliano

Bisher wurde nur die Biegearbeit um eine Trägheitshauptachse angeschrieben. Bei Berücksichtigung der Längskräfte, der Querkräfte, der Biegemomente und der Torsionsmomente in n Abschnitten können wir schreiben

$$W = \sum_{i=1}^{n} \left\{ \int_0^{l_i} \frac{F_{\mathrm{L}i}^2}{2(EA)_i} \, \mathrm{d}z_i + \int_0^{l_i} \frac{\varkappa_{ix} F_{\mathrm{Q}ix}^2}{2(GA)_i} \, \mathrm{d}z_i + \int_0^{l_i} \frac{\varkappa_{iy} F_{\mathrm{Q}iy}^2}{2(GA)_i} \, \mathrm{d}z_i \right.$$

$$\left. + \int_0^{l_i} \frac{M_{\mathrm{b}ix}^2}{2(EI_{xx})_i} \, \mathrm{d}z_i + \int_0^{l_i} \frac{M_{\mathrm{b}iy}^2}{2(EI_{yy})_i} \, \mathrm{d}z_i + \int_0^{l_i} \frac{M_{\mathrm{t}i}^2}{2(GI_{\mathrm{t}})_i} \, \mathrm{d}z_i \right\} \tag{6.13}$$

Die Verformungen ermitteln wir analog Gl. (6.2).

6.2.1. Formänderungen von Fachwerken

In einem Fachwerk wird nur Längskraftarbeit gespeichert, so daß sich (6.13) reduziert auf

$$W = \sum_{i=1}^{n} \frac{F_{\mathrm{S}i}^2 l_i}{2(EA)_i} = \frac{1}{2} \sum_{i=1}^{n} F_{\mathrm{S}i}^2 r_i \tag{6.14}$$

mit der Stabkonstanten

$$r_i = \frac{l_i}{(EA)_i}$$

Für die Verschiebung eines Knotenpunktes folgt daraus

$$v_{\mathrm{h}} = \frac{\partial W}{\partial F_k} = \sum_{i=1}^{n} F_{\mathrm{S}i} \frac{\partial F_{\mathrm{S}i}}{\partial F_k} r_i \tag{6.15}$$

Beispiel:

Für das in Bild F 6.7 skizzierte Fachwerk mit EA = konst sind die vertikalen Verschiebungen der Knotenpunkte I und II zu ermitteln.

1. Schritt

Einführung einer Hilfskraft F_{H} am Knotenpunkt II, Ermittlung der Stabkräfte, Ableitungen und Stabkonstanten (s. Tabelle 6.4)

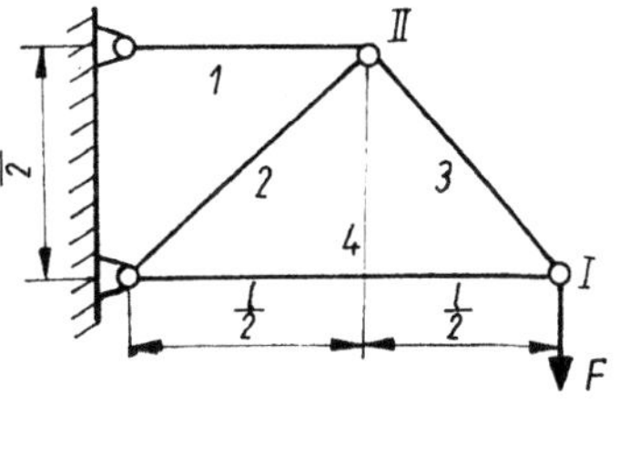

Bild F 6.7

Tabelle 6.4

i	F_{Si}	$\dfrac{\partial F_{Si}}{\partial F}$	$\dfrac{\partial F_{Si}}{\partial F_H}$	r_i
1	$2F + F_H$	2	1	$\dfrac{l}{EA}$
2	$-\sqrt{2}\,F - \sqrt{2}\,F_H$	$-\sqrt{2}$	$-\sqrt{2}$	$\dfrac{\sqrt{2}\,l}{EA}$
3	$\sqrt{2}\,F$	$\sqrt{2}$	0	$\dfrac{\sqrt{2}\,l}{EA}$
4	$-F$	-1	0	$\dfrac{2l}{EA}$

2. Schritt

Summation entsprechend Gl. (6.15)

$$v_{\mathrm{Iv}} = \frac{Fl}{EA}\left(4 + 2\sqrt{2} + 2\sqrt{2} + 2\right) = \frac{2Fl}{EA}\left(3 + 2\sqrt{2}\right)$$

$$v_{\mathrm{IIv}} = \frac{Fl}{EA}\left(2 + 2\sqrt{2}\right) = \frac{2Fl}{EA}\left(1 + \sqrt{2}\right)$$

Die Horizontalverschiebungen erhält man sofort aus der Verlängerung des Stabes 1

$$v_{\mathrm{IIh}} = \frac{2Fl}{EA}$$

bzw. der Verkürzung (Druckstab!) des Stabes 4

$$v_{\mathrm{Ih}} = \frac{2Fl}{EA}$$

6.2.2. Berücksichtigung von Biegung und Torsion

Für den in Bild F 6.8.1 skizzierten Viertelkreisbogenträger mit Kreisquerschnitt ist die Durchsenkung v_F unter der Last zu ermitteln.

1. Schritt

Bogenstück der Länge $R\varphi$ freischneiden, $M_b(\varphi)$ und $M_t(\varphi)$ ermitteln (Bild F 6.8.2)

$$M_b(\varphi) = -FR \sin\varphi$$

$$M_t(\varphi) = FR(1 - \cos\varphi)$$

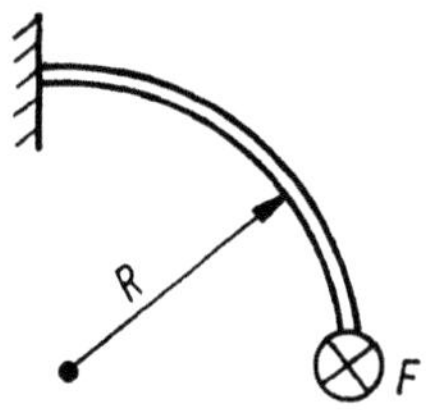

Bild F 6.8.1

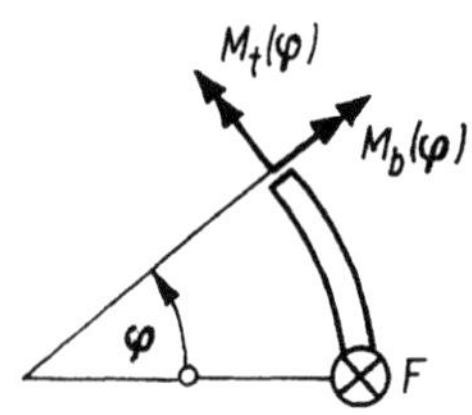

Bild F 6.8.2

2. Schritt

Arbeitsanteile aufschreiben, Ableitungen nach F bilden

$$W = \int_0^{\pi/2} \frac{M_b^2(\varphi)}{2EI} R\, d\varphi + \int_0^{\pi/2} \frac{M_t^2(\varphi)}{2GI_t} R\, d\varphi$$

$$\frac{\partial W}{\partial F} = v_F = \int_0^{\pi/2} \frac{M_b(\varphi)}{EI} \frac{\partial M_b(\varphi)}{\partial F} R\, d\varphi + \int_0^{\pi/2} \frac{M_t(\varphi)}{GI_t} \frac{\partial M_t(\varphi)}{\partial F} R\, d\varphi$$

$$= \frac{1}{EI} \int_0^{\pi/2} (-FR \sin\varphi)(-R\sin\varphi) R\, d\varphi + \frac{1}{GI_t} \int_0^{\pi/2} FR(1-\cos\varphi)$$

$$\times R(1-\cos\varphi) R\, d\varphi = \frac{FR^3}{EI}\left[\frac{\pi}{4} + \frac{EI}{GI_t}\left(\frac{\pi}{2} - 2 + \frac{\pi}{4}\right)\right]$$

$$\approx \frac{FR^3}{16EI}(19\pi - 40)$$

Wegen $E = 2(1+\nu)\,G = \frac{5}{2}\,G$ (mit $\nu = 0{,}25$) und für Kreisquerschnitte $I_t = I_p = 2I$, kann der Quotient $\frac{EI}{GI_t} = \frac{5}{4}$ gesetzt werden.

7. Rotationssymmetrische Spannungszustände in Flächentragwerken

Bisher haben wir nur Bauteile behandelt, bei denen eine Ausdehnung groß gegenüber den beiden anderen war, und wir nannten diese Tragwerkselemente Stäbe, Balken oder Träger (Stablänge $l \gg$ Querschnittsabmessungen, z. B. b, h beim Rechteckquerschnitt oder d beim Kreisquerschnitt).
In diesem Abschnitt wollen wir Flächentragwerke untersuchen. Mit Rücksicht auf den Kenntnisstand in Mathematik müssen wir uns auf drehsymmetrische Spannungszustände beschränken. Diese Spannungszustände treten nur dann auf, wenn die Geometrie und die eingeprägte Belastung in einem Zylinderkoordinatensystem (r, φ, z) unabhängig vom Drehwinkel φ sind.
Wir behandeln hier die folgenden Typen von Flächentragwerken:

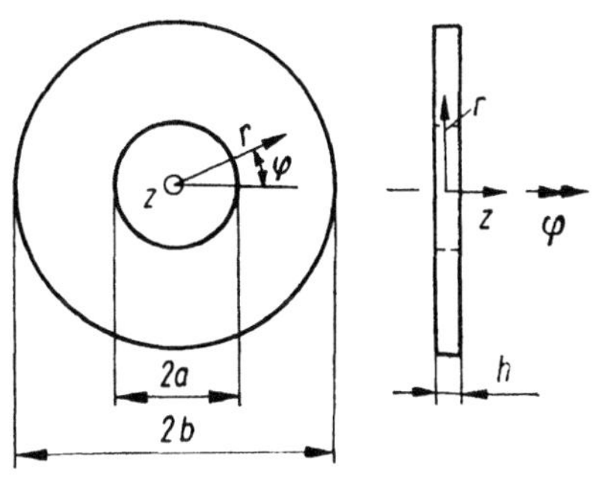

Bild F 7.1

1. Kreisscheiben (Bild F 7.1)

Kreisscheiben sind Bauelemente, bei denen eine Abmessung klein ist gegenüber den anderen ($h \ll$ b). Sie werden in ihrer Ebene (r,φ-Ebene) belastet.

2. Kreisplatten

Kreisplatten sind Bauelemente, bei denen ebenfalls die Abmessung in einer Richtung klein gegenüber den anderen ist, jedoch erfolgt die Belastung in z-Richtung.

3. Drehschalen (Bild F 7.2)

Drehschalen entstehen durch Rotation einer »Kurve« der Dicke h um die z-Achse. h ist klein gegenüber den anderen Abmessungen.

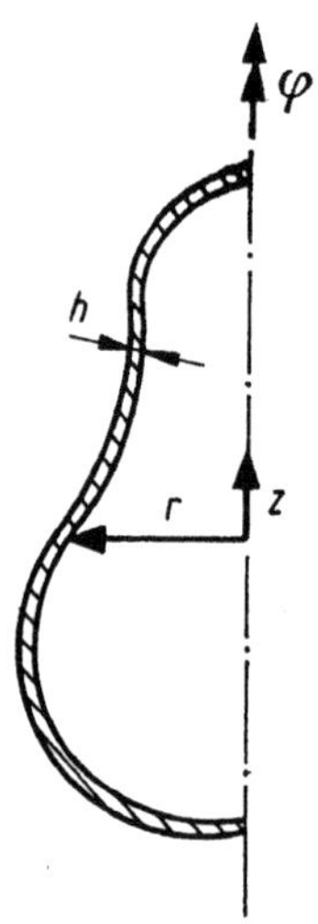

Bild F 7.2

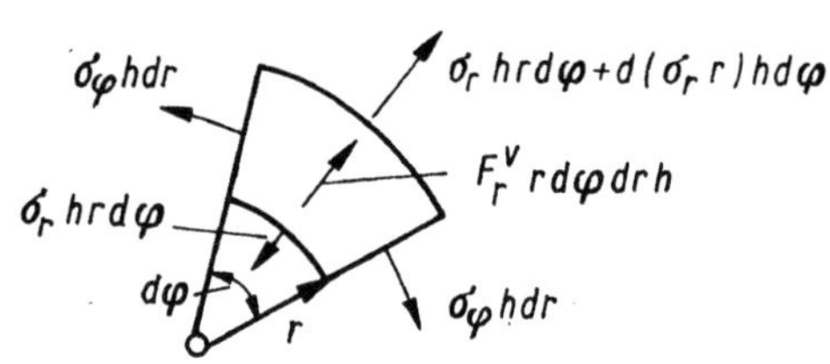

Bild F 7.3

7.1. Kreisscheiben

7.1.1. Gleichgewicht am Volumenelement

Wir schneiden aus der Scheibe Bild F 7.1 ein Volumenelement $\mathrm{d}V = r\,\mathrm{d}\varphi\,\mathrm{d}r h$ frei und stellen die Kräftegleichgewichtsbedingungen in r-Richtung auf (Bild F 7.3). Schubspannungen treten wegen der Rotationssymmetrie nicht auf. Die Normalspannung σ_φ erfährt keine Änderung, wenn φ sich auf $\varphi + \mathrm{d}\varphi$ ändert.
In r-Richtung ist zu beachten, daß sich sowohl die Normalspannung σ_r als auch r bei Fortschreiten um dr ändern! F_r^v ist eine in r-Richtung wirkende Kraft je Volumeneinheit; für eine rotierende Scheibe gilt z. B. $F_r^v = \varrho r \omega^2$.

$$(r)\nearrow:\quad \mathrm{d}(\sigma_r r)\, h\, \mathrm{d}\varphi - \sigma_\varphi h\, \mathrm{d}r\, \mathrm{d}\varphi + F_r^v r\, \mathrm{d}\varphi\, \mathrm{d}r h = 0$$

$$(\sigma_r r)' - \sigma_\varphi + F_r^v r = 0 \qquad (7.1)$$

$$\frac{\mathrm{d}(\quad)}{\mathrm{d}r} = (\quad)'$$

7.1.2. Verformungs-Verzerrungs-Beziehungen

Wegen der Drehsymmetrie gilt $v_\varphi = 0$, $\gamma_{r\varphi} = 0$, $\gamma_{z\varphi} = 0$.
Zwischen den Verschiebungen v_r, v_z und den Dehnungen ε_r, ε_φ, ε_z gelten die folgenden Beziehungen (Bild F 7.4)

$$\varepsilon_r = \frac{\mathrm{d}r + \mathrm{d}v_r - \mathrm{d}r}{\mathrm{d}r} = \frac{\mathrm{d}v_r}{\mathrm{d}r} = v_r'$$

$$\varepsilon_\varphi = \frac{(r + v_r)\,\mathrm{d}\varphi - r\,\mathrm{d}\varphi}{r\,\mathrm{d}\varphi} = \frac{v_r}{r} \tag{7.2}$$

$$\varepsilon_z = \frac{\mathrm{d}v_z}{\mathrm{d}z}$$

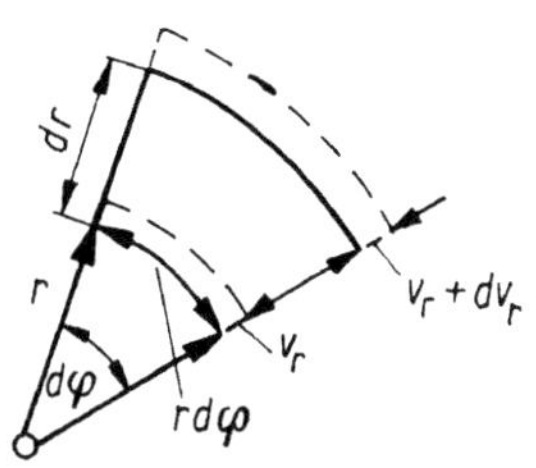

Bild F 7.4

7.1.3. Spannungs-Dehnungs-Beziehungen

Da die Scheibendicke h sehr viel kleiner ist als die anderen Abmessungen, nehmen wir an, daß sich in z-Richtung keine Spannungen aufbauen können und rechnen mit $\sigma_z = 0$, $\tau_{z\varphi} = 0$ und $\tau_{zr} = 0$ (und damit $\gamma_{zr} = 0$).
Wir nennen diesen Spannungszustand, bei dem nur Spannungen in der r,φ-Ebene wirken, einen ebenen Spannungszustand (ESZ) und können das Stoffgesetz wie folgt formulieren (s. a. 1.5.1.2.1.).

$$\varepsilon_r = \frac{1}{E}(\sigma_r - \nu\sigma_\varphi)$$

$$\varepsilon_\varphi = \frac{1}{E}(\sigma_\varphi - \nu\sigma_r) \tag{7.3}$$

$$\varepsilon_z = -\frac{\nu}{E}(\sigma_r + \sigma_\varphi)$$

oder

$$\sigma_r = \frac{E}{1 - \nu^2}(\varepsilon_r + \nu\varepsilon_\varphi)$$

$$\sigma_\varphi = \frac{E}{1 - \nu^2}(\varepsilon_\varphi + \nu\varepsilon_r) \tag{7.4}$$

7.1.4. Aufstellen einer Differentialgleichung

Aus den Beziehungen (7.1) bis (7.4) können wir für eine der Unbekannten eine Differentialgleichung formulieren. Da diese Differentialgleichung unter Beachtung der Randbedingungen zu lösen ist, und diese Randbedingungen entweder als Bedingungen für die Verschiebung v_r oder für die Radialspannung σ_r vorliegen, wollen wir beide Wege beschreiten.

7.1.4.1. Differentialgleichung für die Radialverschiebung v_r

Wir führen die Beziehungen (7.2) in (7.4) und dann in (7.1) ein und erhalten

$$(rv_r' + \nu v_r)' - \left(\frac{v_r}{r} + \nu v_r'\right) + \frac{1-\nu^2}{E} F_r^{\mathrm{v}} r = 0$$

woraus folgt

$$v_r'' + \frac{1}{r} v_r' - \frac{v_r}{r^2} + \frac{1-\nu^2}{E} F_r^{\mathrm{v}} = 0 \tag{7.5}$$

7.1.4.2. Differentialgleichung für die Radialspannung σ_r

Aus (7.2) erhalten wir

$$(r\varepsilon_\varphi)' - \varepsilon_r = 0 \tag{7.6}$$

In diese Gleichung setzen wir (7.3) ein und erhalten

$$r\sigma_\varphi' + \sigma_\varphi - \nu r\sigma_r' - \nu\sigma_r - \sigma_r + \nu\sigma_\varphi = 0 \tag{7.7}$$

Aus (7.1) folgt

$$\sigma_\varphi = \sigma_r' r + \sigma_r + F_r^{\mathrm{v}} r \tag{7.8}$$

und daraus

$$\sigma_\varphi' = \sigma_r'' r + 2\sigma_r' + F_r^{\mathrm{v}\prime} r + F_r^{\mathrm{v}}$$

Setzen wir diese Beziehungen in (7.7) ein, so erhalten wir die gesuchte Differentialgleichung für σ_r

$$r^2\sigma_r'' + 3r\sigma_r' + F_r^{\mathrm{v}\prime} r^2 + (2+\nu) F_r^{\mathrm{v}} r = 0 \tag{7.9}$$

7.1.5. Beispiel: Rotierende Kreisringscheibe

Für eine rotierende Scheibe ist die spezifische Volumenkraft $F_r^{\mathrm{v}} = \varrho r\omega^2$, und Gleichung (7.9) geht über in

$$\sigma_r'' + \frac{3}{r}\sigma_r' = -\varrho\omega^2(3+\nu) \tag{7.10}$$

Die Lösung dieser inhomogenen Differentialgleichung zweiter Ordnung mit variablen Koeffizienten setzt sich aus der homogenen ($\sigma_{r\mathrm{h}}$) und der Partikulärlösung ($\sigma_{r\mathrm{p}}$) zusammen. Für die vorliegende Dgl. vom EULER-Typ setzen wir an

$$\sigma_{r\mathrm{h}} = A_i r^{\lambda_i}$$

und erhalten die charakteristische Gleichung

$$\lambda_i(\lambda_i - 1) + 3\lambda_i = 0$$

mit den Wurzeln $\lambda_1 = 0$ und $\lambda_2 = -2$ und damit

$$\sigma_{r\mathrm{h}} = A_1 + A_2 r^{-2}$$

Die Partikulärlösung folgt nach Einsetzen von

$$\sigma_{r\mathrm{p}} = A_3 r^2$$

in (7.10) zu

$$\sigma_{r\mathrm{p}} = -\frac{\varrho\omega^2(3 + \nu)}{8}\, r^2$$

Damit erhalten wir die vollständige Lösung

$$\sigma_r = \frac{\varrho\omega^2}{8}\,[A + Br^{-2} - (3 + \nu)\, r^2] \tag{7.11}$$

und daraus mit (7.8)

$$\sigma_\varphi = \frac{\varrho\omega^2}{8}\,[A - Br^{-2} - (1 + 3\nu)\, r^2] \tag{7.12}$$

und mit (7.2) und (7.3)

$$v_r = \varepsilon_\varphi \cdot r = \frac{\varrho\omega^2 r}{8E}\,[(1 - \nu)\, A - (1 + \nu)\, Br^{-2} - (1 - \nu^2)\, r^2] \tag{7.13}$$

Für eine rotierende Scheibe, die am Innenrand ($r = a$) und am Außenrand ($r = b$) radialspannungsfrei ist, errechnen wir die Konstanten A und B aus (7.11)

$$A + Ba^{-2} - (3 + \nu)\, a^2 = 0$$

$$A + Bb^{-2} - (3 + \nu)\, b^2 = 0$$

zu

$$A = (3 + \nu)\,(a^2 + b^2) \quad \text{und} \quad B = -(3 + \nu)\, a^2 b^2$$

Damit erhalten wir die Spannungsverläufe

$$\sigma_r = \frac{(3 + \nu)\,\varrho\omega^2}{8}\,(a^2 + b^2 - a^2b^2r^{-2} - r^2)$$

$$\sigma_\varphi = \frac{(3 + \nu)\,\varrho\omega^2}{8}\left(a^2 + b^2 + a^2b^2r^{-2} - \frac{1 + 3\nu}{3 + \nu}\, r^2\right)$$

Für $a = 0$, d. h. für eine rotierende Vollscheibe, sind die Verläufe in Bild F 7.5 dargestellt. Wir erkennen, daß die Scheibe sehr ungleichmäßig beansprucht wird. Materialökonomisch günstiger ist es, eine Scheibe mit veränderlicher Wanddicke $h(r)$ oder aber eine Scheibe mit stückweise konstantem h zu verwenden [1].

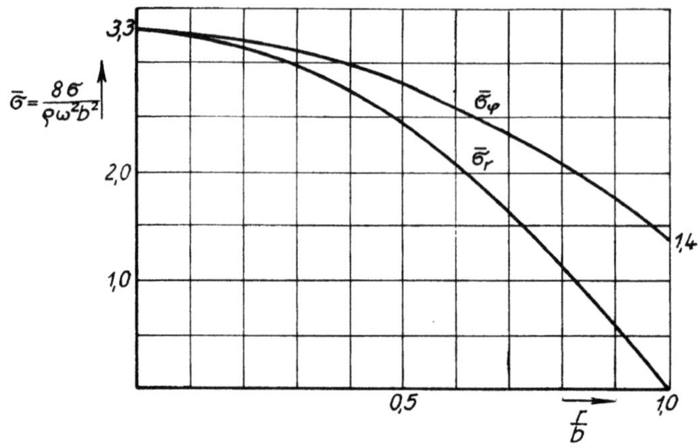

Bild F 7.5

7.2. Kreisplatte

Eine Platte ist ein ebenes Bauelement, dessen Ausdehnung (h) in einer Richtung (z-Richtung) wesentlich kleiner ist als in den beiden anderen Richtungen und bei dem die Belastung in z-Richtung erfolgt.
Bei der Berechnung werden die folgenden Annahmen getroffen:

1. Die Durchbiegung (w) der Platte ist klein gegenüber allen anderen Abmessungen.
2. Die Normalspannungen senkrecht zur Mittelebene $z = 0$ werden vernachlässigt.
3. Die Verformungen der Platte werden durch die Verformung ihrer Mittelebene beschrieben [$w(z = 0) = w(z)$].
4. Die Querschnitte senkrecht zur Mittelebene bleiben auch nach der Verformung eben und senkrecht zur verformten Mittelfläche (BERNOULLI-NAVIER-Hypothese).
5. Die Plattendicke sei konstant, Ober- bzw. Unterseite werden durch die Ebenen $z = \pm\frac{h}{2}$ festgelegt.

7.2.1. Gleichgewichtsbedingungen

In der Plattenstatik ist es üblich, Schnittgrößen je Längeneinheit einzuführen in der Form

$$m_r = \int_{-(h/2)}^{+(h/2)} \sigma_r z \, \mathrm{d}z \qquad m_\varphi = \int_{-(h/2)}^{+(h/2)} \sigma_\varphi z \, \mathrm{d}z \qquad q_r = \int_{-(h/2)}^{+(h/2)} \tau \, \mathrm{d}z \tag{7.14}$$

Mit diesen Schnittgrößen ergeben sich am Volumenelement $r \, \mathrm{d}\varphi \, \mathrm{d}rh$ (Bild F 7.6) folgende Gleichgewichtsbedingungen

$$\begin{aligned}
&q_r r \, \mathrm{d}\varphi + \mathrm{d}(q_r r) \, \mathrm{d}\varphi - q_r r \, \mathrm{d}\varphi - p(r) \, r \, \mathrm{d}r \, \mathrm{d}\varphi = 0 \\
&(q_r r)' + p(r) \, r = 0 \\
&m_r r \, \mathrm{d}\varphi + \mathrm{d}(m_r r) \, \mathrm{d}\varphi - m_r r \, \mathrm{d}\varphi - m_\varphi \, \mathrm{d}r \, \mathrm{d}\varphi - q_r r \, \mathrm{d}\varphi \, \mathrm{d}r = 0 \\
&(m_r r)' - m_\varphi - q_r r = 0
\end{aligned} \tag{7.15}$$

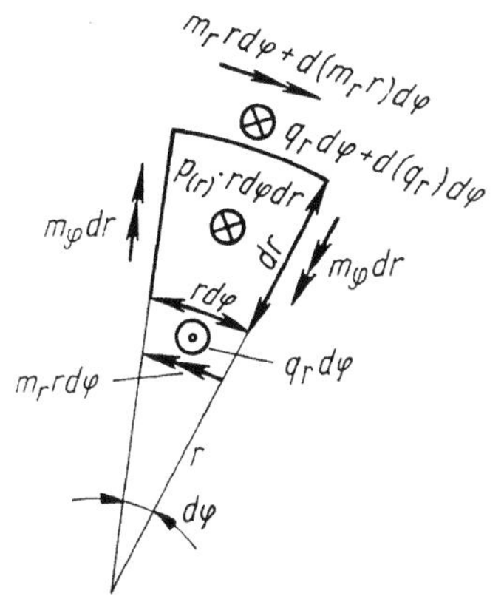

Bild F 7.6

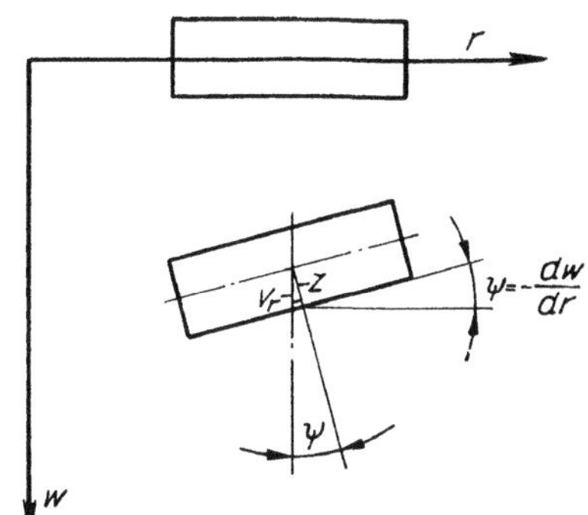

Bild F 7.7

7.2.2. Formänderungsbetrachtungen und Hookesches Gesetz

Die Verformung der Platte führt zu Dehnungen. Für alle rotationssymmetrischen Spannungszustände gilt [siehe (7.2)]

$$\varepsilon_r = v_r' \qquad \varepsilon_\varphi = \frac{v_r}{r}$$

Die Radialverschiebung v_r ist mit der Plattenneigung ψ und mit der Durchsenkung w verknüpft (Bild F 7.7).
Es gilt

$$v_r = z\psi$$

und

$$\psi = -\frac{\mathrm{d}w}{\mathrm{d}r} = -w'$$

Für die Dehnungen folgt daraus

$$\varepsilon_r = v_r' = z\psi' \qquad \varepsilon_\varphi = \frac{v_r}{r} = z\,\frac{\psi}{r} \tag{7.16}$$

Die Dehnungen sind mit den Spannungen durch das HOOKEsche Gesetz verbunden.

$$\sigma_r = \frac{E}{1-\nu^2}(\varepsilon_r + \nu\varepsilon_\varphi) = \frac{Ez}{1-\nu^2}\left(\psi' + \nu\,\frac{\psi}{r}\right)$$
$$\sigma_\varphi = \frac{E}{1-\nu^2}(\varepsilon_\varphi + \nu\varepsilon_r) = \frac{Ez}{1-\nu^2}\left(\frac{\psi}{r} + \nu\psi'\right) \tag{7.17}$$

Die in (7.14) definierten Schnittgrößen lassen sich demnach folgendermaßen ausdrük-ken:

$$m_r = \frac{E}{1-\nu^2}\frac{h^3}{12}\left(\psi' + \nu\frac{\psi}{r}\right) = -K\left(w'' + \nu\frac{w'}{r}\right)$$

$$m_\varphi = \frac{E}{1-\nu^2}\frac{h^3}{12}\left(\frac{\psi}{r} + \nu\psi'\right) = -K\left(\frac{w'}{r} + \nu w''\right) \tag{7.18}$$

($K = \dfrac{Eh^3}{12(1-\nu^2)}$ nennt man die Biegesteifigkeit der Platte.)

7.2.3. Differentialgleichung und ihre Lösungen

Werden die Schnittgrößen (7.18) in die Gleichgewichtsbedingungen (7.15) eingeführt, so ergibt sich folgende Beziehung.

$$-K\left[(w''r - \nu w')' - \frac{w'}{r} - \nu w''\right]' = (q_r r)' = -p(r)\, r$$

$$\left[w^{\text{IV}} + 2\frac{w'''}{r} - \frac{w''}{r^2} + \frac{w'}{r^3}\right] = \frac{p(r)}{K} \tag{7.19}$$

$$\left(\frac{d^2}{dr^2} + \frac{1}{r}\frac{d}{dr}\right)\left(\frac{d^2w}{dr^2} + \frac{1}{r}\frac{dw}{dr}\right) = \Delta\Delta w = \frac{p(r)}{K}$$

Aus dieser inhomogenen Differentialgleichung vierter Ordnung kann man die Durchsenkung und damit auch die Schnittgrößen ermitteln. Zur Lösung der homogenen Eulerschen Differentialgleichung führt der Ansatz

$$w_{\text{h}} = A_i r^{\lambda_i}$$

auf die charakteristische Gleichung

$$\lambda_i(\lambda_i - 1)(\lambda_i - 2)(\lambda_i - 3) + 2\lambda_i(\lambda_i - 1)(\lambda_i - 2) - \lambda_i(\lambda_i - 1) + \lambda_i = 0$$

mit den Wurzeln

$$\lambda_{1,2} = 0 \qquad \lambda_{3,4} = 2$$

Damit ergibt sich als vollständige Lösung der Differentialgleichung

$$w = w_{\text{p}} + A_1 + A_2 \ln r + A_3 r^2 + A_4 r^2 \ln r \tag{7.20}$$

Oft wird die Differentialgleichung (7.19) zur Lösung etwas anders vorbereitet. Mit

$$\Delta w = \frac{d^2w}{dr^2} + \frac{1}{r}\frac{dw}{dr} = \frac{1}{r}(rw')'$$

kann man für (7.19) auch schreiben

$$\frac{1}{r}\left\{r\left[\frac{1}{r}(rw')'\right]'\right\}' = \frac{p(r)}{K} \tag{7.21}$$

Eine elementare mehrfache Integration führt dann z. B. für $p(r) = p =$ konst zu folgender Lösung:

$$w = \frac{p}{K}\left[\frac{r^4}{64} + C_1\left(\frac{r^2 \ln r}{4} - \frac{r^2}{4}\right) + C_2\frac{r^2}{4} + C_3 \ln r + C_4\right] \tag{7.22}$$

Die vier Konstanten sind aus den Randbedingungen des Problems zu bestimmen. Analog zu den Überlegungen bei der elastischen Linie gilt hier

a) eingespannter Rand:

$$w = 0$$

$$w' = 0$$

b) frei drehbar gelagerter Rand:

$$w = 0$$

$$m_r = -K\left(w'' + \nu\frac{w'}{r}\right) = 0$$

c) freier Rand:

$$m_r = -K\left(w'' + \nu\frac{w'}{r}\right) = 0$$

$$q_r = -K\left(w''' + \frac{w''}{r} - \frac{w'}{r^2}\right) = -K(\Delta w)' = 0$$

7.2.4. Beispiele

Beispiel 1:

Für eine bei $r = R$ eingespannte Vollplatte mit konstanter Belastung sind gesucht: Durchbiegungsverlauf und maximale Spannung. Für eine Vollplatte sind die Konstanten C_1 und C_3 in (7.22) Null, weil sonst für $r = 0$ w, w', m_r und q_r unendlich werden.
Für die Bestimmung der Konstanten C_2 und C_4 stehen zwei Randbedingungen zur Verfügung

$$w(R) = 0: \quad \frac{R^4}{64} + C_2\frac{R^2}{4} + C_4 = 0$$

$$w'(R) = 0: \quad \frac{R^3}{16} + C_2\frac{R}{2} = 0$$

Mit

$$C_2 = -\frac{R^2}{8}$$

und

$$C_4 = \frac{R^4}{64}$$

erhält man

$$w(r) = \frac{p}{64K}(r^2 - R^2)^2$$

Die Berechnung der Spannungen erfolgt aus den Schnittgrößen.

$$\sigma_r = \frac{6m_r}{h^2} \qquad \sigma_\varphi = \frac{6m_\varphi}{h^2}$$

$$m_r = -K\left(w'' + \nu\frac{w'}{r}\right) = -\frac{p}{16}\,[3r^2 - R^2 + \nu(r^2 - R^2)]$$

$$m_\varphi = -K\left(\frac{w'}{r} + \nu w''\right) = -\frac{p}{16}\,[r^2 - R^2 + \nu(3r^2 - R^2)]$$

$$m_{r(0)} = m_{\varphi(0)} = \frac{p}{16}\,(1 + \nu)\,R^2$$

$$m_{r(R)} = -\frac{pR^2}{8} \qquad m_{\varphi(R)} = -\frac{\nu pR^2}{8} = \nu m_{r(R)}$$

$$\sigma_{r(0)} = \sigma_{\varphi(0)} = \frac{3(1+\nu)}{8}\,p\left(\frac{R}{h}\right)^2$$

$$\sigma_{r(R)} = \sigma_{\max} = \frac{3}{4}\,p\left(\frac{R}{h}\right)^2 \qquad \sigma_{\varphi(R)} = \frac{3\nu}{4}\,p\left(\frac{R}{h}\right)^2$$

$$\sigma_{v(R)} = \frac{3}{4}\,p\left(\frac{R}{h}\right)^2\sqrt{1 + \nu^2 - \nu} \approx 0{,}67p\left(\frac{R}{h}\right)^2$$

$$\sigma_{v(0)} = \cdots \approx 0{,}49p\left(\frac{R}{h}\right)^2$$

Beispiel 2:

Für eine im Mittelpunkt durch eine Einzellast F beanspruchte Kreisplatte ist die Durchbiegungsgleichung allgemein gesucht.

Mit $q_r = -\dfrac{F}{2\pi r}$ kann, ausgehend von der Gleichung (s. S. 181, c) freier Rand)

$$\frac{F}{2\pi K} = r\left[\frac{1}{r}\,(rw')'\right]' = -\frac{q_r r}{K} = r(\Delta w)'$$

das Problem gelöst werden durch

$$w = \frac{F}{2\pi K}\left[\frac{r^2}{4}\ln r - \frac{r^2}{4} + C_1\frac{r^2}{4} + C_2\ln r + C_3\right]$$

Die Konstante C_2 muß Null sein, da sonst $w(0)$ unendlich wird.

7.3. Drehschalen

Auch bei Drehschalen ist es möglich, unter gewissen Bedingungen in guter Näherung mit einer Art Scheibenspannungszustand zu rechnen, der hier Membranspannungszustand genannt wird. Es treten dabei nur Normalspannungen σ_φ und σ_ϑ auf, die sich über der Wanddicke nicht ändern.

Sprunghafte Änderungen in der Schalengeometrie und den Belastungen erfordern jedoch die Anwendung einer dem Plattenspannungszustand analogen Biegetheorie, die wir am einfachsten Fall, der Kreiszylinderschale, darstellen wollen.

7.3.1. Spannungen in dünnwandigen rotationssymmetrischen Behältern unter Innendruck – Membrantheorie

7.3.1.1. Grundlagen und Voraussetzungen

Wir betrachten in diesem Abschnitt Behälter, die in bezug auf eine Achse B—B (Bild F 7.8) drehsymmetrisch sind.

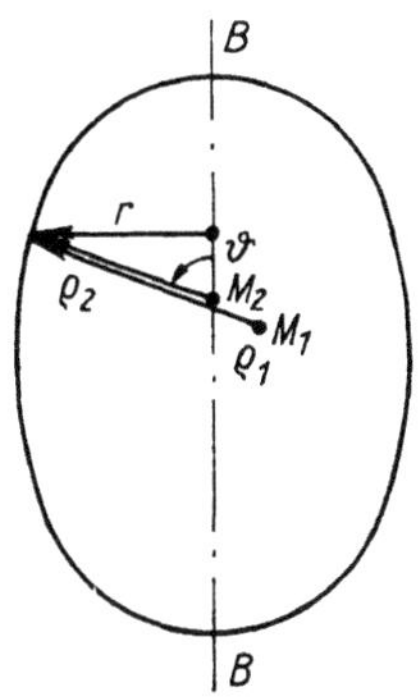

Bild F 7.8

Jeder gedachte Längsschnitt durch den Behälter, der die Achse B—B enthält, markiert auf der Behälteroberfläche Linien, die wir Meridiane nennen, Schnitte senkrecht zur Achse B—B markieren auf der Oberfläche die Breitenkreise. Ein Punkt auf der Behälterwand wird festgelegt durch den Winkel ϑ (Lage eines Breitenkreises) und den Winkel φ (Lage eines Meridianes).
ϑ zählen wir wie in Bild F 7.8 angegeben. Die Festlegung von $\varphi = 0$ ist bedeutungslos, da infolge der Rotationssymmetrie alle Schnitte φ = konst die gleiche Meridianform ergeben.
Die Geometrie des Behälters wird durch seine beiden Hauptkrümmungsradien beschrieben, die senkrecht auf einem Wandungselement des Behälters stehen. Mit ϱ_1 und M_1 bezeichnen wir Krümmungsradius und Krümmungsmittelpunkt der Meridiankurve. ϱ_2 ist der Krümmungsradius eines Breitenkreises. Er nimmt stets positive Werte an, und sein Krümmungsmittelpunkt M_2 liegt immer auf der Rotationsachse B—B. Zwischen ϱ_2 und dem senkrechten Abstand r des Wandungselementes von der Rotationsachse besteht die Beziehung

$$r = \varrho_2 \sin \vartheta \tag{7.23}$$

Die Dicke des Behälters h sei konstant und klein gegenüber den anderen Abmessungen des Behälters.
Die Belastung des Behälters erfolge durch den konstanten Innendruck p, der überall senkrecht zur Behälterwand wirkt.
Infolge der getroffenen Voraussetzung können wir annehmen, daß an Schnitten ϑ = konst und φ = konst nur Normalspannungen angreifen, die sich über der Wanddicke h nicht ändern. Einen derartigen Spannungszustand nennt man Membranspannungszustand; er ist z. B. in einem Luftballon sehr gut realisiert. Für technische Belange ist die Membrantheorie eine gute Näherung. Sie versagt allerdings, wenn die Krümmungsradien sich sprunghaft ändern, wie das z. B. der Fall ist, wenn ein

zylindrischer Behälter mit dem Meridianradius $\varrho_1 = \infty$ durch einen Halbkugelboden mit $\varrho_1 = a$ abgeschlossen wird. Im Gebiet der Übergangsstelle treten dann Querkräfte und Momente auf, die wir erst in 7.3.2. berücksichtigen können.

7.3.1.2. Ermittlung der Spannungen

Es gelingt uns, mit den getroffenen Annahmen die Normalspannung σ_ϑ am Schnitt $\vartheta =$ konst, die wir Längsspannung nennen wollen, und σ_φ am Schnitt $\varphi =$ konst, die wir Ring- und Umfangsspannung nennen wollen, allein aus Gleichgewichtsbetrachtungen zu ermitteln. Zunächst führen wir längs eines Breitenkreises $\vartheta =$ konst einen Schnitt senkrecht zur Behälterwand (Bild F 7.9) und erhalten aus einer Kräftegleichgewichtsbedingung in vertikaler Richtung

$$\uparrow: pr^2\pi - \sigma_\vartheta 2\pi r h \sin\vartheta = 0$$

$$\sigma_\vartheta = \frac{pr}{2h\sin\vartheta} = \frac{p\varrho_2}{2h} \tag{7.24}$$

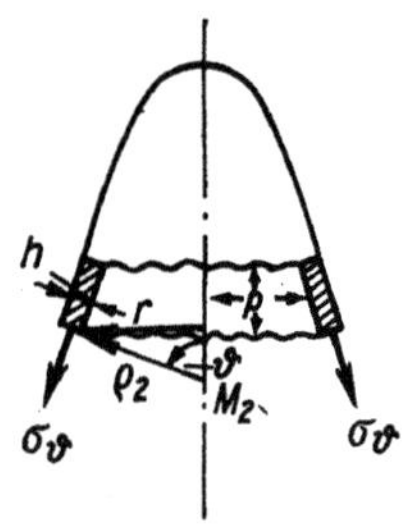

Bild F 7.9

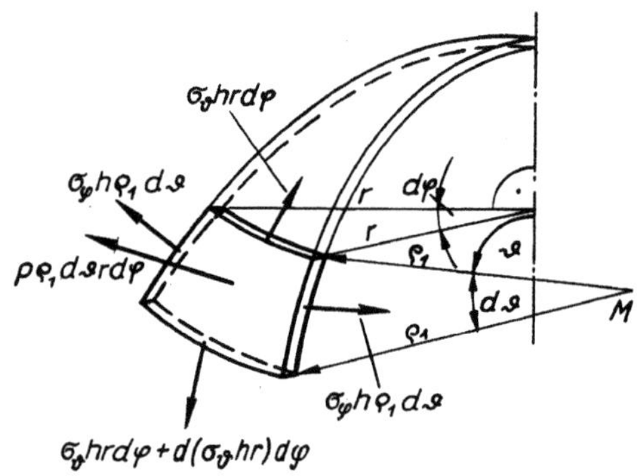

Bild F 7.10

Nun schneiden wir durch Schnitte $\vartheta =$ konst und $\varphi =$ konst aus dem Behälter ein Volumenelement $\mathrm{d}V = \varrho_1\, \mathrm{d}\vartheta r\, \mathrm{d}\varphi h$ heraus und tragen die Kräfte an (Bild F 7.10). Das Glied $\mathrm{d}(\sigma_\vartheta h r)\,\mathrm{d}\varphi$ berücksichtigt die Änderung der Spannung σ_ϑ und des Radius r bei Fortschreiten um $\mathrm{d}\vartheta$ in Richtung ϑ.

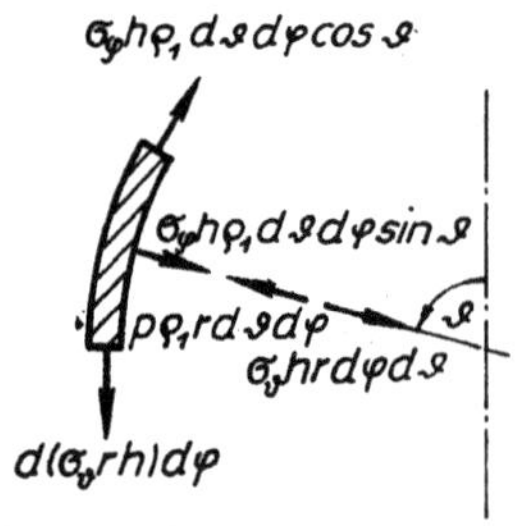

Bild F 7.11

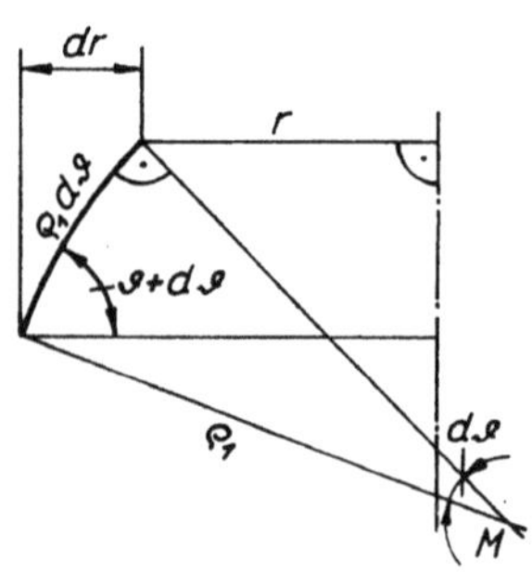

Bild F 7.12

Zerlegen wir die Spannungen in die Richtungen der Flächennormale und der Meridiantangente (Bild F 7.11), so lauten die Gleichgewichtsbedingungen

$$\nwarrow: p\varrho_1 r \,\mathrm{d}\vartheta\,\mathrm{d}\varphi - \sigma_\vartheta h r\,\mathrm{d}\varphi\,\mathrm{d}\vartheta - \sigma_\varphi h \varrho_1\,\mathrm{d}\vartheta\,\mathrm{d}\varphi \sin\vartheta = 0 \tag{7.25}$$

$$\nearrow: -\mathrm{d}(\sigma_\vartheta r)\, h\,\mathrm{d}\varphi + \sigma_\varphi h \varrho_1\,\mathrm{d}\vartheta\,\mathrm{d}\varphi \cos\vartheta = 0 \tag{7.26}$$

Dividieren wir Gl. (7.25) mit dV und beachten Gl. (7.23), so erhalten wir

$$\frac{\sigma_\vartheta}{\varrho_1} + \frac{\sigma_\varphi}{\varrho_2} = \frac{p}{h} \tag{7.27}$$

Daraus folgt mit (7.24)

$$\sigma_\varphi = \frac{p\varrho_2}{2h}\left(2 - \frac{\varrho_2}{\varrho_1}\right) \tag{7.28}$$

Damit sind beide Hauptspannungen bekannt. Gl. (7.26) ist erfüllt durch Einsetzen von Gl. (7.24) und Gl. (7.28) und unter Beachtung von Bild F 7.12

$$\mathrm{d}r = \varrho_1\,\mathrm{d}\vartheta \cos\vartheta \tag{7.29}$$

Während die Gl. (7.28) für jeden drehsymmetrischen Behälter unter Innendruck gilt, darf die Gl. (7.24) nur für Behälter verwendet werden, die auf der Drehachse geschlossen sind.

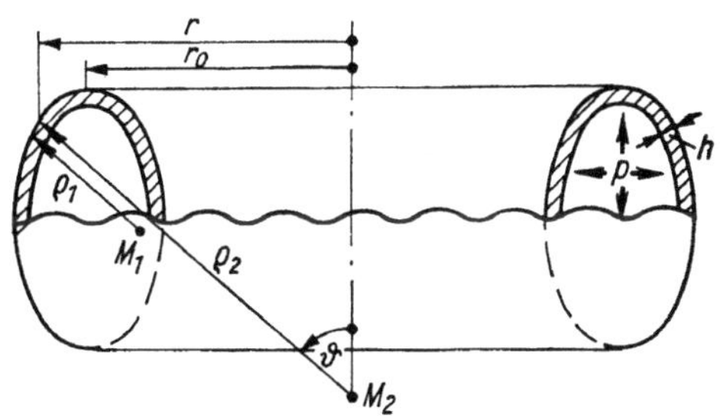

Bild F 7.13

Für Torusschalen oder Ringbehälter (Autoreifen!) (Bild F 7.13) erhält man aus der Schnittbetrachtung Bild F 7.14 die Gleichgewichtsbedingungen in vertikaler Richtung

$$\uparrow: p(r^2 - r_0^2)\,\pi - \sigma_\vartheta 2\pi r h \sin\vartheta = 0$$

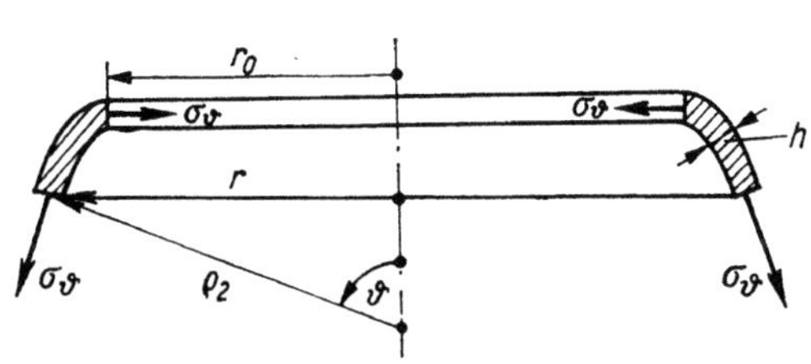

Bild F 7.14

und daraus

$$\sigma_\vartheta = \frac{p(r^2 - r_0^2)}{2rh \sin \vartheta} \tag{7.30}$$

(Mit $r_0 = 0$ geht (7.30) in (7.24) über.)
Für $r = r_0$ und $\vartheta = 0$ muß die Längsspannung aus (7.30) durch Grenzübergang gewonnen werden. Mit (7.29) folgt

$$\sigma_{\vartheta(\vartheta=0)} = \frac{p\varrho_1}{h}$$

7.3.1.3. Beispiele

Kugelkessel (Bild F 7.15)

Es gilt $\varrho_1 = \varrho_2 = a$, und damit folgt aus (7.24) und (7.28)

$$\sigma_\varphi = \sigma_\vartheta = \frac{pa}{2h}$$

$$\varepsilon_\varphi = \frac{1}{E}(\sigma_\varphi - \nu\sigma_\vartheta) = \frac{pa}{2hE}(1 - \nu) = \varepsilon_\vartheta$$

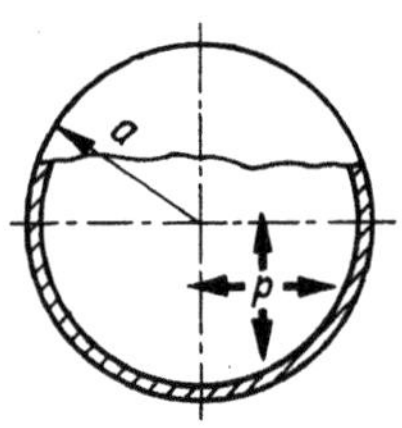

Bild F 7.15

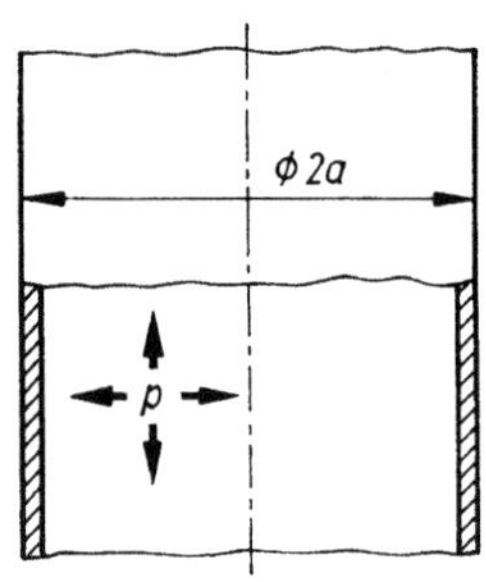

Bild F 7.16

Zylindrisches Rohr (Bild F 7.16)

Es gilt $\varrho_1 = \infty$ und $\varrho_2 = a$, und damit

$$\sigma_\vartheta = \frac{pa}{2h} \quad \text{und} \quad \sigma_\varphi = \frac{pa}{h} \qquad \varepsilon_\varphi = \frac{pa}{2hE}(2 - \nu) \qquad \varepsilon_\vartheta = \frac{pa}{2hE}(1 - 2\nu)$$

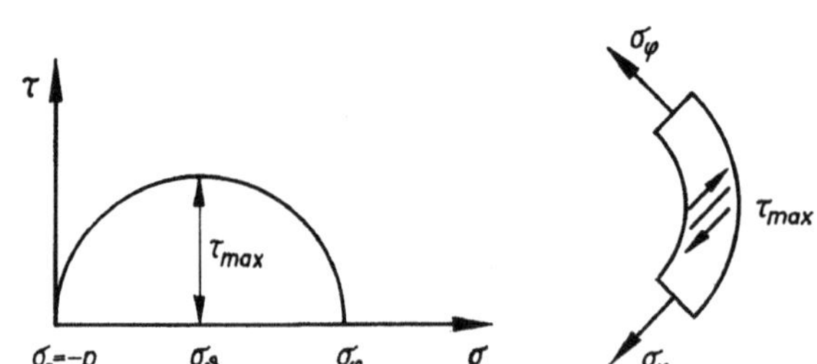

Bild F 7.17

Die Umfangsspannung ist doppelt so groß wie die Längsspannung! MOHRscher Spannungskreis (Bild F 7.17).
Wegen $a \gg h$ gilt $\sigma_r \ll \sigma_\varphi, \sigma_\vartheta$

Kegeliger Behälter (Bild F 7.18)

Es gilt

$$\varrho_1 = \infty; \qquad \varrho_2 = \frac{r(z)}{\sin\vartheta} = \frac{r(z)}{\cos\gamma} = \frac{\tan\gamma}{\cos\gamma} z$$

$$\sigma_\varphi = 2\sigma_\vartheta = \frac{p}{h}\frac{\tan\gamma}{\cos\gamma} z$$

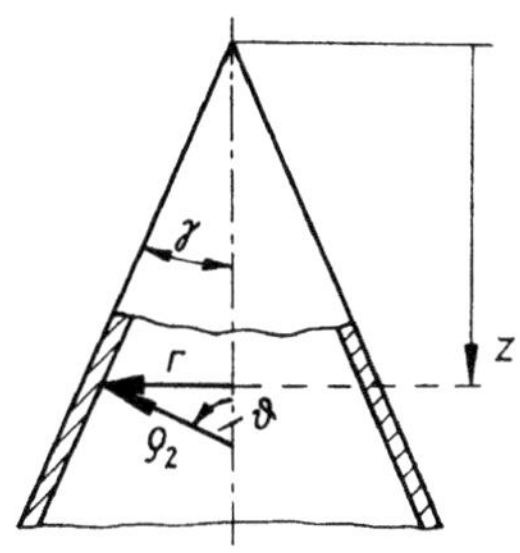

Bild F 7.18

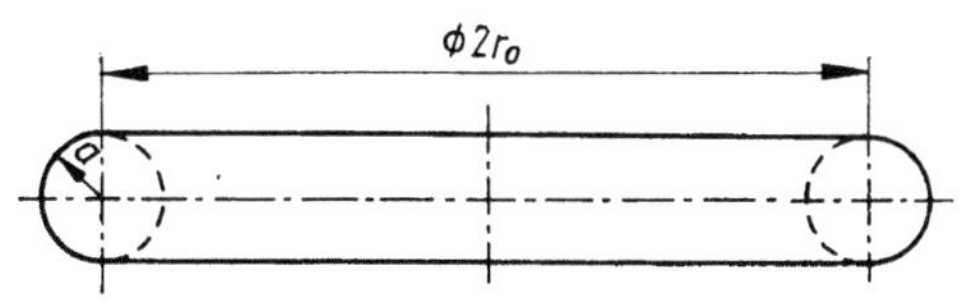

Bild F 7.19

Kreisringbehälter (Bild F 7.19)

Gegeben: $r_0 = 50$ cm; $a = 20$ cm; $h = 0{,}5$ cm; p

Gesucht: $\sigma_\vartheta, \sigma_\varphi$

Lösung: $\varrho_1 = a; \qquad \varrho_2 = \dfrac{r}{\sin\vartheta} = \dfrac{r_0 + a\sin\vartheta}{\sin\vartheta}$

Aus (7.30) folgt

$$\sigma_\vartheta = \frac{pa}{2h}\frac{2r_0 + a\sin\vartheta}{r_0 + a\sin\vartheta}$$

Aus (7.27) folgt

$$\sigma_\varphi = \varrho_2\left(\frac{p}{h} - \frac{\sigma_\vartheta}{\varrho_1}\right) = \frac{pa}{2h}$$

Zahlenwerte

$$\frac{\sigma_\varphi}{p} = 20$$

ϑ	0	45	90	135	180	225	270	315
$\dfrac{\sigma_\vartheta}{p}$	40	35,6	34,3	35,6	40	47,9	53,3	47,8

7.3.1.4. Zusammengesetzte Behälter

Wird ein Zylinderkessel durch einen Kugelboden abgeschlossen, so ergibt sich nach der Membrantheorie an der Übergangsstelle ein Sprung in der Umfangsspannung $\left(\sigma_{\varphi K} = \frac{pa}{2h}, \sigma_{\varphi Z} = \frac{pa}{h}\right)$ und damit auch in den Radialaufweitungen. Aus (7.2.) folgt

$$v_{rK} = \varepsilon_{\varphi K} \cdot a = \frac{pa^2}{2hE}(1-\nu), \qquad v_{rZ} = \varepsilon_{\varphi Z} \cdot a = \frac{pa^2}{2hE}(2-\nu)$$

Diese Unterschiede in den Aufweitungen können nur durch Randmomente und -querkräfte an der Übergangsstelle ausgeglichen werden, die allerdings nur nach der Biegetheorie zu ermitteln sind.

7.3.2. Biegetheorie drehsymmetrisch belasteter Kreiszylinderschalen

Die Voraussetzungen der Plattenberechnung werden sinngemäß übernommen. Außerdem soll die Wanddicke der Schale h klein sein gegenüber dem Krümmungsradius der Schalenmittelfläche a, und z wird von dieser Mittelfläche nach außen positiv gezählt. Ferner wollen wir $\frac{\mathrm{d}(\ )}{\mathrm{d}x}$ durch die Abkürzung $(\ )'$ ersetzen.

7.3.2.1. Gleichgewichtsbedingungen

Mit den am Volumenelement $\mathrm{d}V = \mathrm{d}xa\,\mathrm{d}\varphi h$ in Bild F 7.20 eingetragenen Schnittgrößen je Längeneinheit und einem Innendruck $p(x)$ lassen sich die folgenden drei Gleichgewichtsbedingungen aufstellen:

Kräftegleichgewicht in x-Richtung:

$$\mathrm{d}n_x = 0 \tag{7.31}$$

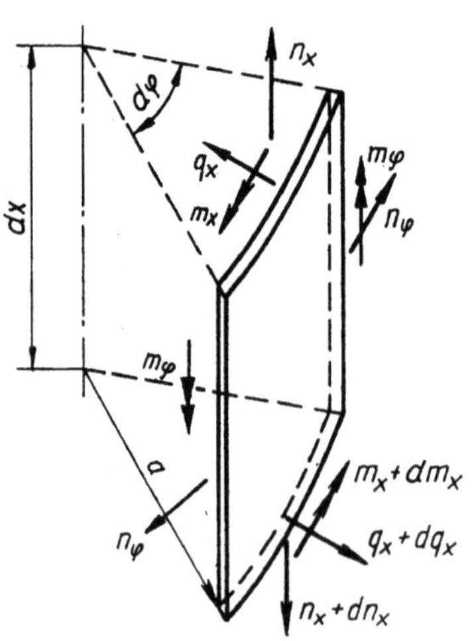

Bild F 7.20

Kräftegleichgewicht in radialer Richtung:

$$(q_x + \mathrm{d}q_x)\, a\, \mathrm{d}\varphi - q_x a\, \mathrm{d}\varphi - n_\varphi\, \mathrm{d}x\, \mathrm{d}\varphi + p(x)\, \mathrm{d}x a\, \mathrm{d}\varphi = 0$$

$$\frac{\mathrm{d}q_x}{\mathrm{d}x} - \frac{1}{a}\, n_\varphi + p(x) = 0 \qquad (7.32)$$

Momentengleichgewicht:

$$(m_x + \mathrm{d}m_x)\, a\, \mathrm{d}\varphi - m_x a\, \mathrm{d}\varphi - q_x\, \mathrm{d}x = 0$$

$$\frac{\mathrm{d}m_x}{\mathrm{d}x} - q_x = 0 \qquad (7.33)$$

Zur Bestimmung der vier unbekannten Schnittgrößen stehen nur drei Gleichgewichtsbedingungen zur Verfügung.
Aus der ersten Bedingung folgt

$$n_x = \text{konst}$$

und die beiden anderen Beziehungen können zusammengefaßt werden zu

$$m_x'' - \frac{1}{a}\, n_\varphi + p(x) = 0 \qquad (7.34)$$

7.3.2.2. Formänderungsbetrachtungen und Hookesches Gesetz

Zur Beschreibung des Verformungszustandes werden folgende Größen eingeführt:

u Verschiebung in x-Richtung
w Verschiebung in r-Richtung

Aus Symmetriegründen kann eine Verschiebung in φ-Richtung nicht auftreten. Zwischen den Verschiebungen und Dehnungen besteht folgender Zusammenhang (Bild F 7.21)

$$\varepsilon_x = u' = u_0' - zw'' \quad [u(z) = u_0 - zw']$$

$$\varepsilon_\varphi = \frac{w}{r} = \frac{w}{a+z} \approx \frac{w}{a} - w\frac{z}{a^2} \quad [z \ll a] \qquad (7.35)$$

Die Dehnungen setzen sich aus einem reinen Zuganteil und aus einem Biegeanteil zusammen (Bild F 7.21).

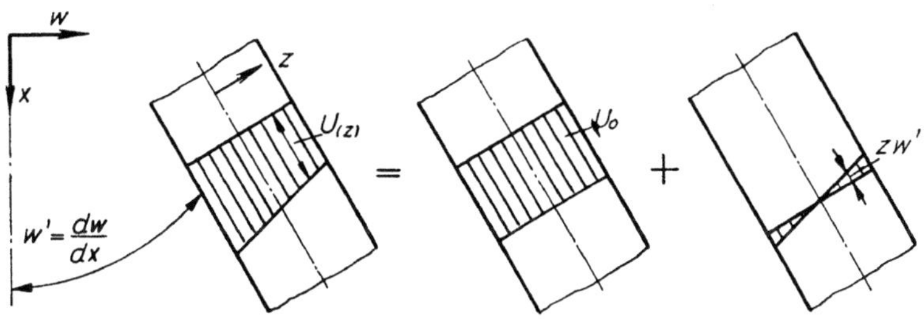

Bild F 7.21

Zwischen den Verschiebungen und den Spannungen besteht über das HOOKEsche Gesetz der Zusammenhang (ebener Spannungszustand)

$$\sigma_x = \frac{E}{1-\nu^2}(\varepsilon_x + \nu\varepsilon_\varphi) = \frac{E}{1-\nu^2}\left[u_0' + \nu\frac{w}{a} - z\left(w'' + \nu\frac{w}{a^2}\right)\right]$$
$$\sigma_\varphi = \frac{E}{1-\nu^2}(\varepsilon_\varphi + \nu\varepsilon_x) = \frac{E}{1-\nu^2}\left[\frac{w}{a} + \nu u_0' - z\left(\frac{w}{a^2} + \nu w''\right)\right] \qquad (7.36)$$

so daß man für die Schnittgrößen schreiben kann

$$n_x = \int_{-(h/2)}^{+(h/2)} \sigma_x \,\mathrm{d}z = \frac{Eh}{1-\nu^2}\left(u_0' + \nu\frac{w}{a}\right) = D\left(u_0' + \nu\frac{w}{a}\right)$$
$$n_\varphi = \int_{-(h/2)}^{+(h/2)} \sigma_\varphi \,\mathrm{d}z = \frac{Eh}{1-\nu^2}\left(\frac{w}{a} + \nu u_0'\right) = D\left(\frac{w}{a} + \nu u_0'\right) \qquad (7.37)$$

$$\left(D = \frac{Eh}{1-\nu^2} \text{ Dehnsteifigkeit}\right)$$

$$m_x = \int_{-(h/2)}^{+(h/2)} \sigma_x z \,\mathrm{d}z = -\frac{Eh^3}{12(1-\nu^2)}\left(w'' + \nu\frac{w}{a^2}\right)$$
$$= -K\left(w'' + \nu\frac{w}{a^2}\right) \approx -Kw''$$
$$m_\varphi = \int_{-(h/2)}^{+(h/2)} \sigma_\varphi z \,\mathrm{d}z = -\frac{Eh^3}{12(1-\nu^2)}\left(\frac{w}{a^2} + \nu w''\right) \qquad (7.38)$$
$$= -K\left(\frac{w}{a^2} + \nu w''\right) \approx -K\nu w''$$

$$\left(K = \frac{Eh^3}{12(1-\nu^2)} \text{ Biegesteifigkeit}\right)$$

7.3.2.3. Differentialgleichung und ihre Lösungen

Die Längskraft in x-Richtung ist konstant, man kann sie getrennt von den übrigen Schnittgrößen behandeln. Wir setzen die Längskraft vorübergehend Null und erhalten somit aus (7.37.1)

$$u_0' = -\nu\frac{w}{a}.$$

Mit dieser Beziehung ergibt sich aus (7.37.2)

$$n_\varphi = \frac{Eh}{a} w \qquad (7.39)$$

Setzt man (7.33), (7.38) und (7.39) in (7.32) ein, so erhält man die folgende Differentialgleichung:

$$w^{\mathrm{IV}} + \frac{12(1-\nu^2)}{a^2h^2}\,w = \frac{12(1-\nu^2)}{Eh^3}\,p(x) = \frac{p(x)}{K}$$

Mit der Substitution

$$4\alpha^4 = \frac{12(1-\nu)^2}{a^2h^2}$$

geht diese Gleichung über in

$$w^{\mathrm{IV}} + 4\alpha^4 w = 4\alpha^4\,\frac{p(x)\,a^2}{hE} \tag{7.40}$$

Für $p(x) = \text{konst} = p$ wird (7.40) gelöst durch

$$w = \frac{pa^2}{Eh} + \mathrm{e}^{-\alpha x}(C_1 \sin\alpha x + C_2\cos\alpha x) + \mathrm{e}^{+\alpha x}(C_3\sin\alpha x + C_4\cos\alpha x) \tag{7.41}$$

Die Konstanten C_1 bis C_4 werden aus den Bedingungen an den Rändern $x = 0$ bzw. $x = l$ bestimmt.
Die Lösung setzt sich aus drei Teilen zusammen.
Das Glied $\frac{pa^2}{Eh}$ entspricht einer von x unabhängigen Ringaufweitung (Membranspannung). Das zweite Glied nimmt mit wachsendem x ab. (Störungen vom Rande $x = 0$ klingen ab.) Das dritte Glied wird mit x größer, es gehört offenbar zum anderen Rand und braucht für lange Schalen $l > 2{,}5\sqrt{ah}$ nicht berücksichtigt zu werden (vgl. Beispiel).
Bei der Berechnung geschlossener Kreiszylinder unter dem Innendruck p ist die Längskraft

$$n_x = \frac{pa}{2}$$

Dadurch entsteht die Verformung

$$w_{nx} = -\frac{pa^2}{2hE}\,\nu$$

Dieser Term ist in (7.41) außerdem zu berücksichtigen!

Beispiel:

Ein Kreiszylinder ($a = 100$ cm, $h = 9$ cm, $E = 2\cdot10^5$ Nmm^{-2}, $\nu = 0{,}3$) wird an der Stelle $x = 0$ durch eine Querkraft und ein Biegemoment je Längeneinheit beansprucht (Bild F 7.22). Man gebe den Verlauf der Schnittgrößen w, w', m_x und q_x an.
Es gilt

$$m_{x(0)} = -m_0 = -Kw''(0)$$

$$q_{x(0)} = -q_0 = -Kw'''(0)$$

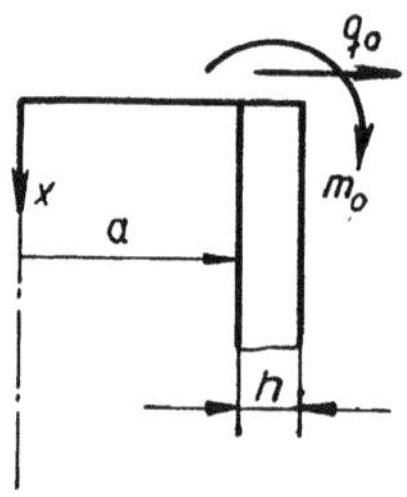

Bild F 7.22

Die Störungen (m_0, q_0) gehen vom Rand $x = 0$ aus, es wird deshalb nur das zweite Glied in (7.41) berücksichtigt.

$$w = e^{-\alpha x}(C_1 \sin \alpha x + C_2 \cos \alpha x)$$

$$w' = -\alpha\, e^{-\alpha x}[C_1(\sin \alpha x - \cos \alpha x) + C_2(\cos \alpha x + \sin \alpha x)]$$

$$w'' = 2\alpha^2\, e^{-\alpha x}[C_1(-\cos \alpha x) + C_2 \sin \alpha x]$$

$$w''' = 2\alpha^3\, e^{-\alpha x}[C_1(\cos \alpha x + \sin \alpha x) + C_2(-\sin \alpha x + \cos \alpha x)]$$

$$w^{IV} = -4\alpha^4\, e^{-\alpha x}(C_1 \sin \alpha x + C_2 \cos \alpha x)$$

(Setzt man das letzte Glied (w^{IV}) in (7.40) ein, so ist die homogene Differentialgleichung erfüllt.) Die Konstanten C_1 und C_2 werden aus den beiden Randbedingungen

$$\frac{m_0}{K} = -2\alpha^2 C_1$$

und

$$\frac{q_0}{K} = 2\alpha^3(C_1 + C_2)$$

bestimmt zu

$$C_1 = -\frac{m_0}{2\alpha^2 K} \quad \text{und} \quad C_2 = \frac{q_0}{2\alpha^3 K} + \frac{m_0}{2\alpha^2 K}$$

Setzt man C_1 und C_2 in $w \ldots w'''$ ein, so ergibt sich der Verlauf der Schnittgrößen. Für Durchbiegung w und Schalenneigung w' an der Stelle $x = 0$ erhält man

$$w_0 = \frac{m_0}{2\alpha^2 K} + \frac{q_0}{2\alpha^3 K}$$

$$w_0' = -\frac{m_0}{\alpha K} - \frac{q_0}{2\alpha^2 K}$$

Mit $m_0 = 0$ sind die bezogenen Größen

$$\bar{w} = \frac{w 2\alpha^3 K}{q_0} \qquad \bar{w}' = \frac{w' 2\alpha^2 K}{q_0}$$

$$\bar{w}'' = \frac{w'' 4\alpha K}{q_0} \quad \text{und} \quad \bar{w}''' = \frac{w''' 4K}{q_0}$$

zur Darstellung des Abklingverhaltens in Tabelle 7.1 zusammengestellt.

Tabelle 7.1

αx	$\overline{\omega} = e^{-\alpha x} \cos \alpha x$	$\overline{\omega}' = -e^{-\alpha x} \times (\cos \alpha x + \sin \alpha x)$	$\overline{\omega}'' = e^{-\alpha x} \sin \alpha x$	$\overline{\omega}''' = e^{-\alpha x} \times (\cos \alpha x - \sin \alpha x)$
0	1	−1	0	1
0,2	0,8024	−0,9651	0,1627	0,6397
0,4	0,6174	−0,8784	0,2610	0,3564
0,6	0,4530	−0,7629	0,3099	0,1431
0,8	0,3130	−0,6353	0,3223	−0,009300
1,0	0,1988	−0,5084	0,3096	−0,1108
1,5	0,01578	−0,2383	0,2225	−0,2067
2,0	−0,05632	−0,06678	0,1231	−0,1794
2,5	−0,06576	0,01663	0,04913	−0,1149
3,0	−0,04929	0,04227	0,007025	−0,05632

$$\alpha = \frac{\sqrt[4]{3(1-\nu^2)}}{\sqrt{ah}} = \frac{1{,}285}{30\,\text{cm}} = 0{,}0428\,\frac{1}{\text{cm}}$$

$$l > 2{,}5\sqrt{ah} = 75\,\text{cm} \mathrel{\hat{=}} \alpha x = 3{,}2$$

Bei unserem Behälter (Durchmesser $2a = 2$ m, Wanddicke $h = 9$ cm) sind alle Schnittgrößen nach $x = 75$ cm bereits auf $\approx 5\%$ abgeklungen.

8. Vergleichsspannungshypothesen

Der Spannungszustand in einem Bauteil ist im allgemeinen mehrachsig, und es ist das Ziel dieses Abschnittes, diese mehrachsigen Spannungszustände mit einem einachsigen Spannungszustand zu vergleichen, weil die Werkstoffkenngrößen meist nur für den einachsigen homogenen Zugspannungszustand vorliegen. Hierfür sind mehrere Hypothesen aufgestellt worden, von denen die wichtigsten vorgestellt werden. Die Betrachtung erfolgt hier zunächst für statische Lasten. Eine Erweiterung auf Wechsellasten wird in Abschn. 9. vorgestellt.

8.1. Hauptspannungshypothese

Diese Hypothese ist die älteste Annahme. Sie sagt aus, daß nur die maximale Hauptnormalspannung für die Zerstörung des Werkstoffes verantwortlich ist. Es gilt also

$$\sigma_{v1} = \sigma_1 \tag{8.1}$$

mit

$$\sigma_1 > \sigma_2 > \sigma_3$$

Für duktiles (dehnbares, zähes) Material liefert diese Hypothese zu kleine Vergleichsspannungen, d. h., man liegt auf der unsicheren Seite. Lediglich für sprödes Material trifft die Annahme zu, wie Versuche gezeigt haben.

8.2. Hauptdehnungshypothese

Diese Hypothese geht davon aus, daß die größte Hauptdehnung für das Eintreten eines Bruches verantwortlich ist. Es gilt

$$\varepsilon_1 = \frac{\sigma_{v2}}{E} = \frac{1}{E}\,[\sigma_1 - \nu(\sigma_2 + \sigma_3)]$$

woraus folgt

$$\sigma_{v2} = \sigma_1 - \nu(\sigma_2 + \sigma_3) \tag{8.2}$$

Diese Hypothese berücksichtigt alle drei Hauptspannungen, liefert aber gleichfalls zu niedrige Werte.

8.3. Schubspannungshypothese

Abgeleitet von den Beobachtungen am glatten, zähen Zugprobestab, der nicht senkrecht zur Zugrichtung reißt, sondern unter einem gewissen Winkel, weil auf Grund der Gleitungen ein Versagen auftritt, wurde von COULOMB[1]) die größte Schubspannung für das Versagen eines Materials verantwortlich gemacht. Mit $\sigma_1 > \sigma_2 > \sigma_3$ gilt

$$\tau_{max} = \frac{\sigma_1 - \sigma_3}{2} = \frac{\sigma_{v3}}{2}$$

und demnach

$$\sigma_{v3} = \sigma_1 - \sigma_3 \tag{8.3}$$

Diese Hypothese wird im wesentlichen von Werkstoffen mit ausgeprägter Streckgrenze erfüllt. O. MOHR hat eine Verbindung zwischen dieser und der Hauptspannungshypothese hergestellt durch die *Hypothese des elastischen Grenzzustandes.*
Es werden dabei jeweils für ein Material Spannungskreise für reinen Druck (D), reinen Schub (S), reinen Zug (Z) aufgetragen (Bild F 8.1) und durch Grenzkurven umhüllt, die nicht überschritten werden dürfen. Damit wird eine bessere Anpassung an das Material erreicht.

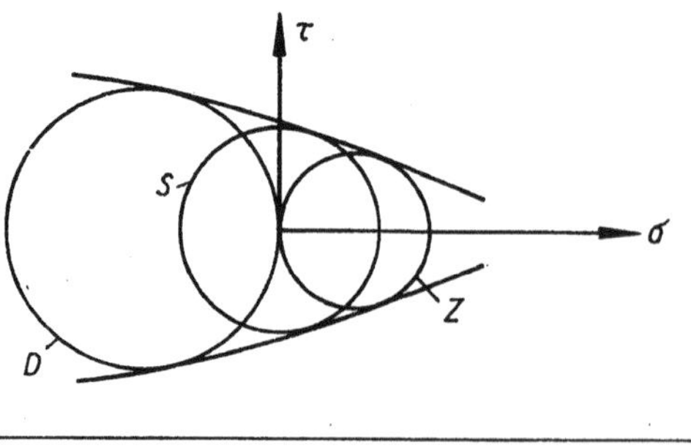

Bild F 8.1

1) CHARLES-AUGUSTIN COULOMB (1736 bis 1806)

8.4. Gestaltänderungsenergiehypothese

Die Hypothese der Gestaltänderungsarbeit nimmt in der modernen Auffassung vom Bruchvorgang eine hervorragende Stellung ein. Es hat sich gezeigt, daß für gebräuchliche Werkstoffe die Vergleichsspannungen nach der Normalspannungs- und der Dehnungshypothese zu klein und nach der Schubspannungshypothese zu groß ausfallen. Die Gestaltänderungshypothese ergibt hier genauere Werte. Außerdem trägt sie dem Umstand Rechnung, daß ein Spannungszustand nach Art des hydrostatischen (allseitigen, konstanten) Druckes keine Zerstörung des Materials hervorrufen kann.

In 1.6.2. haben wir den Ausdruck für die Gestaltänderungsarbeit bereits hergeleitet. Von (1.48) übernehmen wir

$$W_{\mathrm{G}}^{*} = \frac{1}{12G}\left[(\sigma_x - \sigma_y)^2 + (\sigma_y - \sigma_z)^2 + (\sigma_z - \sigma_x)^2 + 6(\tau_{xy}^2 + \tau_{yz}^2 + \tau_{zx}^2)\right] \tag{8.4}$$

Mit

$$\sigma_x = \sigma_{\mathrm{v}4} \qquad \sigma_y = \sigma_x = \tau_{xy} = \tau_{yz} = \tau_{xz} = 0$$

erhält man für den einachsigen Spannungszustand

$$W_{\mathrm{G(Zug)}}^{*} = \frac{2\sigma_{\mathrm{v}4}^2}{12G}$$

und damit die vierte Vergleichsspannung

$$\sigma_{\mathrm{v}4} = \sqrt{\frac{1}{2}\left[(\sigma_x - \sigma_y)^2 + (\sigma_x - \sigma_z)^2 + (\sigma_y - \sigma_z)^2 + 6(\tau_{xy}^2 + \tau_{yz}^2 + \tau_{xz}^2)\right]} \tag{8.5}$$

oder für die Hauptspannungen

$$\sigma_{\mathrm{v}4} = \sqrt{\frac{1}{2}\left[(\sigma_1 - \sigma_2)^2 + (\sigma_1 - \sigma_3)^2 + (\sigma_2 - \sigma_3)^2\right]} \tag{8.5.1}$$

Nach dieser Theorie haben also alle drei Hauptspannungen Einfluß auf den Bruchvorgang. Versuche haben eine im allgemeinen gute Übereinstimmung gebracht, so daß diese Hypothese als die wichtigste angesehen werden kann.

Auch in der Plastizitätstheorie (Abschn. 11.) wird dieser Hypothese als Fließgrenzspannung nach von Mises-Huber-Hencky[1]) der Vorzug gegeben.

8.5. Anwendung der Hypothesen auf spezielle Beanspruchungsarten

Für das gleichzeitige Auftreten einer Normal- und einer Schubspannung vereinfachen sich die Gleichungen der Vergleichsspannungen wesentlich. Dies ist z. B. der Fall bei Beanspruchung durch Biegung mit Torsion, die sehr häufig auftritt. Mit

$$\sigma_x = 0 \qquad \sigma_y = 0 \qquad \tau_{xy} = 0 \qquad \sigma_z = \sigma$$

[1]) Richard von Mises (1883 bis 1953), Maximilian Titus Huber (1872 bis 1950), Heinrich Hencky (1885 bis 1951)

und

$$\sqrt{\tau_{xz}^2 + \tau_{yz}^2} = \tau$$

erhält man für die Hauptspannungen folgende Ausdrücke:

$$\sigma_{1,3} = \frac{\sigma}{2}\left[1 \pm \sqrt{1 + 4\left(\frac{\tau}{\sigma}\right)^2}\right] \qquad \sigma_2 = 0 \tag{8.6}$$

Die erste Vergleichsspannung σ_{v1} lautet demnach

$$\sigma_{v1} = \frac{\sigma}{2}\left[1 + \sqrt{1 + 4\left(\frac{\tau}{\sigma}\right)^2}\right] \tag{8.1.1}$$

Nach der Dehnungshypothese ergibt sich

$$\sigma_{v2} = \frac{\sigma}{2}\left[1 - \nu + (1 + \nu)\sqrt{1 + 4\left(\frac{\tau}{\sigma}\right)^2}\right] \tag{8.2.1}$$

und nach der Schubspannungshypothese erhält man

$$\sigma_{v3} = \sigma\sqrt{1 + 4\left(\frac{\tau}{\sigma}\right)^2} \tag{8.3.1}$$

Aus der Gestaltänderungsenergie folgt schließlich

$$\sigma_{v4} = \sigma\sqrt{1 + 3\left(\frac{\tau}{\sigma}\right)^2} \tag{8.5.2}$$

In Bild F 8.2 ist die auf σ bezogene Vergleichsspannung über dem Verhältnis von Schub- zu Normalspannung aufgetragen. Man erkennt, daß die Hauptspannungs- und Hauptdehnungshypothese relativ kleine Werte ergeben, während die Schubspannungshypothese die höchsten Werte bringt. Die Unterschiede ergeben sich durch die verschiedene Bewertung des Einflusses der Schubspannungen.

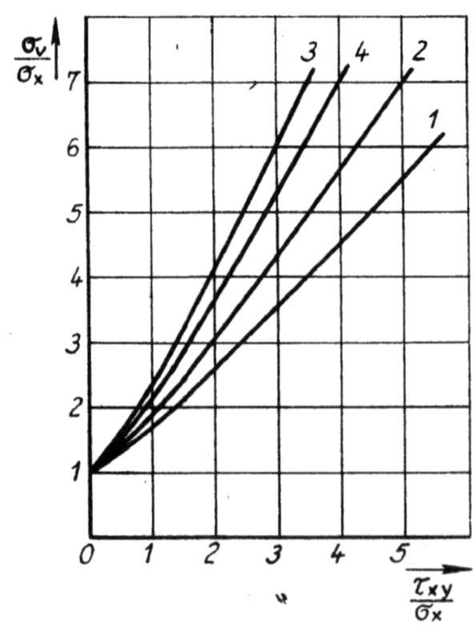

Bild F 8.2 (Ordinate $\frac{\sigma_v}{\sigma}$ und Abszisse $\frac{\tau}{\sigma}$)

9. Einführung in die Betriebsfestigkeit

9.1. Grundlagen

Unter dem Begriff Betriebsfestigkeit wird hier das Arbeitsgebiet verstanden, welches sich mit den theoretischen und experimentellen Methoden zum Nachweis der beanspruchungsgerechten Konstruktion von kompletten Maschinen und Anlagen oder einzelnen Bauteilen unter konkreten Betriebsbedingungen befaßt.
Das Gebiet ist sehr komplex, denn es müssen Problemkreise der Festigkeitslehre, der Werkstoffwissenschaft, der Konstruktion und der Fertigung gleichermaßen berücksichtigt werden.
Zur Bestimmung der zuverlässigen Betriebsdauer einer Maschine oder eines Bauteiles benötigt man vor allem Kenntnisse über den tatsächlichen Belastungsverlauf und über die Änderung der Werkstoffkenngröße »Festigkeit« in Abhängigkeit von der Zeit. Ferner muß man versuchen, die Anreicherung von Schädigungen im Verlaufe der Betriebsdauer durch eine Schadensakkumulationshypothese zu erfassen.
Obwohl August Wöhler[1]) bereits 1856 erkannte, daß ein zyklisch belastetes Bauteil eine geringere Haltbarkeit hat als bei ruhender, statischer Belastung, ist das Arbeitsgebiet »Betriebsfestigkeit« noch sehr jung. Im Flugzeugbau wurden vor etwa 50 Jahren erste Untersuchungen durchgeführt, die später auf den Fahrzeugbau und den Landmaschinenbau übertragen werden konnten. Durch die Forderung nach Leichtbau und ökonomischer Verwendung von Werkstoffen stehen heute in fast allen Industriezweigen Probleme der Betriebsfestigkeit auf der Tagesordnung, und das Gebiet entwickelt sich rasch weiter. Umfangreiche Versuche an Werkstoffproben einerseits, aber auch an kompletten Konstruktionen andererseits, sollen helfen, Theorien zu bestätigen und weiter zu entwickeln, um die Lebensdauer tragender Konstruktionen im voraus bestimmen und ihre Zuverlässigkeit erhöhen zu können. In diesem Abschnitt ist es nur möglich, auf einige Erkenntnisse zu verweisen. Ein tieferes Eindringen in das Gebiet ist nur über die Spezialliteratur möglich.
Im einzelnen wird auf folgende Problemkreise eingegangen, deren Kenntnis zum Festigkeitsnachweis notwendig ist.

1. Art und Größe der Beanspruchung

Hierbei soll sowohl die statische als auch die dynamische Belastung und die daraus resultierende Beanspruchung erfaßt werden. Die dynamische Belastung kann dabei im einfachsten Fall mit konstantem Mittelwert, gleichbleibender Amplitude und gleicher Frequenz auftreten. Diese drei Größen können sich aber auch in bestimmten Zeitschritten determiniert ändern. Falls sich eine der drei Größen nicht durch determinierte Zeitfunktionen erfassen läßt, spricht man von einem zufälligen oder stochastischen Belastungsverlauf (s. a. F 1.2.).

2. Konstruktive Gestaltung und Fertigung des Bauteiles

Die konstruktive Gestaltung beeinflußt den Spannungszustand eines Bauteiles stark, und für dieses Gebiet allein wird häufig auch der Begriff »Gestaltfestigkeit« verwendet. In der Nähe von Absätzen, Aussparungen u. ä. geht ein ursprünglich einachsiger Spannungszustand in einen mehrachsigen über, und dieser ist möglichst

[1]) August Wöhler (1819 bis 1914)

genau zu erfassen. Auch Oberflächenunebenheiten oder gar Anrisse verändern den Spannungszustand, so daß bei der Fertigung großer Wert auf eine gute Oberflächenbehandlung gelegt werden muß.

3. Festigkeitswerte des Werkstoffes oder des Bauteiles unter Betriebsbedingungen

Hierbei ist der Charakter der Beanspruchung bei der Ermittlung der Kennwerte möglichst gut nachzubilden.

4. Sicherheit

Im Hinblick auf den jeweiligen Einsatzfall der Konstruktion ist dabei auf eine entsprechende Betriebsdauer oder Überlebenswahrscheinlichkeit zu orientieren.

5. Sonstige Einflußfaktoren

Umwelteinflüsse, z. B. korrodierende Medien, energiereiche Strahlung, beeinträchtigen die Werkstoffkenngrößen.
Das Gebiet »Betriebsfestigkeit« ist demnach nicht ausschließlich eine Teildisziplin der »Technischen Mechanik«. In Anbetracht der Bedeutung für das Ermitteln der Funktionstüchtigkeit tragender Konstruktionen halten wir es aber für notwendig, gewisse Grundlagen hier mitzuteilen. In den verschiedenen Büchern, Standards und Richtlinien zur »Betriebsfestigkeit« werden leider unterschiedliche Bezeichnungen für die Begriffe verwendet. Im folgenden werden die Symbole verwendet, die sich nach meiner Auffassung zukünftig durchsetzen werden. Weitere Bezeichnungen werden beim erstmaligen Auftreten dieses Begriffes in Klammern aufgeführt.

9.2. Erfassen der Beanspruchungen

Bei Fahrten mit dem Kraftfahrzeug auf der Landstraße, beim Einsatz von Traktoren, Erntemaschinen, Tagebaugeräten oder Baggern treten äußere Lasten und damit innere Beanspruchungen auf, die wir in ihrem zeitlichen Ablauf (noch) nicht vorher bestimmen können. Wir sprechen deshalb von zufälligen oder stochastischen Belastungsverläufen. Bei genauerer Betrachtung sind alle Einwirkungen »stochastisch«. Orientiert man jedoch nur auf das wesentliche Merkmal im Belastungsverlauf, so kann man z. B. die erheblich gleichmäßigeren Belastungen beim stationären Betrieb eines Turbinenläufers oder eines Elektromotorrotors, bei einer Verpackungs- oder Druckmaschine als »schwingende Belastung« auffassen. Mit dieser determinierten Zuordnung von Spannung und Zeit wollen wir uns vor allem beschäftigen, denn darauf basiert weitgehend auch die Ermittlung der Werkstoffkenngrößen (s. 9.4.).

9.2.1. Schwingende Beanspruchungen

Zur Charakterisierung einer schwingenden Beanspruchung dienen die Größen

— Mittelspannung,
— Spannungsausschlag oder Amplitude,
— Frequenz.

Aus Mittelspannung und Amplitude lassen sich Oberspannung $\sigma_o(\sigma_{max})$ und Unterspannung $\sigma_u(\sigma_{min})$ und daraus das Spannungsverhältnis $\varkappa_\sigma$ herleiten.

$$\sigma_o = \sigma_m + \sigma_a \tag{9.1}$$

$$\sigma_u = \sigma_m - \sigma_a \tag{9.2}$$

$$\varkappa_\sigma = \frac{\sigma_o}{\sigma_u} = \frac{\sigma_m - \sigma_a}{\sigma_m + \sigma_a} \tag{9.3}$$

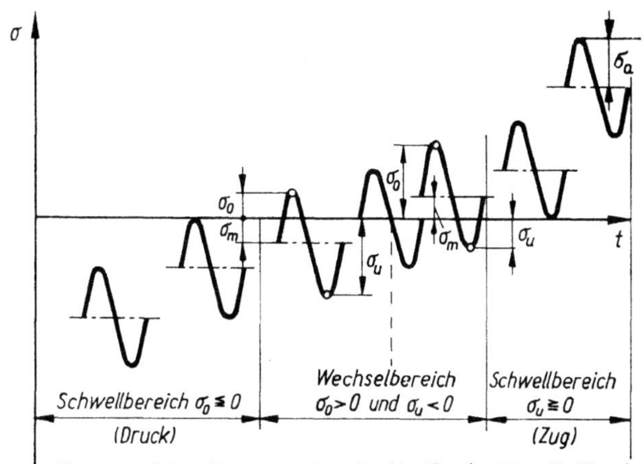

Eine reine Schwellbeanspruchung liegt bei Zug ($\sigma_u = 0$) und bei Druck ($\sigma_o = 0$) vor.

Bild F 9.1

In Bild F 9.1 ist jeweils eine Periode einer schwingenden Beanspruchung mit unterschiedlicher Mittelspannung dargestellt. Als Abszisse wurde die Zeit gewählt, die aber über die Frequenz in Lastspiele oder Lastwechselzahlen umgerechnet werden kann. Drei Bereiche werden unterschieden: Druckschwellbereich, Wechselbereich, Zugschwellbereich. Jeder Bereich hat seinen Sonderfall:

- reine Druckschwellbeanspruchung $\sigma_o = 0$,
- reine Wechselbeanspruchung $\sigma_m = 0$,
- reine Zugschwellbeanspruchung $\sigma_u = 0$.

(Die Beanspruchungen werden stets mit kleinen Buchstaben indiziert. Großbuchstaben stehen bei den Werkstoffkenngrößen als Index.) Gl. (9.3) enthält die vier Beanspruchungswerte, und es ist oft zweckmäßig, diese Größen in einem Schema darzustellen. Wählt man z. B. $\varkappa_\sigma$ als Ordinate und das Verhältnis Mittelspannung zu Ausschlag als Abszisse, so erhält man mit

$$\varkappa_\sigma = \frac{\dfrac{\sigma_m}{\sigma_a} - 1}{\dfrac{\sigma_m}{\sigma_a} + 1} \tag{9.4}$$

den Verlauf in Bild F 9.2.

Für $\sigma_m < 0$ (Druckbereich) ist es auch üblich, mit

$$\varkappa_{\sigma d} = \frac{1}{\varkappa_\sigma} \tag{9.5}$$

zu arbeiten (gestrichelter Linienzug in Bild F 9.2).

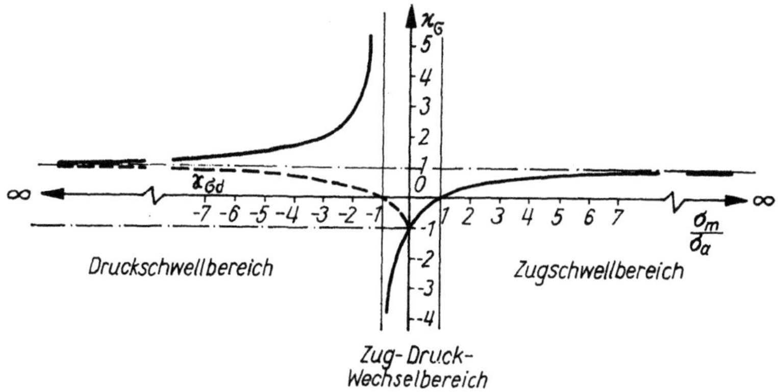

Bild F 9.2

Für eine Analyse der Belastungs-Zeit- oder Beanspruchungs-Lastwechsel-Funktionen in festigkeitsmäßiger Hinsicht sind folgende Größen interessant:

1. Zahl der Lastwechsel oder Lastspiele n,
2. Amplitude oder Ausschlag der dynamischen Belastung (Kraft, Biege- oder Torsionsmoment) bzw. der dafür repräsentative Spannungsausschlag,
3. Mittelspannung σ_m oder Spannungsverhältnis $\varkappa_\sigma$ der jeweiligen Lastspiele,
4. Frequenz — Belastungspausen,
5. Zeitliche Reihenfolge der Belastung,
6. Form der Lastwechsel — Belastungsgeschwindigkeit.

9.2.2. Stochastische Beanspruchungen

In diesem Komplex soll mit dem Beispiel »Landmaschine« eingeführt werden. Hierbei treten zwei Arten von Belastungen auf, die zu zeitlich veränderlichen Beanspruchungen mit stochastischem Charakter in den Bauteilen der Landmaschine führen.

1. Die beim Fahren über den Acker durch die Unebenheiten stochastisch verteilten Radlasten.
2. Die durch die (determinierten) Massenkräfte der bewegten Teile des Motors oder anderer Aggregate sowie die durch die Arbeitsorgane bedingten Belastungen.

Mit den Methoden der Dehnungsmeßtechnik kann man die inneren Beanspruchungen ermitteln, doch ist dazu ein großer Aufwand erforderlich.

Bild F 9.3 zeigt den zeitlichen Verlauf einer in einem Rahmen experimentell ermittelten Beanspruchung, und man erkennt, daß es sich um keine periodisch schwingende Beanspruchung handelt. Dieser nichtperiodische Ablauf läßt sich durch keine deterministische mathematische Funktion beschreiben. Obwohl nach dem jetzigen Stand der Wissenschaft auch mit den Gesetzen der Wahrscheinlichkeitsrechnung

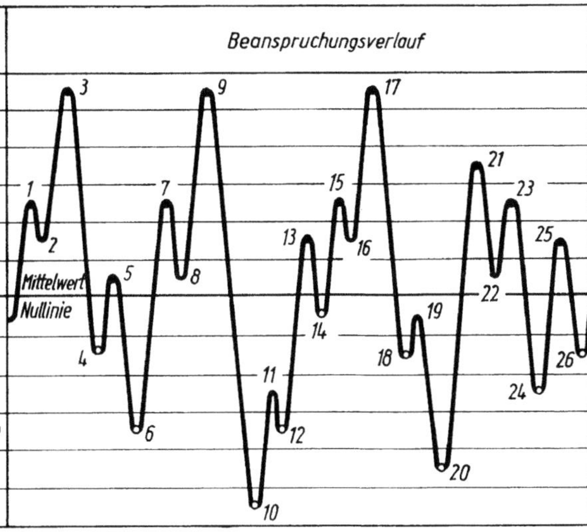

j	C_{pj}^{+}	C_{nj}^{-}	C_{2j}	ΣC_{2j}
1	3		3	3
2	0		0	3
3	1		1	4
4	4		4	8
5	2		2	10
6	1		1	11
7		1	1	12
8		3	3	15
9		1	1	16
10		2	2	18
11		1	1	19
12		1	1	20

Bild F 9.3

eine Beurteilung derartiger Beanspruchungen möglich wäre, verwendet man noch häufig die klassischen Methoden des Abzählens von Extremwerten oder Überschreitungen festgelegter Grenzen. Man wendet »Klassiermethoden« an. Auf die Vielzahl der Methoden und die dabei auftretenden Probleme kann hier nicht eingegangen werden.

9.3. Versagensformen, Erscheinungsformen des Bruches und statische Festigkeitskenngrößen

Eine komplette Konstruktion versagt, wenn eines ihrer Bauteile die vorgesehenen Funktionen oder vorgeschriebenen Anforderungen nicht mehr erfüllt.
Aus der Sicht eines Konstrukteurs kann demnach ein Bauteil unbrauchbar werden, wenn

— das Bauteil bricht oder Anrisse zeigt,
— die Verformungen unzulässige Werte annehmen,
— die Stabilitätsgrenze erreicht wird (Knicken, Beulen),
— die Toleranzgrenzen überschritten werden.

Ursachen für ein Versagen können u. a. sein

— Kriechvorgänge (besonders bei erhöhten Temperaturen),
— Korrosion, Verzunderung,
— Ermüdungsvorgänge,
— Alterungsvorgänge,
— Verschleiß.

Aber auch der moralische Verschleiß, z. B. bei einer unwirtschaftlich gewordenen Konstruktion, kann zu deren Unbrauchbarkeit führen.

Von besonderer Bedeutung für den Konstrukteur bzw. für den Berechnungsingenieur ist das Versagen einer Konstruktion durch den Bruch eines Teiles dieser Konstruktion. Man kann den Bruch unterschiedlich klassifizieren. Nach Art der Belastung kann man zwischen

- einem Bruch bei statischer Belastung
- und einem Ermüdungs- oder Schwingbruch

unterscheiden, und nach der Dauer der Belastung lassen sich Brüche als

- Kurzzeitbrüche
- und Langzeitbrüche (z. B. Kriechbruch)

ordnen.

Tabelle 9.1

Statische Belastung und Raumtemperatur

Werkstoffkenngröße

Beanspruchungsart	Verformen		Bruch	
	Zeichen	Bezeichnung	Zeichen	Bezeichnung
Zug	$R_e(\sigma_{zF}, \sigma_S)$	Fließ- (Streck-) grenze	$R_m(\sigma_{zB}, \sigma_B)$	Zugfestigkeit
	$R_{p0,2}(\sigma_{z/0,2})$	0,2% Dehngrenze		
Druck	σ_{dF}	Druckfließgrenze (Quetschgrenze)	σ_{dB}	Druckfestigkeit
	$\sigma_{d/0,2}$	0,2% Stauchgrenze		
Biegung	σ_{bF}	Biegefließgrenze	σ_{dB}	Biegefestigkeit
	$\sigma_{b/0,2}$	0,2% Biegedehngrenze		
Torsion	τ_{tF}	Torsionsfließgrenze	τ_{tB}	Torsionsfestigkeit
Schub	$\tau_{t/0,4}$	0,4% Torsionsdehngrenze	τ_{sB}	Scherfestigkeit

Erhöhte Temperatur und Beanspruchungsart Zug

Werkstoffkenngröße

Verformen		Bruch	
Zeichen	Bezeichnung	Zeichen	Bezeichnung
$R_{p0,2}$; T	Warmstreckgrenze	R_m; T	Warmzugfestigkeit
R_{p1}; T; 10000 h	1%−10000 h-Zeitdehngrenze	R_m; T; 10000 h	10000 h Bruchfestigkeit (Zeitstandfestigkeit)
R_{p1}; T; 100000 h	1%−100000 h-Zeitdehngrenze	R_m; T; 100000 h	100000 h Bruchfestigkeit (Zeitstandfestigkeit)

9.3.1. Bruch bei statischer Belastung

In der Regel sind von einem Werkstoff die Bruchkenngrößen $R_m(\sigma_{zB})$, die Bruchdehnung (A_5, A_{10}) und andere Festigkeitskenngrößen wie $R_e(\sigma_{zF}, \sigma_S, \sigma_{0,2})$ nur beim homogenen Zugspannungszustand bekannt. Für Druckversuche liegen diese Werte seltener vor. Die Kenngrößen für beide Zustände unterscheiden sich jedoch wesentlich.
Für mehrachsige Spannungszustände liegen kaum Werkstoffkenngrößen vor. Da der Bruch aber nicht nur vom Erreichen der Spannung oder Dehnung an einem bestimmten Punkt des Bauteiles, sondern vom gesamten Beanspruchungszustand bestimmt wird, unterscheiden sich z. B. auch die Bruchspannungskennwerte bei Biege- und bei Zugbeanspruchung, und zwar sind die Bruchspannungswerte bei Biegung in der Regel größer als bei Zug, was sich durch Stützwirkungen benachbarter Bereiche erklären läßt. Bei kriechfähigem Material (Hochpolymere oder Metalle im Bereich hoher Temperaturen) reichen die Kurzzeitfestigkeitskennwerte zur Charakterisierung des Werkstoffverhaltens nicht mehr aus. Für die Bemessung von Bauteilen mit zeitabhängigem Werkstoffverhalten sind einige Kenngrößen in der vorstehenden Tabelle 9.1 angegeben.

9.3.2. Bruch bei zyklischer Belastung

Eine veränderliche Belastung führt gegenüber einer statischen Belastung bei wesentlich geringeren Spannungs- bzw. Dehnungsamplituden zum Anriß und schließlich zum Bruch des Bauteiles. Für die Beurteilung der schwingend beanspruchten Konstruktion reichen deshalb die Festigkeitskenngrößen für statische Belastung nicht mehr aus.
Die größte Spannungsamplitude, die von einem Probestab beliebig oft ertragen werden kann, heißt Dauerschwingfestigkeit. Diese Werkstoffkenngröße wird für Stahl bei Raumtemperatur praktisch nach etwa 10^7 Lastspielen erreicht. Eine Spannungsamplitude, die von einem Stahlbauteil 10^7mal ertragen wurde, kann also auch beliebig oft ertragen werden. Größere Spannungsamplituden führen nach einer bestimmten Anzahl von Lastzyklen N_B zum Anriß bzw. zum Bruch des Bauteiles. Die Phase zur Bildung des Anrisses und die Phase zur Rißausbreitung sind u. a. wesentlich von der Größe und der Geometrie des Bauteiles abhängig. Besonders bei dicken Bauteilen kann auch nach der makroskopischen Rißausbildung durch Ermüdung noch eine erhebliche Lebensdauerreserve vorhanden sein. Die Rißentstehung wird bei schwingender Belastung u. a. wesentlich begünstigt durch

— Kerben, die zu mehrachsigen, inhomogenen Beanspruchungszuständen führen. Sie sind konstruktionsbedingt durch Bohrungen, plötzliche Querschnittsänderungen, Kraftumleitungen. Sie entstehen durch Herstellungsfehler, z. B. Schlackeneinschlüsse Lunker, Dopplungen. Auch Bearbeitungsfehler, rauhe Oberfläche durch Dreh- und Schleifriefen begünstigen die Kerbwirkung.

— Korrosion

Schwingungsrißkorrosion durch das Umgebungsmedium im Zusammenhang mit der Beanspruchung an der Oberfläche.

Anrisse und damit der Bruch gehen in den meisten Fällen von der Oberfläche aus, so daß der Oberflächenbehandlung eine besondere Bedeutung zukommt.

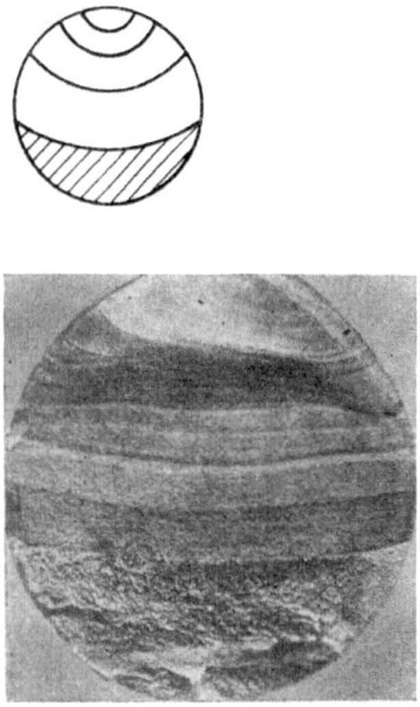

Bild F 9.4.1

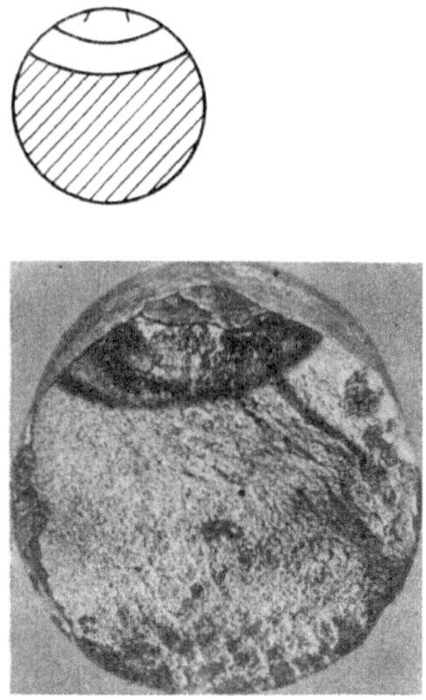

Bild F 9.4.2

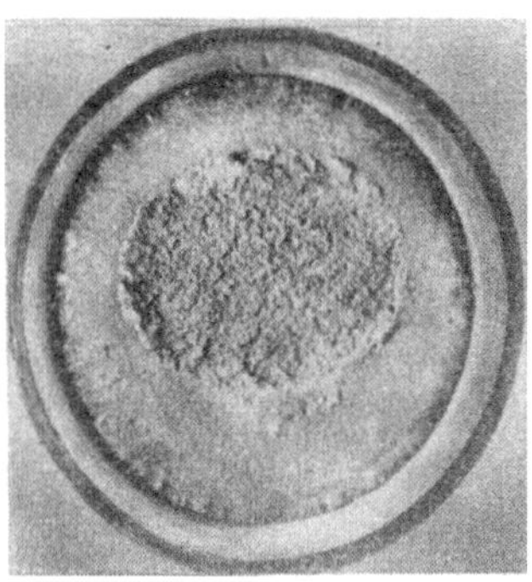

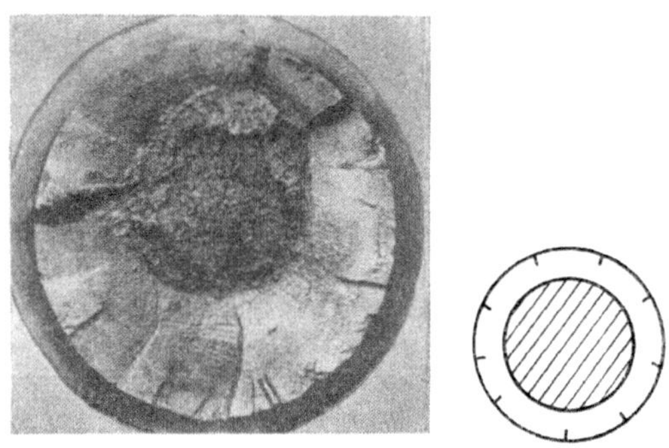

Bild F 9.4.3

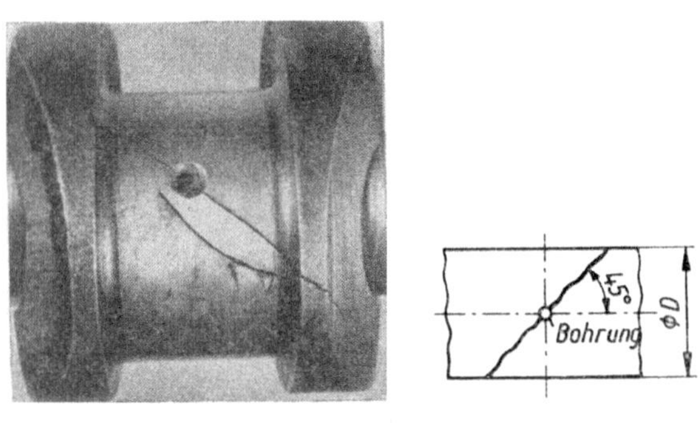

Bild F 9.4.4

Aus dem Bruchbild kann auf die Art und Höhe der Beanspruchung geschlossen werden. Die Bilder F 9.4 zeigen Beispiele von typischen Schwingbrüchen bei Wellen: Bild F 9.4.1 Zug-Schwellbeanspruchung mit geringer Nennspannung, Bild F 9.4.2 Zug-Schwellbeanspruchung mit hoher Nennspannung, Bild F 9.4.3 Umlaufbiegung mit hoher Nennspannung, Bild F 9.4.4 wechselnde Torsionsbeanspruchung.

9.4. Ermittlung und Darstellung der Festigkeitskenngrößen bei dynamischer Beanspruchung

Grundlage für die Ermittlung repräsentativer Festigkeitskenngrößen sind experimentelle Untersuchungen, die den Betriebsbedingungen möglichst gut entsprechen. Es gibt verschiedene Möglichkeiten zur Ermittlung statistisch gesicherter Werte für die Werkstoffkenngröße »Festigkeit«. Eine davon soll hier vorgestellt werden, zwei weitere werden nur knapp erwähnt.

9.4.1. Einstufen-Dauerschwingversuch

Bei schwingender Belastung mit konstanter Mittelspannung σ_m und konstanter Amplitude σ_a genügt es, den Einstufen-Dauerschwingversuch durchzuführen. Als Ergebnis dieser Prüfungen erhält man die Wöhler-Linien und daraus die Dauerfestigkeitsschaubilder. Folgender Versuchsablauf ist dazu erforderlich.

Gleichartige Proben sind zu fertigen und bei konstantem Spannungshorizont, d. h., bei konstant gehaltener Mittelspannung schwingend mit konstanter Amplitude bis zum Bruch zu belasten. Diese Versuche sind an mindestens $n = 6$ gleichartigen Proben unter völlig gleichartigen Bedingungen zu fahren. Es wird dabei trotzdem festgestellt werden, daß unterschiedliche Bruchlastwechselzahlen N_i auftreten. Die Ergebnisse sind nun nach der Ordnungsziffer i von der kleinsten bis zur größten Bruchlastspielzahl zu ordnen, und daraus wird eine Bruchwahrscheinlichkeit P_B errechnet, wofür es verschiedene Vorschläge gibt.

$$\begin{aligned} &\text{Weibull:} \quad P_B = \frac{i}{n+1} \quad 100\% \\ &\text{Stepnow:} \quad P_B = \frac{2i-1}{2n} \quad 100\% \qquad (9.6) \\ &\text{Rossow:} \quad P_B = \frac{3i-1}{3n+1} \quad 100\% \end{aligned}$$

Bruchwahrscheinlichkeit und Überlebenswahrscheinlichkeit sind wie folgt verbunden:

$$P_B + P_Ü = 100\%$$

Ein durchgeführter Versuch mit 7 Proben soll die Erklärung stützen (s. Tab. 9.2). Man beachte, daß bei 7 gleichartigen Proben die Bruchlastspielzahlen von $2{,}05 \cdot 10^4$ bis $6{,}88 \cdot 10^4$ streuen: Die Wahrscheinlichkeit, daß eine Probe bei $5{,}26 \cdot 10^4$ Lastwechsel bricht, beträgt nach Rossow 63,5% bzw. die Wahrscheinlichkeit des »Überlebens« von $2{,}05 \cdot 10^4$ Lastwechseln 90,9%. (Man beachte, daß sich bei Baugruppen

Tabelle 9.2

i	1	2	3	4	5	6	7
$N_i\ 10^4$	2,05	3,44	4,08	4,78	5,26	5,83	6,88
P_{BW}%	12,5	25,0	37,5	50,0	62,5	75,0	87,5
P_{BS}%	7,1	21,4	35,7	50,0	64,3	78,6	92,8
P_{BR}%	9,1	22,7	36,4	50,0	63,5	77,3	91,0

die Überlebenswahrscheinlichkeit als Produkt der Überlebenswahrscheinlichkeiten der einzelnen Glieder ergibt. Gilt für jedes Glied z. B. $P_Ü = 95\%$, so ist die Überlebenswahrscheinlichkeit einer Baugruppe mit 10 Gliedern nur noch etwa 60%!)
Trägt man nun für gleiche Überlebenswahrscheinlichkeiten (meist werden $P_Ü = 10\%$, 50% und 90% gewählt) in doppeltlogarithmischem Maßstab die Spannungsamplitude σ_a oder die Oberspannung σ_o als Funktion der Bruchlastspielzahlen auf, so erhält man die WÖHLER-Linien mit den beiden charakteristischen Bereichen (Bild F 9.5).

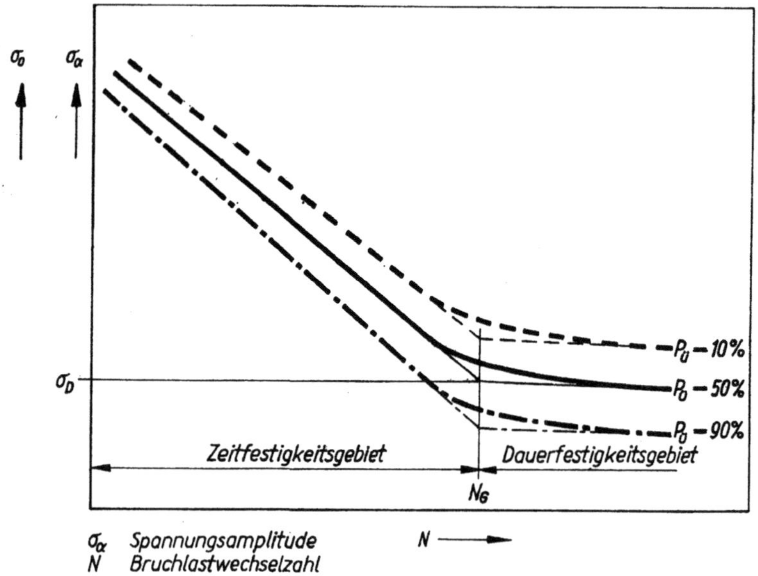

Bild F 9.5

Oberhalb der Grenzlastspielzahl N_G wird der Dauerfestigkeitsbereich meist als Parallele zur Abszisse angegeben. Neuere Untersuchungen haben jedoch gezeigt, daß in korrodierenden Medien, und jede Umgebung enthält Spuren davon, auch in diesem Bereich ein stetiger Abfall der »Dauerfestigkeit« nachgewiesen werden kann. Für Hochpolymere existiert überhaupt kein Dauerfestigkeitsgebiet.
Aus einer WÖHLER-Linie erhält man die Dauerfestigkeits-Amplitude σ_{AD} oder -Oberspannung σ_{OD} für einen bestimmten Spannungshorizont. Ändert man z. B. die Mittelspannung, so erhält man weitere WÖHLER-Linien. SMITH hat vorgeschlagen, diese Scharen von WÖHLER-Linien in der Form »Dauerfestigkeit als Funktion der Mittelspannung« darzustellen. Trägt man dabei noch die Mittelspannung als 45°-Linie auf, so gelingt es, in einem Diagramm Aussagen über die Ober- und Unterspannung

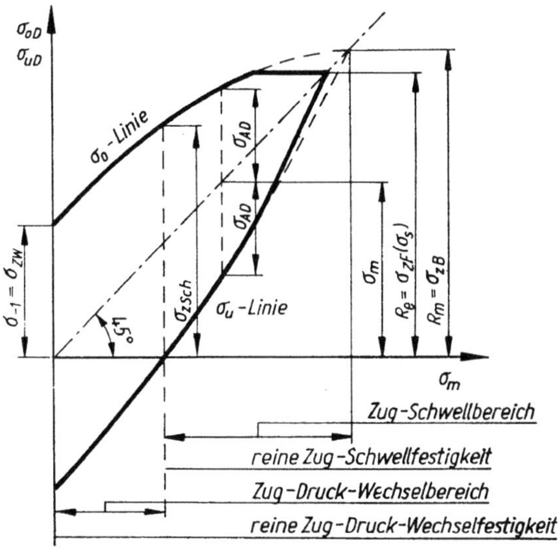

Bild F 9.6

sowie die Spannungsamplitude zu treffen (Bild F 9.6). Da der Versuchsaufwand für derartige Diagramme beträchtlich ist, werden verschiedene Varianten für eine Konstruktion dieser Dauerfestigkeitsschaubilder vorgeschlagen, auf die hier aber nicht eingegangen werden kann.

9.4.2. Blockprogrammversuch

Stochastische Beanspruchungen, die man in Belastungskollektiven zusammenfassen kann, lassen sich mit dem Einstufen-Dauerschwingversuch nicht befriedigend nachbilden. Es wurden deshalb Betriebsfestigkeitsversuche eingeführt, für die das Belastungskollektiv in 8 Stufen unterteilt wird. Die Festigkeitsprüfung der Proben und Bauteile erfolgt mit einer festgelegten Belastungsfolge. Ein Zyklus, der sich ständig wiederholt, wird als Block oder Teilfolge bezeichnet.

9.4.3. Random-Versuch

Als dritte Möglichkeit der Festigkeitsprüfung von Proben und besonders der Bauteile ist der Random-Versuch bekannt geworden. Stochastische Belastungsverläufe werden im allgemeinen mit Magnetbandgeräten aufgenommen, die auch zur Steuerung bestimmter Prüfmaschinen dienen. Dadurch kann mit diesem Versuch ein den praktischen Verhältnissen entsprechender Belastungsverlauf unmittelbar zur Prüfung verwendet werden.

9.5. Berechnung der Gestaltfestigkeit

9.5.1. Vorbemerkungen

Gestaltfestigkeit nennt man die Dauerfestigkeit eines Bauteils beliebiger Konfiguration. Sie ist keine reine Werkstoffkenngröße, sondern eine durch Form, Bearbeitung, Umwelteinfluß u. a. m. herabgesetzte Festigkeit! Die Gestaltfestigkeit ist »exakt«

nur aus Dauerschwingversuchen zu ermitteln. Der versuchstechnische Aufwand ist dabei sehr groß, da jeweils etwa 10^7 Schwingspiele benötigt werden. Im folgenden wird die Berechnung der Bauteilwechselfestigkeit aus der an genormten Proben ermittelten Werkstoffwechselfestigkeit analog zur TGL 19340 vorgenommen.
Für die Umrechnung der Werkstoffwechselfestigkeit $\sigma'_{-1}(\sigma_W)$ auf die Bauteilwechselfestigkeit $\sigma_{-1K}(\sigma_{WK})$ gilt die Beziehung

$$\sigma_{-1K} = \frac{\sigma'_{-1}}{K} \tag{9.7}$$

wobei der Gesamteinflußfaktor $K(\gamma)$ nach Gl. (9.8) zu ermitteln ist

$$K = \left(K'_\sigma + \frac{1}{K_{F\sigma}} - 1\right) \frac{1}{K_V} \cdot \frac{1}{K_A} \tag{9.8}$$

mit

K'_σ Gestalteinflußfaktor,
$K_{F\sigma}$ Einflußfaktor der Oberflächenrauheit,
K_V Einflußfaktor der Oberflächenverfestigung,
K_A Anisotropieeinflußfaktor.

Die Werkstoffwechselfestigkeit und diese Einflußgrößen werden anschließend ermittelt.

9.5.2. Werkstoffwechselfestigkeit σ_{-1}

An ungekerbten Werkstoffproben mit dem Durchmesser $d_0 = 7{,}5$ mm und der Oberflächenrauheit $R_z = 1\ \mu$m wird die Werkstoffwechselfestigkeit σ_{-1} ermittelt. Angaben finden sich z. B. in der TGL 19340/02. Für andere Durchmesser gilt

$$\sigma'_{-1} = K_1(d)\, \sigma_{-1} \tag{9.9}$$

Der technologische Größeneinflußfaktor $K_1(d)$ ist Bild F 9.7.1 zu entnehmen.

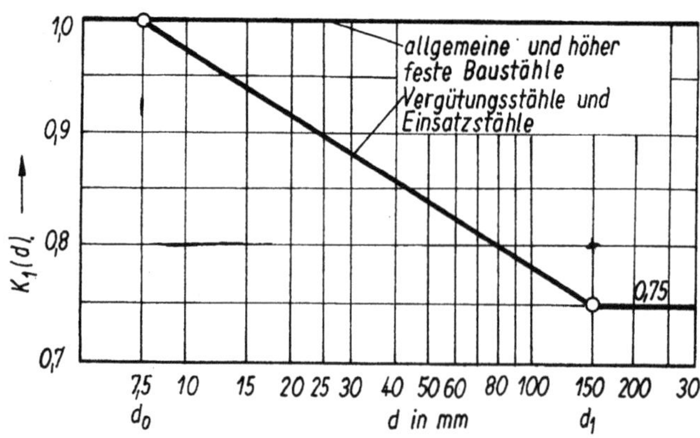

Bild F 9.7.1 Technologischer Größeneinflußfaktor $K_1(d)$

9.5.3. Gestalteinflußfaktor K'_σ

Der Gestalteinflußfaktor wird berechnet aus

$$K'_\sigma = \frac{\beta_K}{K_2(d)} \tag{9.10}$$

wobei

β_K Kerbwirkungszahl $[K_\sigma(d)]$,
$K_2(d)$ geometrischer Größeneinflußfaktor ist.

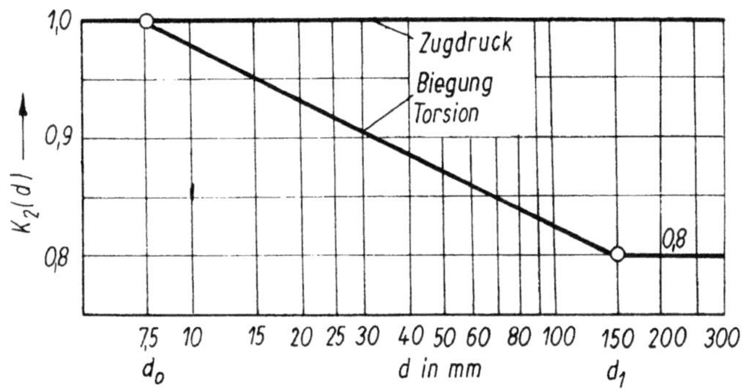

Bild F 9.7.2 Geometrischer Größeneinflußfaktor $K_2(d)$

Der geometrische Größeneinflußfaktor $K_2(d)$ kann Bild F 9.7.2 entnommen werden.
Für die Ermittlung der Kerbwirkungszahl β_K sind in der TGL 19340/03 verschiedene Verfahren und in der TGL 19340/04 einige Werte angegeben worden. Hier wird nur das Verfahren von STIELER vorgestellt, bei dem die Kerbwirkungszahl aus der Formzahl $\alpha_K(\alpha_\sigma)$ und der Stützzahl n mit der Beziehung

$$\beta_K = \frac{\alpha_K}{n} \tag{9.11}$$

errechnet wird.
Mit der Formzahl α_K wird die Spannungserhöhung an Bauteilen mit plötzlicher Querschnittsänderung berücksichtigt. Schroffe Querschnittsänderungen werden häufig auch als Kerben bezeichnet, und man versteht darunter Wellenabsätze, Rillen, Nuten (Paßfeder, Keil), Vorsprünge, Querbohrungen usw. Für die Formzahl ist deshalb auch der Begriff Kerbfaktor üblich.
Die Spannungsverteilung, die mit Hilfe der elementaren Festigkeitslehre in Bauteilen mit Kerben errechnet wird, führt zu falschen Ergebnissen. Exakt betrachtet treten in der Umgebung der Kerben immer mehrachsige Spannungszustände auf, auch wenn es sich um eine einachsige eingeprägte Belastung handelt. Die größte Normalspannung wird bei den weiteren Betrachtungen als entscheidend angesehen.
In Bild F 9.8 sind an einem Flachstab die inhomogene Spannungsverteilung in der Umgebung der Bohrung und auch die homogene Spannungsverteilung in einem entsprechenden Abstand dargestellt. Der Kraftfluß ist durch die Bohrung unterbrochen.

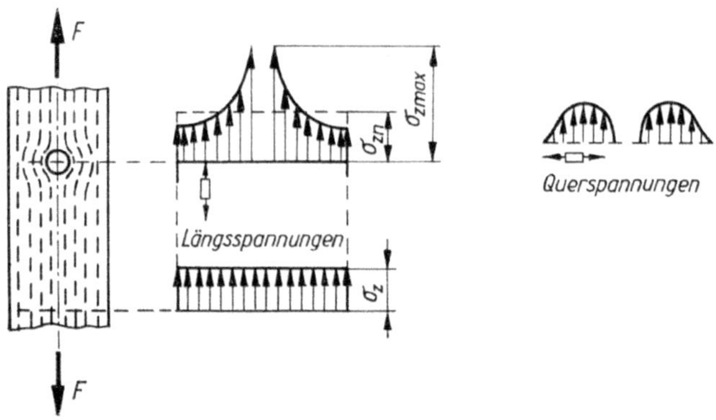

Bild F 9.8

Die Bereiche neben der Bohrung haben diesen Teil der Belastung mit aufzunehmen. Am Rand der Bohrung, der als Kerbgrund bezeichnet wird, entsteht eine starke Spannungserhöhung. Die Formzahl $\alpha_{Kz}(\alpha_{\sigma z})$ bezeichnet das Verhältnis der maximalen Spannung $\sigma_{z\,max}$ zur Nennspannung σ_{zn}

$$\alpha_{Kz} = \frac{\sigma_{z\,max}}{\sigma_{zn}} \tag{9.12}$$

Die Nennspannung ist immer auf den kleinsten Querschnitt zu beziehen.

$$\sigma_{zn} = \frac{F}{A_{min}} \tag{9.13}$$

Außer den Längsspannungen treten noch Querspannungen auf. Analoge Verhältnisse sind bei einem Probekörper mit Kreisquerschnitt und Umdrehungskerbe (Bild F 9.9) vorhanden. Auch bei Biegung ist so zu verfahren. Die Formzahl ergibt sich aus

$$\alpha_{Kb} = \frac{\sigma_{b\,max}}{\sigma_{bn}} \tag{9.14}$$

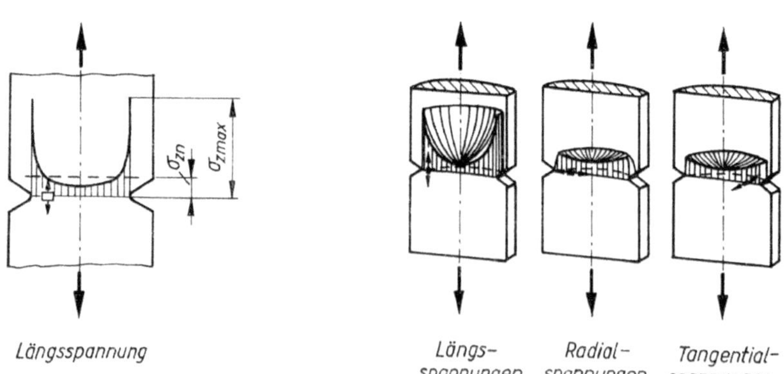

Bild F 9.9

Für ausgewählte Fälle sind die Formzahlen in Bild F 9.10 angegeben. Die maximale Spannung kann meßtechnisch mit sehr kleinen Dehnmeßstreifen bestimmt werden. Eine Berechnung der Formzahl ist für einige Kerbformen mit Hilfe der Elastizitätstheorie möglich. Es wird dabei die Gültigkeit des HOOKEschen Gesetzes vorausgesetzt. Die Größe der Formzahl für gleiche Kerben hängt auch von der Beanspruchungsart ab. Die jeweilige Beanspruchungsart bei der Formzahl wird durch die Indizes ausgedrückt.
Unter zügiger Belastung wirken Kerben wegen der Spannungsumlagerung fließbehindernd, es tritt also eine Festigkeitserhöhung auf. Diese wird u. a. durch die

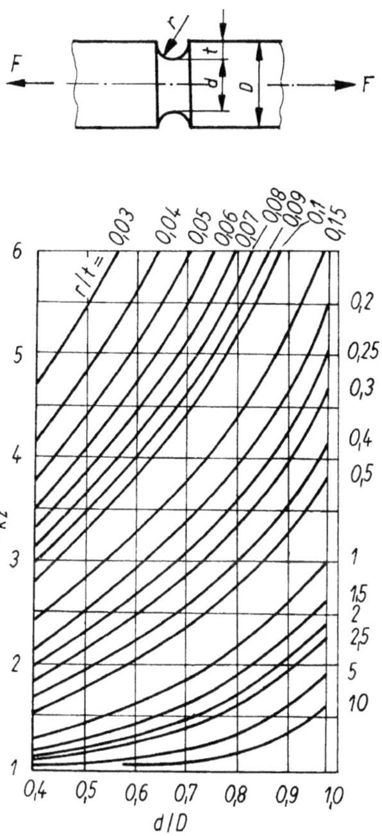

$$\sigma_n = \frac{F}{\pi d^2/4}$$

$$\alpha_{Kz} = 1 + \frac{1}{\sqrt{0{,}22\,\frac{r}{t} + 2{,}74\,\frac{r}{d}\left(1+2\,\frac{r}{d}\right)^2}}$$

$$r > 0,\ \frac{d}{D} < 1$$

Bild F 9.10.1 Formzahlen für gekerbte Rundstäbe bei Zug

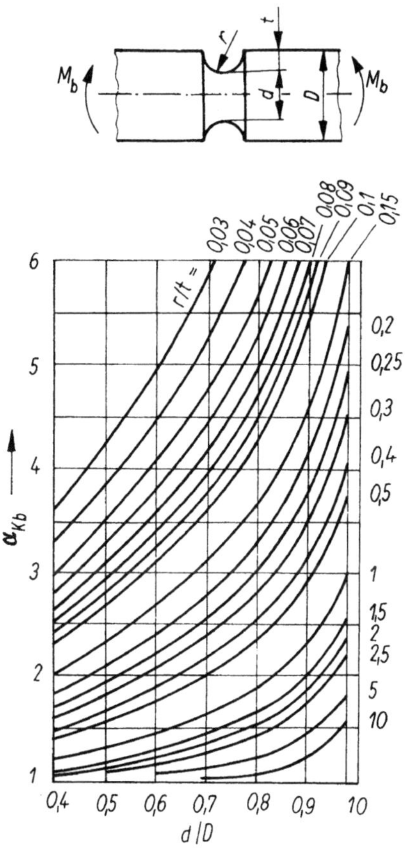

$$\sigma_n = \frac{M_b}{\pi d^3/32}$$

$$\alpha_{Kb} = 1 + \frac{1}{\sqrt{0{,}20\,\frac{r}{t} + 5{,}5\,\frac{r}{d}\left(1+2\,\frac{r}{d}\right)^2}}$$

$$r > 0,\ \frac{d}{D} < 1$$

Bild F 9.10.2 Formzahlen für gekerbte Rundstäbe bei Biegung

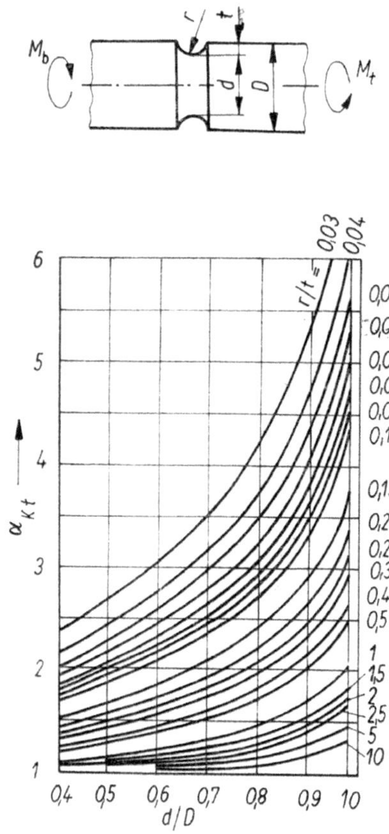

$$\tau_n = \frac{M_t}{\pi d^3/16}$$

$$\alpha_{Kt} = 1 + \frac{1}{\sqrt{0{,}7\,\frac{r}{t} + 20{,}6\,\frac{r}{d}\left(1 + 2\,\frac{r}{d}\right)^2}}$$

$$r > 0,\ \frac{d}{D} < 1$$

Bild F 9.10.3 Formzahlen für gekerbte Rundstäbe bei Torsion

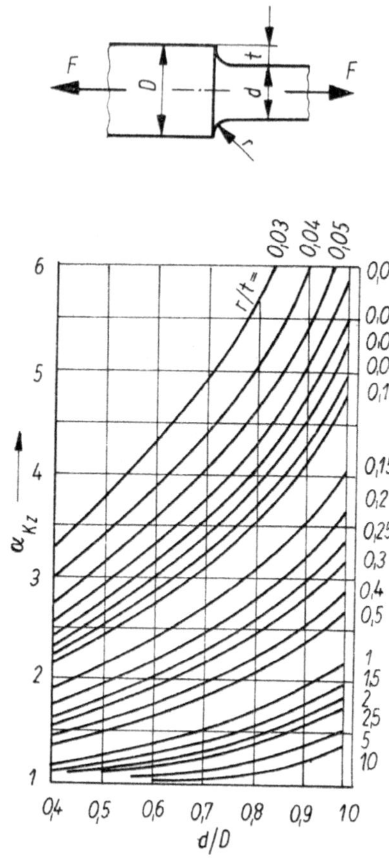

$$\sigma_n = \frac{F}{\pi d^2/4}$$

$$\alpha_{Kz} = 1 + \frac{1}{\sqrt{0{,}62\,\frac{r}{t} + 7\,\frac{r}{d}\left(1 + 2\,\frac{r}{d}\right)^2}}$$

$$r > 0,\ \frac{d}{D} < 1$$

Bild F 9.10.4 Formzahlen für gekerbte Rundstäbe bei Zug

Stützzahl n berücksichtigt, die vom Grad der Inhomogenität der Spannungsverteilung in Kerbgrundnähe abhängt. Auch der Erhöhungsfaktor der Fließgrenze γ_F trägt dieser Fließbehinderung Rechnung. Für Formzahlen α_K kleiner 1,25 ist keine Erhöhung, für $\alpha_K \geqq 3$ bei Zugdruck mit positiver Mittelspannung oder Biegung ist nach TGL 19340/01 $\gamma_F = 1{,}3$ zu setzen.
Zur Kennzeichnung inhomogener Spannungsverteilungen dient das Spannungsgefälle $\chi^*(G)$ oder vor allem das bezogene Spannungsgefälle $\chi(\overline{G})$.

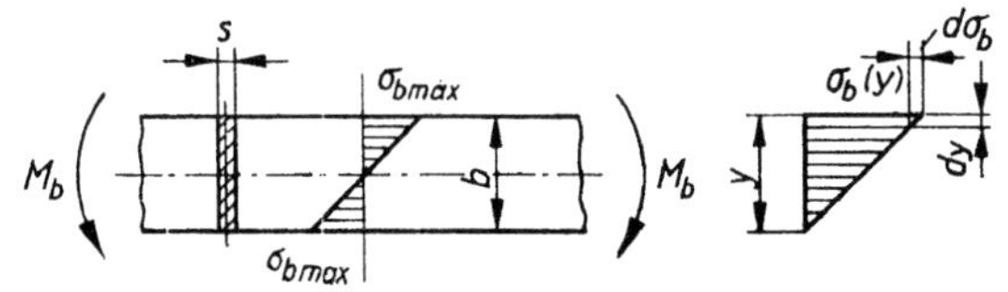

Bild F 9.11

Diese Größen lassen sich am besten bei der Biegebeanspruchung erläutern. In einem Flachstab tritt der in Bild F 9.11 dargestellte Spannungsverlauf auf.
Unter dem Spannungsgefälle versteht man den Gradienten der Spannungsverteilung mit der Einheit N mm^{-3}

$$\chi^* = \left(\frac{\mathrm{d}\sigma}{\mathrm{d}y}\right)_{\max} \tag{9.15}$$

Wird diese Größe durch die maximale Spannung dividiert, so erhält man das bezogene Spannungsgefälle in mm^{-1}

$$\chi = \frac{\chi^*}{\sigma_{\max}} = \frac{\left(\frac{\mathrm{d}\sigma}{\mathrm{d}y}\right)_{\max}}{\sigma_{\max}} \tag{9.16}$$

Bezugnehmend auf die Verhältnisse in Bild F 9.11 ergibt sich

$$\sigma_b(y) = \frac{M_b}{I}\,y \quad \frac{\mathrm{d}\sigma_b(y)}{\mathrm{d}y} = \frac{M_b}{I} = \left(\frac{\mathrm{d}\sigma_b(y)}{\mathrm{d}y}\right)_{\max} = \chi^*$$

$$\chi = \frac{\chi^*}{\sigma_{b\,\max}} = \frac{2}{b} = \chi_0$$

In der Anwendung wird unterschieden zwischen

χ_0 bezogenes Spannungsgefälle in glatten Bauteilen,
χ bezogenes Spannungsgefälle in gekerbten Bauteilen.

Das Bild F 9.12 enthält für einige ausgewählte Kerbformen die Angaben zum Spannungsgefälle.

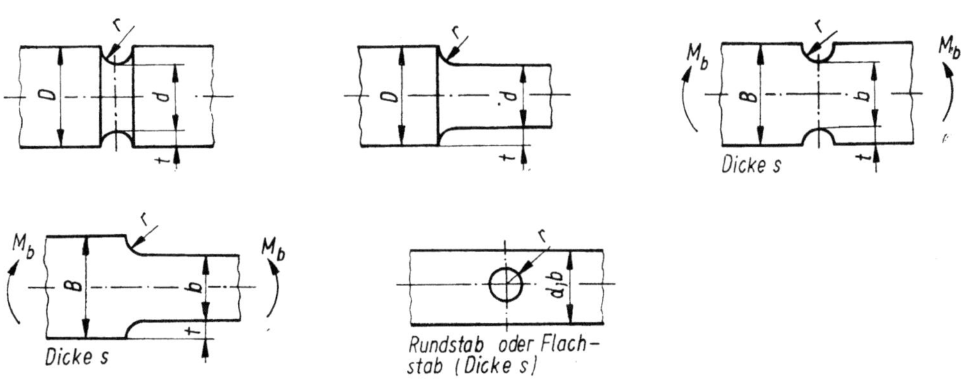

Bild F 9.12 Wirksame Länge L und bezogenes Spannungsgefälle χ für einfache Bauteilformen

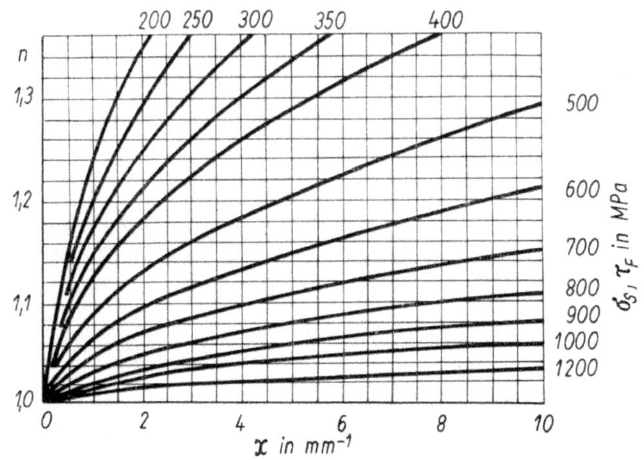

Bild F 9.13 Stützzahl n

Die Stützzahl n ergibt sich in Abhängigkeit vom bezogenen Spannungsgefälle χ aus Bild F 9.13. Damit gilt stets $\beta_K < \alpha_K$.
Die Kerbwirkungszahl ist das Verhältnis der Dauerfestigkeit σ_{AD} eines glatten Stabes zur Dauerfestigkeit σ_{ADK} desselben gekerbten Stabes beliebiger Form und Größe mit jeweils idealglatter Oberfläche und aus gleichem Werkstoff.

$$\beta_K = \frac{\text{Dauerfestigkeit}_{\text{ungekerbt}}}{\text{Dauerfestigkeit}_{\text{gekerbt}}} = \frac{\sigma_{AD}}{\sigma_{ADK}} \tag{9.17}$$

Die Mittelspannung σ_m wird dabei im allgemeinen mit Null vorausgesetzt, so daß in Abhängigkeit der Beanspruchungsarten gilt.
Zug:

$$\beta_{Kz} = \frac{\sigma_{zW}}{\sigma_{zWK}} = \frac{\sigma_{-1}}{\sigma_{-1K}} \tag{9.18}$$

und analog für Biegung, Torsion und Schub.

9.5.4. Einflußfaktor der Oberflächenrauheit $K_{F\sigma}$

Durch die verschiedenen Fertigungsverfahren (Drehen, Fräsen, Walzen, Schmieden, Gießen usw.) ergeben sich immer Unebenheiten an der Oberfläche, die wie kleine Kerben wirken. Außerdem sind an der Oberfläche meistens hohe Randspannungen vorhanden, die durch die Beanspruchungsart bedingt sind. Beim größten Teil der Dauerbrüche geht der Anriß deshalb von der Oberfläche aus.
Daher ist die Oberflächenbeschaffenheit durch den Einflußfaktor $K_{F\sigma}$ zu berücksichtigen.
In Bild F 9.14 sind Werte für $K_{F\sigma}$ aufgetragen. Für Walzhaut ist $R_z = 200\ \mu m$ zu setzen.
Bei Einwirkung korrosiver Medien ist statt $K_{F\sigma}$ aus Bild F 9.15 K_{Kor} zu setzen.

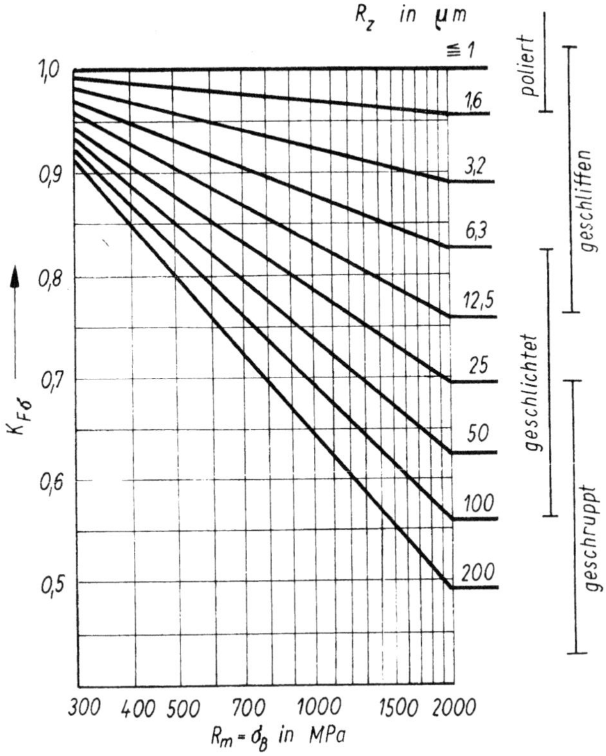

Bild F 9.14 Einflußfaktor der Oberflächenrauheit $K_{F\sigma}$ (für Walzhaut ist $R_z = 200$ µm zu setzen)

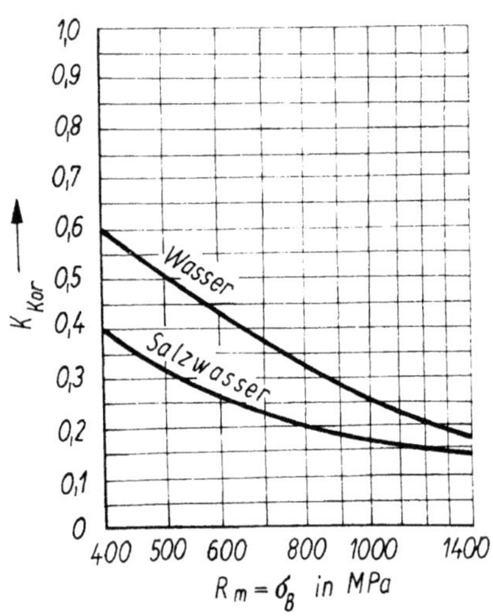

Bild F 9.15 Einflußfaktor der Korrosion K_{Ko}

Tabelle 9.3. Einflußfaktoren der Oberflächenverfestigung, K_V, abhängig vom technologischen Verfahren, Richtwerte

Verfahren	Probe		K_V[1])
	Art	Durchmesser in mm	
Chemisch-thermische Verfahren			
Nitrieren			
Nitrierhärtetiefe 0,1 bis 0,4 mm	ungekerbt	8···15 30···40	1,15···1,25 1,10···1,15
Oberflächenhärte 700 bis 1000 HV 10	gekerbt	8···15 30···40	1,9···3,0 1,3···2,0
Einsatzhärten			
Einsatzhärtetiefe 0,2 bis 0,8 mm	ungekerbt	8···15 30···40	1,2···2,1 1,1···1,5
Oberflächenhärte 670 bis 750 HV	gekerbt	8···15 30···40	1,5···2,5 1,2···2,0
Karbonitrierhärten			
Härtetiefe 0,2 bis 0,4 mm	ungekerbt	10	1,8
Oberflächenhärte mindestens 670 HV 10			
Mechanische Verfahren			
Rollen	ungekerbt	7···20 30···40	1,2···1,4 1,1···1,25
	gekerbt	7···20 30···40	1,5···2,2 1,3···1,8
Kugelstrahlen	ungekerbt	7···20 30···40	1,1···1,3 1,1···1,2
	gekerbt	7···20 30···40	1,4···2,5 1,1···1,5
Thermische Verfahren			
Induktivhärten Flammhärten	ungekerbt	7···20 30···40	1,3···1,6 1,2···1,5
Einhärtetiefe 0,9 bis 1,5 mm	gekerbt	7···20 30···40	1,6···2,8 1,5···2,5
Oberflächenhärte 51 bis 64 HRC			

[1]) Für ungekerbte Proben bei Zugdruck ist K_V gleich Eins zu setzen. Erfolgt die Berechnung mit experimentell bestimmten Kerbwirkungszahlen, gültig für den verfestigten Zustand (siehe z. B. TGL 19340/04 Tabelle 4 und Bild 37), ist der K_V-Wert für die ungekerbte Probe zu verwenden (siehe auch 8. Beispiel).

9.5.5. Einflußfaktor der Oberflächenverfestigung K_V

Durch mechanische und thermische Verfahren können Druckeigenspannungen in einer mehr oder weniger tiefen Oberflächenschicht erzeugt werden. Auf diese Weise ergibt sich eine sogar meist erhebliche Festigkeitssteigerung. Bei den mechanischen Verfahren ist das Rollen und Kugelstrahlen bekannt geworden.
Als thermische Verfahren kann man das Gas- und Salzbadnitrieren sowie das Borieren nennen. Für hochbeanspruchte Bauteile aus hochfestem Stahl sind eine feinstbearbeitete Oberfläche und derartige Verfahren zu empfehlen.
Werte für K_V sind der Tabelle 9.3 zu entnehmen, und es ist zu beachten, daß K_V mit α_K wächst.

9.5.6. Anisotropieeinflußfaktor K_A

Die Festigkeitskenngrößen eines Werkstoffes (vor allem bei der Dauerschwingfestigkeit) sind von der Walzrichtung abhängig. Die Widerstandsfähigkeit in Walzrichtung ist größer. Erfolgt die Beanspruchung bei Zug–Druck und Biegung senkrecht zur Walzrichtung des Werkstoffes, so sind die Dauerfestigkeitswerte σ_{AD}, σ_{-1}, σ_{Sch} usw. mit dem entsprechenden Anisotropie-Koeffizienten $K_A(a_i)$ der Tabelle 9.4 zu multiplizieren. Bei der Verdrehbeanspruchung braucht man die Anisotropie nicht zu berücksichtigen.

Tabelle 9.4. Anisotropieeinflußfaktor K_A

Beanspruchungsart	σ_B in MPa	K_A[1])
Zugdruck oder Biegung	bis 600	0,90
	über 600 bis 900	0,86
	über 900 bis 1200	0,83
	über 1200	0,80
Torsion	beliebig	1,0

[1]) Die Werte gelten, wenn das Werkstück quer zur Walzrichtung dem Halbzeug entnommen wird. Andernfalls ist K_A gleich Eins zu setzen.

9.5.7. Beispiel

Zu dieser Einführung in die Problematik der Betriebsfestigkeit, mit der nur auf die Faktoren hingewiesen werden konnte, die die an genormten Proben ermittelte Werkstoffwechselfestigkeit herabsetzen, so daß man zum Begriff der Bauteilwechselfestigkeit kommt, kann natürlich nur ein sehr einfaches Beispiel gerechnet werden. Wer auf diesem Gebiet arbeitet, muß sich mit der TGL 19340 und der Speziealliteratur vertraut machen.

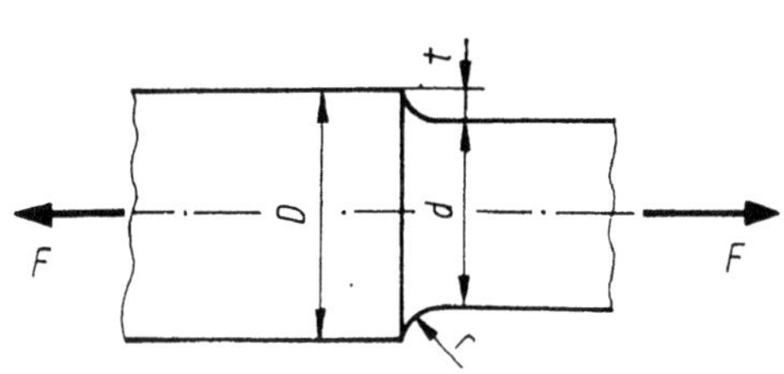

Bild F 9.16

Für einen abgesetzten Rundstab unter Zug-Druck-Belastung (Bild F 9.16) ist die Bauteilwechselfestigkeit zu bestimmen.

Gegeben: $D = 50$ mm, $d = 42$ mm, $r = 5$ mm, $t = 4$ mm

Werkstoff (TGL 19340/02): 34 CrMo4, $R_m = \sigma_B = 980$ MPa, $R_e = \sigma_S = 780$ MPa, $\sigma_{-1}^{zd} = 390$ MPa

Oberflächenrauheit: $R_z = 20\ \mu$m

Gesucht: Bauteilwechselfestigkeit

Lösung:

$$\sigma_{-1K}^{zd} = \frac{\sigma_{-1}^{zd}}{K}$$ (s. (9.7))

$$\sigma_{-1}^{zd\prime} = K_1(d)\,\sigma_{-1}^{zd}$$ [s. (9.9) und Bild F 9.7.1]

$$\sigma_{-1}^{zd\prime} = 0{,}86 \cdot 390 = 335 \text{ MPa}$$

$$K_\sigma' = \frac{\beta_K}{K_2(d)}$$ (s. (9.10))

$$\beta_K = \frac{\alpha_K}{n}$$ (s. (9.11))

$$\alpha_K = 1{,}7$$ (s. Bild F 9.10.4 mit $d/D = 0{,}84$ und $r/t = 1{,}25$)

$$n = 1{,}02$$ (s. Bild F 9.13 mit $\chi = \frac{2{,}3}{r} \times \left(1 + \frac{1}{4\sqrt{t/r} + 2}\right) = 0{,}54$

$$K_2(d) = 1$$ (s. Bild F 9.7.2)

$$K_\sigma' = 1{,}67$$

$$K_{F\sigma} = 0{,}8$$ (s. Bild F 9.14 mit $\sigma_B = 980$ MPa und $R_z = 20\ \mu$m)

$$K_V = 1, \qquad K_A = 1$$ (s. Tabellen 9.3 und 9.4)

$$K = \left(1{,}67 + \frac{1}{0{,}8} - 1\right) = 1{,}92$$ (s. (9.8))

Demnach beträgt die Bauteilwechselfestigkeit

$$\sigma_{-1K}^{zd} = 174 \text{ MPa}$$

9.6. Sicherheitsnachweis

Der Dauerfestigkeitsnachweis und der Nachweis gegen Überschreiten der Fließgrenze verlangen

$$S_{\text{vorh}} \geqq S_{\text{erf}} \tag{9.19}$$

Nach TGL 19340/03 ist die vorhandene Sicherheitszahl für den Dauerfestigkeitsnachweis bei einer aus Zug—Druck, Biegung und Torsion zusammengesetzten Beanspruchung.

$$S_{\mathrm{vorh}}^{-2} = \left(\frac{\sigma_{\mathrm{a}}^{zd}}{\sigma_{\mathrm{AD}K}^{zd}} + \frac{\sigma_{\mathrm{a}}^{b}}{\sigma_{\mathrm{AD}K}^{b}}\right)^2 + \left(\frac{\tau_{\mathrm{a}}}{\tau_{\mathrm{AD}K}}\right)^2 \tag{9.20}$$

wobei

σ_{a}^{zd}, σ_{a}^{b}, τ_{a} vorhandene Spannungsamplituden
$\sigma_{\mathrm{AD}K}^{zd}$, $\sigma_{\mathrm{AD}K}^{b}$, $\tau_{\mathrm{AD}K}$ zugehörige Spannungsamplituden der Bauteil-Dauerfestigkeit

Für den Nachweis gegen Überschreiten der Fließgrenze gilt analog

$$S_{\mathrm{vorh}}^{-2} = \left(\frac{\sigma_{\max}^{zd}}{\sigma_{\mathrm{F}K}^{zd}} + \frac{\sigma_{\max}^{b}}{\sigma_{\mathrm{F}K}^{b}}\right)^2 + \left(\frac{\tau_{\max}}{\tau_{\mathrm{F}K}}\right)^2 \tag{9.21}$$

Die erforderlichen Sicherheitszahlen sind objektbezogen unterschiedlich; empfohlen wird 1,2 bis 1,5.

10. Einführung in die Stabilitätstheorie

10.1. Allgemeine Betrachtungen

Es gibt *stabiles, indifferentes und labiles Gleichgewicht.* Einfache Fälle dieser Gleichgewichtsarten zeigt Bild F 10.1. Bei F 10.1.1 handelt es sich um stabiles Gleichgewicht, denn bei geringer Auslenkung aus der Gleichgewichtslage kehrt der Körper in die Ausgangslage zurück. Bei F 10.1.2 ist das Gleichgewicht indifferent, weil der Körper bei geringer Auslenkung in der ausgelenkten Lage verbleibt, und bei F 10.1.3 schließlich liegt labiles Gleichgewicht vor, weil der Körper eine geringe Auslenkung selbst zu vergrößern sucht und keine Rückkehr in die ursprüngliche Gleichgewichtslage erfolgt.

Bild F 10.1.1

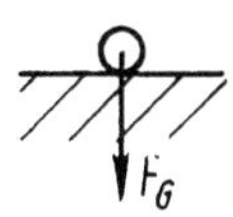

Bild F 10.1.2

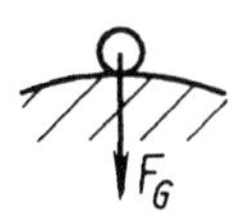

Bild F 10.1.3

Die *Untersuchung der Gleichgewichtsart erfordert* in jedem Falle das *Betrachten einer* (kleinen) *Auslenkung.* So ist z. B. nach Bild F 10.1 allen drei Gleichgewichtslagen die horizontale Tangente am Berührungspunkt gemeinsam, und die Unterscheidung wird erst möglich durch Betrachtung der Tangente in den Nachbarpunkten. Hierbei ist die Art des Gleichgewichts unabhängig von der Belastung (F_{G}). Im Gegensatz dazu wird *bei elastischen Systemen die Art des Gleichgewichts abhängig von der Größe der Belastung.*

Hierzu ein Beispiel:

Bild F 10.2 zeigt einen starren, gelenkig gelagerten Stab, der im unbelasteten Zustand durch eine Drehfeder in der senkrechten Lage gehalten wird. Unabhängig von F ist stets die Gleichgewichtslage Bild F 10.2.1 denkbar; man kann sich aber auch die ausgelenkte Lage — Bild F 10.2.2 — vorstellen.

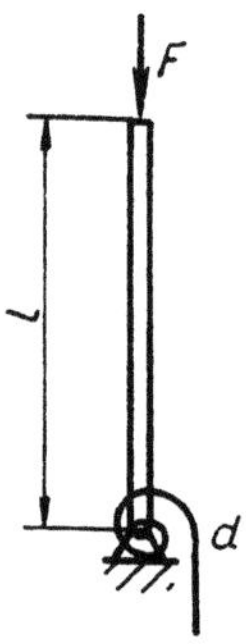

Bild F 10.2.1

Bild F 10.2.2

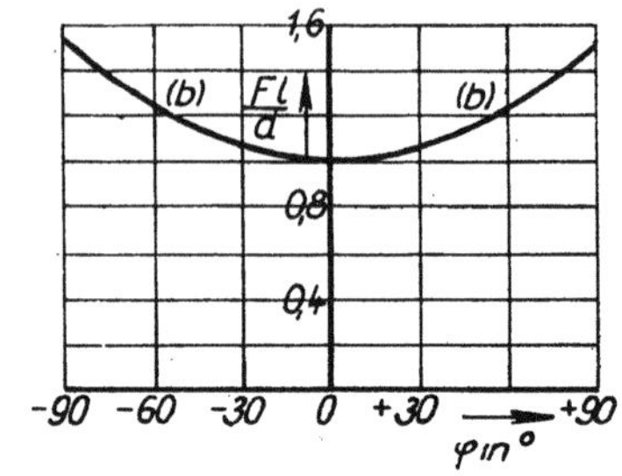

Bild F 10.3

Vorausgesetzt, daß die Kraft F ihre Richtung nicht ändert (*richtungsgetreue Kraft*), gilt folgendes Momentengleichgewicht:

$$Fl \sin \varphi = d\varphi$$

(d Drehfederkonstante in N mm)

Somit

$$F = \frac{d}{l} \frac{\varphi}{\sin \varphi} \tag{10.1}$$

Für $F(\varphi)$ ergibt sich Bild F 10.3. Wird F, von Null beginnend, langsam gesteigert, so bleibt zunächst $\varphi = 0$ die einzige und stabile Gleichgewichtslage. Bei $F(l/d) = 1$ wird plötzlich das Gleichgewicht labil, und für $F(l/d) = 1$ ist $\varphi = 0$ eine labile Gleichgewichtslage.

Der Punkt $F = d/l$ ist ein *Verzweigungspunkt.*

Die zugehörige Last wird die *kritische Last* genannt, weil meist mit dem Überschreiten dieses Punktes eine Zerstörung des betreffenden Bauteiles verbunden ist. Im vorliegenden Falle ist die kritische Last $F_K = d/l$.

Auch in diesem Falle konnte nur durch Betrachten des ausgelenkten Systems festgestellt werden, bei welcher Kraft der Qualitätssprung stabil—labil erfolgt.

Wir wollen uns in diesem Abschnitt vorwiegend mit dem Stabilitätsproblem »Knicken druckbelasteter Stäbe« befassen und stellen deshalb an einem weiteren Beispiel zwei Betrachtungsweisen gegenüber. Ein gerader Träger (l, EI) ist einseitig eingespannt, und er wird am anderen Ende durch eine außerhalb der Stabachse angreifende Kraft F auf Druck und gerade Biegung beansprucht (Bild F 10.4.1).

Zu berechnen ist die Durchbiegung des Trägers v mit der Gleichung der elastischen Linie, wobei das Biegemoment 1. für den unverformten und 2. für den verformten Träger aufzustellen ist.

1. Freischneiden eines unverformten Trägerteils ergibt das konstante Biegemoment $M_b = -Fa$ (Bild F 10.4.2), und mit Gl. (3.32) erhalten wir

$$EIv'' = -M_b = Fa$$

$$EIv' = Faz + C_1$$

$$EIv = \frac{Faz^2}{2} + C_1 z + C_2$$

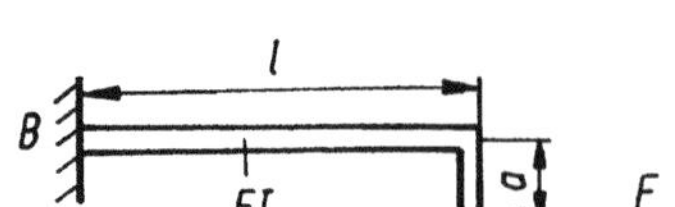

Bild F 10.4.1

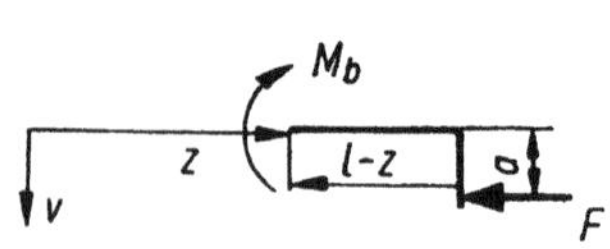

Bild F 10.4.2

wobei wegen $v(0) = 0$ und $v'(0) = 0$ folgt $C_1 = 0$ und $C_2 = 0$. Damit ergibt sich

$$v(l) = \frac{Fal^2}{2EI} \tag{10.2}$$

2. Schneiden wir das gleiche Trägerteil im verformten Zustand frei, so erhalten wir (Bild F 10.4.3)

$$M_b = -F(a + v_l - v)$$

und demnach mit

$$EIv'' = -M_b = F(a + v_l) - Fv$$

eine »echte« Differentialgleichung 2. Ordnung.

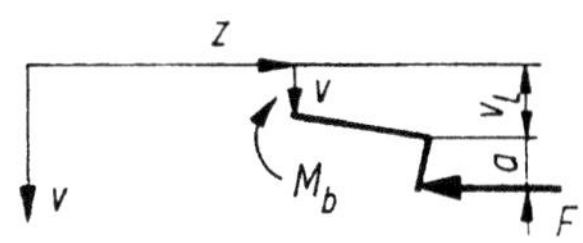

Bild F 10.4.3

$$v'' + \frac{F}{EI}v = \frac{F}{EI}(a + v_l) \text{ bzw. mit der Substitution } \frac{F}{EI} = \alpha^2$$

$$v'' + \alpha^2 v = \alpha^2(a + v_l)$$

deren Lösung lautet

$$v = A\cos(\alpha z) + B\sin(\alpha z) + a + v_l$$

Aus den Randbedingungen

$$v(0) = 0 = A + a + v_l$$

$$v'(0) = 0 = \alpha B$$

$$v(l) = v_l = A\cos(\alpha l) + B\sin(\alpha l) + a + v_l$$

erhalten wir

$$B = 0, \qquad A = -\frac{a}{\cos(\alpha l)}, \qquad v_l = a\left(\frac{1}{\cos(\alpha l)} - 1\right)$$

und somit

$$v(z) = \frac{a}{\cos(\alpha l)}[1 - \cos(\alpha z)] \tag{10.3}$$

Für $\alpha l \ll 1$ können wir schreiben $\cos(\alpha l) \approx 1 - \frac{(\alpha l)^2}{2}$ und erhalten

$$v(l) = v_l = \frac{(\alpha l)^2}{2}a = \frac{Fal^2}{2EI}$$

d. h. das gleiche Ergebnis wie Gl. (10.2).

Wegen $\cos(\alpha l) = 0$ für $\alpha l = \frac{\pi}{2}$ wird für $F_K = \frac{EI\pi^2}{(2l)^2}$ die Verschiebung $v(l)$ (theoretisch) unendlich!

Diese kritische Kraft F_K ist unabhängig von der Exzentrizität a! Da wir aber praktisch immer damit rechnen müssen, daß eine Druckkraft nicht genau zentrisch angreift, und andererseits auch der Stab nie exakt gerade ist, können die Erkenntnisse des vorgeführten Biegedruckknickens auch auf die Druckknickprobleme angewandt werden, d. h.:

Bei der Berechnung druckbelasteter Stäbe müssen die Gleichgewichtsbedingungen am verformten Bauteil aufgestellt werden.

Man spricht dabei von einer »Theorie 2. Ordnung«.
Von EULER[1]) wurden dazu für 4 verschiedene Lagerungsfälle kritische Knicklasten angegeben.

10.2. Euler-Fälle

10.2.1. Beiderseits frei drehbar gelagerter Stab

Wird ein Stab (Länge l, Biegesteifigkeit EI) wie in Bild F 10.5.1 gelagert und durch eine Druckkraft F belastet, so stellt sich die in Bild F 10.5.2 skizzierte Verformung ein, und mit dem Biegemoment

$$M_{\mathrm{b}} = F \cdot v \tag{10.4}$$

folgt die Gleichung der elastischen Linie zu

$$EIv'' = -M_{\mathrm{b}} = -Fv$$

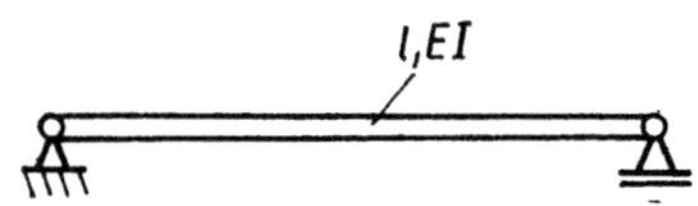

Bild F 10.5.1

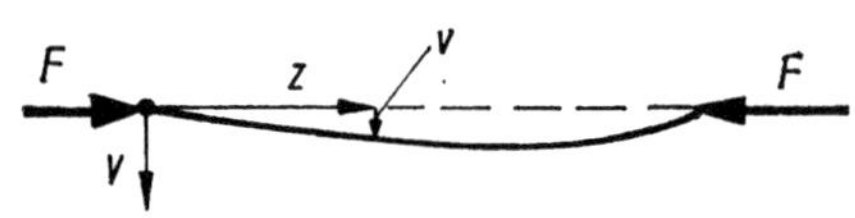

Bild F 10.5.2

woraus wir mit $\alpha^2 = \dfrac{F}{EI}$ die homogene Differentialgleichung 2. Ordnung

$$v'' + \alpha^2 v = 0 \tag{10.5}$$

erhalten, die gelöst wird von

$$v = A\cos(\alpha z) + B\sin(\alpha z) \tag{10.6}$$

Aus

$$v(0) = 0 = A \cdot 1 + B \cdot 0$$

$$v(l) = 0 = A \cdot \cos(\alpha l) + B\sin(\alpha l)$$

folgen $A = 0$ und $B\sin(\alpha l) = 0$
Da $B = 0$ zur trivialen Lösung $v = 0$ führt, gilt $\sin(\alpha l) = 0$, woraus wir $\alpha l = 0, \pi, 2\pi, \ldots$ und die kleinste kritische Knicklast

$$F_{\mathrm{K1}} = \frac{EI\pi^2}{l^2} \tag{10.7}$$

erhalten.

[1]) LEONHARD EULER (1707 bis 1783)

Betrachtet man die beiden Randbedingungen als homogene Gleichungen für die Konstanten A und B, die dann und nur dann eine Lösung haben, wenn deren Koeffizientendeterminante verschwindet, so kommt man mit

$$\begin{vmatrix} 1 & 0 \\ \cos(\alpha l) & \sin(\alpha l) \end{vmatrix} = 0 = \sin(\alpha l)$$

zum gleichen Ergebnis. αl sind die Eigenwerte der Gleichung.
Mit

$$v(z) = B \sin(\alpha z)$$

kann der Verlauf der Durchbiegung nur qualitativ angegeben werden; B läßt sich (im Gegensatz zum Biegedruckknicken) nicht bestimmen!

10.2.2. Einseitig eingespannter Stab

Wir greifen hierbei auf Bild F 10.4 zurück und setzen lediglich $a = 0$. Am verformten Bauteil beträgt das Biegemoment

$$M_b = -F(v_l - v) = -EIv'' \tag{10.8}$$

und die Differentialgleichung dieses Problems lautet

$$v'' + \alpha^2 v = \alpha^2 v_l \tag{10.9}$$

mit der Lösung

$$v = A \cos(\alpha z) + B \sin(\alpha z) + v_l \tag{10.10}$$

Formulierung der Randbedingungen

$$v(0) = 0 = A \cdot 1 + B \cdot 0 + v_l$$

$$v'(0) = 0 = -\alpha A \cdot 0 + \alpha B \cdot 1$$

$$v(l) = v_l = A \cos(\alpha l) + B \sin(\alpha l) + v_l$$

Aus der Koeffizientendeterminante der Unbekannten A, B, v_l

$$\begin{vmatrix} 1 & 0 & 1 \\ 0 & 1 & 0 \\ \cos(\alpha l) & \sin(\alpha l) & 0 \end{vmatrix} = -\cos(\alpha l) = 0$$

erhalten wir die Eigenwerte

$$\alpha l = \frac{\pi}{2}, \frac{3\pi}{2}, \dots$$

und daraus wie bereits bekannt die kleinste Knickkraft

$$F_{K2} = \frac{EI\pi^2}{(2l)^2} \tag{10.11}$$

Den Verlauf der möglichen Durchbiegung können wir qualitativ angeben mit

$$v(z) = v_l[1 - \cos(\alpha z)]$$

10.2.3. Beiderseits eingespannter Stab

Wird der im Bild F 10.6.1 skizzierte Stab axial belastet, so verformt er sich analog Bild F 10.6.2.
M_0 wird gebraucht, um die horizontale Tangente in der Einspannungsstelle zu erzwingen, eine Querkraft ist jedoch aus Symmetriegründen in der Langerung nicht vorhanden!

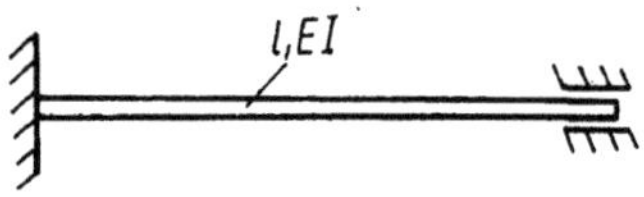

Bild F 10.6.1

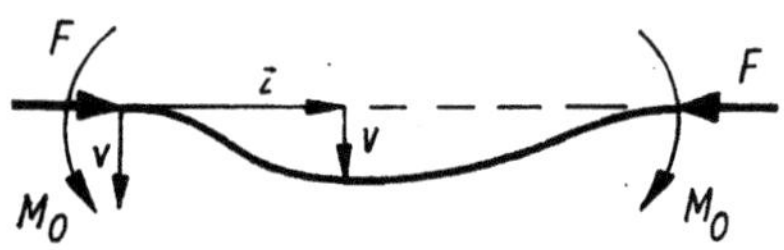

Bild F 10.6.2

Freischneiden eines Trägerteils führt auf

$$M_b = Fv - M_0 = -EIv'' \tag{10.12}$$

woraus wir die Differentialgleichung

$$v'' + \alpha^2 v = \frac{M_0}{EI} = \frac{\alpha^2 M_0}{F} \tag{10.13}$$

mit der Lösung

$$v = A\cos(\alpha z) + B\sin(\alpha z) + \frac{M_0}{F} \tag{10.14}$$

erhalten.
Aus den Randbedingungen

$$v(0) = 0 = A \cdot 1 + B \cdot 0 + \frac{M_0}{F}$$

$$v'(0) = 0 = -\alpha \cdot A \cdot 0 + \alpha \cdot B \cdot 1$$

$$v(l) = 0 = A\cos(\alpha l) + B\sin(\alpha l) + \frac{M_0}{F}$$

erhalten wir als Koeffizientendeterminante für das homogene Gleichungssystem der $A, B, \frac{M_0}{F}$

$$\begin{vmatrix} 1 & 0 & 1 \\ 0 & \alpha & 0 \\ \cos(\alpha l) & \sin(\alpha l) & 1 \end{vmatrix} = \alpha[1 - \cos(\alpha l)] = 0$$

Der kleinste sinnvolle Eigenwert $\alpha l = 2\pi$ führt zur kritischen Kraft

$$F_{K3} = \frac{EI\pi^2}{\left(\frac{l}{2}\right)^2} \tag{10.15}$$

und der Verlauf der Verformung kann durch

$$v(z) = \frac{M_0}{F}[1 - \cos(\alpha z)]$$

beschrieben werden.

10.2.4. Auf einer Seite eingespannter und auf der anderen Seite drehbar gelagerter Stab

Belasten wir den in Bild F 10.7.1 skizzierten Träger durch eine Axialkraft F, so verformt er sich wie in Bild F 10.7.2 angegeben. F_{Q0} erzwingt $v = 0$ am Loslager.

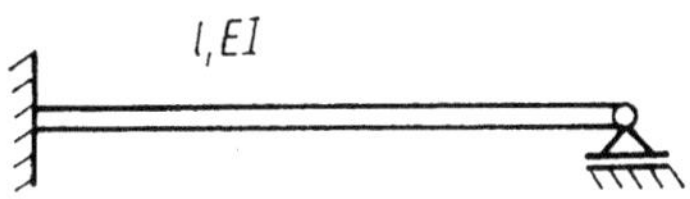

Bild F 10.7.1

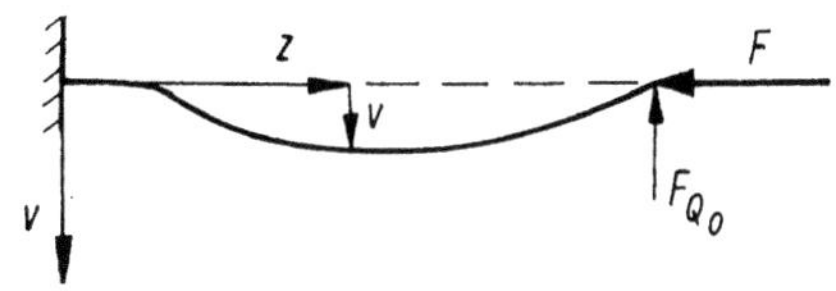

Bild F 10.7.2

Nach Freischneiden eines Trägerteils erhalten wir

$$M_b = F \cdot v + F_{Q0}(l - z) = -EIv'' \tag{10.16}$$

woraus folgt

$$v'' + \alpha^2 v = -\frac{F_{Q0}}{EI}(l - z) = -\alpha^2 \frac{F_{Q0}}{F}(l - z) \tag{10.17}$$

mit der Lösung

$$v = A\cos(\alpha z) + B\sin(\alpha z) - \frac{F_{Q0}}{F}(l - z) \tag{10.18}$$

Die Randbedingungen

$$v(0) = 0 = A \cdot 1 + B \cdot 0 - \frac{F_{Q0}}{F} l$$

$$v'(0) = 0 = -\alpha A \cdot 0 + \alpha B \cdot 1 + \frac{F_{Q0}}{F}$$

$$v(l) = 0 = A\cos(\alpha l) + B\sin(\alpha l)$$

führen zu der Koeffizientendeterminante der Unbekannten A, B, $\frac{F_{Q0}}{F}$

$$\begin{vmatrix} 1 & 0 & -l \\ 0 & \alpha & 1 \\ \cos(\alpha l) & \sin(\alpha l) & 0 \end{vmatrix} = \alpha l \cos(\alpha l) - \sin(\alpha l) = 0$$

Der zugehörige Eigenwert errechnet sich aus

$$\alpha l = \tan(\alpha l)$$

zu

$$\alpha l = 4{,}49341$$

und daraus bestimmen wir die kritische Last zu

$$F_{K4} = \frac{4{,}49341^2 EI}{l^2} \approx \frac{\pi^2 EI}{\left(\frac{\sqrt{2}}{2}\, l\right)^2} \tag{10.19}$$

Durchbiegeverlauf: $v(z) = \frac{F_{Q0}}{F}\, l \left(\frac{\sin(\alpha z)}{\sin(\alpha l)} - \frac{z}{l}\right)$

10.2.5. Diskussion der Ergebnisse

Sämtliche 4 Knicklasten können auf die Form

$$F_K = \frac{EI\pi^2}{l_K^2} \tag{10.20}$$

gebracht werden, wobei l_K freie Knicklänge genannt wird.
Für die 4 diskutierten Fälle gilt dann Tabelle 10.1.

Tabelle 10.1

Fall	1	2	3	4
$\frac{l_K}{l}$	1	2	$\frac{1}{2}$	$\frac{\sqrt{2}}{2}$

Betrachten wir stets gleiche Stäbe (l, EI), so bedarf es, bezogen auf den beiderseits gelenkig gelagerten Stab, zum Ausknicken

- eines beiderseits eingespannten Stabes der vierfachen Last,
- eines einseitig eingespannten, andererseits gelenkig gelagerten Stabes der doppelten Last,
- eines einseitig eingespannten Stabes nur eines Viertels der Last.

10.3. Weitere Knickprobleme

Die Ermittlung kritischer Knicklasten soll noch an zwei Beispielen erläutert werden.

Beispiel 1:

Für den Träger mit unterschiedlicher Biegesteifigkeit (Bild F 10.8.1) ist die Eigenwertgleichung anzugeben.
Aus Bild F 10.8.2 erkennen wir

$$\begin{aligned} M_{b1} &= F \cdot v_1 = -EI_1 v_1'' \\ M_{b2} &= F \cdot v_2 = -EI_2 v_2'' \end{aligned} \tag{10.21}$$

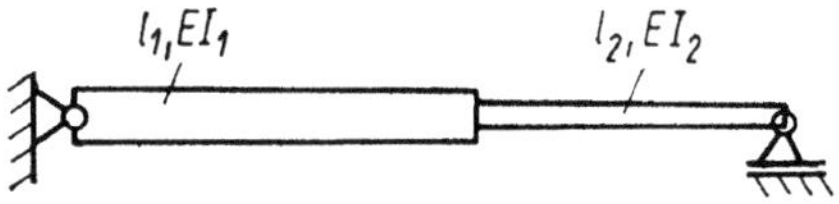

Bild F 10.8.1

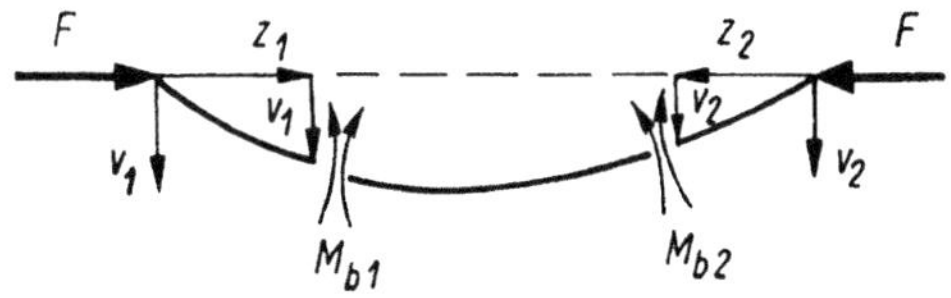

Bild F 10.8.2

Die Lösungen der zugehörigen homogenen Differentialgleichungen lauten

$$\begin{aligned} v_1 &= A_1 \cos(\alpha_1 z_1) + B_1 \sin(\alpha_1 z_1) \\ v_2 &= A_2 \cos(\alpha_2 z_2) + B_2 \sin(\alpha_2 z_2) \end{aligned} \tag{10.22}$$

und für die Rand- und Übergangsbedingungen formulieren wir

$$v_1(0) = 0 \qquad v_2(0) = 0 \tag{10.23}$$

$$v_1(l_1) = v_2(l_2) \qquad v_1'(l_1) = -v_2'(l_2) \tag{10.24}$$

Aus (10.23) folgen sofort $A_1 = 0$ und $A_2 = 0$, so daß wir (10.24) wie folgt formulieren können

$$B_1 \sin(\alpha_1 l_1) - B_2 \sin(\alpha_2 l_2) = 0$$

$$B_1 \alpha_1 \cos(\alpha_1 l_1) + B_2 \alpha_2 \cos(\alpha_2 l_2) = 0$$

Aus der Koeffizientendeterminante der B_1, B_2

$$\begin{vmatrix} \sin(\alpha_1 l_1) & -\sin(\alpha_2 l_2) \\ \alpha_1 \cos(\alpha_1 l_1) & \alpha_2 \cos(\alpha_2 l_2) \end{vmatrix} = 0$$

erhalten wir die Eigenwertgleichung

$$\tan(\alpha_1 l_1) + \frac{\alpha_1}{\alpha_2} \tan(\alpha_2 l_2) = 0 \tag{10.25}$$

Beispiel 2:

Für den in Bild F 10.9.1 skizzierten Träger ist die Eigenwertgleichung zu formulieren. Zeichnen wir den Träger in einem möglichen Verformungszustand (Bild F 10.9.2), so stellen wir fest, daß Auflagerkräfte senkrecht zum Träger geweckt werden, und die Biegemomente in den freigeschnittenen Trägerteilen lauten

$$\begin{aligned} M_{b1} &= F v_1 + F \frac{v_0}{a} (a - z_1) = -EI v_1'' \\ M_{b2} &= -F(v_0 - v_2) = -EI v_2'' \end{aligned} \tag{10.26}$$

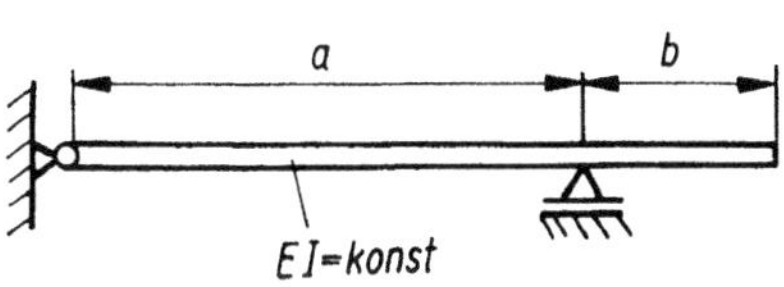

Bild F 10.9.1

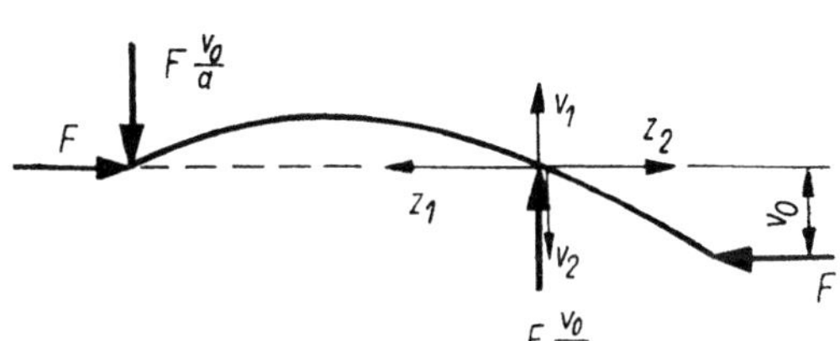

Bild F 10.9.2

Daraus erhalten wir die beiden Differentialgleichungen

$$v_1'' + \alpha^2 v_1 = \alpha^2 \frac{v_0}{a} (z_1 - a)$$

$$v_2'' + \alpha^2 v_2 = \alpha^2 v_0$$

mit den Lösungen

$$\begin{aligned} v_1 &= A_1 \cos(\alpha z_1) + B_1 \sin(\alpha z_1) + \frac{v_0}{a}(z_1 - a) \\ v_2 &= A_2 \cos(\alpha z_2) + B_2 \sin(\alpha z_2) + v_0 \end{aligned} \tag{10.27}$$

und den Rand- und Übergangsbedingungen

$$\begin{aligned} v_1(0) &= 0 = A_1 \cdot 1 + B_1 \cdot 0 - v_0 \\ v_2(0) &= 0 = A_2 \cdot 1 + B_1 \cdot 0 + v_0 \\ v_1(a) &= 0 = A_1 \cos(\alpha a) + B_1 \sin(\alpha a) \\ v_1'(0) &= v_2'(0) = \alpha B_1 + \frac{v_0}{a} = \alpha B_2 \\ v_2(b) &= v_0 = A_2 \cos(\alpha b) + B_2 \sin(\alpha b) + v_0 \end{aligned} \tag{10.28}$$

Mit $A_1 = v_0$ und $A_2 = -v_0$ erhalten wir als Koeffizientendeterminante der B_1, B_2, v_0

$$\begin{vmatrix} \sin(\alpha a) & 0 & \cos(\alpha a) \\ \alpha & -\alpha & \dfrac{1}{a} \\ 0 & \sin(\alpha b) & -\cos(\alpha b) \end{vmatrix} = 0$$

und daraus die Eigenwertgleichung

$$\alpha a\,[\cot(\alpha a) + \cot(\alpha b)] = 1 \tag{10.29}$$

Für $a = b$ ergibt sich

$$2\alpha a = \tan(\alpha a), \quad \text{d. h.} \quad \alpha a = 1{,}1654$$

und damit

$$F_{\mathrm{K}} = \frac{1{,}1654^2 EI}{a^2}$$

Kompliziertere Fälle, wie Knickprobleme bei veränderlichem Trägheitsmoment $I(z)$ oder mit Berücksichtigung der Eigenmasse führen manchmal auf Differentialgleichungen, die nur näherungsweise gelöst werden können [1].

10.4. Berechnung der Knickspannungen

Bei Knickbiegeproblemen (Bild F 10.4) wird die Spannung wie bei der normalen Überlagerung von Längskraft- und Biegespannungen berechnet, denn $M_b(z)$ ist eindeutig quantitativ anzugeben.
Bei echten Stabilitätsproblemen kann man die Verschiebung v nach Erreichen der kritischen Last nicht angeben und muß deshalb zur Berechnung der Spannungen

einen anderen Weg einschlagen. Gerade Zugstäbe werden dimensioniert, indem man die Zugspannungen

$$\sigma_z = \frac{F}{A} \tag{10.30}$$

berechnet und mit einer kritischen Spannung $\sigma_{z(K)}$ vergleicht, bei welcher der Stab versagt. Für zähes Werkstoffverhalten ist diese kritische Spannung $\sigma_{z(K)}$ gleich der Fließgrenze σ_F:

$$\sigma_{z(K)} = \sigma_F \tag{10.31}$$

Bei geraden Druckstäben möchte man analog die Druckspannung

$$\sigma_d = \frac{F}{A} \tag{10.32}$$

mit einer kritischen Spannung $\sigma_{d(K)}$ vergleichen. Wegen der Gefahr des Ausknickens kann hier aber *nicht* $\sigma_{d(K)} = \sigma_F$ gesetzt werden, sondern es steht zunächst nur fest, daß

$$\sigma_{d(K)} \leqq \sigma_F \tag{10.33}$$

ist.

Der Stab knickt bei

$$F_K = \pi^2 \frac{EI}{l_K^2} \tag{10.34}$$

aus, wobei l_K entsprechend Tabelle 10.1 anzusetzen ist.

Die bei $F = F_K$ auftretende Druckspannung ist gleichzeitig die kritische Spannung (Knickspannung):

$$\sigma_{d(K)} = \sigma_K = \frac{F_K}{A} = \pi^2 \frac{EI}{l_K^2 A} \tag{10.35}$$

Wird der *Trägheitsradius*

$$i = \sqrt{\frac{I}{A}}$$

eingeführt und ein *Schlankheitsgrad*

$$\lambda = \frac{l_K}{i} = \sqrt{\frac{A l_K^2}{I}} \tag{10.36}$$

definiert, so ergibt sich nach (10.35) die Knickspannung zu

$$\sigma_K = E \left(\frac{\pi}{\lambda}\right)^2 \tag{10.37}$$

Somit kann festgestellt werden, daß entweder

$$\sigma_{d(K)} = \sigma_F \tag{10.38.1}$$

oder

$$\sigma_{d(K)} = \sigma_K = E\left(\frac{\pi}{\lambda}\right)^2 \tag{10.38.2}$$

ist, wobei der kleinere von beiden Werten gilt.
Unter Berücksichtigung plastischer Verformungen ergibt sich in befriedigender Übereinstimmung mit Versuchen, daß zwischen der durch (10.38.1) gegebenen Horizontalen und der durch (10.38.2) festgelegten (EULER-)Hyperbel eine Übergangskurve existiert, die näherungsweise durch die TETMAJER[1])-Gleichung

$$\sigma_K = a\lambda^2 + b\lambda + c \tag{10.39}$$

mit den Werten beschrieben wird, die in der Tabelle 10.2 angegeben sind, so daß sich z. B. für Baustähle St 38 und St 52 die in Bild F 10.10 gezeigten Verläufe ergeben.

Tabelle 10.2

	a	b	c
St 38	—	−1,14	310
St 52	—	−2,3	470
GG	0,053	−12	776
Holz	—	−0,194	29,3

Übergangskurve und EULER-Hyperbel treffen sich dort, wo $\sigma_K = \sigma_p$ und $\lambda = \lambda_p$ ist. (σ_p Proportionalitätsgrenze des Materials.) Man setzt meist

$$\sigma_p = 0{,}8\sigma_F$$

Nach (10.37) ist dann

$$\sigma_p = E\left(\frac{\pi}{\lambda_p}\right)^2$$
$$\lambda_p = \pi\sqrt{\frac{E}{\sigma_p}} \approx \pi\sqrt{\frac{E}{0{,}8\sigma_F}} \tag{10.40}$$

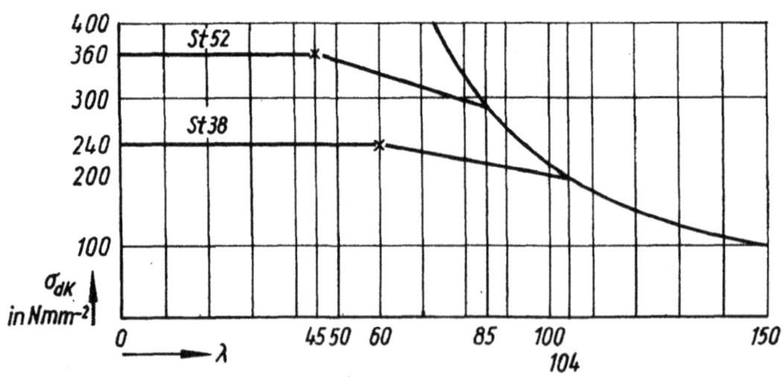

Bild F 10.10

[1]) LUDWIG VON TETMAJER (1850 bis 1905)

Für St 38 ist mit $E = 2{,}1 \cdot 10^5$ MPa, $\sigma_F = 240$ MPa und $\sigma_p = 190$ MPa $\lambda_p \approx 104$ und für St 52 mit $\sigma_F = 360$ MPa und $\sigma_p = 285$ MPa $\lambda_p \approx 85$. Bei Schlankheitsgraden $\lambda > \lambda_p$ liegt rein elastische Knickung vor, die in allen vorangegangenen Abschnitten vorausgesetzt wurde. Es gilt (10.38.2), während bei $\lambda < \lambda_p$ teilplastisches Verhalten auftritt und nach (10.39) zu rechnen ist. Die untere Grenze der Übergangskurve wird aus $\sigma_K = \sigma_F$ in (10.39) gewonnen, und wir erhalten für St 52 $\lambda_F \approx 45$ und für St 38 $\lambda_F \approx 60$.
Die praktische Berechnung druckbelasteter Stäbe geschieht, wenn die Abmessungen des Stabes als bekannt angenommen werden, wie folgt: Zunächst werden die Knicklänge l_K und der Schlankheitsgrad λ ermittelt. Bei bekanntem λ kann nunmehr $\sigma_{d(K)}$ ermittelt werden. Hieraus ergibt sich die kritische Belastung

$$F_{(K)} = A\sigma_{d(K)} \tag{10.41}$$

und der vorhandene Sicherheitsbeiwert (Knicksicherheitsfaktor) ist

$$S_K = \frac{\text{kritische Last}}{\text{vorhandene Last}} = \frac{F_{(K)}}{F} = \frac{A\sigma_{d(K)}}{A\sigma_d} = \frac{\sigma_{d(K)}}{\sigma_d} \tag{10.42}$$

Je nach Verwendungszweck des Druckstabes soll S_K im Bereich von etwa 1,8 bis 10 liegen. Anhaltswerte sind:

$S_K > \approx 1{,}8$ im Leichtbau
$S_K > \approx 3{,}0$ im allgemeinen Maschinenbau

Mitunter ist es zweckmäßig, eine zulässige Spannung zu definieren:

$$\sigma_{dzul} = \frac{\sigma_{d(K)}}{S_{Kerf}} = \frac{\text{kritische Spannung}}{\text{erforderlicher Sicherheitsfaktor}} \tag{10.43}$$

Im Stahlhochbau wird das ω-Verfahren benutzt, welches aber für den allgemeinen Maschinenbau nicht zugelassen ist.

Beispiel (Bild F 10.11):

Gegeben: Druckstab mit konstantem Rechteckquerschnitt

$l = 35$ cm; $b = 2{,}0$ cm; $h = 2{,}5$ cm; $F = 1{,}8 \cdot 10^4$ N; Werkstoff St 38

Gesucht:

Sicherheitsfaktor S_K

Lösung:

Knicklänge $l_K = 2{,}00 l = 70$ cm

Schlankheitsgrad nach Gl. (10.36)

$$\lambda = \sqrt{Al_K^2/I}$$

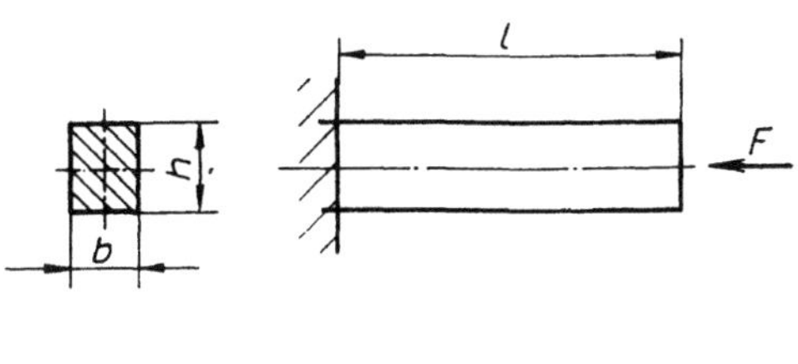

Bild F 10.11

Es ist das kleinere der beiden Trägheitsmomente einzusetzen

$$I = hb^3/12 \qquad A = hb$$

$$\lambda = 2\sqrt{3}\,\frac{l_K}{b} \approx 121$$

Kritische Spannung nach Gl. (10.38.2)

$$\sigma_{d(K)} \approx 142 \text{ MPa}$$

Kritische Belastung nach Gl. (10.41)

$$F_K = 5 \text{ cm}^2 \cdot 142 \text{ MPa} = 7{,}1 \cdot 10^4 \text{ N}$$

Sicherheitsfaktor nach Gl. (10.42)

$$S_K = \frac{7100}{1800} \approx 3{,}95$$

10.5. Weitere Stabilitätsprobleme

Neben dem Knicken schlanker Druckstäbe kennen wir noch das Kippen hoher Träger (Bild F 10.12), das Beulen druckbelasteter Scheiben (Bild F 10.13) sowie das Beulen von Schalen. Probleme dieser Art können in einem Grundkurs jedoch nicht behandelt werden.

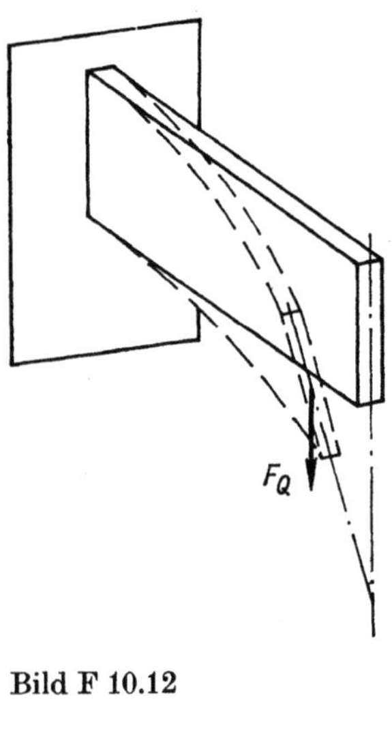

Bild F 10.12

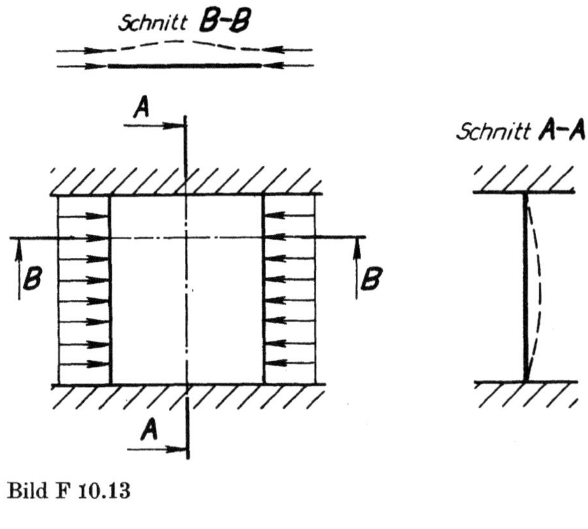

Bild F 10.13

11. Einblick in die Plastizitätstheorie

11.1. Einführung

In der bisher behandelten linearisierten Elastizitätstheorie wurde stets das HOOKEsche Gesetz als einfachstes Spannungs-Deformations-Gesetz benutzt. Es gilt streng aber nur bis zum sogenannten Proportionalitätspunkt (P), wird aber auch bis zum Elastizitätspunkt (E) und sogar bis zur Fließgrenze σ_F benutzt (Bild F 11.1).

Oberhalb der Fließgrenze tritt nach anfänglichem Gleiten der Kristallebenen eine Verfestigung ein, so daß auch noch höhere Belastungen ertragen werden können. Die Plastizitätstheorie beschreibt für Werkstoffe mit ausgeprägter Fließgrenze (duktiles Material) die Spannungs-Dehnungs-Beziehungen oberhalb der Fließgrenze und gestattet eine bessere Ausnutzung des Tragvermögens von Bauteilen. Außerdem können die Vorgänge bei der spanlosen Formung (Walzen, Pressen, Schmieden) erfaßt werden.

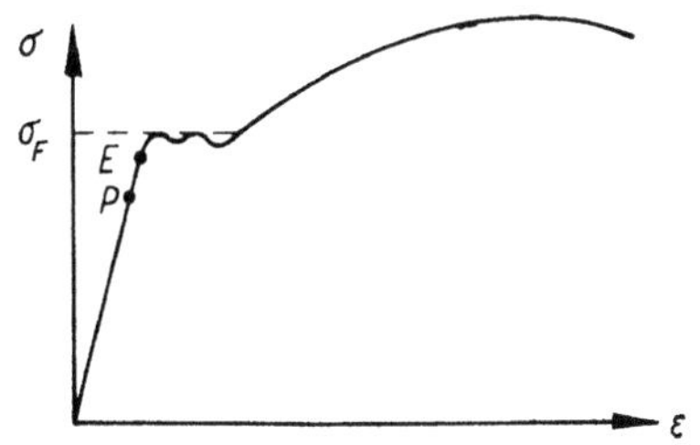

Bild F 11.1

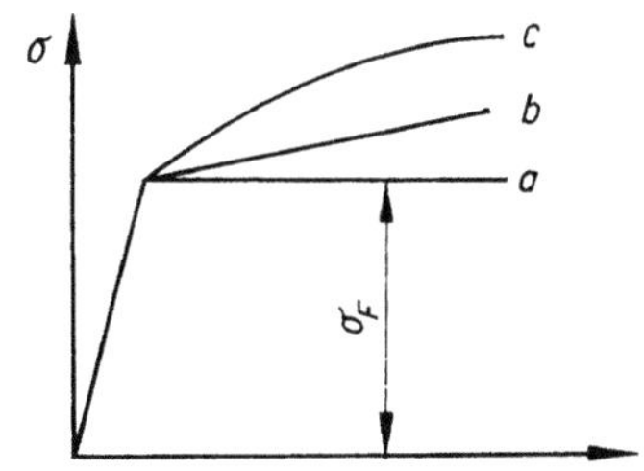

Bild F 11.2

11.2. Spannungs-Dehnungs-Modelle

In der Plastizitätstheorie wird mit verschiedenen Spannungs-Deformations-Gesetzen gearbeitet (Bild F 11.2). Der Linienzug a beschreibt das Verhalten eines elastisch-idealplastischen Werkstoffes. Mit b und c werden Werkstoffe mit linearer und nichtlinearer Verfestigung beschrieben. Ein Kraft-Verformungs-Modell zur Beschreibung dieser Vorgänge hat folgendes Aussehen (Bild F 11.3): Bei Aufbringen der Last F wird zunächst nur dic Feder mit der linearen Charakteristik c_1 gedehnt und dadurch die Hooke-Gerade beschrieben. Bei einer gewissen Kraftgröße F_F wird die Haftreibung zwischen Klotz und Unterlage überwunden (Fließgrenze) und die Feder c_2 gedehnt. Im Falle a ist $c_2 = 0$, für b hat c_2 eine lineare und für c eine nichtlineare Charakteristik. Wir beschränken uns hier auf den einfachen Fall des elastisch-idealplastischen Körpers a und erkennen dabei, daß es nach Erreichen der Fließgrenze keine eindeutige Zuordnung von Spannung und Dehnung mehr gibt. Die Spannung bleibt für jede Dehnung gleich der Fließgrenze σ_F. Für Dimensionierungsfragen, mit denen wir uns nun beschäftigen wollen, läßt man plastische Dehnungen zu, die in der Größenordnung der elastischen liegen. Beim Umformen ist der plastische Dehnungsanteil sehr viel größer als der elastische, so daß man oft die elastische Dehnung vernachlässigt und von starr-plastischem Materialverhalten ausgeht. Entlastet man einen elastisch-idealplastischen Probestab, so erhält man den Schrieb in

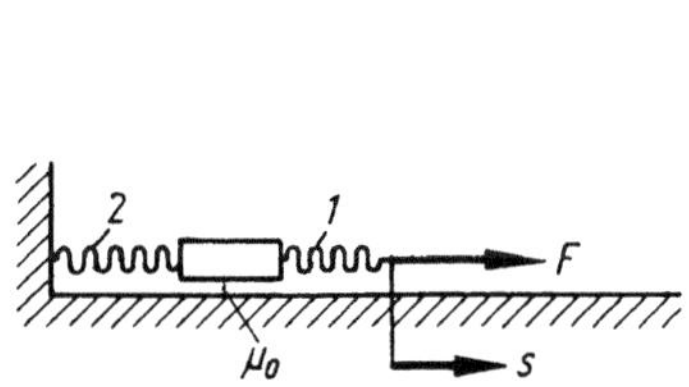

Bild F 11.3

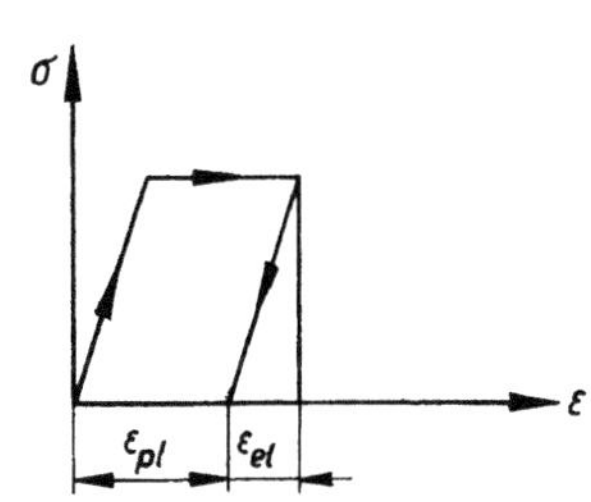

Bild F 11.4

Bild F 11.4. Die Entlastung erfolgt elastisch und es verbleibt ein plastischer Dehnungsanteil ε_{Pl}. Die Vorgänge bei mehrfachem Lastwechsel wollen wir hier nicht beschreiben und auch zunächst nur *einachsige* Spannungszustände bei statischer Belastung betrachten.

11.3. Zug

In einem Zugstab mit wenig veränderlichem Querschnitt ist die Spannung über der Querschnittsfläche konstant, und es gilt (siehe Abschn. 2.)

$$\sigma_z = \frac{F}{A} \tag{11.1}$$

Die Tragfähigkeit des Stabes ist erschöpft, wenn σ_z die Fließgrenze erreicht hat. Wird in einem statisch bestimmten Fachwerk ($s = 2g$) auch nur *ein* Stab bis zur Fließgrenze beansprucht, so wird das Fachwerk zu einem Mechanismus und ist ebenfalls unbrauchbar.

Anders verhält es sich bei einem statisch unbestimmten Fachwerk ($s > 2g$). Wenn die Spannung *eines* Stabes die Fließgrenze erreicht hat, kann das Fachwerk noch funktionsfähig bleiben, weil die anderen Stäbe noch zur Lastaufnahme fähig sind. An einem einfachen Fachwerk (Bild F 11.5) soll gezeigt werden, daß die zu einem rein elastischen Spannungszustand gehörende Last (F_{el}) gesteigert werden kann, wenn eine Plastizierung zugelassen wird. Die Tragfähigkeit des Fachwerkes ist erschöpft, wenn die sogenannte Traglast (F_{Tr}) erreicht ist.

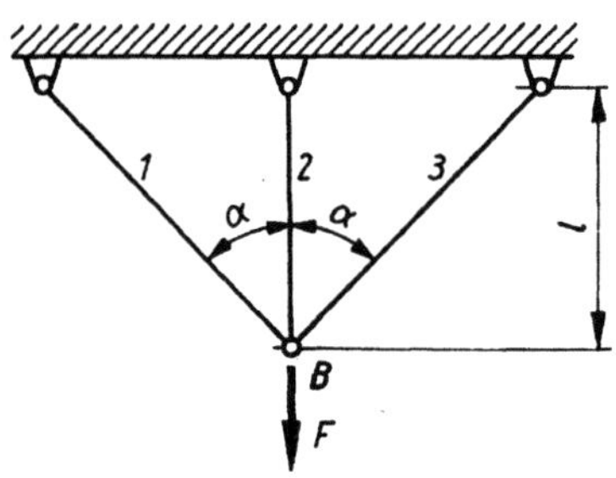

Bild F 11.5

Gegeben: l, $\alpha = 45°$, $E_1 = E_2 = E_3 = E$, $2A_1 = A_2 = 2A_3 = 2A$, $\sigma_{F1} = \sigma_{F2} = \sigma_{F3} = \sigma_F$

Gesucht: F_{el}, F_{Tr}

Nach Freischneiden des Knotenpunktes B erhalten wir die beiden Gleichgewichtsbedingungen

$$\begin{aligned} \uparrow:\ & \frac{\sqrt{2}}{2}(F_{S1} + F_{S3}) + F_{S2} - F = 0 \\ \rightarrow:\ & (-F_{S1} + F_{S3})\frac{\sqrt{2}}{2} = 0 \end{aligned} \tag{11.2}$$

Wählt man F_{S2} als statisch Unbestimmte, so erhält man eine dritte Gleichung (siehe Abschn. 6.) in der Form

$$\frac{\partial W}{\partial F_{S2}} = 0 = \sum_{i=1}^{3} F_{Si} \frac{\partial F_{Si}}{\partial F_{S2}} \frac{l_i}{E_i A_i}$$

oder

$$-2(F_{S1} + F_{S3}) + F_{S2} = 0 \tag{11.3}$$

Aus diesen drei Gleichungen errechnen wir

$$F_{S1} = F_{S3} = \frac{4 - \sqrt{2}}{14} F \qquad F_{S2} = \frac{8 - 2\sqrt{2}}{7} F$$

und

$$\sigma_1 = \sigma_3 = \frac{4 - \sqrt{2}}{14} \frac{F}{A} \qquad \sigma_2 = \frac{4 - \sqrt{2}}{7} \frac{F}{A} \tag{11.4}$$

Wenn wir keine plastische Verformung zulassen, darf die Last nur so lange gesteigert werden, bis $\sigma_2 = \sigma_F$ wird, und es gilt

$$F_{el} = \frac{4 + \sqrt{2}}{2} \sigma_F A = 2{,}707 \sigma_F A \tag{11.5}$$

Die Spannung in den Stäben *1* und *3* beträgt dann

$$\sigma_1 = \sigma_3 = \frac{\sigma_F}{2}$$

Die Traglast dieses symmetrischen Fachwerkes ist erreicht, wenn auch σ_1 und σ_3 die Fließgrenze erreicht haben.
Das Problem wird dann »statisch bestimmt«, und wir können aus Bild F 11.6 ableiten:

$$F_{Tr} = \left(2 + \sqrt{2}\right) \sigma_F A = 3{,}414 \sigma_F A = 1{,}26 F_{el} \tag{11.6}$$

Die Verschiebung des Punktes B beträgt bei Erreichen von F_{el}

$$v_{Bel} = \Delta l_{2el} = \frac{\sigma_F}{E} l$$

und bei Erreichen der Traglast

$$v_{BTr} = \Delta l_{2Tr} = \sqrt{2}\, \Delta l_{1T} = 2 \frac{\sigma_F}{E} l$$

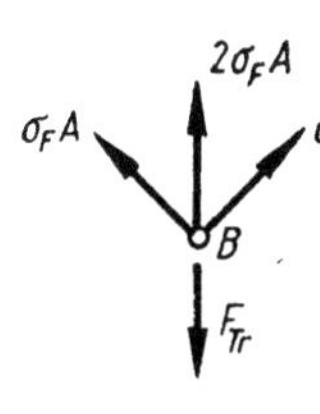

Bild F 11.6

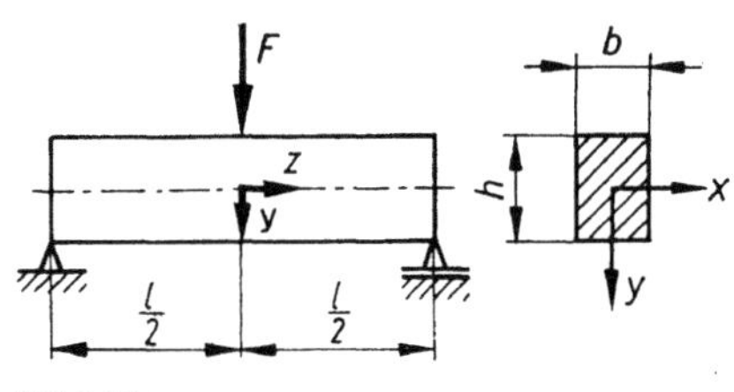

Bild F 11.7

11.4. Biegung

Wir betrachten einen Balken mit Rechteckquerschnitt (Bild F 11.7) der auf gerade Biegung beansprucht wird.
Wir vernachlässigen wegen $b, h \ll l$ die Querkraftschubspannungen und erhalten für den einachsigen Spannungszustand

$$\sigma_z(y, z) = \frac{M_x(z)}{I_{xx}} y \tag{11.7}$$

mit

$$M_x(z) = \frac{F}{2}\left(\frac{l}{2} - z\right) \qquad \left(0 \leqq z \leqq \frac{l}{2}\right) \tag{11.8}$$

Das größte Moment erhalten wir mit $z = 0$ und aus (11.7) folgt

$$|\sigma_z|_{\max} = \left|\sigma_z\left(\pm\frac{h}{2}\right)\right| = \frac{M_{x\,\max}}{W_b}$$

Nennen wir das Moment, bei welchem $\sigma_{z\,\max} = \sigma_F$ wird, M_{el}, so können wir schreiben

$$M_{el} = \sigma_F W_b = \frac{1}{6}\,\sigma_F b h^2 \tag{11.9}$$

Bei dieser Belastung gilt noch der in y lineare Spannungsverlauf gemäß Bild F 11.8, und wir können (11.9) hiermit nochmals aus einer Äquivalenzbetrachtung bestätigen

$$M_{el} = \frac{1}{2}\,\frac{\sigma_F h}{2}\,b\,\frac{2\cdot h}{3\cdot 2}\cdot 2$$

Die Gebiete $|y| < \frac{h}{2}$ sind noch nicht voll ausgelastet. Für $M_x > M_{el}$ können sie noch an der Lastaufnahme dadurch beteiligt werden, daß die Spannungen zunächst in den Randzonen und dann im ganzen Gebiet die Fließspannung σ_F erreichen.

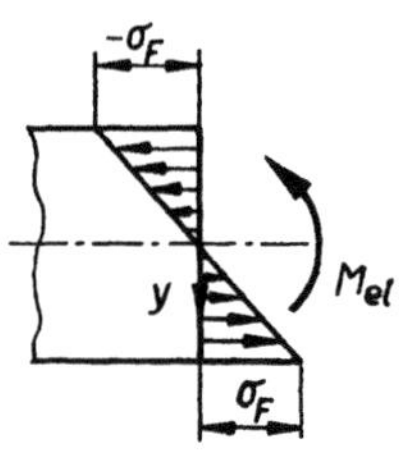

Bild F 11.8

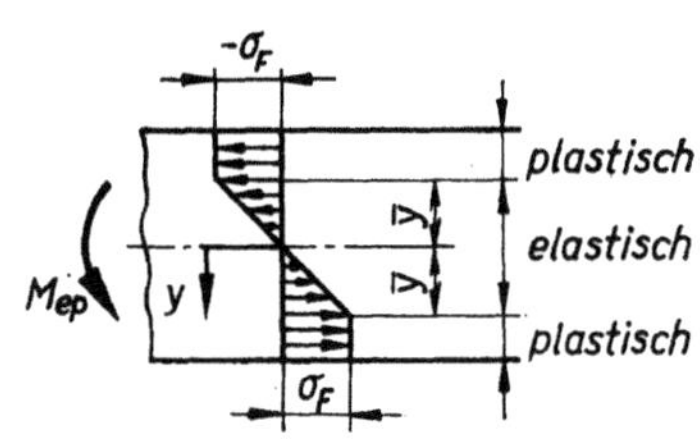

Bild F 11.9

Aus Bild F 11.9 können wir für Teilplastizierung folgende Äquivalenzbetrachtung ablesen:

$$\sigma_z = -\sigma_F$$

$$\sigma_z = \sigma_F\,\frac{y}{\bar{y}}$$

$$\sigma_z = \sigma_F$$

$$M_{ep} = 2b\left[\sigma_F\left(\frac{h}{2} - \bar{y}\right)\frac{1}{2}\left(\frac{h}{2} + \bar{y}\right) + \frac{1}{2}\,\sigma_F\bar{y}\,\frac{2}{3}\,\bar{y}\right]$$

woraus folgt

$$M_{ep} = b\sigma_F\left(\frac{h^2}{4} - \frac{1}{3}\,\bar{y}^2\right) \tag{11.10}$$

Für $\bar{y} = \frac{h}{2}$ bestätigen wir nochmals (11.9).

Für $\bar{y} = 0$ ist die Fließspannung ($\pm\sigma_F$) im gesamten Gebiet erreicht, und wir erhalten das Moment für den vollplastischen Zustand, das sogenannte Traglastmoment

$$M_{Tr} = \frac{1}{4}\sigma_F b h^2 \tag{11.11}$$

Gegenüber dem rein elastischen Zustand (M_{el}) kann die Last also noch um 50% gesteigert werden; erst dann ist die Tragfähigkeit des Balkens erschöpft. Bei $z = 0$ bildet sich im vollplastischen Zustand ein sog. plastisches Gelenk aus, und die Durchbiegung des Balkens wächst ohne weitere Laststeigerung bis zum Bruch an. Die Gebiete rechts und links von $z = 0$ werden dabei ebenfalls teilplastisch, und man kann durch Vergleich von (11.8) und (11.10) die Grenzkurven zwischen dem elastischen und plastischen Gebiet errechnen aus

$$y(z) = \pm\frac{h}{2}\sqrt{3 - \frac{M_x(z)}{M_{Tr}}} = \pm\frac{h}{2}\cdot\sqrt{3 - 6\,\frac{F\left(\frac{l}{2} - z\right)}{\sigma_F b h^2}} \qquad \left(0 \leqq z \leqq \frac{l}{2}\right) \tag{11.12}$$

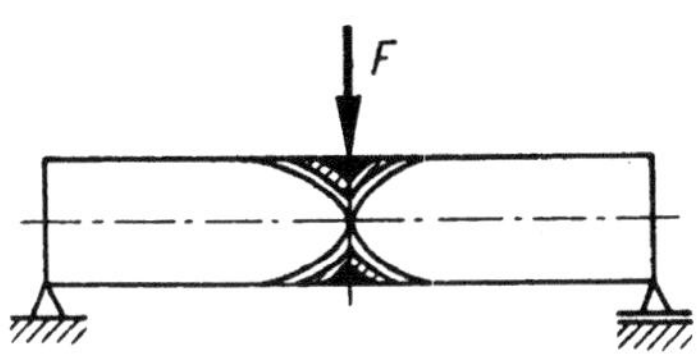

Bild F 11.10

Einige dieser Grenzkurven sind für verschiedene F in Bild F 11.10 dargestellt.

Bei voller Auslastung der Fließspannung im ganzen Querschnitt treten am Rande unkontrollierbar große Dehnungen auf. Zur Erhöhung der Sicherheit wird deshalb vorgeschlagen, auf eine zulässige Grenzdehnung zu orientieren. Neben der rein elastischen Dehnung von ungefähr $\varepsilon_{el} = 0{,}1\%$ wird noch eine bleibende plastische Dehnung von $\varepsilon_{pl} = 0{,}2\%$ zugelassen, so daß am Außenrande 0,3% Dehnung auftritt, welche einer dreifachen theoretischen Überhöhung der Fließspannung entspricht. Praktisch aber kann σ_F nicht überschritten werden, so daß sich an Stelle der Bilder F 11.8 und F 11.9 die Darstellung nach Bild F 11.11 ergibt.

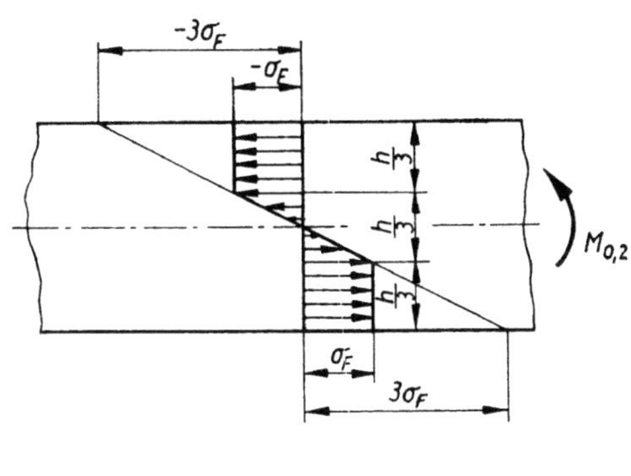

Bild F 11.11

Mit $y = \frac{h}{6}$ ergibt sich für diesen Fall aus (11.10)

$$M_{0,2} = \frac{13}{54}\,\sigma_F b h^2 \qquad (11.13)$$

oder

$$M_{0,2} = 1{,}444 M_{el} = 0{,}963 M_{Tr}$$

11.5. Torsion

Wir betrachten hier nur die Torsion eines Trägers mit Kreisquerschnitt und können analog (11.10) aus einer Äquivalenzbetrachtung ableiten (Bild F 11.12):

$$M_{ep} = \frac{\pi}{6}\,\tau_F(4R^3 - \bar{r}^3) \qquad (11.14)$$

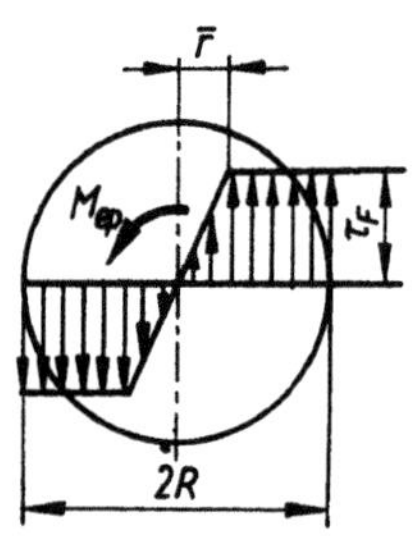

Bild F 11.12

Für $\bar{r} = R$ folgt der elastische Grenzzustand

$$M_{el} = \frac{\pi}{2}\,\tau_F R^3$$

und für $\bar{r} = 0$ das Traglastmoment

$$M_{Tr} = \frac{2}{3}\,\pi \tau_F R^3$$

Der relative Verdrehwinkel ϑ ist bei nur elastischer Verformung

$$\vartheta = \frac{M_t}{G I_t} = \frac{\tau_{max}}{G R} \qquad (\tau_{max} \leq \tau_F)$$

Bei elastisch-plastischer Verformung schiebt sich die Grenzkurve zwischen elastischem und plastischem Bereich immer mehr nach innen, so daß geschrieben werden kann

$$\vartheta = \frac{\tau_F}{G \bar{r}}$$

Der Träger erfährt im vollplastischen Zustand ($\bar{r} = 0$) unendlich große Verdrehungen und wird somit funktionsfähig (Bild F 11.13).

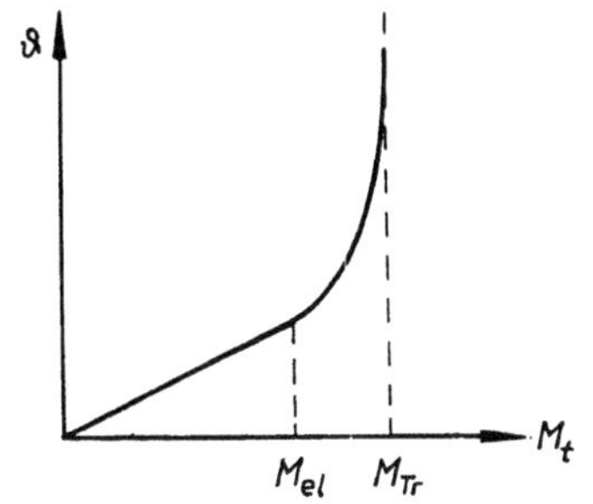

Bild F 11.13

11.6. Mehrachsige Spannungszustände

Bei mehrachsiger Beanspruchung gehen wir wie in Abschn. 8. vor. Wir suchen nach einer Fließbedingung, die möglichst alle Spannungen berücksichtigt, und vergleichen mit dem einachsigen Spannungszustand.
Es ist üblich, entweder dem Vorschlag von TRESCA zu folgen und zu setzen

$$\sigma_F = \sigma_1 - \sigma_3 \tag{11.15}$$

oder aber die Fließbedingung von HUBER-V. MISES-HENCKY zu verwenden

$$2\sigma_F^2 = (\sigma_1 - \sigma_2)^2 + (\sigma_1 - \sigma_3)^2 + (\sigma_2 - \sigma_3)^2 \tag{11.16}$$

Wir erkennen in (11.15) bzw. (11.16) die *Schubspannungshypothese* bzw. die *Hypothese der Gestaltänderungsarbeit* wieder. Rotationssymmetrische Spannungszustände lassen sich relativ leicht erfassen. Für kompliziertere Beanspruchung ist es schwer, die Grenze zwischen dem elastischen und dem plastischen Gebiet zu bestimmen [4].

12. Einblick in die Viskoelastizitätstheorie

12.1. Einführung

In der Elastizitätstheorie kann das Spannungs-Verformungs-Verhalten bei einachsiger Beanspruchung durch den Elastizitätsmodul beschrieben werden (siehe Abschn. 1.).
Die Gerade im Spannungs-Dehnungs-Diagramm können wir auch bekommen, wenn wir gleichartige Proben mit verschiedenen konstant bleibenden Kräften be-

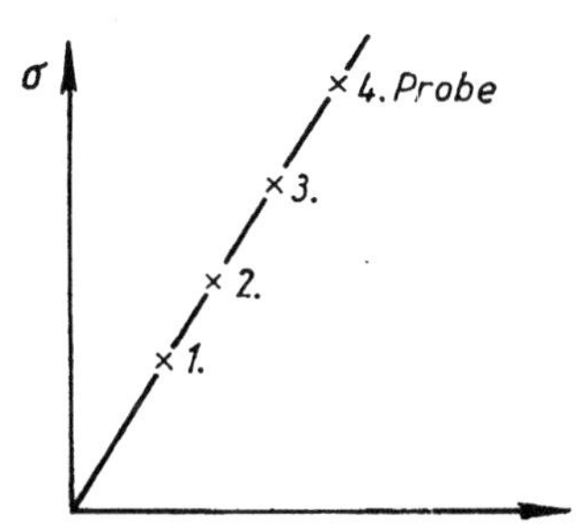

Bild F 12.1

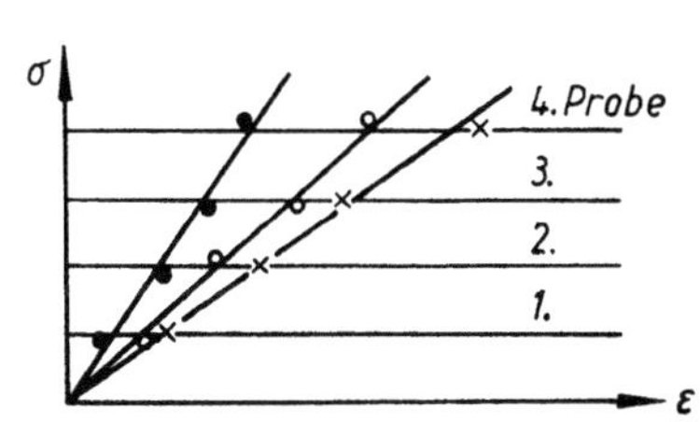

Bild F 12.2

lasten und die Ergebnisse in ein Diagramm eintragen. Für Metalle bei Raumtemperatur ergeben sich stets wieder diese Meßpunkte, unabhängig davon, ob die zu einer bestimmten Belastung gehörende Dehnung sofort, nach einem Tag oder nach einem Monat ermittelt wird. Hochpolymere oder auch Metalle bei höheren Temperaturen neigen dazu, die Dehnung bei konstanter Spannung im Laufe der Zeit zu vergrößern. Dieser Vorgang wird *Kriechen* genannt, und an Stelle des Bildes F 12.1, welches für alle Zeiten gilt, erhalten wir die Darstellung Bild F 12.2. Jede Gerade verbindet Meßpunkte, die zur gleichen Zeit und an verschiedenen, aber gleichartigen Proben aufgenommen werden. Deshalb nennt man eine solche Darstellung *Isochronendiagramm.*

Die Messung erfolgte

● sofort nach Belastung
○ nach einem Tag
× nach einer Woche

Zur analytischen Beschreibung der Versuche können wir formulieren

$$\varepsilon = \sigma_0 J(t) \tag{12.1}$$

σ_0 soll andeuten, daß die Spannung während des Versuches nicht verändert wird. Die Kriechfunktion $J(t)$ ist eine Materialfunktion und zeigt den in Bild F 12.3 skizzierten typischen Verlauf.

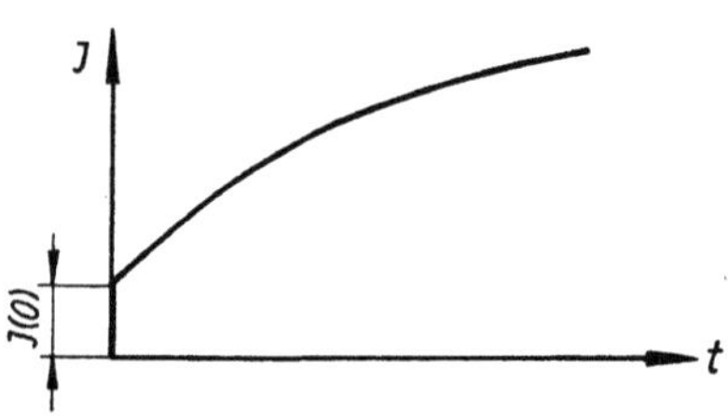

Bild F 12.3

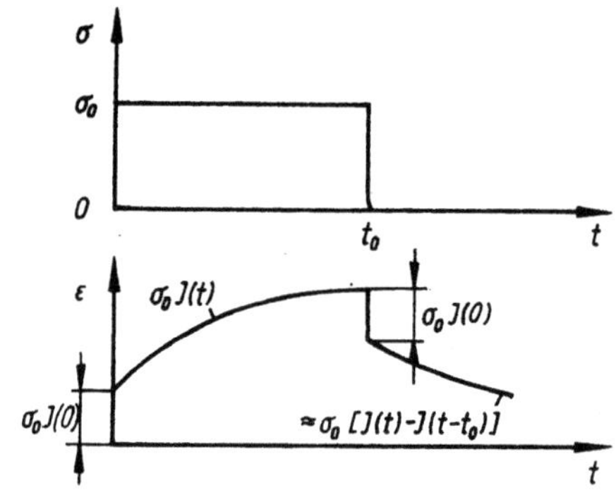

Bild F 12.4

Der Kehrwert der Kriechfunktion darf aber keinesfalls als zeitabhängiger Elastizitätsmodul $E(t)$ aufgefaßt werden! Das würde nämlich bedeuten, daß sofort nach Entlastung auch die Dehnung auf Null zurückgehen müßte. In Wirklichkeit kennen wir jedoch aus Versuchen das in Bild F 12.4 dargestellte Verhalten. Wir nehmen an, daß die Spannung σ_0 über einen Zeitraum von $t = 0$ bis $t = t_0$ wirke. Sofort nach der Entlastung geht ε nur um einen Betrag $\sigma_0 J(0)$ zurück und strebt dann allmählich gegen Null.

(12.1) dient also nur zur Beschreibung eines Versuches. Ein Stoffgesetz liegt damit nicht vor.

Da die Zusammenhänge bei Hochpolymeren sehr kompliziert und auch noch nicht völlig erforscht sind, wollen wir im folgenden Abschnitt ein Materialgesetz unter idealisierten Voraussetzungen ableiten.

12.2. Materialgesetz für einen Werkstoff mit »linearem Gedächtnis«

12.2.1. Voraussetzungen

Nach einem Prinzip naturwissenschaftlicher Forschung ist eine Idealisierung dann erlaubt, wenn sie die wesentlichen Erscheinungen noch berücksichtigt, aber zu bedeutenden Vereinfachungen in der Anwendung führt. Reale Stoffe erfüllen die Idealbedingungen nur genähert, so daß auch die hier zu behandelnde Theorie der Stoffe mit »linearem Gedächtnis« nur eine Näherung darstellt. Wir setzen voraus:

1. Das Material verhält sich linear.

Diese Voraussetzung ist erfüllt, wenn im Isochronendiagramm (Bild F 12.2) Geradenscharen entstehen.

2. Das Material ist alterungsfrei.

Diese Voraussetzung ist erfüllt, wenn Proben aus gleichem Material, aber unterschiedlichen Alters bei gleicher Belastung gleiche Meßergebnisse liefern.

Beispiel:

Eine PVC-Zugprobe wird mit $\sigma_0 = 20$ MPa beansprucht.
Sofort nach der Belastung mißt man 0,71%, nach einem Tag 0,81%, nach einem Monat 1,2% Dehnung.
Nach 2 Tagen wird eine Probe aus gleichem Material gleichartig beansprucht und man mißt 0,69%, 0,81%, 1,20%.
Im Rahmen der Meßgenauigkeit ist dieses Material alterungsfrei. Hätte man nach 2 Tagen unter gleichen Bedingungen z. B. gemessen 0,35%, 0,46%, 0,70%, so müßte man feststellen, daß das Material innerhalb von 2 Tagen ausgehärtet ist. Dieser Vorgang heißt *Alterung*; er ist vom Material, aber auch von den Umweltbedingungen abhängig.

12.2.2. Herleitung des Stoffgesetzes

Die Beziehung (12.1) beschreibt die Dehnung $\varepsilon(t)$, die zu einer ganz bestimmten Spannungsgeschichte gehört:

Für $t < 0$ ist die Spannung noch nicht vorhanden, und für $t = 0$ ist die Spannung konstant σ_0. Wir wollen nun versuchen, die Zuordnung von $\varepsilon(t)$ zu einer beliebigen Spannung $\sigma(t)$, d. h. zu einer allgemeinen Lastgeschichte, zu finden. Dazu gehen wir, wie im Bild F 12.5 dargestellt, vor.

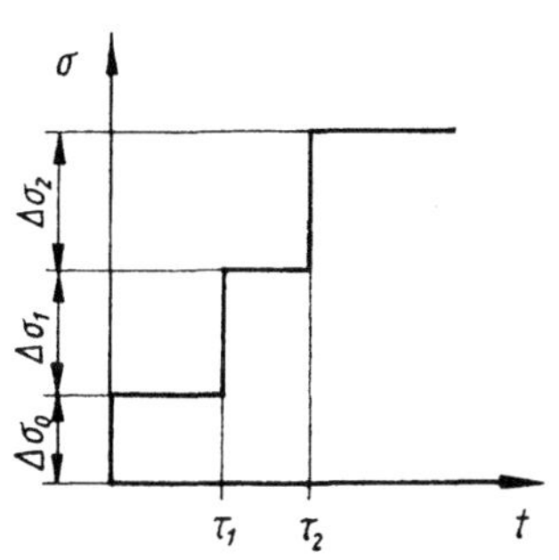

Bild F 12.5

Innerhalb eines Zeitintervalls lassen wir eine konstante Spannung angreifen. Für die erste Stufe $0 \leqq t < \tau_1$ können wir (12.1) übernehmen und schreiben

$$\varepsilon(t) = J(t)\, \Delta\sigma_0$$

Im Bereich der zweiten Stufe $\tau_1 \leqq t < \tau_2$ kommt $\Delta\sigma_1$ dazu, so daß wir wegen der vorausgesetzten Linearität schreiben können

$$\varepsilon(t) = J(t)\, \Delta\sigma_0 + J_1(t)\, \Delta\sigma_1 \tag{12.2}$$

Wir haben ein alterungsfreies Material vorausgesetzt, so daß zwischen den Kriechfunktionen die Beziehung gilt

$$J_1(t) = J(t - \tau_1) \tag{12.3}$$

Damit schreiben wir (12.2) um in

$$\varepsilon(t) = J(t)\, \Delta\sigma_0 + J(t - \tau_1)\, \Delta\sigma_1 = \sum_{k=0}^{1} J(t - \tau_{\mathrm{K}})\, \Delta\sigma_{\mathrm{K}} \tag{12.4}$$

Setzen wir diese Betrachtungen fort, so erhalten wir für die Stufe $(n + 1)$ im Bereich $\tau_n \leqq t < \tau_{n+1}$

$$\varepsilon(t) = \sum_{k=0}^{n} J(t - \tau_{\mathrm{K}})\, \Delta\sigma_{\mathrm{K}} \tag{12.5}$$

Wir können nun die Abszisse in Bild F 12.5 auch in gleiche Intervalle unterteilen und nennen die Schrittweite $\Delta\tau$. Es gilt dann

$$\tau_{k+1} - \tau_k = \Delta\tau$$

und einer bestimmten Zeit ist ein bestimmter Spannungssprung zugeordnet

$$\Delta\sigma_{\mathrm{K}} = \Delta\sigma(\tau_{\mathrm{K}})$$

Nach einer kleinen Umformung und anschließendem Grenzübergang $\Delta\tau \to 0$ erhalten wir aus (12.5)

$$\varepsilon(t) = \sum_{k=0}^{n} J(t - \tau_{\mathrm{K}})\, \frac{\Delta\sigma(\tau_{\mathrm{K}})}{\Delta\tau}\, \Delta\tau$$

und

$$\varepsilon(t) = \int_0^t J(t - \tau)\, \frac{\partial\sigma(\tau)}{\partial\tau}\, \mathrm{d}\tau \tag{12.6}$$

Hierin stellt die Variable τ eine zu t in Dimension und Bedeutung völlig gleichwertige Variable dar, die für festgehaltenes t die Integration zwischen 0 und t beschreibt. Ist also die Spannungsgeschichte $\sigma(t)$ vorgegeben, so hängt $\varepsilon(t)$ nicht nur von $\sigma(t)$ selbst, sondern auch von allen früheren Spannungen

$$\sigma(\tau) \text{ im Bereich } 0 \leqq \tau \leqq t$$

ab. Nun ist natürlich denkbar, daß $t = 0$ nicht den Beginn der Lastgeschichte darstellt. Diese kann im Prinzip wesentlich früher beginnen. Entsprechend müßte dann die untere (feste) Grenze des Integrals vor den Beginn der Lastgeschichte gelegt werden. Wir wollen den frühestmöglichen Zeitpunkt durch

$$\tau \to -\infty$$

symbolisieren. In diesem Zeitpunkt soll noch keinerlei Lastgeschichte existieren, so daß für

$$\tau \to -\infty$$

$$\varepsilon(\tau) = 0 \qquad \sigma(\tau) = 0 \qquad \frac{\partial \sigma(\tau)}{\partial \tau} = 0 \tag{12.7}$$

gelten soll und (12.6) zu

$$\varepsilon(t) = \int\limits_{-\infty}^{t} J(t - \tau) \frac{\partial \sigma(\tau)}{\partial \tau} \, \mathrm{d}\tau \tag{12.8}$$

wird. Zu (12.8) können wir eine andere Schreibweise durch partielle Integration finden, die für manche Anwendungen zweckmäßiger ist. Wir schreiben

$$\varepsilon(t) = \int\limits_{-\infty}^{t} J(t - \tau) \frac{\partial \sigma(\tau)}{\partial \tau} \, \mathrm{d}\tau = J(t - \tau)\, \sigma(\tau) \Big|_{-\infty}^{t} - \int\limits_{-\infty}^{t} \frac{\partial J(t - \tau)}{\partial \tau} \sigma(\tau) \, \mathrm{d}\tau$$

und erhalten unter Beachtung von (12.7)

$$\varepsilon(t) = J(0)\, \sigma(t) - \int\limits_{-\infty}^{t} \frac{J(t - \tau)}{\partial \tau} \sigma(\tau) \, \mathrm{d}\tau \tag{12.9}$$

Mit (12.8) oder (12.9) liegt nun das Materialgesetz eines Stoffes mit Kriecheigenschaften und »linearem« Gedächtnis vor.

Als *Beispiel* wollen wir nun die Dehnung eines zur Zeit $t = 0$ mit σ_0 beanspruchten und zur Zeit $t = t_0$ wieder entlasteten Stabes berechnen.
Für $0 \leqq t \leqq t_0$ gilt $\sigma_0 =$ konst, und damit erhalten wir aus (12.9)

$$\varepsilon(t) = \sigma_0 \left[J(0) - \int\limits_{0}^{t} \frac{\partial J(t - \tau)}{\partial \tau} \, \mathrm{d}\tau \right] = \sigma_0 \left[J(0) - J(t - \tau) \Big|_{\tau = 0}^{\tau = t} \right] = \sigma_0 J(t)$$

(Dieses Ergebnis bestätigt, daß für die spezielle Lastgeschichte des Kriechversuchs wieder die Lösung (12.1) folgt.)
Dagegen erhält man nach der Entlastung ($t \geqq t_0$) aus (12.9) folgendes *Ergebnis*:

$$\varepsilon(t) = J(0)\, \sigma(t) - \int\limits_{0}^{t_0} \frac{\partial J(t - \tau)}{\partial \tau} \sigma(\tau) \, \mathrm{d}\tau - \int\limits_{0}^{t} \frac{\partial J(t - \tau)}{\partial \tau} \sigma(\tau) \, \mathrm{d}\tau$$

$$= -\sigma_0 \int\limits_{0}^{t_0} \frac{\partial J(t - \tau)}{\partial \tau} \, \mathrm{d}\tau = -\sigma_0 J(t - \tau) \Big|_{\tau = 0}^{\tau = t_0} = \sigma_0 [J(t) - J(t - t_0)]$$

Dieses Ergebnis stimmt durchaus mit Versuchsergebnissen überein, wenn die getroffenen Annahmen des »linearen« Gedächtnisses in etwa dem Realverhalten entsprechen.

12.2.3. Elastisches Verhalten als Sonderfall viskoelastischen Materials

Elastisches Material ist dadurch gekennzeichnet, daß die »Kriechfunktion« keine Änderung im Verlauf der Zeit aufweist (Bild F 12.6). Wenn (12.9) allgemein gilt, müssen wir dann daraus das HOOKEsche Gesetz als Spezialfall erhalten. Das wollen wir überprüfen. Es gilt dann

$$\varepsilon(t) = J(0)\,\sigma(t) = \frac{\sigma(t)}{E}$$

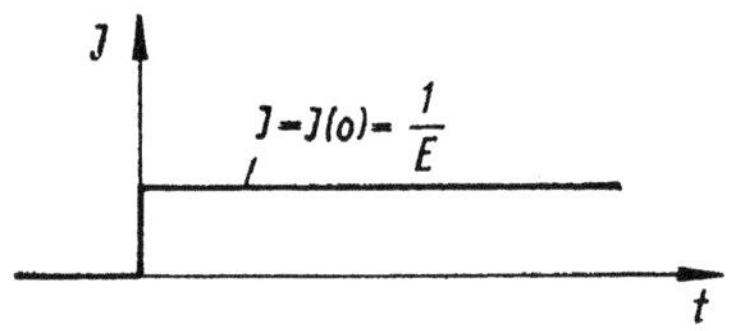

Bild F 12.6

Das HOOKEsche Gesetz stellt tatsächlich einen Sonderfall von (12.8) dar. Bei kriechfähigem Material ist sofort nach Lastaufbringung das gleiche Verhalten wie beim elastischen Material beobachtbar [$J(0) = \frac{1}{E}$, sogenannter »Kurzzeitmodul«, da $J(t)$ für kleine t ungefähr $J(0)$], während im Laufe der Zeit wie bei einer zähen Strömung die Verformung wächst (viskoses Verhalten). Da beide Eigenschaften gemeinsam vorliegen, nennt man kriechfähiges Material auch »viskoelastisch«.

12.3. Gerade Biegung als Anwendung

Wir wählen die gleichen Voraussetzungen wie bei der Herleitung des elastischen Problems (s. 3.1.), ersetzen lediglich das HOOKEsche Gesetz durch (12.8). Die Hypothese von BERNOULLI und die Annahme kleiner Verschiebungen gestatten uns, die Verzerrung in jedem Element durch die Verschiebung der Balkenachse auszudrücken. In Analogie zu (3.1) und (3.2) erhalten wir

$$\varepsilon(y, z, t) = -yv''(z, t) = \frac{y}{\varrho(z, t)} \tag{12.10}$$

und

$$M_x(z, t) = \int_A \sigma(y, z, t)\, y\, \mathrm{d}A \tag{12.11}$$

Beide Gleichungen gelten unabhängig vom Materialverhalten. Wir verwenden nun (12.8) und setzen zunächst (12.10) in (12.8) ein

$$-yv''(z, t) = \int_{-\infty}^{t} J(t - \tau)\, \frac{\partial\sigma(z, y, \tau)}{\partial\tau}\, \mathrm{d}\tau$$

multiplizieren mit y und integrieren über die Querschnittsfläche A

$$-vz, \quad t) \int_A \cdot y^2 \,\mathrm{d}A = \int_A \int_{-\infty}^{t} J(t-\tau) \frac{\partial \sigma(z, y, \tau)}{\partial \tau} y \,\mathrm{d}\tau \,\mathrm{d}A \tag{12.12}$$

Die einzelnen Integrationsgrenzen der rechten Seite sind voneinander unabhängig, so daß die Integration über A nur die Größe σy betrifft. Man darf mit

$$\int_A y^2 \,\mathrm{d}A = I_{xx}$$

[s. (3.7)] schreiben:

$$v''(z, t) = -\frac{1}{I_{xx}} \int_{-\infty}^{t} J(t-\tau) \frac{\partial}{\partial \tau} \left[\int_A y \sigma(z, y, \tau) \,\mathrm{d}A \right] \mathrm{d}\tau \tag{12.13}$$

Der Term in der eckigen Klammer stellt nach (12.11) das Biegemoment $M_x(z, t)$ dar, so daß auch gilt

$$v''(z, t) = -\frac{1}{I_{xx}} \int_{-\infty}^{t} J(t-\tau) \frac{\partial M_x(z, \tau)}{\partial \tau} \,\mathrm{d}\tau \tag{12.14}$$

(12.14) ist die Gleichung der viskoelastischen Biegelinie, die für

$$J(t-\tau) = \text{konst} = \frac{1}{E}$$

in die bekannte Formel für die elastische Biegung übergeht [s. (3.32)]

$$v''(z, t) = -\frac{1}{EI_{xx}} M_x(z, t)$$

Um die Spannungsverteilung über dem Querschnitt zu berechnen, setzen wir (12.14) in (12.10) und das Ergebnis in (12.8) ein

$$\frac{y}{I_{xx}} \int_{-\infty}^{t} J(t-\tau) \frac{\partial M_x(z, \tau)}{\partial \tau} \,\mathrm{d}\tau = \int_{-\infty}^{t} J(t-\tau) \frac{\partial \sigma(z, y, \tau)}{\partial \tau} \,\mathrm{d}\tau$$

und erhalten durch Umstellung:

$$\int_{-\infty}^{t} J(t-\tau) \frac{\partial}{\partial \tau} \left[\frac{y}{I_{xx}} M_x(z, \tau) - \sigma(z, y, \tau) \right] \mathrm{d}\tau = 0 \tag{12.15}$$

(12.15) liefert aber nur dann für jedes t den Wert 0, wenn der Ausdruck $\frac{\partial}{\partial \tau}[\ ]$ verschwindet. Damit muß jedoch der Klammerinhalt selbst verschwinden, da er laut

Vereinbarung zur Zeit $t = -\infty$ Null ist und sich im gesamten »Geschichtszeitraum« $-\infty \leqq \tau \leqq t$ nicht ändern darf:

$$\sigma(z, y, t) = \frac{y}{I_{xx}} M_x(z, t) \tag{12.16}$$

Wie also auch immer die Lastgeschichte gestaltet ist, stets gilt der Zusammenhang (12.16), der genau dem elastischen Fall entspricht.

Beispiel:

Kragträger unter Einzellast, die zur Zeit $t = 0$ aufgebracht wird (Bild F 12.7)

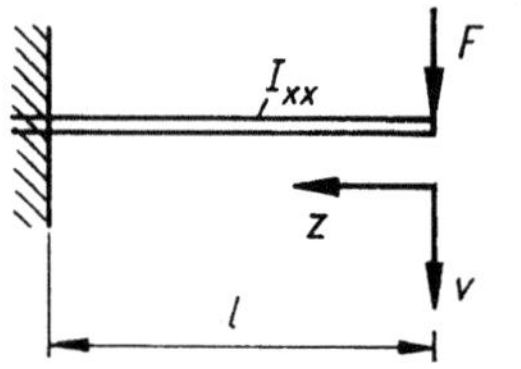

Bild F 12.7

Ausgangsgrößen

$$M_x(z, t) = \begin{cases} 0 & t < 0 \\ -Fz & t \geqq 0 \end{cases}$$

$$\sigma(z, y, t) = \begin{cases} 0 & t < 0 \\ -\dfrac{y}{I_{xx}} Fz & t \geqq 0 \end{cases}$$

$$v''(z, t) = -\frac{1}{I_{xx}} \left[J(0)\, M_x(z, t) - \int_{-\infty}^{t} \frac{\partial J(t-\tau)}{\partial \tau} M_x(z, \tau)\, \mathrm{d}\tau \right]$$

Die letzte Beziehung stellt die partiell integrierte Gl. (12.14) dar. Diese Umformung ist immer dann sinnvoll, wenn zu bestimmten Zeitpunkten der Ausdruck $\frac{\partial \sigma}{\partial \tau}$ bzw. $\frac{\partial M}{\partial \tau}$ unendlich wird, wie das bei der gegebenen Belastung zur Zeit $t = 0$ der Fall ist.

$$v''(z, t) = +\frac{Fz}{I_{xx}} J(t) \quad \text{für} \quad t \geqq 0$$

$$v'(z, t) = \frac{Fz^2}{2I_{xx}} J(t) + C_1(t)$$

$$v(z, t) = \frac{Fz^3}{6I_{xx}} J(t) + C_1(t)\, z + C_2(t)$$

Als Randbedingung gilt für $z = l$ für alle Zeiten

$$v(l, t) = 0 = \frac{Fl^3}{6I_{xx}} J(t) + C_1(t)\, l + C_2(t) = 0$$

$$v'(l, t) = 0 = \frac{Fl^2}{2I_{xx}} J(t) + C_1(t) = 0$$

woraus folgt

$$C_2(t) = \frac{Fl^3}{3I_{xx}} J(t)$$

$$C_1(t) = -\frac{Fl^2}{2I_{xx}} J(t)$$

und damit

$$v(z, t) = \frac{Fl^3}{3I_{xx}} \left[1 - \frac{3}{2}\left(\frac{z}{l}\right) + \frac{1}{2}\left(\frac{z}{l}\right)^3\right] J(t)$$

Die Lösung für den elastischen Kragträger lautet

$$v(z) = \frac{Fl^3}{3I_{xx}E} \left[1 - \frac{3}{2}\left(\frac{z}{l}\right) + \frac{1}{2}\left(\frac{z}{l}\right)^3\right]$$

12.4. Relaxation

Wir wollen nun ein weiteres Beispiel untersuchen. Eine Zugprobe wurde zur Zeit $t = 0$ durch σ_0 auf ε_0 gedehnt und dann in dieser Stellung festgehalten.
Dann folgt aus (12.8) mit

$$\varepsilon_0 = \int_{-\infty}^{t} J(t - \tau) \frac{\partial \sigma(\tau)}{\partial \tau} \, \mathrm{d}\tau \tag{12.17}$$

eine Bedingung für die Form des Spannungsablaufes $\sigma(t)$, der nun gerade so abläuft, daß zu jeder Zeit $t \geqq 0$ $\varepsilon = \varepsilon_0$ ist. Eine Gleichung vom Typ (12.17) heißt Integralgleichung, da die Unbekannte $\sigma(t)$ im Integranden erscheint. Ohne das schwierige Problem lösen zu wollen, sei festgestellt, daß für das ständig wachsende $J(t)$ die Lösung $\sigma(t)$ eine beständig abnehmende Funktion darstellt.
Die Probe entspannt sich, obwohl sie ihre Dehnung beibehält. Dieser Vorgang heißt Relaxation. Wir definieren nun eine Relaxationsfunktion

$$R(t) = \frac{\sigma(t)}{\varepsilon_0} \tag{12.18}$$

und erhalten dann an Stelle von (12.17)

$$\int_{-\infty}^{t} J(t - \tau) \frac{\partial R(\tau)}{\partial \tau} \, \mathrm{d}\tau = 1 \tag{12.19}$$

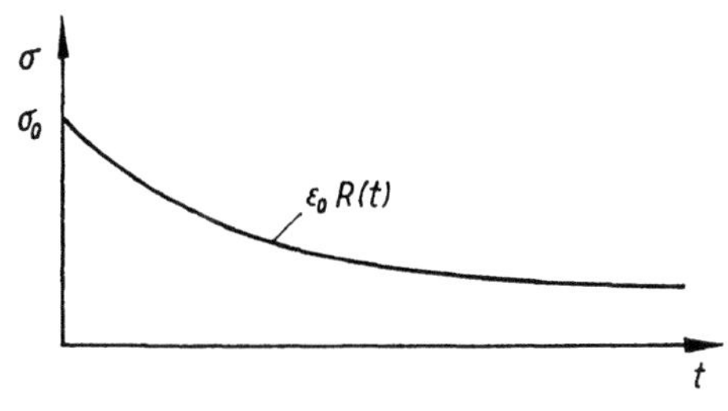

Bild F 12.8

Wieder hat (12.18) den Anschein eines Elastizitätsgesetzes, wenn wir nach $\sigma(t)$ umstellen

$$\sigma(t) = \varepsilon_0 R(t) \tag{12.20}$$

Vergleichen wir (12.20) mit (12.1), so können wir wieder die gleichen Überlegungen wie mit der Kriechfunktion anstellen und erhalten in völliger Analogie

$$\sigma(t) = \int_{-\infty}^{t} R(t-\tau) \frac{\partial \varepsilon(\tau)}{\partial \tau} \mathrm{d}\tau \tag{12.21}$$

für den Fall, daß ε veränderlich ist. Damit »löst« (12.21) faktisch (12.8) nach σ »auf«. Beide Darstellungen sind gleichwertig, man muß lediglich mit mathematischen Methoden die Lösung $R(t)$ aus Gl. (12.19) finden.

12.5. Zusammenfassung

Das viskoelastische Materialverhalten wird durch eine Kriechfunktion $J(t)$ beschrieben. Bei konstanter Spannung steigt die Dehnung im Laufe der Zeit (Kriechen). Bei konstant gehaltener Dehnung wird die Spannung mit der Zeit abgebaut (Relaxation). Die Funktionen $J(t)$ und $R(t)$ müssen bestimmt werden. Sie sind stark abhängig von Umgebungseinflüssen (Temperatur, Luftfeuchtigkeit usw.) — viskoelastisches Material altert.

Bei Formulierung der Spannungs-Dehnungs-Beziehungen muß die gesamte Lastgeschichte des Materials erfaßt werden.

Unter der Voraussetzung des linearen Materialverhaltens und der Alterungsfreiheit lassen sich alle Aufgaben lösen, die auch in den vorangegangenen Abschnitten mit dem Hookeschen Gesetz formuliert wurden. Bei mehrdimensionalen Problemen braucht man aber, wie beim Hookeschen Gesetz, eine weitere Kriechfunktion.

Die Querkontraktionszahl liegt zwischen $0{,}3 \leq \nu(t) \leq 0{,}5$. Dimensioniert wird häufig nach einer Dehnung, die nicht überschritten werden darf (Grenzdehnung etwa $1 \ldots 2\%$).

Weitere Ausführungen zu diesem Abschnitt siehe [5].

13. Einblick in die Bruchmechanik

Ein Bauteil bricht, nachdem sich Risse gebildet und durch Ausbreitung eine kritische Größe erreicht haben. Mit dieser Rißbildung und Rißausbreitung haben sich Festkörperphysiker, Werkstoffwissenschaftler und Berechnungsingenieure in den letzten 30 Jahren intensiv beschäftigt.

Aus der Sicht der Festkörpermechanik soll auf diese neuen Erkenntnisse, die die bisherigen Dimensionierungsmethoden ergänzen können, kurz eingegangen werden. Es wird dabei vorausgesetzt, daß die eingeprägte Last senkrecht zum Riß wirkt.

Wir betrachten eine unendliche Scheibe mit elliptischem Loch (Bild F 13.1), die in y-Richtung in großer Entfernung vom Loch durch σ_0 beansprucht wird. Nach der

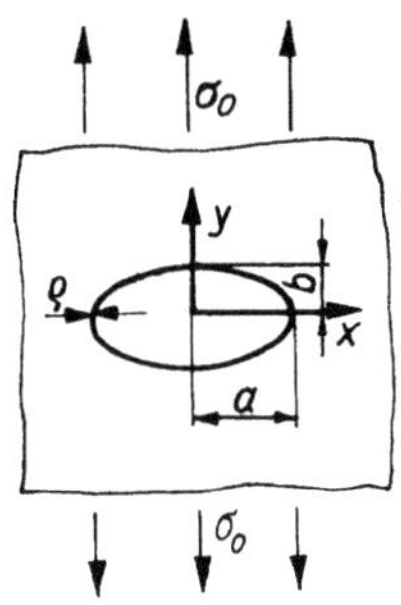

Bild F 13.1

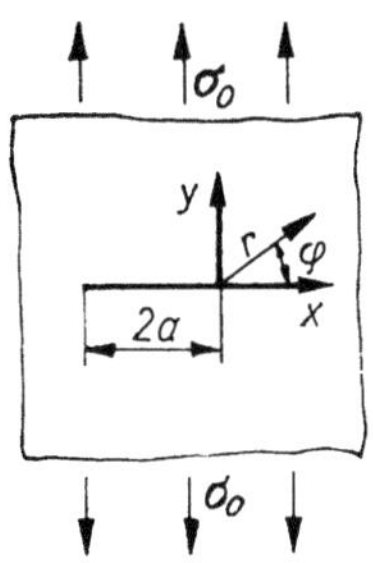

Bild F 13.2

Elastizitätstheorie läßt sich zeigen, daß die Spannung am Ende der großen Halbachse den Wert

$$\sigma_y(a, 0) = \left(1 + 2\,\frac{a}{b}\right)\sigma_0 = \left(1 + 2\sqrt{\frac{a}{\varrho}}\right)\sigma_0 = \alpha_K\sigma_0 \tag{13.1}$$

erreicht, während die Spannung am Ende der kleinen Halbachse

$$\sigma_x(0, b) = -\sigma_0 \tag{13.2}$$

wird. Diese σ_x-Spannung ist unabhängig vom Achsenverhältnis der Ellipse, während die Spannung nach Gl. (13.1) vom Achsenverhältnis bzw. vom Verhältnis große Halbachse zum Krümmungsradius am Ende dieser Halbachse abhängt. Der Kerbfaktor α_K wird für $a \gg b$ bzw. ϱ sehr groß, und wenn man einen Riß als »Ellipse« mit einer »kleinen Halbachse« $b \to 0$ bzw. einem Krümmungsradius am Ende des Risses $\varrho \to 0$ auffaßt, wird die Spannung an der Rißspitze unendlich groß und jeder Riß müßte demzufolge zum Bruch führen.

Bei Spannungen oberhalb der Fließgrenze sind aber die Voraussetzungen der Elastizitätstheorie nicht mehr erfüllt. Auch eine elastisch-plastische Berechnung (siehe Abschn. 11.) führt nicht zu einer befriedigenden Beschreibung der Bruchentstehung, weil das makroskopische Modell der Kontinuumsmechanik bei diesen »extrem spitzen Kerben« in der Nähe der Rißspitzen nicht mehr gilt.

An sehr spröden Werkstoffen (Glas) hat Griffith Versuche durchgeführt und damit gezeigt, daß ein Riß der Länge $2a$ sich erst bei einer bestimmten kritischen Spannung σ_{krit} ausbreitet bzw. daß ein Riß für eine bestimmte Spannung σ_0 eine kritische Größe $2a_{\text{krit}}$ nicht überschreiten darf. Er stützt seine Versuchsergebnisse durch eine Energiebilanz und kam zu folgendem Ergebnis für eine Rißausbreitung:

$$\frac{\lambda}{E}\,\sigma_0^2\,a\pi \geqq 2w_0 \tag{13.3}$$

$\lambda = 1$ für ESZ (ebener Spannungszustand),
$\lambda = 1 - \nu^2$ für EVZ (ebener Verzerrungszustand).

w_0 ist dabei die spezifische Oberflächenenergie des Werkstoffes. Es hat sich allerdings gezeigt, daß nur bei Werkstoffen, bei denen vor der Rißspitze kaum ein Fließgebiet (plastische Zone) auftritt, nach dieser Beziehung gerechnet werden darf; oder es muß eine der Oberflächenenergie äquivalente plastische Bruchenergie eingeführt werden $\left(w_p \approx (10^2 - 10^3)\,w_0\right)$. Die plastische Zone vor der Rißspitze kann man mit

Kenntnis des Spannungszustandes in diesem Gebiet errechnen. Mit den im Bild F 13.2 angegebenem Koordinatensystem erhält man näherungsweise (für $r < 0{,}1a$)

$$\begin{aligned}
\sigma_{x,y} &= \frac{\sigma_0 \sqrt{\pi a}}{\sqrt{2\pi r}} \cos\frac{\varphi}{2}\left[1 \mp \sin\frac{\varphi}{2}\sin\frac{3\varphi}{2}\right] \\
\tau_{xy} &= \frac{\sigma_0 \sqrt{\pi a}}{\sqrt{2\pi r}} \sin\frac{\varphi}{2}\cos\frac{\varphi}{2}\cos\frac{3\varphi}{2} \\
\sigma_z &= 0 \ \text{(ESZ)} \\
\sigma_z &= \nu(\sigma_x + \sigma_y) \ \text{(EVZ)}
\end{aligned} \qquad (13.4)$$

Die Größe $\sigma_0 \sqrt{\pi a}$ hat IRWIN »Spannungsintensitätsfaktor K_I« genannt und als charakteristische Rechengröße für die Bauteildimensionierung eingeführt.
Auch aus (13.4) erkennt man die Singularität der Spannungen an der Rißspitze für $r \to 0$. Setzt man (13.4) z. B. in das Fließgesetz von HUBER-v. MISES-HENCKY (siehe auch Abschn. F 11.) ein,

$$2\sigma_\text{S}^2 = (\sigma_x - \sigma_y)^2 + (\sigma_y - \sigma_z)^2 + (\sigma_z - \sigma_x)^2 + 3\tau_{xy}^2 \qquad (13.5)$$

so erhält man für den »Radius« der plastischen Zone

$$\begin{aligned}
r_\text{PESZ} &= \frac{a}{2}\left(\frac{\sigma_0}{\sigma_\text{S}}\right)^2 \cos^2\frac{\varphi}{2}\left(1 + 3\sin^2\frac{\varphi}{2}\right) \\
r_\text{PEVZ} &= \frac{a}{2}\left(\frac{\sigma_0}{\sigma_\text{S}}\right)^2 \cos^2\frac{\varphi}{2}\left[1 + 3\sin^2\frac{\varphi}{2} - 4\nu(1-\nu)\right]
\end{aligned} \qquad (13.6)$$

Für $\varphi = 0$ folgt daraus

$$\begin{aligned}
r_\text{PESZ} &= \frac{a}{2}\left(\frac{\sigma_0}{\sigma_\text{S}}\right)^2 = \frac{K_\text{I}^2}{2\pi\sigma_\text{S}^2} \\
r_\text{PEVZ} &= \frac{a}{2}\left(\frac{\sigma_0}{\sigma_\text{S}}\right)^2 (1 - 2\nu)^2
\end{aligned} \qquad (13.7)$$

An der Bauteiloberfläche herrscht ein ebener Spannungszustand ($\sigma_z = 0$), während sich im Bauteilinneren ein ebener Verzerrungszustand aufbaut. Man beachte, daß die Ausdehnungen der plastischen Zonen sich für $\nu = 0{,}3$ wie $1:0{,}16$ verhalten. Für $\sigma_0 = 0{,}5\sigma_\text{S}$ darf der Spannungsintensitätsfaktor näherungsweise mit

$$K_\text{I} \approx \sigma_0 \sqrt{\pi a_\text{eff}} = \sigma_0 \sqrt{\pi(a + r_\text{P})} \qquad (13.8)$$

berechnet werden.
Diese neue Rechengröße K_I von der Einheit N mm$^{-3/2}$ wird nun mit der Werkstoffkenngröße »Bruchzähigkeit K_Ic« verglichen, die aus Versuchen an Proben mit einer Dicke

$$B \geqq 2{,}5\left(\frac{K_\text{Ic}}{\sigma_\text{S}}\right)^2 \qquad (13.9)$$

ermittelt wird. K_{Ic} ist nur dann eine Werkstoffkenngröße, wenn in der Probe ein EVZ gewährleistet ist! Nach den Erkenntnissen der hier vorgestellten linearelastischen Bruchmechanik (LEBM) breitet sich ein Riß unter statischer Belastung nicht aus, wenn gilt

$$K_I < K_{Ic} \tag{13.10}$$

Die Konstruktionswerkstoffe des allgemeinen Maschinenbaues sind keine höchstfesten Werkstoffe, sondern solche, die sich im Zugversuch duktil verhalten. Bei diesen tritt vor der Rißspitze eine große plastische Zone auf, und die LEBM muß zu einer Fließbruchmechanik ausgebaut werden. Forschungsarbeiten dazu sind im vollen Gange, und es werden Rißmodelle entwickelt, die von der kontinuumsmechanischen Betrachtungsweise abweichen.
Bei zyklischer Beanspruchung lassen sich die Erkenntnisse der LEBM ebenfalls nutzen. Bild F 13.3 zeigt die Wachstumsgeschwindigkeit $\mathrm{d}a/\mathrm{d}N$ in Abhängigkeit vom zyklischen Spannungsintensitätsfaktor ΔK. Dabei ist $2a$ die Rißlänge und N die Lastwechselzahl, die unter Angabe der Frequenz für die Zeit gesetzt werden kann.

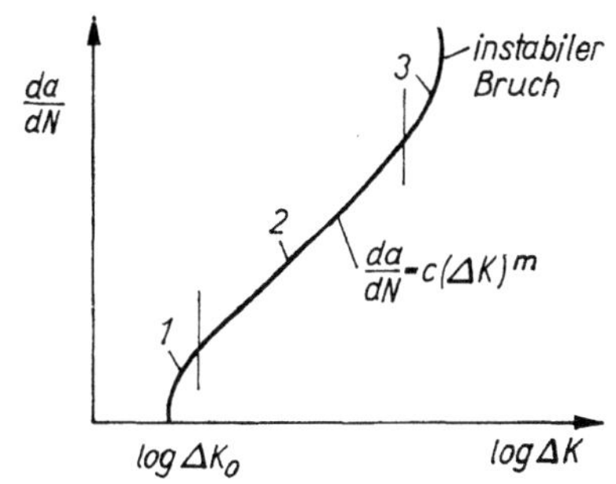

Bild F 13.3

Man unterscheidet die drei im Bild F 13.3 angegebenen Wachstumsstadien. Im Stadium *1* bilden sich Mikrorisse unter einem Winkel von etwa 45° zur größten Hauptnormalspannung. Im entscheidenden Rißwachstumsstadium *2* orientiert sich i. allg. die Rißfront senkrecht zur größten Hauptnormalspannung und das Rißwachstum läßt sich durch die Beziehung

$$\frac{\mathrm{d}a}{\mathrm{d}N} = c(\Delta K)^m \tag{13.11}$$

beschreiben. Dabei ist ΔK der zyklische Spannungsintensitätsfaktor. Die Konstanten c und m hängen vom Werkstoff, vom Beanspruchungszustand und von den Umgebungsbedingungen ab. Mit Gl. (13.11) kann man den Rißwachstumsprozeß beschreiben und den Beginn instabiler Rißausbreitung berechnen.
Diese wenigen Zeilen dienen nur als Anregung zum Studium der Literaturstellen [5], [6] und [7].

DYNAMIK

1. Übersicht, Voraussetzungen

Die Dynamik im Sinne der Technischen Mechanik beschreibt die Wechselwirkung zwischen der Bewegung von Massen oder Massensystemen und den einwirkenden Kräften. Hinsichtlich der Masse soll nach HAMEL gelten:

1. Die Masse eines Körpers ist stets positiv ($m > 0$).
2. Sie sei zeitlich konstant.
3. Sie besitze die Eigenschaften eines Kontinuums und sei in beliebige und beliebig kleine Teilmassen unterteilbar. Die Gesamtmasse des Körpers ergibt sich aus der Summe der Teilmassen: $m = \sum_{i=1}^{n} m_i$ oder auch $m = \int \mathrm{d}m$.

Die zweite Forderung setzt nach EINSTEIN eine gegenüber der Lichtgeschwindigkeit kleine Bewegungsgeschwindigkeit voraus. (Für Körper, die während ihrer Bewegung Masse abstoßen, z. B. Raketen oder verdunstende Tröpfchen, sind während einer Zeitspanne die Bewegungszustände sowohl der verbleibenden als auch der abgestoßenen Masse als konstante Gesamtmasse im Sinne von 3. zu bilanzieren.) Eine Masse, die man sich zu einem Punkt reduziert denken kann, wird *Massenpunkt* genannt. Das ist dann erlaubt, wenn die Bewegung des Punktes zum Charakterisieren des Bewegungszustandes der Masse ausreicht.

Man denke sich einen Körper in sehr viele kleine Massenpunkte zerlegt, zwischen denen verschiedene Bindungskräfte wirken. Je nach Art dieser Kräfte entstehen verschiedene Modelle technischer Körper. Der Haufen von Massenpunkten — kurz *Punkthaufen* genannt — mit starren Bindungen der Punkte untereinander führt zum Modell des *starren Körpers*; derjenige mit elastischen Bindungen zum Modell des *elastischen Körpers* usw. Wir werden hier ausschließlich die Dynamik des Massenpunktes und die des starren Körpers behandeln. Praktischen Bedürfnissen Rechnung tragend sind auf den anderen Körpermodellen aufbauend weitere Wissenschaftsgebiete der Dynamik entstanden, so die *Dynamik elastischer Körper*, die *Hydrodynamik* und die *Gasdynamik*. Bei Berücksichtigung verschiedener physikalischer Eigenschaften der Bindungskräfte ist aber allen gemeinsam, daß sie den Bewegungszustand des Systems letztendlich aus der Summation (oder Integration) über die Bewegungszustände der Massenpunkte ermitteln.

Diese Vorgehensweise widerspiegelt gleichsam den Entwicklungsweg der Dynamik: Auch NEWTOM formulierte seine ersten beiden Axiome aus Beobachtungen von GALILEI und KEPLER an Massenpunkten. (Himmelskörper dürfen aufgrund ihrer großen Entfernungen zueinander als Massenpunkte gelten.) Erst später gelang durch D'ALEMBERT und LAGRANGE die Übertragung dieser Gedanken auf Massensysteme und den starren Körper.

NEWTON stellte 1687 in seiner «Philosophiae Naturalis Principia Mathematica» ein Axiomsystem auf, das die Grundlage der nach ihm benannten Mechanik darstellt und sinngemäß lautet:

1. Axiom: Trägheitsgesetz
Jeder Körper (Massenpunkt) beharrt in seinem Zustand der Ruhe oder gleichförmigen geradlinigen Bewegung, wenn er nicht durch Kräfte gezwungen wird,

seinen Zustand zu ändern. NEWTON fügte die Definition an: Die Größe der Bewegung wird durch die Geschwindigkeit und die Menge der Materie (Masse) vereint gemessen.

2. Axiom: Grundgesetz der Dynamik
Die Änderung der Bewegung erfolgt in Richtung der bewegenden Kraft und ist dieser proportional.

3. Axiom: Reaktionsgesetz
Die Kraftwirkungen zweier Körper aufeinander sind stets gleich und von entgegengesetzter Richtung.

4. Axiom: (Von NEWTON als Nachsatz von 1. und 2. formuliert, auch als Parallelogrammaxiom bezeichnet)
Zwei Kräften, die am gleichen Punkt angreifen, ist ihre resultierende Kraft gleichwertig, die durch die Diagonale des von ihnen gebildeten Parallelogramms entsteht.

Das 1., 3. und 4. Axiom sind uns bereits aus der Statik bekannt. Auf dem vierten beruhen die Verfahren des Zusammenfassens und Zerlegens der Kräfte, und da die Reihenfolge des Zusammenfassens beliebig ist und zum gleichen Resultat führt, im Grunde genommen auch das *Superpositionsprinzip*. Aus dem dritten wurde das *Schnitt-* oder *Befreiungsprinzip* abgeleitet. Auf dem ersten Axiom beruhen für den in der Statik behandelten Sonderfall des ruhenden Körpers die Gleichgewichtsbedingungen. Offenbar ist die Formulierung im ersten Axiom so zu deuten, daß die *Resultierende* $\boldsymbol{F}$ der einwirkenden Kräfte Null sein muß.
Die Momentengleichgewichtsbedingung folgt erst aus der Übertragung dieses Axioms auf ein System von Massenpunkten.
Das Produkt aus Masse und Geschwindigkeit

$$\boldsymbol{p} = m\boldsymbol{v} \tag{1.1}$$

wird als *Bewegungsgröße* oder *Impuls* bezeichnet.
Das zweite Axiom kann wie folgt geschrieben werden:

$$\boldsymbol{F} = k\,\frac{\mathrm{d}\boldsymbol{p}}{\mathrm{d}t}$$

Darin ist k ein Proportionalitätsfaktor. Wir haben unser Maßsystem so eingerichtet, daß $k = 1$ wird, indem wir setzen: F in N, m in kg, t in s, v in m/s. Mit Gl. (1.1) ergibt sich

$$\boldsymbol{F} = \frac{\mathrm{d}(m\boldsymbol{v})}{\mathrm{d}t} = m\,\frac{\mathrm{d}\boldsymbol{v}}{\mathrm{d}t}$$

Mit der *Beschleunigung* $\boldsymbol{a} = \dfrac{\mathrm{d}\boldsymbol{v}}{\mathrm{d}t}$ wird

$$\boldsymbol{F} = m\boldsymbol{a} \tag{1.2}$$

Formal ist die Aussage des ersten Axioms aus dem zweiten ableitbar, denn mit $\boldsymbol{F} = 0$ wird $\boldsymbol{a} = 0$ und somit $\boldsymbol{v} =$ konst (oder auch Null). Der axiomatische Gehalt des ersten Axioms besteht jedoch darin, daß die Existenz eines ruhenden oder sich gleichförmig gradlinig bewegenden Raumes oder Bezugssystems vorausgesetzt wird. Ein unbeschleunigtes Bezugssystem wird *Inertialsystem* genannt. Für technische Zwecke kann ein auf die Erdoberfläche bezogenes Koordinatensystem in den meisten Fällen als Inertialsystem gelten.

Außer der Existenz eines Inertialsystems (»absoluter Raum«) wird in der NEWTONschen Mechanik auch eine »absolute Zeit« angenommen. Die Zeit soll für jedes Bezugssystem gleichmäßig vergehen. Zwei in einem System gleichzeitig auftretende Ereignisse würden auch dann gleichzeitig sein, wenn sie sich in zwei verschiedenen Systemen einzeln ereignen.
Diese Voraussetzungen gelten bekanntlich in der EINSTEINschen relativistischen Mechanik nicht mehr.
Die vier Axiome — insbesondere aber das Grundgesetz der Dynamik — bildeten die Grundlage für die Ableitung von Prinzipien und Methoden, mit deren Hilfe dynamische Erscheinungen an bewegten technischen Körpern untersucht werden können. Im Interesse einer übersichtlichen Darstellung bei der Ableitung beschränken wir uns in den meisten Fällen auf die Bewegung in der Ebene. (Davon handeln die folgenden Abschnitte.)
Ebenso wie wir eingangs in der Statik den Umgang mit Kräften geübt haben, ohne die Körper zu berücksichtigen, an denen sie angreifen, werden wir uns auch in der Dynamik zunächst mit der Bewegung befassen und Massen und Kräfte außer acht lassen. Unter der Bewegung eines Körpers verstehen wir seine zeitabhängige Lageveränderung im Raum. Die *Bewegungslehre* ist ein Teilgebiet der Dynamik und heißt auch *Kinematik.* Insbesondere durch die Untersuchung des Bewegungsablaufes an Mechanismen hat sich dieses Gebiet in den letzten Jahrzehnten zu einem eigenständigen Wissenschaftsgebiet, der *Getriebelehre,* entwickelt.
Wir werden hier nur die Kinematik des Punktes behandeln und einen kleinen Einblick in die Kinematik des starren Körpers geben.

2. Grundlagen der Kinematik

2.1. Kinematik des Punktes

2.1.1. Zusammenhang zwischen Weg, Geschwindigkeit, Beschleunigung und Zeit

Ein Massenpunkt bewege sich längs einer ebenen Bahn, die entweder bekannt oder deren Verlauf erst noch zu berechnen ist. Zur Zeit $t = t_0$ befand er sich am Anfangspunkt *0*. Während der Zeit $t - t_0$ hat er in der Vorwärtsbewegung den *Weg* s zurückgelegt und befindet sich danach im Punkte *1* (Bild D 2.1a). Oftmals wird man mit der Zeitzählung im Punkt *0* beginnen; dann ist $t_0 = 0$.
Die Bewegung eines Massenpunktes wird durch die *Bahnkurve* und die jedem Punkt der Bahnkurve zugeordnete *Zeit* t vollständig beschrieben. Zu ihrer Beschreibung benötigen wir ein Bezugssystem, das ein *Inertialsystem* sein soll.
Der Bahnpunkt *0* wird durch den konstanten Vektor $\boldsymbol{r}_0$ dem Koordinatenursprung A zugeordnet. Die Bahnkurve kann eindeutig durch den *Ortsvektor* $\boldsymbol{r}$ beschrieben werden, der von A bis zu jedem beliebigen Bahnpunkt reicht. Zur Zeit t ist $\boldsymbol{r} = \boldsymbol{r}(t)$. Während der darauffolgenden kleinen Zeitspanne Δt durchläuft der Massenpunkt den Weg Δs und befindet sich zur Zeit $t + \Delta t$ im Punkt *2* (Bild D 2.1b). Dem Punkt *2* ist Punkt *1* durch den Vektor $\Delta\boldsymbol{r}$ zugeordnet, der die Sehne des Bogens Δs bildet.
Der Massenpunkt besitzt dabei die mittlere Geschwindigkeit vom Betrag $\bar{v} = \dfrac{\Delta s}{\Delta t}$.
In der infinitesimal kleinen Zeit $\mathrm{d}t$ nähert sich Punkt *2* Punkt *1* an, und es wird außer $\Delta t \to \mathrm{d}t$ auch $\Delta\boldsymbol{r} \to \mathrm{d}\boldsymbol{r}$ sowie $\Delta s \to \mathrm{d}s$. Der Vektor $\mathrm{d}\boldsymbol{r}$ zeigt in Richtung des *Tangen-*

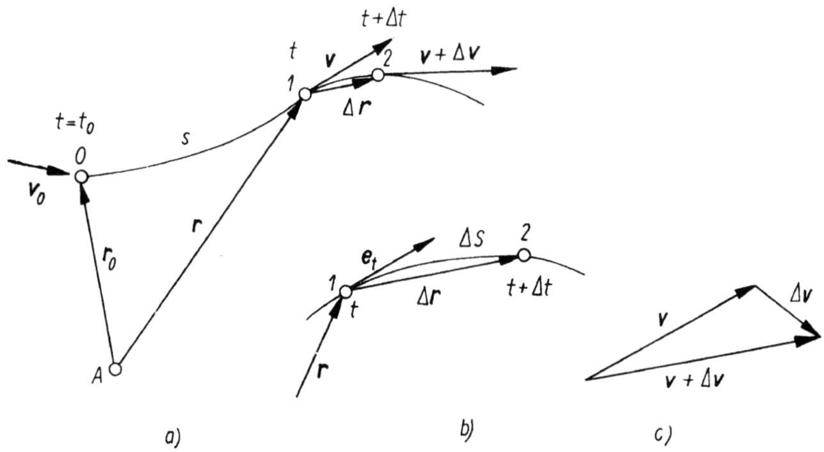

Bild D 2.1

teneinheitsvektors $\boldsymbol{e}_t$ in 1, es ist ferner $|\mathrm{d}\boldsymbol{r}| = \mathrm{d}s$ und deshalb $\mathrm{d}\boldsymbol{r} = \boldsymbol{e}_t\,\mathrm{d}s$. Der *Betrag* der Geschwindigkeit ist dann $v = \frac{\mathrm{d}s}{\mathrm{d}t}$.

Die Geschwindigkeit $\boldsymbol{v}$ des Massenpunktes zur Zeit t ist als

$$\boldsymbol{v} = \frac{\mathrm{d}\boldsymbol{r}}{\mathrm{d}t} \tag{2.1}$$

definiert.

Mit $\mathrm{d}\boldsymbol{r} = \boldsymbol{e}_t\,\mathrm{d}s$ kann auch

$$\boldsymbol{v} = \frac{\boldsymbol{e}_t\,\mathrm{d}s}{\mathrm{d}t} = \boldsymbol{e}_t v \tag{2.2}$$

geschrieben werden.

▌ Der Geschwindigkeitsvektor $\boldsymbol{v}$ zeigt in Richtung der Bahntangente.

Zu Beginn der Bewegung ($t = t_0$) befinde sich der Massenpunkt an der Stelle $\boldsymbol{r}(t_0) = \boldsymbol{r}_0$ und besitze die Geschwindigkeit $\boldsymbol{v}(t_0) = \boldsymbol{v}_0$. Es sind $\boldsymbol{r}_0$ und $\boldsymbol{v}_0$ die *Anfangswerte* der Bewegung; sie werden auch *Anfangsbedingungen* genannt.

Während der Zeit Δt hat sich auch der Geschwindigkeitsvektor um $\Delta\boldsymbol{v}$ verändert, so daß im Punkte *2* der neue Geschwindigkeitsvektor $\boldsymbol{v} + \Delta\boldsymbol{v}$ vorliegt (Bild D 2.1c). Der Vektor $\Delta\boldsymbol{v}$ zeigt in der Regel *nicht* in Richtung der Bahntangente. Der Vektor $\Delta\boldsymbol{v}$ geht für $\Delta t \to \mathrm{d}t$ in $\mathrm{d}\boldsymbol{v}$ über. Durch die Änderung des Geschwindigkeitsvektors erfährt der Massenpunkt eine *Beschleunigung*, die als

$$\boldsymbol{a} = \frac{\mathrm{d}\boldsymbol{v}}{\mathrm{d}t} = \frac{\mathrm{d}^2\boldsymbol{r}}{\mathrm{d}t^2} \tag{2.3}$$

definiert ist.

▌ Auch die Beschleunigung ist ein Vektor. Dieser zeigt in Richtung von $\mathrm{d}\boldsymbol{v}$.

Soll der während der Zeit $t - t_0$ zurückgelegte Weg s berechnet werden, so kann von $v = \frac{ds}{dt}$ gemäß Gl. (2.2) ausgegangen werden. Ist z. B. $v = v(t)$ bekannt, so wird durch Trennung der Variablen s erhalten

$$\int_{\bar{s}=0}^{s} d\bar{s} = \int_{\bar{t}=0}^{t} v(\bar{t})\, d\bar{t}; \qquad s = \int_{\bar{t}=t_0}^{t} v(\bar{t})\, d\bar{t} \tag{2.4}$$

Zum Beschreiben der Bahnkurve wurde ein beliebiger Bezugspunkt A gewählt. Der Bewegungsablauf, insbesondere $\boldsymbol{v}$ und $\boldsymbol{a}$, ist jedoch unabhängig von der willkürlichen Wahl des Punktes A.

Zum mathematischen Formulieren des Bewegungsvorganges können wir uns verschiedener Koordinatensysteme bedienen (z. B. kartesischer Koordinaten oder Polarkoordinaten), die nach Zweckmäßigkeitsgesichtspunkten ausgewählt werden. Diese subjektiv gewählten Koordinatensysteme beeinflussen natürlich den objektiven Bewegungsablauf nicht. Die Vektoren $\boldsymbol{v}$ und $\boldsymbol{a}$ sowie $\boldsymbol{r}$ werden dadurch nur in andere Komponenten zerlegt.

2.1.2. Darstellung der Bewegung in Bahnkoordinaten

Der Geschwindigkeitsvektor $\boldsymbol{v}$ zeigt in Richtung der Bahntangente und des Tangenteneinheitsvektors $\boldsymbol{e}_t$. Außer diesem führen wir einen *Normaleneinheitsvektor* $\boldsymbol{e}_n$ im Punkt *1* ein, der senkrecht auf $\boldsymbol{e}_t$ steht und zum Krümmungsmittelpunkt M der Bahnkurve zeigt (Bild D 2.2). In der Kinematik wird M auch als *momentaner Drehpol* bezeichnet. Die Strecke $\overline{1M}$ ist der *Krümmungsradius* R der Bahnkurve in *1*.
Es ist oftmals anschaulicher, den Beschleunigungsvektor $\boldsymbol{a}$ durch seine Komponenten in Richtung der Tangente und Normale zu ersetzen. Beide Richtungen werden als »Bahnkoordinaten« bezeichnet. Die beiden Komponenten heißen *Tangentialbeschleunigung* $\boldsymbol{a}_t$ und *Normalbeschleunigung* $\boldsymbol{a}_n$. Während der Zeit dt hat der Massenpunkt den Weg ds durchlaufen und befindet sich im Punkt *2*. (Wir denken uns zur Abkürzung den Übergang von Δt nach dt, von Δs nach ds usw. bereits als vollzogen.)

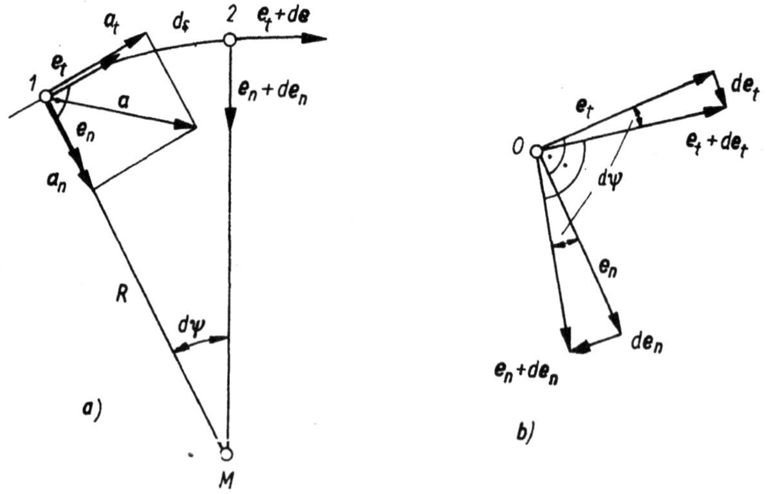

Bild D 2.2

Gegenüber Punkt *1* haben die Bahnkoordinaten eine Drehung um den kleinen Winkel $\mathrm{d}\psi$ ausgeführt, und es besteht die Beziehung

$$\mathrm{d}s = R\,\mathrm{d}\psi$$

bzw.

$$\frac{\mathrm{d}s}{\mathrm{d}t} = R\,\frac{\mathrm{d}\psi}{\mathrm{d}t}$$

also

$$v = R\,\frac{\mathrm{d}\psi}{\mathrm{d}t} \tag{2.5}$$

$\frac{\mathrm{d}\psi}{\mathrm{d}t}$ heißt *Winkelgeschwindigkeit.*

Mit $\boldsymbol{v} = \boldsymbol{e}_\mathrm{t} v$ wird:

$$\boldsymbol{a} = \frac{\mathrm{d}(\boldsymbol{e}_\mathrm{t} v)}{\mathrm{d}t} = \frac{\mathrm{d}\boldsymbol{e}_\mathrm{t}}{\mathrm{d}t}\,v + \boldsymbol{e}_\mathrm{t}\,\frac{\mathrm{d}v}{\mathrm{d}t} \tag{2.6}$$

Wir schreiben zunächst mit der Kettenregel

$$\frac{\mathrm{d}\boldsymbol{e}_\mathrm{t}}{\mathrm{d}t} = \frac{\mathrm{d}\boldsymbol{e}_\mathrm{t}}{\mathrm{d}\psi}\,\frac{\mathrm{d}\psi}{\mathrm{d}t}$$

Nach Bild D 2.2b ist

$$|\mathrm{d}\boldsymbol{e}_\mathrm{t}| = 1 \cdot \mathrm{d}\psi; \quad \text{d. h.} \quad \frac{|\mathrm{d}\boldsymbol{e}_\mathrm{t}|}{\mathrm{d}\psi} = 1.$$

$\frac{\mathrm{d}\boldsymbol{e}_\mathrm{t}}{\mathrm{d}\psi}$ ist daher ein Vektor vom Betrage 1, der in Richtung von $\mathrm{d}\boldsymbol{e}_\mathrm{t}$ zeigt. Da $\mathrm{d}\boldsymbol{e}_\mathrm{t}$ dem Vektor $\boldsymbol{e}_\mathrm{n}$ parallel ist, darf offenbar

$$\frac{\mathrm{d}\boldsymbol{e}_\mathrm{t}}{\mathrm{d}\psi} = \boldsymbol{e}_\mathrm{n}$$

geschrieben werden. Dann ist $\frac{\mathrm{d}\boldsymbol{e}_\mathrm{t}}{\mathrm{d}t} = \boldsymbol{e}_\mathrm{n}\,\frac{\mathrm{d}\psi}{\mathrm{d}t} = \boldsymbol{e}_\mathrm{n}\frac{v}{R}$, denn nach Gl. (2.5) ist $\frac{\mathrm{d}\psi}{\mathrm{d}t} = \frac{v}{R}$. (Wir werden ab jetzt oftmals die Schreibweise $(\ldots)^{\cdot}$ statt $\frac{\mathrm{d}(\ldots)}{\mathrm{d}t}$ benutzen.) Indem diese Ausdrücke in Gl. (2.6) eingesetzt werden, entsteht

$$\boldsymbol{a} = \boldsymbol{a}_\mathrm{t} + \boldsymbol{a}_\mathrm{n} = \boldsymbol{e}_\mathrm{t}\dot{v} + \boldsymbol{e}_\mathrm{n}\,\frac{v^2}{R} \tag{2.7}$$

Darin sind $a_\mathrm{t} = \dot{v}$ und $a_\mathrm{n} = \frac{v^2}{R}$ die Beträge der Tangential- und Normalbeschleunigung. Nach dem Satz des PYTHAGORAS ist der Betrag der Beschleunigung (Bild D 2.2a):

$$a = \sqrt{a_\mathrm{t}^2 + a_\mathrm{n}^2} = \sqrt{\dot{v}^2 + \frac{v^4}{R^2}} \tag{2.8}$$

Die Normalbeschleunigung $\boldsymbol{a}_\mathrm{n}$ wird nur dann Null (außer dem trivialen Fall der Ruhe $v = 0$), wenn die Bahnkurve gerade ist ($R \to \infty$). Dann zeigt auch die Beschleunigung $\boldsymbol{a}$ in Bahnrichtung. Diesen wichtigen Sonderfall behandeln wir im folgenden Abschnitt. Die Gln. (2.7) und (2.8) gelten auch für die Bewegung auf räumlichen Bahnen. $\boldsymbol{e}_\mathrm{n}$ und R sind dann der Hauptnormaleneinheitsvektor bzw. der dazugehörige Krümmungsradius der räumlichen Bahnkurve.

2.1.3. Geradlinige Bewegung

Den Koordinatenursprung A verlegen wir zweckmäßigerweise auf die Bahngerade. Er ist der Ausgangspunkt der Koordinate x. Da sowohl $\boldsymbol{v}$ als auch $\boldsymbol{a}$ auf der Geraden liegen, wird auf die Vektordarstellung verzichtet. Positive Geschwindigkeiten und Beschleunigungen zeigen in x-Richtung. Eine negative Beschleunigung wird *Verzögerung* genannt. Die Bewegung beginne für $t = t_0$ im Punkte *0*. Die Anfangsbedingungen der Bewegung lauten dort $x = x_0$ und $v = v_0$. Nach der Zeit t ist der Weg s zurückgelegt, so daß $x = x_0 + s$ ist. Da $\mathrm{d}x = \mathrm{d}s$ ist, folgen (Bild D 2.3):

$$v = \frac{\mathrm{d}s}{\mathrm{d}t} = \dot{x} \tag{2.9}$$

und

$$a = \frac{\mathrm{d}v}{\mathrm{d}t} = \ddot{x} \tag{2.10}$$

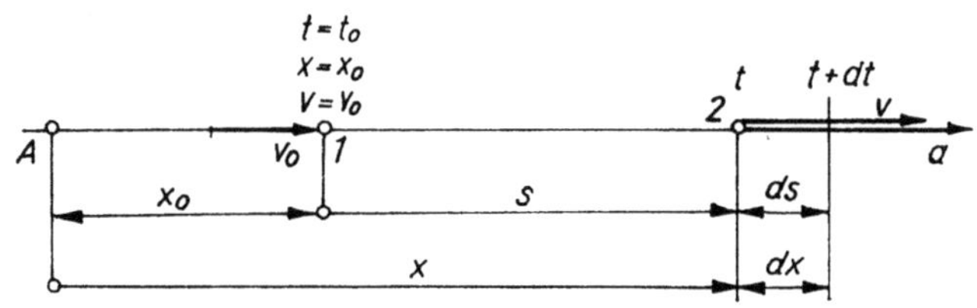

Bild D 2.3

Anhand des Sonderfalles der geradlinigen Bewegung wollen wir die mögliche Vielfalt der Aufgabenstellungen untersuchen. Zwischen den vier Größen s, v, a und t bestehen zwei Abhängigkeiten: $v = \frac{\mathrm{d}s}{\mathrm{d}t}$ und $a = \frac{\mathrm{d}v}{\mathrm{d}t}$. Wenn also eine der vier Größen in Abhängigkeit einer weiteren unabhängigen Variablen gegeben ist und die Anfangs-

	s	v	a	t
s	—	$s(v)$	$s(a)$	$\underline{s(t)}$
v	$v(s)$	—	$v(a)$	$\underline{v(t)}$
a	$\underline{a(s)}$	$\underline{a(v)}$	—	$\underline{a(t)}$
t	$t(s)$	$t(v)$	$t(a)$	—

Bild D 2.4

werte vorliegen, so kann die jeweilige Aufgabe gelöst werden. (Beispiel: Gegeben ist $a(s)$, gesucht sind $v(s)$ und $t(s)$.) Die zwölf *Grundaufgaben* für die gegebenen Funktionen gehen aus der Matrix Bild D 2.4 hervor. Die unterstrichenen Aufgaben sollen im folgenden ausführlich für die Anfangsbedingungen $t = t_0 : x = x_0, v = v_0$ behandelt werden (Bild D 2.5).

Nr.	gegeben	gesucht	Lösung
1.	$x(t)$	$v(t)$; $a(t)$	$v(t) = \dfrac{\mathrm{d}x(t)}{\mathrm{d}t}; \qquad a(t) = \dfrac{\mathrm{d}v(t)}{\mathrm{d}t}$
2.	$v(t)$	$a(t)$; $x(t)$	$a(t) = \dfrac{\mathrm{d}v(t)}{\mathrm{d}t}; \qquad v = \dfrac{\mathrm{d}x}{\mathrm{d}t}; \qquad \int\limits_{x=x_0}^{x} \mathrm{d}\bar{x} = \int\limits_{t_0}^{t} v(\bar{t})\,\mathrm{d}\bar{t}$ $x(t) = x_0 + \int\limits_{t_0}^{t} v(\bar{t})\,\mathrm{d}\bar{t}$
3.	$a(t)$	$v(t)$; $x(t)$	$a(t) = \dfrac{\mathrm{d}v}{\mathrm{d}t}; \qquad \int\limits_{v_0}^{v} \mathrm{d}\bar{v} = \int\limits_{t_0}^{t} a(\bar{t})\,\mathrm{d}\bar{t}; \qquad v(t) = v_0 + \int\limits_{t_0}^{t} a(\bar{t})\,\mathrm{d}\bar{t}$ $v(t) = \dfrac{\mathrm{d}x}{\mathrm{d}t}; \qquad \int\limits_{x_0}^{x} \mathrm{d}\bar{x} = \int\limits_{t_0}^{t} v(\bar{t})\,\mathrm{d}\bar{t} = \int\limits_{t_0}^{t} \left[v_0 + \int\limits_{t_0}^{\bar{t}} a(\bar{\bar{t}})\,\mathrm{d}\bar{\bar{t}} \right] \mathrm{d}\bar{t}$ $x(t) = x_0 + v_0(t - t_0) + \int\limits_{t}^{t} \int\limits_{t_0}^{\bar{t}} a(\bar{\bar{t}})\,\mathrm{d}\bar{\bar{t}}\,\mathrm{d}\bar{t}$
4.	$a(x)$	$v(x)$; $t(x)$	$a(x) = \dfrac{\mathrm{d}v}{\mathrm{d}t} = \dfrac{\mathrm{d}v}{\mathrm{d}x}\dfrac{\mathrm{d}x}{\mathrm{d}t} = v\,\dfrac{\mathrm{d}v}{\mathrm{d}x};$ $\int\limits_{v_0}^{v} \bar{v}\mathrm{d}\bar{v} = \int\limits_{x_0}^{x} a(\bar{x})\,\mathrm{d}\bar{x}; \qquad v(x) = \sqrt{v_0^2 + 2\int\limits_{x_0}^{x} a(\bar{x})\,\mathrm{d}\bar{x}}$ $v(x) = \dfrac{\mathrm{d}x}{\mathrm{d}t}; \qquad \int\limits_{t_0}^{t} \mathrm{d}\bar{t} = \int\limits_{x_0}^{x} \dfrac{\mathrm{d}\bar{x}}{v(\bar{x})};$ $t(x) = \int\limits_{x_0}^{x} \dfrac{\mathrm{d}\bar{x}}{\sqrt{v_0^2 + 2\int\limits_{x_0}^{\bar{x}} a(\bar{\bar{x}})\,\mathrm{d}\bar{\bar{x}}}} + t_0$
5.	$a(v)$	$x(v)$; $t(v)$	$a(v) = \dfrac{\mathrm{d}v}{\mathrm{d}t}; \qquad \int\limits_{t_0}^{t} \mathrm{d}\bar{t} = \int\limits_{v_0}^{v} \dfrac{\mathrm{d}\bar{v}}{a(\bar{v})}; \qquad t(v) = \int\limits_{v_0}^{v} \dfrac{\mathrm{d}\bar{v}}{a(\bar{v})} + t_0$ $v = \dfrac{\mathrm{d}x}{\mathrm{d}t} = \dfrac{\mathrm{d}x}{\mathrm{d}v}\dfrac{\mathrm{d}v}{\mathrm{d}t}; \qquad \dfrac{\mathrm{d}v}{\mathrm{d}t} = a(v);$ $v = a(v)\,\dfrac{\mathrm{d}x}{\mathrm{d}v}; \qquad \int\limits_{x_0}^{x} \mathrm{d}\bar{x} = \int\limits_{v_0}^{v} \dfrac{\bar{v}\,\mathrm{d}\bar{v}}{a(\bar{v})}$ $x(v) = x_0 + \int\limits_{v_0}^{v} \dfrac{\bar{v}\,\mathrm{d}\bar{v}}{a(\bar{v})}$

Bild D 2.5

Sonderfälle des Beispiels 3 (oder 4) im Bild D 2.5 sind (für $t_0 = 0$ geschrieben):

1. die ***unbeschleunigte Bewegung*** mit $a = 0$. Daraus folgt $v = v_0$, Deshalb wird sie auch *gleichförmige Bewegung* genannt.
   Hierfür ist $x = x_0 + v_0 t$.
2. die *gleichmäßig beschleunigte* (*oder gleichmäßig verzögerte*) *Bewegung* mit $a = \lessgtr a_0 = \text{konst.}$ Dann sind $v = v_0 + a_0 t$ und $x = x_0 + v_0 t + \frac{a_0}{2} t^2$.

Ihr zeitlicher Verlauf ist im Bild D 2.6 dargestellt. Die Ableitungen sollen nunmehr auf einige Beispiele angewendet werden.

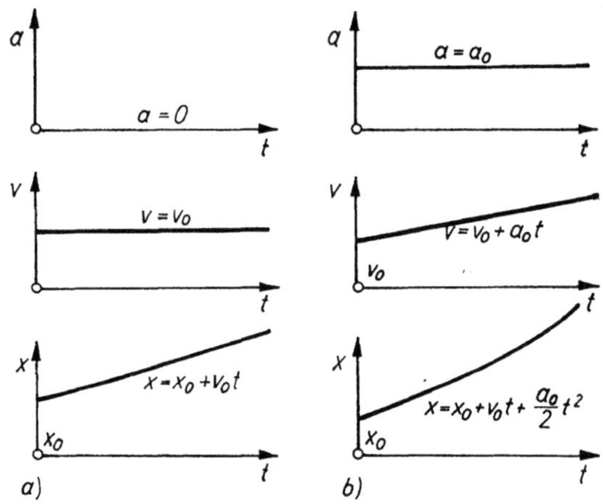

Bild D 2.6

Beispiel 1: Freier Fall aus geringer Höhe ohne Berücksichtigung des Luftwiderstandes

Ein Massenpunkt falle aus der Höhe h ohne Anfangsgeschwindigkeit ($v_0 = 0$) herab. Gesucht sind Fallzeit t_e und Endgeschwindigkeit v_e. Wir werden diese Aufabe durch unterschiedliche Wahl des Koordinatenursprungs A und der Koordinatenrichtung x lösen, um die Rolle der Anfangsbedingungen zu verdeutlichen. Gesucht sind: $v(t)$, $x(t)$; t_e; v_e.

Lösungsweg 1: (Bild D 2.7a)

Anfangsbedingungen:

$t_0 = 0$: $x(0) = 0$, $v(0) = 0$

Gegeben: $a = g$

Gemäß Beispiel 3 (Bild D 2.5)

ist $v = gt$; $x = \frac{g}{2} t^2$

Für $x = h$ ist $t = t_e$;

$$t_e = \sqrt{\frac{2h}{g}}$$

In $v(t)$ eingesetzt, gibt:

$$v_e = \sqrt{2gh}$$

Lösungsweg 2: (Bild D 2.7b)

Anfangsbedingungen:

$t_0 = 0$: $x(0) = h$, $v(0) = 0$

Gegeben: $a = -g$ (g zeigt entgegen der x-Achse)

Nach Beispiel 3 ist $v = -gt$
(v zeigt entgegen der x-Achse)

$$x = h - \frac{g}{2} t^2$$

Für $x = 0$ ist $t = t_e$;

$$t_e = \sqrt{\frac{2h}{g}}$$

$v(t_e) = -\sqrt{2gh}$; $|v(t_e)| = v_e$

Es läßt sich zeigen, daß bei umgekehrter Bewegungsrichtung die Geschwindigkeit $v_e = \sqrt{2gh}$ als Anfangsgeschwindigkeit erforderlich ist, damit der aufwärtsfliegende Massenpunkt die Höhe h erreicht.
Wir wollen nun diese Aufgabe für den senkrechten Wurf in *große* Höhe lösen.

Beispiel 2: Berechnung der zweiten kosmischen Geschwindigkeit

Nach dem *Gravitationsgesetz* NEWTONS wirkt auf einen Massenpunkt in einer Entfernung x vom Erdmittelpunkt, die wesentlich größer als der mittlere Erdradius r_0 sein kann, die Beschleunigung $a = -g \frac{r_0^2}{x^2}$ ein. Mit welcher Anfangsgeschwindigkeit v_0 muß der Massenpunkt abgeschossen werden, wenn er eine sehr große Höhe $x \to \infty$ erreichen soll? (Der Luftwiderstand bleibt unberücksichtigt.)
Als Koordinatenursprung A wird der Erdmittelpunkt gewählt. Die Bahnkurve beginnt im Punkt 0 an der Erdoberfläche (Bild D 2.8). Es liegt hier eine Aufgabe wie im Beispiel 3 Bild 2.5 vor: Gegeben ist $a(x) = -g \frac{r_0}{x^2}$. Die Geschwindigkeit ist (Bild 2.5) mit $x(0) = r_0$ und $v(0) = v_0$:

$$v(x) = \sqrt{v_0^2 + 2\int_{r_0}^{x} a(\bar{x})\,\mathrm{d}\bar{x}} = \sqrt{v_0^2 - 2gr_0^2 \int_{r_0}^{x} \frac{\mathrm{d}\bar{x}}{\bar{x}^2}} = \sqrt{v_0^2 - 2gr_0^2\left(\frac{1}{r_0} - \frac{1}{x}\right)}$$

Für $x \to \infty$ ist $v_\infty = \sqrt{v_0^2 - 2gr_0}$, falls $v_0^2 \geqq 2gr_0$ ist.

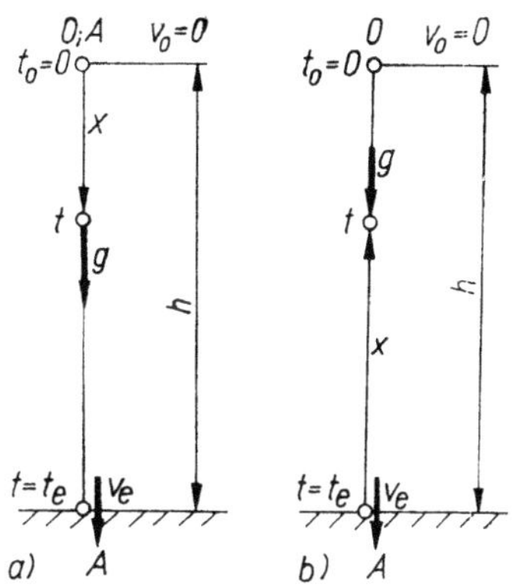

Bild D 2.7

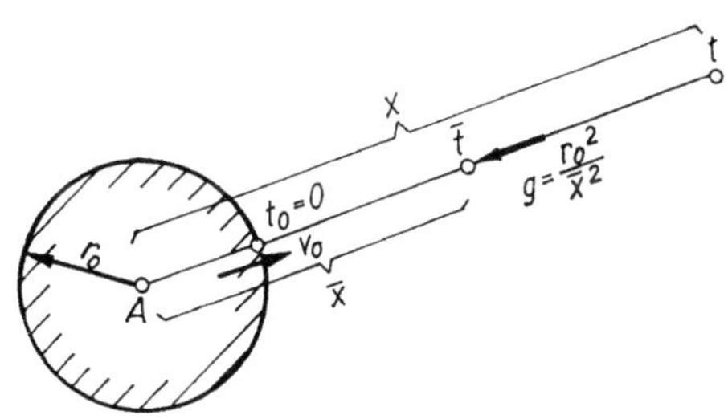

Bild D 2.8

Im Grenzfall ist $v_0 = \sqrt{2gr_0}$ und $v_\infty = 0$. Mit $g = 9{,}81$ m/s² und $r_0 = 6368$ km ergibt sich:

$$v_0 = 11{,}18 \text{ km/s}$$

Diese Geschwindigkeit wird die *2. kosmische Geschwindigkeit* oder auch *Fluchtgeschwindigkeit* genannt. Sie ist mindestens erforderlich, damit ein Flugkörper den Anziehungsbereich der Erde überwindet. Die Rechnung gilt mit anderen Zahlenwerten für r_0 und g auch für andere Himmelskörper.

Die Beschleunigung a und die Geschwindigkeit v sind oftmals unstetige oder an einzelnen Stellen nicht differenzierbare Funktionen der unabhängigen Variablen. Der Bewegungsablauf ist dann in einzelne Bewegungsabschnitte mit stetigem Verlauf einzuteilen.

Beispiel 3:

Ein Massenpunkt wird bis $t = t_1 = 10$ s mit $a = a_a = 2$ m/s² aus der Ruhelage heraus beschleunigt, bewegt sich danach bis $t = t_2 = 20$ s mit konstanter Geschwindigkeit und wird danach mit $a = -a_e = -4$m/s² bis zum Stillstand ($v = 0$) abgebremst (Bild D 2.9). Gesucht sind die Verläufe von $v(t)$ und $x(t)$. Welche Fahrzeit t_3 benötigt der Massenpunkt?

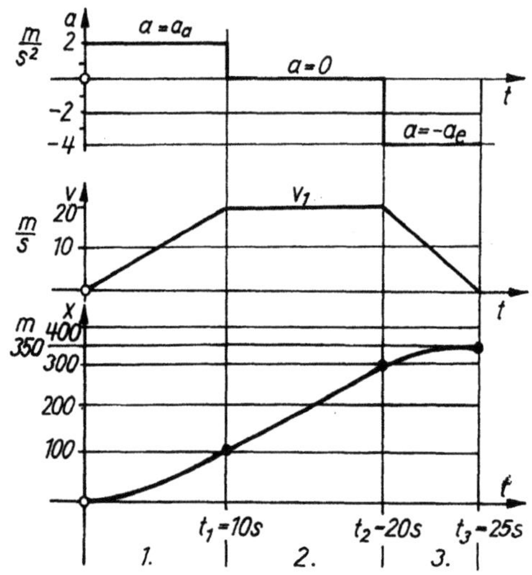

Bild D 2.9

Lösung:

Der Bewegungsablauf wird in drei Abschnitte unterteilt.

Abschnitt 1: $0 \leqq t \leqq t_1$

Anfangsbedingungen:

$$t_0 = 0; \quad v(0) = 0; \quad x(0) = 0;$$

$$v = a_a t; \quad v_1 = a_a t_1 = 2 \cdot 10 \text{ m/s} = 20 \text{ m/s};$$

$$\int\limits_{\bar{x}=0}^{x} \mathrm{d}\bar{x} = \int\limits_{\bar{t}=0}^{t} v(\bar{t})\,\mathrm{d}\bar{t}; \quad x = \frac{a_a}{2}\,t^2;$$

$$x(t_1) = \frac{a_a}{2}\,t_1^2 = 0{,}5 \cdot 2 \cdot 10^2 \text{ m} = 100 \text{ m}$$

Abschnitt 2: $t_1 \leqq t \leqq t_2$

Anfangsbedingungen:

$$t_0 = t_1; \quad v(t_1) = v_1; \quad x(t_1) = x_1;$$

$$v = v_1 = 20 \text{ m/s};$$

$$x = x_1 + v_1(t - t_1);$$

$$x(t_2) = x_2 = x_1 + v_1(t_2 - t_1); \quad x_2 = [100 + 20(20 - 10)] \text{ m} = 300 \text{ m}$$

Abschnitt 3: $t_2 \leqq t \leqq t_3$

Anfangsbedingungen:

$$t_0 = t_2; \quad v(t_2) = v_2; \quad x(t_2) = x_2;$$

$$\int\limits_{v_1}^{v} \mathrm{d}\bar{v} = -a_e \int\limits_{t_2}^{t} \mathrm{d}\bar{t}; \quad v = v_1 - a_e(t - t_2);$$

Die Masse kommt zur Ruhe ($v = 0$) für

$$(t)_{v=0} = t_3 = t_2 + \frac{v_1}{a_e}$$

$t_3 = 20 + \frac{20}{4} = 25$ s. Der Weg ermittelt sich aus:

$$\int_{x_2}^{x} \mathrm{d}\bar{x} = \int_{t_2}^{t} v(\bar{t})\,\mathrm{d}\bar{t} = \int_{t_2}^{t} [v_1 - a_e(\bar{t} - t_2)]\,\mathrm{d}\bar{t}$$

$$x = x_2 + v_1(t - t_2) - \frac{a_e}{2}(t - t_2)^2; \quad x(t_3) = x_3 = x_2 + v_1(t_3 - t_2) - \frac{a_e}{2}(t_3 - t_2)^2$$

$$x_3 = [300 + 20(25 - 20) - \frac{4}{2}(25 - 20)^2]\ \mathrm{m} = 350\ \mathrm{m}$$

2.1.4. Darstellung der Bewegung in kartesischen Koordinaten

In Richtung der Koordinaten x und y eines Inertialsystems zeigen die Einheitsvektoren $\boldsymbol{e}_x$ und $\boldsymbol{e}_y$. Alle Vektoren werden durch ihre x- und y-Komponeten dargestellt (Bild D 2.10). Es ist der Ortsvektor $\boldsymbol{r} = \boldsymbol{e}_x x + \boldsymbol{e}_y y$ und die Geschwindigkeit

$$\boldsymbol{v} = \frac{\mathrm{d}\boldsymbol{r}}{\mathrm{d}t} = \frac{\mathrm{d}(\boldsymbol{e}_x x)}{\mathrm{d}t} + \frac{\mathrm{d}(\boldsymbol{e}_y y)}{\mathrm{d}t}$$

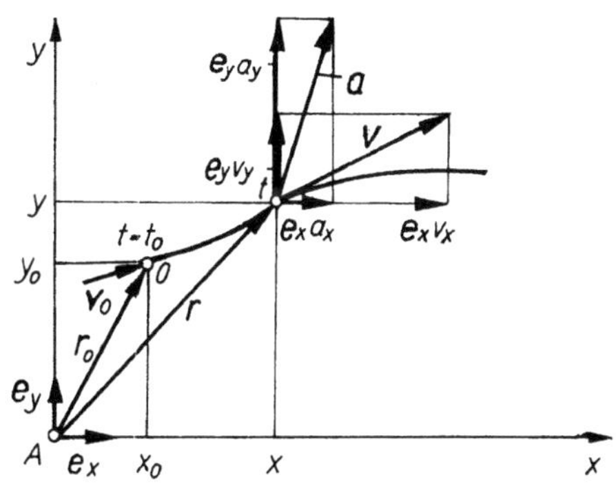

Bild D 2.10

Infolge der konstanten Einheitsvektoren ergibt sich:

$$\boldsymbol{v} = \boldsymbol{e}_x \dot{x} + \boldsymbol{e}_y \dot{y} \tag{2.11}$$

Darin sind $\dot{x}$ und $\dot{y}$ die Beträge der Komponenten in x- und y-Richtung: $v_x = \dot{x}$; $v_y = \dot{y}$.
Der Betrag des Geschwindigkeitsvektors $\boldsymbol{v}$ ergibt sich aus

$$v = \sqrt{v_x^2 + v_y^2} \tag{2.12}$$

Der Ausdruck für die Beschleunigung lautet mit $\boldsymbol{a} = \frac{\mathrm{d}\boldsymbol{v}}{\mathrm{d}t}$:

$$\boldsymbol{a} = \boldsymbol{e}_x \ddot{x} + \boldsymbol{e}_y \ddot{y} \tag{2.13}$$

Die Beträge der Beschleunigungskomponenten sind $a_x = \ddot{x}$ und $a_y = \ddot{y}$.

Der Betrag des Beschleunigungsvektors $\boldsymbol{a}$ ist

$$a = \sqrt{a_x^2 + a_y^2} \tag{2.14}$$

Für die Bewegung im Raum werden die jeweiligen Komponenten in z-Richtung hinzugefügt.

Beispiel 4: Schiefer Wurf ohne Luftwiderstand

Die Wurfhöhe soll klein gegenüber dem Erdradius sein, so daß die Erdbeschleunigung g als konstant angesehen werden darf. Die Bewegung beginne zur Zeit $t = 0$ im Punkte *0* mit den Koordinaten x_0, y_0 sowie der unter dem Winkel α zur x-Achse geneigten Anfangsgeschwindigkeit $\boldsymbol{v}_0$ (Bild D 2.11).

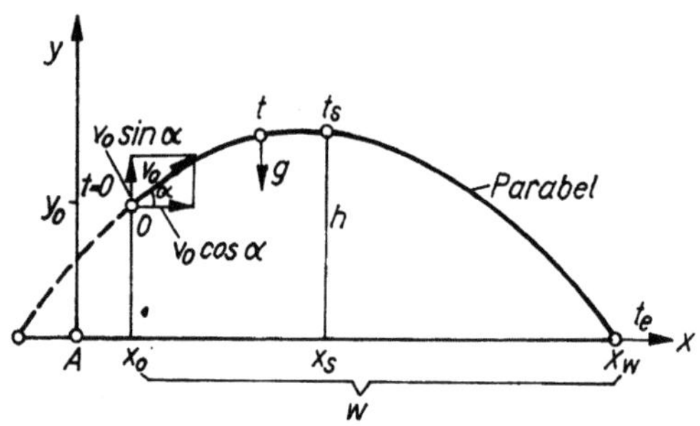

Bild D 2.11

Gesucht sind die Koordinaten $x(t)$, $y(t)$ und die Geschwindigkeit $v(t)$. Welche Wurfweite w und Wurfhöhe h werden erreicht? Wie groß ist die Wurfzeit t_e? Welche Bahn $y(x)$ wird beschrieben?

Lösung: Die Anfangsbedingungen lauten

$$t = 0; \quad x(0) = x_0; \quad y(0) = y_0; \quad v_x(0) = v_0 \cos\alpha; \quad v_y(0) = v_0 \sin\alpha$$

Mit $\boldsymbol{a} = -\boldsymbol{e}_y g$ als Vektor der Beschleunigung ist $a_x = 0$ und $a_y = -g$.
Die Projektion der Bewegung des Massenpunktes auf die x-Achse führt also zu einer *gleichförmigen* (unbeschleunigten) *Bewegung*. Die Projektion auf die y-Achse ergibt eine *gleichmäßig verzögerte Bewegung*.
Durch Integration werden die Geschwindigkeiten v_x und v_y erhalten:

$$a_x = \frac{dv_x}{dt} = 0; \quad \int_{v_0\cos\alpha}^{v_x} d\bar{v}_x = 0; \quad v_x = v_0 \cos\alpha$$

$$a_y = \frac{dv_y}{dt} = -g; \quad \int_{v_0\sin\alpha}^{v_y} d\bar{v}_y = -g\int_0^t d\bar{t}; \quad v_y = v_0 \sin\alpha - gt$$

Die nochmalige Integration führt zu $x(t)$ und $y(t)$:

$$v_x = \frac{dx}{dt}; \quad \int_{x_0}^{x} d\bar{x} = v_0 \cos\alpha \int_0^t d\bar{t}; \quad x = x_0 + v_0 t \cos\alpha;$$

$$v_y = \frac{dy}{dt}; \quad \int_0^y d\bar{y} = \int_0^t (v_0 \sin\alpha - g\bar{t})\, d\bar{t}; \quad y = y_0 + v_0\, t \sin\alpha - \frac{g}{2}\, t^2$$

Der zeitliche Verlauf der Geschwindigkeit ist:

$$v(t) = \sqrt{v_x^2 + v_y^2} = v_0 \sqrt{\cos^2 \alpha + \left(\sin \alpha - \frac{g}{v_0} t\right)^2}$$

Die Wurfzeit t_e ergibt sich aus der Forderung $y = 0$:

Aus $y_0 + v_0 t \sin \alpha - \frac{g}{2} t^2 = 0$ folgt $t^2 - \frac{2 v_0 \sin \alpha}{g} t - \frac{2 y_0}{g} = 0$ und daraus

$$t_{1,2} = \frac{v_0 \sin \alpha}{g} \pm \sqrt{\frac{v_0^2 \sin^2 \alpha}{g^2} + \frac{2 y_0}{g}}$$

Das Minuszeichen führt auf eine negative Zeit und bezieht sich auf den Nulldurchgang der nach links verlängerten Bahnkurve (Bild D 2.11) im nicht interessierenden Zeitbereich. Daher ist:

$$t_e = \frac{v_0 \sin \alpha}{g} \left(1 + \sqrt{1 + \frac{2 g y_0}{v_0^2 \sin^2 \alpha}}\right)$$

Die Koordinate x_e zur Zeit t_e lautet

$$x_e = x(t_e) = x_0 + \frac{v_0^2 \sin (2\alpha)}{2g} \left(1 + \sqrt{1 + \frac{2 g y_0}{v_0^2 \sin^2 \alpha}}\right)$$

Daher ist die Wurfweite $w = x_e - x_0 = \frac{v_0^2 \sin (2\alpha)}{2g} \left(1 + \sqrt{1 + \frac{2 g\, y_0}{v_0^2 \sin^2 \alpha}}\right)$

Der Winkel $\alpha = \alpha_1$ für die maximale Wurfweite $w(\alpha)$ wird aus $\frac{\mathrm{d}w}{\mathrm{d}\alpha} = 0$ erhalten. Der Rechengang endet mit

$$\alpha_1 = \frac{1}{2} \arccos \left(\frac{g y_0}{g y_0 + v_0^2}\right)$$

Für $y_0 = 0$ ist $\alpha_1 = 45°$.
Im Scheitel der Bahn ist $v_y = 0$. Daraus folgt die bis dahin vergehende *Steigzeit* $t_S = \frac{v_0 \sin \alpha}{g}$.
Die Funktion $y(t)$ für $t = t_S$ gibt die *Steighöhe* h:

$$h = y(t_s) = y_0 + \frac{v_0^2 \sin^2 \alpha}{2g}$$

Die Bahnkurve $y(x)$ wird durch Elimination von t aus $x(t)$ und Einsetzen in $y(t)$ erhalten:

$$y(x) = y_0 + (x - x_0) \tan \alpha - \frac{g}{2 v_0^2 \cos^2 \alpha} (x - x_0)^2$$

Das ist die Gleichung einer Parabel mit dem Scheitelpunkt

$$(x_S, y_S) \quad \text{bei} \quad x_S = x(t_S) = \frac{x_0 + v_0^2 \sin (2\alpha)}{2g}$$

2.1.5. Darstellung der Bewegung in Polarkoordinaten

Die Bahnkurve wird durch den Ortsvektor $\boldsymbol{r}(t)$ charakterisiert, dessen Ableitungen nach der Zeit bekanntlich die Geschwindigkeit und Beschleunigung ergeben. Die Lage des Bahnpunktes *1* zur Zeit t kann durch den Betrag des Ortsvektors $r(t)$ und dessen Winkel $\varphi(t)$ gegenüber einer beliebig gewählten raumfesten Ausgangslage angegeben werden (Bild D 2.12). Die *Polarkoordinaten* sind $r(t)$ und $\varphi(t)$. Wir werden alle Vektoren durch ihre Komponenten in r- und φ-Richtung ersetzen und führen

deshalb Einheitsvektoren $\boldsymbol{e}_r$ und $\boldsymbol{e}_\varphi$ ein (Bild D 2.12a). Diese führen die Drehung um den Punkt A mit aus.
Der Drehsinn der Koordinate φ wird der Aufgabenstellung angepaßt und kann beliebig gewählt werden. Wir verfahren hier ebenso wie mit der Koordinate x, die durchaus nicht immer in horizontaler Richtung nach rechts zeigen muß (siehe z. B. Bild D 2.8). Mit dem Ortsvektor $\boldsymbol{r} = \boldsymbol{e}_r r$ lautet der Ausdruck für die Geschwindigkeit

$$\boldsymbol{v} = \frac{\mathrm{d}(\boldsymbol{e}_r r)}{\mathrm{d}t}$$

oder

$$\boldsymbol{v} = \frac{\mathrm{d}\boldsymbol{e}_r}{\mathrm{d}t} r + \boldsymbol{e}_r \dot{r}$$

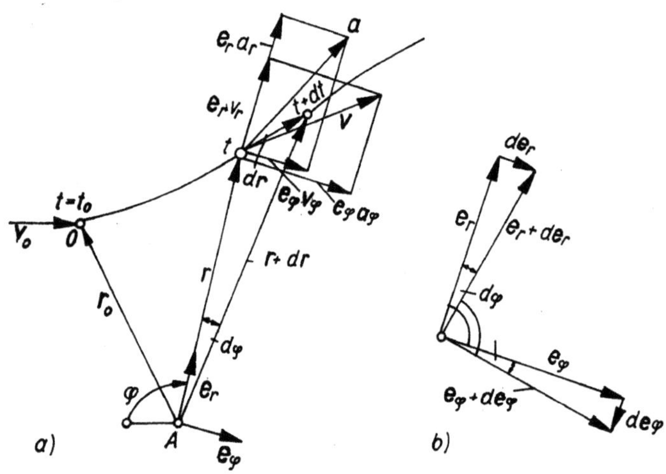

Bild D 2.12

Wir schreiben mit Hilfe der Kettenregel $\frac{\mathrm{d}\boldsymbol{e}_r}{\mathrm{d}t} = \frac{\mathrm{d}\boldsymbol{e}_r}{\mathrm{d}\varphi}\frac{\mathrm{d}\varphi}{\mathrm{d}t}$.

Nach Bild D 2.12b ist $|\mathrm{d}\boldsymbol{e}_r| = 1 \cdot \mathrm{d}\varphi$. Daher sind $\frac{|\mathrm{d}\boldsymbol{e}_r|}{\mathrm{d}\varphi} = 1$ und $\frac{\mathrm{d}\boldsymbol{e}_r}{\mathrm{d}t}$ ein in Richtung von $\mathrm{d}\boldsymbol{e}_r$ zeigender Einheitsvektor. Dieser wurde aber bereits mit $\boldsymbol{e}_\varphi$ bezeichnet.

Daher ist $\frac{\mathrm{d}\boldsymbol{e}_r}{\mathrm{d}\varphi} = \boldsymbol{e}_\varphi$

sowie

$$\boldsymbol{v} = \boldsymbol{e}_r \dot{r} + \boldsymbol{e}_\varphi r \dot{\varphi} \tag{2.15}$$

Die Komponenten von $\boldsymbol{v}$ in r- und φ-Richtung sind $\boldsymbol{e}_r v_r$ und $\boldsymbol{e}_\varphi v_\varphi$. Sie heißen *Radial-* und *Umfangsgeschwindigkeit*. Ihre Beträge lauten:

$$v_r = \dot{r}$$

$$v_\varphi = r\dot{\varphi}$$

Der Betrag des Geschwindigkeitsvektors ist

$$v = \sqrt{v_r^2 + v_\varphi^2} = \sqrt{\dot{r}^2 + (r\dot{\varphi})^2} \tag{2.16}$$

Mit Gl. (2.15) lautet der Ausdruck für die Beschleunigung $\boldsymbol{a} = \frac{\mathrm{d}}{\mathrm{d}t}(\boldsymbol{e}_\mathrm{r}\dot{r} + \boldsymbol{e}_\varphi r\dot{\varphi})$. Die Ableitung führt unter Anwenden der Kettenregel auf

$$\boldsymbol{a} = \frac{\mathrm{d}\boldsymbol{e}_\mathrm{r}}{\mathrm{d}\varphi}\dot{r}\dot{\varphi} + \boldsymbol{e}_\mathrm{r}\ddot{r} + \frac{\mathrm{d}\boldsymbol{e}_\varphi}{\mathrm{d}\varphi}r\dot{\varphi}^2 + \boldsymbol{e}_\varphi(\dot{r}\dot{\varphi} + r\ddot{\varphi})$$

Darin ist $\frac{\mathrm{d}\boldsymbol{e}_\mathrm{r}}{\mathrm{d}\varphi} = \boldsymbol{e}_\varphi$ bereits bekannt. Mit den gleichen Überlegungen ergibt sich $\frac{\mathrm{d}\boldsymbol{e}_\varphi}{\mathrm{d}\varphi} = -\boldsymbol{e}_\mathrm{r}$.

Der Ausdruck für $\boldsymbol{a}$ lautet geordnet

$$\boldsymbol{a} = \boldsymbol{e}_\mathrm{r}(\ddot{r} - r\dot{\varphi}^2) + \boldsymbol{e}_\varphi(r\ddot{\varphi} + 2\dot{r}\dot{\varphi}) \tag{2.17}$$

Die Komponenten des Beschleunigungsvektors $\boldsymbol{a}$ in r- und φ-Richtung heißen *Radial-* und *Umfangsbeschleunigung*.

Ihre Beträge sind

$$a_\mathrm{r} = \ddot{r} - r\dot{\varphi}^2$$

$$a = r\ddot{\varphi} + 2\dot{r}\dot{\varphi}$$

Der Betrag des Beschleunigungsvektors ist

$$a = \sqrt{a_\mathrm{r}^2 + a_\varphi^2} = \sqrt{(\ddot{r} - r\dot{\varphi}^2) + (r\ddot{\varphi} + 2\dot{r}\dot{\varphi})^2} \tag{2.18}$$

Das in der Radialbeschleunigung $\boldsymbol{a}_\mathrm{r}$ auftretende Glied $-r\dot{\varphi}^2$ wird *Zentripetalbeschleunigung* genannt.
Sie zeigt stets zum Krümmungsmittelpunkt der Bahnkurve im betrachteten Bahnpunkt.
Im Ausdruck für a_φ ist $\ddot{\varphi}$ die *Winkelbeschleunigung*, und $2\dot{r}\dot{\varphi}$ wird CORIOLIS-*Beschleunigung* genannt.

Beispiel 5:

Ein Massenpunkt bewege sich auf einer Kreisbahn ($r = r_0$) mit der Geschwindigkeit $v = v_0\,\mathrm{e}^{-t/\tau}$, worin τ eine Konstante mit der Maßeinheit s ist (Bild D 12.3b). Die Anfangsbedingungen lauten:

$$t = t_0 = 0; \quad v_\varphi = v_0; \quad v_\mathrm{r} = 0; \quad r = r_0; \quad \varphi = 0.$$

Gesucht sind die Beschleunigungskomponenten a_r und a_φ und der zurückgelegte Weg s (Bild D 2.13).

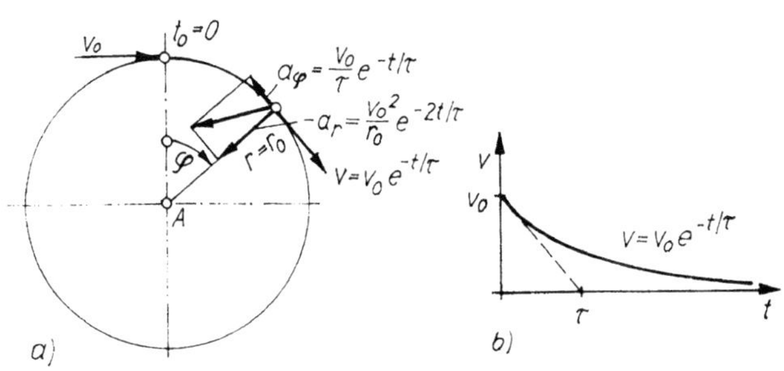

Bild D 2.13

Lösung:

Es sind $\dot{r} = 0$; $\ddot{r} = 0$ und $v_\varphi = r_0\dot{\varphi} = v_0\,\mathrm{e}^{-t/\tau}$.

Dazu ergeben sich die Winkelgeschwindigkeit $\dot{\varphi} = \frac{v_0}{r_0}\,\mathrm{e}^{-t/\tau}$ und durch Ableitung die Winkelbeschleunigung

$$\ddot{\varphi} = -\frac{v_0}{r_0\tau}\,\mathrm{e}^{-t/\tau}$$

Aus der Trennung der Variablen und Integration folgt mit

$$\dot{\varphi}(t) = \frac{\mathrm{d}\varphi}{\mathrm{d}t}:\quad \int_0^\varphi \mathrm{d}\bar{\varphi} = \frac{v_0}{r_0}\int_0^t \mathrm{e}^{-\bar{t}/\tau}\,\mathrm{d}\bar{t};\quad \varphi = \frac{v_0\tau}{r_0}\left(1 - \mathrm{e}^{-t/\tau}\right)$$

Der zurückgelegte Weg ist $s(t) = r_0\varphi(t)$; $s(t) = v_0\tau(1 - \mathrm{e}^{-t/\tau})$. Die Komponenten der Beschleunigung haben folgende Beträge:

$$a_r = \ddot{r} - r\dot{\varphi}^2 = -\frac{v_0^2}{r_0}\,\mathrm{e}^{-2t/\tau};\quad a_\varphi = r\ddot{\varphi} + 2\dot{r}\dot{\varphi} = -\frac{v_0}{\tau}\,\mathrm{e}^{-t/\tau}$$

Derartige Verzögerungen wirken auf Körper ein, die sich mit geringer Geschwindigkeit in Flüssigkeiten bewegen.

Beispiel 6:

Ein Massenpunkt führe um eine Kreisbahn mit $r = r_0$ eine Schwingbewegung aus, so daß sich der Radius periodisch nach dem Gesetz $r = r_0 + C\cos(\nu t)$ ändert. C ist die Amplitude und ν die Frequenz der Schwingung (Kreisfrequenz). Die Winkelgeschwindigkeit sei konstant $\dot{\varphi} = \omega$ (Bild D 2.14). Welche Bahnkurve beschreibt der Massenpunkt? Wie groß sind zur Zeit t Geschwindigkeit und Beschleunigung?

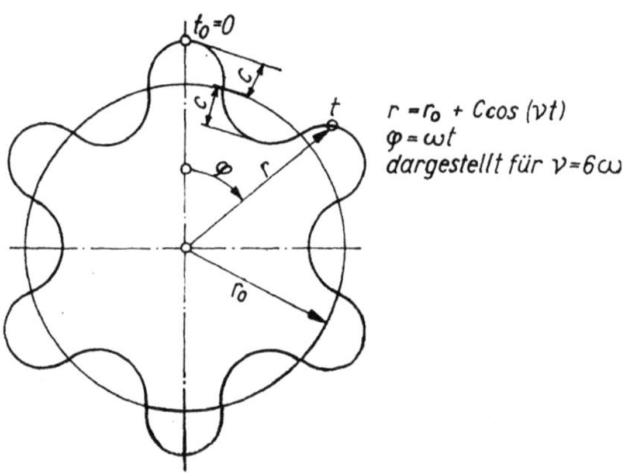

Bild D 2.14

Lösung:

Es sind $r = r_0 + C\cos(\nu t)$; $\dot{r} = -C\nu\sin(\nu t)$; $\ddot{r} = -C\nu^2\cos(\nu t)$ sowie

$$\dot{\varphi} = \frac{\mathrm{d}\varphi}{\mathrm{d}t} = \omega;\quad \ddot{\varphi} = 0;\quad \int_0^\varphi \mathrm{d}\bar{\varphi} = \omega\int_0^t \mathrm{d}\bar{t};\quad \varphi = \omega t.$$

Durch Elimination von t aus der letzten Gleichung $\left(t = \frac{\varphi}{\omega}\right)$ entsteht, in $r(t)$ eingesetzt, die Funktion der Bahnkurve

$$r(\varphi) = r_0 + C\cos\left(\frac{\nu}{\omega}\varphi\right)$$

Im Bild D 2.14 ist die Kurve für $\nu/\omega = 6$ dargestellt.
Die Komponenten der Geschwindigkeit lauten

$$v_r = \dot{r} = -C\nu \sin(\nu t); \quad v_\varphi = r\dot{\varphi} = [r_0 + C\cos(\nu t)]\,\omega$$

Die Geschwindigkeit hat folgenden Betrag:

$$v = \sqrt{C^2\nu^2 \sin^2(\nu t) + \omega^2 [r_0 + C\cos(\nu t)]^2}$$

Die Komponenten der Beschleunigung sind

$$a_r = \ddot{r} - r\dot{\varphi}^2 = C\nu^2 \cos(\nu t) - [r_0 + C\cos(\nu t)]\,\omega^2$$

$$a_r = r_0\omega^2 + C(\nu^2 - \omega^2)\cos(\nu t);$$

$$a_\varphi = r\ddot{\varphi} + 2\dot{r}\dot{\varphi} = -2C\nu\omega \sin(\nu t)$$

(Wegen $\ddot{\varphi} = 0$ tritt hier nur die CORIOLIS-Beschleunigung auf.) Die Beschleunigung hat den Betrag

$$a = \sqrt{[-r_0\omega^2 + C(\nu^2 - \omega^2)\cos(\nu t)]^2 + 4C^2(\nu\omega)^2 \sin^2(\nu t)}$$

2.1.6. Relativbewegung des Punktes

Gegeben sei ein Intertialsystem mit den Koordinaten x, y und z. In diesem System bewege sich ein zweites Koordinatensystem x_1, y_1 und z_1, mit dem man sich einen starren Körper fest verbunden vorstellen kann. Relativ zu diesem bewegten System x_1, y_1, z_1 führe ein Massenpunkt seine Bewegung aus. Gegenüber dem bewegten System beschreibe der Massenpunkt eine *Relativbahn*, charakterisiert durch $\boldsymbol{r}_1$, besitze eine *Relativgeschwindigkeit* $\boldsymbol{v}_1$ und eine *Relativbeschleunigung* $\boldsymbol{a}_1$. Der mit dem System x_1, y_1, z_1 verbundene Körper — oder auch das Koordinatensystem selbst — heißt *Führung*. Die vom Koordinatenursprung *0* des Systems x_1, y_1, z_1 zurückgelegte Bahn heißt Bahn der Führung, seine Geschwindigkeit gegenüber dem System x, y, z *Führungsgeschwindigkeit* $\boldsymbol{v}_0$ und die Beschleunigung *Führungsbeschleunigung* $\boldsymbol{a}_0$. Gegenüber dem Inertialsystem aber beschreibt der Massenpunkt die *Absolutbahn* $\boldsymbol{r}$, die *Absolutgeschwindigkeit* $\boldsymbol{v}$ und *Absolutbeschleunigung* $\boldsymbol{a}$.
Unsere Aufgabe besteht nun in der Untersuchung der Zusammenhänge zwischen diesen Vektoren.
Die Bewegung der Führung wird nach drei Bewegungsarten klassifiziert:

1. Translation

Hierbei bleiben die Koordinatenachsen der Führung stets um den gleichen Winkel zu denen des Inertialsystems geneigt. Im Interesse einer einfacheren Darstellung werden wir die Koordinaten der Führung stets achsenparallel zeichnen.

2. Rotation

Die Führung dreht sich um eine Achse durch den Koordinatenursprung *0* ihres Koordinatensystems. Der Punkt *0* bewegt sich gegenüber x, y, z nicht. Im allgemeinen Fall steht die Drehachse räumlich zum Inertialsystem und kann auch zeitlich ihre Richtung ändern. Wir beschränken uns auf die Bewegung in der x,y-Ebene, so daß die Führung nur Drehungen um die z-Achse ausführt.

3. Allgemeine oder zusammengesetzte Bewegung

Sie entsteht durch Überlagerung von Translation und Rotation.

2.1.6.1. Translation

Der Ortsvektor $\boldsymbol{r}$ der Absolutbahn ergibt sich aus der Addition von $\boldsymbol{r}_0$ und $\boldsymbol{r}_1$ (Bild D 2.15a)

$$\boldsymbol{r} = \boldsymbol{r}_0 + \boldsymbol{r}_1 \tag{2.19}$$

In der Zeit dt wandert Punkt 0 der Führung nach Punkt $0'$, die einander durch d$\boldsymbol{r}_0$ zugeordnet sind. Wäre der Massenpunkt fest mit der Führung verbunden, so würde auch er sich nur um d$\boldsymbol{r}_0$ von P nach P' verschieben. Infolge seiner Relativbewegung zur Führung wandert er in der Zeit dt auf der Relativbahn von P nach P'' um d$\boldsymbol{r}_1$. Die Absolutverschiebung d$\boldsymbol{r}$ ist daher

$$\mathrm{d}\boldsymbol{r} = \mathrm{d}\boldsymbol{r}_0 + \mathrm{d}\boldsymbol{r}_1$$

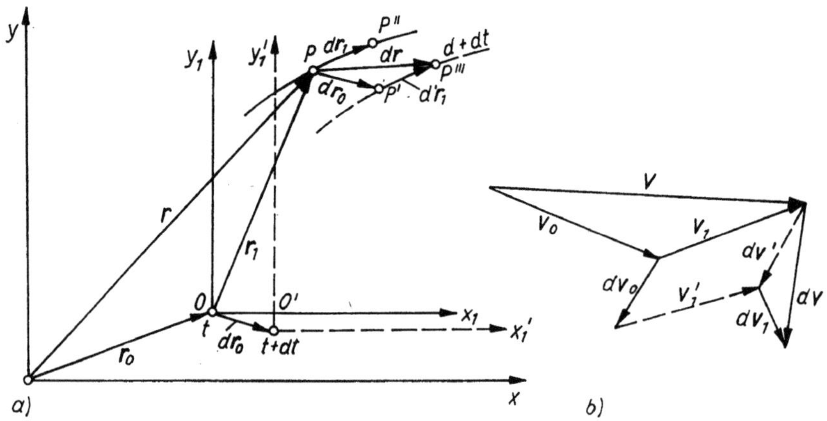

Bild D 2.15

Mit der Absolutgeschwindigkeit $\boldsymbol{v} = \dfrac{\mathrm{d}\boldsymbol{r}}{\mathrm{d}t}$, der Führungsgeschwindigkeit $\boldsymbol{v}_0 = \dfrac{\mathrm{d}\boldsymbol{r}_0}{\mathrm{d}t}$ und der Relativgeschwindigkeit $\boldsymbol{v}_1 = \dfrac{\mathrm{d}\boldsymbol{r}_1}{\mathrm{d}t}$ ist

$$\boldsymbol{v} = \boldsymbol{v}_0 + \boldsymbol{v}_1 \tag{2.20}$$

Die Vektordarstellung ist aus Bild D 2.15b ersichtlich.
Nach der Zeit t haben sich sowohl $\boldsymbol{v}_0$ um d$\boldsymbol{v}_0$ als auch $\boldsymbol{v}_1$ um d$\boldsymbol{v}_1$ verändert. Bei unseren Überlegungen führen wir diese infinitesimalen Veränderungen schrittweise aus, wobei die Reihenfolge beliebig ist. Ändern wir zuerst $\boldsymbol{v}_0$ um d$\boldsymbol{v}_0$, fügen dann $\boldsymbol{v}_1$ als $\boldsymbol{v}_1'$ parallel zu $\boldsymbol{v}_1$ an und fügen dessen Veränderung d$\boldsymbol{v}_1$ hinzu, so ergibt sich die Gesamtänderung der Absolutgeschwindigkeit zu

$$\mathrm{d}\boldsymbol{v} = \mathrm{d}\boldsymbol{v}_0 + \mathrm{d}\boldsymbol{v}_1$$

Auch die Absolutbeschleunigung $\boldsymbol{a} = \dfrac{\mathrm{d}\boldsymbol{v}}{\mathrm{d}t}$ entsteht dann additiv aus der Führungsbeschleunigung $\boldsymbol{a}_0 = \dfrac{\mathrm{d}\boldsymbol{v}_0}{\mathrm{d}t}$ und der Relativbeschleunigung $\boldsymbol{a}_1 = \dfrac{\mathrm{d}\boldsymbol{v}_1}{\mathrm{d}t}$ zu

$$\boldsymbol{a} = \boldsymbol{a}_0 + \boldsymbol{a}_1 \tag{2.21}$$

Beispiel 7:

In der Rinne eines Naßklassierers strömt Wasser mit einer über der gesamten Höhe h konstanten Geschwindigkeit c. Ein Massenpunkt beginne für $t = 0$ bei $x = 0$; $y = h$ seine Bewegung so, daß er von Anfang an mit konstanter Geschwindigkeit relativ zum Wasser nach unten sinkt (Bild D 2.16a).
Welchen absoluten Weg $y(x)$ beschreibt er? Welche Absolutgeschwindigkeit besitzt er, und wie groß ist die Abdrift? (Die Neigung der Rinne wird als vernachlässigbar klein angesehen.)

Lösung:

Für den Massenpunkt ist das mit $\boldsymbol{v}_0 = \boldsymbol{e}_x c$ strömende Wasser die Führung. Ihr Achsensystem $x_1 y_1$ bewegt sich nur in x-Richtung. Relativ dazu bewegt sich der Massenpunkt mit $\boldsymbol{v}_1 = -\boldsymbol{e}_y w$. Daher ist der Vektor der Absolutgeschwindigkeit $\boldsymbol{v} = \boldsymbol{e}_x c - \boldsymbol{e}_y w$ und sein Betrag $v = \sqrt{c^2 + w^2}$ (Bild D 2.16b). Laut Definition sind: $c = \frac{\mathrm{d}x}{\mathrm{d}t}$; $w = -\frac{\mathrm{d}y}{\mathrm{d}t}$. Aus der zweiten Gleichung wird mit Hilfe der Kettenregel: $\frac{\mathrm{d}y}{\mathrm{d}t} = \frac{\mathrm{d}y}{\mathrm{d}x}\,\dot{x} = -w$ oder nach Trennung der Variablen und mit

$$\dot{x} = c: \int_h^y \mathrm{d}\bar{y} = -\frac{w}{c}\int_0^x \mathrm{d}\bar{x}; \quad y = h - \frac{w}{c}\,x$$

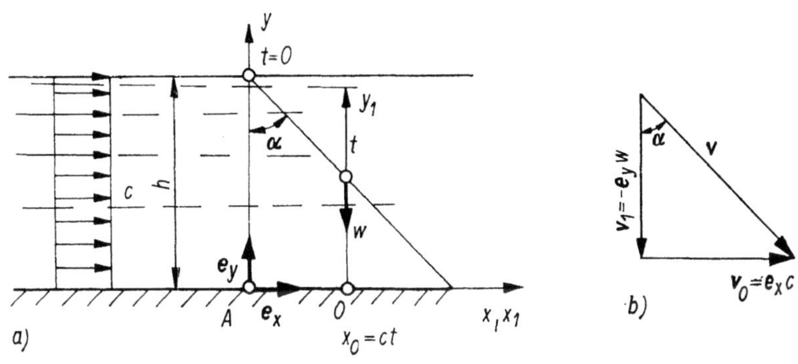

Bild D 2.16

Der absolute Weg ist eine um den Winkel $\alpha = \arctan\left(\frac{c}{w}\right)$ gegenüber der y-Achse geneigte Gerade.
Die Abdrift x_a berechnet sich für $y = 0$ zu $x_a = h\,\frac{c}{w}$. Je kleiner die Sinkgeschwindigkeit w und je größer die Strömungsgeschwindigkeit c sind, um so größer ist x_a. (Das Verfahren wird zur Klassierung von Schüttgut genutzt. Durch Auffangvorrichtungen an verschiedenen Stellen des Rinnenbodens kann eine Klassierung nach verschiedenen Sinkgeschwindigkeiten erfolgen, z. B. Erz/taubes Gestein).

Beispiel 8:

Ein Massenpunkt ist Teil eines fluiden Mediums, das eine Turbine axial durchströmt (Bild D 2.17a). Der zylindrische Schnitt durch deren Beschaufelung im Abstand R von der Drehachse ist im Bild D 2.17b dargestellt. Das Medium verläßt die feststehenden Leitschaufelkanäle mit der Absolutgeschwindigkeit v unter dem Winkel α zur Achse. Die Laufschaufeln bewegen sich mit der mittleren Umfangsgeschwindigkeit $v_0 = u$ (Führungsgeschwindigkeit). Wie groß ist am Eintritt des Laufschaufelkanals die Geschwindigkeit w relativ zu diesem, und in welchen Winkel β muß die Schaufelnase zur Turbinenachse stehen, damit der Übergang stoßfrei erfolgt?

Im Kanalaustritt ist der Neigungswinkel $\bar{\beta}$ des Laufschaufelendes zur Achse so zu bestimmen, daß die Absolutgeschwindigkeit $\bar{v}$ in Richtung der Turbinenachse zeigt. Wie groß ist dort die Relativgeschwindigkeit $\bar{w}$ im Schaufelkanal, wenn die axialen Geschwindigkeitskomponenten v_a am Laufschaufelein- und -austritt gleich groß sind?
Die Lösung zeigt Bild D 2.17 c.

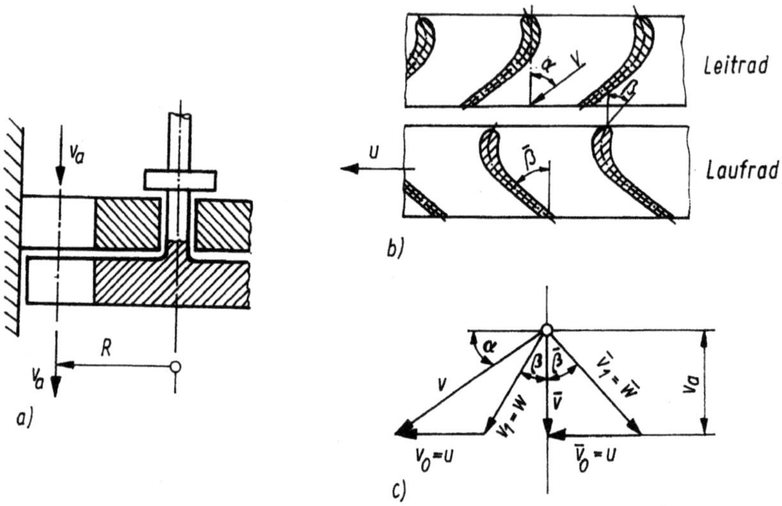

Bild D 2.17

2.1.6.2. Rotation

Zunächst soll eine allgemeine Regel für die Ableitung eines Vektors $\boldsymbol{b}$ erklärt werden, der sich in bezug auf ein System x_1, y_1, z_1 in der Zeit dt um d$'\boldsymbol{b}$ ändert und gleichzeitig mit dem System gemeinsam eine Drehung um $\mathrm{d}\boldsymbol{\varphi} = \boldsymbol{e}_z\,\mathrm{d}\varphi$ erfährt. Im folgenden wird diese Verfahrensweise wiederholt auf den Ortsvektor $\boldsymbol{r}$ und den Geschwindigkeitsvektor $\boldsymbol{v}$ angewendet.
(Die Bezeichnung d$'\boldsymbol{b}$ soll andeuten, daß es sich um eine Veränderung bezüglich x_1, y_1 handelt.)
Die Gesamtänderung des Vektors $\boldsymbol{b}$ in der Zeit dt kann in zwei Anteile zerlegt werden (Bild D 2.18):

- in die Verschiebung d$'\boldsymbol{b}$ des Punktes P nach $\overline{P}$ auf der Relativbahn, die sich mit x_1, y_1 um d$\boldsymbol{\varphi}$ dreht, und
- in die Verschiebung P nach P^* infolge der Drehung des Systems x_1, y_1, z_1, wobei $\overrightarrow{PP^*}$ senkrecht auf $\boldsymbol{b}$ steht und deshalb mit $\overrightarrow{PP^*} = \mathrm{d}\boldsymbol{\varphi} \times \boldsymbol{b}$ angegeben werden kann.

Die Gesamtänderung von $\boldsymbol{b}$ ist damit $\overrightarrow{PP''}$, ausgedrückt durch

$$\mathrm{d}\boldsymbol{b} = \mathrm{d}'\boldsymbol{b} + \mathrm{d}\boldsymbol{\varphi} \times \boldsymbol{b} \tag{2.22}$$

Denken wir uns nun anstelle von $\boldsymbol{b}$ den Ortsvektor $\boldsymbol{r} = \boldsymbol{r}_1$. d$'\boldsymbol{b}$ entspricht dann der Relativverschiebung d$\boldsymbol{r}_1$. Die absolute Änderung von $\boldsymbol{r}$ ist

$$\mathrm{d}\boldsymbol{r} = \mathrm{d}\boldsymbol{r}_1 + \mathrm{d}\boldsymbol{\varphi} \times \boldsymbol{r}_1$$

$\dfrac{\mathrm{d}\boldsymbol{r}}{\mathrm{d}t}$ ergibt die Absolutgeschwindigkeit

$$\boldsymbol{v} = \boldsymbol{v}_1 + \dot{\boldsymbol{\varphi}} \times \boldsymbol{r}_1 \tag{2.23}$$

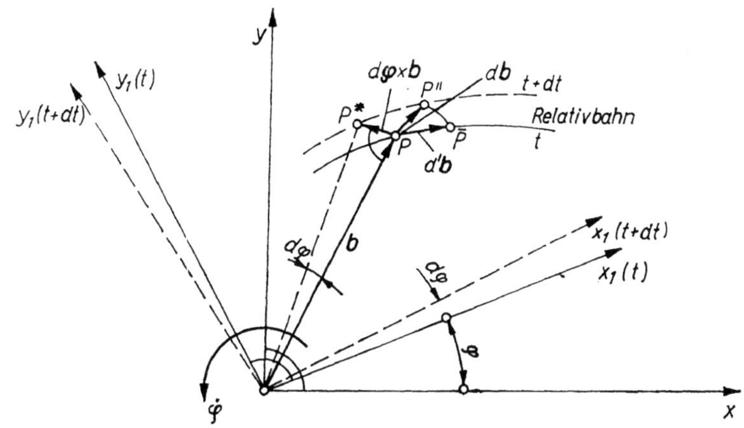

Bild D 2.18

$\dot{\boldsymbol{\varphi}}$ ist der Vektor der Winkelgeschwindigkeit, der für die hier dargestellte Drehung um die z-Achse als $\dot{\boldsymbol{\varphi}} = \boldsymbol{e}_z\dot{\varphi}$ geschrieben werden kann.
Auch der Vektor $\boldsymbol{v}$ erfährt eine Veränderung »in sich« zu $\mathrm{d}'\boldsymbol{v} = \mathrm{d}\boldsymbol{v}_1 + \mathrm{d}(\dot{\boldsymbol{\varphi}} \times \boldsymbol{r}_1)$ und dreht sich gleichzeitig um $\mathrm{d}\boldsymbol{\varphi}$. Die Anwendung von Gl. (2.22) auf den Geschwindigkeitsvektor ergibt daher:

$$\mathrm{d}\boldsymbol{v} = \mathrm{d}\boldsymbol{v}_1 + \mathrm{d}\,(\dot{\boldsymbol{\varphi}} \times \boldsymbol{r}_1) + \mathrm{d}\boldsymbol{\varphi} \times \boldsymbol{v}$$

Die Absolutbeschleunigung $\boldsymbol{a} = \dfrac{\mathrm{d}\boldsymbol{v}}{\mathrm{d}t}$ ist mit Gl. (2.23) wie folgt ausdrückbar

$$\boldsymbol{a} = \boldsymbol{a}_1 + (\dot{\boldsymbol{\varphi}} \times \boldsymbol{r}_1)^{\cdot} + \dot{\boldsymbol{\varphi}} \times (\boldsymbol{v}_1 + \dot{\boldsymbol{\varphi}} \times \boldsymbol{r}_1)$$

Die Auflösung liefert mit $\dot{\boldsymbol{r}}_1 = \boldsymbol{v}_1$

$$\boldsymbol{a} = \boldsymbol{a}_1 + \ddot{\boldsymbol{\varphi}} \times \boldsymbol{r}_1 + 2\dot{\boldsymbol{\varphi}} \times \boldsymbol{v}_1 + \dot{\boldsymbol{\varphi}} \times (\dot{\boldsymbol{\varphi}} \times \boldsymbol{r}_1) \tag{2.24}$$

Diese Ableitungen gelten übrigens auch dann, wenn die Drehachse nicht in z-Richtung zeigt, sondern schief im Raum steht und zeitlich ihre Richtung ändert.

Beispiel 9:

Ein Punkt P bewege sich längs der x-Achse (Bild D 2.19), von $x = 0$ beginnend, mit der konstanten Geschwindigkeit v_0. Unter ihm dreht sich eine Scheibe um die z-Achse mit der konstanten Winkelgeschwindigkeit ω. Welche Geschwindigkeit $\boldsymbol{v}_1$ und Beschleunigung $\boldsymbol{a}_1$ besitzt der Punkt relativ zur Scheibe, und welche Bahnkurve beschreibt er auf ihr?

Lösung:

Der Ortsvektor $\boldsymbol{r}$ der Absolutbahn ist $\boldsymbol{r} = \boldsymbol{e}_x x$ mit $x = v_0 t$. Es ist daher $r = x = v_0 t$. Der zurückgelegte Winkel ergibt sich aus $\dfrac{\mathrm{d}\varphi}{\mathrm{d}t} = \omega$ mit der Anfangsbedingung $\varphi(0) = 0$ zu $\varphi = \omega t$. t eliminiert und in $r = v_0 t$ eingesetzt ergibt

$$r = \frac{v_0}{\omega}\,\varphi$$

Das ist die Bahn einer ARCHIMEDischen Spirale.

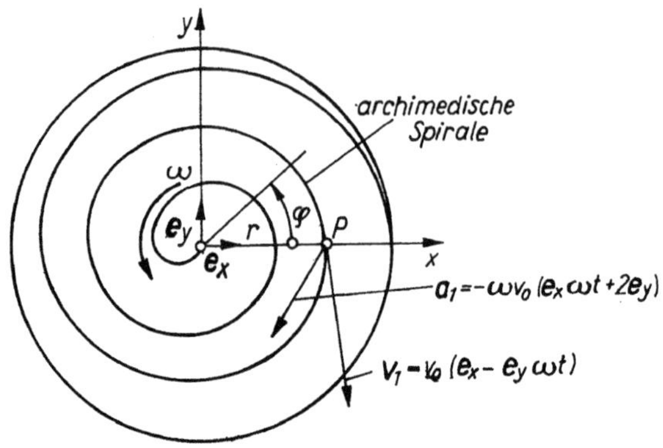

Bild D 2.19

Die Absolutgeschwindigkeit ist $\boldsymbol{v} = \boldsymbol{e}_x v_0$. Mit $\dot{\boldsymbol{\varphi}} = \boldsymbol{e}_z \omega$ wird aus Gl. (2.23)

$$\boldsymbol{e}_x v_0 = \boldsymbol{v}_1 + \boldsymbol{e}_z \times \boldsymbol{e}_x v_0 \omega t$$

Es ist $\boldsymbol{e}_z \times \boldsymbol{e}_x = \boldsymbol{e}_y$, so daß die Relativgeschwindigkeit

$$\boldsymbol{v}_1 = \boldsymbol{e}_x v_0 - \boldsymbol{e}_y v_0 \omega t$$

wird und den Betrag $v_1 = v_0 \sqrt{1 + (\omega t)^2}$ besitzt.
Die Absolutbeschleunigung $\boldsymbol{a}$ und die Winkelbeschleunigung $\ddot{\boldsymbol{\varphi}}$ sind Null. Daher liefert Gl. (2.24) die Relativbeschleunigung $\boldsymbol{a}_1$ zu

$$\boldsymbol{a}_1 = -2\dot{\boldsymbol{\varphi}} \times \boldsymbol{v}_1 - \dot{\boldsymbol{\varphi}} \times (\dot{\boldsymbol{\varphi}} \times \boldsymbol{r}_1)$$

Daraus folgt

$$\boldsymbol{a}_1 = -2\omega \boldsymbol{e}_z \times (\boldsymbol{e}_x v_0 - \boldsymbol{e}_y v_0 \omega t) - \boldsymbol{e}_z \times (\boldsymbol{e}_z \times \boldsymbol{e}_x v_0 t)\, \omega^2$$

und mit

$$\boldsymbol{e}_z \times \boldsymbol{e}_y = -\boldsymbol{e}_x : \boldsymbol{a}_1 = -v_0 \omega (\boldsymbol{e}_x \omega t + 2\boldsymbol{e}_y)$$

Ihr Betrag ist

$$a_1 = v_0 \omega \sqrt{4 + (\omega t)^2}$$

2.1.6.3. Allgemeine Bewegung

Die allgemeine Bewegung können wir uns für den Zeitschritt $\mathrm{d}t$ aus einer Translation und einer Rotation zusammengesetzt denken.
Man setze daher anstelle des Koordinatensystems x_1, y_1, z_1 im Bild D 2.15 das rotierende System des Bildes D 2.18.
Dann bleibt — statt $\boldsymbol{b}$ im Bild D 2.18 $\boldsymbol{r}_1$ gesetzt — für den Ortsvektor des absoluten Weges Gl. (2.19) bestehen

$$\boldsymbol{r} = \boldsymbol{r}_0 + \boldsymbol{r}_1 \tag{2.25}$$

Die Geschwindigkeit Gl. (2.23) wird jedoch durch die Führungsgeschwindigkeit $\boldsymbol{v}_0$ zur Absolutgeschwindigkeit ergänzt:

$$\boldsymbol{v} = \boldsymbol{v}_0 + \boldsymbol{v}_1 + \dot{\boldsymbol{\varphi}} \times \boldsymbol{r}_1 \tag{2.26}$$

Auch die Absolutbeschleunigung entsteht aus Gl. (2.24) und der Führungsbeschleunigung $\boldsymbol{a}_0$:

$$\boldsymbol{a} = \boldsymbol{a}_0 + \boldsymbol{a}_1 + \ddot{\boldsymbol{\varphi}} \times \boldsymbol{r}_1 + 2\dot{\boldsymbol{\varphi}} \times \boldsymbol{v}_1 + \dot{\boldsymbol{\varphi}} \times (\dot{\boldsymbol{\varphi}} \times \boldsymbol{r}_1) \tag{2.27}$$

2.2. Kinematik des starren Körpers

Wir denken uns den starren Körper aus sehr vielen Massenpunkten zusammengesetzt, die ihre Abstände zueinander nicht ändern; die Konfiguration der Punkte bleibt daher erhalten. Mit dem starren Körper soll ein Koordinatensystem x_1, y_1, z_1 fest verbunden sein. Zum Beschreiben der Körperbewegung werden die Ergebnisse aus 2.1.6. zur Relativbewegung des Punktes genutzt: Betrachtet wird die Bewegung zweier Körperpunkte $\bar{P}$ und $\bar{\bar{P}}$, deren Projektionen in z-Richtung sich nicht decken sollen und deren Lage gegenüber x_1, y_1, z_1 durch $\bar{\boldsymbol{r}}_1$ und $\bar{\bar{\boldsymbol{r}}}_1$ gegeben ist. Ihre gegenseitige Lage ist durch $\bar{\boldsymbol{r}}_1 - \bar{\bar{\boldsymbol{r}}}_1$ und ihr konstanter Abstand durch $|\bar{\boldsymbol{r}}_1 - \bar{\bar{\boldsymbol{r}}}_1| = c$ charakterisiert, denn sowohl $\dot{\bar{\boldsymbol{r}}}_1$ als auch $\dot{\bar{\bar{\boldsymbol{r}}}}_1$ sind Null. Die Bewegung dieser Punkte repräsentiert die Bewegung des gesamten Körpers — bis auf die Drehung um die Achse $\bar{P}\bar{\bar{P}}$. Beschränken wir uns auf die Bewegung in der x,y-Ebene, die nur eine Drehung um die z-Achse zuläßt, so kann eine Drehung um die Achse $\bar{P}\bar{\bar{P}}$ nicht eintreten. Daher genügt zum Darstellen der Bewegung des starren Körpers in der x,y-Ebene die Kenntnis der Bewegung der beiden Punkte $\bar{P}$ und $\bar{\bar{P}}$. Es muß hinsichtlich $\boldsymbol{r}_1$ bedacht werden, daß der Körper eine räumliche Ausdehnung besitzt und i. allg. nicht etwa eine dünne Scheibe in der x_1,y_1-Ebene darstellt.

2.2.1. Translation

Die Achsen x_1, y_1, z_1 ändern ihre Neigungen gegenüber x, y, z nicht (Bild D 2.20). Es sind $\bar{\boldsymbol{r}}_1 =$ konst und $\bar{\bar{\boldsymbol{r}}}_1 = \bar{\boldsymbol{r}}_1 + \boldsymbol{c} =$ konst. Die Bahnen der Punkte $\bar{P}$ und $\bar{\bar{P}}$ werden durch die Ortsvektoren

$$\bar{\boldsymbol{r}} = \boldsymbol{r}_0 + \bar{\boldsymbol{r}}_1 \quad \text{bzw.} \quad \bar{\bar{\boldsymbol{r}}} = \boldsymbol{r}_0 + \bar{\bar{\boldsymbol{r}}}_1 = \bar{\boldsymbol{r}} + \boldsymbol{c}$$

beschrieben. $\bar{P}$ und $\bar{\bar{P}}$ durchlaufen (wie alle übrigen Körperpunkte) gleiche Bahnen die in ihrer Lage zu gleichen Zeiten nur durch $\boldsymbol{c}$ gegeneinander verschoben sind.

Mit $\dot{\bar{\boldsymbol{r}}}_1 = \dot{\bar{\bar{\boldsymbol{r}}}}_1 = 0$ sind für alle Körperpunkte nach Gl. (2.20) auch die Geschwindigkeiten

$$\bar{\boldsymbol{v}} = \bar{\bar{\boldsymbol{v}}} = \boldsymbol{v}_0 \tag{2.28}$$

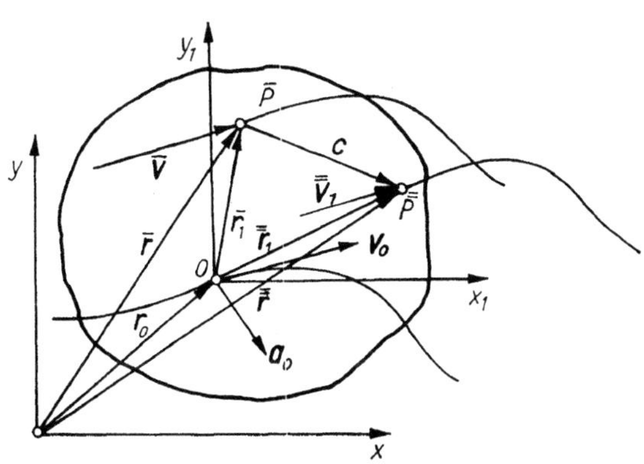

Die Vektoren $\bar{r}_1$, $\bar{\bar{r}}_1$ und **c** *sind nur als Projektionen sichtbar* Bild D 2.20

und auch die Beschleunigungen Gl. (2.21)

$$\bar{\boldsymbol{a}} = \bar{\bar{\boldsymbol{a}}} = \boldsymbol{a}_0 \qquad (2.29)$$

gleich.
Da bei der Translation die Körperdrehung nicht auftritt, gelten diese Ergebnisse auch für die räumliche Bewegung.

2.2.2. Rotation

Die Rotation erfolge um die z-Achse. In den Gln. (2.23) und (2.24) werden für die Punkte $\bar{P}$ und $\bar{\bar{P}}$ die Relativgeschwindigkeiten $\bar{\boldsymbol{v}}_1$ und $\bar{\bar{\boldsymbol{v}}}_1$ sowie die Relativbeschleunigungen $\bar{\boldsymbol{a}}_1$ und $\bar{\bar{\boldsymbol{a}}}_1$ Null gesetzt. Für die Geschwindigkeiten der Punkte verbleiben lediglich die Umfangsgeschwindigkeiten:

$$\bar{\boldsymbol{v}} = \dot{\boldsymbol{\varphi}} \times \bar{\boldsymbol{r}}_1 \quad \text{bzw.} \quad \bar{\bar{\boldsymbol{v}}} = \dot{\boldsymbol{\varphi}} \times \bar{\bar{\boldsymbol{r}}}_1$$

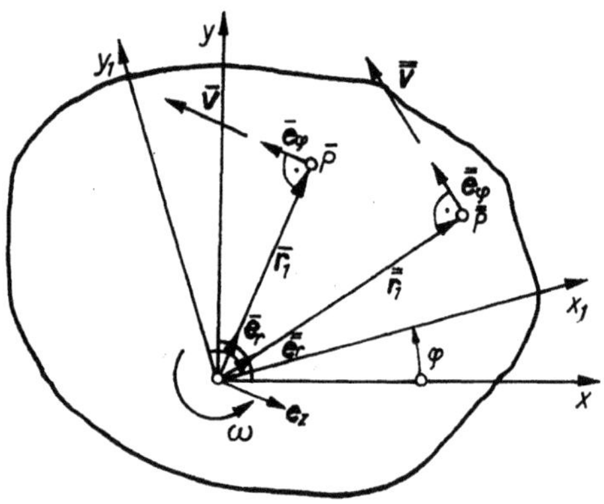

Die Vektoren r_1 sind nur als Projektionen sichtbar Bild D 2.21

Für die Darstellung werden zweckmäßig Zylinderkoordinaten benutzt, indem die Polarkoordinaten aus 2.1.5. durch die z-Komponente ergänzt werden. Damit sind (Bild D 2.21):

$$\bar{\boldsymbol{r}}_1 = \bar{\boldsymbol{e}}_r \bar{r}_1 + \boldsymbol{e}_z \bar{z} \qquad \text{und} \qquad \bar{\bar{\boldsymbol{r}}}_1 = \bar{\bar{\boldsymbol{e}}}_r \bar{\bar{r}}_1 + \boldsymbol{e}_z \bar{\bar{z}}$$

(Die Vektoren $\bar{\boldsymbol{r}}_1$ und $\bar{\bar{\boldsymbol{r}}}_1$ liegen aufgrund der räumlichen Ausdehnung des Körpers in der Regel nicht in der x,y-Ebene. Im Bild sind sie nur als Projektionen auf diese Ebene dargestellt.) Mit $\dot{\boldsymbol{\varphi}} = \boldsymbol{e}_z \omega$ sowie $\boldsymbol{e}_z \times \boldsymbol{e}_r = \boldsymbol{e}_\varphi$ und $\boldsymbol{e}_z \times \boldsymbol{e}_z = 0$ entsteht:

$$\bar{\boldsymbol{v}} = \bar{\boldsymbol{e}}_\varphi \bar{r}_1 \omega \sin \bar{\beta} \qquad (2.30\text{a})$$

$$\bar{\bar{\boldsymbol{v}}} = \bar{\bar{\boldsymbol{e}}}_\varphi \bar{\bar{r}}_1 \omega \sin \bar{\bar{\beta}} \qquad (2.30\text{b})$$

worin $\bar{\beta}$ und $\bar{\bar{\beta}}$ die Winkel zwischen Drehachse und $\bar{\boldsymbol{r}}_1$ bzw. $\bar{\bar{\boldsymbol{r}}}_1$ sind.
Für den Betrag des Geschwindigkeitsvektors ist außer der Winkelgeschwindigkeit ω nur die Projektion des Vektors $\boldsymbol{r}_1$ auf die Ebene senkrecht zur Drehachse — hier also die x,y-Ebene — ausschlaggebend. Die Punkte beschreiben (bei feststehender Achse) Kreise um die Drehachse.

Die Beschleunigung für Punkt $\bar{P}$ lautet:

$$\bar{\boldsymbol{a}} = \ddot{\boldsymbol{\varphi}} \times \bar{\boldsymbol{r}}_1 + \dot{\boldsymbol{\varphi}} \times (\dot{\boldsymbol{\varphi}} \times \bar{\boldsymbol{r}}_1) \qquad (2.31)$$

Mit dem Vektor der Winkelbeschleunigung $\ddot{\boldsymbol{\varphi}} = \boldsymbol{e}_z \ddot{\varphi}$ und dem Ortsvektor $\bar{\boldsymbol{r}}_1 = \bar{\boldsymbol{e}}_r \bar{r}_1$ $\boldsymbol{e}_z z_1$ wird daraus:

$$\bar{\boldsymbol{a}} = \bar{\boldsymbol{e}}_\varphi r_1 \dot{\omega} + \boldsymbol{e}_z \times [\boldsymbol{e}_z \times (\bar{\boldsymbol{e}}_r \bar{\boldsymbol{r}}_1 + \boldsymbol{e}_z \bar{z}_1)]\, \omega^2$$

Es ist $\boldsymbol{e}_z \times \boldsymbol{e}_\varphi = -\bar{\boldsymbol{e}}_r$. Damit entsteht für Punkt $\bar{P}$

$$\bar{\boldsymbol{a}} = \bar{\boldsymbol{e}}_\varphi \bar{r}_1 \dot{\omega} - \bar{\boldsymbol{e}}_r \bar{r}_1 \omega^2 \qquad (2.32\text{a})$$

und ebenso für Punkt $\bar{\bar{P}}$:

$$\bar{\bar{\boldsymbol{a}}} = \bar{\bar{\boldsymbol{e}}}_\varphi \bar{\bar{r}}_1 \dot{\omega} - \bar{\bar{\boldsymbol{e}}}_r \bar{\bar{r}}_1 \omega_2{}^2 \qquad (2.32\text{b})$$

Die ersten Glieder der rechten Seiten in den Gln. (2.32a) und (2.32b) sind die Umfangsbeschleunigung, die zweiten Glieder die Zentripetalbeschleunigung.
Falls die Drehung um eine beliebige, räumlich orientierte Achse in Richtung $\boldsymbol{e}_\omega$ erfolgt, ist $\dot{\boldsymbol{\varphi}} = \boldsymbol{e}_\omega \omega$ zu ersetzen.
Ändert die Drehachse ihre Richtung, so ist bei der Ableitung $\ddot{\boldsymbol{\varphi}} = (\boldsymbol{e}_\omega \omega)^{\cdot}$ auf die Veränderlichkeit von $\boldsymbol{e}_\omega$ zu achten.

2.2.3. Allgemeine Bewegung

Die allgemeine Bewegung des Körpers zur Zeit t kann aus der momentanen Translation des mit dem Körper fest verbundenen Systems x_1, y_1, z_1 und dessen Rotation zusammengesetzt werden. Mit Gln. (2.28) und (2.30) ist die Geschwindigkeit eines durch $\boldsymbol{r}_1$ angegebenen Körperpunktes P:

$$\boldsymbol{v} = \boldsymbol{v}_0 + \dot{\boldsymbol{\varphi}} \times \boldsymbol{r}_1 \qquad (2.33)$$

Seine Beschleunigung ergibt sich durch Addition der Gln. (2.29) und (2.31) zu

$$\boldsymbol{a} = \boldsymbol{a}_0 + \ddot{\boldsymbol{\varphi}} \times \boldsymbol{r}_1 + \dot{\boldsymbol{\varphi}} \times (\dot{\boldsymbol{\varphi}} \times \boldsymbol{r}_1) \qquad (2.34)$$

2.2.4. Momentanpol

Eingangs wurde vermerkt, daß die Bewegung zweier, sich in z-Richtung nicht deckender Punkte $\bar{P}$ und $\bar{\bar{P}}$ die ebene Bewegung des starren Körpers repräsentiert. Sind $\bar{\boldsymbol{v}}$ und $\bar{\bar{\boldsymbol{v}}}$ deren Geschwindigkeiten zur Zeit t, so können diese als Umfangsgeschwindigkeiten für die Drehung um den Punkt M aufgefaßt werden. M ist der momentane Drehpol oder kurz der *Momentanpol*. Seine Lage ist vom Bewegungsablauf des Körpers abhängig. Die Bahn, die M bezüglich des x,y-Systems beschreibt, heißt *Rastpolbahn*. Die im bewegten x_1,y_1-System beschriebene Bahn des Momentanpols ist die *Gangpolbahn*.
Der Momentanpol M ist der Schnittpunkt der in $\bar{P}$ und $\bar{\bar{P}}$ auf $\bar{\boldsymbol{v}}$ und $\bar{\bar{\boldsymbol{v}}}$ errichteten Normalen.
Sind $\overline{\bar{P}M} = \bar{R}$ und $\overline{\bar{\bar{P}}M} = \bar{\bar{R}}$, so ist die momentane Winkelgeschwindigkeit $\dot{\psi}$ der Drehbewegung um M aus $\dot{\psi} = \dfrac{\bar{v}}{\bar{R}}$ oder $\dot{\psi} = \dfrac{\bar{\bar{v}}}{\bar{\bar{R}}}$ errechenbar. Mit dieser Winkelgeschwindigkeit bewegt sich dann jeder Punkt des Körpers zur Zeit t um M.

Auf diese Weise kann die allgemeine Bewegung eines Körpers zur Zeit t durch eine Rotation um den Momentanpol M ersetzt werden.

Bild D 2.22 zeigt den Kurbelmechanismus einer Kolbenmaschine. Das Zentrum $\bar{P}$ des Pleuellagers an der Kurbel bewege sich mit der Umfangsgeschwindigkeit $\bar{v} = r_k \nu$, die in Richtung der Tangente an den Kurbelkreis in $\bar{P}$ zeigt (ν ist die Winkelgeschwindigkeit der Kurbelwelle).
Die Mitte des Kolbenbolzens $\bar{\bar{P}}$ bewege sich mit $\bar{\bar{v}}$ in Richtung der Zylinderachse. M ist der Schnittpunkt der Normalen zur Zylinderachse mit dem Radiusstrahl der Kurbel. Befindet sich $\bar{P}$ im oberen oder unteren Totpunkt 0 bzw. U, so liegt M in

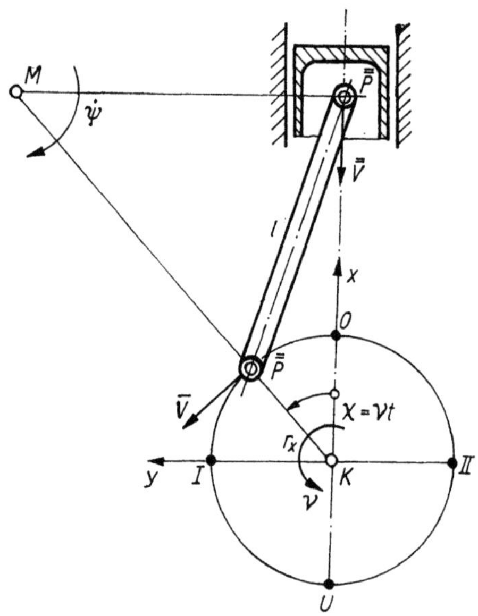

Bild D 2.22 (am Kurbelzapfen: $\bar{P}$ statt $\bar{\bar{P}}$; r_k statt r_x)

der Kolbenbolzenachse. Nähert sich P den Punkten I oder II, so wandert M ins Unendliche. Die Pleuelstange führt in dieser Stellung eine reine Translation in Richtung der Zylinderachse aus. Mit den im Bild D 2.22 dargestellten geometrischen Verhältnissen errechnen sich die Koordinaten des Momentanpols M zu:

$$x_M = r_k \cos(\nu t) + l \sqrt{1 - \left(\frac{r_k}{l}\right)^2 \sin^2(\nu t)}$$

$$y_M = r_k \sin(\nu t) + l \sqrt{1 - \left(\frac{r_k}{l}\right)^2 \sin^2(\nu t)} \tan(\nu t)$$

x_M und y_M beschreiben in Abhängigkeit vom Parameter t die Rastpolbahn.
Die momentane Winkelgeschwindigkeit ψ der Pleuelstange um M ist:

$$\dot{\psi} = \frac{r_k}{l} \frac{\nu t \cos(\nu t)}{\sqrt{1 - \left(\frac{r_k}{l}\right)^2 \sin^2(\nu t)}}$$

2.3. Freiheitsgrade

Die freie Bewegung eines Körpers im Raum x, y, z kann durch die Verschiebung eines ausgewählten Körperpunktes *0* (z. B. des Koordinatenursprungs von x_1, y_1, z_1) und die Drehung um eine Achse durch *0* dargestellt werden. Sowohl die in der Zeit dt erfolgte Verschiebung d$\boldsymbol{r}_0$ als auch die Verdrehung dφ können in ihre Komponenten in x-, y- und z-Richtung zerlegt werden. Der sich frei im Raum bewegende Körper besitzt daher sechs *Freiheitsgrade* der Bewegung: drei Freiheitsgrade der Translation und drei der Rotation. Zum Beschreiben dieser Bewegung werden sechs Koordinaten benötigt, z. B. in kartesischen Koordinaten x_0, y_0 und z_0 sowie die Drehwinkel um die Koordinatenachsen φ_x, φ_y und φ_z. Ist die Bewegung des Körpers auf die x,y-Ebene beschränkt, so entfallen die Verschiebung in z-Richtung und die beiden Drehungen φ_x und φ_y. Es verbleiben daher drei Freiheitsgrade: zwei der Translation in x- und y-Richtung und einer der Rotation um die z-Achse. Wir wenden nun diese Überlegungen auf einen Massenpunkt an. Da der Massenpunkt gegen Null gehende Abmessungen besitzt, ist seine mögliche Eigendrehung dynamisch uninteressant. Daher werden dem sich frei im Raum bewegenden Massenpunkt nur drei Freiheitsgrade der Translation zugeordnet. Ist seine Bewegung an eine Fläche $z = f(x, y)$ gebunden, verbleiben zwei Freiheitsgrade. Durch die Bedingung $z = f(x, y)$ wird die Bewegungsfreiheit eingeschränkt. Solche vorgeschriebenen Beziehungen zwischen den Koordinaten heißen *kinematische Zwangsbedingungen.* Jede kinematische Zwangsbedingung reduziert den Freiheitsgrad um eins. Im Sonderfall der Bewegung in der x,y-Ebene lautet die Zwangsbedingung $z = 0$.
Soll sich der Massenpunkt längs einer Bahn bewegen, so ist eine weitere kinematische Zwangsbedingung $z = g(x, y)$ erforderlich, da die im Raum liegende Bahn bekanntlich die Schnittlinie der beiden Flächen $z = f(x, y)$ und $z = g(x, y)$ ist.

Sind n die Anzahl der Koordinaten, k die Anzahl der kinematischen Zwangsbedingungen und f die Anzahl der verbliebenen Freiheitsgrade, so gilt offenbar:

$$f = n - k \tag{2.31}$$

Mit Hilfe der k Zwangsbedingungen können bei Aufgabenstellungen der Dynamik von den n Koordinaten k durch die übrigen $f = n - k$ ausgedrückt werden. Diese verbleibenden f Koordinaten heißen *generalisierte Koordinaten.* Die durch Gl. (2.31) ausgedrückte Gesetzmäßigkeit gilt auch für starre Körper und Systeme starrer Körper. Bestehen für eine Masse oder ein Massensystem kinematische Zwangsbedingungen in der Form algebraischer Gleichungen, d. h., sie gelten für endliche Verschiebungen, so wird das System *holonom* genannt. Es gibt auch Aufgaben, bei denen die Zwangsbedingungen differentielle Beziehungen zwischen den Koordinaten beschreiben. Diese Systeme sind *nichtholonom.* Wir werden hier nur holonome Systeme behandeln.

Beispiel 10:

Bild D 2.23 zeigt eine Walze, die auf einer geraden Bahn längs der x-Achse abrollt. Anfangs befand sich Punkt P' der Walze im Punkt P der Bahn. Die Walzenbewegung setzt sich aus der Translation in x-Richtung und der Rotation um die z_1-Achse zusammen. Diese Bewegung kann zur Zeit t durch eine Drehbewegung um den Momentanpol M ersetzt werden. Die Rastpolbahn ist $\overline{PM}$, die Gangpolbahn ist der Bogen $\widehat{P'M}$, der sich auf der Rastpolbahn abwälzt. Mithin gilt bei reinem Rollen die Zwangsbedingung $x = r_0\varphi$. Ferner ist $y = 0$.
In diesem Falle gilt also: $n = 3(x, y, \varphi)$; $k = 2$.
Die Anzahl der Freiheitsgrade ist $f = n - k = 1$.

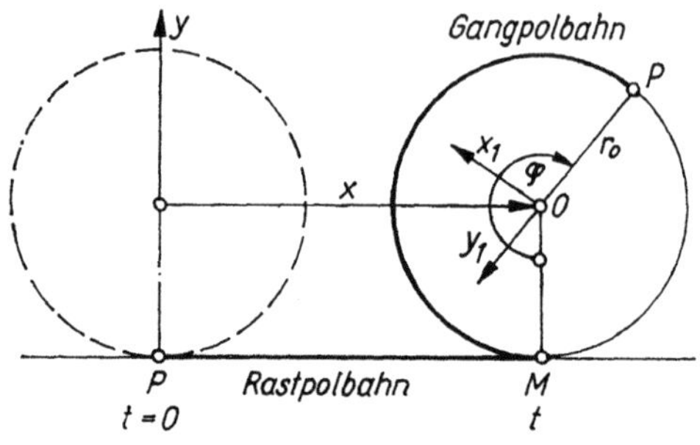

Bild D 2.23

3. Dynamik des Massenpunktes

3.1. Grundgesetz der Dynamik (Impulssatz)

Wesentlicher Inhalt des Impulssatzes ist die Aussage des im Abschn. 1. genannten 2. Axioms. Mit $\boldsymbol{p} = m\boldsymbol{v}$ als Bewegungsgröße gilt

$$\boldsymbol{F} = \frac{\mathrm{d}(m\boldsymbol{v})}{\mathrm{d}t} \tag{3.1}$$

oder kürzer

$$\boldsymbol{F} = \dot{\boldsymbol{p}} \tag{3.2}$$

Da die Masse konstant ist, wird aus Gl. (3.1)

$$\boldsymbol{F} = m\,\frac{\mathrm{d}\boldsymbol{v}}{\mathrm{d}t}$$

Mit $\boldsymbol{a} = \frac{\mathrm{d}\boldsymbol{v}}{\mathrm{d}t}$ ist

$$\boldsymbol{F} = m\boldsymbol{a} \tag{3.3}$$

Wenn die Kraft $\boldsymbol{F}$ als Funktion der Zeit t gegeben ist, läßt sich Gl. (3.1) durch Trennung der Variablen lösen, und es entsteht die Form

$$\int_{t_0}^{t} \boldsymbol{F}(\bar{t})\,\mathrm{d}\bar{t} = m \int_{\boldsymbol{v}_0}^{\boldsymbol{v}} \mathrm{d}\boldsymbol{v}$$

umgestellt ergibt sich

$$m(\boldsymbol{v} - \boldsymbol{v}_0) = \int_{t_0}^{t} \boldsymbol{F}(\bar{t})\,\mathrm{d}\bar{t} \tag{3.4}$$

Das Zeitintegral über die Kraft ist demnach gleich der Differenz der Bewegungsgrößen nach und vor der Krafteinwirkung. Wir werden beim Untersuchen des Stoßes fester Körper von dieser Formulierung Gebrauch machen. Als Kraft $\boldsymbol{F}$ ist in den obigen Gleichungen die Resultierende aller an der Masse angreifenden äußeren Kräfte $\boldsymbol{F}_i$ gemäß dem 4. Axiom (Parallelogrammaxiom) zu verstehen. Ist n die Anzahl der äußeren Kräfte, so gilt nach Gl. (3.3)

$$\boldsymbol{F} = \sum_{i=1}^{n} \boldsymbol{F}_i = m\boldsymbol{a} \tag{3.5}$$

Die Kräfte $\boldsymbol{F}_i$ können unterschiedlichen Ursprungs sein. Hierzu gehören Kräfte, die durch

- Gravitationsfelder oder magnetische Felder (Gewichtskraft),
- kinematische Zwangsbedingungen (Führungskraft senkrecht zu einer vorgegebenen Bahn),
- Bindungen an andere Massen (Federkräfte),
- einen Bewegungswiderstand (Reibungswiderstand oder Widerstand bei Bewegung durch ein fluides Medium)

hervorgerufen werden.
Beim Lösen von Aufgaben mit Hilfe des Impulssatzes wählen wir ein geeignetes Koordinatensystem und zerlegen die Kräfte $\boldsymbol{F}_i$ bzw. ihre Resultierende $\boldsymbol{F}$ sowie die Beschleunigung $\boldsymbol{a}$ in die Komponenten. Alle Komponenten in positiver Koordinatenrichtung sind positiv.

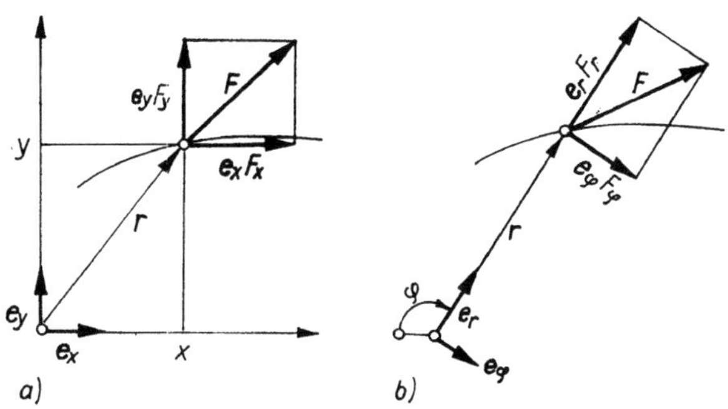

Bild D 3.1

In kartesischen Koordinaten (Bild D 3.1a) ergibt sich dann nach 2.1.4. für die Ebene:

$$\boldsymbol{F} = \boldsymbol{e}_x F_x + \boldsymbol{e}_y F_y; \qquad \boldsymbol{a} = \boldsymbol{e}_x \ddot{x} + \boldsymbol{e}_y \ddot{y}$$

Aus $\boldsymbol{F} = m\boldsymbol{a}$ folgen

$$F_x = m\ddot{x}; \qquad F_y = m\ddot{y} \tag{3.6a}$$

Die Darstellung in Polarkoordinaten (Bild D 3.1b) führt gemäß 2.1.5. mit

$$\boldsymbol{F} = \boldsymbol{e}_\mathrm{r} F_\mathrm{r} + \boldsymbol{e}_\varphi F_\varphi; \qquad \boldsymbol{a} = \boldsymbol{e}_\mathrm{r}(\ddot{r} - r\dot{\varphi}^2) + \boldsymbol{e}_\varphi(r\ddot{\varphi} + 2\dot{r}\dot{\varphi})$$

auf

$$F_\mathrm{r} = m(\ddot{r} - r\dot{\varphi}^2); \qquad F_\varphi = m(r\ddot{\varphi} + 2\dot{r}\dot{\varphi}) \tag{3.6b}$$

Oftmals ist die Wahl von Bahnkoordinaten günstig. Die Zerlegung der Kraft $\boldsymbol{F}$ erfolgt dann in eine Tangentialkraft F_t und eine Normalkraft F_n (positiv in Richtung $\boldsymbol{e}_\mathrm{t}$ bzw. $\boldsymbol{e}_\mathrm{n}$ gemäß Bild D 2.2). Mit $v = \dot{s}$ ergibt $\boldsymbol{F} = m\boldsymbol{a}$ unter Nutzen von Gl. (2.7):

$$F_\mathrm{t} = m\ddot{s}; \qquad F_\mathrm{n} = m\frac{\dot{s}^2}{R} \tag{3.6c}$$

Für die Bewegung des Massenpunktes in der Ebene stehen also jeweils zwei Gleichungen zur Verfügung (für die räumliche Bewegung drei Gleichungen). Je nach Aufgabenstellung können daraus zwei unbekannte Funktionen berechnet werden.

Beispiele sind folgende zwei Probleme:

1. Gegeben sind die Kräfte F_x, F_y bzw. F_r, F_φ oder F_n, F_φ; gesucht sind die Bahnkoordingaten $x(t)$, $y(t)$ bzw. $r(t)$, $\varphi(t)$ oder $s(t)$, $R(t)$.
2. Gegeben sind die Bahnkurve (etwa $y(x)$ bzw. $r(\varphi)$ oder $s(R)$ und beispielsweise eine Kraftkomponente; gesucht sind die zweite Kraftkomponente sowie $x(t)$ bzw. $\varphi(t)$ oder $s(t)$.

Wir werden in später folgenden Beispielen darauf zurückkommen. Zunächst soll näher auf die Besonderheiten der geführten Bewegung eingegangen werden.

3.2. Freie und geführte Bewegung

Die Grundlagen der NEWTONschen Mechanik sind aus Beobachtungen an sich frei bewegenden Körpern (freier Fall, Planetenbewegung) entstanden. In der Technik treten jedoch viel häufiger Fälle auf, bei denen der sich bewegende Körper an eine bestimmte Bahn gebunden ist, also gewissen kinematischen Zwangsbedingungen unterliegt. Wir wissen aus 2.3., daß jede kinematische Zwangsbedingung den Freiheitsgrad der Bewegung um eins reduziert und als algebraische Beziehung (bei holonomen Systemen) zwischen den Koordinaten formulierbar ist. Bewegt sich beispielsweise ein Massenpunkt im Koordinatensystem x, y, z ($n = 3$) auf einer ebenen Bahn $y = f(x)$, $z = 0$, so ist $k = 2$, und es verbleiben $f = n - k = 1$ Freiheitsgrade der Bewegung.
Um den Impulssatz auf die geführte Bewegung anwenden zu können, wird vom *Befreiungsprinzip* Gebrauch gemacht:
Man denke sich den Massenpunkt von seiner Führung befreit. Die Wechselwirkung zwischen Massenpunkt und Führung wird durch eine Zwangskraft ersetzt, die senkrecht zur Bahntangente auf die Masse einwirkt. Diese in der Regel noch unbekannte Zwangskraft $\boldsymbol{F}_Z$ ergibt gemeinsam mit den anderen an dem Massenpunkt angreifenden Kräften, wie der eingeprägten Kraft $\boldsymbol{F}_e$ und der Widerstandskraft $\boldsymbol{F}_W$, die resultierende Kraft $\boldsymbol{F}$ (Bild D 3.2)

$$\boldsymbol{F} = \boldsymbol{F}_e + \boldsymbol{F}_Z + \boldsymbol{F}_W \tag{3.7}$$

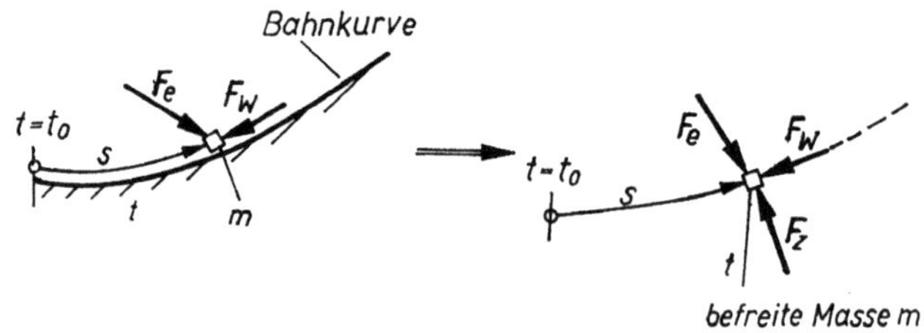

Bild D 3.2

Die Widerstandskraft $\boldsymbol{F}_W$ wirkt stets entgegen der Bewegungsrichtung relativ zum umgebenden Medium auf die Masse ein. Diese Bewegungsrichtung ist durch den Einheitsvektor $\dfrac{\boldsymbol{v}_1}{v}$ charakterisiert ($\boldsymbol{v}_1$ ist die Relativgeschwindigkeit). Der Betrag von $\boldsymbol{F}_W$ ist von vielen Faktoren abhängig. Beispielsweise ist bei COULOMBscher Reibung F_W proportional F_Z:

$$\boldsymbol{F}_W = \mu F_Z$$

Bewegt sich die Masse in einem fluiden Medium, so ist F_W von der Relativgeschwindigkeit v_1, der Form des Körpers und dessen Oberflächenbeschaffenheit abhängig. Für nicht zu kleine und nicht zu große Geschwindigkeiten (unterhalb der Schallgeschwindigkeit bei Gasen) hat sich das quadratische Widerstandsgesetz $F_W = cAv_1^2$ bewährt. Darin sind A die Querschnittsfläche des Körpers senkrecht zur Strömungsrichtung und c ein vom Medium, der Körperform und der Oberflächenbeschaffenheit abhängiger Beiwert. Für den Vektor der Widerstandskraft gilt daher:

$$\boldsymbol{F}_W = -F_W \frac{\boldsymbol{v}_1}{v_1} \tag{3.8}$$

Bei der Bewegung in einem ruhenden Medium (Führungsgeschwindigkeit $\boldsymbol{v}_0 = 0$) ist $\boldsymbol{v}_1 = \boldsymbol{v}$ und daher:

$$\boldsymbol{F}_W = -F_W \frac{\boldsymbol{v}}{v} \tag{3.8a}$$

3.3. Kinetostatische Methode

Nach Überlegungen von D'ALEMBERT kann das Grundgesetz der Dynamik Gl. (3.3) auch als Gleichgewichtsaufgabe behandelt werden:

$$\boldsymbol{F} - m\boldsymbol{a} = 0 \tag{3.9}$$

Diese Schreibweise führt das dynamische Problem auf ein statisches Modell zurück. Die in $\boldsymbol{F}$ vereinigten Kräfte werden dabei als eingeprägte Kräfte im Sinne der Statik aufgefaßt; die Trägheitskraft $m\boldsymbol{a}$ — auch D'ALEMBERTsche Kraft genannt — spielt die Rolle einer Reaktionskraft.

Bei der praktischen Anwendung dieser Methode gehen wir wie folgt vor:
Zunächst wird ein geeignetes Koordinatensystem gewählt. Danach wird das Befreiungsprinzip angewandt und alle an der Masse angreifenden, in $\boldsymbol{F}$ enthaltenen Kräfte werden angetragen und in ihre Komponenten je nach Koordinatensystem zerlegt. Wegen $-m\boldsymbol{a}$ werden die Komponenten der D'ALEMBERTschen Kraft *ent-*

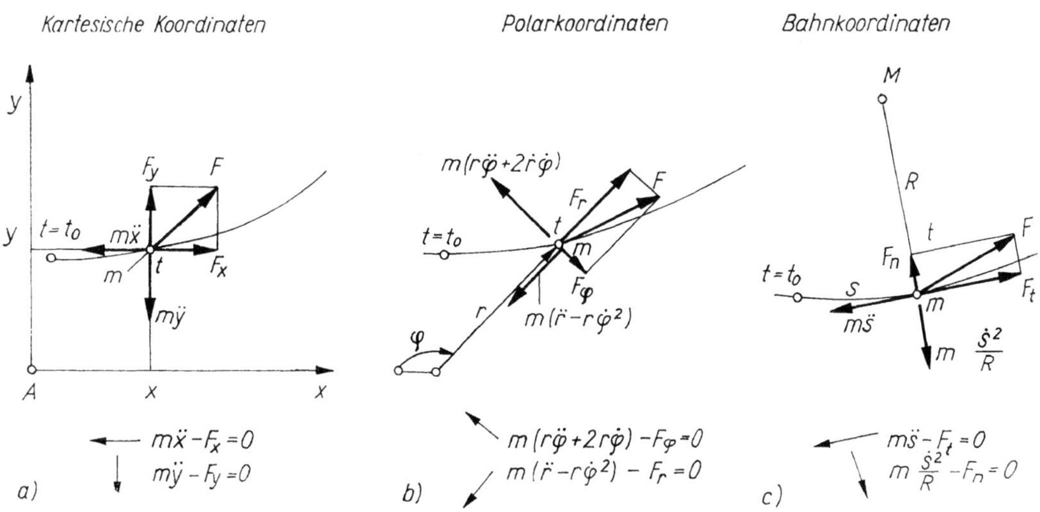

Bild D 3.3

gegen den positiven Koordinatenrichtungen eingetragen und die Gleichgewichtsbedingungen aufgestellt. Bei der praktischen Ausführung wird gewöhnlich auf die Wiedergabe der Kräfte und Kraftkomponenten als Vektoren verzichtet. Es werden nur die Beträge an die Kraftpfeile geschrieben.
Für die Bewegung eines Massenpunktes in der Ebene ergeben sich daraus zwei Gleichungen wie in Gln. (3.6), jedoch in homogener Schreibweise. In den Bildern D 3.3a bis c wird die Behandlung der gleichen ebenen Bewegung eines Massenpunktes in drei verschiedenen Koordinatensystemen gezeigt. Zur Lösung sind noch die Anfangsbedingungen erforderlich. Die Lösungsstrategie ist ganz von der Fragestellung und den Vorgaben abhängig; insbesondere auch davon, ob es sich um eine freie oder geführte Bewegung handelt.

3.3.1. Beispiele zur freien Bewegung

Beispiel 11: Freier Fall mit Luftwiderstand

Eine Masse m falle aus niedriger Höhe (g = konst) senkrecht zur Erde. Für Geschwindigkeiten bis etwa 200 m/s gilt für Gase, bei kleinen Drücken, das quadratische Widerstandsgesetz $F_W = cAv^2$. Wir setzen für $cA = k$. Die Bewegung in unbewegter Luft erfolge aus der Ruhe heraus (Bild D 3.4).
Gesucht ist der Verlauf der Geschwindigkeit in Abhängigkeit vom Weg.
Auf die Masse wirken als äußere Kräfte die Gewichtskraft mg und die Widerstandskraft $F_W = k\dot{x}^2$ ein. (Wir wollen voraussetzen, daß an der Masse keine anderen gasdynamischen Kräfte mit horizontaler Komponente angreifen, so daß ihre Bahn geradlinig nach unten zeigt. Anderenfalls könnte sie taumelnde Bewegungen wie ein fallendes Blatt ausführen.) Der Auftrieb des Körpers im Medium wird vernachlässigt. Die Kräftegleichgewichtsbedingung liefert:

$$\uparrow: m\ddot{x} + k\dot{x}^2 - mg = 0 \tag{3.10}$$

Mit

$$v_s = \sqrt{\frac{mg}{k}}$$

folgt daraus

$$\ddot{x} = g\left(1 - \frac{\dot{x}^2}{v_s^2}\right) \tag{3.11}$$

Diese Aufgabe entspricht der im Bild D 2.5 unter Nr. 5 dargestellten:
Gegeben ist $a(v)$, gesucht ist $x(v)$ bzw. $v(x)$.
Wir schreiben nach der Kettenregel

$$\ddot{x} = \frac{d\dot{x}}{dt} = \frac{d\dot{x}}{dx}\dot{x} = \frac{1}{2}\frac{d\dot{x}}{dx}$$

und setzen in Gl. (3.11) ein:

$$\frac{d\dot{x}^2}{dx} = 2g\left(1 - \frac{\dot{x}^2}{v_s^2}\right)$$

Trennung der Variablen und anschließende Integration ergeben mit $\dot{x} = v$ sowie den Anfangsbedingungen $t = 0$; $v(0) = 0$; $x(0) = 0$:

$$\int_0^{v_s} \frac{d\bar{v}^2}{1 - \frac{\bar{v}^2}{v_s^2}} = 2g \int_0^x d\bar{x}$$

$$-v_s^2 \ln\left(1 - \frac{v^2}{v_s^2}\right) = 2gx$$

Die Umstellung nach v führt auf:

$$v = v_s \sqrt{1 - e^{-\frac{2g}{v_s^2}x}} \tag{3.12}$$

Bild D 3.5 zeigt den Verlauf von $v(x)$. Für $x \to \infty$ nähert sich v asymptotisch der Geschwindigkeit v_s. Für den luftleeren Raum ist $c = 0$ bzw. $k = 0$ und mithin nach (Gl. (3.10)) $v_s \to \infty$. Aus Gl. (3.11) entsteht dann $\ddot{x} = g$ und daraus $\dot{x} = v = \sqrt{2gx}$ (siehe auch 2.1.3.). Diese Kurve (Parabel) wurde zum Vergleich im Bild 3.5 mit eingezeichnet.

Der Ausdruck $v_s = \sqrt{\frac{mg}{k}}$ wird als Schwebegeschwindigkeit bezeichnet und besitzt z. B. bei der pneumatischen Förderung von Schüttgut praktische Bedeutung. Wird ein Masseteilchen mit v_s von unten angeblasen, so beginnt es bei dieser Luftgeschwindigkeit zu schweben. Eine Aufwärtsförderung tritt erst bei Strömungsgeschwindigkeiten größer v_s ein.

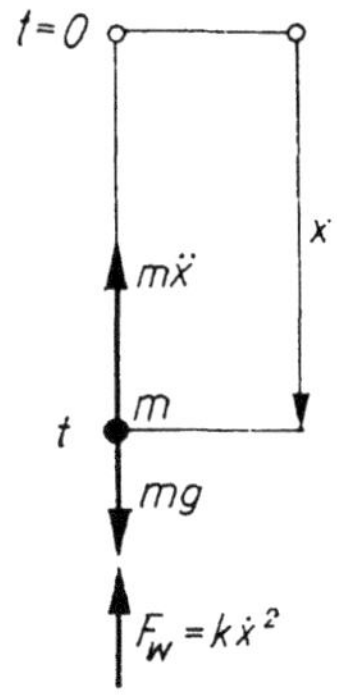

Bild D 3.4

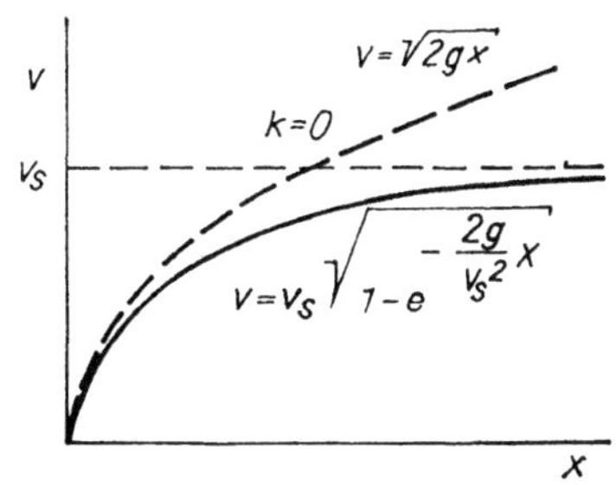

Bild D 3.5

Beispiel 12: Bewegung einer Masse in einem strömenden Medium

Ein gasförmiges oder flüssiges Medium ströme mit $\boldsymbol{v}_0 = \boldsymbol{e}_x v_0$ parallel zur x-Achse, wobei $v_0 = v_0(y)$ sein kann. In diesem Medium beginnt ein Massenpunkt m (Geschoß; Staubteilchen) mit den Anfangsbedingungen $t = 0: v_x = v_a \cos \alpha;\ v_y = v_a \sin \alpha;\ x = 0;\ y = 0$ seine Bewegung. Auf ihn wirken ein (Bild D 3.6):

- die Gewichtskraft mg,
- die Auftriebskraft $F_A = v\varrho_F g = mg \frac{\varrho_F}{\varrho}$ (ϱ_F, ϱ Dichten des Medium und der Masse)
- die Widerstandskraft $\boldsymbol{F}_W = -kf(v_1) \frac{\boldsymbol{v}_1}{v_1}$ mit ihren Komponenten F_{Wx} und F_{Wy}

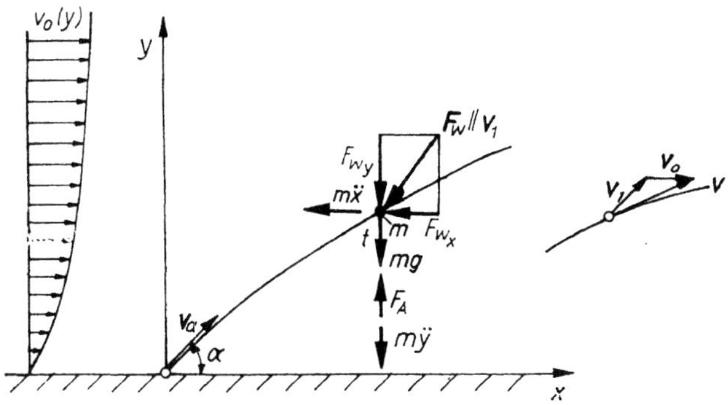

Bild D 3.6

Hierbei ist zu beachten, daß $\boldsymbol{v}_1$ der Vektor der *Relativgeschwindigkeit* ist. Nach Gl. (2.20) aus 2.1.6.1. ist $\boldsymbol{v} = \boldsymbol{v}_0 + \boldsymbol{v}_1$ und somit $\boldsymbol{v}_1 = \boldsymbol{v} - \boldsymbol{v}_0$. Es sind die Absolutgeschwindigkeit $\boldsymbol{v} = \boldsymbol{e}_x\dot{x} + \boldsymbol{e}_y\dot{y}$ und die Führungsgeschwindigkeit $\boldsymbol{v}_0 = \boldsymbol{e}_x v_0(y)$, so daß die Relativgeschwindigkeit

$$\boldsymbol{v}_1 = \boldsymbol{e}_x(\dot{x} - v_0) + \boldsymbol{e}_y\dot{y}$$

wird. Ihr Betrag ist:

$$v_1 = \sqrt{(\dot{x} - v_0)^2 + \dot{y}^2}$$

Die Widerstandskraft ergibt sich somit zu

$$\boldsymbol{F}_{\mathrm{W}} = -k\,\frac{f(v_1)}{v_1}\,[\boldsymbol{e}_x(\dot{x} - v_0) + \boldsymbol{e}_y\dot{y}]$$

Die im Bild D 3.6 bereits in ihren Wirkungsrichtungen eingezeichneten Komponenten lauten in ihren Beträgen:

$$F_{\mathrm{W}x} = k\,\frac{f(v_1)}{v_1}\,(\dot{x} - v_0); \qquad F_{\mathrm{W}y} = k\,\frac{f(v_1)}{v_1}\,\dot{y}$$

Die Gleichgewichtsbedingungen liefern die Bewegungsdifferentialgleichungen des Systems:

$$\leftarrow:\; m\ddot{x} + k\,\frac{f(v_1)}{v_1}\,(\dot{x} - v_0) = 0$$

$$\downarrow:\; m\ddot{y} + k\,\frac{f(v_1)}{v_1}\,\dot{y} - mg\,\frac{\varrho_{\mathrm{F}}}{\varrho} + mg = 0$$

Division durch m ergibt schließlich die folgenden beiden nichtlinearen, gekoppelten Differentialgleichungen des Systems:

$$\ddot{x} + \frac{k}{m}\,\frac{f(v_1)}{v_1}\,[\dot{x} - v_0(y)] = 0$$

$$\ddot{y} + \frac{k}{m}\,\frac{f(v_1)}{v_1}\,\dot{y} = -g\left(1 - \frac{\varrho_{\mathrm{F}}}{\varrho}\right)$$

mit

$$v_1 = \sqrt{[\dot{x} - v_0(y)]^2 + \dot{y}^2}$$

Ihre Lösung ist selbst für den Sonderfall $v_0 = 0$, der Bewegungsdifferentialgleichungen der Ballistik mit speziellen Funktionen $f(v_1)$, nicht in geschlossener Form möglich. Derartige Probleme werden mit Hilfe der numerischen Mathematik auf elektronischen Rechenanlagen bewältigt.
Einfache Resultate ergeben sich jedoch für das geschwindigkeitsproportionale Widerstandsgesetz $F = kf(v_1) = kv_1$ sowie lineare Funktionen $v_0(y)$. Wir wollen aber diesen Weg hier nicht weiter verfolgen.

3.3.2. Beispiele zur geführten Bewegung

Beispiel 13: Bewegung einer Masse auf geneigter Ebene mit Coulomb*scher Reibung*

Eine Masse m rutsche eine um den Winkel α gegenüber der Horizontalen geneigte Ebene hinauf (Bild D 3.7). Die Anfangsgeschwindigkeit betrage für $t = 0$: $v(0) = v_a$. Der Reibungskoeffizient ist μ.
Gesucht sind die Verläufe der Geschwindigkeit und des Weges in Abhängigkeit von der Zeit. In welcher Entfernung vom Punkt *0* liegt der Gipfelpunkt? Unter welchen Bedingungen und wie erfolgt die Bewegung danach?
Wir wählen Bahnkoordinaten (oder auch kartesische Koordinaten mit x oder y in Bahnrichtung zeigend). Für die gerade Bahn ist $R \to \infty$ und deshalb $a_n = 0$.

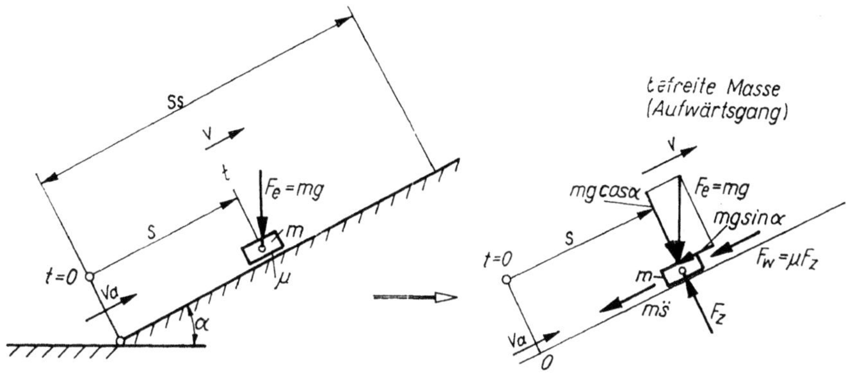

Bild D 3.7

Die Kräftegleichgewichtsbedingungen ergeben für den Aufwärtsgang:

$$\nwarrow : F_z - mg\cos\alpha = 0$$

$$\swarrow : m\ddot{s} + mg\sin\alpha + \mu F_Z = 0$$

Aus der ersten Gleichung folgt $F_Z = mg\cos\alpha$. Die zweite lautet damit nach $\ddot{s}$ umgestellt:

$$\ddot{s} = -g(\sin\alpha + \mu\cos\alpha) \tag{3.13}$$

Die Beschleunigung ist also konstant und negativ bezüglich der positiven Bewegungskoordinate (gleichmäßig verzögerte Bewegung). Sie gehört zur Kategorie der im Bild D 2.5 unter 3. genannten Aufgaben; d. h. $\ddot{s} = \frac{\mathrm{d}\dot{s}}{\mathrm{d}t} = -K$; $K = g \times (\sin\alpha + \mu\cos\alpha)$.

Trennung der Variablen und Integration ergibt:

$$\int_{v_a}^{v} \mathrm{d}\dot{\bar{s}} = -K\int_0^t \mathrm{d}\bar{t}; \qquad v = v_a - Kt$$

oder ausführlich geschrieben

$$v = v_a - g(\sin\alpha + \mu\cos\alpha)\,t \tag{3.14a}$$

Mit $v = \frac{\mathrm{d}s}{\mathrm{d}t} = v_a - Kt$ ergibt sich nach Trennung der Variablen und Integration

$$\int_0^s \mathrm{d}\bar{s} = \int_0^t (v_a - K\bar{t})\,\mathrm{d}\bar{t}; \qquad s = v_a t - \frac{1}{2}Kt^2$$

oder ausführlich:

$$s = v_a t - \frac{1}{2}\,g\,(\sin\alpha + \mu\cos\alpha)\,t^2 \tag{3.14b}$$

Die Funktionen $v(t)$ und $s(t)$ sind im Bild D 3.8 dargestellt. Der Gipfelpunkt ist erreicht, wenn $v = 0$ wird. Daraus folgt die Steigzeit mit Gl. (3.14a):

$$t_s = \frac{v_a}{g\,(\sin\alpha + \mu\cos\alpha)}$$

Wird t_s statt t in $s(t)$ eingesetzt, ergibt sich die Weglänge s_s:

$$s_s = \frac{v_a^2}{2g(\sin\alpha + \mu\cos\alpha)} \qquad (3.15)$$

Falls $tg\,\alpha \leqq \mu_0$, dem Haftungskoeffizienten ist, bleibt die Masse in dieser Stellung liegen; anderenfalls bewegt sie sich abwärts. Für den *Abwärtsgang* kann dieselbe Koordinate s gewählt werden. Nur ist jetzt zu bedenken, daß die Geschwindigkeit bahnabwärts zeigt und mithin $F_W = \mu F_Z$ das Vorzeichen umkehrt. Für Gl. (3.13) gilt jetzt:

$$\ddot{s} = -g(\sin\alpha - \mu\cos\alpha) \qquad (3.14c)$$

Dieser neue Bewegungsabschnitt beginnt bei $t = t_s$ mit $v = 0$ und $s = s_s$.

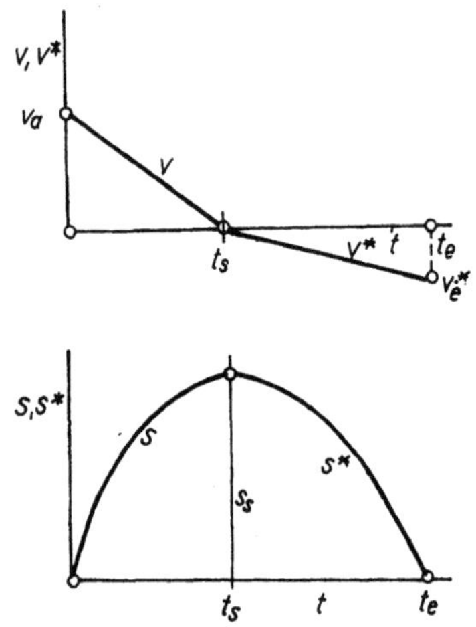

Bild D 3.8

Wir wollen im Unterschied zu vorhin die Geschwindigkeit (positiv in s-Richtung!) der Abwärtsbewegung mit v^* und die Koordinate mit s^* bezeichnen. Mittels $\ddot{s}^* = \frac{dv^*}{dt} = -K^*$ sowie $K^* = g(\sin\alpha - \mu\cos\alpha)$ wird

$$\int_0^{v^*} d\bar{v}^* = -K^* \int_{t_s}^{t} d\bar{t} \qquad \text{oder} \qquad v^* = -K^*\,(t - t_s)$$

Das Minuszeichen zeigt, daß v^* entgegen s gerichtet ist. Aus $v^* = \frac{ds^*}{dt} = -K^*(t - t_s)$ entsteht

$$\int_{S_s}^{s^*} d\bar{s}^* = -K^* \int_{t_s}^{t} (\bar{t} - t_s)\,d\bar{t}; \qquad s^* = s_s - K^*\left[\frac{1}{2}(t^2 - t_s^2) - t_s(t - t_s)\right]$$

Durch $K^* = g(\sin\alpha - \mu\cos\alpha)$ aus Gl. (3.14) lauten die Ausdrücke ausführlich:

$$v^* = -g(\sin\alpha - \mu\cos\alpha)\,(t - t_s) \qquad (3.16a)$$

$$s^* = s_s - \frac{1}{2}\,g(\sin\alpha - \mu\cos\alpha)\,(t - t_s)^2 \qquad (3.16b)$$

Die Masse erreicht die Ausgangslage $s^* = 0$ nach der aus Gl. (3.16b) folgenden Zeit t_e

$$t_e - t_s = \sqrt{\frac{2 s_s}{g(\sin\alpha - \mu\cos\alpha)}}$$

und mit Gl. (3.15) ergibt sich

$$t_e = t_s + \frac{v_a}{g\sqrt{\sin^2\alpha - \mu^2\cos^2\alpha}} \tag{3.17}$$

Die in $s^* = 0$ vorhandene Geschwindigkeit $v_e^* = v^*(t_e)$ ist

$$v_e^* = -v_a \sqrt{\frac{\sin\alpha - \mu\cos\alpha}{\sin\alpha + \mu\cos\alpha}} \tag{3.18}$$

Beispiel 14: Bewegung eines Geschosses im Lauf

Ein Geschoß der Masse m bewege sich in einem fest verankerten Lauf der Länge l und dem Bohrungsdurchmesser d. Die Länge der Kartusche sei s_0 (Bild D 3.9). Auf das Geschoß wirken die Gaskräfte ein. Ihr Druck p auf den Geschoßboden als Funktion des Weges s soll bekannt sein. Eigengewicht und Widerstandskräfte werden hier vernachlässigt.
Die antreibende Kraft ist $F = Ap(s)$ mit $A = d^2\pi/4$.

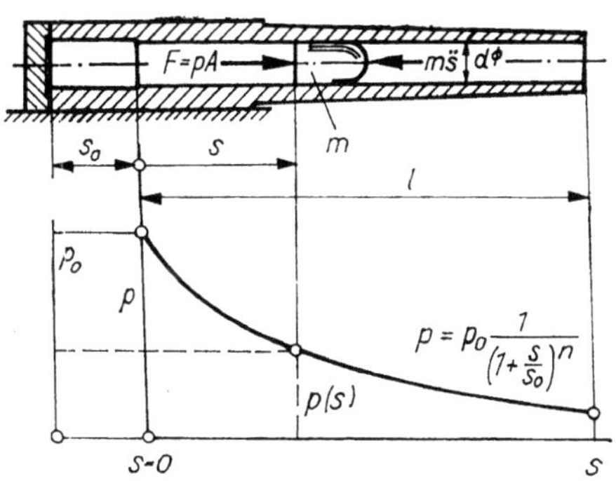

Bild D 3.9

Die Kräftegleichgewichtsbedingung liefert die Bewegungsdifferentialgleichung des Problems:

$$\leftarrow: \; m\ddot{s} - F = 0$$

Daraus folgt:

$$\ddot{s} = \frac{A}{m} p(s) \tag{3.19}$$

Die Aufgabe ist von der Art Nr. 4 im Bild D 2.5: Die Beschleunigung ist als Funktion des Weges gegeben. Gefragt ist nach dem Geschwindigkeitsverlauf $v(s)$ und der Endgeschwindigkeit v_e beim Verlassen des Laufes.
Zur Vereinfachung soll angenommen werden, daß der Druck $p(s)$ aus der polytropischen Expansion der Pulvergase berechenbar ist. Wir setzen also voraus, daß zu Beginn der Bewegung $[t = 0: v(0) = 0; s(0) = 0]$ das Pulver in der Kartusche vollständig verbrannt ist. (In Wirklichkeit findet eine Nachverbrennung statt.) Mit dem Anfangsdruck p_0, dem Anfangsvolumen des Gases $V_0 = As_0$ und dem Volumen $V = A(s + s_0)$ für die Lage der Masse in s, lautet das

Gasgesetz für die polytropische Zustandsänderung[1]):

$$p_0 V_0^n = p V^n$$

Darin ist n der Polytropenexponent ($n = 1, \ldots, 1{,}4$).
Daraus folgt:

$$p(s) = p_0 \frac{1}{\left(1 + \frac{s}{s_0}\right)^n}$$

Da $v(s)$ gesucht ist, wird aus $\ddot{s} = \frac{\mathrm{d}\dot{s}}{\mathrm{d}t} = \frac{\mathrm{d}\dot{s}}{\mathrm{d}s}\,\dot{s} = \frac{1}{2}\,\frac{\mathrm{d}\dot{s}^2}{\mathrm{d}s}$ gebildet. Gl. (3.19) lautet nun

$$\frac{1}{2}\,\frac{\mathrm{d}\dot{s}^2}{\mathrm{d}s} = \frac{Ap_0}{m}\,\frac{1}{\left(1 + \frac{s}{s_0}\right)^n}$$

Nach Trennung der Variablen und Integration ergibt sich

$$\int\limits_0^{v^2} \mathrm{d}\dot{s}^2 = \frac{2Ap_0 s_0}{m} \int\limits_1^{s/s_0} \frac{\mathrm{d}\left(\frac{\bar{s}}{s_0}\right)}{\left(1 + \frac{\bar{s}}{s_0}\right)^n}$$

$$v = \frac{2Ap_0 s_0}{m(n-1)} \sqrt{\left[1 - \frac{1}{\left(1 + \frac{s}{s_0}\right)^{n-1}}\right]} \qquad (3.20)$$

Mit der relativen Lauflänge $\lambda = l/s_0$ ist die Endgeschwindigkeit des Geschosses

$$v_e = \sqrt{\frac{2Ap_0 s_0}{m(n-1)}\left[1 - \frac{1}{(1+\lambda)^{n-1}}\right]} \qquad (3.21)$$

Bei vorgegebenem $Ap_0 s_0$ kann v_e durch Verringerung der Masse (Unterkalibergeschosse oder Verlängerung des Laufes erhöht werden. (Bekanntlich ist v_e nicht die größte Geschwindigkeit, da das Geschoß kurz nach Verlassen des Laufes durch die ausströmenden Pulvergase noch beschleunigt wird.)

Beispiel 15: Bewegung eines Massenpunktes in einer geraden, rotierenden Führung

Auf einer rotierenden Scheibe mit vertikaler Drehachse befinden sich radiale Führungen. In einer Führung bewege sich ein Massenpunkt, bei $t = 0$ und $r = r_0$ mit der Radialgeschwindigkeit $v_r(0) = 0$ beginnend. Die Scheibe drehe sich mit konstanter Winkelgeschwindigkeit ω. Widerstandskräfte bleiben unberücksichtigt.
Gesucht ist die Radialgeschwindigkeit $v_r(t)$ sowie das Weg-Zeit-Gesetz $r(t)$. Mit welcher Geschwindigkeit v_e verläßt das Teilchen die Scheibe bei $r = r_1$ (Bild D 3.10)? Wie groß ist das erforderliche mittlere Antriebsmoment $\bar{M}$?
(Diese Aufgabenstellung ist mit der Bewegung von Schüttgutpartikeln auf einer Sichterscheibe mit radialen Rippen verwandt. Nach Verlassen der Scheibe fliegen die größeren und schwereren Teilchen infolge des kleineren Verhältnisses Luftwiderstand zu Masse weiter als die leichteren. Dieser Effekt wird zur Klassierung genutzt. Die Bewegung eines fluiden Mediums durch radiale Kanäle des Laufrades einer Kreiselpumpe bzw. eines Kreiselverdichters führt zu den gleichen Betrachtungen.)

[1]) Es wird auf die Lehrbücher der Thermodynamik oder Physik im Literaturverzeichnis verwiesen.

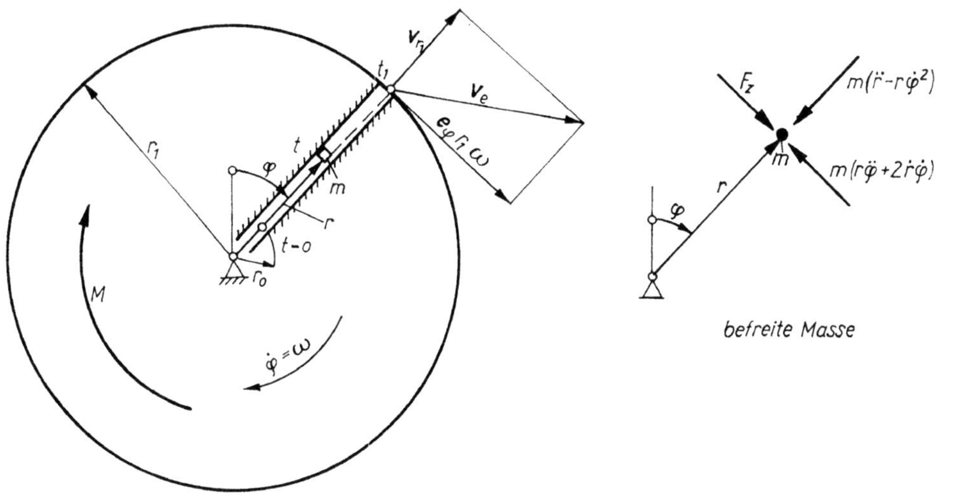

Bild D 3.10

Wir wählen zweckmäßigerweise Polarkoordinaten. Die Gleichgewichtsbedingungen ergeben mit $\dot{\varphi} = \omega$ und $\ddot{\varphi} = 0$:

$$\swarrow: \quad m(\ddot{r} - r\omega^2) = 0$$

$$\nwarrow: \quad m2\dot{r}\omega - F_Z = 0$$

daraus folgen:

$$\ddot{r} - r\omega^2 = 0 \tag{3.22}$$

$$F_Z = 2m\dot{r}\omega \tag{3.23}$$

Wir lösen die homogene Differentialgleichung zweiter Ordnung mit konstanten Koeffizienten (3.22).
Lösungsansatz: $r = C\,e^{\lambda t}$; $\ddot{r} = \lambda^2 C\,e^{\lambda t}$; eingesetzt in die Dgl. (3.22) ergibt die charakteristische Gleichung $\lambda^2 - \omega^2 = 0$ mit ihren Wurzeln $\lambda_{1,2} = \pm\omega$. Die Lösung der Dgl. lautet daher:

$$r = C_1\,e^{\omega t} + C_2\,e^{-\omega t} \tag{3.24}$$

Die Integrationskonstanten C_1 und C_2 werden aus den Anfangsbedingungen gewonnen:

1.) $r(0) = r_0$

2.) $v_r(0) = \dot{r}(0) = 0$

Das ergibt

1.) $r_0 = C_1 + C_2$ und

2.) $0 = C_1 - C_2$

Daraus folgt:

$$C_1 = C_2 = \frac{1}{2}\,r_0$$

Die Lösung Gl. (3.24) lautet:

$$r = \frac{r_0}{2}\,(e^{\omega t} + e^{-\omega t})$$

Mit $\cosh(\omega t) = \frac{1}{2}(e^{\omega t} + e^{-\omega t})$ kann auch

$$r = r_0 \cosh(\omega t) \tag{3.25}$$

geschrieben werden.

$$v_r = \dot{r} = \omega r_0 \sinh(\omega t) \tag{3.26}$$

Das Teilchen verläßt die Scheibe bei $r = r_1$ zur Zeit t_1 mit der Radialgeschwindigkeit v_{r_1}. Die Zeit t_1 wird bei technischen Anlagen auch *Verweilzeit* genannt. Nach Gl. (3.25) ist

$$r_1 = r_0 \cosh(\omega t_1)$$

Mittels $\sinh(\omega t_1) = \sqrt{\cosh^2(\omega t_1) - 1}$ wird

$$v_{r_1} = \omega r_0 \sqrt{\left(\frac{r_1}{r_0}\right)^2 - 1}$$

Das ist jedoch nur die Relativgeschwindigkeit bezüglich der rotierenden Scheibe. Die gesuchte Absolutgeschwindigkeit ergibt sich aus $\boldsymbol{v}_e = \boldsymbol{v}_{r_1} + \boldsymbol{e}_\varphi \omega r_1$, wobei ωr_1 die Umfangsgeschwindigkeit des Scheibenaußenrandes ist. Da die Vektoren der Relativgeschwindigkeit und der Umfangsgeschwindigkeit einen rechten Winkel bilden, ist

$$v_e = \sqrt{v_{r_1}^2 + (\omega r_1)^2} = \omega r_0 \sqrt{2\left(\frac{r_1}{r_0}\right)^2 - 1}$$

Wird Gl. (3.26) in die zweite Gleichgewichtsbedingung Gl. (3.23) eingesetzt, so lautet die Zwangskraft F_Z:

$$F_Z = 2 m r_0 \omega^2 \sinh(\omega t) \tag{3.27}$$

Diese Zwangskraft wirkt über die Führung auf die Masse ein und wird durch das Drehmoment M an der Scheibenwelle aufgebracht. Es ist mit Gln. (3.25) und (3.27):

$$M(t) = F_Z(t) = 2 m r_0^2 \omega^2 \cosh(\omega t) \sinh(\omega t)$$

Das mittlere Moment $\overline{M}$ ergibt sich, indem von $t = 0$ bis t_1 integriert und durch t_1 dividiert wird:

$$\overline{M} = \frac{1}{t_1} \int_0^{t_1} M(t)\, dt = 2 \frac{m}{t_1} r_0^2 \omega^2 \int_0^{t_1} \cosh(\omega t) \sinh(\omega t)\, dt$$

Mit $d[\cosh(\omega t)] = \omega \sinh(\omega t) dt$ liefert das Integral den Wert

$$\frac{1}{2\omega}[\cosh^2(\omega t_1) - 1] = \frac{1}{2\omega}\left[\left(\frac{r_1}{r_0}\right)^2 - 1\right]$$

Somit

$$\overline{M} = \frac{m}{t_1} r_0^2 \omega \left[\left(\frac{r_1}{r_0}\right)^2 - 1\right] \tag{3.28}$$

Man kann auch von der Vorstellung ausgehen, daß die Masse m aus vielen Einzelpartikeln besteht, die über die gesamte Führung bzw. die Scheibe verteilt sind und sich während der Zeit t_1 dort aufhalten. Dann ist m/t_1 der *Massendurchsatz*, der für eine zu projektierende Anlage in der Regel gegeben ist. $\overline{M}$ ist das erforderliche Antriebsmoment, das in Wirklichkeit noch etwas höher liegt, da Stoßverluste und Widerstandskräfte hier unberücksichtigt blieben.

3.4. Energetische Methode

3.4.1. Arbeit und kinetische Energie

Eine Kraft $\boldsymbol{F}$ greife an einem Massenpunkt an und verschiebe diesen in der Ebene um den kleinen Betrag $\mathrm{d}s = |\mathrm{d}\boldsymbol{r}|$ (siehe **2.1.1.**). Dabei verrichtet $\boldsymbol{F}$ die Arbeit (Bild D 3.11)

$$\mathrm{d}W = \boldsymbol{F}\,\mathrm{d}\boldsymbol{r} = F\,\mathrm{d}s\cos\alpha \qquad (3.29)$$

Mit $F\cos\alpha = F_t$ als Kraftkomponente in Richtung der Bahntangente wird $\mathrm{d}W = F_t\,\mathrm{d}s$. An der Arbeit ist also die Normalkraft F_n nicht beteiligt!
Bei der Verschiebung der Kraft F von Punkt *0* bis Punkt *1* über den Weg s_1 wird die Arbeit

$$W = \int_{(s_1)} \boldsymbol{F}\,\mathrm{d}\boldsymbol{r}$$

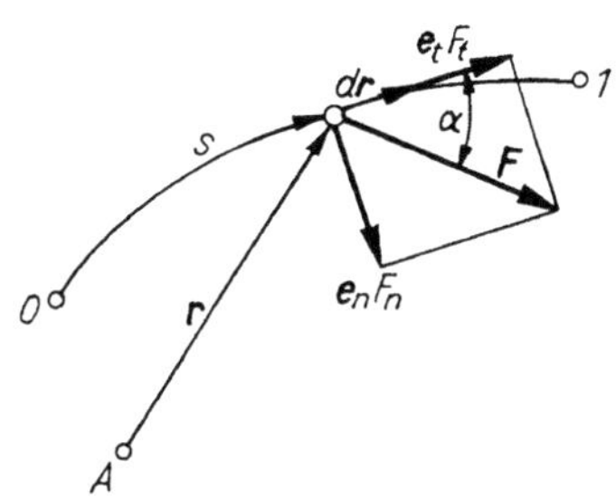

Bild D 3.11

verrichtet. Unter s_1 ist der von der Kraft zurückgelegte Gesamtweg zu verstehen. Je nach Koordinatensystem kann dieser Ausdruck unterschiedlich dargestellt werden (ebene Bahn):

— *Kartesische Koordinaten*

$$\boldsymbol{F} = \boldsymbol{e}_x F_x + \boldsymbol{e}_y F_y, \qquad \mathrm{d}\boldsymbol{r} = \boldsymbol{e}_x\,\mathrm{d}x + \boldsymbol{e}_y\,\mathrm{d}y$$

$$W = \int_{(s_1)} (F_x\,\mathrm{d}x + F_y\,\mathrm{d}y)$$

oder
$$W = \int_{x_0}^{x_1} F_x\,\mathrm{d}x + \int_{y_0}^{y_1} F_y\,\mathrm{d}y \qquad (3.31)$$

— *Bahnkoordinaten*

$$\boldsymbol{F} = \boldsymbol{e}_n F_n + \boldsymbol{e}_t F_t, \qquad \mathrm{d}\boldsymbol{r} = \boldsymbol{e}_t\,\mathrm{d}s$$

$$W = \int_{0}^{s_1} F_t\,\mathrm{d}s \qquad (3.32)$$

— *Polarkoordinaten*

$$\boldsymbol{F} = \boldsymbol{e}_r F_r + \boldsymbol{e}_\varphi F_\varphi, \qquad \mathrm{d}\boldsymbol{r} = \boldsymbol{e}_r\,\mathrm{d}r + \boldsymbol{e}_\varphi r\,\mathrm{d}\varphi$$

$$W = \int_{(s_1)} (F_r\,\mathrm{d}r + F_\varphi r\,\mathrm{d}\varphi)$$

oder
$$W = \int_{r_0}^{r_1} F_r\,\mathrm{d}r + \int_{0}^{\varphi_1} F_\varphi r\,\mathrm{d}\varphi \qquad (3.33)$$

Mit dem dynamischen Grundgesetz [Gl. (3.3)] $\boldsymbol{F} = m\boldsymbol{a}$ und $\boldsymbol{a} = \frac{d\boldsymbol{v}}{dt}$ wird nach Gl. (3.30):

$$W = \int\limits_{(s_1)} m \frac{d\boldsymbol{v}}{dt} d\boldsymbol{r} \tag{3.34}$$

Nun ist $\frac{d\boldsymbol{v}}{dt} d\boldsymbol{r} = d\boldsymbol{v} \frac{d\boldsymbol{r}}{dt} = \boldsymbol{v}\, d\boldsymbol{v}$. Schreiben wir z. B.

$$\boldsymbol{v} = \boldsymbol{e}_x v_x + \boldsymbol{e}_y\, dy, \qquad d\boldsymbol{v} = \boldsymbol{e}_x\, dv_x + \boldsymbol{e}_y\, dv_y$$

so ist

$$\boldsymbol{v}\, d\boldsymbol{v} = v_x\, dv_x + v_y\, dv_y$$

und das Integral $\int (v_x\, dv_x + v_y\, dv_y) = \frac{1}{2}(v_x^2 + v_y^2) = \frac{1}{2} v^2$

Der äquivalente Ausdruck für die Arbeit lautet damit:

$$W = \frac{m}{2}(v_1^2 - v_0^2) \tag{3.35}$$

v_0 und v_1 sind die Geschwindigkeiten im Punkt *0* und *1*.
Der Ausdruck

$$T = \frac{m}{2} v^2 \tag{3.36}$$

wird als ***kinetische Energie*** bezeichnet. Gl. (3.35) kann damit auch so beschrieben werden:

$$W = T_1 - T_0 \tag{3.37}$$

Arbeit und Energie besitzen keine Vektoreigenschaft (siehe Gl. (3.29)). Es sind Skalare. Maßeinheit für die Energie ist das *Joule* J, wobei 1 J = 1 N m (Newtonmeter) ist.

3.4.2. Potential

In Gl. (3.30) betrachten wir $\boldsymbol{F}$ als ortsabhängige Kraft. Die auf dem Wege von *0* nach *1* geleistete Arbeit ist in der Regel vom Wegverlauf abhängig. Soll die Arbeit vom Wegverlauf unabhängig sein, muß der Integrand das totale Differential einer skalaren Ortsfunktion U sein, z. B. $U(x, y, z)$. Für Gl. (3.31), erweitert um die z-Koordinate, muß also gelten:

$$F_x\, dx + F_y\, dy + F_z\, dz = -dU = -\left(\frac{\partial U}{\partial x} dx + \frac{\partial U}{\partial y} dy + \frac{\partial U}{\partial z} dz\right)$$

U wächst bei Verschiebung der Kraft entgegen ihrer Wirkungsrichtung. Deshalb ist das negative Vorzeichen zu setzen. Die an der Masse angreifenden Kräfte sind

$$F_x = -\frac{\partial U}{\partial x} \tag{3.38a}$$

$$F_y = -\frac{\partial U}{\partial y} \tag{3.38b}$$

$$F_z = -\frac{\partial U}{\partial z} \tag{3.38c}$$

Für ein *wirbel-* oder *rotationsfreies* Kraftfeld müßten die Bedingungen

$$\frac{\partial F_x}{\partial y} = \frac{\partial F_y}{\partial x}; \quad \frac{\partial F_y}{\partial z} = \frac{\partial F_z}{\partial y}; \quad \frac{\partial F_z}{\partial x} = \frac{\partial F_x}{\partial z}$$

erfüllt sein.
Mithin ist

$$\boldsymbol{F} = -\left(\boldsymbol{e}_x \frac{\partial U}{\mathrm{d}x} + \boldsymbol{e}_y \frac{\partial U}{\mathrm{d}y} + \boldsymbol{e}_z \frac{\partial U}{\mathrm{d}z}\right) = -\mathrm{grad}\ U \tag{3.39}$$

und zeigt in Richtung des größten Gradienten der Funktion U. Das Integral Gl. (3.31) lautet:

$$W = -\int_{U_0}^{U_1} \mathrm{d}U = U_0 - U_1$$

U wird das *Potential* der Kraft $\boldsymbol{F}$ oder auch *potentielle Energie* genannt.

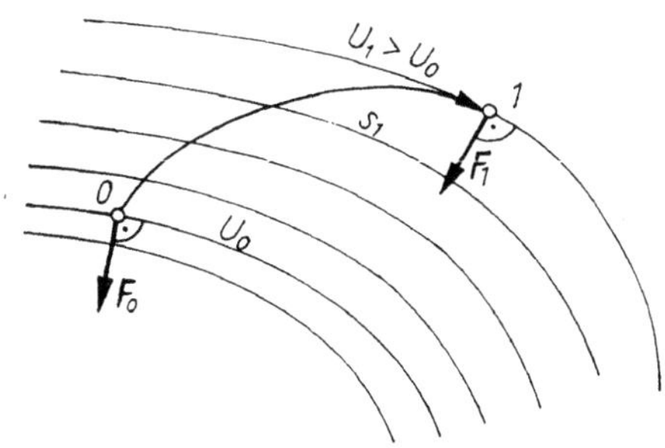

Bild D 3.12

Im Bild D 3.12 ist ein ebenes Potentialfeld mit Linien gleichen Potentials (Äquipotentiallinien) dargestellt. Für die Verrichtung der Arbeit W ist offenbar nur die überwundene Potentialdifferenz $U_1 - U_0$ maßgebend. Bewegt sich der Massenpunkt auf einer geschlossenen Linie (Punkt *1* fällt mit Punkt *0* zusammen), so wird keine Arbeit geleistet. Bekannte Beispiele für derartige Kraftfelder sind

- Schwerefeld der Erde
  $U = mgx, \quad F_x = -\dfrac{\partial U}{\partial x} = -mg$ (x vom Erdmittelpunkt nach außen zeigend),
- Felder der Elektro- und Magnetostatik,
- elastisches Potential einer Feder (eindimensionales Feld)
  $U = \dfrac{cx^2}{2}$; $F_x = -cx$, wobei x die Längenänderung der Feder ist.

Aus Gln. (3.37) und (3.39) entsteht:

$$U_0 + T_0 = U_1 + T_1 \tag{3.40}$$

Die Summe aus kinetischer und potentieller Energie bleibt konstant. Beide Energiearten sind verlustlos ineinander überführbar, wenn nur Kräfte mit Potentialen auftreten. Solche Kraftfeld-Masse-Systeme werden *konservativ* genannt.
Treten Kräfte auf, deren Arbeit in andere, nicht zurückverwandelbare Energieformen überführt wird (z. B. Reibungskräfte), so sind diese gesondert zu bilanzieren.

Ist W_R die von diesen Kräften geleistete Arbeit, so gilt statt Gl. (3.40):

$$U_0 + T_0 = U_1 + T_1 + W_R \tag{3.41}$$

Derartige Systeme heißen *dissipativ* oder *nichtkonservativ*. Der Vorteil der Anwendung der Energiebilanz Gl. (3.40) oder Gl. (3.41) zum Lösen von Dynamikaufgaben besteht beispielsweise gegenüber der kinetostatischen Methode darin, daß eine Integration gespart wird. Die Abhängigkeit zwischen Geschwindigkeit und Weg fällt hier sofort an.

3.4.3. Leistung

Die gleiche Arbeit W kann in unterschiedlicher Zeitdauer verrichtet werden. Unsere Maschinen sollen jedoch nicht nur schlechthin eine bestimmte Arbeit verrichten, sondern sie sollen das in einer bestimmten Zeit tun. Die je Zeiteinheit verrichtete Arbeit ist als *Leistung* P definiert. Es gilt:

$$P = \frac{\mathrm{d}W}{\mathrm{d}t} \tag{3.42}$$

Maßeinheit für die Leistung ist das *Watt* W, wobei $1\,\mathrm{W} = 1\,\mathrm{J}/1\,\mathrm{s} = \dfrac{1\,\mathrm{N}\cdot 1\,\mathrm{m}}{1\,\mathrm{s}}$ **ist.**

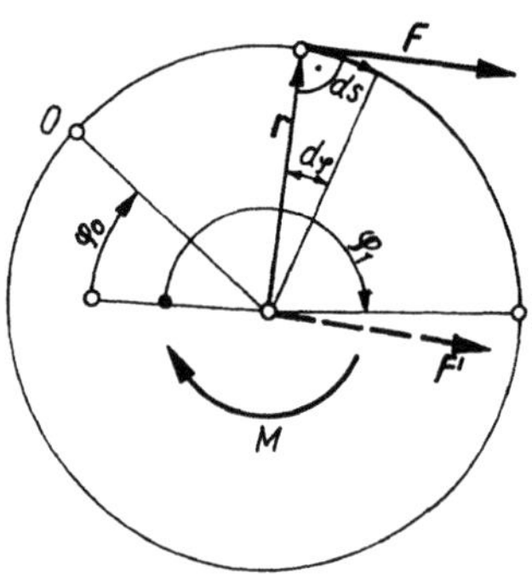

Bild D 3.13

Die Energieübertragung der Maschinen erfolgt meist nicht durch eine Kraft, sondern durch ein Moment (auch Drehmoment genannt). Ist $\boldsymbol{F}$ die Tangentialkraft auf einer Kreisbahn (Bild D 3.13) mit dem Radius r um den Kreismittelpunkt so ist bekanntlich (siehe Abschn. S 5.1.) das Moment $\boldsymbol{M}$ der Kraft $\boldsymbol{F}$:

$$\boldsymbol{M} = \boldsymbol{r} \times \boldsymbol{F}$$

mit dem Betrag $M = rF$. Nun ist $\mathrm{d}s = r\,\mathrm{d}\varphi$ und die Arbeit

$$\mathrm{d}W = F\,\mathrm{d}s = Fr\,\mathrm{d}\varphi$$

oder

$$\mathrm{d}W = M\,\mathrm{d}\varphi$$

und damit

$$W = \int_{\varphi_0}^{\varphi_1} M\,\mathrm{d}\varphi \tag{3.43}$$

Die Leistung ist mit $\mathrm{d}W = M\,\mathrm{d}\varphi$:

$$P = \frac{\mathrm{d}W}{\mathrm{d}t} = M\dot{\varphi} \tag{3.44}$$

Sind die Leistung P und die Winkelgeschwindigkeit $\dot{\varphi} = \omega$ der An- bzw. Abtriebswelle bekannt, kann daraus das Drehmoment berechnet werden, das die Welle überträgt:

$$M = \frac{P}{\omega} \tag{3.45}$$

3.4.4. Beispiele

Beispiel 16:

Ein Massenpunkt m fällt reibungsfrei aus der Höhe h ohne Anfangsgeschwindigkeit auf eine idealplastische, sehr große Masse und dringt in diese ein. Der Eindringwiderstand sei konstant F_0. Der Auftrieb bleibt unberücksichtigt. Wir setzen voraus, daß $F_0 > mg$ ist. Wie groß sind die Eindringtiefe s und die eingebrachte Energie? Im Punkt *0* (Bild D 3.14) ist mit $v_0 = 0$ auch $T_0 = 0$. Da es nur auf die Potentialdifferenz ankommt, kann die Ausgangslage mit $U_0 = 0$

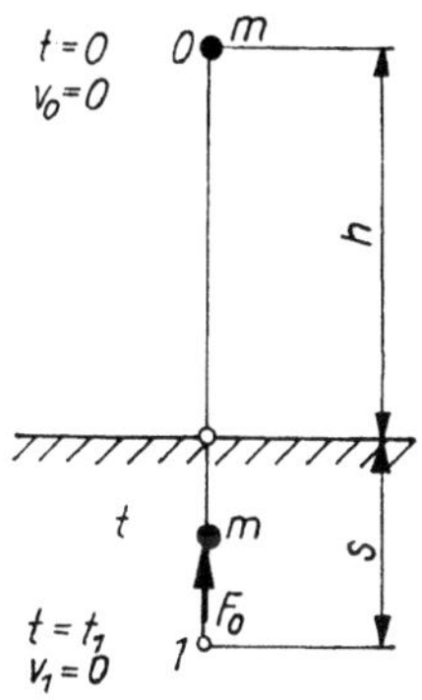

Bild D 3.14

angegeben werden. Am Endpunkt *1* der Bewegung kommt die Masse zur Ruhe, und es ist $v_1 = 0$ bzw. $T_1 = 0$. Gegenüber *0* hat sich das Potential in dem tieferliegenden Punkt *1* um $mg(h + s)$ verringert: $U_1 = U_0 - mg(h + s) = -mg(h + s)$. Es handelt sich hier um ein dissipatives System, da die Arbeit der Widerstandskraft dem bewegten System verloren geht (Umwandlung in Wärme). F_0 leistet über s die Arbeit $W_R = F_0 s$. Die Energiebilanz nach Gl. (3.41) lautet:

$$-mg(h + s) + F_0 s = 0$$

Hieraus folgt:

$$s = \frac{mgh}{F_0 - mg}$$

Wenn sich mg dem Wert F_0 nähert, wächst s gegen unendlich. Für $F_0 < mg$ ist offenbar die Bedingung $v_1 = 0$ nicht erfüllbar.

Zahlenbeispiel: $m = 0{,}05$ kg; $F_0 = 3$ N; $h = 10$ m:

$$s = \frac{0{,}05 \cdot 9{,}81 \cdot 10}{3 - 0{,}05 \cdot 9{,}81}\ \mathrm{m} = 0{,}195\ \mathrm{m}$$

$$W = F_0 \cdot s = 3\ \mathrm{N} \cdot 0{,}195\ \mathrm{m} = 0{,}485\ \mathrm{J}$$

Beispiel 17:

Das Beispiel 16 wird jetzt so abgewandelt, daß die Masse auf eine Feder mit der Federkonstanten c herabfällt (Bild D 3.15a). Wie groß ist der maximale Federweg s?
Wie groß müßte eine vergleichbare ruhende Kraft F_D sein, um s zu erzeugen? (Die Eigenmasse der Feder wird nicht berücksichtigt.)
Diese Aufgabe ist von großer praktischer Bedeutung für alle dynamisch belasteten elastischen Systeme. Die Feder ist hier nur das Symbol für ein elastisches System, das konstruktiv ganz anders gestaltet sein kann (Bild D 3.15b).

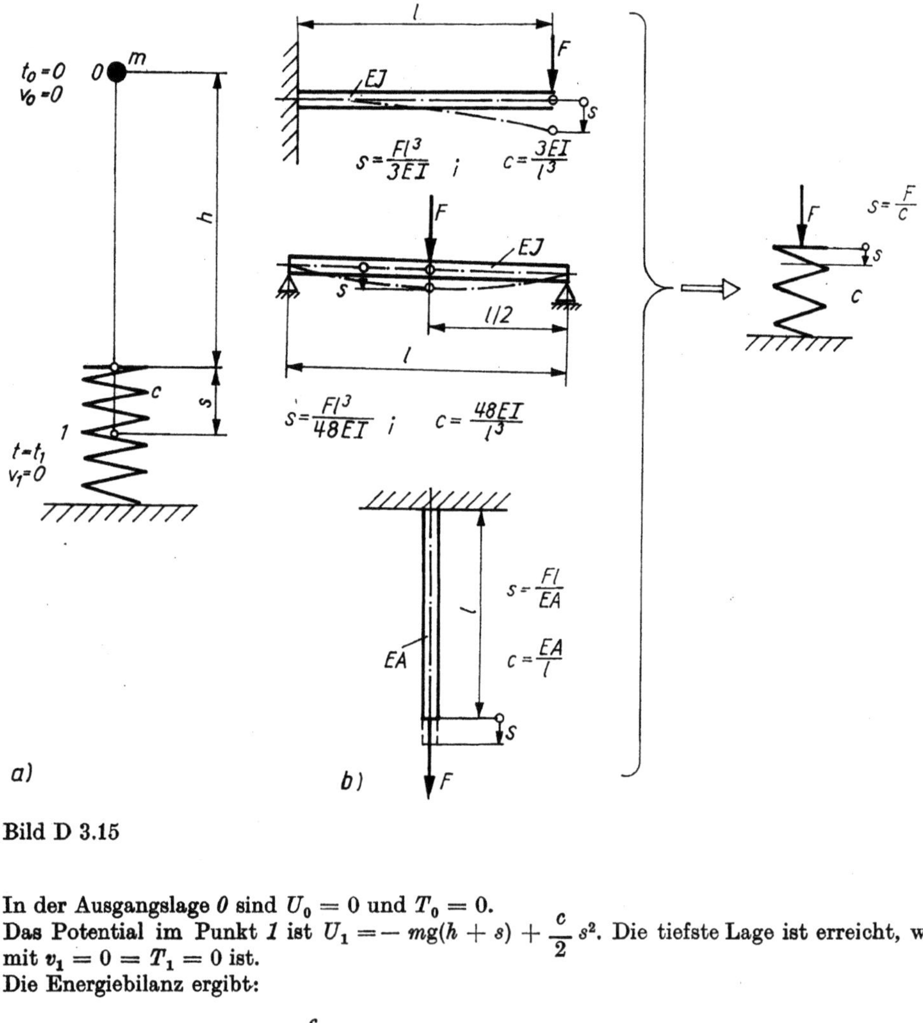

Bild D 3.15

In der Ausgangslage *0* sind $U_0 = 0$ und $T_0 = 0$.
Das Potential im Punkt *1* ist $U_1 = - mg(h + s) + \frac{c}{2} s^2$. Die tiefste Lage ist erreicht, wenn mit $v_1 = 0 = T_1 = 0$ ist.
Die Energiebilanz ergibt:

$$-mg(h + s) + \frac{c}{2} s^2 = 0$$

Aus dieser quadratischen Gleichung für s folgen

$$s_{1,2} = \frac{mg}{c}\left(1 \pm \sqrt{1 + \frac{2ch}{mg}}\right)$$

Das Minuszeichen führt auf $s_2 < 0$ und kennzeichnet die Lösung, für welche die Masse, fest, an der Feder haftend, nach oben durchschwingt. Für uns ist daher als Lösung maßgebend

$$s = s_1 = \frac{mg}{c}\left(1 + \sqrt{1 + \frac{2ch}{mg}}\right) \tag{3.46}$$

Für die *ruhende* Gewichtskraft mg wäre die Absenkung $s_0 = \frac{mg}{c}$. Die vergleichbare ruhende Kraft F_D, welche die Absenkung s zur Folge hat, ist mit $s = \frac{F_D}{c}$ und Gl. (3.46):

$$F_D = mg\left(1 + \sqrt{1 + \frac{2ch}{mg}}\right)$$

Die Kraft F_D wird auf die Gewichtskraft mg bezogen und der Faktor

$$k = \frac{F_D}{mg} = 1 + \sqrt{1 + 2\,\frac{h}{s_0}} \tag{3.47}$$

gebildet, der auch als *dynamischer Beiwert* oder ***Stoßfaktor*** bezeichnet wird. Im Bild D 3.16 ist $k = f\left(\frac{2h}{s_0}\right)$ dargestellt. Da die Durchbiegungen s_0 der Tragkonstruktionen oft nur Bruchteile eines Millimeters betragen, liefert ein Wert h von wenigen Millimetern bereits große Beiwerte k. Für $h = 0$ ist $k = 2$. Die Belastung des Bauteils ist dann immer noch doppelt so hoch, wie beim langsamen Aufbringen der Last.

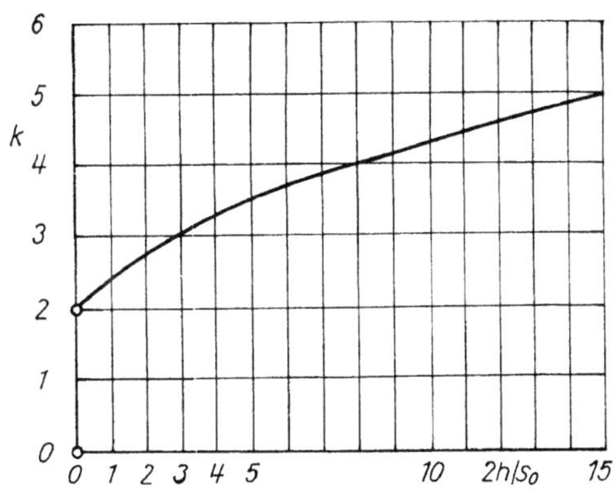

Bild D 3.16

Beispiel 18:

Für Beispiel 1 (s. 3.3.2.) ist mit Hilfe der energetischen Methode die Steighöhe s_s der Masse m gesucht, die mit der Anfangsgeschwindigkeit v_a eine unter dem Winkel α geneigte Ebene hinaufrutscht. Als Widerstand wirke COULOMBsche Reibung (Bild D 3.7).

Es sei $U_0 = 0$; $T_0 = \frac{m}{2} v_a^2$. Am Gipfelpunkt ist $U_1 = mgh = mgs \sin\alpha$. Die Reibungsarbeit ist $W_R = \int_0^{s_s} F_R \, ds$; $F_R = \mu mg \cos\alpha$; $W_R = \mu mg \cos\alpha s_s$.

Die Energiebilanz lautet:

$$\frac{m}{2} v_a^2 = mgs_s \sin\alpha + \mu mg\, s_s \cos\alpha$$

Daraus folgt der bereits in Gl. (3.15) erhaltene Ausdruck:

$$s_s = \frac{v_a^2}{2g(\sin\alpha + \mu\cos\alpha)}$$

3.5. Drallsatz

Die Wirkung einer Kraft $\boldsymbol{F}$ auf einen Punkt *0*, der nicht auf ihrer Wirkungslinie liegt, ist einer zu $\boldsymbol{F}$ parallelen Kraft $\boldsymbol{F}'$ durch den Punkt *0 und* einem Moment $\boldsymbol{M} = \boldsymbol{r} \times \boldsymbol{F}$ statisch gleichwertig (s. Abschn. Statik 2.2.2.; Bild D 3.17). Das Einbeziehen des Momentes in die Untersuchungen wird vor allem bei der Übertragung der Ergebnisse der Dynamik des Massenpunktes auf die Dynamik des Körpers bedeutsam sein, dessen Eigendrehung mit dem Moment im Zusammenhang steht.

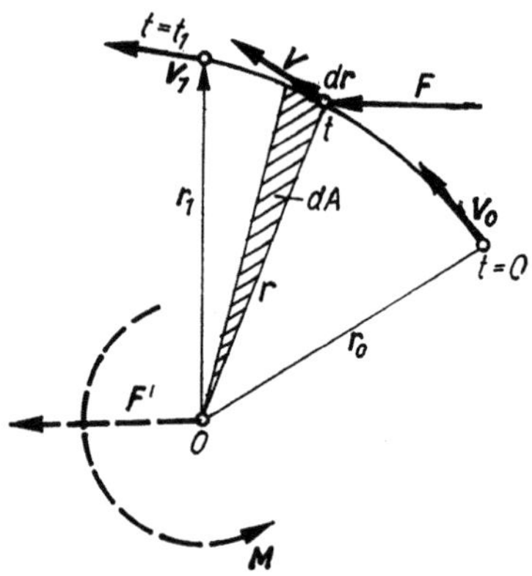

Bild D 3.17

Der Drallsatz entsteht durch vektorielle Multiplikation des Impulssatzes mit dem Ortsvektor der Bahnkurve.

Mit $\boldsymbol{F} = m\,\dfrac{\mathrm{d}\boldsymbol{v}}{\mathrm{d}t}$ wird:

$$\boldsymbol{M} = \boldsymbol{r} \times \boldsymbol{F} = \boldsymbol{r} \times m\,\frac{\mathrm{d}\boldsymbol{v}}{\mathrm{d}t} = m\left(\boldsymbol{r} \times \frac{\mathrm{d}\boldsymbol{v}}{\mathrm{d}t}\right) \tag{3.48}$$

Nun ist

$$\boldsymbol{r} \times \frac{\mathrm{d}\boldsymbol{v}}{\mathrm{d}t} = \frac{\mathrm{d}}{\mathrm{d}t}(\boldsymbol{r} \times \boldsymbol{v})$$

denn

$$\frac{\mathrm{d}}{\mathrm{d}t}(\boldsymbol{r} \times \boldsymbol{v}) = \frac{\mathrm{d}\boldsymbol{r}}{\mathrm{d}t} \times \boldsymbol{v} + \boldsymbol{r} \times \frac{\mathrm{d}\boldsymbol{v}}{\mathrm{d}t}$$

wobei laut Definition

$$\frac{\mathrm{d}\boldsymbol{r}}{\mathrm{d}t} = \boldsymbol{v}$$

sowie $\boldsymbol{v} \times \boldsymbol{v} = 0$ sind.
Mit dem *Drall* (Impulsmoment)

$$\boldsymbol{L} = \boldsymbol{r} \times m\boldsymbol{v} \tag{3.49}$$

lautet der *Drallsatz* wie folgt:

$$\boldsymbol{M} = \frac{\mathrm{d}\boldsymbol{L}}{\mathrm{d}t} \tag{3.50}$$

Ist $\boldsymbol{M}(t)$ bekannt, können die Variablen getrennt werden. Die Integration ergibt:

$$\int_0^{t_1} \boldsymbol{M}(t)\,\mathrm{d}t = \int_{\boldsymbol{L}_0}^{\boldsymbol{L}_1} \mathrm{d}\boldsymbol{L} = m(\boldsymbol{r}_1 \times \boldsymbol{v}_1 - \boldsymbol{r}_0 \times \boldsymbol{v}_0) \tag{3.51}$$

Der Drallvektor $\boldsymbol{L}$ steht senkrecht auf der durch $\boldsymbol{r}$ und $\boldsymbol{v}$ aufgespannten Ebene.

Ist $\boldsymbol{M} = 0$, bleibt der Drall erhalten:

$$\boldsymbol{L}_0 = \boldsymbol{L}_1 \qquad \text{oder} \qquad \boldsymbol{r}_0 \times \boldsymbol{v}_0 = \boldsymbol{r}_1 \times \boldsymbol{v}_1 \tag{3.52}$$

Mit $\boldsymbol{v} = \dfrac{\mathrm{d}\boldsymbol{r}}{\mathrm{d}t}$ kann auch $\boldsymbol{L} = m\boldsymbol{r} \times \dfrac{\mathrm{d}\boldsymbol{r}}{\mathrm{d}t}$ geschrieben werden. Nach Bild D 3.17 ist aber $\boldsymbol{r} \times \mathrm{d}\boldsymbol{r} = 2\mathrm{d}\boldsymbol{A}$, wobei $\mathrm{d}\boldsymbol{A}$ die vom Ortsvektor $\boldsymbol{r}$ in der Zeit $\mathrm{d}t$ überstrichene Fläche ist. Deshalb gilt für $\boldsymbol{L}$:

$$\boldsymbol{L} = 2m\,\frac{\mathrm{d}\boldsymbol{A}}{\mathrm{d}t}$$

Betrachten wir zwei Zeitpunkte t_0 und t_1 mit den Flächen $\mathrm{d}\boldsymbol{A}_0$ und $\mathrm{d}\boldsymbol{A}_1$, so ist unter Beibehaltung des Dralls $\boldsymbol{L}_1 = \boldsymbol{L}_0$ und bei Verzicht auf die Vektorschreibweise, da die Bewegung ohnehin in der zu $\boldsymbol{L}$ senkrechten Ebene erfolgt:

$$\frac{\mathrm{d}A_0}{\mathrm{d}t} = \frac{\mathrm{d}A_1}{\mathrm{d}t} \tag{3.53}$$

Das ist der Inhalt des 2. KEPLERschen Gesetzes: Der von der Sonne zum Planeten reichende Fahrstrahl überstreicht in gleichen Zeiten gleiche Flächen. Gl. (3.53) heißt *Flächensatz*.

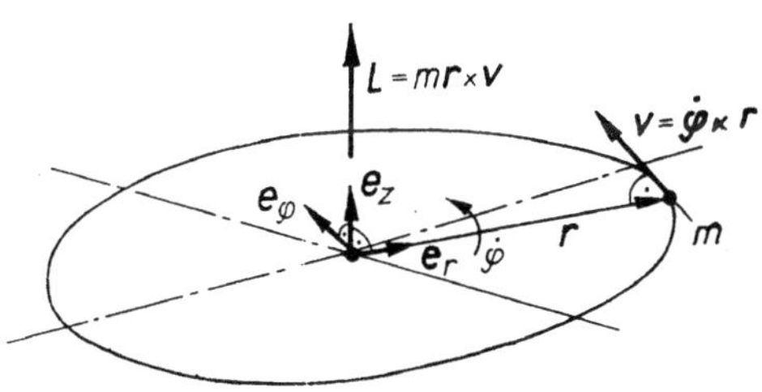

Bild D 3.18

Beispiel 19:

Ein Massenpunkt m werde durch einen (masselosen) Faden gehalten und rotiere auf einer Kreisbahn vom Radius r_0 um eine vertikale Achse mit der Winkelgeschwindigkeit ω_0. Welche Größe und Richtung besitzt der Drall (Bild D 3.18)? Wie groß ist die Winkelgeschwindigkeit ω_1, wenn der Faden auf dem Radius r_1 verändert wird?
Es ist $\boldsymbol{L} = m(\boldsymbol{r} \times \boldsymbol{v})$ mit $\boldsymbol{r} = \boldsymbol{e}_r r$ und $\boldsymbol{v} = \boldsymbol{e}_\varphi v_\varphi = \boldsymbol{e}_\varphi r\dot{\varphi}$ (s. 2.1.5.). Mithin ist $\boldsymbol{L} = m(\boldsymbol{e}_r r \times \boldsymbol{e}_\varphi r\dot{\varphi}) = (\boldsymbol{e}_r \times \boldsymbol{e}_\varphi)\, mr^2\dot{\varphi} = \boldsymbol{e}_z mr^2\dot{\varphi}$, denn $\boldsymbol{e}_r \times \boldsymbol{e}_\varphi = \boldsymbol{e}_z$.
Der Drallvektor steht also senkrecht auf der Kreisebene und zeigt in Richtung $\boldsymbol{e}_z$. Sein Betrag ist $L = mr^2\dot{\varphi}$.
Da auf das System kein Moment um die Drehachse einwirkt, ist $M = 0$ und deshalb [s. Gl. (3.52)] $L =$ konst. Nach Veränderung der Fadenlänge auf $r = r_1$ gilt daher: $L_1 = L_0$ mit $L_0 = mr^2\omega_0$ und $L_1 = mr_1\,2\omega_1$. Daraus folgt:

$$\omega_1 = \frac{r_0^2}{r_1^2}\,\omega_0$$

Ein Verkürzen der Fadenlänge auf die Hälfte hat die 4fache Winkelgeschwindigkeit zur Folge.

4. Dynamik des starren Körpers

4.1. Impulssatz und Drallsatz des starren Körpers

Die Ergebnisse der Dynamik des Massenpunktes können auf den starren Körper übertragen werden, indem wir uns diesen aus unendlich vielen, starr miteinander verbundenen Massenelementen dm zusammengesetzt denken, die wir als Massenpunkte betrachten dürfen. Ein Massenelement dm erfülle das Volumen dV und besitze die Dichte ϱ. Es ist $\mathrm{d}m = \varrho\,\mathrm{d}V$. Für homogene Körper ist $\varrho =$ konst. An einem Körper greifen äußere Kräfte an. Ihre Wirkungen können durch eine Kraft $\boldsymbol{F}$ mit der Wirkungslinie durch den Schwerpunkt, und ein Moment $\boldsymbol{M}$, dessen Achse ebenfalls durch den Schwerpunkt geht, ersetzt werden. Die Kräfte greifen sowohl an der Oberfläche des Körpers mit der Resultierenden $\boldsymbol{F}_0$ als auch an jedem Massenelement dm (z. B. Gravitationskräfte) mit der Resultierenden $\boldsymbol{F}_Q$ an. Dann ist $\boldsymbol{F} = \boldsymbol{F}_0 + \boldsymbol{F}_Q$. Angetrieben durch diese Kräfte und das Moment führt der Körper eine allgemeine Bewegung im Sinne von 2.1.6.3. aus. Punkt *0* (Bild D 4.1a) sei mit dem »ruhenden« Koordinatensystem verbunden. Mit dem Körper sei ein Koordinatensystem x_1, y_1, z_1 fest verbunden, dessen Ursprung im Schwerpunkt S liege.

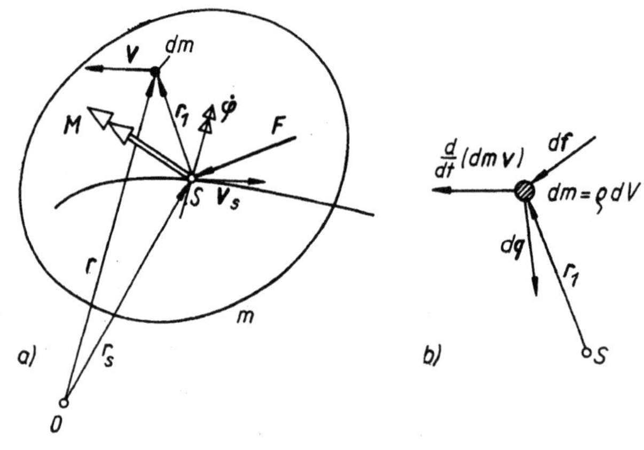

Bild D 4.1

Die Lage des Massenelementes dm zum Punkt S ist durch den Ortsvektor $\boldsymbol{r}_1$ festgelegt. Der Betrag von $\boldsymbol{r}_1$ ist konstant (starrer Körper!). Der Vektor $\boldsymbol{r}_s$ beschreibt die Bahnkurve des Schwerpunktes, der sich mit der Geschwindigkeit $\boldsymbol{v}_s$ bewegt. Der Körper drehe sich zur Zeit t mit der Winkelgeschwindigkeit $\dot{\varphi}$ um die durch den Vektor $\dot{\boldsymbol{\varphi}}$ bezeichnete momentane Drehachse durch S. Die Absolutbahn des Massenelementes beschreibt der Vektor $\boldsymbol{r} = \boldsymbol{r}_s + \boldsymbol{r}_1$.
Nach den Ergebnissen von 2.1.6. bzw. 2.2.3. [Gl. (2.33)] ergibt sich die Geschwindigkeit des Massenelementes zu:

$$\boldsymbol{v} = \boldsymbol{v}_s + \dot{\boldsymbol{\varphi}} \times \boldsymbol{r}_1 \tag{4.1}$$

Wir befreien jetzt ein Massenelement und untersuchen das Kräftespiel. Am Element greifen an (Bild D 4.1b):

— die über seine Oberfläche eingeleitete Kraft d$\boldsymbol{f}$,
— die durch das Gravitationsfeld erzeugte Schwerkraft d$\boldsymbol{q}$,
— die D'ALEMBERTsche Kraft $\dfrac{\mathrm{d}}{\mathrm{d}t}(\mathrm{d}m\,\boldsymbol{v})$.

Nach dem Impulssatz Gl. (3.1) gilt für das Massenelement dm

$$\mathrm{d}\boldsymbol{f} + \mathrm{d}\boldsymbol{q} = \frac{\mathrm{d}}{\mathrm{d}t}(\mathrm{d}m\,\boldsymbol{v})$$

oder auch mit Gl. (4.1) für konstante Masse

$$\mathrm{d}\boldsymbol{f} + \mathrm{d}\boldsymbol{q} = \frac{\mathrm{d}}{\mathrm{d}t}(\boldsymbol{v}_\mathrm{s} + \dot{\boldsymbol{\varphi}} \times \boldsymbol{r}_1)\,\mathrm{d}m \tag{4.2}$$

Nunmehr wird über alle Massenelemente integriert. Hierbei ist

$$\int\limits_{(f)} \mathrm{d}\boldsymbol{f} = \boldsymbol{F}_0$$

denn die Zwangskräfte d$\boldsymbol{f}$ zwischen den Elementen heben sich als innere Kräfte auf, und es verbleibt nur die Resultierende der über die Körperoberfläche eingeleiteten äußeren Kräfte. Ebenso wird:

$$\int\limits_{(q)} \mathrm{d}\boldsymbol{q} = \boldsymbol{F}_\mathrm{Q}$$

Die Integration über den Körper ergibt:

$$\int\limits_{(f)} \mathrm{d}\boldsymbol{f} + \int\limits_{(q)} \mathrm{d}\boldsymbol{q} = \int\limits_{(m)} \frac{\mathrm{d}}{\mathrm{d}t}(\boldsymbol{v}_\mathrm{s} + \dot{\boldsymbol{\varphi}} \times \boldsymbol{r}_1)\,\mathrm{d}m$$

Integration und Differentation sind hier vertauschbar. Ferner sind $\boldsymbol{v}_\mathrm{s}$ und $\dot{\boldsymbol{\varphi}}$ bei der Integration über dm Konstante:

$$\boldsymbol{F}_0 + \boldsymbol{F}_\mathrm{Q} = \boldsymbol{F} = \frac{\mathrm{d}}{\mathrm{d}t}\left[\boldsymbol{v}_\mathrm{s}\int\limits_{(m)} \mathrm{d}m + \dot{\boldsymbol{\varphi}} \times \int\limits_{(m)} \boldsymbol{r}_1\,\mathrm{d}m\right] \tag{4.3}$$

Durch den Schwerpunkt S geht gemäß Definition (s. Abschn. Statik 5.1.) die Resultierende der Gewichtskräfte $\boldsymbol{F}_\mathrm{Q} = \int\limits_{(q)} \mathrm{d}\boldsymbol{q} = \int\limits_{(m)} \boldsymbol{g}\,\mathrm{d}m$. Das statische Moment dieser Kräfte ist daher bezüglich S gleich Null

$$\int\limits_{(q)} \boldsymbol{r}_1 \times \mathrm{d}\boldsymbol{q} = \int\limits_{(m)} \boldsymbol{r}_1 \times \boldsymbol{g}\,\mathrm{d}m = 0 \tag{4.4}$$

Für konstantes $\boldsymbol{g}$ in einem quasihomogenen Gravitationsfeld bei verschwindend kleinen Körperabmessungen gegenüber dem Erdradius kann für das Integral auch

$$\int\limits_{(m)} \boldsymbol{r}_1 \times \boldsymbol{g}\,\mathrm{d}m = -\boldsymbol{g} \times \int\limits_{(m)} \boldsymbol{r}_1\,\mathrm{d}m = 0$$

also

$$\int\limits_{(m)} \boldsymbol{r}_1\,\mathrm{d}m = 0 \tag{4.5}$$

geschrieben werden. Der diese Bedingung erfüllende Punkt wird treffender als *Massenmittelpunkt* bezeichnet. In einem homogenen Gravitationsfeld sind Schwerpunkt und Massenmittelpunkt identisch (siehe Abschn. Statik 5.).

Mit $\boldsymbol{a}_s = \dfrac{\mathrm{d}\boldsymbol{v}_s}{\mathrm{d}t}$ wird aus Gl. (4.3) der Impulssatz für den starren Körper:

$$\boldsymbol{F} = m\boldsymbol{a}_s \tag{4.6}$$

Darin ist $\boldsymbol{a}_s$ die Beschleunigung des Massenmittelpunktes.

Für die Translation dürfen wir also den Körper wie einen Massenpunkt behandeln [s. auch Gl. (3.3)]. Die Körpermasse m denken wir uns dabei in S angebracht. Diese Gesetzmäßigkeit gilt auch für mehrere diskrete Massenpunkte und wird *Schwerpunktsatz* genannt.

Die Formulierung des Drallsatzes für den starren Körper entsteht durch vektorielle Multiplikation von Gl. (4.2) mit $\boldsymbol{r}_1$ und anschließender Integration:

$$\int\limits_{(f)} \boldsymbol{r}_1 \times \mathrm{d}\boldsymbol{f} + \int\limits_{(q)} \boldsymbol{r}_1 \times \mathrm{d}\boldsymbol{q} = \frac{\mathrm{d}}{\mathrm{d}t}\int\limits_{(m)} [\boldsymbol{r}_1 \times (\boldsymbol{v}_s + \dot{\boldsymbol{\varphi}} \times \boldsymbol{r}_1)]\,\mathrm{d}m \tag{4.7}$$

Die Momente $\boldsymbol{r}_1 \times \mathrm{d}\boldsymbol{f}$ heben sich im Innern des Körpers gegenseitig auf. Es bleibt bei der Integration nur der Einfluß der Oberflächenkräfte des Körpers. Unter Beachtung von Gl. (4.4) ist daher das Integral

$$\int\limits_{(f)} \boldsymbol{r}_1 \times \mathrm{d}\boldsymbol{f} = \boldsymbol{M} \tag{4.8}$$

gleich dem eingangs erwähnten äußeren Moment $\boldsymbol{M}$ um eine Achse durch S. Die rechte Seite der Gl. (4.7) wird zu:

$$\frac{\mathrm{d}}{\mathrm{d}t}\int\limits_{(m)} [\boldsymbol{r}_1 \times (\boldsymbol{v}_s + \dot{\boldsymbol{\varphi}} \times \boldsymbol{r}_1)\,\mathrm{d}m$$

$$= \frac{\mathrm{d}}{\mathrm{d}t}\left[-\boldsymbol{v}_s \times \int\limits_{(m)} \boldsymbol{r}_1\,\mathrm{d}m + \int\limits_{(m)} \boldsymbol{r}_1 \times (\dot{\boldsymbol{\varphi}} \times \boldsymbol{r}_1)\,\mathrm{d}m\right]$$

Da wir uns auf den Massenmittelpunkt beziehen, wird das erste Integral Null. Gl. (4.7) lautet damit:

$$\boldsymbol{M} = \frac{\mathrm{d}}{\mathrm{d}t}\int\limits_{(m)} \boldsymbol{r}_1 \times (\dot{\boldsymbol{\varphi}} \times \boldsymbol{r}_1)\,\mathrm{d}m \tag{4.9}$$

Der Drall des starren Körpers um eine Achse durch S ist

$$\boldsymbol{L} = \int\limits_{(m)} \boldsymbol{r}_1 \times (\dot{\boldsymbol{\varphi}} \times \boldsymbol{r}_1)\,\mathrm{d}m \tag{4.10}$$

Für den Drallsatz gilt damit die in Gl. (3.50) angegebene Form:

$$\boldsymbol{M} = \frac{\mathrm{d}\boldsymbol{L}}{\mathrm{d}t} \tag{4.11}$$

In den nachfolgenden Abschnitten wird seine Anwendung auf einige Sonderfälle gezeigt.

4.2. Drehbewegung des starren Körpers um eine feststehende Achse

Ein Körper der Masse m drehe sich um eine feste Achse durch seinen Massenmittelpunkt (Bild D 4.2). Es sei Punkt 0 mit S identisch und daher $\boldsymbol{r}_s = 0$ sowie $\boldsymbol{r}_1 = \boldsymbol{r} = \boldsymbol{e}_x x + \boldsymbol{e}_y y + \boldsymbol{e}_z z$, wobei jetzt auf den Index 1 verzichtet wird, und x, y, z das sich mitdrehende System darstellt. Die Drehung erfolge um die z-Achse mit der Winkelgeschwindigkeit $\dot{\boldsymbol{\varphi}} = \boldsymbol{e}_z \dot{\varphi}$.
Der Drall $\boldsymbol{L}$ berechnet sich nach Gl. (4.10) aus:

$$\boldsymbol{L} = \dot{\varphi} \int\limits_{(m)} (\boldsymbol{e}_x x + \boldsymbol{e}_y y + \boldsymbol{e}_z z) \times [\boldsymbol{e}_z \times (\boldsymbol{e}_x x + \boldsymbol{e}_y y + \boldsymbol{e}_z z)] \,\mathrm{d}m \tag{4.12}$$

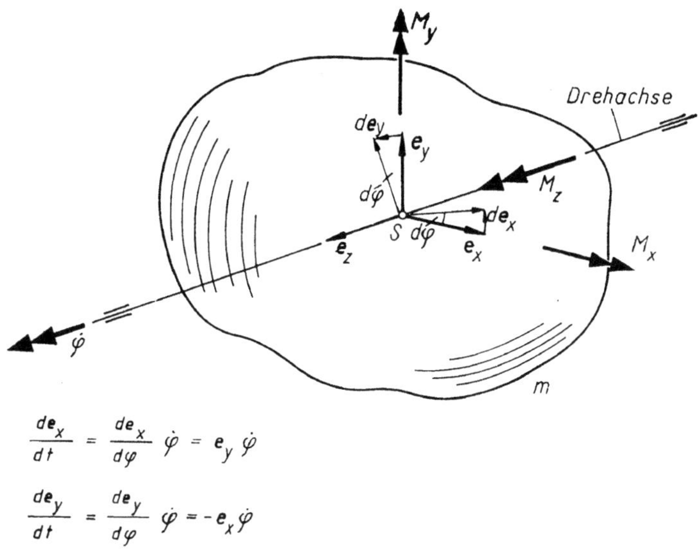

Bild D 4.2

Der Ausdruck in der eckigen Klammer ergibt:

$$\boldsymbol{e}_z \times \boldsymbol{r} = \begin{vmatrix} \boldsymbol{e}_x & \boldsymbol{e}_y & \boldsymbol{e}_z \\ 0 & 0 & 1 \\ x & y & z \end{vmatrix} = -\boldsymbol{e}_x y + \boldsymbol{e}_y x$$

Der gesamte Ausdruck unter dem Integral lautet damit

$$\boldsymbol{r} \times (\boldsymbol{e}_z \times \boldsymbol{r}) = \begin{vmatrix} \boldsymbol{e}_x & \boldsymbol{e}_y & \boldsymbol{e}_z \\ x & y & z \\ -y & x & 0 \end{vmatrix} = -\boldsymbol{e}_x xz - \boldsymbol{e}_y yz + \boldsymbol{e}_z (x^2 + y^2)$$

und aus Gl. (4.12) wird mit $r = \sqrt{x^2 + y^2}$ als Abstand des Massenelementes dm von der Drehachse zu:

$$\boldsymbol{L} = \dot{\varphi} \left[-\boldsymbol{e}_x \int\limits_{(m)} xz \,\mathrm{d}m - \boldsymbol{e}_y \int\limits_{(m)} yz \,\mathrm{d}m + \boldsymbol{e}_z \int\limits_{(m)} r^2 \,\mathrm{d}m \right] \tag{4.13}$$

Die Werte der Integrale sind von der Massenverteilung (bei inhomogenen Körpern) und der Körperform abhängig. Sie heißen *Massenträgheitsmomente* und werden wie folgt bezeichnet:

$$J_z = \int_{(m)} (x^2 + y^2)\,\mathrm{d}m = \int_{(m)} r^2\,\mathrm{d}m; \quad J_{xz} = -\int_{(m)} xz\,\mathrm{d}m; \quad J_{yz} = -\int_{(m)} yz\,\mathrm{d}m \tag{4.14 a, b, c}$$

Bei der Drehung um die x- oder y-Achse spielen die Trägheitsmomente J_x, J_y und J_{xy} noch eine Rolle, die entsprechend als

$$J_x = \int_{(m)} (y^2 + z^2)\,\mathrm{d}m; \quad J_y = \int_{(m)} (x^2 + z^2)\,\mathrm{d}m; \quad J_{xy} = -\int_{(m)} xy\,\mathrm{d}m \tag{4.14d, e, f}$$

definiert sind. J_x, J_y und J_z sind die axialen *Trägheitsmomente.* J_{xy}, J_{yz} und J_{xz} sind die zentrifugalen Trägheitsmomente, auch Zentrifugalmomente genannt. Es gibt ein spezielles Achsensystem x, y, z, für das die zentrifugalen Trägheitsmomente Null sind. Diese Achsen heißen *Hauptträgheitsachsen.* Die axialen Trägheitsmomente bezüglich dieser Hauptträgheitsachsen sind die *Hauptträgheitsmomente.*

▌ Symmetrieachsen sind stets Hauptträgheitsachsen.

Gl. (4.13) kann mit den Gln. (4.14) verkürzt geschrieben werden

$$\boldsymbol{L} = \dot{\varphi}(\boldsymbol{e}_x J_{xz} + \boldsymbol{e}_y J_{yz} + \boldsymbol{e}_z J_z) \tag{4.15}$$

Beim Ableiten von $\boldsymbol{L}$ gemäß Gl. (4.11) sind die Massenträgheitsmomente Konstanten. Es ist daher

$$\boldsymbol{M} = \frac{\mathrm{d}\boldsymbol{L}}{\mathrm{d}t} = \ddot{\varphi}(\boldsymbol{e}_x J_{xz} + \boldsymbol{e}_y J_{yz} + \boldsymbol{e}_z J_z) + \dot{\varphi}(\dot{\boldsymbol{e}}_x J_{xz} + \dot{\boldsymbol{e}}_y J_{yz} + \dot{\boldsymbol{e}}_z J_z) \tag{4.16}$$

Da die Drehung um die z-Achse erfolgt, ist $\dot{\boldsymbol{e}}_z = 0$. Nach den Erkenntnissen aus 2.1.5. sind

$$\dot{\boldsymbol{e}}_x = \boldsymbol{e}_y\dot{\varphi} \quad \text{und} \quad \dot{\boldsymbol{e}}_y = -\boldsymbol{e}_x\dot{\varphi}$$

denn das *körperfeste* Koordinatensystem führt die Drehung mit aus. Mit den Komponenten des Momentenvektors wird Gl. (4.16) zu

$$\boldsymbol{e}_x M_x + \boldsymbol{e}_y M_y + \boldsymbol{e}_z M_z = \boldsymbol{e}_x(-J_{yz}\dot{\varphi}^2 + J_{xz}\ddot{\varphi}) + \boldsymbol{e}_y(J_{xz}\dot{\varphi}^2 + J_{yz}\ddot{\varphi}) + \boldsymbol{e}_z J_z\ddot{\varphi}$$

Der Vergleich ergibt die Komponenten des Momentenvektors bezüglich des mitrotierenden Koordinatensystems x, y, z

$$M_x = J_{xz}\ddot{\varphi} - J_{yz}\dot{\varphi}^2 \tag{4.17a}$$

$$M_y = J_{yz}\ddot{\varphi} + J_{xz}\dot{\varphi}^2 \tag{4.17b}$$

$$M_z = J_z\ddot{\varphi} \tag{4.17c}$$

Es ist festzustellen, daß an einem Körper, der zur Rotation um eine feste Achse gezwungen wird, im allgemeinen Falle Momente um die drei Achsen x, y, z auftreten müssen. Selbst für konstante Winkelgeschwindigkeit $\dot{\varphi}$ ($\ddot{\varphi} = 0$) bleiben die Momente M_x und M_y bestehen. Sind allerdings die x, y und z-Achsen *Hauptträgheitsachsen,* so sind die Zentrifugalmomente Null, und es werden aus Gln. (4.17)

$$M_x = M_y = 0; \qquad M_z = J_z\ddot{\varphi} \tag{4.18}$$

Zu dieser Gruppe gehören Drehkörper, bei denen eine der Hauptträgheitsachsen in der Drehachse liegt. Mit diesem wichtigen Sonderfall werden wir uns in den Anwendungsbeispielen befassen.
Bei der praktischen Anwendung des Drallsatzes zur Untersuchung der Bewegung starrer Körper kann selbstverständlich auch die kinetostatische Methode angewandt werden. Zum Beispiel müßte dann die Gl. (4.17c) lauten

$$M_z - J_z\ddot{\varphi} = 0$$

Nach der Befreiung des Körpers ist M_z das resultierende aller um die z-Achse wirkenden äußeren Momente auf den Körper. Der Term $J_z\ddot{\varphi}$ ist das D'ALEMBERTsche Moment. Es ist entgegen der positiven Koordinate φ anzutragen. Danach wird die Momentengleichgewichtsbedingung aufgestellt.

4.3. Berechnung der Massenträgheitsmomente einiger Körper

4.3.1. Dünne Kreisscheibe

Gegeben sei eine dünne, homogene Kreisscheibe (s. Bild D 4.3) mit dem Außenradius R, deren Dicke h vom Radius r abhängig sein kann [$h = h(r)$]. Die Dichte sei ϱ. Es ist:

$$J_z = \int_{(m)} r^2 \,\mathrm{d}m; \qquad \mathrm{d}m = \varrho 2\pi r h(r)\,\mathrm{d}r$$

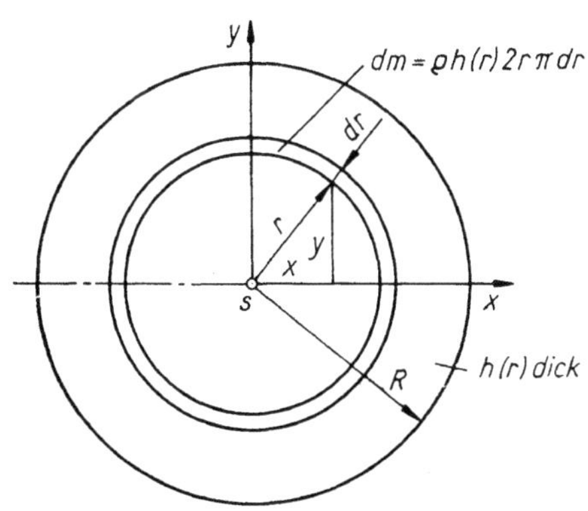

Bild D 4.3

Zu $\mathrm{d}m$ werden alle Massenelemente gleichen Abstandes r von der z-Achse als dünner Kreisring zusammengefaßt.

$$J_z = \varrho 2\pi \int_0^R h(r)\, r^3 \,\mathrm{d}r \tag{4.19}$$

Für eine Scheibe konstanter Dicke h_0 ist:

$$J_z = \frac{\pi}{2}\varrho h_0 R^4 \tag{4.20}$$

oder auch mit der Scheibenmasse $m = \pi \varrho h_0 R^2$

$$J_z = \frac{m}{2} R^2 \tag{4.21}$$

Die axialen Massenträgheitsmomente um die beiden anderen Achsen

$$J_x = \int\limits_{(m)} (y^2 + z^2)\,\mathrm{d}m \qquad \text{und} \qquad J_y = \int\limits_{(m)} (x^2 + z^2)\,\mathrm{d}m$$

reduzieren sich wegen $z \ll x$ und $z \ll y$ (dünne Scheibe) auf

$$J_x = \int\limits_{(m)} y^2\,\mathrm{d}m \qquad \text{und} \qquad J_y = \int\limits_{(m)} x^2\,\mathrm{d}m$$

Nun ist aber $r^2 = x^2 + y^2$, so daß auch hier dieselbe Beziehung wie bei den Flächenträgheitsmomenten [s. Festigkeitslehre Gl. (3.2)] besteht (z-Achse senkrecht zur Scheibenebene):

$$J_z = J_x + J_y \tag{4.22}$$

Da $J_x = J_y$ ist, gilt für die dünne Kreisscheibe:

$$J_y = J_x = \frac{1}{2} J_z \tag{4.23}$$

Besitzt die Scheibe eine Bohrung vom Radius R_0, so wird das Trägheitsmoment des fehlenden Teiles von dem der Vollscheibe abgezogen. Nach Gl. (4.20) wird:

$$J_z = \frac{\pi}{2} \varrho h_0 (R^4 - R_0^4) \tag{4.24a}$$

Mit der Scheibenmasse $m = \pi \varrho h_0 (R^2 - R_0^2)$ und der binomischen Formel $R^4 - R_0^4 = (R^2 + R_0^2)(R^2 - R_0^2)$ entsteht:

$$J_z = \frac{m}{2} (R^2 + R_0^2) \tag{4.24b}$$

4.3.2. Dünnwandiges Rohr oder dünner Ring

Bei einem dünnwandigen Rohr bzw. dünnen Ring (s. Bild D 4.4) ist die gesamte Masse im (mittleren) Abstand R von der z-Achse angeordnet. Anstelle von $J_z = \int\limits_{(m)} r^2\,\mathrm{d}m$ darf ohne großen Fehler

$$J_z = \int\limits_{(m)} R^2\,\mathrm{d}m = R^2 m \tag{4.25}$$

geschrieben werden.
Für den dünnen Ring gilt wie bei der Scheibe:

$$J_x = J_y = \frac{1}{2} J_z \tag{4.26}$$

(Für das Rohr wird J_x und J_y unter 4.3.5. Beispiel 20 berechnet.)
Bei der praktischen Anwendung insbesondere auf Schwungräder wird oft mit dem ***Trägheitsradius*** i gerechnet. Er bezeichnet einen fiktiven Ring, der die Gesamtmasse

m des Rades enthält. Es ist dann

$$J_z = mi^2$$

bzw.

$$i = \sqrt{\frac{J_z}{m}} \tag{4.27}$$

Der Trägheitsradius einer gelochten Kreisscheibe gleicher Dicke ist nach Gl. (4.24) mit

$$J_z = mi^2 = \frac{m}{2}\,(R^2 + R_0^2)$$

$$i = \sqrt{\frac{1}{2}\,(R^2 + R_0^2)} \tag{4.28}$$

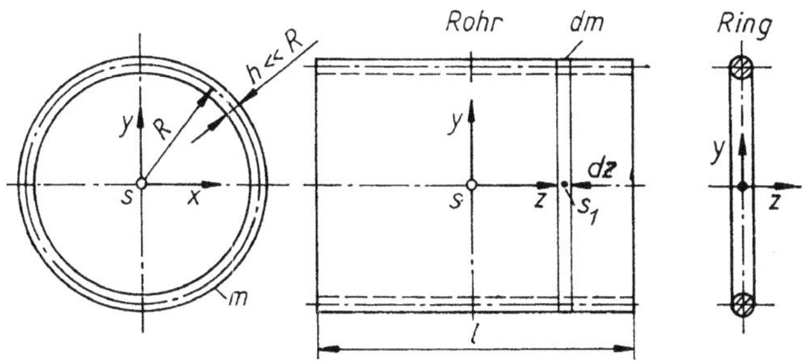

Bild D 4.4

4.3.3. Dünner gerader Stab

Ein homogener prismatischer Stab (s. Bild D 4.5) der Masse m rotiere um eine Achse quer zur Stablängsachse. Seine Querschnittsabmessungen sind klein gegenüber der Länge l. Das Element dm besitze die Länge dr; dann ist $\frac{\mathrm{d}m}{\mathrm{d}r} = \frac{m}{l}$. Mit $\mathrm{d}m = \frac{m}{l}\,\mathrm{d}r$ wird J_z:

$$J_z = \int\limits_{(m)} r^2\,\mathrm{d}m = \frac{m}{l}\int\limits_{-l/2}^{l/2} r^2\,\mathrm{d}r$$

$$J_z = \frac{m}{12}\,l^2 \tag{4.29}$$

Für die in Bild D 4.5 eingezeichnete Lage des Stabes gegenüber dem Koordinaten-

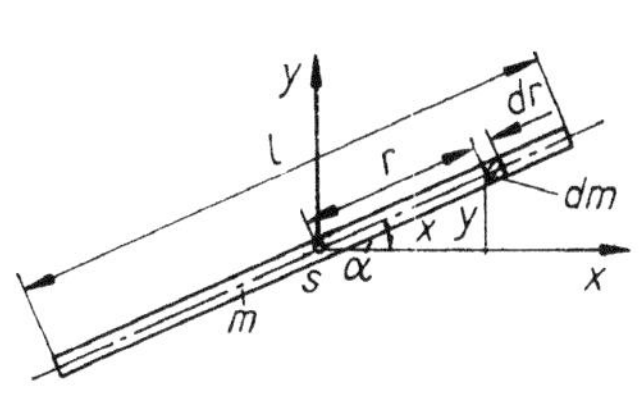

Bild D 4.5

system x, y, z ist ferner wegen $z \ll y$ und $z \ll x$:

$$J_x = \int_{(m)} y^2 \,\mathrm{d}m; \qquad J_y = \int_{(m)} x^2 \,\mathrm{d}m; \qquad J_{xy} = -\int_{(m)} xy \,\mathrm{d}m$$

Mit $x = r\cos\alpha$ und $y = r\sin\alpha$ lauten die Ausdrücke:

$$J_x = \frac{m}{12}\, l^2 \sin^2\alpha \tag{4.30a}$$

$$J_y = \frac{m}{12}\, l^2 \cos\alpha \tag{4.30b}$$

$$J_{xy} = -\frac{m}{12}\, l^2 \sin\alpha\cos\alpha \tag{4.30c}$$

Die x- und y-Achsen sind hier keine Hauptträgheitsachsen.

4.3.4. Satz von Steiner

Dem Satz von STEINER sind wir bereits bei der Berechnung der Flächenträgheitsmomente (Abschn. F 3.) begegnet. Er gilt sinngemäß auch für die Massenträgheitsmomente. Der STEINERsche Satz stellt die Beziehung zwischen den Massenträgheitsmomenten bezüglich der Schwerpunktachsen x, y, z und den Achsen $\bar{x}$, $\bar{y}$, $\bar{z}$ her,

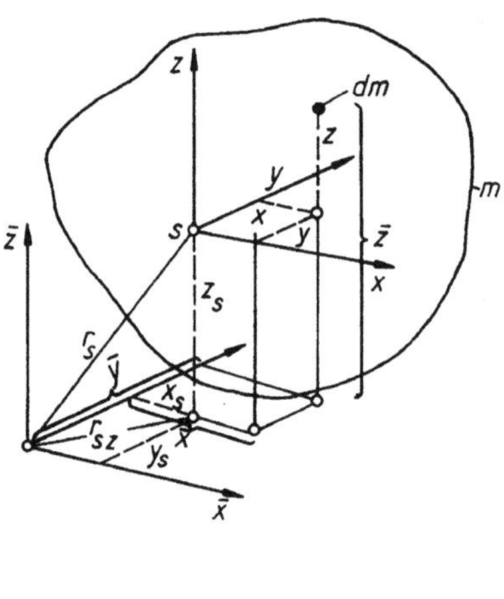

Bild D 4.6

die gegenüber x, y, z achsparallel um x_s, y_s, z_s verschoben sind (Bild D 4.6). Die Koordinatenursprünge haben die Entfernung $r_s = \sqrt{x_s^2 + y_s^2 + z_s^2}$. Laut Definition ist:

$$J_{\bar{x}} = \int_{(m)} (\bar{y}^2 + \bar{z}^2)\,\mathrm{d}m; \quad J_{\bar{y}} = \int_{(m)} (\bar{x}^2 + \bar{z}^2)\,\mathrm{d}m; \quad J_{\bar{z}} = \int_{(m)} (\bar{x}^2 + \bar{y}^2)\,\mathrm{d}m$$

$$J_{\bar{x}\bar{y}} = -\int_{(m)} \bar{x}\bar{y}\,\mathrm{d}m; \quad J_{\bar{y}\bar{z}} = -\int_{(m)} \bar{y}\bar{z}\,\mathrm{d}m; \quad J_{\bar{x}\bar{z}} = -\int_{(m)} \bar{x}\bar{z}\,\mathrm{d}m$$

Zwischen den Koordinaten besteht die Beziehung

$$\bar{x} = x + x_s; \quad \bar{y} = y + y_s; \quad \bar{z} = z + z_s$$

Wir führen die Rechnung für $J_{\bar{x}}$ aus

$$J_{\bar{x}} = \int_{(m)} (y^2 + 2yy_s + y_s^2 + z^2 + 2zz_s + z_s^2)\, dm$$

Darin sind $J_x = \int_{(m)} (y^2 + z^2)\, dm$ und $r_{sx} = \sqrt{y_s^2 + z_s^2}$ die Projektion von r_s auf die y,z-Ebene sowie $\int_{(m)} y\, dm = \int_{(m)} z\, dm = 0$. Das ergibt

$$J_{\bar{x}} = J_x + mr_{sx}^2 \tag{4.31a}$$

Für $r_{sy}^2 = x_s^2 + z_s^2$ und $r_{sz}^2 = x_s^2 + y_s^2$ gilt

$$J_{\bar{y}} = J_y + mr_{sy}^2 \tag{4.31b}$$

$$J_{\bar{z}} = J_z + mr_{sz}^2 \tag{4.31c}$$

$$J_{\bar{x}\bar{y}} = J_{xy} - mx_s y_s \tag{4.31d}$$

$$J_{\bar{y}\bar{z}} = J_{yz} - my_s z_s \tag{4.31e}$$

$$J_{\bar{x}\bar{z}} = J_{xz} - mx_s z_s \tag{4.31f}$$

4.3.5. Beispiele

Beispiel 20: Zentrifugentrommel

Eine Zentrifugentrommel (Bild D 4.7) besteht aus einer vollen Bodenplatte m_1, einem dünnen zylindrischen Rohr m_2 und einer Deckscheibe m_3 mit kreisrunder Öffnung. Gesucht ist das Massenträgheitsmoment J_z. Die Schwerpunkte der Teilkörper liegen auf der Drehachse. Also ist

$$J_z = J_{z1} + J_{z2} + J_{z3}$$

$$J_{z1} = \frac{m_1}{2} R^2 \quad \text{[Gl. (4.21)]}; \qquad J_{z2} = m_2 R^2 \quad \text{(Gl. (4.25))}$$

$$J_{z3} = \frac{m_3}{2} (R^2 + R_0^2) \quad \text{[Gl. (4.24b)]};$$

$$J_z = \frac{1}{2} (m_1 + 2m_2 + m_3) R^2 + \frac{m_3}{2} R_0^2$$

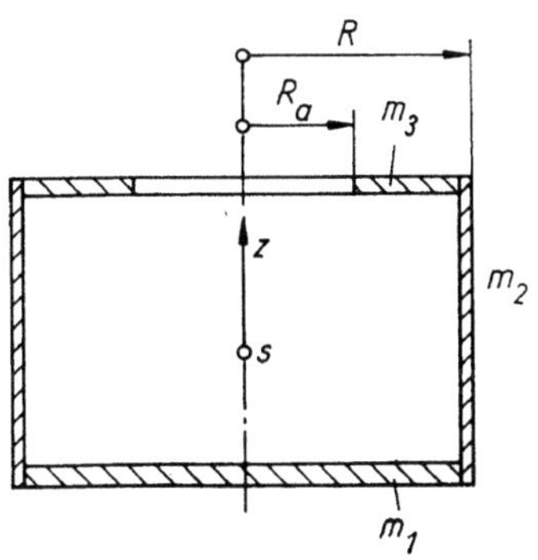

Bild D 4.7

Beispiel 21: Dünnwandiges, kurzes Rohr

Für das im Bild D 4.4 dargestellte Rohr ist das Massenträgheitsmoment J_x bzw. J_y zu berechnen ($J_x = J_y$). Wir denken uns als Massenelement dm einen Ring der Breite dz herausgeschnitten, dessen Schwerpunkt S_1 im Abstand z vom Gesamtschwerpunkt S liegt. Das Massenträgheitsmoment des Ringes um eine Achse S_1 parallel zu y ist nach Gl. (4.26)

$$\mathrm{d}J_y' = \frac{1}{2} R^2 \,\mathrm{d}m$$

Das Massenträgheitsmoment des Ringes bezüglich y ist nach STEINER Gl. (4.29b)

$$\mathrm{d}J_y = \mathrm{d}J_y' + z^2 \,\mathrm{d}m$$

Für das prismatische, homogene Rohr gilt: $\mathrm{d}m = \frac{m}{l} \mathrm{d}_z$
Die Integration ergibt:

$$J_y = \frac{m}{2} R^2 + \frac{m}{l} \int_{-l/2}^{l/2} z^2 \,\mathrm{d}m$$

$$J_y = \frac{m}{12} l^2 \left[1 + 6 \left(\frac{R}{l}\right)^2\right]$$

Ist $R \gg l$, so artet das Rohr zum Ring aus (s. 4.3.2.). Wird dagegen $l \gg R$, so kann das Rohr als Stab (s. 4.3.3.) behandelt werden. Für $l = \sqrt{6}\, R = 2{,}44 R$ ist $J_x = J_y = J_z$.
Für das *dickwandige* Rohr kann die Rechnung in gleicher Weise erfolgen. Das herausgeschnittene Massenelement ist dann kein Ring, sondern eine dünne gebohrte Scheibe der Dicke dz. Hierfür gilt Gl. (4.23).

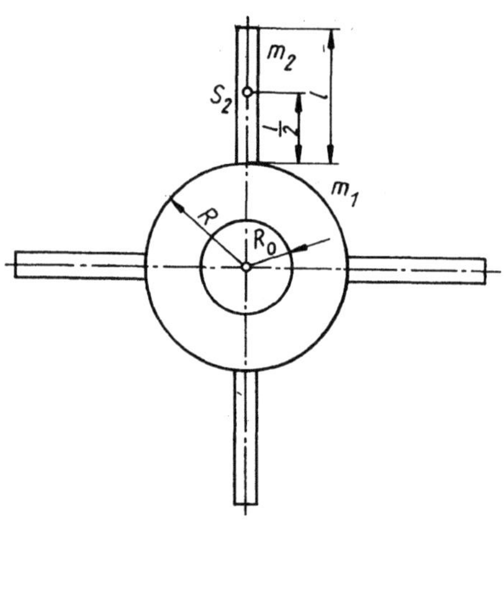

Bild D 4.8

Beispiel 22: Rührer mit Nabe und vier Armen (Bild D 4.8)

Die gebohrte Nabe habe die Masse m_1, ein Arm der Länge l die Masse m_2.
Gesucht ist J_z. Nach STEINER ergibt sich

$$J_z = \frac{m_1}{2} (R^2 + R_0^2) + 4 \left[\frac{m_2}{12} l^2 + m_2 \left(R + \frac{l}{2}\right)^2\right]$$

4.4. Beispiele zum Drallsatz

Beispiel 23: Rotor einer Maschine

Der Rotor einer Maschine mit der Masse m und dem Trägheitsmoment $J_z = mi^2$ ist im Auslaufen begriffen und wird durch ein konstantes Reibungsmoment $M_0 = mg\mu \frac{d}{2}$ (μ Reibungskoeffizient, d Lagerzapfendurchmesser) abgebremst. Nach welcher Zeit $t = t_1$ und wie vielen Umdrehungen N kommt er zur Ruhe, wenn für $t = 0$ die Winkelgeschwindigkeit $\dot{\varphi}(0) = \omega$ beträgt (Bild D 4.9)?

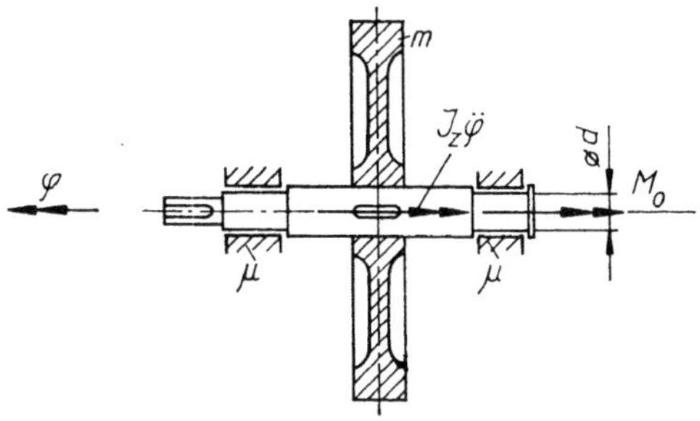

Bild D 4.9

Lösung:

Wir bilden den Ansatz nach der kinetostatischen Methode. Entgegen φ zeigen $J_z\ddot{\varphi}$ und M_0

$$\twoheadrightarrow: \; J_z\ddot{\varphi} + M_0 = 0; \qquad \ddot{\varphi} = -\frac{M_0}{J_z}$$

oder

$$\ddot{\varphi} = \frac{\mathrm{d}\dot{\varphi}}{\mathrm{d}t} = -\frac{\mu d g}{2i^2}$$

Nach Trennung der Variablen und Integration

$$\int_{\omega}^{\dot{\varphi}} \mathrm{d}\,\dot{\bar{\varphi}} = -\frac{\mu d g}{2i^2}\int_0^t \mathrm{d}\bar{t}; \qquad \dot{\varphi} = \omega - \frac{\mu g d}{2i^2}\,t$$

Am Ende des Auslaufes $t = t_1$ ist $\dot{\varphi} = 0$. Daraus folgt $t_1 = \frac{2i^2\omega}{\mu d g}$. Nochmalige Integration ergibt $\int_0^{\varphi} \mathrm{d}\bar{\varphi} = \int_0^t \left(\omega - \frac{\mu d g}{2i^2}\,\bar{t}\right) \mathrm{d}\bar{t}$

$$\varphi = \omega t - \frac{\mu d g}{4i^2}\,t^2$$

Für die Zeit t_1 bis zum Stillstand ist der Winkel

$$\varphi_1 = \varphi(t_1) = \frac{i^2\omega^2}{\mu d g}$$

zurückgelegt.

Die Anzahl der Umdrehungen N ist aus $\varphi_1 = 2\pi N$ zu berechnen.

$$N = \frac{\varphi_1}{2\pi} = \frac{i^2\omega^2}{2\pi\mu d g}$$

Zahlenbeispiel:

$$\omega = 300 \text{ rad/s}; \quad d = 0{,}05 \text{ m}; \quad i = 0{,}2 \text{ m}; \quad \mu = 0{,}1; \quad g = 9{,}81 \text{ m/s}^2$$

$$t_1 = 488 \text{ s}$$

$$N = \frac{\varphi_1}{2\pi} = 3880 \text{ Umdrehungen}$$

Beispiel 24: Bemessung eines Schwungrades

Mit dem Rotor eines Motors (J_{z1}) ist ein Schwungrad (J_{z2}) starr verbunden. Als äußere Momente wirken ein konstantes Antriebsmoment M_a und entgegen der Drehrichtung ein mit der mittleren Winkelgeschwindigkeit $\bar{\omega}$ pulsierendes Abtriebsmoment M_e:

$$M_e = M_a + M_A \sin \bar{\omega} t$$

Dadurch schwankt die Winkelgeschwindigkeit zwischen ω_{max} und ω_{min}. Wie groß muß das Massenträgheitsmoment J_{z2} des Schwungrades mindestens sein, damit ein vorgegebener *Ungleichförmigkeitsgrad* $\varepsilon = (\omega_{max} - \omega_{min})/\bar{\omega}$ nicht überschritten wird? Das Schwungrad ist in seinen Kranzabmessungen zu dimensionieren (Bild D 4.10a).

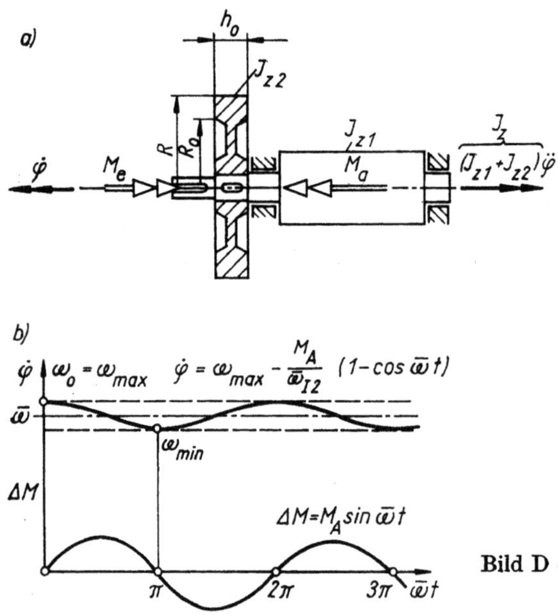

Bild D 4.10

Lösung:

Die angreifenden Momente sind in Bild D 4.10a dargestellt.

$$\twoheadrightarrow (J_{z1} + J_{z2})\,\ddot{\varphi} - M_a + M_e = 0$$

Das führt mit

$$J_{z1} + J_{z2} = J_z$$

auf

$$\ddot{\varphi} = -\frac{M_A}{J_z} \sin \bar{\omega} t$$

Die Integration ergibt:

$$\int_{\omega_0}^{\dot{\varphi}} \mathrm{d}\dot{\bar{\varphi}} = -\frac{M_A}{J_z} \int_0^t \sin \bar{\omega}\bar{t}\, \mathrm{d}\bar{t}$$

und nach Ausführung der Integration:

$$\dot{\varphi} = \omega_0 - \frac{M_A}{\bar{\omega} J_z} (1 - \cos \bar{\omega} t)$$

Die Funktionen für $\Delta M = M_A \sin \bar{\omega} t$ und $\dot{\varphi}(t)$ sind im Bild D 4.10b dargestellt. Man erkennt, daß $\dot{\varphi}$ offenbar den Größtwert bei $t = \frac{0}{\bar{\omega}}; \frac{2\pi}{\bar{\omega}}; \ldots$ mit $\omega_0 = \omega_{max}$ besitzt. Der Kleinstwert tritt bei $\bar{\omega} t = \pi, 3\pi, \ldots$ mit $\omega_{min} = \omega_{max} - \frac{2\, M_A}{\bar{\omega} J_z}$ auf.
Für den Ungleichförmigkeitsgrad ergibt sich damit

$$\varepsilon = \frac{2 M_A}{J_z \bar{\omega}^2}$$

Daraus wird mit $J_z = J_{z1} + J_{z2}$ das gesuchte Trägheitsmoment J_{z2} erhalten

$$J_{z2} = \frac{2 M_A}{E \bar{\omega}^2} - J_{z1}$$

Beim Bemessen des Schwungrades wird nur der Kranz als gebohrte Kreisscheibe gleicher Dicke h_0 [Gl. (4.24a)] berücksichtigt. Die Anteile der Radnabe und des Bodens sind in der Regel klein, so daß wir sie hier vernachlässigen wollen.
Gegeben sind R und R_0, gesucht ist die Kranzbreite h_0. Gl. (4.24a) wird nach h_0 umgestellt

$$h_0 = \frac{2 J_z}{\varrho \pi (R^4 - R_0^4)}$$

Zahlenbeispiel: $\varrho = 7{,}8 \cdot 10^3\ \mathrm{kg/m^3}$ (Stahl); $M_A = 3\ \mathrm{N\,m}$

$$\varepsilon = 0{,}01; \quad \bar{\omega} = 105\ \mathrm{rad/s}; \quad J_{z1} = 0{,}01\ \mathrm{kg\,m^2}$$

$$R = 0{,}11\ \mathrm{m}; \quad R_0 = 0{,}08\ \mathrm{m}$$

$$J_{z2} = \left(\frac{2 \cdot 3}{0{,}01 \cdot 105^2} - 0{,}010\right) \mathrm{kg\,m^2} = 0{,}044\,3\ \mathrm{kg\,m^2}$$

$$h_0 = \frac{2 \cdot 0{,}0443}{7{,}8 \cdot 10^3 \cdot 3{,}14 (0{,}11^4 - 0{,}084^4)}\ \mathrm{m} = 0{,}034\,3\ \mathrm{m} = 34{,}3\ \mathrm{mm}$$

Beispiel 25: Walze

Eine Walze mit der Masse m und dem Massenträgheitsmoment $J_z = m i^2$ soll durch eine Kraft F_x bewegt werden (Bild D 4.11). Sie rollt auf einer ebenen Unterlage ab. Der Haftungskoeffizient μ_0 ist bekannt; der Rollwiderstand und die Reibung im Lager der Antriebswelle werden vernachlässigt.
Wie groß dürfen die Beschleunigung $\ddot{x}_s$ und die Kraft F_x höchstens sein, damit die Walze auf der Unterlage gerade noch nicht rutscht?

Lösung:

Das System besitzt einen Freiheitsgrad $f = n - k = 1$ der Bewegung, weil die Anzahl der Koordinaten $n = 3$ (x_s, y_s, φ) und die Anzahl der kinematischen Zwangsbedingungen $k = 2$ ist:

$$y_s = 0; \quad x_s = r\varphi.$$

Die Gleichgewichtsbedingungen sind:

$$\uparrow\ : F_N - mg = 0$$

$$\rightarrow\ : F_x - m\ddot{x}_s - F_H = 0$$

$$\curvearrowleft S_1 : J_z\ddot{\varphi} - F_H r = 0$$

Daraus folgen $F_N = mg$ und $\ddot{\varphi} = \frac{F_H}{J_z} r$.

Zwischen Haftkraft F_H und der Normalkraft F_n gilt nach COULOMB:

$$F_H \leqq \mu_0 F_N = \mu_0 mg$$

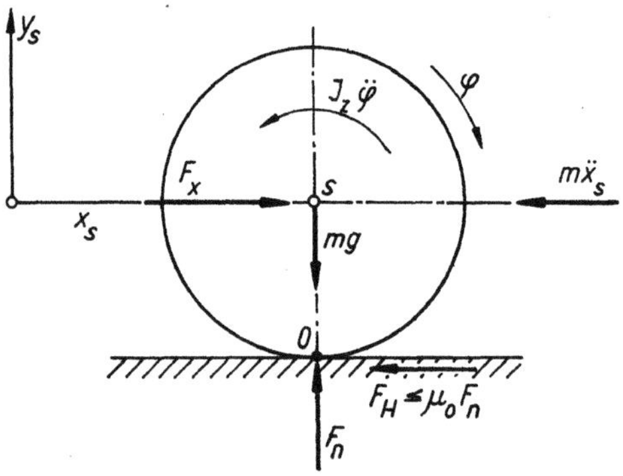

Bild D 4.11

In die Gleichung für $\ddot{\varphi}$ eingesetzt gibt: $\ddot{\varphi} \leqq \mu_0 \frac{mgr}{J_z}$.

Mit $\varphi = \frac{x_s}{r}$ sowie $\ddot{\varphi} = \frac{\ddot{x}_s}{r}$ und $J_z = mi^2$ wird die Schwerpunktbeschleunigung erhalten:

$$\ddot{x}_s \leqq \mu_0 g \frac{r^2}{i^2}$$

Aus der zweiten Gleichgewichtsbedingung folgt:

$$F_x \leqq \mu_0 mg \left(1 + \frac{r^2}{i^2}\right) = F_{xH}$$

Um die Beschleunigung x_s vergrößern zu können, müßte Masse nach innen verlegt werden, um i zu verringern.

Beispiel 26: Rollende und rutschende Walze

Die letzte Aufgabe wird für den Fall untersucht, daß die antreibende Kraft F_x größer als die für das reine Rollen noch zulässige Kraft F_{xH} ist. Dann beginnt die Walze auf der Unterlage zu rutschen. Statt der Haftkraft $F_H \leqq \mu_0 F_n$ tritt nun die Reibungskraft $F_R = \mu F_n$ auf ($\mu < \mu_0$), und die kinematische Zwangsbedingung $x_s = r\varphi$ wird aufgehoben. Dadurch verwandelt sich das System in eines mit *zwei* Freiheitsgraden der Bewegung, denn mit $n = 3$ und $k = 1$ ($y \equiv 0$) ist $f = 3 - 1 = 2$.

Wird im Bild D 4.11 statt F_H die Reibungskraft F_R eingesetzt, so lauten die Gleichgewichtsbedingungen:

$$\uparrow\ : F_N - mg = 0$$

$$\rightarrow\ : F_x - m\ddot{x}_s - F_R = 0$$

$$\curvearrowleft S_1 : J_z\ddot{\varphi} - F_R r = 0$$

Mit $F_N = mg$ und $F_R = \mu mg$ führen die beiden letzten Gleichungen auf zwei Gleichungen zur Berechnung der Koordinaten x_s und φ. Für $J_z = mi^2$ wird:

$$\ddot{x}_s = \frac{F_x}{m} - \mu g; \qquad \ddot{\varphi} = \frac{\mu rg}{i^2}$$

Wir erkennen, daß die Drehbewegung unabhängig von F_x gleichmäßig beschleunigt wird. Weg und Geschwindigkeit sowie Winkel und Winkelgeschwindigkeit werden durch Integration der beiden Gln. unter Berücksichtigung der Anfangsbedingungen erhalten. Auf die einfach auszuführende Lösung wird hier verzichtet.
Ein reines Rollen würde durch Verringerung von F_x unter F_{xH} erst dann wieder eintreten, wenn erstmals $x_s = r\varphi$.

4.5. Drehbewegung des Körpers um eine sich neigende Achse

In vielen praktischen Fällen steht die Drehachse eines rotierenden Maschinenteils nicht fest, sondern sie wird aus ihrer Richtung geschwenkt.
Man denke nur an das Rad eines Fahrzeuges oder den Rotor einer Flugzeugturbine.
Wir wollen annehmen, daß die Winkelgeschwindigkeit des Rotors $\dot{\varphi} = \omega$ konstant bleibt, die Drehachse eine Hauptträgheitsachse ist und die Winkelgeschwindigkeit $\dot{\psi}$, mit der die Achsenneigung erfolgt, klein gegen ω und konstant ist.
Ein sich derartig bewegender Körper heißt *Kreisel*, der in diesem Falle eine spezielle Bewegung ausführt.
Das Massenträgheitsmoment bezüglich der Rotorachse z sei J_z. Der *Betrag* des Drallvektors $\boldsymbol{L}$ ist konstant $L = J_z\omega$. Der Vektor $\boldsymbol{L}$ erfährt jedoch in der Zeit $\mathrm{d}t$ eine Neigung um den kleinen Winkel $\mathrm{d}\psi$ (Bild D 4.12a). Mithin ist der Betrag $|\mathrm{d}\boldsymbol{L}| = L\,\mathrm{d}\psi$. Nach dem Drallsatz Gl. (4.11) erhalten wir den Betrag des äußeren Momentes zu

$$|\boldsymbol{M}| = \frac{|\mathrm{d}\boldsymbol{L}|}{\mathrm{d}t}$$

oder

$$M = \frac{L\,\mathrm{d}\psi}{\mathrm{d}t}$$

Mit der Winkelgeschwindigkeit $\nu = \dfrac{\mathrm{d}\psi}{\mathrm{d}t}$ der Achsneigung und $L = J_z\omega$ wird:

$$M = J_z\omega\nu \tag{4.32}$$

Der Momenten*vektor* zeigt in Richtung der Dralländerung $\mathrm{d}\boldsymbol{L}$! Das Moment wird im dargestellten Fall des Bildes D 4.12a durch das Kräftepaar der auf Grund der Kreiselwirkung zusätzlichen Auflagerkräfte $F_A = F_B = F$ mit $M = Fl$ erzeugt, die sich mit Gl. (4.32) zu

$$F = \frac{J_z\omega\nu}{l}$$

berechnen.
Ursache und Wirkung können auch vertauscht sein: Entweder es ruft eine Achsneigung ein Moment hervor oder ein Moment erzeugt eine Achsneigung. Von der zweiten Art der Aufgabenstellung ist der im Bild D 4.12b dargestellte Kreisel, auf

den die Gewichtskraft mg am Hebelarm l das Moment $M = mgl$ ausübt. Bei der vorgegebenen Drehrichtung für φ weicht die Kreiselachse dadurch in Richtung ψ mit der Winkelgeschwindigkeit $\bar{\nu} = \dfrac{mgl}{J_z\omega}$ aus.

Eine derartige Bewegung der Kreiselachse heißt *Präzession*, die bei anderen Kreiseln auch kompliziertere Bewegungsformen annehmen kann.

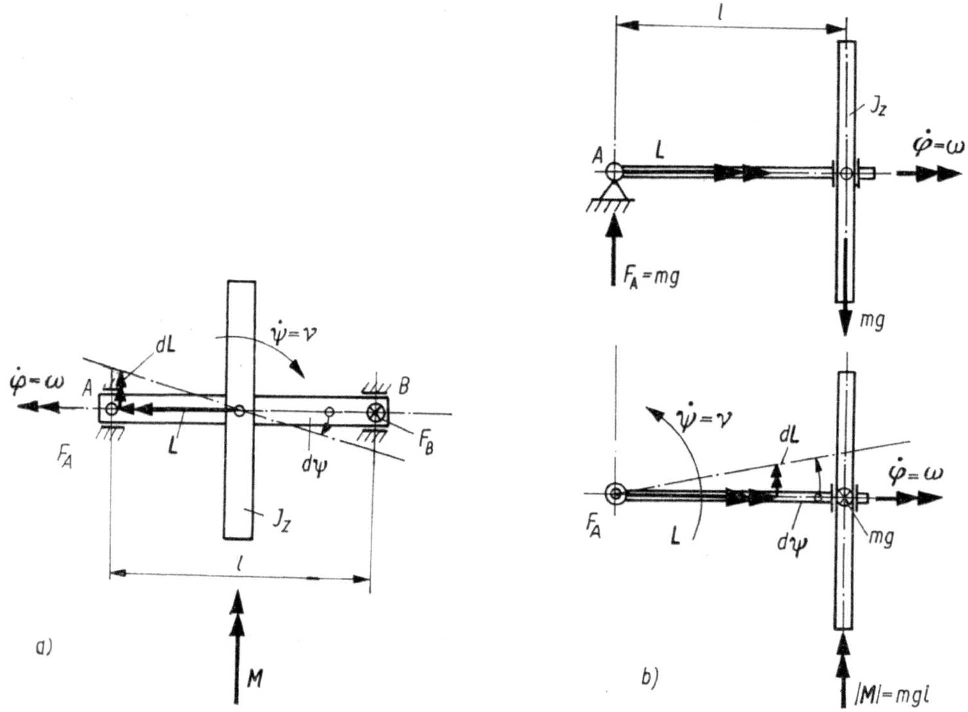

Bild D 4.12

Beispiel 27: Kollergang

In Kollergängen werden vor allem Rohstoffe der Zellstoffindustrie und der keramischen Industrie durch Quetschen und Reiben zerkleinert. Eine Antriebswelle drehe sich mit der konstanten Drehzahl n. An ihr sind zwei gegenüberliegende Achsen gelenkig angebracht, die je einen Mahlstein der Masse m und des Radius R antreiben. Dieser rollt über den Boden eines Troges, in dem sich das Mahlgut befindet.
(Im Bild D 4.13 ist die Anlage nur zur Hälfte dargestellt.)

Gesucht: Gesamtkraft F, mit der der Mahlstein auf den Boden drückt

Lösung:

Bei einer Umdrehung ($U = 1$) wird der Winkel 2π zurückgelegt, und einer Drehzahl n in U/min entspricht eine Winkelgeschwindigkeit $\nu = \dfrac{2\pi n}{60}\,\dfrac{\text{rad}}{\text{s}}$. Mit dieser Winkelgeschwindigkeit schwenkt die Kreiselachse aus. Dabei entsteht ein Kreiselmoment $M = J_z\omega\nu$. Zur Berechnung von ω soll angenommen werden, daß der Mahlstein in der Mitte seiner Breite auf dem Boden abrollt.

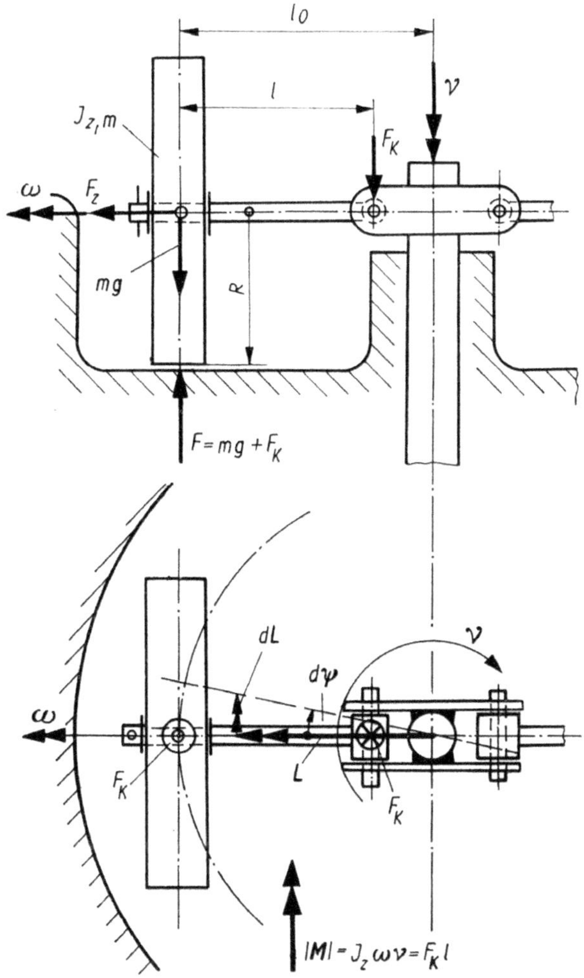

Bild D 4.13

Er beschreibt dabei eine kreisförmige Bahn vom Radius l_0. Der in der Zeiteinheit zurückgelegte Weg ist $l_0 v = R\omega$. Daraus ergibt sich die Winkelgeschwindigkeit ω des Mahlsteins um seine horizontale Achse $\omega = \frac{l_0}{R} v$.

Für den im wesentlichen zylindrischen Stein soll gelten $J_z = \frac{m}{2} R^2$ [Gl. (4.21)]. Das Kreiselmoment wird durch das Kräftepaar $M = F_K l$ aufgebracht. Diese Kraft berechnet sich aus

$$F_K = \frac{M}{l} = \frac{J_z \omega v}{l}$$

oder mit den Ausdrücken für ω und J_z

$$F_K = \frac{mRl_0}{2l} v^2$$

Diese aus der Kreiselwirkung entstehende Kraft addiert sich mit der Gewichtskraft zur resultierenden Anpreßkraft des Mahlsteins zu

$$F = mg\left(1 + \frac{Rl_0}{2gl}\,\nu^2\right)$$

Der zweite Ausdruck in der Klammer stellt den Anteil der Kreiselkraft dar.

Zahlenbeispiel: $m = 500$ kg; $R = 0{,}6$ m; $l_0 = 1{,}2$ m

$l = 0{,}8$ m; $n = 40$ U/min

$$\nu = \frac{\pi n}{30} = \frac{3{,}14 \cdot 40}{30}\ \text{rad s}^{-1} = 4{,}19\ \text{rad s}^{-1}$$

$$F = 500 \cdot 9{,}81\left(1 + \frac{0{,}6 \cdot 1{,}2}{2 \cdot 0{,}8 \cdot 9{,}81}\,4{,}19^2\right)\text{N} = 4905{,}0\,(1 + 0{,}805)\,\text{N} = 8854\ \text{N}$$

Man erkennt, daß die Kreiselkraft hier fast so groß wie die Gewichtskraft ist.
Übrigens unterliegt der Mahlstein auch einer beachtlichen Zentrifugalkraft F_z, die von den Lagern aufzunehmen ist und die Größe $F_z = ml_0\nu^2 = 500 \cdot 1{,}2 \cdot 4{,}19^2\ \text{N} = 10534\ \text{N}$ besitzt.

4.6. Kinetische Energie des starren Körpers

Zum Anwenden der energetischen Methode in der Dynamik starrer Körper bedarf lediglich die kinetische Energie des starren Körpers noch einer besonderen Untersuchung. Da die Resultierende der Gravitationskräfte durch den Körperschwerpunkt geht, kann zum Ermitteln ihres Potentials U die Körpermasse gedanklich auf den Schwerpunkt konzentriert und der Körper wie ein Massenpunkt behandelt werden.
Ein starrer Körper der Masse m bewege sich mit seinem Schwerpunkt S längs einer Bahn. Seine Geschwindigkeit betrage zur Zeit t $\boldsymbol{v}_s$. Außerdem drehe er sich mit der Winkelgeschwindigkeit $\dot{\boldsymbol{\varphi}}$ um eine momentane Achse durch S. Nach Bild D 4.1 und Gl. (4.1) besitzt ein Massenelement dm die Momentangeschwindigkeit $\boldsymbol{v} = \boldsymbol{v}_s + \dot{\boldsymbol{\varphi}} \times \boldsymbol{r}_1$. Seine kinetische Energie lautet denn nach Gl. (3.36)

$$\mathrm{d}T = \frac{\mathrm{d}m}{2}\,\boldsymbol{v}^2$$

oder

$$\mathrm{d}T = \frac{1}{2}\,(\boldsymbol{v}_s + \dot{\boldsymbol{\varphi}} \times \boldsymbol{r}_1)^2\,\mathrm{d}m$$

Die kinetische Energie T des Körpers wird aus der Integration über alle dT der Massenelemente gewonnen. Für die Integration sind $\boldsymbol{v}_s$ und $\dot{\boldsymbol{\varphi}}$ von der Integrationsvariablen unabhängig und dürfen vor das Integral geschrieben werden. Mit $\boldsymbol{v}_s^2 = v_s^2$ ergibt sich

$$T = \frac{1}{2}\left[v_s^2 \int\limits_{(m)} \mathrm{d}m + 2\boldsymbol{v}_s \cdot \left(\dot{\boldsymbol{\varphi}} \times \int\limits_{(m)} \boldsymbol{r}_1\,\mathrm{d}m\right) + \int\limits_{(m)} (\dot{\boldsymbol{\varphi}} \times \boldsymbol{r}_1)^2\,\mathrm{d}m\right] \tag{4.33}$$

Da das körperfeste Koordinatensystem x_1, y_1, z_1 seinen Ursprung in S hat, ist das zweite Integral Null [Gl. (4.5)].
Zur Aufbereitung des letzten Integrals wollen wir die Vektoren $\dot{\boldsymbol{\varphi}}$ und $\boldsymbol{r}_1$ durch ihre Komponenten in Richtung der körperfesten Einheitsvektoren $\boldsymbol{e}_x$, $\boldsymbol{e}_y$ und $\boldsymbol{e}_z$ darstellen.

$$\dot{\boldsymbol{\varphi}} = \boldsymbol{e}_x\dot{\varphi}_x + \boldsymbol{e}_y\dot{\varphi}_y + \boldsymbol{e}_z\dot{\varphi}_z; \qquad \boldsymbol{r}_1 = \boldsymbol{e}_x x_1 + \boldsymbol{e}_y y_1 + \boldsymbol{e}_z z_1$$

Das Vektorprodukt $\dot{\boldsymbol{\varphi}} \times \boldsymbol{r}_1$ ergibt mit $\boldsymbol{e}_x \times \boldsymbol{e}_y = \boldsymbol{e}_z$; $\boldsymbol{e}_y \times \boldsymbol{e}_z = \boldsymbol{e}_x$; $\boldsymbol{e}_z \times \boldsymbol{e}_x = \boldsymbol{e}_y$, wenn wir wieder x_1, y_1, z_1 ohne Indizes x, y, z schreiben.

$$\dot{\boldsymbol{\varphi}} \times \boldsymbol{r}_1 = \boldsymbol{e}_x(\dot{\varphi}_y z - \dot{\varphi}_z y) + \boldsymbol{e}_y(\dot{\varphi}_z x - \dot{\varphi}_x z) + \boldsymbol{e}_z(\dot{\varphi}_x y - \dot{\varphi}_y x)$$

Die skalare Multiplikation dieses Vektors mit sich selbst führt mit $\boldsymbol{e}_x \cdot \boldsymbol{e}_x = \boldsymbol{e}_y \cdot \boldsymbol{e}_y = \boldsymbol{e}_z \cdot \boldsymbol{e}_z = 1$ sowie $\boldsymbol{e}_x \cdot \boldsymbol{e}_y = 0$ usw. auf

$$(\dot{\boldsymbol{\varphi}} \times \boldsymbol{r}_1)^2 = \dot{\varphi}_x^2(y^2 + z^2) + \dot{\varphi}_y^2(x^2 + z^2) + \dot{\varphi}_z(x^2 + y^2) - 2(\dot{\varphi}_x \varphi_y xy + \dot{\varphi}_y \dot{\varphi}_z yz + \dot{\varphi}_z \dot{\varphi}_x xz)$$

Bei der Integration über die Masse beachten wir noch die Definition der Massenträgheitsmomente [Gln. (4.14) und erhalten aus Gl. (4.33)]

$$T = \frac{m}{2} v_s^2 + \frac{J_x}{2} \dot{\varphi}_x^2 + \frac{J_y}{2} \dot{\varphi}_y^2 + \frac{J_z}{2} \dot{\varphi}_z^2 - J_{xy}\dot{\varphi}_x\dot{\varphi}_y - J_{yz}\dot{\varphi}_y\dot{\varphi}_z - J_{xz}\dot{\varphi}_x\dot{\varphi}_z \tag{4.34}$$

Zeigt die Drehachse in Richtung einer Hauptträgheitsachse, z. B. der z-Achse, so reduziert sich der Ausdruck auf

$$T = \frac{m}{2} v_s^2 + \frac{J_z}{2} \dot{\varphi}_z^2 \tag{4.35}$$

Zur kinetischen Energie der Translation $\frac{m}{2} v_s^2$ kommt gegenüber dem Massenpunkt noch die der Rotation $\frac{J_z}{2} \dot{\varphi}_z^2$ hinzu. Unter diesem Aspekt können auch für den starren Körper die Energiebilanzen nach der energetischen Methode gemäß Gl. (3.40) oder Gl. (3.41) gebildet werden.

4.6.1. Beispiele

Beispiel 28: Rolle auf geneigter Ebene

Ein zylindrischer Körper rollt ohne zu rutschen auf einer um den Winkel α zur Horizontalen geneigten Ebene vom Punkt *0* aus nach unten zu Punkt *1*. Wie groß ist die Schwerpunktgeschwindigkeit v_{S1} nach dem zurückgelegten Weg l?
Reibungsverluste sollen nicht auftreten (Bild D 4.14).

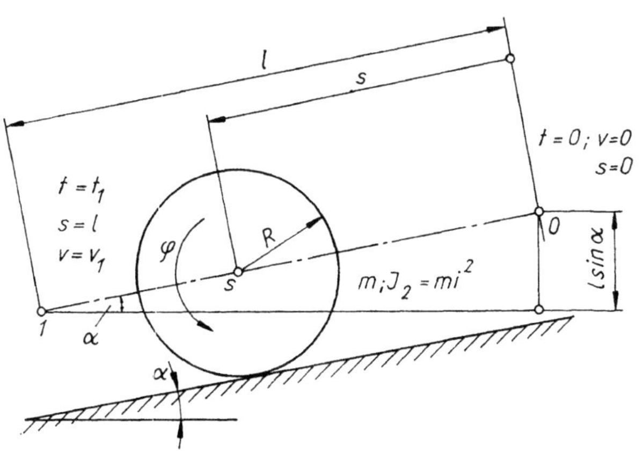

Bild D 4.14

Lösung:

Energien für die Punkte *0* und *1*: $U_0 = 0$; $U_1 = -mgl \sin\alpha$; $T_0 = 0$; $T_1 = \frac{m}{2} v_S^2 + \frac{J_z}{2} \dot{\varphi}_z^2$

Mit $J_z = mi^2$ und der kinematischen Zwangsbedingung $\dot{\varphi}_z = \frac{v_{S1}}{R}$ lautet die Energiebilanz nach Gl. (3.40):

$$0 = -mgl \sin\alpha + \frac{m}{2} v_{S1}^2 \left[1 + \left(\frac{i}{R}\right)^2\right]$$

Daraus folgt die Geschwindigkeit:

$$v_{S1} = \sqrt{\frac{2gl \sin\alpha}{1 + \left(\frac{i}{R}\right)^2}}$$

Die Geschwindigkeit v_{S1} ist offenbar unabhängig vom Material (bei Vernachlässigung der Widerstandskräfte). Dagegen hat die Form der Walze erheblichen Einfluß auf die Größe des Trägheitsradius i. Eine hohle Walze rollt z. B. langsamer als eine massive Walze gleicher Masse ab. Für ein dünnwandiges Rohr ist $J_z = mR^2 = mi_R^2$, d. h. $i_R = R$. Eine massive Walze besitzt $J_z = \frac{m}{2} R^2 = mi_m^2$ und mithin $i_m = R/\sqrt{2}$. Ihre Geschwindigkeiten verhalten sich demnach wie

$$v_{Sm}/v_{SR} = \sqrt{\frac{4}{3}} = 1{,}155$$

Beispiel 29: Pendelhammer

Der Pendelhammer eines Pendelschlagwerks zum Ermitteln der Kerbschlagzähigkeit von Werkstoffen besteht im wesentlichen aus einer prismatischen, in A gelenkig gelagerten Stange (Länge l, Masse m_1) und einem Hammerkopf in Form einer Kreisscheibe (Radius r, Masse m_2). Mit welcher Geschwindigkeit v durchschlägt die Hammerfinne die im Punkt I befindliche Probe, wenn der Hammer aus der horizontalen Ruhelage heraus startet (Bild D 4.15)? Wie groß ist die beim Zerschlagen der Probe verbrauchte Energie ΔW, wenn der Hammer danach nur den Winkel α erreicht?

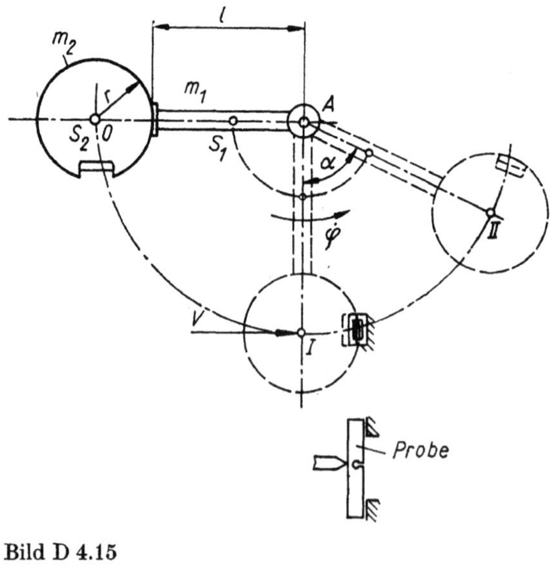

Bild D 4.15

Lösung:

Zur Aufstellung der Energiebilanzen zerlegen wir den Körper in die beiden Teile Stab und Kreisscheibe mit ihren Schwerpunkten S_1 und S_2.
Für die Ausgangslage ist $U_0 = 0$ und $T_0 = 0$.
In der unteren Lage sind:

$$U_{\mathrm{I}} = -m_1 g \frac{l}{2} - m_2 g(l + r)$$

$$T_{\mathrm{I}} = \frac{m_1}{2} v_{S1}^2 + \frac{J_{z1}}{2} \dot{\varphi}^2 + \frac{m_2}{2} v_{S2}^2 + \frac{J_{z2}}{2} \dot{\varphi}^2$$

mit

$$v_{S1} = \frac{l}{2} \dot{\varphi}; \quad J_{z1} = \frac{m_1}{12} l^2; \quad v_{S2} = (l + r)\, \dot{\varphi}; \quad J_{z2} = \frac{m_2}{2} r^2$$

so daß sich nach kurzer Zwischenrechnung mit $v = (l + r)\, \dot{\varphi}$

$$T = \frac{1}{2} \left\{ \frac{m_1}{3\left(1 + \frac{r}{l}\right)^2} + m_2 \left[1 + \frac{\left(\frac{r}{l}\right)^2}{2\left(1 + \frac{r}{l}\right)^2} \right] \right\} v^2$$

ergibt.
Mit der Energiebilanz $U_0 + T_0 = U_{\mathrm{I}} + T_{\mathrm{I}}$ wird v

$$v = \frac{gl \left[m_1 + 2m_2 \left(1 + \frac{r}{l}\right) \right]}{\frac{m_1}{3\left(1 + \frac{r}{l}\right)^2} + m_2 \left(1 + \frac{\left(\frac{r}{l}\right)^2}{2\left(1 + \frac{r}{l}\right)^2} \right)}$$

Zum Berechnen der dem System vor allem durch Verformungsarbeit entzogenen Energie ΔW bilanzieren wir die Energieanteile zwischen der Ausgangslage 0 und der Endlage II:

$$U_0 = 0; \quad T_0 = 0; \quad U_{\mathrm{II}} = -\left(m_1 g \frac{l}{2} \cos\alpha + m_2 g(l + r) \cos\alpha \right); \quad T_{\mathrm{II}} = 0$$

Energiebilanz nach Gl. (3.41) ist (ΔW wird dort mit W_{R} bezeichnet)

$$U_0 + T_0 = U_{\mathrm{II}} + T_{\mathrm{II}} + \Delta W$$

Daraus folgt:

$$\Delta W = g(l + r) \cos\alpha \left(\frac{m_1}{2\left(1 + \frac{r}{l}\right)} + m_2 \right)$$

Beispiel 30: Kopplung zweier Schwungmassen

Eine Schwungmasse (s. Bild D 4.16) mit dem Massenträgheitsmoment J_1 drehe sich mit der Winkelgeschwindigkeit ω_0, während sich die zweite mit dem Massenträgheitsmoment J_2 im Zustand der Ruhe befinde. Jetzt werden beide über eine Reibungskupplung miteinander gekuppelt, ohne daß während der Kuppelzeit ein äußeres Drehmoment auf die Massen einwirkt. Mit welcher gemeinsamen Winkelgeschwindigkeit ω drehen sich beide nach dem Kuppelvorgang? Wie groß ist dabei der Energieverlust ΔT?

Lösung:

Da kein äußeres Drehmoment wirkt, bleibt der Drall $\boldsymbol{L} = \boldsymbol{L}_0$ erhalten. Wir rechnen nur mit den Beträgen, da sich die Richtung des Drallvektors nicht ändert. Es sind $L_0 = J_1\omega_0$ und $L = (J_1 + J_2)\,\omega$. Aus $J_1\omega_0 = (J_1 + J_2)\,\omega$ folgt:

$$\omega = \omega_0 \frac{J_1}{J_1 + J_2}$$

Den Verlust an kinetischer Energie erhält man aus $\Delta T = T_0 - T$. Es ist $T_0 = \frac{J_1}{2}\,\omega_0^2$ sowie $T_1 = \frac{J_1 + J_2}{2}\,\omega^2 = \frac{\omega_0^2}{2}\,\frac{J_1^2}{J_1 + J_2}$ und mithin

$$\Delta T = \frac{1}{2}\,\frac{J_1 J_2}{J_1 + J_2}\,\omega_0^2$$

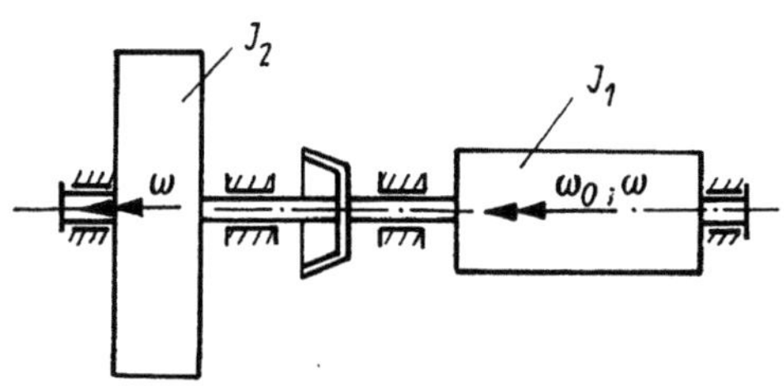

Bild D 4.16

5. Stoß fester Körper

5.1. Übersicht, Definitionen

Wenn zwei sich bewegende feste Körper zusammentreffen, gibt es einen in der Regel kurzzeitigen Kraftaustausch. Dieser Vorgang wird als *Stoß* bezeichnet. An der Kontaktstelle K besitzen die beiden Körperoberflächen eine gemeinsame Normale N (Bild D 5.1a). Die an dieser Stelle ausgetauschten Stoßkräfte wirken auf beide Körper in gleicher Größe, aber in entgegengesetzter Richtung ein und stellen für das gesamte System innere Kräfte dar. Die Wirkungslinie der Stoßkräfte heißt *Stoßgerade G*. Der Kraftaustausch erfolgt während der kurzen *Stoßdauer* Δt. Die Stoßkraft ändert während der Stoßdauer ihre Größe. Diese ist von der Verformung der Körper in der Nähe der Kontaktstelle abhängig. Dabei spielen die Größe der beteiligten Massen, ihre Verformbarkeit und die Relativgeschwindigkeit $\boldsymbol{v}_r$, mit der die beiden Oberflächen der Körper an der Berührungsstelle zusammenstoßen, eine maßgebliche Rolle.
Die Richtung der Stoßgeraden G ist im allgemeinen Falle nicht bekannt, da der Kraftübertragung in Richtung der Normalen N und der Tangente T unterschiedliche Gesetzmäßigkeiten zugrunde liegen. Die Übertragbarkeit einer Kraft in T-Richtung ist z. B. durch die Haftung der Oberflächen begrenzt. Lediglich für den Sonderfall, daß sich die Oberflächen in K senkrecht einander nähern, kann angenommen werden, daß sich Stoßgerade G und Normale N decken. Dieser Stoß wird als *gerader Stoß* bezeichnet. Wenn dagegen $\boldsymbol{v}_r$ gegenüber der Normalen N geneigt ist, wird auch die Stoßgerade G von der Richtung der Normalen N abweichen. Dieser allgemeine Fall des Stoßes heißt *schiefer Stoß*. Bei nicht zu großer Neigung von $\boldsymbol{v}_r$ gegenüber N wird oft die tangentiale Komponente der Stoßkraft vernachlässigt

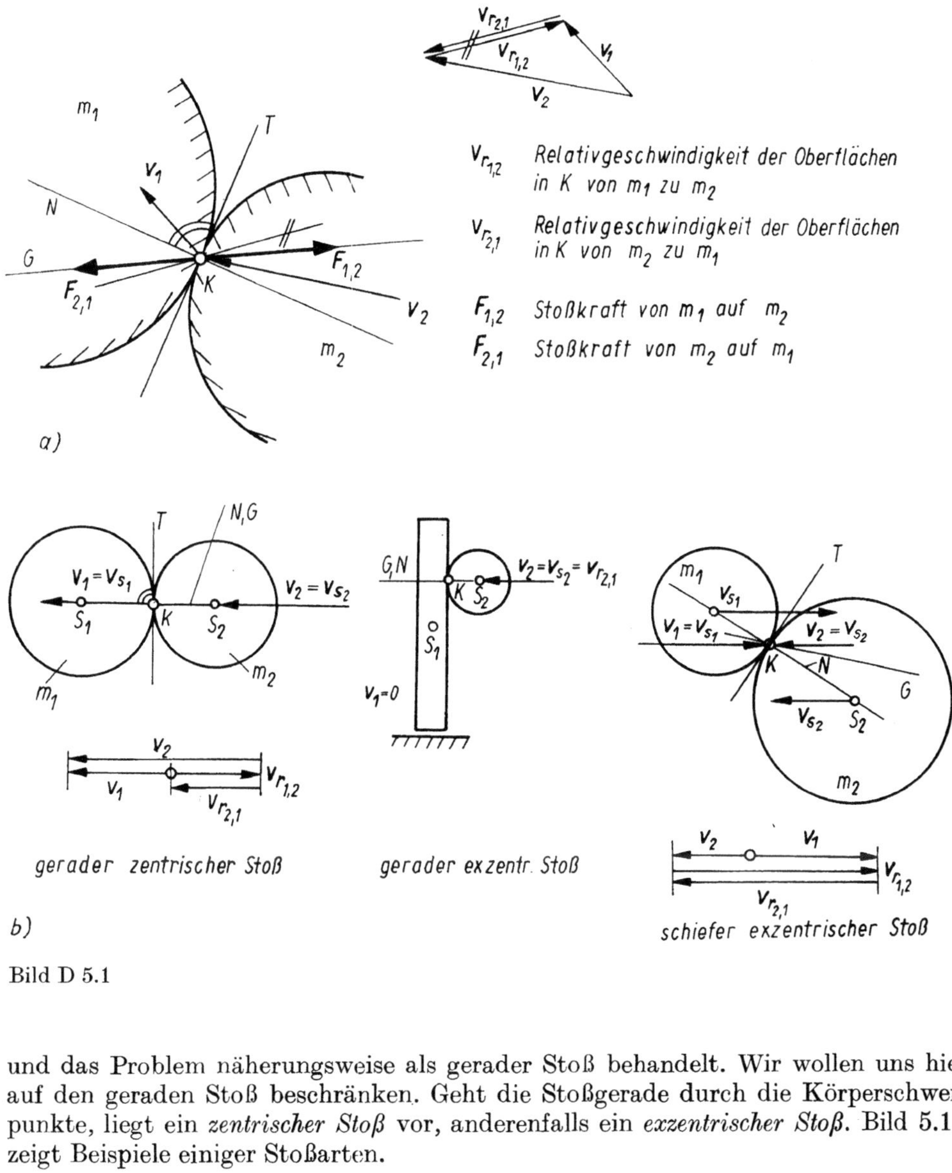

Bild D 5.1

und das Problem näherungsweise als gerader Stoß behandelt. Wir wollen uns hier auf den geraden Stoß beschränken. Geht die Stoßgerade durch die Körperschwerpunkte, liegt ein *zentrischer Stoß* vor, anderenfalls ein *exzentrischer Stoß*. Bild 5.1b zeigt Beispiele einiger Stoßarten.

5.2. Gerader zentrischer Stoß

Die Schwerpunkte S_1 und S_2 der Masse m_1 und m_2 besitzen unmittelbar vor dem Stoß die Geschwindigkeiten $\boldsymbol{v}_{S1}$ und $\boldsymbol{v}_{S2}$, wobei $\boldsymbol{v}_{S2} > \boldsymbol{v}_{S1}$ sei. Der Kontaktpunkt K liege auf der Geraden $\overline{S_1S_2}$, auf der auch die Geschwindigkeitsvektoren liegen. Die Körper sollen keine Drehungen ausführen, so daß die Geschwindigkeiten an der Kontaktstelle gleich $\boldsymbol{v}_1 = \boldsymbol{v}_{S1}$ und $\boldsymbol{v}_2 = \boldsymbol{v}_{S2}$ sind.
Beim Behandeln des Stoßvorganges wird gewöhnlich die Stoßdauer Δt als sehr kurz betrachtet und der dabei zurückgelegte Weg der beiden Körper vernachlässigt

Da einerseits die Stoßdauer sehr kurz ist, aber andererseits merkliche Geschwindigkeitsänderungen an den Körpern auftreten, muß nach dem Impulssatz die Stoßkraft $F(t)$ sehr groß sein. Deshalb werden auch die während Δt an den Massen angreifenden, nicht mit dem Stoßvorgang im Zusammenhang stehenden übrigen äußeren Kräfte unberücksichtigt gelassen. Für die beiden befreiten Massen wird aufgrund dieser Annahme während des Stoßes nur die Stoßkraft berücksichtigt. Aus der Integration des Impulssatzes folgt für m_1 und m_2 (Bild D 5.2) unter Berücksichtigung der Kraftrichtung und Verzicht auf die Vektorschreibweise

$$m_1: \; -\int_0^{\Delta t} F(t)\,\mathrm{d}t = m_1(\bar{v}_{S1} - v_{S1}) \qquad (5.1\text{a})$$

$$m_2: \; \int_0^{\Delta t} F(t)\,\mathrm{d}t = m_2(\bar{v}_{S2} - v_{S2}) \qquad (5.1\text{b})$$

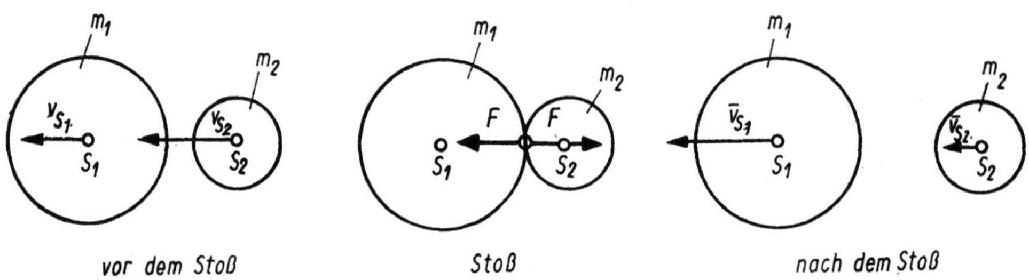

Bild D 5.2

Darin sind $\bar{v}_{S1}$ und $\bar{v}_{S2}$ die Schwerpunktgeschwindigkeiten nach dem Stoß, die wegen reiner Translation der Massen auch gleich den Geschwindigkeiten $\bar{v}_1$ und $\bar{v}_2$ an der Kontaktstelle nach dem Stoß sind. Nach Bild D 5.2 wird m_1 beschleunigt ($\bar{v}_{S1} > v_{S1}$) und m_2 verzögert ($\bar{v}_{S2} < v_{S2}$). Durch Addition beider Gleichungen wird die für das System *innere* Stoßkraft F eliminiert und

$$m_1(\bar{v}_{S1} - v_{S1}) + m_2(\bar{v}_{S2} - v_{S2}) = 0$$

bzw.

$$m_1 v_{S1} + m_2 v_{S2} = m_1 \bar{v}_{S1} + m_2 \bar{v}_{S2} \qquad (5.2)$$

erhalten. Da keine äußere Kraft auf das System einwirkt, ändert sich seine Bewegungsgröße nicht.

Die beiden Geschwindigkeiten nach dem Stoß v_{S1} und v_{S2} sind noch unbekannt. Ihre Größe ist vom Stoßverlauf abhängig. In einer ersten Phase werden die Massen insbesondere in der Nähe der Stoßstelle deformiert. Ihr Schwerpunktabstand verringert sich dadurch. Zum Zeitpunkt der größten Annäherung sind die Schwerpunktgeschwindigkeiten gleich groß v. Je nach Werkstoffeigenschaften der Körper kann danach die beim Verformen verrichtete Formänderungsarbeit mehr oder weniger durch Entspannen wieder in Bewegungsenergie umgewandelt werden, was jedoch infolge teilplastischer Verformungen, Hysteresis, verbleibender Schwingbewegungen der Masse und des umgebenden Mediums (Schallwellen) praktisch nie vollständig möglich ist.

Wir unterscheiden zwei Grenzfälle:

1. Vollkommen plastischer Stoß

Der Stoßvorgang ist mit der maximalen Annäherung der Körperschwerpunkte abgeschlossen. Beide Massen bewegen sich danach gemeinsam mit der Geschwindigkeit $\bar{v}_{S1} = \bar{v}_{S2} = v$ weiter. Diese ergibt sich aus Gl. (5.2)

$$v = \frac{m_1 v_{S1} + m_2 v_{S2}}{m_1 + m_2} \tag{5.3}$$

Der dabei entstehende Verlust an kinetischer Energie ist

$$\Delta T = \frac{1}{2}\, m_1 v_{S1}^2 + \frac{1}{2}\, m_2 v_{S2}^2 - \frac{1}{2}\,(m_1 + m_2)\, v^2$$

Mit Gl. (5.3) wird:

$$\Delta T = \frac{1}{2}\, \frac{m_1 m_2}{m_1 + m_2}\,(v_{S2} - v_{S1})^2 \tag{5.4}$$

2. Vollkommen elastischer Stoß

Die Formänderungsarbeit wird (theoretisch) vollständig in kinetische Energie zurückverwandelt. Der Energieverlust ist Null:

$$\Delta T = \frac{m_1}{2}\, v_{S1}^2 + \frac{m_2}{2}\, v_{S2}^2 - \frac{m_1}{2}\, \bar{v}_{S1}^2 - \frac{m_2}{2}\, \bar{v}_{S2}^2 = 0 \tag{5.5}$$

Aus den Gln. (5.2) und (5.5) können die Geschwindigkeiten $\bar{v}_{S1}$ und $\bar{v}_{S2}$ berechnet werden. Wir formen beide um:

$$\frac{m_1}{2}\,(\bar{v}_{S1}^2 - v_{S1}^2) = \frac{m_2}{2}\,(v_{S2}^2 - \bar{v}_{S2}^2) \tag{5.5a}$$

$$m_1(\bar{v}_{S1} - v_{S1}) = m_2(v_{S2} - \bar{v}_{S2}) \tag{5.2a}$$

Die erste Gleichung durch die zweite dividiert, gibt

$$\bar{v}_{S1} + v_{S1} = v_{S2} + \bar{v}_{S2}$$

oder auch:

$$\bar{v}_{S1} - \bar{v}_{S2} = v_{S2} - v_{S1} \tag{5.6}$$

Wir erkennen: Die Geschwindigkeitsdifferenzen der Massen vor und nach dem Stoß sind gleich groß.

Aus den Gln. (5.6) und (5.2a) können $\bar{v}_{S1}$ und $\bar{v}_{S2}$ leicht berechnet werden:

$$\bar{v}_{S1} = v_{S1} + 2\,\frac{m_2}{m_1 + m_2}\,(v_{S2} - v_{S1}) \tag{5.7a}$$

$$\bar{v}_{S2} = v_{S2} - 2\,\frac{m_1}{m_1 + m_2}\,(v_{S2} - v_{S1}) \tag{5.7b}$$

Der Sonderfall gleichgroßer Massen $m_1 = m_2$ bedingt $\bar{v}_{S1} = v_{S2}$ und $\bar{v}_{S2} = v_{S1}$. Wir stellen fest, daß die Massen die Geschwindigkeiten austauschen. Stößt z. B. eine

Kugel m_2 mit v_{S2} auf eine ruhende Kugel $m_1 = m_2$, so bleibt bei einem vollkommen elastischen Stoß die Kugel m_2 danach stehen, und m_1 bewegt sich mit $\bar{v}_{S1} = v_{S2}$ weiter.

3. *Stoß mit Verlust an kinetischer Energie*

Der vollkommen elastische Stoß wird praktisch nicht erreicht. Ein Maß für den in kinetische Energie umgesetzten Anteil der Formänderungsarbeit ist offenbar das Verhältnis der Relativgeschwindigkeiten der Körperoberflächen an der Kontakstelle nach und vor dem Stoß. Der Quotient

$$k = \frac{\bar{v}_1 - \bar{v}_2}{v_2 - v_1} \tag{5.8}$$

heißt *Stoßzahl.* Beim geraden zentrischen Stoß sind bekanntlich diese Geschwindigkeiten mit den Schwerpunktgeschwindigkeiten des jeweiligen Körpers identisch, und wir dürfen schreiben

$$k = \frac{\bar{v}_{S1} - \bar{v}_{S2}}{v_{S2} - v_{S1}} \tag{5.8a}$$

Demnach ist für den *vollkommen plastischen Stoß* $k = 0$ und für den *vollkommen elastischen Stoß* $k = 1$.

Tabelle 5.1

Material	Stoßzahl k
Glas	$\frac{15}{16}$
Elfenbein	$\frac{8}{9}$
Stahl oder Kork	$\frac{5}{9}$
Holz	$\frac{1}{2}$

Für verschiedene Werkstoffe wurde k durch herabfallende Kugeln auf eine ebene Unterlage gleichen Materials (Aufprallgeschwindigkeit $v = 2{,}8\ \mathrm{ms}^{-1}$) ermittelt (Tabelle 5.1). Anstelle der Gl. (5.6) wird jetzt Gl. (5.8) bzw. (5.8a) gemeinsam mit Gl. (5.2) zur Berechnung der Geschwindigkeiten $\bar{v}_{S1}$ und $\bar{v}_{S2}$ benutzt. Die Stoßzahl wird dabei als bekannt vorausgesetzt. Daraus ergeben sich

$$\bar{v}_{S1} = v_{S1} + \frac{m_2}{m_1 + m_2}(1 + k)(v_{S2} - v_{S1}) \tag{5.9a}$$

$$\bar{v}_{S2} = v_{S2} - \frac{m_1}{m_1 + m_2}(1 + k)(v_{S2} - v_{S1}) \tag{5.9b}$$

Der Verlust an kinetischer Energie errechnet sich aus

$$\Delta T = \frac{m_1}{2}(\bar{v}_{S1}^2 - v_{S1}^2) + \frac{m_2}{2}(\bar{v}_{S2}^2 - v_{S2}^2)$$

mit obigen Ausdrücken nach einer Zwischenrechnung zu

$$\Delta T = \frac{m_1 m_2}{2(m_1 + m_2)}(1 - k^2)(v_{S2} - v_{S1})^2 \tag{5.10}$$

5.3. Gerader exzentrischer Stoß

Da der *gerade* exzentrische Stoß ohnehin nur für bestimmte Bewegungszustände und Stellungen beider Körper unmittelbar vor dem Stoß eintritt, soll die Behandlung dieses Problems auch nur für ein konkretes Beispiel gezeigt werden. Ein Stab (Masse m_1, Massenträgheitsmoment J_{S1}) führe vor dem Stoß eine reine Translation längs einer geraden Bahn mit der Geschwindigkeit v_{S1} aus, so daß $\dot{\varphi}_1 = 0$ ist. Parallel zur Bahn des Stabschwerpunktes im Abstand c bewege sich (im Bild D 5.3 in gleicher Richtung) eine Kugel der Masse m_2 mit $v_{S2} > v_{S1}$, die ebenfalls keine Drehung ausführe ($\dot{\varphi}_2 = 0$). Die Stoßzahl k sei gegeben. Wie groß sind die Schwerpunktgeschwindigkeiten $\bar{v}_{S1}$ und $\bar{v}_{S2}$ und die Winkelgeschwindigkeiten $\bar{\dot{\varphi}}_1$ und $\bar{\dot{\varphi}}_2$ der Massen nach dem Stoß!

Die Drehung des Stabes erfolge um eine Hauptträgheitsachse (z-Achse). Da die Kugel m_2 normal auf die Staboberfläche auftrifft, steht auch die Stoßgerade senkrecht auf dieser, so daß ein *gerader Stoß* vorliegt. Die Stoßkraft geht durch den Kugelschwerpunkt S_2, jedoch am Stabschwerpunkt S_1 im Abstand c vorbei. Für die Kugel ist daher der Vorgang ein zentrischer, für den Stab aber ein exzentrischer Stoß.

Auf die beiden Körper werden wieder der Impulssatz in der Form Gl. (3.4) und zusätzlich der Drallsatz nach Gl. (4.17) angewandt. Es ergibt sich für den Impulssatz:

$$1.\quad \int_0^{\Delta t} F\,\mathrm{d}t = m_1(\bar{v}_{S1} - v_{S1})$$

$$2.\quad -\int_0^{\Delta t} F\,\mathrm{d}t = m_2(\bar{v}_{S2} - v_{S2})$$

und Drallsatz:

$$3.\quad \int_0^{\Delta t} cF\,\mathrm{d}t = J_{S1}(\bar{\dot{\varphi}}_1 - \dot{\varphi}_1)$$

$$4.\quad \int_0^{\Delta t} 0 \cdot F\,\mathrm{d}t = 0 = J_{S2}(\bar{\dot{\varphi}}_2 - \dot{\varphi}_2)$$

Aus 4. folgt sofort mit $\dot{\varphi}_2 = 0 : \bar{\dot{\varphi}}_2 = 0$. Die Kugel dreht sich auch nach dem Stoß nicht.

Die Elimination von F aus 1. und 2. gibt

$$m\,(\bar{v}_{S1} - v_{S1}) = m_2(\bar{v}_{S2} - v_{S2}) \tag{5.11}$$

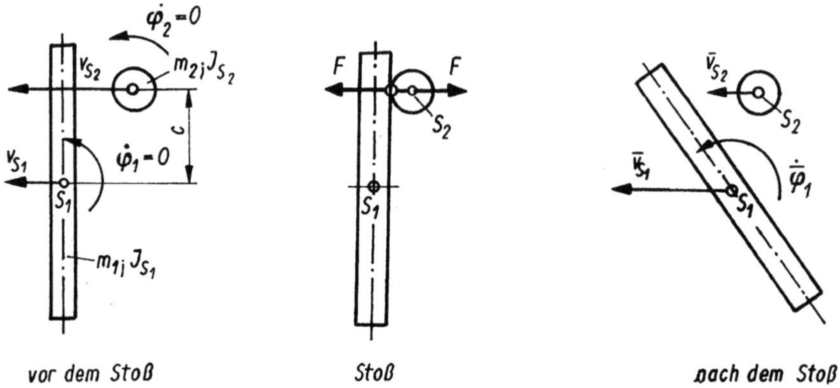

Bild D 5.3

und aus 2. und 3.:

$$J_{S1}(\dot{\bar{\varphi}}_1 - \dot{\varphi}_1) = -cm_2(\bar{v}_{S2} - v_{S2}) \tag{5.12}$$

Diese beiden Gleichungen enthalten die drei Unbekannten $\bar{v}_{S1}$, $\bar{v}_{S2}$ und $\dot{\bar{\varphi}}_1$. Die fehlende Gleichung liefert die Definition der Stoßzahl nach Gl. (5.8):

$$k = \frac{\bar{v}_1 - \bar{v}_2}{v_2 - v_1}$$

Darin beziehen sich die Geschwindigkeiten auf die Kontaktstelle. Es ist mit $\dot{\varphi}_1 = 0$; $v_1 = v_{S1}$; $v_2 = v_{S2}$; $\bar{v}_1 = \bar{v}_{S1} + c\dot{\bar{\varphi}}_1$; $\bar{v}_2 = \bar{v}_{S2}$ und

$$(v_2 - v_1)\, k = \bar{v}_{S1} - \bar{v}_{S2} + c\dot{\bar{\varphi}}_1 \tag{5.13}$$

Aus den Gln. (5.11), (5.12), (5.13) können die drei Unbekannten ermittelt werden. Wir schreiben für $J_{S1} = m_1 i^2$ (i Trägheitsradius), kürzen mit den Ausdrücken

$$\lambda = \frac{c^2}{i^2} \tag{5.14a}$$

$$\beta = \frac{m_2}{m_1} \tag{5.14b}$$

ab und erhalten nach kurzer Zwischenrechnung die Geschwindigkeiten nach dem Stoß zu:

$$\bar{v}_{S1} = v_{S1} + \frac{\beta(1 + k)}{1 + \beta(1 + \lambda)}\,(v_{S2} - v_{S1}) \tag{5.15a}$$

$$\bar{v}_{S2} = v_{S2} - \frac{1 + k}{1 + \beta(1 + \lambda)}\,(v_{S2} - v_{S1}) \tag{5.15b}$$

$$\dot{\bar{\varphi}}_1 = \frac{\beta\lambda}{c}\,\frac{1 + k}{1 + \beta(1 + \lambda)}\,(v_{S2} - v_{S1}) \tag{5.15c}$$

Für den Sonderfall $c = 0$ (zentrischer Stoß für m_1) gehen mit $\lambda = 0$ die Gln. (5.15a) und (5.15b) in die Gln. (9.a) und (5.9b) über, und $\bar{\dot{\varphi}}_1$ wird Null.
Der Verlust an kinetischer Energie berechnet sich aus

$$\Delta T = \frac{1}{2}\,(m_{1S}v_1^2 + m_{2S}v_2^2 - m_{1S}\bar{v}_1^2 - J_{S1}\,\bar{\dot{\varphi}}_1^2 - m_2\bar{v}_{S2})$$

mit den Gln. (5.15) zu:

$$\Delta T = \frac{m_2\,(1-k)^2}{2[1+\beta(1+\lambda)]}\,(v_{S2} - v_{S1})^2 \qquad (5.16)$$

Auch dieser Ausdruck geht für $\lambda = 0$ in Gl. (5.10) über.

5.4. Beispiele

Beispiel 31:

Eine Kugel der Masse m_2 fällt aus der Höhe h senkrecht auf eine ruhende Platte ($m_1 \to \infty$) herab und prallt nach dem Stoß bis zur Höhe $\bar{h}$ zurück. Wie groß ist die Stoßzahl k, wenn der Luftwiderstand unberücksichtigt bleibt?

Lösung:

Es liegt für die Kugel ein gerader zentrischer Stoß vor. Da $m_1 \to \infty$ und $v_{S1} = 0$ sind, so ist nach Gl. (5.9a) auch $\bar{v}_{S1} = 0$. Die Platte bleibt also in Ruhe. Die Schwerpunktgeschwindigkeiten sind gleich den Oberflächengeschwindigkeiten an der Stoßstelle: $v_{S1} = v_1 = 0$; $\bar{v}_{S1} = \bar{v}_1 = 0$;
$v_{S2} = v_2 = \sqrt{2gh}$; $\bar{v}_{S2} = \bar{v}_2 = -\sqrt{2g\bar{h}}$.
(Das Minuszeichen steht deshalb, weil für $k \neq 0$ die Kugel zurückspringt.)
Nach Gl. (5.8) ist:

$$k = \frac{0 + \sqrt{2g\bar{h}}}{2gh - 0} = \sqrt{\frac{\bar{h}}{h}}$$

Das Verfahren eignet sich sehr gut zum experimentellen Bestimmen der Stoßzahl k.

Beispiel 32:

Eine Masse m_2 wird mit der noch unbekannten Geschwindigkeit v_{S2} in einem ruhenden Block der Masse m_1 eingeschossen und bleibt dort stecken. Der Block ist an zwei parallelen, gleichlangen Fäden der Länge l pendelnd aufgehängt, so daß sich auch sein Schwerpunkt S_1 auf einer Kreisbahn vom Radius l nach oben bewegen kann. Wie groß ist die Geschoßgeschwindigkeit v_{S2}, wenn der gemessene Winkelausschlag des Pendels gleich α ist (Bild D 5.4)?

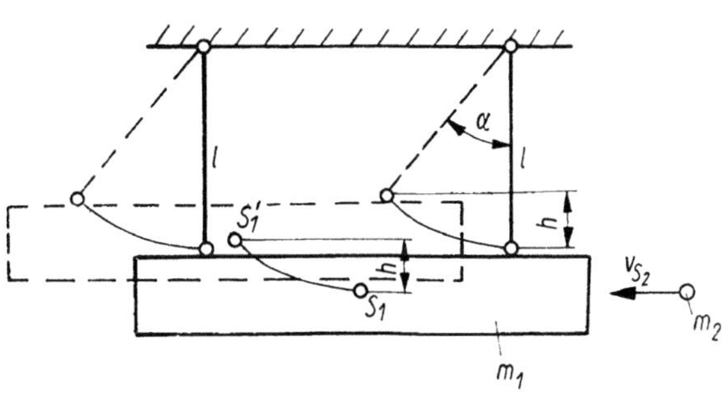

Bild D 5.4

Lösung:

Es liegt ein vollkommen plastischer Stoß vor. Die gemeinsame Geschwindigkeit v nach dem Stoß ist für $v_{S1} = 0$ nach Gl. (5.3):

$$v = \frac{m_2}{m_1 + m_2} v_{S2}$$

Diese Geschwindigkeit und die Steighöhe h stehen in dem bekannten Zusammenhang

$$v = \sqrt{2gh}$$

wobei $h = l(1 - \cos\alpha)$ ist, also $v = \sqrt{2gl(1 - \cos\alpha)}$. Einsetzen von v in obige Gleichung führt auf

$$v_{S2} = \frac{m_1 + m_2}{m_2} \sqrt{2gl(1 - \cos\alpha)}$$

6. Körper mit kontinuierlicher Massenabgabe und Massenaufnahme

6.1. Ableitung der Bewegungsgleichung für die Translation auf gerader Bahn

Verschiedentlich stoßen Körper kontinuierlich Masse ab (Rakete, verdunstendes Tröpfchen) oder sie nehmen kontinuierlich Masse auf, was besonders bei allen Problemen der Kornvergrößerung verfahrenstechnischer Prozesse (Kristallisation, Granulierung) zu beobachten ist. Es gibt aber auch Fälle, in denen ein Massenzu- und -abfluß gleichzeitig stattfindet (Förderband). Diese Masseveränderung steht nicht im Widerspruch zu der unter Abschn. 1. getroffenen Voraussetzung der Massekonstanz innerhalb eines betrachteten Systems. Bei der Ableitung der Bewegungsgleichung muß daher ein Bilanzkreis zugrunde gelegt werden, für den die Masse konstant ist.

Wir vollziehen die Ableitung für die gradlinige Bewegung eines Körpers, die geführt oder ungeführt sein kann. Es interessieren dabei die Kräfte und Impulse in Bahnrichtung sowie Weg und Geschwindigkeit. Die Rotation des Körpers wird nicht behandelt. Bei der Ableitung verzichten wir auf die Vektordarstellung. Alle Ausdrücke mit Vektorcharakter sind positiv, wenn sie in positive Koordinatenrichtung zeigen (Bild D 6.1).

Ein Körper beginne seine Bewegung ($t = 0$, $x = 0$) mit der Masse m_0 und der Geschwindigkeit v_0. Zur Zeit t besitze er die Masse m und die Geschwindigkeit v. Der

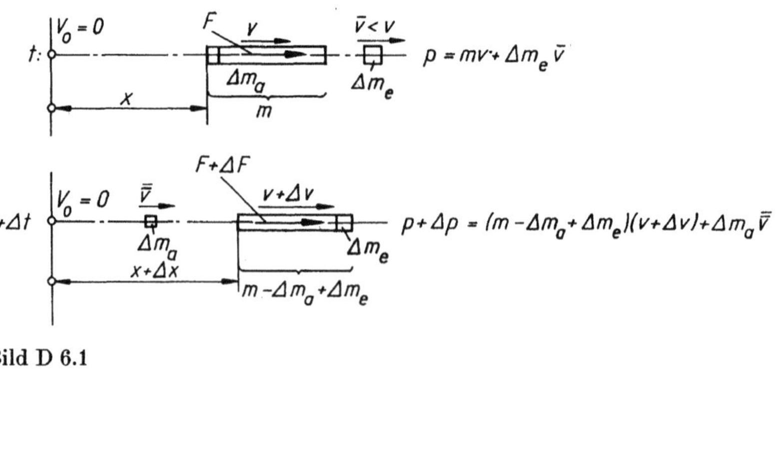

Bild D 6.1

zufließende Massenstrom sei $\dot{m}_e = \frac{dm_e}{dt}$ und der abfließende $\dot{m}_a = \frac{dm_a}{dt}$. Beide können zeitlich veränderlich sein. Sind die zeitlichen Verläufe der Massenströme bekannt, so beträgt die Körpermasse zur Zeit t:

$$m = m_0 + \int_0^t \dot{m}_e \, d\bar{t} - \int_0^t \dot{m}_a \, d\bar{t} \tag{6.1}$$

Für den Fall konstanter Massenströme ergibt sich:

$$m = m_0 + (\dot{m}_e - \dot{m}_a)\, t \tag{6.1a}$$

Auf die Masse wirke in Bahnrichtung zur Zeit t die Kraft F ein. Zur Ableitung der Bewegungsdifferentialgleichung digitalisieren wir die Ströme, indem die in der kleinen Zeit Δt mit der Absolutgeschwindigkeit $\bar{v} < v$ zufließende Masse Δm_e und die mit der Absolutgeschwindigkeit $\bar{\bar{v}}$ abfließende Masse Δm_a mit berücksichtigt werden. Der Impuls des Systems zur Zeit t ist (Bild D 6.1):

$$p = mv + \Delta m_e \bar{v}$$

Sein Impuls zur Zeit $t + \Delta t$ ist:

$$p + \Delta p = (m - \Delta m_a + \Delta m_e)(v + \Delta v) + \Delta m_a \bar{\bar{v}}$$

Wir werden nun die Absolutgeschwindigkeiten $\bar{v}$ und $\bar{\bar{v}}$ ausdrücken durch die Relativgeschwindigkeit v_e, mit der sich Δm_e der Masse m von vorn nähert sowie durch die Relativgeschwindigkeit v_a, mit der sich Δm_a nach hinten von der Masse m entfernt. So werden

$$\bar{v} = v - v_e$$

$$\bar{\bar{v}} = v - v_a$$

Die Impulse lauten damit: $p = mv + \Delta m_e(v - v_e)$

$$p + \Delta p = (m - \Delta m_a + \Delta m_e)(v + \Delta v) + \Delta m_a (v - v_a)$$

Die Differenz beider liefert unter Vernachlässigung der kleinen Glieder $\Delta m_a \cdot \Delta v$ und $\Delta m_e \cdot \Delta v$ die Impulsdifferenz:

$$\Delta p = m\Delta v - \Delta m_a v_a + \Delta m_e v_e$$

Division durch Δt und Bildung des Grenzwertes $\lim\limits_{\Delta t \to dt} \frac{\Delta p}{\Delta t} = \frac{dp}{dt}$ ergibt mit $\frac{dm_a}{dt} = \dot{m}_a$ und $\frac{dm_e}{dt} = \dot{m}_e$ in Wechselwirkung mit der Resultierenden F der äußeren Kräfte die Gleichung

$$\frac{dp}{dt} = m\frac{dv}{dt} - \dot{m}_a v_a + \dot{m}_e v_e = F \tag{6.2}$$

Die Massenströme üben offenbar die Bewegung fördernde oder hemmende Stoßkräfte $\dot{m}_a v_a$ und $\dot{m}_e v_e$ auf den Körper aus.

Der Sonderfall der konstanten Massenströme $\dot{m}_e$ und $\dot{m}_a$ und der Relativgeschwindigkeiten v_e und v_a für $F(t)$ wird folgendermaßen gelöst:

Für $m(t)$ gilt dann Gl. (6.1a). Die Umstellung der Gl. (6.2) nach dv ergibt

$$dv = \frac{F(t)}{m(t)}\, dt - \frac{\dot{m}_e v_e - \dot{m}_a v_a}{m_0 + (\dot{m}_e - \dot{m}_a)\, t}\, dt$$

und die Integration zwischen den Grenzen 0 und t

$$v = v_0 + \int_0^t \frac{F(\bar{t})}{m(\bar{t})}\,\mathrm{d}\bar{t} - (\dot{m}_\mathrm{e} v_\mathrm{e} - \dot{m}_\mathrm{a} v_\mathrm{a}) \int_0^t \frac{\mathrm{d}\bar{t}}{m_0 + (\dot{m}_\mathrm{e} - \dot{m}_\mathrm{a})\,t}$$

Der letzte Ausdruck läßt sich sofort integrieren

$$v = v_0 + \int_0^t \frac{F(\bar{t})}{m(\bar{t})}\,\mathrm{d}\bar{t} - \frac{\dot{m}_\mathrm{e} v_\mathrm{e} - \dot{m}_\mathrm{a} v_\mathrm{a}}{\dot{m}_\mathrm{e} - \dot{m}_\mathrm{a}} \ln\left(1 + \frac{\dot{m}_\mathrm{e} - \dot{m}_\mathrm{a}}{m_0}\,t\right) \tag{6.3}$$

Für die weitere Integration zur Berechnung des Weges x über $v = \frac{\mathrm{d}x}{\mathrm{d}t}$ werden Abkürzungen eingeführt:

$$f(t) = \int_0^t \frac{F(\bar{t})}{m(\bar{t})}\,\mathrm{d}\bar{t}; \qquad \mu = \frac{\dot{m}_\mathrm{e} - \dot{m}_\mathrm{a}}{m_0} \tag{6.4a,b}$$

Der Ausdruck (6.3) lautet damit:

$$v = \frac{\mathrm{d}x}{\mathrm{d}t} = v_0 + f(t) - \frac{\dot{m}_\mathrm{e} v_\mathrm{e} - \dot{m}_\mathrm{a} v_\mathrm{a}}{\dot{m}_\mathrm{e} - \dot{m}_\mathrm{a}} \ln(1 + \mu t)$$

Trennung der Variablen und Integration führen auf

$$\int_0^x \mathrm{d}\bar{x} = v_0 t + \int_0^t f(\bar{t})\,\mathrm{d}\bar{t} - \frac{\dot{m}_\mathrm{e} v_\mathrm{e} - \dot{m}_\mathrm{a} v_\mathrm{a}}{\dot{m}_\mathrm{e} - \dot{m}_\mathrm{a}} \int_0^t \ln(1 + \mu\bar{t})\,\mathrm{d}\bar{t} \tag{6.5}$$

Lösung des Integrals

$$J = \int_0^t \ln(1 + \mu\bar{t})\,\mathrm{d}\bar{t}:$$

Setze

$$z = 1 + \mu\bar{t}; \quad \mathrm{d}z = \mu\,\mathrm{d}\bar{t}; \quad \mathrm{d}\bar{t} = \frac{1}{\mu}\,\mathrm{d}z; \quad J = \frac{1}{\mu}\int_1^{1+\mu t} \ln z\,\mathrm{d}z$$

Partielle Integration: $\ln z = u; \quad \mathrm{d}u = \frac{\mathrm{d}z}{z}; \quad \mathrm{d}z = \mathrm{d}w; \quad w = z$

$$J = \frac{1}{\mu}(z \ln z - z)\Big|_1^{1+\mu t} = \frac{1}{\mu}\{(1 + \mu t)[\ln(1 + \mu t) - 1] + 1\}$$

Nach der Multiplikation ist

$$J = -t\left[1 - \frac{1 + \mu t}{\mu t}\ln(1 + \mu t)\right]$$

Der zurückgelegte Weg x folgt damit aus Gl. (6.5) zu:

$$x = v_0 t + \int_0^t f(\bar{t})\,\mathrm{d}\bar{t} - \frac{\dot{m}_\mathrm{e} v_\mathrm{e} - \dot{m}_\mathrm{a} v_\mathrm{a}}{\dot{m}_\mathrm{e} - \dot{m}_\mathrm{a}}\,t\left[\frac{1 + \mu t}{\mu t}\ln(1 + \mu t) - 1\right] \tag{6.6}$$

Aus den Gln. (6.3) und (6.6) ergeben sich sofort die entsprechenden Ausdrücke für die Geschwindigkeit v und den Weg x der Sonderfälle eines nur Masse abstoßenden Körpers (Rakete, $\dot{m}_e = 0$) oder eines nur Masse aufnehmenden Körpers ($\dot{m}_a = 0$), die in den nachfolgenden Beispielen besprochen werden.

6.2. Beispiele

Beispiel 33: Rakete

Eine Rakete startet aus der Ruhe heraus ($v_0 = 0$) vertikal nach oben. Der Luftwiderstand und die Veränderung der Erdbeschleunigung mit der Höhe werden nicht berücksichtigt. Die auf die Rakete einwirkende äußere Kraft ist $F = -mg$. Somit lautet das Integral der Gl. (6.3)

$$f(t) = \int_0^t \frac{F(\bar{t})}{m(\bar{t})}\,\mathrm{d}\bar{t} = -\int_0^t \frac{mg}{m}\,\mathrm{d}\bar{t} = -gt \tag{6.7}$$

Da die Rakete nur Masse abgibt, ist $\dot{m}_e = 0$. Der verbrennende Treibstoff werde als konstanter Massenstrom $\dot{m}_a$ mit konstanter Geschwindigkeit v_a (mittlere Ausströmgeschwindigkeit aus der Düse) ausgestoßen. Die Startmasse m_0 der Rakete setzt sich aus m_L (Masse der ausgebrannten Rakete mit Nutzlast) und der Treibstoffmasse m_T zusammen:

$$m_0 = m_L + m_T$$

Der Antrieb erfolge bis zum Brennschluß. Die Brenndauer T errechnet sich aus $m_T = \dot{m}_a T$ zu:

$$T = \frac{m_T}{\dot{m}_a} = \frac{m_0 - m_L}{\dot{m}_a} \tag{6.8}$$

Die zeitabhängige Raketenmasse ist für $0 \leqq t \leqq T$ nach Gl. (6.1a) (s. Bild D 6.2a)

$$m = m_0 - \dot{m}_a t$$

Für $t > T$ fliegt die Masse m_L ohne Antrieb nach den Gesetzen des freien Falles weiter und erreicht die Gipfelhöhe H (Bild D 6.2b). Nach Gl. (6.2) setzt sich die Rakete zum Startzeitpunkt $t = 0$ ($m = m_0$) nur in Bewegung, falls

$$\frac{\mathrm{d}v}{\mathrm{d}t} = \frac{\dot{m}_a}{m_0} v_a - g > 0$$

ist. Dies bedeutet, daß der Impuls der ausströmenden Gase $\dot{m}_a v_a > m_0 g$ sein muß. Anderenfalls würden zwar die Gase ausströmen, ohne die Rakete zur Zeit $t = 0$ zu bewegen.

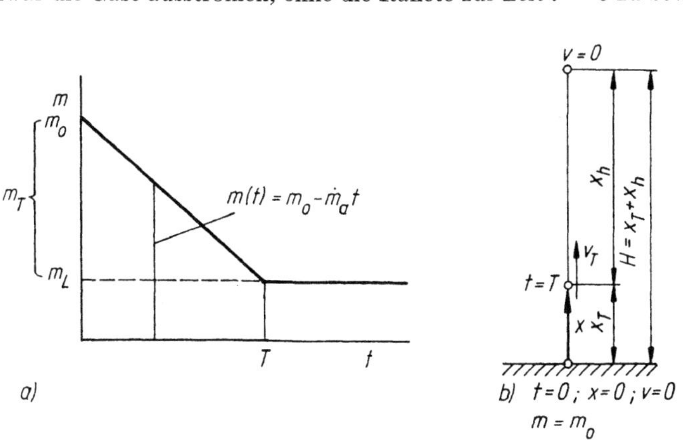

Bild D 6.2

Gemäß Gl. (6.7) lautet das Geschwindigkeitsgesetz während der Brenndauer $0 \leqq t \leqq T$ [Gl. (6.3)]

$$v(t) = v_a \ln \left(\frac{1}{1 - \frac{\dot{m}_a}{m_0} t} \right) - gt \tag{6.9}$$

Nach Brennschluß verbleibt die Masse m_L und aus dem Argument von ln wird mit Gl. (6.8):

$$\frac{1}{1 - \frac{m_a}{m_0} T} = \frac{m_0}{m_L} = R$$

Dieser Ausdruck wurde bereits von ZIOLKOWSKI[1]) eingeführt, der die theoretischen Grundlagen der Raketenbewegung schuf. Die Brennschlußgeschwindigkeit ist mit der Brenndauer $T = \frac{m_T}{\dot{m}_a} = \frac{m_0 - m_L}{\dot{m}_a} = \frac{m_0}{\dot{m}_a} \frac{R-1}{R}$

$$v(T) = v_T = v_a \ln R - g \frac{m_0}{\dot{m}_a} \frac{R-1}{R} \tag{6.10}$$

v_T ist um so größer, je größer v_a, R und $\dot{m}_a$ sind.
Das Weg-Zeit-Gesetz für $0 \leqq t \leqq T$ liefert mit $\mu = -\frac{\dot{m}_a}{m_0}$ nach Gl. (6.6):

$$x(t) = v_a t \left[1 - \frac{m_0 - \dot{m}_a t}{\dot{m}_a t} \ln \left(\frac{1}{1 - \frac{\dot{m}_a}{m_0}} \right) \right] - \frac{g}{2} t^2 \tag{6.11}$$

Der nach der Brenndauer $t = T$ zurückgelegte Weg beträgt:

$$x(T) = x_T = v_a \frac{m_0}{\dot{m}_a} \left(1 - \frac{1 + \ln R}{R} \right) - \frac{g}{2} \left(\frac{m_0}{\dot{m}_a} \right)^2 \frac{(R-1)^2}{R^2} \tag{6.12}$$

Zur Zeit T ist der Weg x_T zurückgelegt, und die Rakete besitzt die Geschwindigkeit v_T, mit der sie im senkrechten Wurf weiter nach oben steigt. Nach Abschn. 2. wird die damit erreichte Höhe $x_h = \frac{v_T^2}{2g}$. Die gesamte Gipfelhöhe H ist dann

$$H = x_h + x_T \tag{6.13}$$

Zahlenbeispiel

Gegeben: $m_0 = 1000$ kg; $R = \frac{m_0}{m_L} = 4$; $T = 150$ s; $v_a = 2500$ m/s

Gesucht: $\dot{m}_a$; v_T; x_T, H

Lösung:

$$\dot{m}_a T = m_T = m_0 - m_L = m_0 \left(1 - \frac{1}{R} \right)$$

$$\dot{m}_a = \frac{m_0(R-1)}{TR} = \frac{1000(4-1)}{150 \cdot 4} \text{ kg/s} = 5{,}0 \text{ kg/s}$$

Gl. (6.10): $v_T = v_a \ln R - gT$

$$= (2500 \ln 4 - 9{,}81 \cdot 150) \text{ m/s} = 1994 \text{ m/s}$$

[1]) KONSTANTIN EDUARDOWITSCH ZIOLKOWSKI (1857 bis 1935)

Gl. (6.12): $x_T = v_a \frac{m_0}{\dot{m}_a}\left(1 - \frac{1 + \ln R}{R}\right) - \frac{g}{2} T^2$

$$= \left[2500 \frac{1000}{5}\left(1 - \frac{1 + \ln 4}{4}\right) - \frac{9{,}81}{2} 150^2\right] \text{m} = 91351 \text{ m}$$

$$x_h = \frac{v_T^2}{2g} = \frac{2485^2}{2 \cdot 9{,}81} \text{ m} = 202693 \text{ m}$$

$$H = x_T + x_h = (91351 + 202693) \text{ m} = 294044 \text{ m}$$

Die größte Strecke legt die Rakete antriebslos zurück!

Beispiel 34: Baggereimer

Ein an einer Kette befestigter Baggereimer der Leermasse m_0 wird mit der konstanten Geschwindigkeit $v = v_0$ unter einem Winkel α nach oben bewegt und nimmt dabei einen konstanten Massenstrom $\dot{m}_e$ auf. Die hierfür erforderliche Schnittkraft F_s sei ebenfalls konstant. Wie groß ist die erforderliche Antriebskraft F_a und die über den Weg L geleistete Arbeit W?

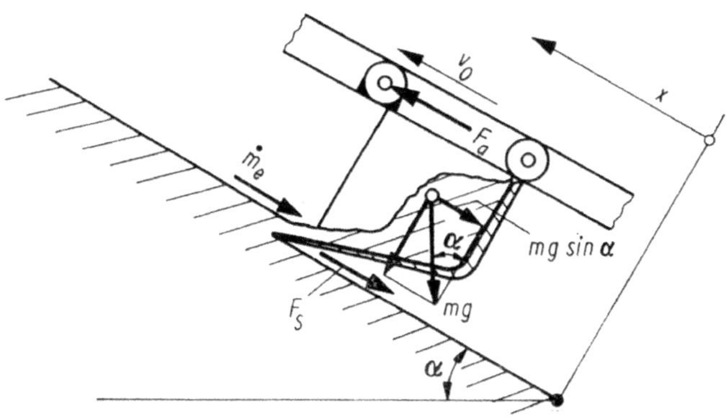

Bild D 6.3

Lösung:

Nach Bild D 6.3 ist die resultierende äußere Kraft

$$F = F_a - F_s - mg \sin \alpha \tag{6.14}$$

Mit $\dot{m}_a = 0$ und $\frac{dv}{dt} = 0$ verbleibt von Gl. (6.2)

$$F_a - F_s - mg \sin \alpha = \dot{m}_e v_e \tag{6.15}$$

v_e ist darin die Relativgeschwindigkeit, mit der sich der Massenstrom $\dot{m}_e$ auf die aufnehmende Masse m zubewegt. Das ist hier $v_e = v_0$. Die Masse des sich füllenden Eimers ist $m = m_0 + \dot{m}_e t$ oder mit $t = \frac{x}{v_0}$

$$m = m_0 + \dot{m}_e \frac{x}{v_0}$$

Aus Gl. (6.15) folgt damit die Antriebskraft F_a

$$F_a = F_s + \left(m_0 + \dot{m}_e \frac{x}{v_0}\right) g \sin \alpha + \dot{m}_e v_0 \tag{6.16}$$

Die verrichtete Arbeit ist nach Gl. (3.29)

$$W = \int_0^L F_a \, dx = (F_s + m_0 g \sin\alpha + \dot{m}_e v_0) L + \frac{\dot{m}_e}{v_0} g \sin\alpha \frac{L^2}{2} \tag{6.17}$$

Zahlenbeispiel

Gegeben: $m_0 = 10$ kg; $F_s = 200$ N; $v_0 = 1$ m/s; $\dot{m}_e = 10$ kg/s; $L = 3$ m; $\alpha = 30°$

Gesucht: F_a

Lösung:

Gl. (6.16): $F_a = \left[200 + \left(10 + 10\,\frac{x}{3}\right) 9{,}81 \cdot 0{,}5 + 10 \cdot 1\right] \text{N} = (259{,}1 + 16{,}4x)\ \text{N}$

$F_{a\,\max} = F_a(L) = 308{,}1$ N

Die Kraft $\dot{m}_e v_0$ beträgt hier nur 10 N und kann in dieser Rechnung nahezu vernachlässigt werden.

Die für einen Eimer zu verrichtende Arbeit ist nach Gl. (6.17):

$$W = \left[(200 + 10 \cdot 9{,}81 \cdot 0{,}5 + 10 \cdot 1)\, 3 + \frac{10}{1}\, 9{,}81 \cdot 0{,}5\, \frac{3^2}{2}\right] \text{J} = 997{,}9\ \text{J}$$

Beispiel 35: Bandförderer

Ein Bandförderer der Länge l fördert Schüttgut im Winkel α gegenüber der Horizontalen nach oben. Der senkrecht zum Band aufgegebene Massenstrom beträgt $\dot{m}_e$ und ist im Mittel gleich dem abgegebenen $\dot{m}_a$. Die Bandgeschwindigkeit ist konstant v_0 (Bild D 6.4). Welches Drehmoment M an der Antriebswelle vom Radius r ist erforderlich (ohne Berücksichtigung der Reibung)? Wie groß ist die entsprechende Antriebsleistung P?

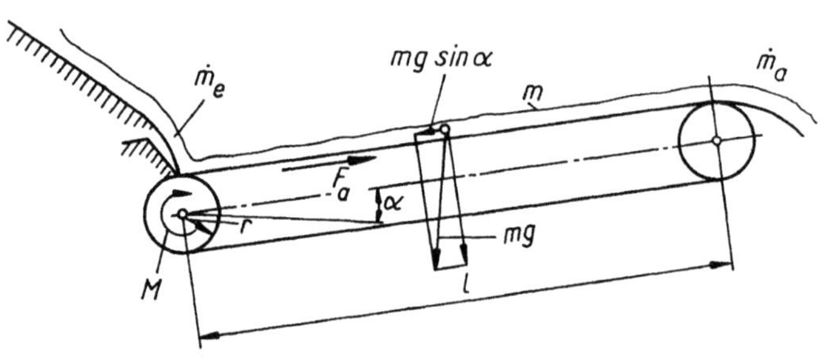

Bild D 6.4

Lösung:

Die Verweilzeit eines Masseteilchens auf dem Band beträgt $t_v = \frac{l}{v_0}$. Mithin befindet sich auf dem Band die Gesamtmasse $m = \dot{m}_e t_v$, die konstant bleibt. Die durch m erzeugte Hangabtriebskraft ist $mg \sin\alpha$. Die äußere Kraft ist die Resultierende von Antriebskraft F_a und $mg \sin\alpha$ (Richtung beachten!)

$$F = F_a - mg \sin\alpha$$

Da auch hier $v = v_0 =$ konst, ergibt sich Gl. (6.2):

$$F_a - mg \sin\alpha = \dot{m}_e v_e - \dot{m}_a v_a \tag{6.18}$$

Die Relativgeschwindigkeiten betragen

$$v_e = v_0 \text{ (bei Masseaufgabe normal zum Band)}$$

$$v_a = 0$$

Aus Gl. (6.18) folgt F_a bzw. mit $M = F_a r$ das Antriebsmoment

$$M = r(mg \sin \alpha + \dot{m}_e v_0)$$

das mit $m = \dot{m}_e \dfrac{l}{v_0}$ auch als

$$M = r \frac{\dot{m}_e}{v_0} (gl \sin \alpha + v_0^2) \tag{6.19}$$

geschrieben werden kann.
Die Leistung errechnet sich nach Gl. (3.44). Mit der Winkelgeschwindigkeit $\dot{\varphi} = v_0/r$ ist $P = M\dot{\varphi}$ oder mit Gl. (6.19)

$$P = \dot{m}_e(gl \sin \alpha + v_0^2) \tag{6.20}$$

Zahlenbeispiel:

Gegeben: $\dot{m}_e = 20$ kg/s; $l = 4$ m; $v_0 = 1{,}5$ m/s; $\alpha = 10°$; $r = 0{,}10$ m

Gesucht: M, P

Lösung:

Gl. (6.19): $M = \left[\dfrac{0{,}10 \cdot 20}{1{,}5} (4 \cdot 9{,}81 \cdot 0{,}174 + 1{,}5^2)\right] \text{N m} = 12{,}1 \text{ N m}$

Gl. (6.20): $P = [20(4 \cdot 9{,}81 \cdot 0{,}174 + 1{,}5^2)] \text{ W} = 181{,}6 \text{ W}$

7. Schwingungen linearer mechanischer Systeme

7.1. Übersicht, Definitionen

Schwingungen sind Bewegungsvorgänge, bei denen sich solche Größen wie Weg, Geschwindigkeit und Beschleunigung rhythmisch ändern. Schwingungen mechanischer Systeme können auftreten, wenn auf Massen *Rückstellkräfte* einwirken, die sie bei einer Auslenkung immer wieder in die ursprüngliche Ruhelage zurückführen. Diese entstehen z. B. durch die nachgiebigen Eigenschaften der Werkstoffe und die dadurch bedingten federnden Eigenschaften von Bauteilen, mit denen Massen gehalten werden. Ein System, dessen Massen Rückstellkräften unterliegen, heißt *Schwinger*. Je nach Anzahl der Massen und deren Bewegungsmöglichkeiten gibt es *Schwinger mit einem* oder *Schwinger mit mehreren Freiheitsgraden*. Die Darstellung des einfachen Schwingers erfolgt am sinnfälligsten durch ein Feder-Masse-System. Die Federn stehen dabei stellvertretend für die nachgiebigen Eigenschaften der Vorrichtungen, mit denen die Massen befestigt sind. Oftmals werden die Federn als masselos betrachtet. Wir wollen hier voraussetzen, daß die Federeigenschaften zeitlich konstant bleiben. Die Schwingung erfährt eine Dämpfung, wenn am System Kräfte angreifen, die ihm während der Bewegung Energie entziehen. Eine Dämpfung bewirken z. B. Reibungskräfte bei Bewegung der

Masse in fluiden Medien oder auf einer festen Unterlage sowie Hysteresiseigenschaften des Federmaterials. Symbolisch wird diese Eigenschaft durch Dämpfer im Schwingermodell angedeutet. Bild D 7.1 zeigt das Modell eines gedämpften Schwingers der Masse m in kg mit einem Freiheitsgrad, der *Federkonstanten* c in N m^{-1} und dem *Dämpfungsfaktor* k in N s m^{-1} für geschwindigkeitsproportionale Dämpfung. Verursacht werden Schwingungen durch zeitlich veränderliche Kräfte bzw. Momente, die über die Massen, Federn oder Dämpfer in den Schwinger eingeleitet werden. Diese Kräfte heißen *Erregerkräfte* bzw. *Erregermomente*. Dabei spielen stoßartig oder periodisch auftretende Kraftwirkungen eine besondere Rolle. Geht nach einer sprung- oder stoßartigen Erregung die Kraftwirkung auf Null oder einen konstanten Wert zurück, führt das System *freie Schwingungen* aus. Die durch *periodische* Kräfte und Momente verursachten Schwingungen heißen *erzwungene Schwingungen*.

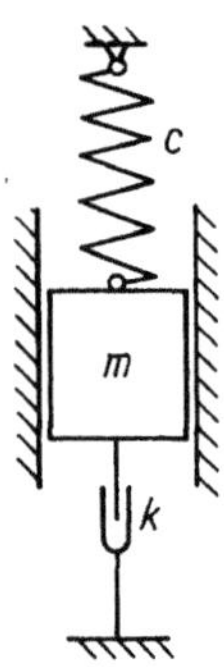

Bild D 7.1

Da die Maschinen und Apparate oder auch nur ihre Teile mit Masse behaftet sind und meist aus elastischem Material bestehen, stellen sie schwingungsfähige Systeme dar. Bei pulsierenden oder rotierenden Bewegungen von Maschinenteilen treten periodische Massenkräfte auf, die für das System als Erregerkräfte (oder Erregermomente) wirken. Das Auftreten von Schwingungen ist daher gar nicht zu vermeiden und in der Regel nicht bedenklich. Es gibt jedoch Schwingungen, die die Laufruhe der Maschine beeinträchtigen oder gar ihre Betriebssicherheit gefährden. Der Ingenieur muß daher ausreichende Kenntnisse über das grundsätzliche Verhalten von Schwingern besitzen, um solchen gefährlichen Schwingungen begegnen zu können.

Das Verhalten einer erzwungenen Schwingung hängt im starken Maße von den Eigenschaften des freien Schwingers ab. Deshalb werden wir uns zunächst mit diesem befassen.

Um zur Bewegungsdifferentialgleichung des Schwingers zu gelangen, werden die an der befreiten Masse angreifenden Kräfte bzw. Momente bilanziert. Wir beschränken uns dabei auf *lineare Systeme*, deren Verhalten durch eine *lineare Differential gleichung* beschrieben wird. Diese Voraussetzung ist in der Regel erfüllt, wenn die Rückstellkraft linear vom Verschiebungsweg der Masse und die Dämpfungskraft linear von der Geschwindigkeit (geschwindigkeitsproportionale Dämpfung) abhängen.

7.2. Schwinger mit einem Freiheitsgrad

7.2.1. Freie ungedämpfte Schwingungen

Bild D 7.2a zeigt eine in x-Richtung reibungsfrei geführte Masse, die einen Freiheitsgrad der Bewegung besitzt. Diese Masse ist an einer Feder mit linearer Charakteristik (Bild D 7.2b) befestigt. Wird die Masse m an die Feder angehängt und langsam losgelassen, so verlängert sich diese infolge der Gewichtskraft mg um $\bar{x} = \frac{mg}{c}$. Die an der Masse angreifende Gewichtskraft mg und Federkraft $F_0 = c\bar{x}$ bilden in dieser *statischen Ruhelage* eine Gleichgewichtsgruppe. Aus dieser Ruhelage heraus erfahre

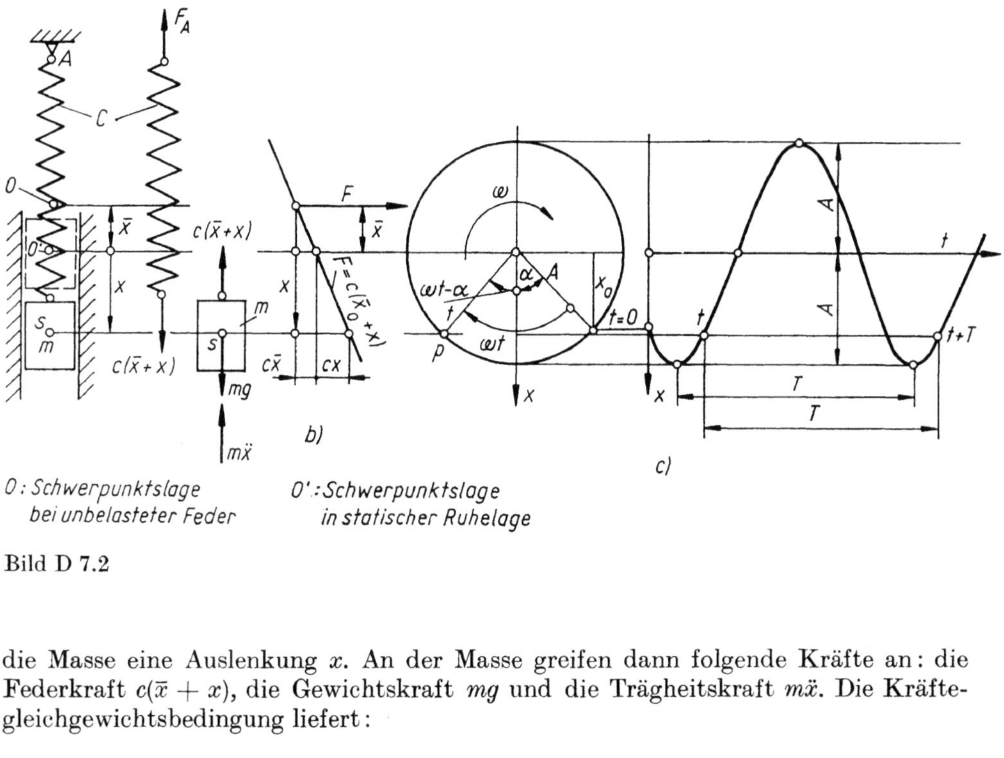

Bild D 7.2

die Masse eine Auslenkung x. An der Masse greifen dann folgende Kräfte an: die Federkraft $c(\bar{x} + x)$, die Gewichtskraft mg und die Trägheitskraft $m\ddot{x}$. Die Kräftegleichgewichtsbedingung liefert:

$$\uparrow: m\ddot{x} - mg + c(\bar{x} + x) = 0$$

Da $mg = cx_0$ ist, verbleibt $m\ddot{x} + cx = 0$.
Mit dem Ausdruck

$$\omega = \sqrt{\frac{c}{m}} \tag{7.1}$$

ergibt sich die typische Bewegungsdifferentialgleichung für die freie ungedämpfte Schwingung des linearen Schwingers mit einem Freiheitsgrad

$$\ddot{x} + \omega^2 x = 0 \tag{7.2}$$

Zu ihrer Lösung dient der Ansatz $x = K\,e^{\lambda t}$, der mit $\ddot{x} = K\lambda^2\,e^{\lambda t}$ und $K \neq 0$ auf die *charakteristische Gleichung*

$$\lambda^2 = -\omega^2 \tag{7.3}$$

führt.

Daraus folgen die Wurzeln $(j = \sqrt{-1})$: $\lambda_{1,2} = \pm j\omega$.

Der Ansatz (Gl. 7.3) ist sowohl für $\lambda_1 = j\omega$ als auch für $\lambda_2 = -j\omega$ eine Lösung der Dgl. (7.2). Bei linearen Differentialgleichungen bildet die Summe der partikulären Lösungen die vollständige Lösung:

$$x = K_1\,e^{j\omega t} + K_2\,e^{-j\omega t}$$

Wir ersetzen die e-Funktionen mit Hilfe der EULERschen Formeln

$$e^{\pm j\omega t} = \cos\omega t \pm j\sin\omega t \tag{7.4}$$

durch die *harmonischen Funktionen* $\cos\omega t$ und $\sin\omega t$:

$$x = K_1(\cos\omega t + j\sin\omega t) + K_2(\cos\omega t - j\sin\omega t)$$

oder

$$x = (K_1 + K_2)\cos\omega t + j(K_1 - K_2)\sin\omega t$$

Die Konstanten werden zusammengefaßt zu:

$$C_1 = K_1 + K_2 \qquad \text{und} \qquad C_2 = j(K_1 - K_2)$$

Für reelle C_1 und C_2 müssen K_1 und K_2 offenbar konjugiert komplex sein:

$$K_1 = \frac{1}{2}(C_1 - jC_2); \qquad K_2 = \frac{1}{2}(C_1 + jC_2)$$

Die Lösung lautet

$$x = C_1\cos\omega t + C_2\sin\omega t \tag{7.5}$$

Oftmals empfiehlt sich die andere Darstellungsweise

$$x = A\cos(\omega t - \alpha) \tag{7.6}$$

Der Zusammenhang zwischen den Integrationskonstanten C_1, C_2 sowie A, α wird über die Beziehung

$$\cos(\omega t - \alpha) = \cos\omega t\sin\alpha + \sin\omega t\cos\alpha$$

deutlich. Der Vergleich der Gln. (7.6) und (7.5) gibt $C_1 = A\cos\alpha$ und $C_2 = A\sin\alpha$.

Wir werden jetzt mit Gl. (7.6) weiterarbeiten. Zur anschaulichen Deutung der Größen A, α und ω kann man die Bewegung wie folgt abbilden (Bild D 7.2c).

Ein Punkt P rotiere mit der konstanten Winkelgeschwindigkeit ω auf einer Kreisbahn vom Radius A. Die Projektion der Bewegung auf die x-Achse wird durch den Ausdruck Gl. (7.6) beschrieben, wenn für $t = 0$ die Bewegung unter einem Winkel α zur x-Achse beginnt. Wir erkennen, daß A den größtmöglichen Ausschlag, die *Amplitude*, darstellt. α ist der *Nullphasenwinkel*. Die *Kreis*frequenz ω liegt durch den Term Gl. (7.1) mit $\omega = \sqrt{\frac{c}{m}}$ fest und ist nur von Federzahl und Masse des Schwingers abhängig, ist also für jeden Schwinger ein charakteristischer Wert und heißt deshalb auch *Eigenkreisfrequenz*. Sie wird in rad s^{-1} angegeben. Jeder einfache Schwinger, einmal angestoßen und sich dann selbst überlassen, schwingt mit seiner Eigenkreisfrequenz.

Es entsteht dabei eine *harmonische Bewegung*, da x durch harmonische Funktionen ($\cos \omega t$; $\sin \omega t$) dargestellt wird. Zugleich sind es *periodische Funktionen*, da nach einer bestimmten Zeit T alle Eigenschaften der Funktionen wiederkehren. Denn es ist:

$$x(t) = x\,(t + T); \qquad \dot{x}(t) = \dot{x}\,(t + T); \qquad \ddot{x}(t) = \ddot{x}\,(t + T)$$

Die Zeit T heißt *Periodendauer* (auch *Schwingungsdauer* genannt). Der Zusammenhang zwischen Eigenkreisfrequenz und Periodendauer wird aus Bild D 7.2c deutlich. Wenn der Punkt den Kreis einmal umfahren hat, ist die Zeit T vergangen, und für den zurückgelegten Winkel ist $\omega T = 2\pi$. Also

$$T = \frac{2\pi}{\omega} = 2\pi \sqrt{\frac{m}{c}} \tag{7.7}$$

Die Eigenkreisfrequenz $\omega = \dfrac{2\pi}{T}$ darf nicht mit der Frequenz f verwechselt werden, die die Anzahl der Schwingungen je Sekunde angibt und sich aus $f = \dfrac{1}{T}$ ergibt. Maßeinheit für die Frequenz f ist Hertz (Hz). Zwischen ω und f besteht nach Gl. (7.7) die Beziehung

$$\omega = 2\pi f \tag{7.8}$$

Zum Bestimmen der Integrationskonstanten A und α werden die *Anfangsbedingungen* benötigt. Im allgemeinen Fall lauten diese

$$x(0) = x_0$$

$$\dot{x}(0) = v_0$$

Mit Gl. (7.6) sowie $\dot{x} = -\omega A \sin(\omega t - \alpha)$ ergeben sich zwei Gleichungen zur Ermittlung von A und α:

$$x_0 = A \cos(-\alpha) = A \cos \alpha$$

$$v_0 = -\omega A \sin(-\alpha) = \omega A \sin \alpha$$

Die zweite Gleichung dividiert durch ω sowie beide Gleichungen quadriert und addiert liefern mit $\sin^2 \alpha + \cos^2 \alpha = 1$:

$$A = \sqrt{x_0^2 + \left(\frac{v_0}{\omega}\right)^2} \tag{7.9}$$

Die zweite durch die erste Gleichung dividiert gibt $\tan \alpha = \dfrac{v_0}{x_0 \omega}$ oder

$$\alpha = \arctan\left(\frac{v_0}{x_0 \omega}\right) \tag{7.10}$$

Die Kenntnis der Integrationskonstanten erlaubt nun, außer der vollständigen Beschreibung der Bewegung der Masse nach Gl. (7.6) auch die Beanspruchung der Feder zu berechnen. Nach Bild D 7.2b hat die Federkraft die Größe:

$$F = c(\bar{x} + x) = mg + cA \cos(\omega t - \alpha)$$

Die größte Federkraft liegt für $\cos(\omega t - \alpha) = 1$ vor

$$F_{\max} = mg + cA$$

In 7.1. wurde bereits erklärt, daß die Feder im Schwingermodell stellvertretend für die wegproportionalen Eigenschaften der Rückstellkraft steht. Die Halterung der Masse kann dabei konstruktiv recht unterschiedlich erfolgen. Wir wollen einige einfache technische Beispiele für den freien ungedämpften Schwinger mit einem Freiheitsgrad behandeln.

Biegeschwinger

Die Feder ist als Biegeträger ausgebildet. Zur Berechnung der elastischen Eigenschaften benötigen wir die in den Abschnitten Festigkeitslehre 3.5. und 6. behandelten Methoden. Für einfache Belastungs- und Lagerungsfälle sind die Ergebnisse in den Taschenbüchern enthalten. Zwei Beispiele hierfür zeigt Bild D 7.3. Die beiden Träger werden zunächst durch die ruhende Gewichtskraft $F_G = mg$ belastet und verformt. Diese Kraft und die statische Auslenkung wurden im Bild nicht mit gezeichnet, da wir hier zur Untersuchung des dynamischen Verhaltens — wie bereits gezeigt wurde — von der statischen Ruhelage ausgehen dürfen. Ist

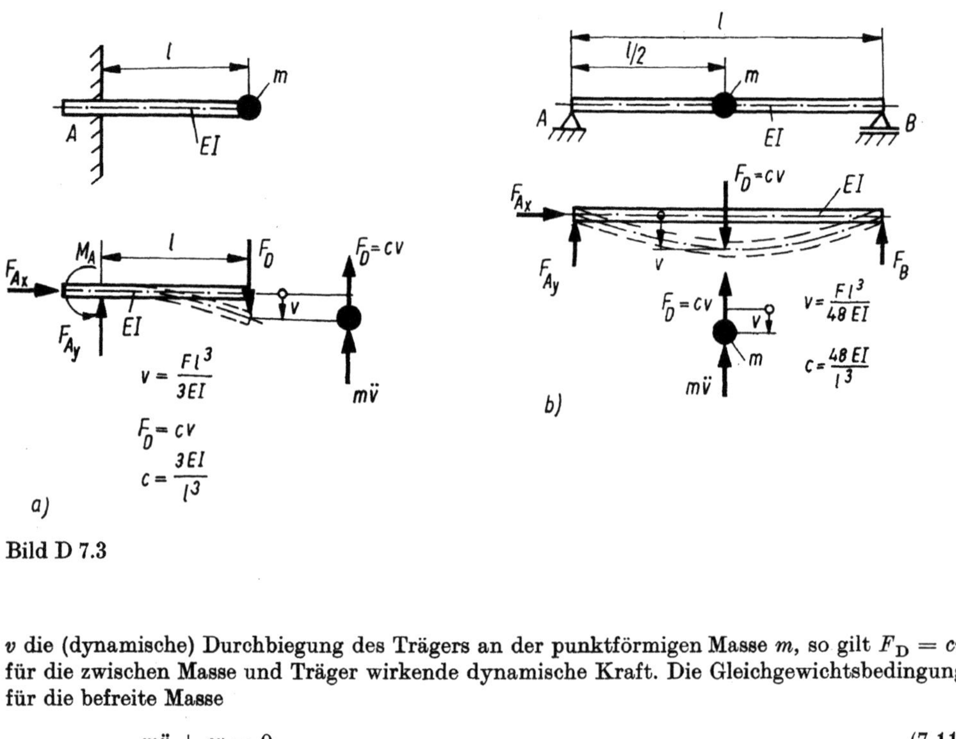

Bild D 7.3

v die (dynamische) Durchbiegung des Trägers an der punktförmigen Masse m, so gilt $F_D = cv$ für die zwischen Masse und Träger wirkende dynamische Kraft. Die Gleichgewichtsbedingung für die befreite Masse

$$m\ddot{v} + cv = 0 \tag{7.11}$$

ergibt die Dgl. (7.2) in der Form $\ddot{v} + \omega^2 v = 0$ mit $\omega = \sqrt{\frac{c}{m}}$ als Eigenkreisfrequenz. Für den Schwinger Bild D 7.3a ist

$$\omega = \sqrt{\frac{3EI}{l^3 m}} \tag{7.12}$$

und für den im Bild D 7.3b dargestellten:

$$\omega = \sqrt{\frac{48EI}{l^3 m}} \tag{7.13}$$

Beim Ermitteln der Trägerbeanspruchung und Gesamtdurchbiegung muß dann allerdings der Anteil aus der statischen Gewichtskraft mg mit berücksichtigt werden, in den Bildern D 7.3a und b ist also F_D durch $F = mg + F_D$ zu ersetzen.

Torsionsschwinger

Eine Masse mit dem Trägheitsmoment J_z kann sich um die Hauptträgheitsachse z drehen (Bild D 7.4). Ein Torsionsstab bewirke das ***Rückstellmoment***, das nach Abschn. 5. der Festigkeitslehre linear vom Verdrehwinkel φ abhängt:

$$M_t = \frac{GI_t}{l}\,\varphi = c_t\varphi$$

Darin ist $c_t = \dfrac{GI_t}{l}$ die *Torsionsfederzahl.*

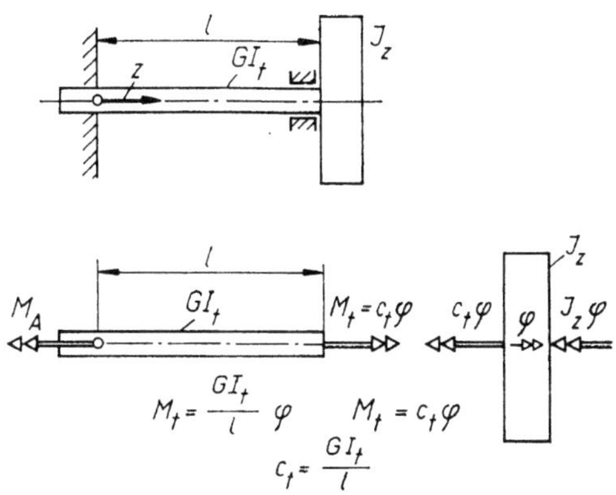

Bild D 7.4

Das Momentengleichgewicht für die Masse in der ausgelenkten Lage liefert:

$$\twoheadleftarrow : J_z\ddot{\varphi} + c_t\varphi = 0$$

Auf die Normalform gebracht lautet die Gleichung

$$\ddot{\varphi} + \omega^2\varphi = 0 \qquad (7.14)$$

mit der Eigenkreisfrequenz

$$\omega = \sqrt{\frac{c_t}{J_z}} \qquad (7.15)$$

Pendel

Bild D 7.5a zeigt ein ***physikalisches Pendel***. Eine Masse m mit dem Hauptträgheitsmoment J_z kann sich in der x,y-Ebene (Zeichenebene) um die z-Achse durch A frei drehen. Der Abstand $\overline{AS}$ ist die Pendellänge l. Infolge der Gewichtskraft mg tritt in der ausgelenkten Lage ein Rückstellmoment bezüglich der Drehachse auf. Wir führen Polarkoordinaten r, φ (vgl. 2.1.5.) mit $r = l$ ein. Die Komponenten der Schwerpunktbeschleunigung lauten dann mit $\dot{r} = \ddot{r} = 0$: $a_r = l\dot{\varphi}^2$; $a_\varphi = l\ddot{\varphi}$

Die am befreiten System angreifenden Kräfte und Momente zeigt Bild D 7.5b.

Das Momentengleichgewicht um A liefert die Schwingungsdifferentialgleichung. Mit a_r und a_φ obiger Form wird

$$\curvearrowleft A : (J_z + ml^2)\,\ddot{\varphi} + mgl\sin\varphi = 0$$

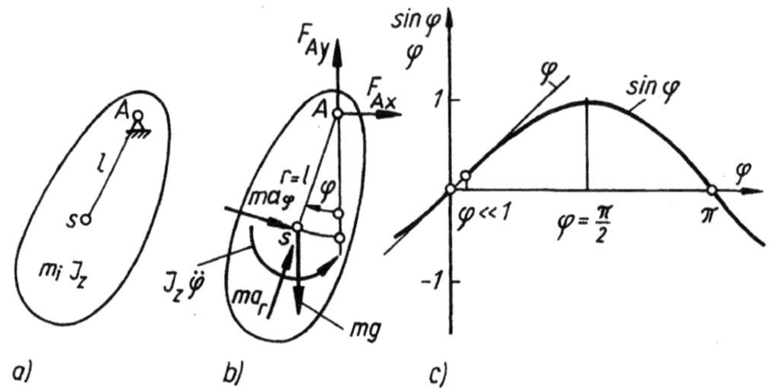

Bild D 7.5

erhalten. Die Differentialgleichung ist durch die sin-Funktion *nichtlinear*. Bei Beschränkung auf kleine Winkel $\varphi \ll 1$ kann die sin-Funktion ohne großen Fehler durch ihre Tangente an die Kurve im Punkt $\varphi = 0$ ersetzt werden (Bild D 7.5c). Mit $\sin \varphi \approx \varphi$ lautet die *linearisierte* Differentialgleichung:

$$\ddot{\varphi} + \frac{mgl}{J_z + ml^2}\,\varphi = 0 \tag{7.16}$$

Die Eigenkreisfrequenz des physikalischen Pendels ist entsprechend der Normalform der Differentialgleichung $\ddot{\varphi} + \omega^2\varphi = 0$ gleich

$$\omega = \sqrt{\frac{mgl}{J_z + ml^2}} \tag{7.17}$$

und die Periodendauer

$$T = 2\pi\sqrt{\frac{J_z + ml^2}{mgl}} \tag{7.18}$$

Sind die Abmessungen der Masse klein gegen l, darf diese als Massenpunkt mit $J_z \ll ml^2$ behandelt werden. Ein derartiges Pendel heißt *mathematisches Pendel*. Seine Periodendauer ist

$$T = 2\pi\sqrt{\frac{l}{g}} \tag{7.19}$$

Soll ein fiktives mathematisches Pendel mit der Pendellänge l_r die gleiche Periodendauer besitzen wie das physikalische Pendel, so muß nach den Gln. (7.18) und (7.19)

$$l_r = \frac{J_z + ml^2}{ml} \tag{7.20}$$

sein. l_r heißt *reduzierte Pendellänge* des physikalischen Pendels. Die Lösung der Dgl. (7.16) lautet entsprechend Gl. (7.6)

$$\varphi = A\cos(\omega t - \alpha)$$

Die Integrationskonstanten A und α sind über die Anfangsbedingungen zu ermitteln.
Die Auflagerreaktionen des physikalischen Pendels (Bild D 7.5b) ergeben sich mit $\varphi(t)$ aus den beiden Kräftegleichgewichtsbedingungen. Darauf soll hier verzichtet werden.

Vertikalschwingungen eines prismatischen Körpers in einer Flüssigkeit

Ein prismatischer Körper (Masse m, mittlere Dichte ϱ, Querschnittsfläche A) schwimme in einer Flüssigkeit der Dichte ϱ_F. In der statischen Ruhelage heben sich Gewichtskraft mg und

Auftriebskraft $A\varrho_F g\bar{x}$ auf. Aus dieser Lage erfolge eine Auslenkung um $x(t)$. Am Körper greifen jetzt die zusätzliche Auftriebskraft $A\varrho_F gx$ und die Trägheitskraft $m\ddot{x}$ an (Bild D 7.6). Von Dämpfungskräften soll hier abgesehen werden. Das Kräftegleichgewicht liefert:

$$\uparrow: m\ddot{x} + A\varrho_F gx = 0$$

Der Vergleich mit der Normalform $\ddot{x} + \omega^2 x = 0$ ergibt die Eigenkreisfrequenz

$$\omega = \sqrt{\frac{A\varrho_F g}{m}} \tag{7.21}$$

oder mit $m = Al\varrho$ (l Stablänge):

$$\omega = \sqrt{\frac{\varrho_F g}{\varrho l}} \tag{7.21a}$$

Obige Differentialgleichung gilt nur, wenn der Körper nicht untertaucht ($\bar{x} + x < l$) oder sich nicht völlig aus der Flüssigkeit heraushebt ($x < \bar{x}$).

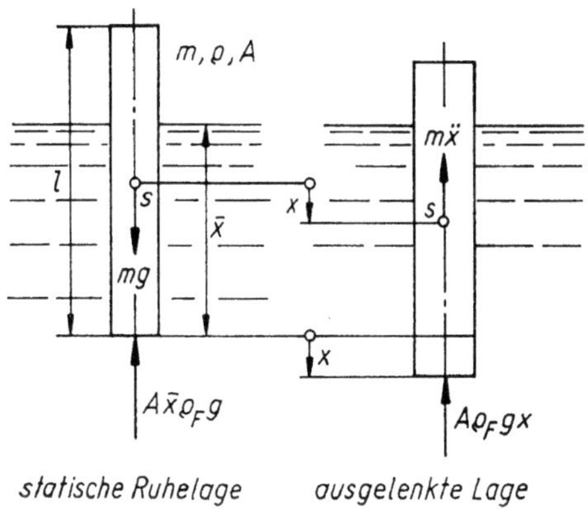

Bild D 7.6

7.2.2. Freie gedämpfte Schwingungen

An bewegten Körpern können Bewegungswiderstände auftreten, die wir in der Schwingungslehre als *Dämpfungskräfte* bezeichnen. Beispiele hierfür sind Reibungskräfte bei Bewegung auf einer festen Unterlage oder Widerstandskräfte bei Bewegung des Körpers in einem fluiden Medium. Die Dämpfungskraft greift *stets entgegen* der *Bewegungsrichtung* an der Masse an, die diese relativ zum umgebenden Medium ausführt. Man beachte, daß die *Bewegungsrichtung* nicht identisch mit der *Koordinatenrichtung* sein muß. Folgende Aufgabe soll die Konsequenz zeigen. Eine Masse m bewege sich auf einer horizontalen geraden Bahn. Die Feder c sei bei $x = 0$ ungespannt. Zwischen Masse und Unterlage werde bei der Bewegung eine Dämpfungskraft etwa in Form der Reibungskraft F_R wirksam (Bild D 7.7).

Bei Bewegung in x-Richtung ist $\dot{x} > 0$. Die Reibungskraft F_R greift an der Masse entgegen der x-Richtung an, und die Gleichgewichtsbedingung liefert

$$\leftarrow: m\ddot{x} + cx + F_R = 0 \tag{7.22a}$$

Bewegt sich m entgegen der x-Richtung, so ist $\dot{x} < 0$ und die Reibungskraft zeigt in x-Richtung. Die Gleichgewichtsbedingung führt auf

$$\leftarrow: m\ddot{x} + cx - F_R = 0 \tag{7.22b}$$

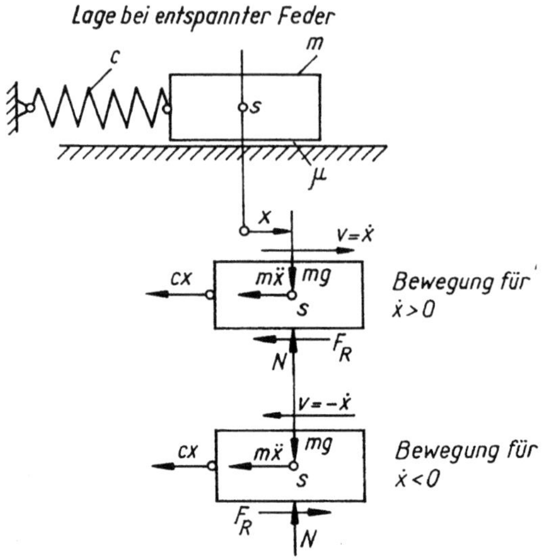

Bild D 7.7

Im allgemeinen Fall ergeben sich daher für die beiden Bewegungsrichtungen zwei voneinander verschiedene Bewegungsdifferentialgleichungen.

Zur Analyse des gesamten Bewegungsablaufes ist dieser in einzelne Bewegungsabschnitte zu unterteilen. Dämpfungskräfte können unterschiedliche Abhängigkeiten besitzen. Bei COULOMBscher Reibung ist $F_R = \mu F_N$ (μ Reibungskoeffizient, F_N Normalkraft). Bewegt sich die Masse auf einem Schmierfilm, der die Oberflächen von Masse und Führung voneinander trennt, so ist die Dämpfungskraft linear von der Geschwindigkeit abhängig. Diese Abhängigkeit gilt auch bei Bewegung eines Körpers in einem fluiden Medium, wenn sich bei hinreichend kleiner Geschwindigkeit um den Körper ein laminarer Strömungszustand ausbildet. Bei größeren Geschwindigkeiten folgt die Dämpfungskraft einem Potenzgesetz der Geschwindigkeit. Wir wollen uns hier auf den sowohl theoretisch als auch praktisch wichtigen Sonderfall der *geschwindigkeitsproportionalen Dämpfung* beschränken. Die Dämpfungskraft ist

$$F_R = k\dot{x} \tag{7.23}$$

mit k in $\mathrm{N\,s\,m^{-1}}$ als Dämpfungsfaktor. Das dazugehörige Schwingungsmodell ist im Bild D 7.1 dargestellt. Da sich hier mit $\dot{x} < 0$ auch das Vorzeichen von F_R umkehrt, wird der Forderung nach Umkehr der Dämpfungskraft bei Umkehr der Bewegungsrichtung von selbst entsprochen, und die Dgl. (7.22a) gilt für den gesamten Bewegungsablauf

$$m\ddot{x} + k\dot{x} + cx = 0$$

Mit $\omega^2 = \dfrac{c}{m}$ (ω Eigenkreisfrequenz) und $2\delta = \dfrac{k}{m}$ (δ Abklingkonstante in $\mathrm{s^{-1}}$) ergeben sich

$$\ddot{x} + 2\delta\dot{x} + \omega^2 x = 0 \tag{7.24}$$

Die Lösung dieser homogenen Differentialgleichung zweiter Ordnung mit konstanten Koeffizienten kann mit dem Ansatz

$$x = K\,\mathrm{e}^{\lambda t} \tag{7.25}$$

erfolgen: $x = K\lambda\, e^{\lambda t}$; $x = K\lambda^2\, e^{\lambda t}$. Einsetzen in Dgl. (7.24) führt auf die *charakteristische Gleichung*

$$\lambda^2 + 2\delta\lambda + \omega^2 = 0 \tag{7.26}$$

mit ihren Wurzeln:

$$\lambda_1 = -\delta + \sqrt{\delta^2 - \omega^2} \tag{7.27a}$$

$$\lambda_2 = -\delta - \sqrt{\delta^2 - \omega^2} \tag{7.27b}$$

Zur Abkürzung wird das *Dämpfungsmaß*

$$\vartheta = \frac{\delta}{\omega} = \frac{k}{2\sqrt{mc}} \tag{7.28}$$

eingeführt.

Die Wurzeln lauten damit:

$$\lambda_1 = -\delta + \omega\sqrt{\vartheta^2 - 1} \tag{7.29a}$$

$$\lambda_2 = -\delta - \omega\sqrt{\vartheta^2 - 1} \tag{7.29b}$$

Die vollständige Lösung der Dgl. (7.24) ergibt sich aus der Summe der partikulären Integrale $K_1\, e^{\lambda_1 t}$ und $K_2\, e^{\lambda_2 t}$, also

$$x = K_1\, e^{\left(-\delta+\omega\sqrt{\vartheta^2-1}\right)t} + K_2\, e^{\left(-\delta+\omega\sqrt{\vartheta^2-1}\right)t} \tag{7.30}$$

oder umgeformt

$$x = e^{-\delta t}\left(K_1\, e^{\omega\sqrt{\vartheta^2-1}\,t} + K_2\, e^{-\omega\sqrt{\vartheta^2-1}\,t}\right) \tag{7.31}$$

Die Bewegungsform ist offenbar vom Radikanden abhängig. Wir unterscheiden drei Fälle für $\vartheta = \delta/\omega$:

$\vartheta > 1$ (starke Dämpfung),

$\vartheta < 1$ (schwache Dämpfung) und dem Sonderfall

$\vartheta = 1$ (aperiodischer Grenzfall).

Wir interessieren uns für die beiden ersten, technisch wichtigen Fälle.

Starke Dämpfung ($\vartheta > 1$)

Die Wurzeln der charakteristischen Gleichung [Gl. (7.29a und b)] sind beide reell. Die Lösung der Dgl. (7.24) lautet mit

$$\varkappa = \omega\sqrt{\vartheta^2 - 1} \tag{7.32}$$

nach Gl. (7.30)

$$x = K_1\, e^{-(\delta-\varkappa)t} + K_2\, e^{-(\delta+\varkappa)t} \tag{7.33}$$

Für die *Anfangsbedingungen*

$$x(0) = x_0$$

$$\dot{x}(0) = v_0$$

und der Ableitung $\dot{x} = -K_1(\delta - \varkappa)\,\mathrm{e}^{-(\delta-\varkappa)t} - K_2(\delta + \varkappa)\,\mathrm{e}^{-(\delta-\varkappa)t}$ ergeben sich die Integrationskonstanten K_1 und K_2

$$x_0 = K_1 + K_2$$

$$v_0 = -K_1(\delta - \varkappa) - K_2(\delta + \varkappa)$$

Die Berechnung ergibt:

$$K_1 = \frac{1}{2\varkappa}\,[x_0(\delta + \varkappa) + v_0]; \qquad K_2 = -\frac{1}{2\varkappa}\,[x_0(\delta - \varkappa) + v_0]$$

Eingesetzt in Gl. (7.33):

$$x = \frac{1}{2\varkappa}\,\{[x_0(\delta + \varkappa) + v_0]\,\mathrm{e}^{-(\delta-\varkappa)t} - [x_0(\delta - \varkappa) + v_0]\,\varepsilon^{-(\delta+\varkappa)t}\} \tag{7.34}$$

Nun sind in den Exponenten die Glieder

$$\delta - \varkappa = \delta - \omega\sqrt{\vartheta^2 - 1} = \omega\left(\vartheta - \sqrt{\vartheta^2 - 1}\right)$$

und

$$\delta + \varkappa = \delta + \omega\sqrt{\vartheta^2 - 1} = \omega\left(\vartheta + \sqrt{\vartheta^2 - 1}\right)$$

beide positiv, denn für $\vartheta > 1$ ist $\vartheta > \sqrt{\vartheta^2 - 1}$. Es ergeben sich zwei e-Funktionen mit negativen Exponenten. Die Masse führt *keine* Schwingungen, sondern eine *Kriechbewegung* aus. Es ist lediglich *ein* Nulldurchgang für $x(t)$ möglich, falls der Wert der geschweiften Klammer Null wird. Für endliche Zeiten ist das nur bei negativer Anfangsgeschwindigkeit $v_0 < -x_0\delta$ möglich. Den typischen Verlauf $x(t)$ für verschiedene v_0 zeigt Bild D 7.8.

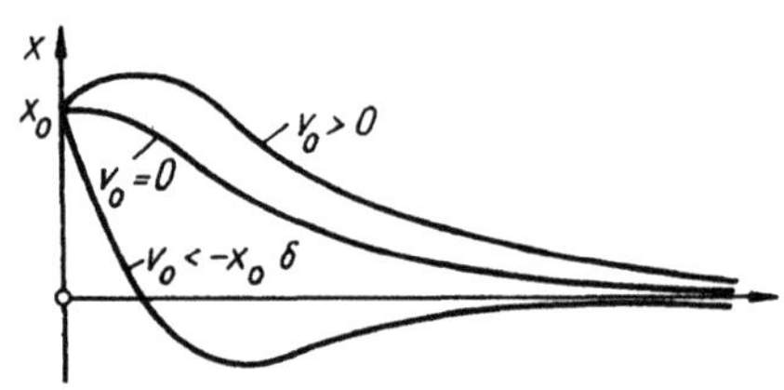

Bild D 7.8

Schwache Dämpfung ($\vartheta < 1$)

Für $\vartheta < 1$ und die Abkürzung

$$\nu = \omega\sqrt{1 - \vartheta^2} \tag{7.35}$$

ergibt Gl. (7.31)

$$x = \mathrm{e}^{-\delta t}(K_1\,\mathrm{e}^{\mathrm{j}\nu t} + K_2\,\mathrm{e}^{-\mathrm{j}\nu t}) \tag{7.36}$$

Der Klammerausdruck führt über die EULERschen Formeln (7.4) zu Gl. (7.5), so daß Gl. (7.36) wie folgt lautet

$$x = \mathrm{e}^{-\delta t}(C_1 \cos \nu t + C_2 \sin \nu t) \tag{7.37}$$

Das entspricht dem Term

$$x = e^{-\delta t} A \cos(\nu t - \alpha) \tag{7.38}$$

[vgl. Gl. (7.6)]. Die Schwingung erfolgt also mit der Kreisfrequenz ν [Gl. (7.35)] und nicht mit ω!

Der Bewegungsablauf ist nicht mehr periodisch, da die harmonische Funktion mit dem monoton abnehmenden Glied $\mathrm{e}^{-\delta t}$ multipliziert wird.

Im Interesse besserer Übersichtlichkeit ist die Funktion Gl. (7.38) für $A = x_0$ und $\alpha = 0$ im Bild D 7.9 dargestellt.

$$x = x_0\,\mathrm{e}^{-\delta t}\cos \nu t \tag{7.39}$$

$$\dot{x} = -x_0\,\mathrm{e}^{-\delta t}(\delta\cos\nu t + \nu\sin\nu t) \tag{7.40}$$

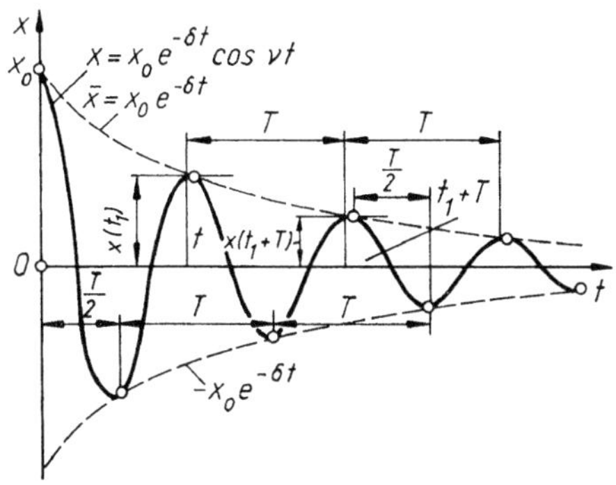

Bild D 7.9

Das entspricht den Anfangsbedingungen $x(0) = x_0$ und $\dot{x}(0) = -\delta x_0$. Das Verhalten wird deutlich sichtbar, wenn

$$\bar{x}(t) = x_0\,\mathrm{e}^{-\delta t} \tag{7.41}$$

als »Amplitudenfunktion« separat dargestellt wird.
Dann ist:

$$x(t) = \bar{x}(t)\cos\nu t \tag{7.42}$$

Die Funktion $x_0\,\mathrm{e}^{-\delta t}$ und $-x_0\,\mathrm{e}^{-\delta t}$ begrenzen die Kurve $x(t)$ nach oben und unten. Man kann leicht zeigen, daß sich $x_0\,\mathrm{e}^{-\delta t}$ und $x(t)$ für diese Anfangsbedingungen bei $t = 0, T, 2T, 3T \ldots$ sowie $-x_0\,\mathrm{e}^{-\delta t}$ und $x(t)$ bei $t = \frac{T}{2}, \frac{3}{2}T, \frac{5}{2}T \ldots$ tangieren. Die Extremwerte der Kurve $x(t)$ ergeben sich aus $\dot{x} = 0$ [Gl. (7.40)]. Daraus folgt

$$\tan(\pi - \nu t_1) = \tan(\nu t_1) = \tan(\nu t_1 + \pi) = \tan(\nu t_1 + 2\pi) = \ldots = -\frac{\delta}{\nu} \tag{7.43}$$

oder mit $\frac{\nu T}{2} = \pi$

$$\begin{aligned}\tan\nu\left(\frac{T}{2} - t_1\right) &= \tan(\nu t_1) = \tan\nu\left(t_1 + \frac{T}{2}\right)\\ &= \tan\nu\,(t_1 + T) = \ldots = -\frac{\delta}{\nu}\end{aligned} \tag{7.44}$$

Für zwei beliebige aufeinanderfolgende *Maxima* zu den Zeiten t_1 und $t_1 + T$ gibt es nach Gl. (7.39) mit $\cos\nu t_1 = 1$ sowie $\cos\nu(t_1 + T) = 1$ die Ausschläge $x(t_1) = x_0\,\mathrm{e}^{-\delta t_1}$ und $x(t_1 + T) = x_0\,\mathrm{e}^{-\delta(t_1+T)}$.

Der Quotient ist:

$$\frac{x(t_1)}{x(t_1 + T)} = e^{\delta T}$$

Der Logarithmus dieses Ausdruckes heißt *logarithmisches Dekrement*:

$$D = \ln \frac{x(t_1)}{x(t_1 + T)} = \delta T \tag{7.45}$$

Nach Gln. (7.43), (7.28) und (7.35) sind

$$T = \frac{2\pi}{\nu}; \qquad \delta = \vartheta\omega; \qquad \nu = \omega \sqrt{1 - \vartheta^2}$$

und somit

$$\delta T = 2\pi \frac{\vartheta}{\sqrt{1 - \vartheta^2}} = D \tag{7.46}$$

Ist aus Messungen der Wert D bekannt, so kann aus Gl. (7.46) das Dämpfungsmaß ϑ berechnet werden:

$$\vartheta = \frac{D}{\sqrt{4\pi^2 + D^2}} \tag{7.47}$$

7.2.3. Erzwungene Schwingungen

Wirken auf einen Schwinger periodische Kräfte oder Momente ein, so entstehen *erzwungene Schwingungen.* Die Ursachen für das Entstehen periodischer Kraftwirkungen können verschieden sein. Wird beispielsweise der Feder- oder der Dämpferfußpunkt periodisch verschoben, so werden dadurch periodische Feder- oder Dämpferkräfte erzeugt. Ist an der Masse eine rotierende Zusatzmasse angebracht, deren Schwerpunkt nicht genau auf der Drehachse liegt — und das ist praktisch stets der Fall — so entsteht eine Fliehkraft, deren Vektor mit der Winkelgeschwindigkeit der Zusatzmasse umläuft. Seine Projektion auf die Schwingungsrichtung führt auf eine periodische Kraft. Pulsierende Massenströme in Rohrleitungen, die insbesondere bei der Förderung mit Kolbenpumpen entstehen, verursachen bei der Umlenkung in Rohrkrümmern pulsierende Fliehkräfte, die das gesamte Rohrleitungssystem zu Schwingungen anregen. Diese periodischen Kräfte heißen *Erregerkräfte.* Sie können direkt an der Masse angreifen, aber auch über die Feder oder den Dämpfer in das System eingeleitet werden. Wir beschränken uns hier auf cosinus- oder sinusförmige Erregerkräfte, da hiermit das Verhalten des Schwingers prinzipiell richtig beschrieben wird. (Auch für den allgemeinen Fall einer periodischen Funktion $f(t) = f(t + T)$ für die Erregerkraft erfolgt deren Zerlegung mit Hilfe der Fourier-Analyse in Cosinus- bzsw. Sinusfunktion nach den bekannten Formeln der Fourier-Reihe.)

Das Verhalten des Schwingers soll zunächst in Anlehnung an das im Bild D 7.10 dargestellte System gezeigt werden. Der Federfußpunkt werde z. B. über eine Kurbelschleife mit dem Radius r_1, die die Winkelgeschwindigkeit Ω besitzt, in periodische Bewegungen versetzt. Sein Weg wird durch

$$x_e = r_1 \sin \Omega t \tag{7.48}$$

ausgedrückt.

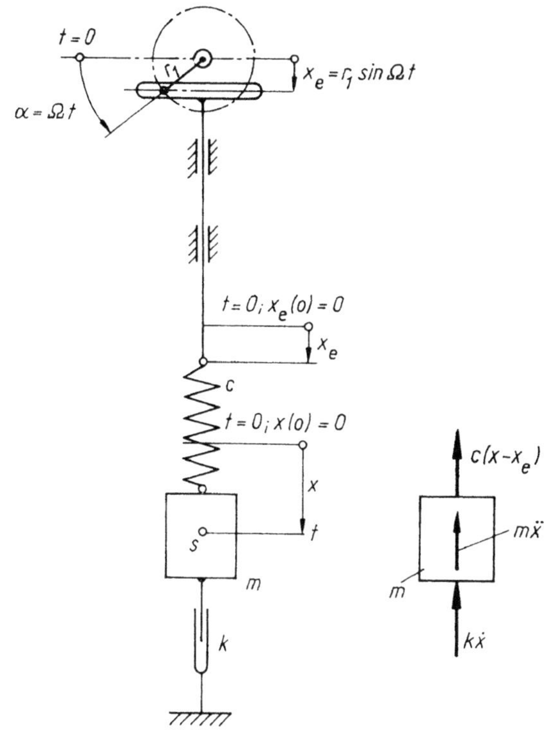

Bild D 7.1

Das Kräftegleichgewicht an der befreiten Masse liefert die Bewegungsdifferentialgleichung. Die Koordinate x gehe von der statischen Ruhelage aus.

$$\uparrow : m\ddot{x} + k\dot{x} + c(x - x_e) = 0$$

Mit $\frac{k}{m} = 2\delta$ und $\frac{c}{m} = \omega^2$ lautet die Gleichung in Normalform:

$$\ddot{x} + 2\delta\dot{x} + \omega^2 x = \omega^2 x_e(t) \tag{7.49}$$

Die Differentialgleichung der erzwungenen Schwingung ist nicht mehr homogen, sondern auf der rechten Seite der Gleichung steht eine periodische Funktion der Zeit.

Die Lösung der Dgl. (7.49) setzt sich aus der Lösung der homogenen Dgl. x_h und dem partikulären Integral x_a der vollständigen Dgl. zusammen: $x = x_h + x_a$.
Die Lösung der homogenen Dgl. entspricht Gl. (7.31) des vorigen Abschnitts, wobei dann noch zu berücksichtigen wäre, ob starke oder schwache Dämpfung vorliegt. In diese partikuläre Lösung gehen die Anfangsbedingungen ein, aus denen K_1 und K_2 bestimmt werden.

$$x_h = e^{-\delta t} \left[K_1 \, e^{\omega\sqrt{\vartheta^2 - 1}t} + K_2 \, e^{-\omega\sqrt{\vartheta^2 - 1}t}\right]$$

Mit zunehmender Zeit nimmt x_h stetig ab und wird für das Verhalten des Schwingers bald bedeutungslos. Übrig bleibt für größere Zeiten nur die sogenannte *stationäre* Lösung x_a. Es ist der Bewegungsanteil der Masse, der durch die periodische Störung ständig aufrechterhalten wird. Zum Auffinden der stationären Lösung x_a wollen wir uns von der speziellen Form der Dgl. (7.49) lösen und allgemein schreiben:

$$\ddot{x}_a + 2\delta\dot{x}_a + \omega^2 x_a = Bx_e(t) \tag{7.50}$$

$x_e(t)$ kann dabei eine Cosinus- oder Sinusfunktion sein. Wir schreiben das mit der EULERschen Formel $e^{j\Omega t} = \cos(\Omega t) + j\sin(\Omega t)$ wie folgt:

$$x_e = E\cos(\Omega t) = E\,\mathrm{Re}\,(e^{j\Omega t}) \text{ (Realteil der komplexen Funktion)} \tag{7.51}$$

oder für

$$x_e = E\sin(\Omega t) = E\,\mathrm{Im}\,(e^{j\Omega t}) \text{ (Imaginärteil der komplexen Funktion)} \tag{7.52}$$

E ist darin die Amplitude der Eingangsgröße x_e.
Aus der Sicht der Kybernetik kann nämlich das Problem auch anders interpretiert werden: Ein Eingangssignal x_e wird durch das schwingungsfähige System zu einem Ausgangssignal x_a umgeformt (Bild D 7.11).

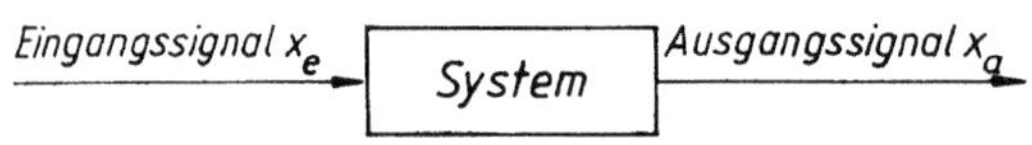

Bild D 7.11

Es ist bekannt, daß die stationäre Bewegung des Schwingers mit der *Erregerfrequenz* Ω erfolgt und mithin

$$x_a = A\,e^{j\Omega t}$$

gesetzt werden darf. Mit $\dot{x}_a = j\Omega A\,e^{j\Omega t} = j\Omega x_a$ und $\ddot{x}_a = -\Omega^2 A\,e^{j\Omega t} = -\Omega^2 x_a$ lautet Dgl. (7.50):

$$(-\Omega^2 + 2j\delta\Omega + \omega^2)\,x_a = Bx_e \tag{7.53}$$

Daraus folgt x_a:

$$x_a = \frac{B}{\omega^2 - \Omega^2 + j2\delta\Omega}\,x_e \tag{7.54}$$

Darin wird der Ausdruck vor x_e allgemein als *Übertragungsfunktion* bezeichnet. In der hier vorliegenden speziellen komplexen Form heißt die Übertragungsfunktion *auch Frequenzgang*

$$G(j\Omega) = \frac{B}{\omega^2 - \Omega^2 + j2\delta\Omega} \tag{7.55}$$

Zum besseren Verständnis der weiteren Ausführungen sei an die Darstellung einer komplexen Zahl in der GAUSSschen Zahlenebene erinnert (Bild D 7.12): Danach sind

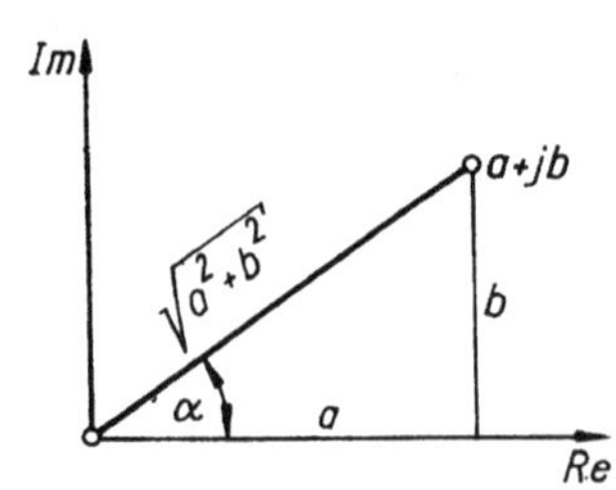

Bild D 7.12

$a = \sqrt{a^2 + b^2} \cos \alpha$; $b = \sqrt{a^2 + b^2} \sin \alpha$; $a + jb = \sqrt{a^2 + b^2} (\cos \alpha + j \sin \alpha) = \sqrt{a^2 + b^2}\, e^{j\alpha}$; $\tan \alpha = \dfrac{b}{a}$.

Wir wenden diese Formeln auf Gl. (7.55) an. Dort ist $a = \omega^2 - \Omega^2$ und $b = 2\delta\Omega$, so daß Gl. (7.55) auch in der Form

$$G(j\Omega) = \frac{B}{\sqrt{(\omega^2 - \Omega^2)^2 + 4\delta^2\Omega^2}}\, e^{-j\alpha} \tag{7.56}$$

mit

$$\alpha = \arctan \frac{2\delta\Omega}{\omega^2 - \Omega^2} \tag{7.57}$$

geschrieben werden kann.

Der Ausdruck

$$V = \frac{B}{\sqrt{(\omega^2 - \Omega^2)^2 + 4\delta^2\Omega^2}} \tag{7.58}$$

heißt *Vergrößerungsfaktor*. Setzen wir allgemein für die Eingangsgröße $x_e = E\, e^{j\Omega t}$ in Gl. (7.54) unter Beachtung von Gl. (7.56) und Gl. (7.58) ein, so entsteht

$$x_a = V\, e^{-j\alpha}\, E\, e^{j\Omega t}$$

oder auch

$$x_a = VE\, e^{j(\Omega t - \alpha)} = A\, e^{j(\Omega t - \alpha)} \tag{7.59}$$

worin A die Amplitude der Ausgangsgröße ist.

Verläuft die Eingangsgröße nach einer Cosinusfunktion $x_e = E \cos \Omega t$, so gilt der Realteil der EULERschen Formel:

$$\operatorname{Re}(e^{j(\Omega t - \alpha)}) = \cos(\Omega t - \alpha)$$

Also wird

$$x_a = VE \cos(\Omega t - \alpha) = A \cos(\Omega t - \alpha) \tag{7.60}$$

Für $x_e = E \sin \Omega t$ gilt der Imaginärteil

$$\operatorname{Im}(e^{j(\Omega t - \alpha)}) = \sin(\Omega t - \alpha) \tag{7.61}$$

so daß aus Gl. (7.58) $x_a = VE \sin(\Omega t - \alpha) = A \sin(\Omega t - \alpha)$ entsteht. Wir können feststellen:

1. Für alle Systeme, die durch die Dgl. (7.50) beschrieben werden, besitzt die harmonische Ausgangsgröße x_a gegenüber x_e eine Phasenverschiebung um den Winkel α.
   x_a eilt x_e um den Winkel α nach.
2. Das Verhältnis der Amplitude von Ausgangsgröße zu Eingangsgröße ist gleich dem Vergrößerungsfaktor V:

$$V = \frac{A}{E} = \frac{B}{\sqrt{(\omega^2 - \Omega^2)^2 + 4\delta^2\Omega^2}} \tag{7.62}$$

Kehren wir nun zu dem in Bild D 7.10 dargestellten Beispiel zurück. Der Vergleich zwischen Gln. (7.49) und (7.50) ergibt $B = \omega^2$.

Das führt auf den Vergrößerungsfaktor: $V = \frac{\omega^2}{\sqrt{(\omega^2 - \Omega^2)^2 + 4\delta^2\Omega^2}}$. Nach Division durch ω^2 und mit dem Dämpfungsmaß $\vartheta = \delta/\omega$ nach Gl. (7.28) wird der Ausdruck

$$V = \frac{1}{\sqrt{\left[1 - \left(\frac{\Omega}{\omega}\right)^2\right]^2 + 4\vartheta^2 \left(\frac{\Omega}{\omega}\right)^2}} \tag{7.63}$$

Der Phasenwinkel α nach Gl. (7.57) lautet nach dieser Umformung

$$\alpha = \arctan\left(\frac{2\vartheta \frac{\Omega}{\omega}}{1 - \left(\frac{\Omega}{\omega}\right)^2}\right) \tag{7.64}$$

Anhand dieser beiden Gleichungen soll das Verhalten des Schwingers diskutiert werden:

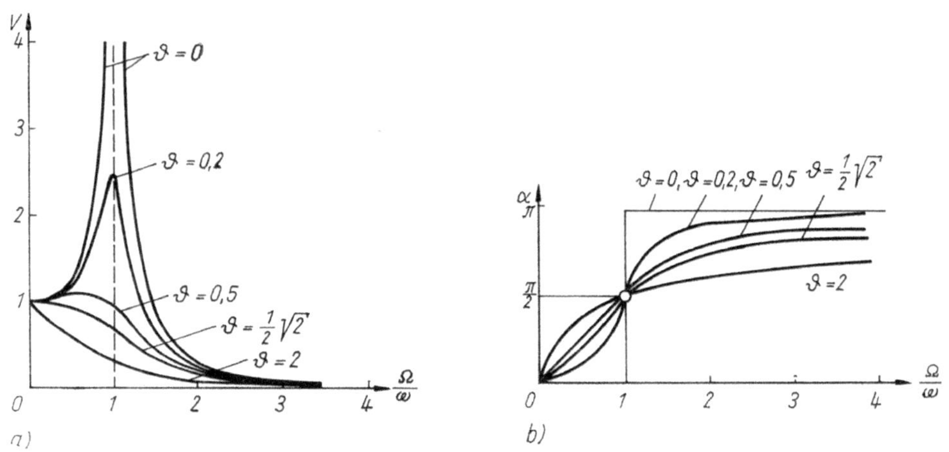

Bild D 7.13

Die Bilder D 7.13 a, b zeigen den Vergrößerungsfaktor V bzw. den Phasenwinkel α in Abhängigkeit vom Verhältnis der Erregerfrequenz Ω zur Eigenfrequenz ω für verschiedene Dämpfungsmaße ϑ. Kleinere Dämpfung gibt für gleiches $\frac{\Omega}{\omega}$ größere Werte für den Vergrößerungsfaktor V.

Für den ungedämpften Schwinger mit $\vartheta = 0$ geht V bei Annäherung an die Stelle $\frac{\Omega}{\omega} = 1$ gegen unendlich. Man spricht dann von *Resonanz.*

Zwar ist bei einem mechanischen Schwinger stets eine gewisse Dämpfung vorhanden und auch die Ableitung der Schwingungsdifferentialgleichung (7.49) enthält Annahmen bezüglich nicht zu großer Federdehnung, da sonst die lineare Federcharakteristik nicht mehr gewährleistet ist, aber es ist auch dann praktisch zu erwarten, daß sich die Masse m selbst bei kleiner Erregeramplitude $E = r_1$ mit großen Amplituden A bewegt. Das hat für die konkrete Maschine oder Apparatur, für die der im Bild D 7.10 dargestellte Schwinger das mechanische Modell bildet, nicht nur zur Folge, daß in der Nähe der Resonanzstelle Laufunruhe eintritt und evtl. sogar die Funktionstüchtigkeit nicht mehr gegeben ist, sondern es wird auch das elastische Glied (Feder) sehr hoch wechselnd beansprucht. Die hohe Federbelastung führt oft sehr schnell zum Federbruch, wenn die Dauerfestigkeit des Materials überschritten wird (siehe auch WÖHLER-Diagramm Abschn. F 9.). Für den praktischen Betrieb eines schwingungsfähigen Systems ist deshalb das Gebiet in unmittelbarer Nähe der Resonanzstelle, das als *kritisches Gebiet* bezeichnet wird, bei schwacher Dämpfung zu vermeiden. (Es sei hier vermerkt, daß für $\vartheta = 0$ und $\Omega = \omega$ kein stationärer Wert x_a nach Gl. (7.52) bzw. (7.61) existiert. Wir schließen diesen Punkt der Kurve aus unseren Betrachtungen aus.)

Für ein endliches Dämpfungsmaß $\vartheta > 0$ bleiben auch die Vergrößerungsfaktoren V für jedes $\frac{\Omega}{\omega}$ endlich und gehen für $\frac{\Omega}{\omega} \to \infty$ gegen Null.

Falls $\Omega \gg \omega$ ist, bleibt also der Schwerpunkt fast in Ruhe, denn für $V = \frac{A}{E} \to 0$ geht für endliche Erregeramplitude E $A \to 0$. Die Extremwerte der Funktion $V\left(\frac{\Omega}{\omega}\right)$ werden durch Ableitung der Gl. (7.63) nach $\frac{\Omega}{\omega}$ erhalten. Die Minima befinden sich bei $\frac{\Omega}{\omega} = 0$ und $\frac{\Omega}{\omega} \to \infty$. Das Maximum liegt, falls $\vartheta \leqq \frac{1}{2}\sqrt{2}$ ist, bei

$$\left(\frac{\Omega}{\omega}\right)_{\max} = \sqrt{1 - 2\vartheta^2} \tag{7.65}$$

Es liegt links neben der Resonanzstelle und hat die Größe:

$$V_{\max} = \frac{1}{2\vartheta\sqrt{1 - \vartheta^2}} \tag{7.66}$$

Für $\vartheta \to \frac{1}{2}\sqrt{2}$ wandert das Maximum an die Stelle $\frac{\Omega}{\omega} = 0$. Ist das Dämpfungsmaß $\vartheta \geqq \frac{1}{2}\sqrt{2}$, so nimmt V mit $\frac{\Omega}{\omega}$ monoton ab. Wir erkennen an dieser Darstellung, daß die Dämpfung ein wirksames Mittel gegen große Ausschläge der Masse darstellt. Dabei ist jedoch zu beachten, daß der Dämpfer dem System dauernd Energie entzieht und in Wärme umsetzt, die durch den Antrieb aufzubringen ist.

Der Phasenwinkel α (Bild D 7.13b) gibt an, um welchen Winkel der Ausschlag x_a der Masse der Erregung x_e nacheilt [s. auch Gl. (7.61)]. Für $\frac{\Omega}{\omega} = 0$ – also unendlich langsame Bewegung der Kurbelschleife – sind die Bewegungen von Federfußpunkt und Masse in Phase ($\alpha = 0$). Bei endlichem ϑ wächst α mit $\frac{\Omega}{\omega}$ stetig an und nähert sich für $\frac{\Omega}{\omega} \to \infty$ asymptotisch $\alpha \to \pi$. Im Falle des ungedämpften Schwingers ($\vartheta = 0$) ergibt sich für den gesamten unterkritischen Bereich $\alpha = 0$ und für den überkritischen Bereich $\alpha = \pi$. Wenn sich für $\alpha = \pi$ also der Federfußpunkt nach unten bewegt, geht die Masse nach oben und umgekehrt.

Für die Betriebssicherheit des Schwingers ist die Federkraft und damit die Beanspruchung der Feder von besonderer Bedeutung. Nach Bild D 7.10 ergibt sich die

Federkraft F aus

$$F = c(x_a - x_e)$$

und mit Gln. (7.48) sowie (7.61) wird:

$$F = cr_1[V \sin(\Omega t - \alpha) - \sin \Omega t] \tag{7.67}$$

Darin ist

$$F_e = cr_1 \tag{7.68}$$

die Maximalkraft, mit der die Feder bei ruhender Masse m beansprucht würde. Mit dem Additionstheorem

$$\sin(\Omega t - \alpha) = \sin \Omega t \cos \alpha - \cos \Omega t \sin \alpha$$

wird aus Gl. (7.67):

$$F = F_e[V(\cos \alpha - 1) \sin \Omega t - V \sin \alpha \cos \Omega t] \tag{7.69}$$

Die Extremwerte dieser Funktion erhält man aus $\frac{dF}{dt} = 0$, sie liegen an den Stellen $\bar{t}$ und folgen aus

$$\tan \Omega \bar{t} = \frac{1 - V \cos \alpha}{V \sin \alpha} \tag{7.70}$$

wobei $\tan \Omega \bar{t} = \tan(\Omega \bar{t} + \pi) = \tan(\Omega \bar{t} + 2\pi) = \cdots = \tan(\Omega \bar{t} = n\pi)$ ist (n natürliche Zahl).

Werden in Gl. (7.69) t durch $\bar{t}$ und die Sinus- und Cosinusfunktionen durch die Beziehungen

$$\sin \Omega \bar{t} = \frac{\tan \Omega \bar{t}}{\sqrt{1 + \tan^2 \Omega \bar{t}}}; \qquad \cos \Omega \bar{t} = \frac{1}{\sqrt{1 + \tan^2 \Omega \bar{t}}}$$

mit Gl. (7.70) ersetzt, so wird für das Maximum der Federkraft F_{max} an den Stellen $\Omega \bar{t} + \pi$; $\Omega \bar{t} + 3\pi$ usw. erhalten:

$$\frac{F_{max}}{F_e} = \frac{\Omega}{\omega} \sqrt{\frac{\left(\frac{\Omega}{\omega}\right)^2 + 4\vartheta^2}{\left[1 - \left(\frac{\Omega}{\omega}\right)^2\right]^2 + 4\vartheta^2 \left(\frac{\Omega}{\omega}\right)^2}} \tag{7.71}$$

Diese Funktion wird im Bild D 7.14 für verschiedene Dämpfungsmaße ϑ gezeigt. Für alle Dämpfungsmaße ist im unterkritischen Bereich unterhalb $\frac{\Omega}{\omega} = 0{,}707$ stets $F_{max}/F_e < 1$, d. h., die Feder wird hier geringer beansprucht als bei ruhender Masse. Es zeigt sich, daß im Bereich $0 \leq \frac{\Omega}{\omega} < \frac{1}{2}\sqrt{2}$ die Feder eines stärker gedämpften Systems höher beansprucht wird als die eines schwach gedämpften Systems.

Oberhalb dieses Frequenzbereiches ist jedoch F_{max}/F_e stets größer eins. In der Nähe der Resonanzstelle gibt es besonders bei geringer Dämpfung hohe Federkräfte, die vermieden werden müssen. Bei sehr hohen Frequenzverhältnissen bewegt sich die Masse fast gar nicht, und die Feder wird nur wenig höher als bei ruhender Masse beansprucht.

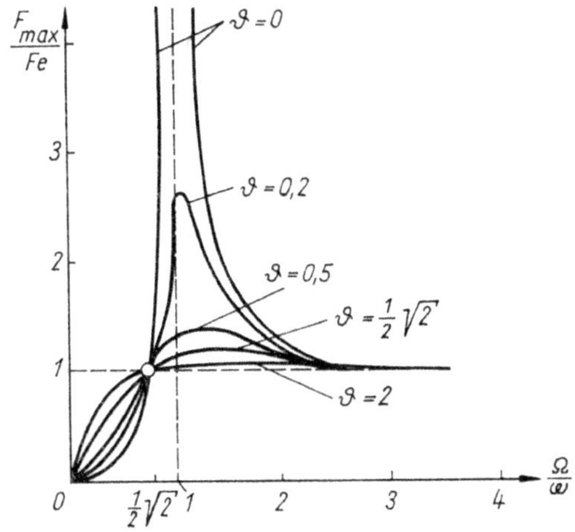

Bild D 7.14

Dieser Umstand wird in der Praxis häufig genutzt. Würde ein Motor starr mit seinem Fundament verbunden sein, so entstünden durch die bei Turbomaschinen nicht vermeidbare und bei Kolbenmaschinen ausgeprägte Unwucht der rotierenden Teile große periodische Kräfte am Fundament. Ihre Ableitung in den Boden führt zu Erschütterungen an Gebäuden, benachbarten Anlagen und Apparaten und dergleichen mehr. Wird er jedoch auf weichen Federn gelagert, so besitzt das System Motor—Feder eine niedrige Eigenfrequenz $\omega = \sqrt{\frac{c}{m}}$. Ist die Winkelgeschwindigkeit des Rotors $\Omega \gg \omega$, so bleibt in diesem überkritischen Bereich der Schwerpunkt des Motors nahezu in Ruhe, und die weichen Federn übertragen nur ganz geringe Kräfte auf die Umgebung (siehe z. B. Lagerung von PKW-Motoren auf Gummifedern). Beim Anfahren der Maschine muß jedoch die Resonanzstelle rasch durchfahren werden, damit sich die Schwingung nicht aufschaukeln kann. Will man andererseits eine Maschine oder auch ein empfindliches Meßgerät vor Schwingungen der Umgebung abschirmen, die mit der Frequenz Ω erfolgen, so lagert man es auf weichen Federn und erhöht nötigenfalls seine Masse durch ein schweres Fundament, damit die Eigenfrequenz

$$\sqrt{\frac{c}{m}} \ll \Omega \text{ wird.}$$

Dadurch bleibt die Masse nahezu in Ruhe.

Wir erkennen aus diesen Ausführungen, daß zur Beurteilung des Schwingverhaltens eines Systems hinsichtlich des Resonanzverhaltens stets auch die Größe der Eigenfrequenz des Schwingers bekannt sein muß.

7.2.4. Kritische Drehzahl

Betrachtet wird eine in A und B gelagerte Welle, die im unbelasteten Zustand gerade sein soll und die sich mit der konstanten Winkelgeschwindigkeit Ω drehe. Auf der Welle ist eine Scheibe senkrecht zur Wellenachse fest montiert, deren Schwerpunkt S um e exzentrisch zur Wellenachse liegt (Bild D 7.15a). Durch die am Schwerpunkt angreifende Zentrifugalkraft wird die Welle um w verbogen. (Wir wollen hier voraussetzen, daß die Scheibe nur eine Verschiebung, aber keine Neigung, die zusätzliche Kreiselmomente verursachen würde, erfährt.) Es wird der stationäre Zustand be-

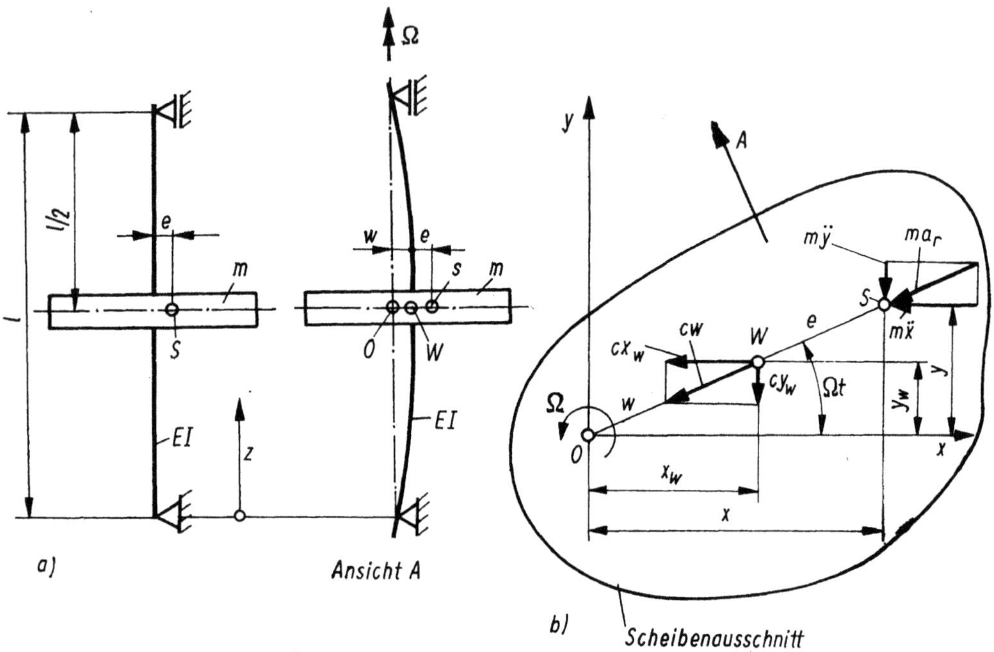

Bild D 7.15

trachtet. Das Antriebsmoment und das Abtriebsmoment sollen konstant sein und sich gegenseitig aufheben. Dann beschreiben der Schwerpunkt S und der Wellendurchstoßpunkt W durch die Scheibenebene Kreisbewegungen um die geometrische Drehachse 0 mit konstanter Winkelgeschwindigkeit Ω (Bild D 7.15b). Da sowohl in S die D'ALEMBERTsche Kraft ma_r mit $a_r = \ddot{r} - r\Omega^2$ und $\ddot{r} = 0$ als auch in W die Rückstellkraft der Welle mit $F = cw$ beide in radialer Richtung wirken, müssen aus Gründen des Momentengleichgewichtes $O - W - S$ auf einer Geraden liegen. Bei konstantem Wellendurchmesser ist nach Bild D 7.3b $c = \dfrac{48EI}{l^3}$. Die folgende Ableitung gilt jedoch auch für andere Lagerungsfälle
Die Kräftegleichgewichtsbedingung liefert:

$$\swarrow: -mr\Omega^2 + cw = 0$$

Mit $r = w + e$ bzw. $w = r - e$ und der Eigenkreisfrequenz $\omega = \sqrt{\dfrac{c}{m}}$ ergibt diese Gleichung

$$r(\omega^2 - \Omega^2) = e\omega^2 \tag{7.72}$$

oder mit $\dfrac{r}{e} = V$ als Vergrößerungsfaktor

$$\frac{r}{e} = V = \frac{1}{1 - \left(\dfrac{\Omega}{\omega}\right)^2} \tag{7.73}$$

Für $\dfrac{\Omega}{\omega} = 1$ hat diese Funktion ebenso wie die in Gl. (7.63) und Bild D 7.13a dargestellte Funktion einen Pol. Die Ähnlichkeit des Verhaltens der rotierenden Scheibe

mit einer erzwungenen Schwingung verwundert zunächst, da ja eigentlich die Bewegung der Scheibe keine Schwingung darstellt. Bei einer Schwingung ändern sich die Kräfte periodisch, hier aber bleiben bei der Kreisbewegung die Federkraft cw und die Zentrifugalkraft $mr\Omega^2$ bezüglich der Scheibe stets konstant.
Eine Schwingung wird erst sichtbar, wenn die Projektionen der Bewegung des Schwerpunktes auf die x- und y-Achse betrachtet werden. Die Kräftebilanz der Kraftkomponenten in x- und y-Richtung führt dann auch zu den Dgl. der erzwungenen Schwingung (Bild D 7.15b):

$$\leftarrow: m\ddot{x} + cx_w = 0 \qquad \uparrow: m\ddot{y} + cy_w = 0$$

Mit $x_w = x - e\cos\Omega t$ und $y_w = y - e\sin\Omega t$ sowie $\omega^2 = \frac{c}{m}$ entsteht daraus:

$$\ddot{x} + \omega^2 x = \omega^2 e\cos\Omega t \tag{7.74}$$

$$\ddot{y} + \omega^2 y = \omega^2 e\sin\Omega t \tag{7.75}$$

Das entspricht aber Dgl. (7.49) für die ungedämpfte Schwingung ($\delta = 0$) sowie den Eingangsgrößen $x_e = e\cos\Omega t$ bzw. $y_e = e\sin\Omega t$ und führt in beiden Fällen gemäß den Gln. (7.60) und (7.61) zu den stationären Lösungen:

$$x_a = Ve\cos(\Omega t - \alpha)$$

$$y_a = Ve\sin(\Omega t - \alpha)$$

Der Vergrößerungsfaktor V beträgt für beide Gleichungen mit $\vartheta = 0$ nach Gl. (7.63)

$$V = \frac{1}{\sqrt{\left[1 - \left(\frac{\Omega}{\omega}\right)^2\right]^2}} = \frac{1}{\left[1 - \left(\frac{\Omega}{\omega}\right)^2\right]} \tag{7.76}$$

und entspricht dem Verlauf der Kurve in Bild D 7.13a mit $\vartheta = 0$. Für $\Omega < \omega$ ist $\alpha = 0$ (Bild D 7.13b) und für den überkritischen Bereich $\Omega > \omega$ wird $\alpha = \pi$. Nach Bild D 7.15b ist das wie folgt zu deuten: Im überkritischen Bereich lautet die Reihenfolge der Punkte $0 - S - W$.
Für $\Omega \gg \omega$ nähert sich der Schwerpunkt S immer mehr der Drehachse 0 und der Wellenmittelpunkt W kreist im Abstand e um ihn herum. Für den praktischen Betrieb der Maschine ist mit der Winkelgeschwindigkeit Ω der kritische Bereich um $\omega = \sqrt{\frac{c}{m}}$ zu meiden. Übrigens ist ω identisch mit der Eigenkreisfrequenz aus der Biegeschwingung des Systems.
In der Praxis wird meist nicht mit der Winkelgeschwindigkeit ω in rad s^{-1}, sondern mit der Drehzahl n in U/min gerechnet. Es besteht der Zusammenhang:

$$\omega = \frac{2\pi n}{60} \tag{7.77}$$

Wird für $\omega = \sqrt{\frac{c}{m}}$ gesetzt, so erhält man die *kritische Drehzahl*

$$n_k = \frac{30}{\pi}\sqrt{\frac{c}{m}} \tag{7.78}$$

Der Ausdruck $\frac{c}{m}$ kann durch die statische Durchbiegung der Welle w_0 an der Scheibe ausgedrückt werden, wenn die Gewichtskraft der Scheibe mg quer zur Wellenachse wirkt. Es ist dann $cw_0 = mg$ oder $\frac{c}{m} = \frac{g}{w_0}$. Mit $g = 9{,}81$ in $\mathrm{ms^{-2}}$ und w_0 in cm wird mit der Näherung $9{,}81 \approx \pi^2$

$$n_k = 300 \sqrt{\frac{1}{w_0}} \tag{7.79}$$

erhalten.

7.3. Eigenfrequenz freier ungedämpfter Schwinger mit mehreren Freiheitsgraden

Technische Schwinger besitzen oftmals mehrere Freiheitsgrade der Bewegung. Wir werden noch feststellen, daß dadurch in der Regel mehrere Eigenfrequenzen auftreten. Wird ein derartiges System periodisch erregt, so darf die Erregerfrequenz in keinem der kritischen Bereiche der einzelnen Eigenfrequenzen liegen, da sonst Resonanz auftritt. Um derartige kritische Betriebszustände zu vermeiden, ist die Kenntnis der Eigenfrequenzen erforderlich. Mit ihrer Berechnung soll sich dieser Abschnitt befassen. Eine besondere Bedeutung besitzt dabei die niedrigste Eigenfrequenz des Systems, die auch als *Grundfrequenz* bezeichnet wird.
Liegt die Erregerfrequenz wesentlich unterhalb der Grundfrequenz, so werden mit Sicherheit — unabhängig von der Lage der übrigen darüber liegenden Eigenfrequenzen, die auch *Oberfrequenzen* genannt werden — kritische Betriebszustände vermieden.

7.3.1. Einmassensysteme

Als einfaches Beispiel für einen Schwinger mit mehreren Freiheitsgraden behandeln wir das im Bild D 7.16 dargestellte System. Ein Massenpunkt m befinde sich am Ende eines eingespannten elastischen Trägers, dessen Masse vernachlässigbar klein gegenüber m sein soll. Die möglichen (kleinen) Verschiebungen von m in x-, y- und z-Richtung sind u, v und w. Dabei entstehen Rückstellkräfte F_x, F_y und F_z, die von den entsprechenden Verschiebungen linear abhängig sind. Sind I_x und I_y die Hauptträgheitsachsen des Trägerquerschnittes, so bestehen nach der elementaren Biegetheorie folgende Zusammenhänge

$$u = \frac{F_x l^3}{3EI_y} \quad \text{oder} \quad F_x = \frac{3EI_y}{l_3} u \quad \text{bzw.} \quad F_x = c_x u \quad \text{mit} \quad c_x = \frac{3EI_y}{l_3}$$

und

$$v = \frac{F_y l^3}{3EI_x} \quad \text{oder} \quad F_y = \frac{3EI_x}{l^3} v \quad \text{bzw.} \quad F_y = c_y v \quad \text{mit} \quad c_y = \frac{3EI_x}{l^3}$$

Mit F_z als Zugkraft in z-Richtung am Stab der Länge l und dem Querschnitt A entsteht die Verschiebung $w = \frac{F_z l}{EA}$. Daraus folgt $F_z = \frac{EA}{l} w = c_z w$ mit der Federzahl $c_z = \frac{EA}{l}$.

Außer den D'ALEMBERTschen Kräften greifen an der Masse diese Rückstellkräfte an. Die drei Kräftegleichgewichtsbedingungen führen auf die drei Bewegungsdifferentialgleichungen

$$\nearrow : m\ddot{u} + c_x u = 0$$

$$\uparrow : m\ddot{v} + c_y v = 0$$

$$\nwarrow : m\ddot{w} + c_z w = 0$$

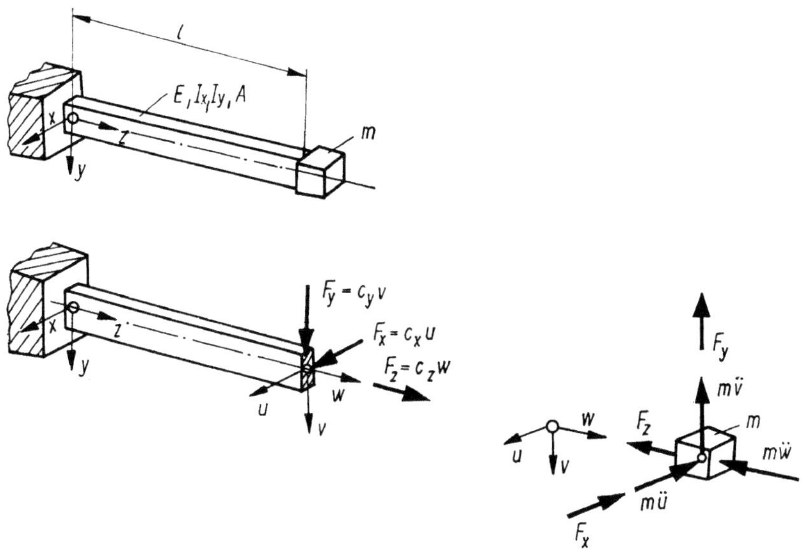

Bild D 7.16

Werden die Gleichungen durch m dividiert, so entstehen die drei Schwingungsdifferentialgleichungen:

$$\ddot{u} + \frac{c_x}{m} u = 0 \tag{7.80}$$

$$\ddot{v} + \frac{c_y}{m} v = 0 \tag{7.81}$$

$$\ddot{w} + \frac{c_z}{m} w = 0 \tag{7.82}$$

Diese Gleichungen können einzeln gelöst werden. Sie sind nicht miteinander gekoppelt. Physikalisch findet das seinen Ausdruck darin, daß z. B. eine Biegeschwingung um die y-Achse mit einer Verschiebung u der Masse keine Schwingung der Masse in v- oder w-Richtung zur Folge hat und umgekehrt. Die drei Schwingungsformen existieren unabhängig voneinander. (Wir setzen hier kleine Amplituden voraus!). Diese Entkopplung erlaubt es auch, die Biegeschwingungen gemäß Bild D 7.3 unabhängig von anderen Schwingungsformen zu behandeln. Die drei dazugehörigen

Eigenfrequenzen lauten nach den Dgln. (7.80, 7.81, 7.82):

$$\omega_x = \sqrt{\frac{c_x}{m}} = \sqrt{\frac{3EI}{l^3 m}} \tag{7.83}$$

$$\omega_y = \sqrt{\frac{c_y}{m}} = \sqrt{\frac{3EI}{l^3 m}} \tag{7.84}$$

$$\omega_z = \sqrt{\frac{c_z}{m}} = \sqrt{\frac{EA}{lm}} \tag{7.85}$$

Der niedrigste Zahlenwert dieser drei Ausdrücke stellt die Grundkreisfrequenz dar. Solche entkoppelten Systeme stellen in der Technik Sonderfälle dar.
An folgendem Schwinger mit zwei Freiheitsgraden soll die Kopplung der Bewegung gezeigt werden (Bild D 7.17).

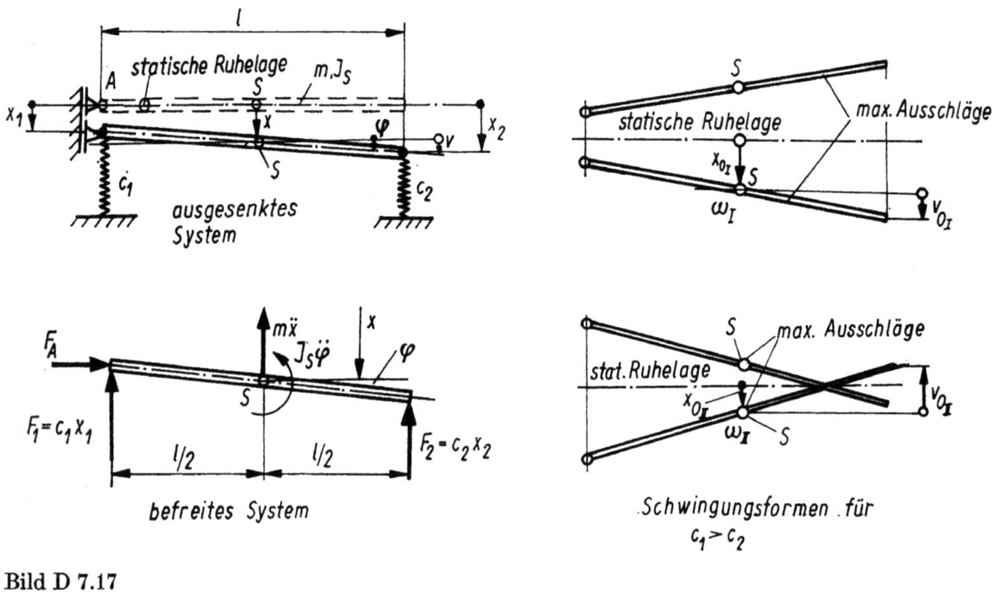

Bild D 7.17

Ein prismatischer Stab der Länge l, der Masse m und dem Massenträgheitsmoment J_S bewege sich nur in der Zeichenebene. In A ist ein einstäbiges Lager gegen horizontale Verschiebung angeordnet. Die Stabenden sind in vertikaler Richtung durch die Federn 1 und 2 abgestützt. Die Verformung des Stabes infolge dynamischer Kräfte sei klein gegenüber der der Federn, so daß wir ihn als starr betrachten können.
Bei der Bewegung kann sich der Stabschwerpunkt um x verschieben und sich die Stabachse um den Winkel φ aus der statischen Ruhelage heraus neigen. Es werden auch hier kleine Verschiebungen und Neigungen vorausgesetzt. Durch x und φ verschieben sich die Federangriffspunkte um x_1 und x_2. Es besteht folgender Zusammenhang:

$$x_1 = x - \frac{1}{2}\varphi; \quad x_2 = x + \frac{1}{2}\varphi$$

Die dadurch entstehenden, an der Masse angreifenden Federkräfte sind:

$$F_1 = c_1 x_1 = c_1 \left(x - \frac{1}{2}\varphi\right) \tag{7.86}$$

$$F_2 = c_2 x_2 = c_2 \left(x + \frac{1}{2}\varphi\right) \tag{7.87}$$

Unter Berücksichtigung der D'ALEMBERTschen Kraft $m\ddot{x}$ und des Momentes $J_S\ddot{\varphi}$ ergeben die Gleichgewichtsbedingungen:

$$\rightarrow: F_A = 0$$

$$\uparrow: m\ddot{x} + F_1 + F_2 = 0$$

$$\curvearrowleft S: J_S\ddot{\varphi} - F_1 \frac{l}{2} + F_2 \frac{l}{2} = 0$$

Mit den Gln. (7.86) und (7.87) lauten diese Dgln.:

$$m\ddot{x} + (c_1 + c_2)\, x - (c_1 - c_2)\, \frac{l}{2}\, \varphi = 0 \tag{7.88}$$

$$J_S\ddot{\varphi} + (c_1 + c_2)\, \frac{l^2}{4}\, \varphi - (c_1 - c_2)\, \frac{l}{2}\, x = 0 \tag{7.89}$$

Wir erkennen die Kopplung der Dgln. über die Konstante $(c_1 - c_2)\,\frac{l}{2}$. Falls die beiden Federkonstanten gleichgroß sind, entkoppelt sich das System, d. h., die Translations- und Rotationsbewegung erfolgen voneinander unabhängig.
Nach Division der Dgln. jeweils durch m bzw. J_S wird die Normalform erhalten:

$$\ddot{x} + \frac{c_1 + c_2}{m}\, x - \frac{c_1 - c_2}{m}\, \frac{l}{2}\, \varphi = 0 \tag{7.90}$$

$$\ddot{\varphi} + \frac{c_1 + c_2}{J_S}\, \frac{l^2}{4}\, \varphi - \frac{c_1 - c_2}{J_s}\, \frac{l}{2}\, x = 0 \tag{7.91}$$

Zur weiteren Vereinfachung setzen wir für den prismatischen Stab nach Gl. (4.29) $J_S = \frac{m}{12}\, l^2$ und führen folgende Abkürzungen ein:

$$v = \frac{l}{2}\, \varphi, \quad \left(\ddot{v} = \frac{l}{2}\, \ddot{\varphi}\right), \tag{7.92}$$

$$a = \frac{c_1 + c_2}{m} \tag{7.93}$$

$$b = \frac{c_1 - c_2}{m} \tag{7.94}$$

Damit lauten die Dgln. (7.90) und (7.91):

$$\ddot{x} + ax - bv = 0 \tag{7.95}$$

$$\ddot{v} + 3av - 3bx = 0 \tag{7.96}$$

Darin ist nach Gl. (7.92) v die vertikale Verschiebung der Stabenden infolge der Drehung φ des Stabes um seinen Schwerpunkt.

Da bei der freien gekoppelten Schwingung die Translations- und Drehbewegung im gleichen Rhythmus erfolgen, gilt offenbar folgender Lösungsansatz

$$x = x_0 \, e^{j\omega t} \tag{7.97}$$

$$v = v_0 \, e^{j\omega t} \tag{7.98}$$

denn diese e-Funktionen sind durch Cosinus- und Sinusfunktionen darstellbar [s. Gl. (7.4)].
Mit $\ddot{x} = -\omega^2 x_0 \, e^{j\omega t}$ und $\ddot{v} = -\omega^2 v_0 \, e^{j\omega t}$ lauten die Dgln. (7.95) und (7.96)

$$[x_0(a - \omega^2) - v_0 b] \, e^{j\omega t} = 0$$

$$[-x_0 3b + v_0(3a - \omega^2)] \, e^{j\omega t} = 0$$

Da die Gleichungen für jede Zeit erfüllt sein müssen, gilt:

$$x_0 \, (a - \omega^2) - v_0 b = 0 \tag{7.99}$$

$$- x_0 3b + v_0 \, (3a - \omega^2) = 0 \tag{7.100}$$

Diese beiden Gleichungen enthalten die drei Unbekannten x_0, v_0 und ω. Die Lösung gelingt, wenn statt x_0 und v_0 das Amplitudenverhältnis v_0/x_0 als nur eine Unbekannte eingesetzt wird. Dadurch erhalten wir nicht die absolute Größe der Ausschläge x_0 und v_0, sondern nur ihr Verhältnis.
Die beiden Gleichungen lauten durch x_0 dividiert:

$$\frac{v_0}{x_0} = \frac{a - \omega^2}{b} \quad \text{und} \quad \frac{v_0}{x_0} = \frac{3b}{3a - \omega^2} \tag{7.101}$$

Beide einander gleichgesetzt ergeben die *Eigenwertgleichung*

$$(3a - \omega^2)\,(a - \omega^2) - 3b^2 = 0 \tag{7.102}$$

Zum gleichen Ergebnis gelangt man, wenn nach der CRAMERschen Regel die Koeffizientendeterminante des homogenen Gleichungssystems (7.99) und (7.100) Null gesetzt wird:

$$\begin{vmatrix} (a - \omega^2) & -b \\ -3b & (3a - \omega^2) \end{vmatrix} = 0 \tag{7.103}$$

Die ausmultiplizierten Gln. (7.102) bzw. (7.103) lauten

$$\omega^4 - 4a\omega^2 + 3\,(a^2 - b^2) = 0$$

Diese Gleichung besitzt die Wurzeln

$$\omega_{1,2,3,4} = \pm\sqrt{2a \mp \sqrt{a^2 + 3b^2}} \tag{7.104}$$

Beide Radikanden sind positiv, was sich mit den Abkürzungen Gln. (7.93) und (7.94) leicht zeigen läßt. Es ist $2\mathrm{b} > \sqrt{a^2 + 3b^2}$, denn $2a = \frac{2}{m}(c_1 + c_2)$ und $\sqrt{a^2 + 3b^2} = \frac{2}{m}\sqrt{c_1^2 - c_1 c_2 + c_2^2}$.
Sämtliche vier Wurzeln sind also reell, wobei es zwei verschiedene Zahlenwerte gibt.

Der niedrigste ist die *Grundfrequenz*

$$\omega_{\mathrm{I}} = \sqrt{\frac{2}{m}\left[c_1 + c_2 - \sqrt{c_1^2 - c_1 c_2 + c_2^2}\right]} \tag{7.105}$$

der höhere die *Oberfrequenz*

$$\omega_{\mathrm{II}} = \sqrt{\frac{2}{m}\left[c_1 + c_2 + \sqrt{c_1^2 - c_1 c_2 + c_2^2}\right]} \tag{7.106}$$

Zu den Lösungsansätzen Gln. (7.97) und (7.98) gibt es also jeweils vier partikuläre Integrale mit $\omega_1 = \omega_{\mathrm{I}}$, $\omega_2 = -\omega_{\mathrm{I}}$, $\omega_3 = \omega_{\mathrm{II}}$, $\omega_4 = -\omega_{\mathrm{II}}$, so daß die Gesamtlösung lautet:

$$x = x_{01}\,\mathrm{e}^{\mathrm{j}\omega_{\mathrm{I}}t} + x_{02}\,\mathrm{e}^{-\mathrm{j}\omega_{\mathrm{I}}t} + x_{03}\,\mathrm{e}^{\mathrm{j}\omega_{\mathrm{II}}t} + x_{04}\,\mathrm{e}^{-\mathrm{j}\omega_{\mathrm{II}}t}$$

Mit Hilfe der EULERschen Formeln Gl. (7.4) kann hierfür auch geschrieben werden:

$$x = C_1 \cos \omega_{\mathrm{I}}t + C_2 \sin \omega_{\mathrm{I}}t + C_3 \cos \omega_{\mathrm{II}}t + C_4 \sin \omega_{\mathrm{II}}t \tag{7.107}$$

Bei allgemeinen Anfangsbedingungen führt also das System freie Schwingungen sowohl mit der 1. als auch mit der 2. Eigenkreisfrequenz aus. Die Bewegungen überlagern sich in der nach Gl. (7.107) angegebenen Form, worauf hier nicht näher eingegangen wird.

Für jede Kreisfrequenz ω_{I} oder ω_{II} stellt sich nach Gln. (7.101) ein anderes Amplitudenverhältnis v_0/x_0 ein. Benutzen wir die erste der Gln. (7.101) und schreiben

$$\left(\frac{v_0}{x_0}\right)_{\mathrm{I}} = k_{\mathrm{I}} = \frac{a - \omega_{\mathrm{I}}^2}{b} \quad \text{sowie} \quad \left(\frac{v_0}{x_0}\right)_{\mathrm{II}} = k_{\mathrm{II}} = \frac{a - \omega_{\mathrm{II}}^2}{b} \tag{7.108}$$

so sind die Amplituden der Kippschwingung $v_{0\mathrm{I}} = x_{0\mathrm{I}}k_{\mathrm{I}}$ und $v_{0\mathrm{II}} = x_{0\mathrm{II}}k_{\mathrm{II}}$ von denen der Transversalschwingung abhängig. Die Lösung für Gl. (7.98) lautet dabei in der Form Gl. (7.107):

$$v = k_{\mathrm{I}}(C_1 \cos \omega_{\mathrm{I}}t + C_2 \sin \omega_{\mathrm{I}}t) + k_{\mathrm{II}}(C_3 \cos \omega_{\mathrm{II}}t + C_4 \sin \omega_{\mathrm{II}}t) \tag{7.109}$$

Die vier Integrationskonstanten können aus den vier Anfangsbedingungen bezüglich $x(0)$, $\dot{x}(0)$, $v(0)$ und $\dot{v}(0)$ gewonnnen werden. Mit den Gln. (7.105) und (7.106) lauten die Amplitudenverhältnisse Gl. (7.108):

$$k_{\mathrm{I}} = \left(\frac{v_0}{x_0}\right)_{\mathrm{I}} = \frac{2\sqrt{c_1^2 - c_1c_2 + c_2^2} - (c_1 + c_2)}{c_1 - c_2} \tag{7.110}$$

$$k_{\mathrm{II}} = \left(\frac{v_0}{x_0}\right)_{\mathrm{II}} = \frac{2\sqrt{c_1^2 - c_1c_2 + c_2^2} + c_1 + c_2}{c_1 - c_2} \tag{7.111}$$

Für beliebiges c_1 und c_2 besitzen k_{I} und k_{II} stets entgegengesetztes Vorzeichen. (Den Fall der Entkopplung $c_1 = c_2$ wollen wir hier ausschließen.)

▌ Zu jeder Eigenfrequenz gehört also eine andere *Schwingungsform.*

Ist z. B. $c_1 > c_2$, so ist $k_{\mathrm{I}} > 0$ und $k_{\mathrm{II}} < 0$. Für die zu ω_{I} gehörende Schwingungsform ist für einen positiven Ausschlag x_0 auch v_0 (bzw. nach Gl. (7.92) auch φ) positiv. Für ω_{II} gehört dagegen zu einem positiven x-Ausschlag ein negativer Ausschlag v bzw. φ nach dem oben angegebenen Verhältnis. Die Schwingungsbilder sind im Bild D 7.17. gezeigt worden. Für $c_2 > c_1$ kehren sich die Vorzeichen für k_{I} und k_{II} um.

Es wurde bereits in 7.2.3. darauf hingewiesen, daß in der Praxis meist dann kritische Zustände an schwingenden Systemen eintreten, wenn eine ständige (stationäre) periodische Erregung durch eine Erregerfrequenz vorliegt, die in der Nähe der Eigenfrequenz liegt. Die Anfangsbedingungen sind dabei in der Regel von untergeordneter Bedeutung. Das trifft auch insbesondere für gekoppelte Schwinger mit mehreren Freiheitsgraden zu: Werden diese durch eine periodische, mit der Kreisfrequenz Ω wirkende Störung erregt, so werden dadurch alle zu den Eigenfrequenzen gehörenden Schwingungsformen angeregt. (Dämpfungen bleiben hier unberücksichtigt.) Die Anregung ist aber für *die* Schwingungsform am größten, deren Eigenfrequenz der Erregerfrequenz am nächsten kommt. Liegt die Erregerfrequenz in der Nähe einer Eigenfrequenz, so überdeckt die dazugehörige Schwingungsform alle anderen, und es gibt große Ausschläge, die im Falle der Resonanz mit einer der Eigenfrequenzen (theoretisch) gegen unendlich gehen.

7.3.2. Mehrmassensysteme

7.3.2.1. Beispiele für Zweimassensysteme

Um eine gewisse Übersicht zu erlangen, sollen einige Beispiele für Zweimassensysteme bis hin zum Berechnen der Eigenfrequenzen behandelt werden.
Bild D 7.18 zeigt zwei Massenpunkte m_1 und m_2, die reibungsfrei auf einer horizontalen geraden Bahn gleiten können. Zwischen dem Massenpunkt m_1 und dem Festpunkt A befindet sich Feder 1. Beide Massen sind durch Feder 2 miteinander verbunden. Da nur in Bahnrichtung für beide Massen kein kinematischer Zwang vorliegt, besitzt das System zwei Freiheitsgrade. Man denke sich beide Massen um x_1 bzw. x_2 verschoben. Nach deren Befreiung wirken die im Bild gezeigten Kräfte auf sie ein. Die Bilanz der horizontalen Kräfte ergibt für

$$m_1 : m_1\ddot{x}_1 + c_1x_1 - c_2(x_2 - x_1) = 0$$

$$m_2 : m_2\ddot{x}_2 + c_2(x_2 - x_1) = 0$$

und nach Division durch die Massen:

$$\ddot{x}_1 + \frac{c_1 + c_2}{m_1}\,x_1 - \frac{c_2}{m_1}\,x_2 = 0 \qquad (7.112)$$

$$\ddot{x}_2 + \frac{c_2}{m_2}\,x_2 - \frac{c_2}{m_2}\,x_1 = 0 \qquad (7.113)$$

Man erkennt die Kopplung der Gleichungen über c_2.

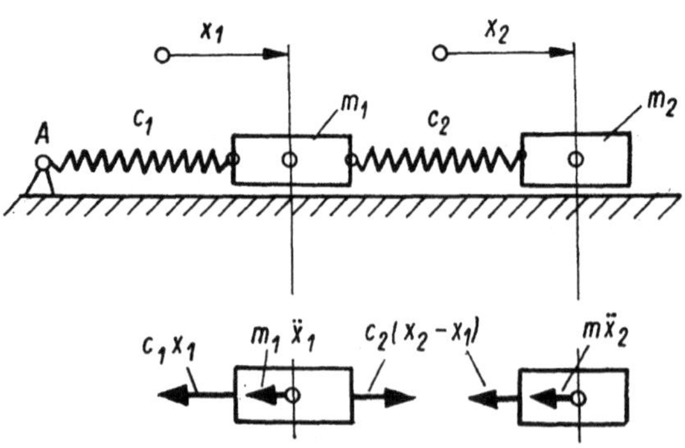

Bild D 7.18

Die Ansätze $x_1 = A_1\,e^{j\omega t}$ und $x_2 = A_2\,e^{j\omega t}$ führen mit den Ableitungen $\ddot{x}_1 = -\omega^2 \times A_1\,e^{j\omega t}$ und $\ddot{x}_2 = -\omega^2 A_2\,e^{j\omega t}$ unter Fortlassen von $e^{j\omega t}$ auf die beiden Gleichungen

$$A_1\left(\frac{c_1 + c_2}{m_1} - \omega^2\right) - A_2\,\frac{c_2}{m_1} = 0 \tag{7.114}$$

$$-A_1\,\frac{c_2}{m_2} + A_2\left(\frac{c_2}{m_2} - \omega^2\right) = 0 \tag{7.115}$$

Die Koeffizientendeterminante

$$\begin{vmatrix} \left(\dfrac{c_1 + c_2}{m_1} - \omega^2\right) & -\dfrac{c_2}{m_1} \\ -\dfrac{c_2}{m_1} & \left(\dfrac{c_2}{m_2} - \omega^2\right) \end{vmatrix} = 0$$

ergibt nach Auflösung die Eigenwertgleichung

$$\omega^4 - \left(\frac{c_1 + c_2}{m_1} + \frac{c_2}{m_1}\right)\omega^2 + \frac{c_1 c_2}{m_1 m_2} = 0 \tag{7.116}$$

Die beiden Eigenfrequenzen sind:

$$\omega_{\mathrm{I,II}} = \sqrt{\frac{1}{2 m_1 m_2}\left[c_2 m_1 + (c_1 + c_2)\,m_2 \mp \sqrt{c_2^2 m_1^2 + 2 c_2 (c_2 - c_1)\,m_1 m_2 + (c_1 + c_2)^2\,m_2^2}\right]} \tag{7.117}$$

Es läßt sich zeigen, daß zu ω_{I} eine Schwingungsform gehört, bei der beide Massen jeweils in die gleiche Richtung schwingen. Bei der ω_{II} zugeordneten Schwingungsform schwingen die Massen in entgegengesetzter Richtung.
Aus diesem Beispiel ist ersichtlich, daß nicht jedes System mit zwei Freiheitsgraden auch zwei Eigenfrequenzen besitzen muß. Lösen wir die Bindung zum Festpunkt A, indem $c_1 = 0$ gesetzt wird, so bleiben selbstverständlich die beiden Freiheitsgrade erhalten. Gl. (7.116) schrumpft aber auf $\omega^4 - c_2\,\dfrac{m_1 + m_2}{m_1 m_2}\,\omega^2 = 0$ zusammen. Daraus folgen $\omega_{\mathrm{I}} = 0$ und $\omega_{\mathrm{II}} = \sqrt{c_2\,\dfrac{m_1 + m_2}{m_1 m_2}}$. Die beiden Massen führen nur Schwingungen gegeneinander aus und bewegen sich ansonsten je nach den Anfangsbedingungen längs der Bahn.
Eine ähnliche Aufgabe stellt der im Bild D 7.19 vorgestellte Torsionsschwinger dar. Die Winkelkoordinaten φ_1 und φ_2 der beiden Scheiben mit den Trägheitsmomenten J_1 und J_2 zeigen in die angegebene Richtung. Bei einer zylindrischen Welle besteht zwischen Torsionsmoment M_t und Verdrehwinkel φ der Zusammenhang: $M_t = \dfrac{G I_t}{l}\,\varphi = c_t \varphi$ (s. Bild D 7.4). Die Torsionsfederzahlen der beiden Wellenstücke 1 und 2 betragen:

$$c_{t1} = \frac{G I_{t1}}{l_1}; \qquad c_{t2} = \frac{G I_{t2}}{l_2}$$

Das Momentengleichgewicht an den befreiten Scheiben führt auf:

$$J_1: \quad J_1 \ddot{\varphi}_1 + c_{t1}\varphi_1 - c_{t2}(\varphi_2 - \varphi_1) = 0$$

$$J_2: \quad J_2 \ddot{\varphi}_2 + c_{t2}(\varphi_2 - \varphi_1) = 0$$

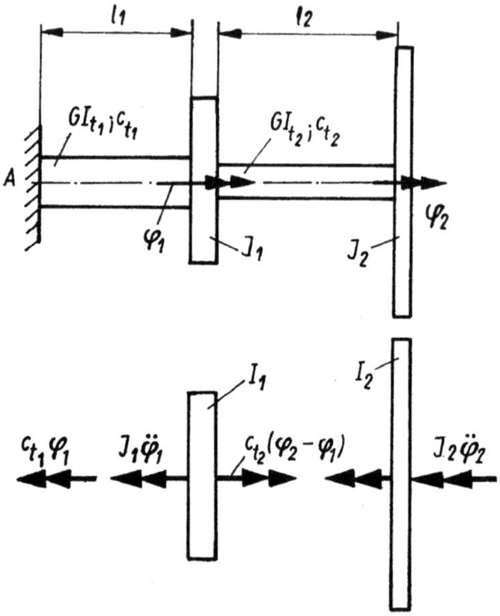

Bild D 7.19

Auf die Normalform gebracht und geordnet ergibt:

$$\ddot{\varphi}_1 + \frac{c_{t1} + c_{t2}}{J_1}\,\varphi_{t1} - \frac{c_{t2}}{J_1}\,\varphi_2 = 0 \tag{7.118}$$

$$\ddot{\varphi}_2 + \frac{c_{t2}}{J_2}\,\varphi_2 - \frac{c_{t2}}{J_2}\,\varphi_1 = 0 \tag{7.119}$$

Die Differentialgleichungen sind analog Gln. (7.112) und (7.113) aufgebaut. Auch die Lösung erfolgt in gleicher Weise, so daß auch die Eigenfrequenzen aus den Lösungen Gl. (7.117) sofort ableitbar sind:

$$\omega_{\mathrm{I,II}} = \sqrt{\frac{1}{2J_1J_2}\left[c_{t2}J_1 + (c_{t1} + c_{t2})\,J_2 \mp \sqrt{c_{t2}^2J_1^2 + 2c_{t2}\,(c_{t2} - c_{t1})\,J_1J_2 + (c_{t1} + c_{t2})^2\,J_2^2}\right]} \tag{7.120}$$

Wenn die Welle im Lager A frei drehbar ist, oder der Wellenabschnitt 1 ganz wegfällt, ist für $c_{t1} = 0$ zu setzen. Dann verbleibt auch hier nur eine endliche Eigenfrequenz für die gegensinnige Schwingbewegung der Scheiben.

7.3.2.2. Biegeschwinger mit mehreren Massenpunkten

Ein Biegeschwinger bestehe aus einem geraden Träger, auf dem n Massenpunkte $m_1, m_2, \ldots, m_i, \ldots, m_n$ angebracht sind. Der Träger kann statisch bestimmt oder statisch unbestimmt gelagert sein. Seine Verformungseigenschaften sind gemäß der elementaren Biegetheorie bekannt. Die Eigenmasse bleibt unberücksichtigt oder ist bereits angenähert in den m_i mit enthalten. (Im Bild D 7.20 wurde die Situation für $n = 5$ dargestellt.)
Bei der Schwingbewegung des Systems aus der statischen Ruhelage heraus erfährt die Masse m_i eine kleine Verschiebung $v_i(t)$ senkrecht zur Trägerachse. Das System besitzt damit fünf Freiheitsgrade für die Bewegung in der Ebene.

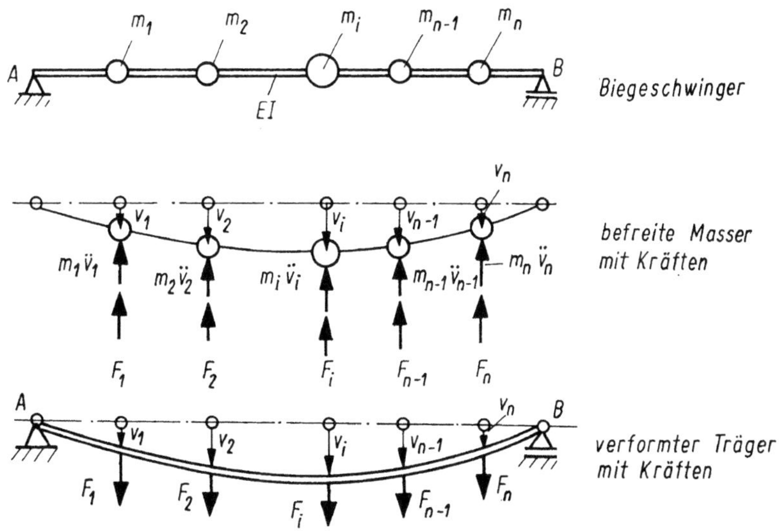

Bild D 7.20

Werden die Massen in der ausgelenkten Lage vom Träger befreit, so gilt für die Masse m_i folgende Gleichgewichtsbedingung

$$\uparrow: F_i + m_i\ddot{v}_i = 0 \qquad (i = 1, \ldots, 5) \tag{7.121}$$

Darin ist F_i die zwischen Masse und Träger an der Stelle i wirkende Rückstellkraft. Die am Träger angreifenden Reaktionskräfte zu $F_1, F_2, \ldots, F_i, \ldots, F_n$ verursachen dessen Durchbiegung. Nun ruft die Kraft F_i nicht nur an der Stelle i eine Durchbiegung hervor, sondern auch an einer beliebigen anderen Stelle k. Diese Durchbiegung an der Stelle k, verursacht durch F_i, soll mit $\alpha_{ki}F_i$ bezeichnet werden. Wegen der Gültigkeit des Superpositionsprinzips entsteht die durch alle Kräfte $F_1, \ldots, F_n$ an der Stelle k erzeugte Gesamtdurchbiegung aus

$$v_k = \alpha_{k1}F_1 + \alpha_{k2}F_2 + \cdots + \alpha_{ki}F_i - \cdots + \alpha_{kn}F_n \tag{7.122}$$

Die Koeffizienten α_{ki} heißen *Einflußzahlen.*
Sie sind aus den Trägerabmessungen und seinem E-Modul nach den bekannten Verfahren der Festigkeitslehre (Biegelinie s. Abschn. F 3.5., CASTIGLIANO s. Abschn. F 6.) zu ermitteln oder den Taschenbüchern zu entnehmen. Diese Einflußzahlen besitzen die Maßeinheit mN^{-1} und stellen reziproke Federkonstanten dar. Ausführlich geschrieben lautet Gl. (7.122)

$$\begin{aligned}
v_1 &= \alpha_{11}F_1 + \alpha_{12}F_2 + \cdots + \alpha_{1i}F_i + \cdots + \alpha_{1n}F_n \\
v_2 &= \alpha_{21}F_1 + \alpha_{22}F_2 + \cdots + \alpha_{2i}F_i + \cdots + \alpha_{2n}F_n \\
&\vdots \\
v_k &= \alpha_{k1}F_1 + \alpha_{k2}F_2 + \cdots + \alpha_{ki}F_i + \cdots + \alpha_{kn}F_n \\
&\vdots \\
v_n &= \alpha_{n1}F_1 + \alpha_{n2}F_2 + \cdots + \alpha_{ni}F_i + \cdots + \alpha_{nn}F_n
\end{aligned} \tag{7.123}$$

oder auch als Matrizen dargestellt

$$\begin{pmatrix} v_1 \\ v_2 \\ \vdots \\ v_k \\ \vdots \\ v_n \end{pmatrix} = \begin{pmatrix} \alpha_{11} & \alpha_{12} & \cdots & \alpha_{1i} & \cdots & \alpha_{1n} \\ \alpha_{21} & \alpha_{22} & & \alpha_{2i} & & \alpha_{2n} \\ \vdots & \vdots & & \vdots & & \vdots \\ \alpha_{k1} & \alpha_{k2} & & \alpha_{ki} & & \alpha_{kn} \\ \vdots & \vdots & & \vdots & & \vdots \\ \alpha_{n1} & \alpha_{n2} & & \alpha_{ni} & & \alpha_{nn} \end{pmatrix} \cdot \begin{pmatrix} F_1 \\ F_2 \\ \vdots \\ F_i \\ \vdots \\ F_n \end{pmatrix}$$

Es kann gezeigt werden, daß die Matrix der Einflußzahlen symmetrisch, also $\alpha_{ki} = \alpha_{ik}$ für $k \neq i$, ist.
Die Kräfte F_i werden nun nach Gl. (7.121) durch die Trägheitskräfte $F_i = -m_i\ddot{v}_i$ ersetzt. Das ergibt:

$$\left.\begin{aligned} v_1 &= -\alpha_{11}m_1\ddot{v}_1 - \alpha_{12}m_2\ddot{v}_2 - \cdots - \alpha_{1i}m_i\ddot{v}_i - \cdots - \alpha_{1n}m_n\ddot{v}_n \\ v_2 &= -\alpha_{21}m_1\ddot{v}_1 - \alpha_{22}m_2\ddot{v}_2 - \cdots - \alpha_{2i}m_i\ddot{v}_i - \cdots - \alpha_{2n}m_n v_n \\ &\vdots \\ v_k &= -\alpha_{k1}m_1\ddot{v}_1 - \alpha_{k2}m_2\ddot{v}_2 - \cdots - \alpha_{ki}m_i\ddot{v}_i - \cdots - \alpha_{kn}m_n\ddot{v}_n \\ &\vdots \\ v_n &= -\alpha_{n1}m_1\ddot{v}_1 - \alpha_{n2}m_2\ddot{v}_2 - \cdots - \alpha_{ni}m_i\ddot{v}_i - \cdots - \alpha_{nn}m_n\ddot{v}_n \end{aligned}\right\} \quad (7.124)$$

Es liegt ein System von n Differentialgleichungen jeweils 2. Ordnung vor. Bei der Eigenschwingung führen die Massen periodische Bewegungen mit gleicher Frequenz aus, so daß die Ermittlung der Eigenfrequenzen mit dem Ansatz Gl. (7.97) erfolgen kann:

$$v_i = v_{0i}\, e^{j\omega t}$$

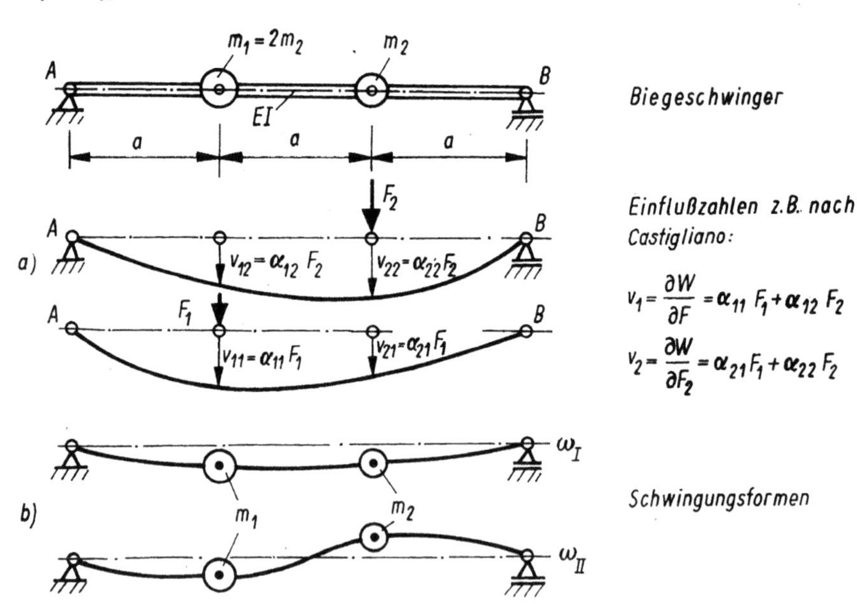

Bild D 7.21

Die Ableitung $v_i = -v_{0i}\omega^2 e^{j\omega t}$ in obiges Gleichungssystem eingesetzt ergibt, geordnet nach den v_{0i} und bereits durch $e^{j\omega t}$ dividiert:

$$
\begin{aligned}
(\alpha_{11}m_1\omega^2 - 1)\,v_{01} + \alpha_{12}m_2\omega^2 v_{02} + \cdots + \alpha_{1i}m_i\omega^2 v_{0i} + \cdots + \alpha_{1n}m_n\omega^2 v_{0n} &= 0\\
\alpha_{21}m_1\omega^2 v_{01} + (\alpha_{22}m_2\omega^2 - 1)\,v_{02} + \cdots + \alpha_{2i}m_i\omega^2 v_{0i} + \cdots + \alpha_{2n}m_n\omega^2 v_{0n} &= 0\\
\cdots\cdots\cdots\cdots\cdots\cdots\cdots\cdots\cdots\cdots\cdots\cdots &\\
\alpha_{n1}m_1\omega^2 v_{01} + \alpha_{n2}m_2\omega^2 v_{02} + \cdots + \alpha_{ni}m_i\omega^2 v_{0i} + \cdots + (\alpha_{nn}m_n\omega^2 - 1)\,v_{0n} &= 0
\end{aligned}
\qquad (7.125)
$$

Die Eigenwertgleichung des homogenen Gleichungssystems erhält man aus der gleich Null gesetzten Koeffizientendeterminante, nachdem die Gleichungen durch ω^2 dividiert wurden.

$$
\begin{vmatrix}
\left(\alpha_{11}m_1 - \dfrac{1}{\omega^2}\right) & \alpha_{12}m_2 & \cdots & \alpha_{1i}m_i & \cdots & \alpha_{1n}m_n\\
\alpha_{21}m_1 & \left(\alpha_{22}m_2 - \dfrac{1}{\omega^2}\right) & \cdots & \alpha_{2i}m_i & \cdots & \alpha_{2n}m_n\\
\vdots & \vdots & & \vdots & & \vdots\\
\alpha_{i1}m_1 & \alpha_{i2}m_2 & \cdots & \left(\alpha_{ii}m_1 - \dfrac{1}{\omega^2}\right) & \cdots & \alpha_{in}m_n\\
\vdots & \vdots & & \vdots & & \vdots\\
\alpha_{n1}m_1 & \alpha_{n2}m_2 & \cdots & \alpha_{ni}m_i & \cdots & \left(\alpha_{nn}m_n - \dfrac{1}{\omega^2}\right)
\end{vmatrix} = 0 \qquad (7.126)
$$

Die Auslösung führt zu einer Gleichung n-ten Grades für $\dfrac{1}{\omega^2}$ folgender Gestalt:

$$
\frac{1}{\omega^{2n}} - \frac{A_1}{\omega^{2(n-1)}} + \frac{A_2}{\omega^{2(n-2)}} - \frac{A_3}{\omega^{2(n-3)}} + \cdots + (-1)^{n-1}\frac{A_{n-1}}{\omega_2} + (-1)^n A_n = 0 \qquad (7.127)
$$

Es ergeben sich n reelle Wurzeln für $\dfrac{1}{\omega^2}$.

Die A_i sind von α_{ik} und m_i abhängige Konstanten.

Auf die Konstante

$$
A_1 = \sum_{i=1}^{n} \alpha_{ii}m_i \qquad (7.128)
$$

werden wir später zurückkommen.

Die Anwendung der allgemeinen Ableitung für n Massen soll am Beispiel eines Zweimassensystems gezeigt werden (Bild D 7.21).

Der Träger besitze konstante Biegesteifigkeit; zwischen den Massen und den Lagern bestehe der gleiche Abstand a. Es sei $m_1 = 2m_2$. Zur Berechnung der Einflußzahlen finden wir für diesen Belastungsfall z. B. (Bild D 7.21a) in den Taschenbüchern des Maschinenbaus:

$$
\alpha_{11} = \alpha_{22} = \frac{4}{9}\,\frac{a^3}{EI}; \qquad \alpha_{12} = \alpha_{21} = \frac{7}{18}\,\frac{a^3}{EI}
$$

Die Determinante Gl. (7.126) reduziert sich auf:

$$\begin{vmatrix} \left(\alpha_{11}m_1 - \frac{1}{\omega^2}\right) & \alpha_{12}m_2 \\ \alpha_{21}m_1 & \left(\alpha_{22}m_2 - \frac{1}{\omega^2}\right) \end{vmatrix} = 0$$

und ergibt:

$$\frac{1}{\omega^4} - \frac{1}{\omega^2}(\alpha_{11}m_1 + \alpha_{22}m_2) + (\alpha_{11}\alpha_{22} - \alpha_{12}^2)\, m_1 m_2 = 0$$

Daraus folgen die beiden Eigenfrequenzen:

$$\frac{1}{\omega_{\mathrm{I,II}}} = \sqrt{\frac{1}{2}(\alpha_{11}m_1 + \alpha_{22}m_2) \mp \frac{1}{2}\sqrt{(\alpha_{11}m_1 - \alpha_{22}m_2)^2 + 4\alpha_{12}^2 m_1 m_2}} \tag{7.129}$$

Mit den oben angegebenen Einflußzahlen sowie $m_1 = 2m_2$ werden

$$\omega_{\mathrm{I}} = 1{,}26\sqrt{\frac{EI}{m_1 a^3}} \quad \text{und} \quad \omega_{\mathrm{II}} = 5{,}22\sqrt{\frac{EI}{m_1 a^3}}$$

erhalten.

Zu den beiden Eigenfrequenzen gehören die im Bild D 7.21b dargestellten Eigenschwingungsformen. Der Nachweis ist zu führen, indem ω_{I} bzw. ω_{II} z. B. in die erste Gl. (7.125) eingesetzt werden und das dazugehörige Amplitudenverhältnis $\frac{v_{01}}{v_{02}}$ gebildet wird. Auf die Ausführung wird hier verzichtet.

7.3.2.3. Verfahren von Dunkerley

Wirkt auf einen Schwinger mit mehreren Freiheitsgraden eine Erregerfrequenz ein, die unter der Grundfrequenz des Schwingers liegen soll, so müssen nicht alle Eigenfrequenzen berechnet werden. Es genügt in diesem Falle die Kenntnis der Grundfrequenz. Zahlreiche Verfahren erlauben die Grundfrequenz näherungsweise zu berechnen, wobei die Näherung unterhalb der Grundfrequenz liegen muß. Dadurch wird gewährleistet, daß die Erregerfrequenz mit Sicherheit unterhalb aller Eigenfrequenzen liegt. Dieser Näherungswert wird auch als *untere Schranke* für die Eigenfrequenzen des Systems bezeichnet.

Gegeben sei der im letzten Abschnitt behandelte Biegeschwinger mit n Massenpunkten (Bild D 7.20).

Zur Berechnung der n Wurzeln für $\frac{1}{\omega^2}$ der Eigenwertgleichung (7.127) kann diese Gleichung n-ten Grades für $\frac{1}{\omega^2}$ auch in der Produktdarstellung geschrieben werden (Wurzelsatz von Vieta):

$$\left(\frac{1}{\omega^2} - \frac{1}{\omega_{\mathrm{I}}^2}\right)\left(\frac{1}{\omega^2} - \frac{1}{\omega_{\mathrm{II}}^2}\right)\left(\frac{1}{\omega^2} - \frac{1}{\omega_{\mathrm{III}}^2}\right)\cdots\left(\frac{1}{\omega^2} - \frac{1}{\omega_n^2}\right) = 0$$

$\frac{1}{\omega_{\mathrm{I}}^2}, \frac{1}{\omega_{\mathrm{II}}^2}$ usw. sind die Wurzeln der Gleichung. Nach Ausmultiplikation ergibt sich:

$$\frac{1}{\omega^{2n}} - \frac{1}{\omega^{2(n-1)}}\left(\frac{1}{\omega_{\mathrm{I}}^2} + \frac{1}{\omega_{\mathrm{II}}^2} + \cdots + \frac{1}{\omega_n^2}\right) + \frac{1}{\omega^{2(n-2)}}$$

$$\times\left(\frac{1}{\omega_{\mathrm{I}}^2\omega_{\mathrm{II}}^2} + \frac{1}{\omega_{\mathrm{II}}^2\omega_{\mathrm{III}}^2} + \cdots + \frac{1}{\omega_n^2\omega_{\mathrm{I}}^2}\right) - \cdots + \cdots = 0$$

Der Koeffizientenvergleich des zweiten Gliedes der Gleichung mit dem der Gl. (7.127) ergibt mit Gl. (7.128):

$$\frac{1}{\omega_{\mathrm{I}}^2} + \frac{1}{\omega_{\mathrm{II}}^2} + \frac{1}{\omega_{\mathrm{III}}^2} + \cdots + \frac{1}{\omega_n^2} = \sum_{i=1}^{n} \alpha_{ii} m_i \tag{7.130}$$

Wir hatten vorausgesetzt, daß $\omega_{\mathrm{I}} < \omega_{\mathrm{II}} < \omega_{\mathrm{III}} < \cdots < \omega_n$ ist und wollen deshalb annehmen: $\omega_{\mathrm{I}}^2 \ll \omega_{\mathrm{II}}^2 \ll \omega_{\mathrm{III}}^2$ usw. Dann ist $\frac{1}{\omega_{\mathrm{I}}^2} \gg \frac{1}{\omega_{\mathrm{II}}^2} \gg \frac{1}{\omega_{\mathrm{III}}^2}$ usw. Für die Berechnung der unteren Schranke werden deshalb $\frac{1}{\omega_{\mathrm{II}}^2}, \frac{1}{\omega_{\mathrm{III}}^2}$ usw. gegenüber $\frac{1}{\omega_{\mathrm{I}}^2}$ fortgelassen. Statt Gl. (7.130) wird also geschrieben:

$$\frac{1}{\omega_{\mathrm{u}}^2} = \sum_{i=1}^{n} \alpha_{ii} m_i \tag{7.131}$$

ω_{u} ist die untere Schranke, denn mit

$$\frac{1}{\omega_{\mathrm{u}}^2} = \frac{1}{\omega_{\mathrm{I}}^2} + \frac{1}{\omega_{\mathrm{II}}^2} + \frac{1}{\omega_{\mathrm{III}}^2} + \cdots + \frac{1}{\omega_n^2}$$

ist dann ω_{u} kleiner als die Grundfrequenz ω_{I}.
Wir wenden uns jetzt der rechten Seite von Gl. (7.130) zu. Es ist α_{ii} der Einfluß einer Kraft an der Stelle i auf die Durchbiegung der Stelle i: $v_i = \alpha_{ii} F_i$ oder auch $F_i = \frac{1}{\alpha_{ii}} v_i = c_{ii} v_i$. Darin ist c_{ii} die entsprechende Federzahl. Es ist also der Ausdruck $\alpha_{ii} m_i = \frac{m_i}{c_{ii}}$. Das ist aber nach 7.2.1. (Bild D 7.3) gleich $\frac{1}{\omega_i^2}$. Darin ist ω_i die Eigenfrequenz des *nur mit* m_i besetzten Trägers, also eines Schwingers mit einem Freiheitsgrad. Die untere Schranke ω_{u} des Mehrmassensystems ergibt sich demnach aus:

$$\frac{1}{\omega_{\mathrm{u}}} = \sqrt{\frac{1}{\omega_1^2} + \frac{1}{\omega_2^2} + \cdots + \frac{1}{\omega_n^2}} \tag{7.132}$$

Die $\omega_1, \omega_2, \ldots, \omega_n$ sind darin Eigenfrequenzen der jeweils mit $m_1, m_2, \ldots, m_n$ *einzeln* besetzten Welle. Im Bild **D 7.22** ist die Zerlegung anschaulich dargestellt.
Als Beispiel wird die untere Schranke des in Bild D 7.21 gezeigten Zweimassensystems behandelt. Nach den Ergebnissen von Gl. (7.129) ist uns die Grundfrequenz $\omega_{\mathrm{I}} = 1{,}26 \frac{EI}{m_1 a^3}$ bekannt und dient als Vergleich.

Mit $\alpha_{11} = \alpha_{22} = \frac{4}{9}\frac{a^3}{EI}$ und $m_2 = \frac{m_1}{2}$ ist:

$$\frac{1}{\omega_1^2} = \alpha_{11} m_1 = \frac{4}{9}\frac{a^3 m_1}{EI} \quad \text{und} \quad \frac{1}{\omega_2^2} = \alpha_{22} m_2 = \frac{2}{9}\frac{a^3 m_1}{EI}$$

Nach Gl. (7.132) ist

$$\frac{1}{\omega_u} = \sqrt{\left(\frac{4}{9} + \frac{2}{9}\right)\frac{a^3 m_1}{EI}} \quad \text{oder} \quad \omega_u = 1{,}22\sqrt{\frac{EI}{m_1 a^3}}$$

Der Fehler im Vergleich zum genauen Wert beträgt:

$$f = \frac{\omega_I - \omega_u}{\omega_I} \cdot 100\% = 3{,}17\%$$

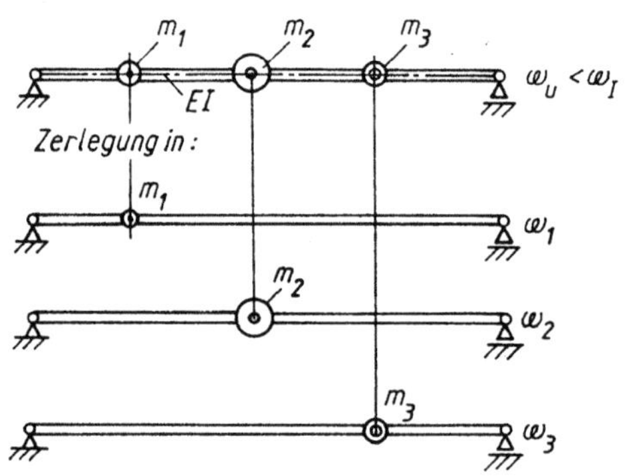

Bild D 7.22

Anwendung auf Träger mit kontinuierlich verteilter Masse

Oftmals darf die Trägermasse nicht vernachlässigt werden. Die exakte Behandlung des Problems führt auf eine partielle Differentialgleichung mit den unabhängigen Variablen x und t. Aus der Lösung ergeben sich unendlich viele Eigenfrequenzen. Zum Berechnen einer unteren Schranke kann die DUNKERLEYsche Gleichung (7.132) benutzt werden, indem die Trägermasse diskretisiert wird.

Bild D 7.23 zeigt einen prismatischen Kragträger der Masse m. An dessen Ende befinde sich die punktförmige Zusatzmasse m_0. Die Trägermasse m wird in n Teilmassen Δm und die Trägerlänge in n entsprechende Abschnitte Δx zerlegt, so daß $\sum\limits_{i=1}^{n} \Delta m_i = m$ und $\sum\limits_{i=1}^{n} \Delta x_i = l$ ist. Es besteht der Zusammenhang: $\Delta m_i = \varrho A\, \Delta x_i$ (ϱ Dichte, A Querschnitt). Die Einflußzahl α_{ii} bezieht sich auf die Stelle des Schwerpunktes von Δm_i und ist deshalb von x_i abhängig. Nach Gln. (7.131) berechnet sich die untere Schranke aus:

$$\frac{1}{\omega_u^2} = \sum_{i=1}^{n} \alpha_{ii}(x_i)\, \Delta m_i + \alpha_0 m_0 \tag{7.133}$$

Die Einflußzahlen sind für diesen Fall: $\alpha_0 = \frac{l^3}{3EI}$; $\alpha_{ii} = \frac{x_i^3}{3EI}$

Deshalb ist

$$\frac{1}{\omega_u^2} = \frac{1}{3EI}\left[\varrho A \sum_{i=1}^{n} x_i^3\, \Delta x_i + l^3 m_0\right]$$

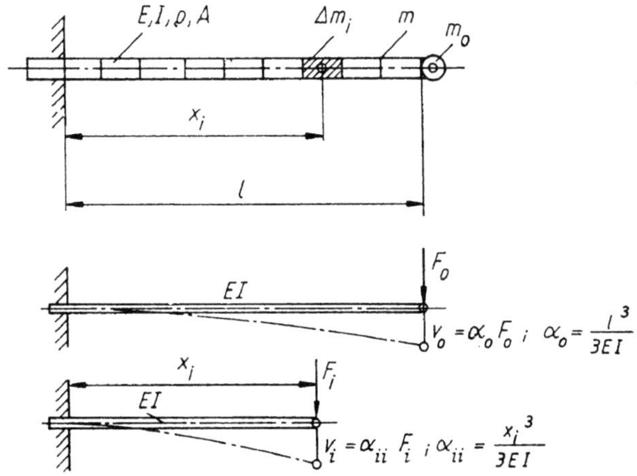

Bild D 7.23

Wird zu unendlich kleinen Massenelementen übergegangen, so wird aus $\Delta m_i \to \mathrm{d}m$; $\Delta x_i \to \mathrm{d}x$; $x_i \to x$; $\alpha_{ii}(x_i) \to \alpha(x)$ und statt der Summe ist das Integral zu schreiben. Gl. (7.133) lautet dann

$$\frac{1}{\omega_\mathrm{u}^2} = \int\limits_{x=0}^{l} \alpha(x)\,\mathrm{d}m + \alpha_0 m_0 \tag{7.134}$$

und nach Einführung der Einflußzahlen:

$$\frac{1}{\omega_\mathrm{u}^2} = \frac{1}{3EI}\left[\varrho A \int\limits_0^l x^3\,\mathrm{d}x + l^3 m_0\right]$$

Mit $m = \varrho A l$ wird daraus:

$$\omega_\mathrm{u} = \sqrt{\frac{3\,EI}{l^3\left(m_0 + \dfrac{m}{4}\right)}} \tag{7.135}$$

Dieser Ausdruck kann zur Abschätzung des Einflusses der Trägermasse auf die Grundfrequenz dienen: Wird statt m_0 $\overline{m} = m_0 + \dfrac{m}{4}$ gesetzt und das Problem als einfacher Schwinger behandelt (Bild D 7.3), so ergibt sich die annähernd richtige Grundfrequenz des Systems.
Für $m_0 = 0$ wird die untere Schranke für den kontinuierlich mit Masse belegten Träger erhalten:

$$\omega_\mathrm{u} = 3{,}464\sqrt{\frac{EI}{l^3 m}}$$

Der genaue Wert für die Grundfrequenz ω_I liegt bei:

$$\omega_\mathrm{I} = 3{,}516\sqrt{\frac{EI}{l^3 m}}$$

Der Fehler beträgt 1,48%. Die untere Schranke liegt nur wenig unterhalb der Grundfrequenz. Mit dem angegebenen Verfahren kann mit verhältnismäßig einfachen Mitteln auch die Grundfrequenz von Trägern mit veränderlichem Querschnitt angenähert berechnet werden.

LITERATUR- UND QUELLENVERZEICHNIS

[1] Leitfaden der Technischen Mechanik/GÖLDNER, H.; HOLZWEISSIG, F. — 9. Aufl. — Leipzig: Fachbuchverl., 1986

[2] Übungsaufgabe aus der Technischen Mechanik/GÖLDNER, H. — 14. Aufl. — Leipzig: Fachbuchverl., 1985

[3] Lehrbuch Höhere Festigkeitslehre, Bd. 1/GÖLDNER, H. [u. a.] — 2. Aufl. — Leipzig: Fachbuchverl., 1984

[4] Arbeitsbuch Höhere Festigkeitslehre /GÖLDNER, H. [u. a.] — 2. Aufl. — Leipzig: Fachbuchverl., 1983

[5] Lehrbuch Höhere Festigkeitslehre. Bd. 2/GÖLDNER, H. [u. a.] — 1. Aufl. — Leipzig: Fachbuchverl., 1985

[6] Bruch- und Beurteilungskriterien in der Festigkeitslehre/SÄHN, S.; GÖLDNER, H. — 1. Aufl., — Leipzig: Fachbuchverl. (in Vorbereitung), 1987

[7] Technische Bruchmechanik/BLUMENAUER, H.; PUSCH, G. — 2. Aufl. — Leipzig: Dt. Verl. f. Grundstoffind., 1986

[8] Lehrbuch der Maschinendynamik/HOLZWEISSIG, F.; DRESIG, H. — 2. Aufl. — Leipzig: Fachbuchverl., 1982

[9] Arbeitsbuch Maschinendynamik — Schwingungslehre/HOLZWEISSIG, F.; DRESIG, H.; FISCHER, U.; STEPHAN, W. — 2. Aufl. — Leipzig: Fachbuchverl., 1987

[10] Mechanische Schwingungen/FISCHER, U.; STEPHAN, W. — 2. Aufl. — Leipzig: Fachbuchverl., 1984

[11] Physik/STROPPE, H. — 6. Aufl. — Leipzig: Fachbuchverl., 1986

[12] Technische Thermodynamik. I. Teil/BOSNJAKOVIĆ, F. — 6. Aufl. — Dresden: Steinkopff, 1972

SACHWORTVERZEICHNIS

Abklingkonstante 348
Achse 26, 29, 35, 306f., 317
Anfangsbedingung 255, 349, 357
Äquivalenz 61, 63, 116
Arbeit 102, 293
Arbeitssatz 293
Auflager 33
— -reaktionen 33f., 36, 346
Axiome, NEWTONsche 253

Bahn-koordinaten 256, 281, 283, 293
— -kurve 254
Balken 30
Beanspruchungsart 195, 202
Befreiungsprinzip 17, 253, 282
Behälter 183
Belastungsarten 83
BERNOULLI-Hypothese 116, 178
Beschleunigung 253f.
Betriebsfestigkeit 197
Bewegungs-größe 253
— -widerstände 254, 282
Bezugssystem 38
Biegemoment 40, 43, 116
Biegemomentenverlauf 39ff.
Biegung 115, 172
—, gerade 122
—, reine 115
—, schiefe 122
—, Verformung 125
Bindungskräfte 252
Blockprogrammversuch 207
Bruch-arten 202
— -mechanik 248
— -wahrscheinlichkeit 205

CASTIGLIANO, Satz von 161
CORIOLOS-Beschleunigung 262

Dämpfung 340, 348f., 356
D'ALEMBERTsches Prinzip 283, 307, 360
Dauerfestigkeit 206
Dehnung 95
Dekrement 352
Deviationsmoment 118
Drall 300, 313
— -satz 300
Dreh-feder 345, 370
— -moment 296
— -schale 182
Drehung 31, 257, 272, 276, 305, 330
Dreh-winkel 153
— -zahl 318
— —, kritische 359
Dreigelenkträger 52
Drillung 153
Druck 15
DUNKERLEYsche Formel 374
Durch-biegung 126, 223
— -hang 59
Dynamik 252
dynamisches Grundgesetz 253

Ebene, schiefe 77
Eigenfrequenzen 342, 362, 370, 374
Einfluß-faktor 214, 217
— -zahl 371
eingeprägte Kräfte 17, 282
Einheitsvektor 256, 263, 266, 276, 280, 293, 305, 321
Einspannung 30, 32
Einstufen-Dauerschwingversuch 205
Einzelkraft 15
elastische Linie 125
elastischer Stoß 327
Elastizitätsmodul 98
Energiesatz 295f.
Ergänzungsarbeit 102
erzwungene Schwingungen 352
EULER-Fälle 222
— -Hyperbel 230

Fachwerke 49, 171
Faser, neutrale 117
Feder 295, 340, 344f., 353
Festigkeitslehre 83
Festlager 30
Flächen-satz 301
— -schwerpunkt 71
— -trägheitsmoment 118

Flächenträgheitsmoment
— —, axiales 118
— —, polares 118
Fließ-bedingung 239
— -grenze 99
Form-änderungsarbeit 102
— -zahl 111, 209, 211
FOURIER-Analyse 352
Freier Fall 260 f., 284
Freiheitsgrad 31, 279, 315
Freischneiden 17, 34, 37, 43, 282, 287, 291, 341
Frequenzgang 354

Gangpolbahn 277
gedämpfte Schwingungen 347, 352
Gelenk 30, 34
— -träger 52
generalisierte Koordinaten 279
geradlinige Bewegung 258
GERBERträger 47
Gesamteinflußfaktor 208
Geschwindigkeit 254
Gestaltänderungsenergie 105, 195
— -hypothese 195
Gestaltfestigkeit 197, 207
Gleichgewicht 17, 22, 64, 219, 283
Gleit-modul 101
— -reibung 79
Gravitationsgesetz 261
Grund-schwingung 362, 374
— -aufgaben (Dynamik) 258
GULDIN, Sätze von 72

Haftreibung 74
Haftung 75
Haupt-spannungen 90
— -trägheits-achsen 121, 306, 317
— — -momente 121, 306f.
HOOKEsches Gesetz 100, 179

Impuls 253, 280
— -satz 280, 302
Inertialsystem 253f.
Invarianten 95
Isochronendiagramm 240

kartesische Koordinaten 263
KEPLERsches Gesetz 301
Kerb-faktor 209
— -wirkungszahl 209
Ketten 57
Kinematik 254
kinetische Energie 294
Klassierverfahren 84, 201, 279, 290
Knick-länge 226
— -last 226
— -probleme 226
— -spannung 228
Körper, starrer 18
kosmische Geschwindigkeit 261
Kraft 15
— -eck 20f.
— -schraube 64
— -system, ebenes 23
— —, räumliches 61, 63
— -vektor 16
— -zerlegung 21
—, äußere 29
—, kritische 221
Kräfte-paar 23, 28
— -parallelogramm 20, 253
— -plan 20
— -zerlegung 21
— -zusammensetzung 18, 282
Kreisel 317
Kreis-frequenz 342
— -zylinderschalen 188
Kriechen 97, 350
Krümmung 125
Kupplungsvorgang 324

Längskraft 38
Lageplan 20
Lager 30, 32
Last-fälle 83
—, kritische 220
Leistung 296
Linienschwerpunkt 72
Loslager 30
Luftwiderstand 284

Massen-mittelpunkt 303
— -punkt 252
— -trägheitsmoment 306
Materialverhalten 18, 96
Mechanismus 32
Membran-spannungszustand 182
— -theorie 183
MOHRscher Spannungskreis 87, 92
Moment 24, 26
—, statisches 71

Momentanpol 256
Momentenvektor 25

Normal-spannung 85
— und Tangentialbeschleunigung 256
Nullschicht 116f.

Oberschwingung 362
Ortsvektor 25, 254, 263

Pendelstütze 31
periodische Erregung 352
— Schwingungen 341, 343
plastischer Stoß 327
Plastizitätstheorie 98f., 105, 232
Platte 30, 178
POISSON-Zahl 100
Polarkoordinaten 73, 265, 281, 290
Potential 294
potentielle Energie 295
Präzesion 318
Proportionalitätsgrenze 98
Punkthaufen 252

Quer-dehnung 99
— -kontraktion 100
— -kraft 38, 145
— — -schub 145
— -schnitte, offene, dünnwandige 150
Querschnittsformfaktor 150

Radialverschiebung 176
Random-Versuch 207
Rastpolbahn 277
Reaktions-gesetz 253
— -kräfte 17
Reibung 74
Relativbewegung 269
Relaxation 97
Resonanz 356
— -schaubild 356
Resultierende 23, 27, 253
Richtungscosinus 22
Rißausbreitung 248f.
Rollreibung 82
Rotation 31, 272

Scheibe, rotierende 176
schiefer Wurf 284f.
Schnitt-größen 38, 65
— -prinzip 253
— -stelle 38

Schub-beanspruchung 145
— -fluß 155
— -mittelpunkt 150
— -spannung 85, 101
Schwerpunkt 70, 303
— -satz 304
Schwingungen 339
Schwingungsdauer 343
Seil 57
— -eck 23
— -reibung 80
Sicherheitszahl 219
Spannung 85
Spannungs-Dehnungs-Modell 232
— -gefälle 213
— -kreis 92
— -nullinie 124
— -tensor 86
— -zustand 86, 88, 94
— —, rotationssymmetrischer 173
Stab 30, 219
Stabilitätstheorie 219
Stab-knickung 219
— -kraft 48, 49
— -systeme 47
starrer Körper 18, 252, 275
Statik 15
STEINER, Satz von 119, 310
Stoß 324
Streckenlast 39
Stützzahl 209

Tangentialkraft 85
TAYLOR-Reihe 88
Theorie 1. Ordnung 83
— 2. Ordnung 83, 222
Torsion 153, 172
— dünnwandiger geschlossener Querschnitte 155
— — offener Querschnitt 156
Torsions-moment 65, 154
— -schwinger 345
— -steifigkeit 155
Träger 30, 36, 44
Trägheits-gesetz 253
— -moment 118, 306
— -radius 228, 308
Tragwerke 29, 33, 54
Translation 31, 270

Über-lebenswahrscheinlichkeit 205, 206
— -tragungsfunktion 354

Verbindungen 30
Vergleichsspannungshypothesen 193
Verschiebung 95
Versetzungsmoment 27, 69
Verwölbung 153
Verzerrung 95
Verzerrungszustand 102
Verzweigungspunkt 220
Viskoelastizitätstheorie 98
Volumen-dehnung 96
— -schwerpunkt 70

Wärme-ausdehnungskoeffizient 101
— -spannungen 114
Werkstoffwechselfestigkeit 208
Widerstandskräfte 282, 284
Winkel-beschleunigung 267
— -geschwindigkeit 257
Wirkungslinie 17, 23
WÖHLER-Linie 205
Wölbkrafttorsion 153
Wurf-höhe 264
— -weite 265

Zeitfestigkeit 206
Zentrifugalmoment 117f., 306
Zug 84
— -versuch 84
Zwangs-bedingung 279
— -kraft 282
Zylinderkoordinaten 173

GPSR Compliance

The European Union's (EU) General Product Safety Regulation (GPSR) is a set of rules that requires consumer products to be safe and our obligations to ensure this.

If you have any concerns about our products, you can contact us on ProductSafety@springernature.com

In case Publisher is established outside the EU, the EU authorized representative is:

Springer Nature Customer Service Center GmbH
Europaplatz 3
69115 Heidelberg, Germany

Batch number: 10584556

Printed by Printforce, the Netherlands